핀란드 6학년 수학 교과서

_____ 초등학교 _____ 학년 _____ 반

이름 _____

QR코드를 스캔하면 놀이 수학
동영상을 보실 수 있습니다.

핀란드 6학년 수학 교과서 6-2 1권

초판 1쇄 발행 2022년 12월 10일

지은이 파이비 키빌루오마, 킴모 뉘리넨, 피리타 페랄라, 페카 록카, 마리아 살미넨, 티모 타피아이넨
그린이 미리야미 만니넨 **옮긴이** 박문선 **감수** 이경희, 핀란드수학교육연구회
펴낸이 정혜숙 **펴낸곳** 마음이음

책임편집 이금정 **디자인** 디자인서가
등록 2016년 4월 5일(제2018-000037호)
주소 03925 서울시 마포구 월드컵북로 402, 9층 917A호(상암동, KGIT센터)
전화 070-7570-8869 **팩스** 0505-333-8869
전자우편 ieum2016@hanmail.net
블로그 https://blog.naver.com/ieum2018

ISBN 979-11-92183-33-6 64410
979-11-92183-30-5 (세트)

핀란드 6학년 수학 교과서 6-2 1권

글 파이비 키빌루오마, 킴모 뉘리넨, 피리타 페랄라,
페카 록카, 마리아 살미넨, 티모 타피아이넨

그림 미리야미 만니넨

옮김 박문선

감수 이경희(전 수학 교과서 집필진), 핀란드수학교육연구회

마음이음

핀란드 학생들이 수학을 잘하고 수학 흥미도도 높은 비결은?

우리나라 학생들이 수학 학업 성취도가 세계적으로 높은 것은 자랑거리이지만 수학을 공부하는 시간이 다른 나라에 비해 많은 데다 사교육에 의존하고, 흥미도가 낮은 건 숨기고 싶은 불편한 진실입니다. 이러한 측면에서 사교육 없이 공교육만으로 국제학업성취도평가(PISA)에서 상위권을 놓치지 않는 핀란드의 교육 비결이 궁금하지 않을 수가 없습니다. 더군다나 핀란드에서는 숙제도, 순위를 매기는 시험도 없어 학교에서 배우는 수학 교과서 하나만으로 수학을 온전히 이해해야 하지요. 과연 어떤 점이 수학 교과서 하나만으로 수학 성적과 흥미도 두 마리 토끼를 잡게 한 걸까요?

– 핀란드 수학 교과서는 수학과 생활이 동떨어진 것이 아닌 친밀한 것으로 인식하게 합니다. 그래서 시간, 측정, 돈 등 학생들은 다양한 방식으로 수학을 사용하고 응용하면서 소비, 교통, 환경 등 자신의 생활과 관련지으며 수학을 어려워하지 않습니다.

– 교과서 국제 비교 연구에서도 교과서의 삽화가 학생들의 흥미도를 결정하는 데 중요한 역할을 한다고 했습니다. 핀란드 수학 교과서의 삽화는 수학적 개념과 문제를 직관적으로 쉽게 이해하도록 구성하여 학생들의 흥미를 자극하는 데 큰 역할을 하고 있습니다.

– 핀란드 수학 교과서는 또래 학습을 통해 서로 가르쳐 주고 배울 수 있도록 합니다. 교구를 활용한 놀이 수학, 조사하고 토론하는 탐구 과제는 수학적 의사소통 능력을 향상시키고 자기 주도적인 학습 능력을 길러 줍니다.

– 핀란드 수학 교과서는 창의성을 자극하는 문제를 풀게 합니다. 답이 여러 가지 형태로 나올 수 있는 문제, 스스로 문제 만들고 풀기를 통해 짧은 시간에 많은 문제를 푸는 것이 아닌 시간이 걸리더라도 사고하며 수학을 하도록 합니다.

– 핀란드 수학 교과서는 코딩 교육을 수학과 연계하여 컴퓨팅 사고와 문제 해결을 돕는 다양한 활동을 담고 있습니다. 코딩의 기초는 수학에서 가장 중요한 논리와 일맥상통하기 때문입니다.

핀란드는 국정 교과서가 아닌 자율 발행제로 학교마다 교과서를 자유롭게 선정합니다. 마음이음에서 출판한 『핀란드 수학 교과서』는 핀란드 초등학교 2190개 중 1320곳에서 채택하여 수학 교과서로 사용하고 있습니다. 또한 이웃한 나라 스웨덴에서도 출판되어 교과서 시장을 선도하고 있지요.

코로나로 인한 온라인 수업으로 학습 격차가 커지고 있습니다. 다행히 『핀란드 수학 교과서』는 우리나라 수학 교육 과정을 다 담고 있으며 부모님 가이드도 있어 가정 학습용으로 좋습니다. 자기 주도적인 학습이 가능한 『핀란드 수학 교과서』는 학업 성취와 흥미를 잡는 해결책이 될 수 있을 것으로 기대합니다.

이경희(전 수학 교과서 집필진)

수학은 흥미를 끄는 다양한 경험과 스스로 공부하려는 학습 동기가 있어야 좋은 결과를 얻을 수 있습니다. 국내에 많은 문제집이 있지만 대부분 유형을 익히고 숙달하는 데 초점을 두고 있으며, 세분화된 단계로 복잡하고 심화된 문제들을 다룹니다. 이는 학생들이 수학에 흥미나 성취감을 갖는 데 도움이 되지 않습니다.

공부에 대한 스트레스 없이도 국제학업성취도평가에서 높은 성과를 내는 핀란드의 교육 제도는 국제 사회에서 큰 주목을 받아 왔습니다. 이번에 국내에 소개되는 『핀란드 수학 교과서』는 스스로 공부하는 학생을 위한 최적의 학습서입니다. 다양한 실생활 소재와 풍부한 삽화, 배운 내용을 반복하여 충분히 익힐 수 있도록 구성되어 학생이 흥미를 갖고 스스로 탐구하며 수학에 대한 재미를 느낄 수 있을 것으로 기대합니다.

전국수학교사모임

수학 학습을 접하는 시기는 점점 어려지고, 학습의 양과 속도는 점점 많아지고 빨라지는 추세지만 학생들을 지도하는 현장에서 경험하는 아이들의 수학 문제 해결력은 점점 하향화되는 추세입니다. 이는 학생들이 흥미와 호기심을 유지하며 수학 개념을 주도적으로 익히고 사고하는 경험과 습관을 형성하여 수학적 문제 해결력과 사고력을 신장하여야 할 중요한 시기에, 빠른 진도와 학습량을 늘리기 위해 수동적으로 설명을 듣고 유형 중심의 반복적 문제 해결에만 집중한 결과라고 생각합니다.

『핀란드 수학 교과서』를 통해 흥미와 호기심을 유지하며 수학 개념을 스스로 즐겁게 내재화하고, 이를 창의적으로 적용하고 활용하는 수학 학습 태도와 습관이 형성된다면 학생들이 수학에 쏟는 노력과 시간이 높은 수준의 창의적 문제 해결력이라는 성취로 이어질 것입니다.

손재호(KAGE영재교육학술원 동탄본원장)

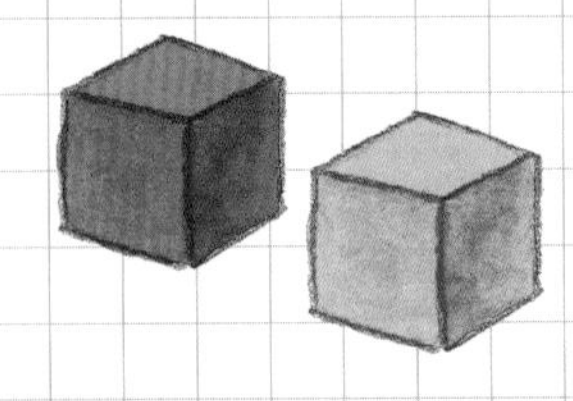

한국의 학생들에게

「핀란드 수학 교과서(Star Maths)」 시리즈를 펴낸 오타바(Otava) 출판사는 교재 전문 출판사로 120년이 넘는 역사를 지닌 명실상부한 핀란드의 대표 출판사입니다. 특히 「Star Maths」 시리즈는 핀란드 학교 현장의 수학 전문가들이 최신 핀란드 국립교육과정을 반영하여 함께 개발한 핀란드의 대표 수학 교과서입니다.

수 개념과 십진법을 이해하기 위한 탄탄한 기반을 제공하여 연산 능력을 키우고, 기본, 응용, 심화 문제 등 학생 개개인의 학습 차이를 다각도에서 고려하여 다양한 평가 문제를 실었습니다. 또한 친구 또는 부모님과 함께 놀이를 통해 문제 해결을 하며 수학적 즐거움을 발견하여 수학에 대한 긍정적인 태도를 갖도록 합니다.

한국의 학생들이 이 책과 함께 즐거운 수학 세계로 여행을 떠나길 바랍니다.

파이비 키빌루오마, 킴모 뉘리넨, 피리타 페랄라, 페카 록카,
마리아 살미넨, 티모 타피아이넨(STAR MATHS 공동 저자)

이 책의 구성

핀란드 수학 교과서, 왜 특별할까?

- 수학과 연계하여 컴퓨팅 사고와 문제 해결력을 키워 줘요.
- 교구를 활용한 놀이를 통해 수학 개념을 이해시켜요.

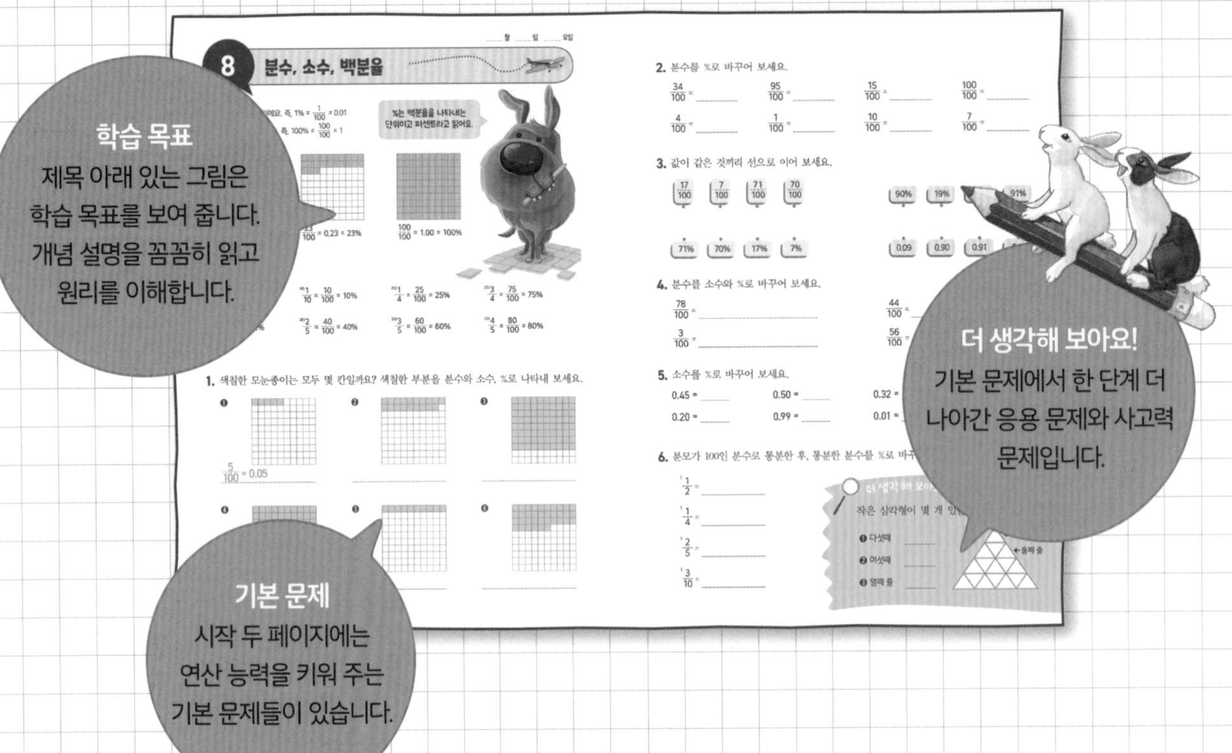

학습 목표
제목 아래 있는 그림은
학습 목표를 보여 줍니다.
개념 설명을 꼼꼼히 읽고
원리를 이해합니다.
8 분수, 소수, 백분율
더 생각해 보아요!
기본 문제에서 한 단계 더
나아간 응용 문제와 사고력
문제입니다.
기본 문제
시작 두 페이지에는
연산 능력을 키워 주는
기본 문제들이 있습니다.

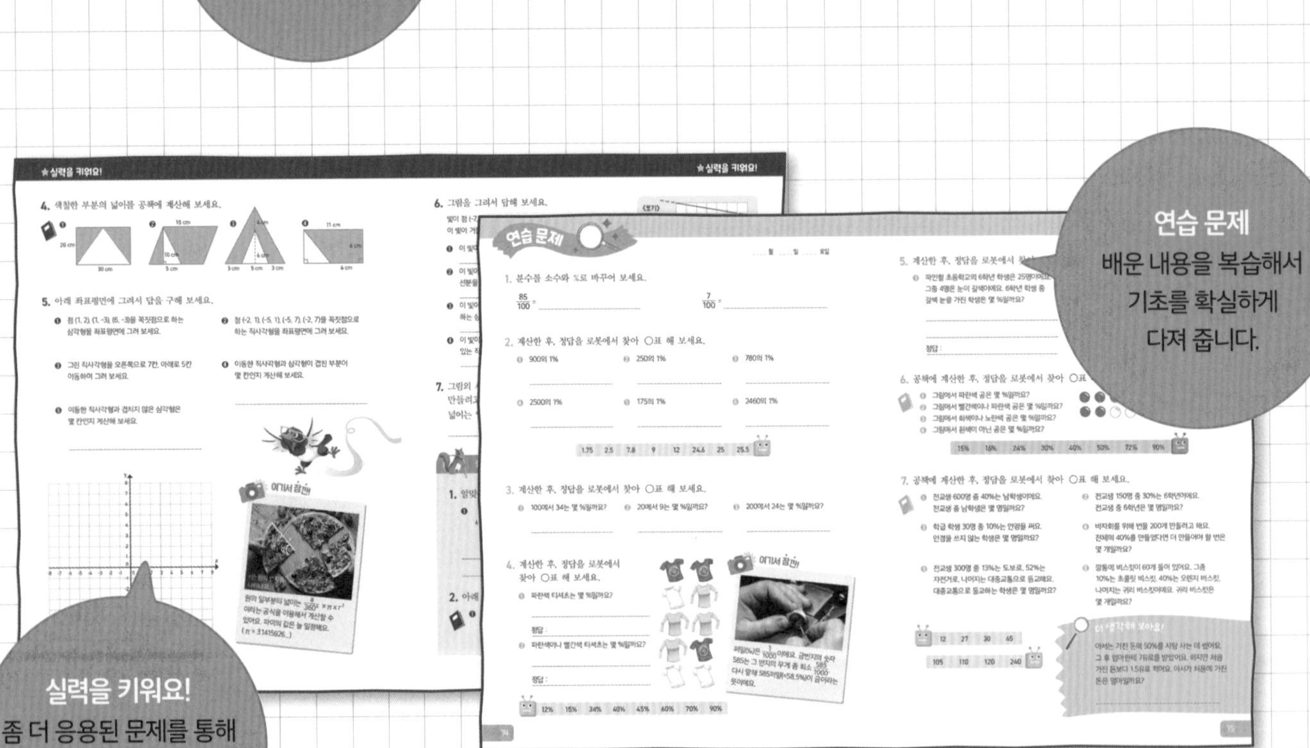

실력을 키워요!
연습 문제
연습 문제
배운 내용을 복습해서
기초를 확실하게
다져 줍니다.
실력을 키워요!
좀 더 응용된 문제를 통해
배운 개념을 확실하게
익힐 수 있습니다.

- 수학적 이야기가 풍부한 그림으로 수학 학습에 영감을 불어넣어요.
- 수학적 구조를 발견하고 이해하게 하여 수학 공식을 암기할 필요가 없어요.
- 연산, 서술형, 응용과 심화, 사고력 문제가 한 권에 모두 들어 있어요.

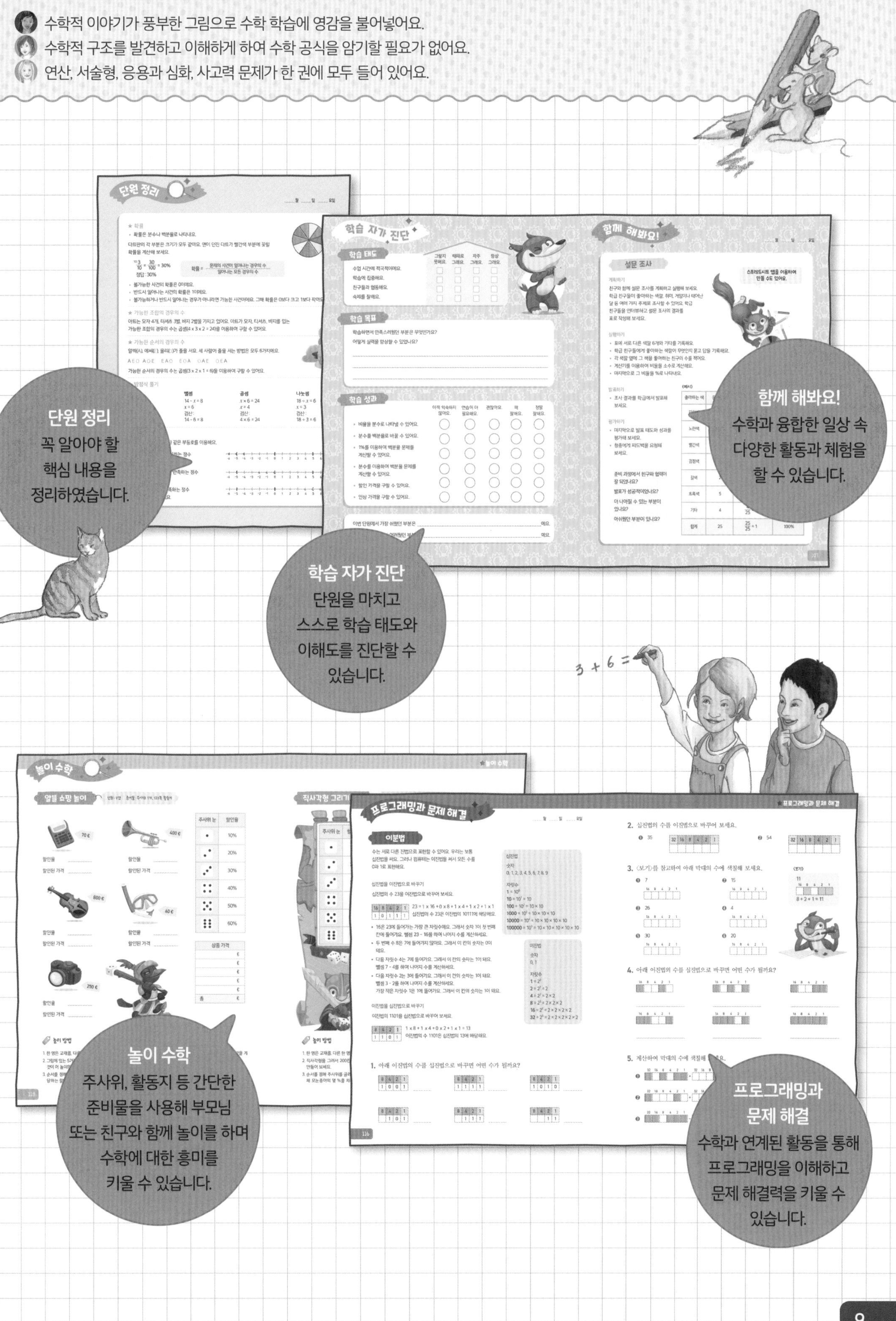

단원 정리
꼭 알아야 할 핵심 내용을 정리하였습니다.
학습 자가 진단
단원을 마치고 스스로 학습 태도와 이해도를 진단할 수 있습니다.
함께 해봐요!
수학과 융합한 일상 속 다양한 활동과 체험을 할 수 있습니다.
3 + 6 =
놀이 수학
주사위, 활동지 등 간단한 준비물을 사용해 부모님 또는 친구와 함께 놀이를 하며 수학에 대한 흥미를 키울 수 있습니다.
프로그래밍과 문제 해결
수학과 연계된 활동을 통해 프로그래밍을 이해하고 문제 해결력을 키울 수 있습니다.

차례

1 초, 분, 시간

- 초, 분, 시간은 시간의 단위예요.
- 초는 시간의 기본 단위예요.

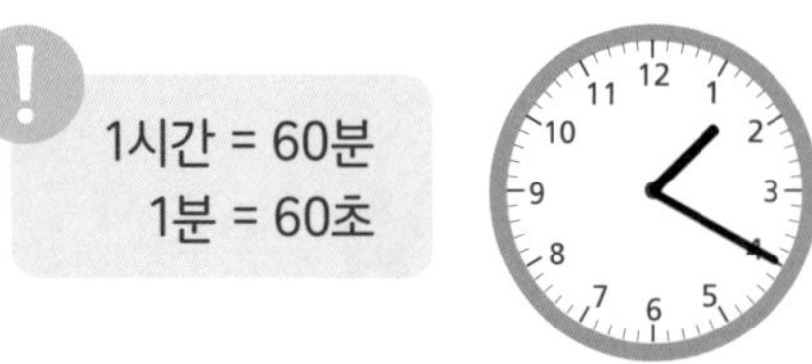

현재 1시 20분이에요.

오후 1시 20분이에요.(13 : 20)
오전 1시 20분이에요.

시간과 분

여름 별장에 가는 데 3시간 30분이 걸려요. 걸린 시간을 분으로 바꾸면 몇 분일까요?

3시간 30분
= 3시간 + 30분
= 3 × 60분 + 30분
=180분 + 30분
= 210분
정답 : 210분

에이노는 자전거를 135분 동안 탔어요. 에이노가 자전거를 탄 시간을 시간과 분으로 나누어 나타내 보세요.

135분
= 120분 + 15분
= 2시간 + 15분
정답 : 2시간 15분

1시간 = 60분, 2시간 = 120분, 3시간 = 180분

분과 초

비디오 상영 시간은 2분 20초예요. 비디오 상영 시간을 초로 바꾸면 몇 초일까요?

2분 20초
= 2 × 60초 + 20초
= 120초 + 20초
= 140초
정답 : 140초

메이는 줄넘기를 75초 동안 했어요. 메이가 줄넘기한 시간을 분과 초로 나누어 나타내 보세요.

75초
= 60초 + 15초
= 1분 + 15초
정답 : 1분 15초

1분 = 60초, 2분 = 120초, 3분 = 180초

1. 시계를 보고 몇 시 몇 분인지 써 보세요. 24시간으로 나타내 보세요.

❶ 

오전 ____________

오후 ____________

❷ 

오전 ____________

오후 ____________

❸ 

오전 ____________

오후 ____________

2. 표를 완성해 보세요.

❶ 시간에 해당하는 분을 써 보세요.

시간	1	2	3	4	5	6	7	8	9	10
분	60									

❷ 분에 해당하는 초를 써 보세요.

분	1	2	3	4	5	6	7	8	9	10
초	60									

3. 같은 시간끼리 선으로 이어 보세요.

4. 주어진 시간을 다른 단위로 바꾸어 보세요. 문제 2번의 표를 이용해도 좋아요.

❶ 시간으로 바꾸어 보세요.

300분 = ______

360분 = ______

600분 = ______

❷ 분으로 바꾸어 보세요.

7시간 = ______

180초 = ______

300초 = ______

❸ 초로 바꾸어 보세요.

6분 = ______

8분 = ______

10분 = ______

5. 주어진 시간을 다른 단위로 바꾸어 보세요.

❶ 분과 초로 나누어 보세요.

70초 = ______

140초 = ______

195초 = ______

❷ 시간과 분으로 나누어 보세요.

100분 = ______

260분 = ______

450분 = ______

6. 공책에 계산한 후, 정답을 로봇에서 찾아 ○표 해 보세요.

❶ 할머니 댁에 가는 데 1시간 20분이 걸려요. 할머니 댁에 가는 시간을 분으로 바꾸어 보세요.

______

❷ 마누는 135초 동안 공을 튕겼어요. 마누가 공을 튕긴 시간은 몇 분 몇 초일까요?

______

❸ 버논은 스키장에서 4시간짜리 리프트 사용권을 사고 200분 동안 스키를 탔어요. 버논이 스키를 탈 수 있는 시간이 몇 분 남았을까요?

______

❹ 공식적인 기차 소요 시간은 165분인데 15분이 더 걸렸어요. 실제로 기차를 탄 시간은 얼마일까요?

______

❺ 콜린은 5분 동안 3문제를 풀어야 해요. 첫 번째 문제를 푸는 데 2분 30초가 걸렸고, 두 번째 문제는 75초가 걸렸어요. 콜린은 세 번째 문제를 몇 초 만에 풀어야 할까요?

______

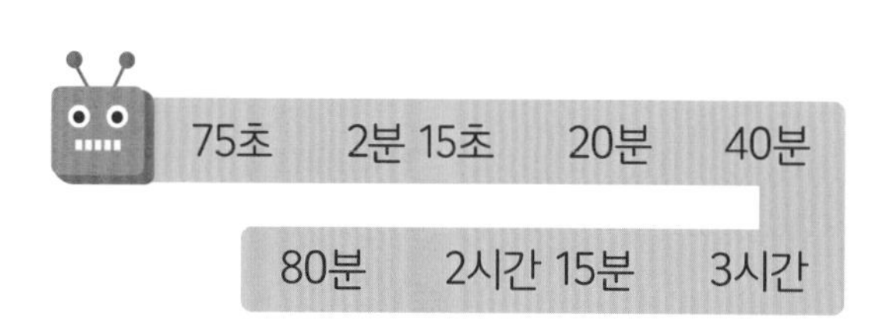

7. 더 많은 시간을 따라 길을 찾아보세요.

출발

15초	35초	50초	2시간 20분	59분	3시간 10분
10초	1분	5분	8분	300초	2시간
60초	3분	15분	11분	50분	65분
3시간 12분	28초	28분	$\frac{1}{2}$시간	1시간 14분	1.5시간
3시간	150초	6분	22분	1시간	110분
340분	5.5시간	317분	360초	180분	2시간 22분
6시간	259분	300분	4시간 40분	3시간 8분	120분
361분	540초	5시간	100분	$2\frac{1}{2}$시간	45분

8. 아래는 시계가 거울에 반사된 모습이에요. 현재 몇 시 몇 분일까요?

❶

오전 ______________

오후 ______________

❷

오전 ______________

오후 ______________

❸

오전 ______________

오후 ______________

9. 분수로 표시된 시간을 분으로 바꾸어 보세요.

$2\frac{1}{4}$시간 = ______________ 분

$2\frac{1}{3}$시간 = ______________ 분

$\frac{4}{6}$시간 = ______________ 분

$1\frac{1}{6}$시간 = ______________ 분

$3\frac{3}{4}$시간 = ______________ 분

$1\frac{2}{3}$시간 = ______________ 분

10. 시간을 분으로 바꾸어 보세요.

3.5시간 = ________ 분

3.25시간 = ________ 분

1.75시간 = ________ 분

2.1시간 = ________ 분

2.4시간 = ________ 분

0.9시간 = ________ 분

11. 욕조를 비우는 데 10분, 채우는 데 5분이 걸려요. 욕조에는 물이 400L 들어가는데 욕조 배수구를 막는 마개는 없어요. 지금 빈 욕조에 2분째 물을 채우고 있어요. 욕조에 몇 L의 물이 있을까요?

____

____

한 번 더 연습해요!

1. 공책에 주어진 시간을 다른 단위로 바꾸어 보세요.

❶ 초로 바꾸어 보세요.

1분 = ________

3분 = ________

5분 = ________

❷ 분으로 바꾸어 보세요.

1시간 = ________

4시간 = ________

120초 = ________

❸ 분과 초로 바꾸어 보세요.

80초 = ________

125초 = ________

320초 = ________

2. 공책에 계산해 보세요.

❶ 토마스는 3시간 동안 사용할 수 있는 자전거를 대여했어요. 165분 후 자전거를 반납했다면 남은 시간은 몇 분일까요?

____

____

❷ 윌라는 4분 동안 3문제를 풀려고 해요. 첫 번째 문제는 35초, 두 번째 문제는 1.5분, 세 번째 문제는 2분 45초가 걸렸어요. 목표보다 몇 초가 더 걸렸을까요?

____

____

____

2 일, 주, 월, 년

• 일, 주, 월, 년은 시간의 단위예요.

1일 = 24시간
1주 = 7일
1년 = 365일
1년 = 12개월

시간 바꾸기

빅터 가족은 3년 동안 해외에 거주했어요. 빅터 가족이 해외에 거주한 기간은 몇 개월일까요?

3년
= 3 × 12개월
= 36개월
정답 : 36개월

어학 과정은 17일이 걸려요. 이 과정의 시간을 주와 일로 나누어 보세요.

17일
= 14일 + 3일
= 2주 + 3일
정답 : 2주 3일

1. 표를 완성해 보세요.

❶ 일을 시간으로 바꾸어 보세요.

일	1	2	3	4	5
시간	24				

❷ 년을 개월로 바꾸어 보세요.

년	1	2	3	4	5
개월	12				

❸ 주를 일로 바꾸어 보세요.

주	1	2	3	4	5	6	7	8	9	10
일	7									

2. 같은 시간끼리 선으로 이어 보세요.

18개월 · 240시간 · 0.5년 · 10년 · 12시간 · 11주

10일 · 1.5년 · 77일 · 120개월 · 6개월 · 0.5일

3. 주어진 시간을 다른 단위로 바꾸어 보세요. 문제 1번의 표를 참고해도 좋아요.

❶ 개월로 바꾸어 보세요.

2년 = ______________

4년 = ______________

5년 = ______________

❷ 일로 바꾸어 보세요.

3주 = ______________

6주 = ______________

8주 = ______________

❸ 시간으로 바꾸어 보세요.

3일 = ______________

6일 = ______________

7일 = ______________

4. 주어진 시간을 다른 단위로 바꾸어 보세요.

❶ 일로 바꾸어 보세요.

24시간 = ______________

48시간 = ______________

96시간 = ______________

❷ 주로 바꾸어 보세요.

14일 = ______________

35일 = ______________

70일 = ______________

❸ 년으로 바꾸어 보세요.

36개월 = ______________

48개월 = ______________

365일 = ______________

5. 주어진 시간을 다른 단위로 바꾸어 보세요.

❶ 주와 일로 나누어 보세요.

19일 = ______________

30일 = ______________

❷ 년과 개월로 나누어 보세요.

15개월 = ______________

25개월 = ______________

6. 공책에 계산한 후, 정답을 로봇에서 찾아 ○표 해 보세요.

❶ 콜린 가족은 3주 동안 여행을 떠났어요. 콜린 가족의 여행 기간을 일로 바꾸면 며칠일까요?

____

❷ 만들기 과정은 12일이 걸려요. 12일을 주와 일로 나누어 보세요.

____

❸ 휴대 전화 배터리는 39시간 동안 유지돼요. 휴대 전화를 충전 없이 정확히 이틀 동안 사용하려면 배터리가 몇 시간 더 유지돼야 할까요?

____

❹ 이동하는 데 총 1일 8시간이 걸렸어요. 총 이동 시간 중 첫 비행기는 12시간, 공항 대기는 5시간, 나머지는 경유 비행기를 타는 데 걸렸어요. 경유 비행기를 타는 데 걸린 시간은 얼마일까요?

____

❺ 첫 비행기는 14시간, 경유 비행기 대기는 6시간, 경유 비행기는 7시간이 걸렸어요. 총 이동 시간은 하루하고 몇 시간이 더 걸렸을까요?

____

❻ 팔머는 1년에 240유로를 저축했어요. 매월 같은 금액을 저축한다면 팔머가 400유로를 저축할 때까지 몇 개월이 걸릴까요?

____

3시간 9시간 15시간 19시간 1주 5일 21일 11개월 20개월

7. 시간과 관련된 영어 단어 8개를 찾아서 표시해 보세요. 가로나 세로, 대각선으로 단어가 있어요.

A	R	U	O	H	R	W	D
T	D	A	Y	C	S	E	Q
I	A	B	I	V	E	E	F
M	G	U	W	T	C	K	Y
E	L	H	U	M	O	A	E
D	P	N	A	J	N	K	A
E	I	C	O	E	D	N	R
M	O	N	T	H	S	A	B

8. 아래 글을 읽고 맞는 것에 ○표 해 보세요.

❶ 곱셈식 $7 \times 60 \times 60$으로 식을 쓸 수 있는 문장은?

- ☐ 1주일은 몇 초인가?
- ☐ 7일은 몇 분인가?
- ☐ 7시간은 몇 초인가?
- ☐ 60분은 몇 초인가?

❷ 곱셈식 $3 \times 24 \times 60$으로 식을 쓸 수 있는 문장은?

- ☐ 3년에 해당하는 분은 몇 분인가?
- ☐ 3일에 해당하는 초는 몇 초인가?
- ☐ 3일에 해당하는 분은 몇 분인가?
- ☐ 3달에 해당하는 분은 몇 분인가?

❸ 곱셈식 $7 \times 24 \times 60 \times 60$으로 식을 쓸 수 있는 문장은?

- ☐ 7주에 해당하는 분은 몇 분인가?
- ☐ 24일에 해당하는 시간은 몇 시간인가?
- ☐ 7시간에 해당하는 초는 몇 초인가?
- ☐ 1주일에 해당하는 초는 몇 초인가?

❹ 곱셈식 $24 \times 7 \times 24 \times 60$으로 식을 쓸 수 있는 문장은?

- ☐ 1일에 해당하는 분은 몇 분인가?
- ☐ 24주에 해당하는 분은 몇 분인가?
- ☐ 1달에 해당하는 초는 몇 초인가?
- ☐ 1년에 해당하는 날은 며칠인가?

9. 주어진 단위로 바꾸어 보세요.

$3\frac{1}{7}$주 = ______ 일　　$2\frac{1}{2}$일 = ______ 시간　　$1\frac{1}{4}$년 = ______ 개월

$2\frac{3}{7}$주 = ______ 일　　$1\frac{3}{4}$일 = ______ 시간　　$2\frac{5}{6}$년 = ______ 개월

10. 주어진 단위로 바꾸어 보세요.

3.5일 = ______ 시간　　2.25일 = ______ 시간　　1.75일 = ______ 시간

3.25년 = ______ 개월　　4.5년 = ______ 개월　　10.5년 = ______ 개월

11. 가로와 세로줄에 흰색 칸이 한 개씩만 있도록 흰색 칸을 색칠해 보세요.

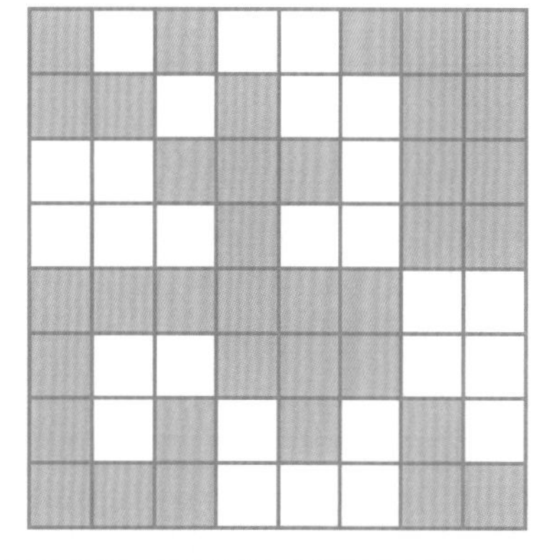

한 번 더 연습해요!

1. 주어진 시간을 다른 단위로 바꾸어 보세요.

❶ 개월로 바꾸어 보세요.

1년 = ____________

3년 = ____________

4년 = ____________

❷ 일로 바꾸어 보세요.

5주 = ____________

2년 = ____________

48시간 = ____________

❸ 년으로 바꾸어 보세요.

24개월 = ____________

36개월 = ____________

60개월 = ____________

2. 주어진 시간을 바꾸어 보세요.

❶ 주와 일로 나누어 보세요.

11일 = ________________________

20일 = ________________________

❷ 년과 개월로 나누어 보세요.

16개월 = ________________________

34개월 = ________________________

3. 아래 글을 읽고 공책에 계산해 보세요.

❶ 어떤 가족이 15일 동안 별장을 대여했어요. 별장 대여 기간을 주와 일로 나누어 나타내 보세요.

❷ 휴대 전화 배터리는 59시간 동안 유지돼요. 휴대 전화를 2일 하고 몇 시간을 더 사용할 수 있을까요?

3 시간 계산하기

매트의 학교 수업은 8시 50분에 시작해서 13시 10분에 끝나요. 매트가 학교에서 수업을 얼마나 했는지 시간과 분으로 나누어 써 보세요.

8:50 13:10

9시 50분, 10시 50분, 11시 50분, 12시 50분 그래서 4시간이지.

1. 8시 50분부터 12시 50분까지 시간을 계산하세요. 4시간
2. 12시 50분부터 13시 10분까지 분을 계산하세요. 20분
3. 총 경과 시간을 계산하세요. 4시간 + 20분 = 4시간 20분

정답 : 4시간 20분

시몬은 목요일마다 4시간 45분 동안 학교에 있고, 2시간 30분 동안 취미 활동을 해요. 학교에 있는 시간과 취미 활동 시간을 합하면 얼마일까요?

4시간 45분 + 2시간 30분
= 6시간 45분 + 30분
= 7시간 15분
정답 : 7시간 15분

탐페레에서 쿠오피오까지 이동하는 데 5시간 10분이 걸렸어요. 그 가운데 1시간 20분 동안 식사를 했고 나머지는 운전을 했어요. 운전 시간은 얼마일까요?

5시간 10분 - 1시간 20분
= 4시간 10분 - 20분
= 3시간 50분
정답 : 3시간 50분

1. 시간이 얼마나 지났는지 계산해 보세요. 정답을 시간과 분으로 나누어 쓰고, 로봇에서 찾아 ○표 해 보세요.

❶ 1:00 4:35

3시간 + 분 =

❷ 3:20 8:30

❸ 7:30 11:20

❹ 00:20 5:05

3시간 35분 3시간 50분 4시간 30분 4시간 45분 5시간 10분 5시간 20분

2. 정답을 시간과 분으로 나누어 쓰고, 로봇에서 찾아 ○표 해 보세요.

❶ 알렉은 8시 15분부터 12시 45분까지 학교에 있어요. 알렉이 학교에 있는 시간을 계산해 보세요.

정답 :

❷ 엠마의 운동 시간은 16시 30분에서 18시 50분까지예요. 엠마의 운동 시간을 계산해 보세요.

정답 :

❸ 상점은 9시 50분에 열고 15시 45분에 닫아요. 상점 영업 시간을 계산해 보세요.

정답 :

❹ 영화관은 16시 45분부터 22시 30분까지 운영해요. 영화관 운영 시간을 계산해 보세요.

정답 :

2시간 5분　2시간 20분　4시간 30분　4시간 50분　5시간 45분　5시간 55분

3. 정답을 시간과 분으로 나누어 쓰고, 로봇에서 찾아 ○표 해 보세요.

❶ 학교에 있는 시간은 총 5시간이에요. 그중 90분은 쉬는 시간이고 25분은 점심시간, 나머지는 수업 시간이에요. 수업 시간을 계산해 보세요.

❷ 지바스킬라에서 헬싱키까지 가는 데 5시간 25분이 걸려요. 그중 1시간 35분 동안 식사를 했고 나머지는 운전을 했어요. 운전 시간을 계산해 보세요.

❸ 제리의 학교는 8시 30분에 시작하여 14시 15분에 끝나요. 밀라의 학교는 10시 15분에 시작하여 14시 30분에 끝나요. 제리가 학교에 있는 시간은 밀라가 학교에 있는 시간보다 얼마나 더 많을까요?

❹ 메이는 월요일엔 15시 30분부터 17시 15분까지, 수요일엔 16시 10분부터 17시 45분까지 운동을 해요. 메이가 월요일과 수요일에 운동하는 시간을 계산해 보세요.

❺ 아빠는 8시 35분부터 17시 45분까지 회사에 있어요. 회사에 있는 시간 중 50분은 쉬는 시간, 3시간 15분은 회의, 나머지는 근무 시간이에요. 근무 시간을 계산해 보세요.

❻ 엄마는 5일 동안 40시간을 일해요. 엄마는 월요일부터 목요일은 8시 30분부터 17시 50분까지 일해요. 금요일에는 몇 시간을 일해야 할까요?

1시간 30분　1시간 55분　2시간 40분　3시간 5분　3시간 20분　3시간 50분　5시간 5분　5시간 25분

4. 아래 시계는 거울에 반사된 모습이에요. 주어진 시각이 되려면 시간이 얼마나 지나야 할까요?

❶ 12시 정각

❷ 9시 정각

5. 방향을 바꾸어 가로, 세로로 움직여 보세요. 한 번에 가로로 1칸, 세로로 2칸 움직일 수 있어요. 원을 모두 지나는 경로를 찾아보세요.

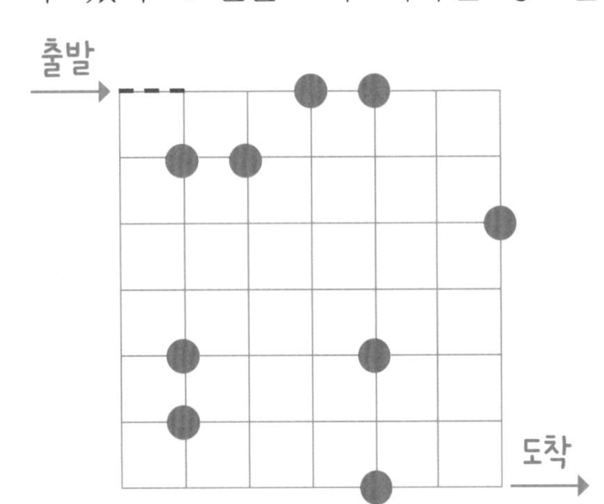

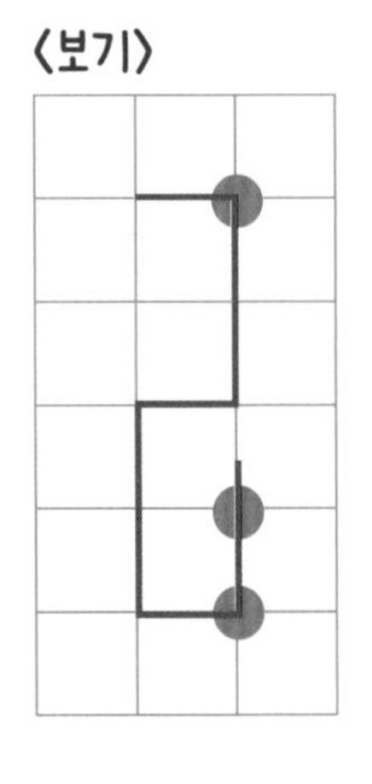

6. 공책에 계산하여 정답을 구해 보세요.

나일스는 8L와 5L 양동이를 가지고 있어요. 아래 물의 양을 측정하려면 나일스는 양동이를 어떻게 이용하면 좋을까요?

❶ 물 3L

❷ 물 2L

❸ 물 6L

7. 사람들은 어드벤처 공원에 들어가려고 줄을 서고 있어요. 10시부터 한 그룹에 8명씩 입장할 수 있어요. 첫 그룹이 입장한 뒤 10분이 경과할 때마다 한 그룹씩 입장해요. 첫 방문객은 10시 5분, 두 번째 방문객은 10시 10분, 세 번째 방문객은 10시 15분… 5분에 한 명씩 방문객이 공원을 떠난다면 아래 주어진 시각에 공원 안에 있는 사람은 몇 명일까요?

❶ 10시 11분 ________ ❷ 10시 32분 ________

❸ 11시 6분 ________ ❹ 12시 3분 ________

한 번 더 연습해요!

1. 시간이 얼마나 지났는지 계산하여 정답을 시간과 분으로 나누어 써 보세요.

❶ 3:20 7:50

____

❷ 6:25 8:15

____

2. 계산한 후, 정답을 시간과 분으로 나누어 써 보세요.

❶ 티노의 악기 연습은 14시 30분에 시작하여 16시 10분에 끝나요. 연습 시간을 계산해 보세요.

____

정답 : ________

❷ 꽃집은 10시 15분에 열어서 17시 55분에 닫아요. 꽃집의 영업 시간을 계산해 보세요.

____

정답 : ________

3. 아래 글을 읽고 공책에 알맞은 식을 세워 계산해 보세요.

❶ 로바니에미에서 오울루까지 가는 데 4시간 5분이 걸려요. 55분 동안 식사하고 나머지는 운전을 했어요. 운전 시간을 계산해 보세요.

❷ 엄마는 8시 15분부터 15시 50분까지 일해요. 40분은 휴식 시간, 4시간 5분은 컴퓨터 작업 시간, 나머지는 기타 업무 시간이에요. 기타 업무 시간을 계산해 보세요.

4 날짜 계산하기

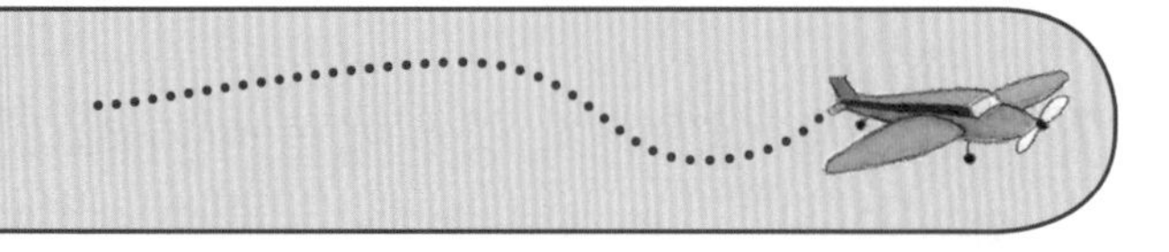

줄리는 1월 15일부터 17일까지 훈련 캠프에 있어요. 캠프 기간은 며칠일까요?

줄리는 1월 15일, 16일, 17일 총 3일 동안 훈련 캠프에 있어요.

캠프 기간을 이런 식으로 계산할 수도 있어요.

17일 - 15일 + 1일 = 3일
정답 : 3일

버논은 7월 8일부터 22일까지 휴가예요. 휴가 기간은 며칠일까요?

22일 - 8일 + 1일 = 15일
정답 : 15일

계산식에 시작일 하루를 더하세요.

아빠의 휴가는 3월 15일부터 4월 8일까지예요. 아빠의 휴가 기간은 며칠일까요?

1. 3월에 며칠이 있는지 계산하세요. — 31일
2. 3월 15일부터 3월 31일까지 날짜를 계산하고 시작일 하루를 더하세요. — 31일 - 15일 + 1일 = 17일
3. 4월 1일부터 4월 8일까지 날짜를 계산하세요. — 8일
4. 휴가가 며칠인지 모두 합하여 계산하세요. — 17일 + 8일 = 25일

정답 : 25일

3월

월	화	수	목	금	토	일
1	2	3	4	5	6	7
8	9	10	11	12	13	14
15	16	17	18	19	20	21
22	23	24	25	26	27	28
29	30	31				

4월

월	화	수	목	금	토	일
			1	2	3	4
5	6	7	8	9	10	11
12	13	14	15	16	17	18
19	20	21	22	23	24	25
26	27	28	29	30		

1. 달력의 날짜에 X표 하고 기간을 계산해 보세요.

6월

월	화	수	목	금	토	일
					1	2
3	4	5	6	7	8	9
10	11	12	13	14	15	16
17	18	19	20	21	22	23
24	25	26	27	28	29	30

7월

월	화	수	목	금	토	일
1	2	3	4	5	6	7
8	9	10	11	12	13	14
15	16	17	18	19	20	21
22	23	24	25	26	27	28
29	30	31				

8월

월	화	수	목	금	토	일
			1	2	3	4
5	6	7	8	9	10	11
12	13	14	15	16	17	18
19	20	21	22	23	24	25
26	27	28	29	30	31	

❶ 휴가는 6월 12일부터 15일까지예요.

____

❷ 집 보수 작업은 6월 18일부터 23일까지예요.

____

❸ 캠프는 6월 29일에 시작하여 7월 3일에 끝나요.

____

____

❹ 여행은 7월 25일에 시작하여 8월 1일에 끝나요.

____

____

2. 계산한 후, 정답을 로봇에서 찾아 ○표 해 보세요. 아래 표의 도움을 받아도 좋아요.

월	1월	2월	3월	4월	5월	6월	7월	8월	9월	10월	11월	12월
일수	31	28	31	30	31	30	31	31	30	31	30	31

❶ 미술 전시회가 6월 5일에 시작하여 6월 24일에 끝나요. 전시 기간은 며칠일까요?

정답 :

❷ 엄마는 4월 11일부터 28일까지 휴가예요. 휴가 기간은 며칠일까요?

정답 :

❸ 영화가 11월 23일부터 12월 15일까지 영화관에서 상영돼요. 영화의 상영 기간은 며칠일까요?

정답 :

❹ 버스 시간표는 11월 17일부터 12월 14일까지 유효해요. 시간표가 유효한 기간은 며칠일까요?

정답 :

14일 18일 20일 23일 28일 30일

3. 공책에 알맞은 식을 세워 계산한 후, 정답을 로봇에서 찾아 ○표 해 보세요.

❶ 티몬은 3월 9일부터 20일까지 여행을 가요. 여행 기간이 정확히 2주가 되려면 티몬은 며칠 더 여행해야 할까요?

❷ 베르나는 8월 2일에 도서관에서 책 한 권을 대출하여 8월 마지막 날에 반납했어요. 책의 대출 기간이 4주라면 베르나의 연체일은 며칠일까요?

❸ 엄마는 1월 26일에 출장을 떠나서 2월 2일에 돌아와요. 엄마는 9월 19일부터 25일까지 또 다른 출장이 있어요. 엄마의 출장 기간은 모두 합해서 며칠일까요?

❹ 아빠는 6월 19일부터 7월 12일까지 휴가예요. 이후에 첫 번째 휴가 기간의 $\frac{1}{3}$만큼 휴가가 더 있어요. 아빠의 휴가는 5주에서 며칠 부족할까요?

더 생각해 보아요!

달력을 보고 1월의 마지막 목요일이 며칠인지 알아맞혀 보세요.

2월

월	화	수	목	금	토	일
			1	2	3	4
5	6	7	8	9	10	11
12	13	14	15	16	17	18
19	20	21	22	23	24	25
26	27	28				

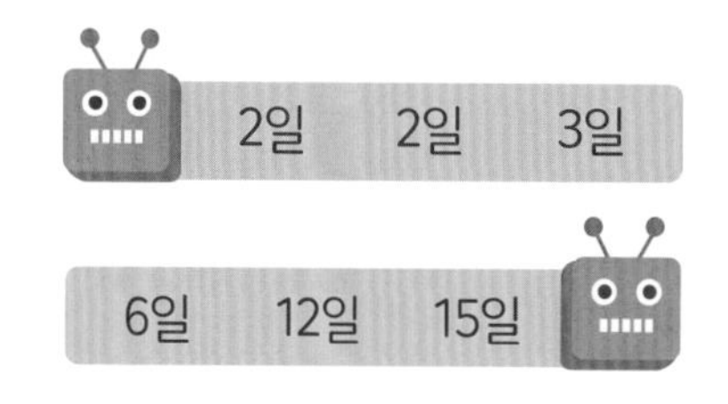

4. 오른쪽 10월 달력을 보고 10월 달력과 같은 해가 아닌 달력에 X표 해 보세요.

10월

월	화	수	목	금	토	일
						1
2	3	4	5	6	7	8
9	10	11	12	13	14	15
16	17	18	19	20	21	22
23	24	25	26	27	28	29
30	31					

9월

월	화	수	목
2	3	4	
9	10	11	
16	17	18	19
23	24	25	26
30			

☐

11월

월	화	수	목	금
2	3	4		
9	10	11	12	
16	17	18	19	
23	24	25	26	27
30				

☐

11월

월	화	수	목
		1	
6	7	8	
13	14	15	
20	21	21	
27	28	29	

☐

11월

화	수	목	금	토	일
	3	4	5	6	7
	10	11	12	13	14
	17	18	19	20	21
23	24	25	26	27	28
30					

☐

9월

월	화	수	목
4	5	6	7
11	12	13	
18	19	20	
25	26	27	

☐

9월

월	화	수	목	금	토	일
1	2	3	4	5	6	
7	9	10	11	12		
15	16	17	18			
22	23	24				
29	30					

☐

5. 오른쪽 그림의 달력을 보고 주어진 날짜가 무슨 요일인지 알아맞혀 보세요.

❶ 9월 8일 ______________

❷ 9월 16일 ______________

❸ 9월 28일 ______________

❹ 10월 2일 ______________

❺ 10일 20일 ______________

❻ 11월 2일 ______________

6. 아래 글을 읽고 공책에 알맞은 식을 세워 답을 구해 보세요.

❶ 필리의 음악 캠프는 6월 26일에 시작해서 9일 동안 해요. 캠프가 끝나는 날짜는 언제일까요?

❷ 믹은 12월 21일에 떠나 15일 동안 여행을 해요. 여행이 끝나는 날짜는 언제일까요?

❸ 시머스는 화요일 15시에 여행을 가서 금요일 12시에 돌아와요. 여행에 며칠 몇 시간이 걸렸는지 계산해 보세요.

❹ 팀이 금요일 10시에 토너먼트 투어를 떠나서 일요일 21시 30분에 돌아와요. 토너먼트 투어에 며칠 몇 시간이 걸렸는지 계산해 보세요.

7. 아래 단서를 읽고 휴가지, 휴가 기간, 절약한 돈을 알아맞혀 보세요.

	 미모사	 로렌스	 테오	 카밀라
휴가지				
휴가 기간				
절약한 돈				

- 카밀라는 테오보다 20유로를 더 절약했어요.
- 테오는 프랑스의 수도로 여행을 가요.
- 바르셀로나를 여행하는 사람은 101유로를 절약했어요.
- 아테네를 여행하는 사람은 2주에서 이틀 뺀 기간 동안 여행해요.
- 테오와 카밀라가 절약한 돈을 합하면 모두 190유로예요.
- 카밀라는 로렌스보다 여행 기간이 하루 더 길어요.
- 두브로브니크를 여행하는 사람은 가장 많은 돈을 절약했어요.
- 테오의 휴가 기간은 아테네를 여행하는 사람보다 이틀 적어요.
- 미모사는 카밀라가 절약한 금액의 $\frac{1}{3}$을 절약했어요.
- 가장 긴 휴가 기간은 2주 1일이에요.

한 번 더 연습해요!

1. 달력에 날짜를 X표 하고 기간을 계산해 보세요.

2월

월	화	수	목	금	토	일
				1	2	3
4	5	6	7	8	9	10
11	12	13	14	15	16	17
18	19	20	21	22	23	24
25	26	27	28			

3월

월	화	수	목	금	토	일
				1	2	3
4	5	6	7	8	9	10
11	12	13	14	15	16	17
18	19	20	21	22	23	24
25	26	27	28	29	30	31

❶ 2월 20일부터 24일까지 휴가

❷ 2월 26일부터 3월 4일까지 휴가

2. 공책에 알맞은 식을 세워 계산해 보세요.

❶ 테이트는 7월 12일부터 7월 23일까지 캠프를 해요. 캠프 기간은 며칠일까요?

❷ 아빠는 9월 11일부터 19일까지 출장을 가요. 그리고 11월 25일부터 12월 12일까지 또 다른 출장이 있어요. 아빠의 출장 기간은 모두 합하여 며칠일까요?

___월 ___일 ___요일

5 세로셈으로 시간 계산하기

할머니 댁에 가는 데 기차로 13시간 26분, 차로 16시간 8분이 걸려요. 기차로 가면 차로 갈 때보다 시간을 얼마나 단축할 수 있을까요?

60분 + 8분 = 68분

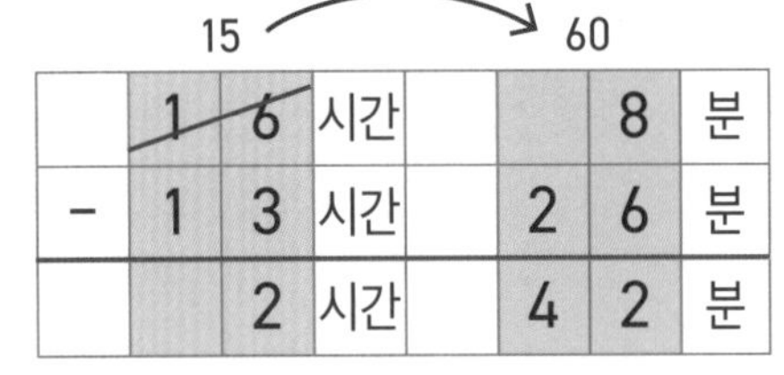

15 → 60

	~~1~~	~~6~~	시간			8	분
−	1	3	시간		2	6	분
		2	시간		4	2	분

정답 : 2시간 42분

- 먼저 분끼리 뺄셈을 해요.
  필요할 경우 시간에서 분을 빌려 와야 해요.
  1시간이 60분인 것을 기억하세요.
- 시간끼리 뺄셈을 해요.

크로스컨트리 경주에서 페트라의 기록은 25분 15초, 시머스의 기록은 19분 42초예요. 시머스의 기록은 페트라보다 얼마나 더 빠를까요?

60초 + 15초 = 75초

24 → 60

	~~2~~	~~5~~	분		1	5	초
−	1	9	분		4	2	초
		5	분		3	3	초

정답 : 5분 33초

- 먼저 초끼리 뺄셈을 해요.
  필요한 경우 분에서 초를 빌려 와야 해요.
  1분이 60초인 것을 기억하세요.
- 분끼리 뺄셈을 해요.

1. 이동 시간을 살펴보고 더 빠른 방법을 이용할 때 시간이 얼마나 단축되는지 세로셈으로 계산해 보세요. 정답을 로봇에서 찾아 ○표 해 보세요.

헬싱키에서 로바니에미까지 이동

교통수단	이동 시간
기차	8시간 15분
자동차	11시간 48분
자전거	43시간 17분
도보	125시간 39분

❶ 기차와 자동차

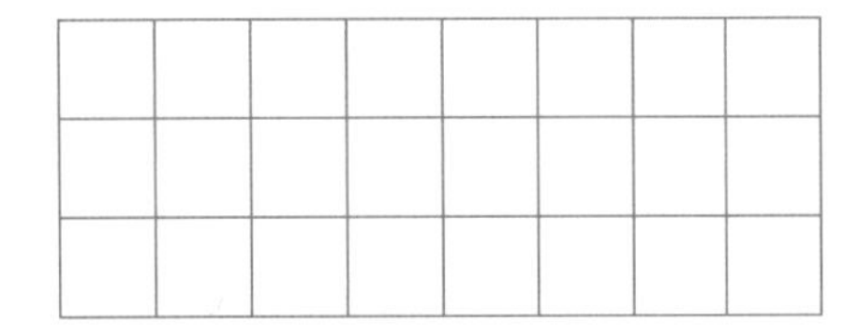

정답 :

❷ 자전거와 자동차

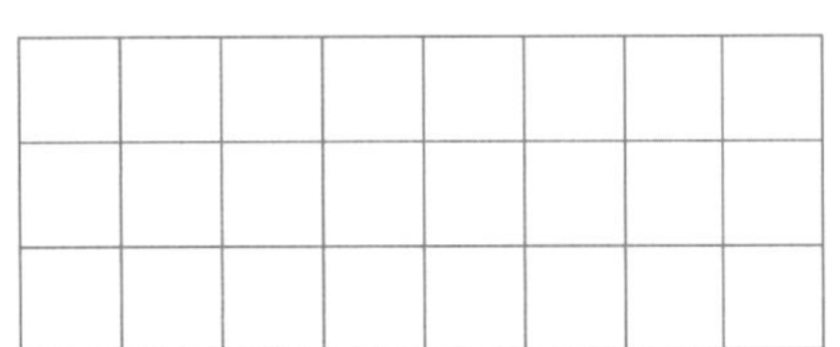

정답 :

❸ 도보와 자동차

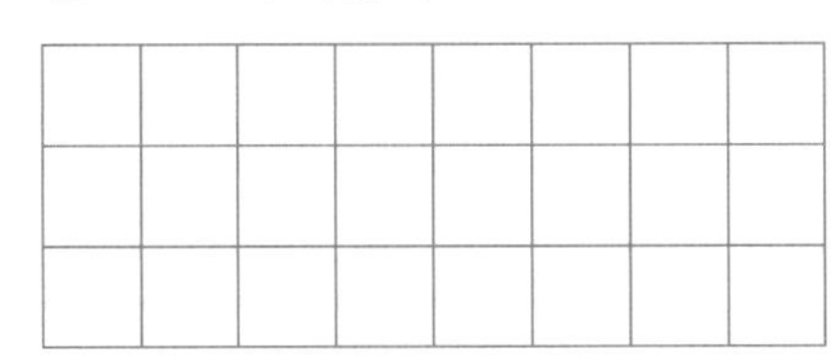

정답 :

3시간 33분 22시간 9분 31시간 29분 82시간 22분 113시간 51분

2. 크로스컨트리 경주 기록을 살펴보고 세로셈으로 계산한 후, 정답을 로봇에서 찾아 ○표 해 보세요.

❶ 콜린의 기록은 사울보다 얼마나 더 빠를까요?

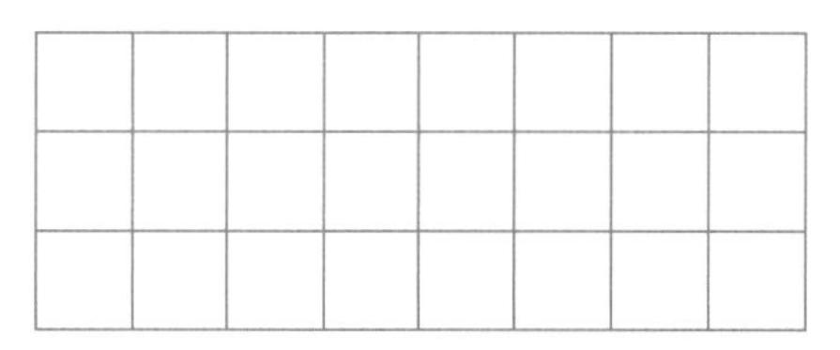

정답 :

❷ 미렐라의 기록은 베르나보다 얼마나 더 빠를까요?

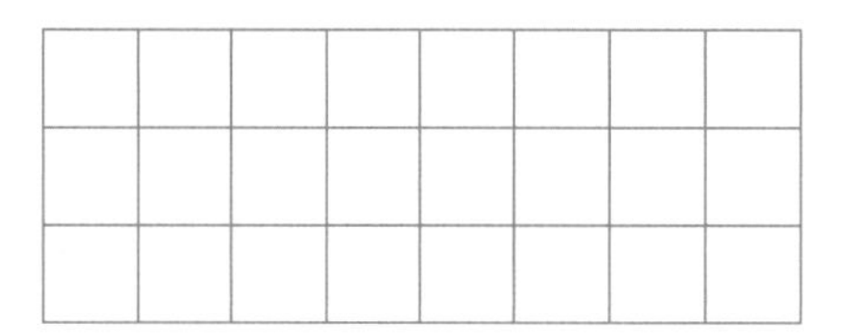

정답 :

❹ 베르나의 기록은 사울과 얼마나 차이가 날까요?

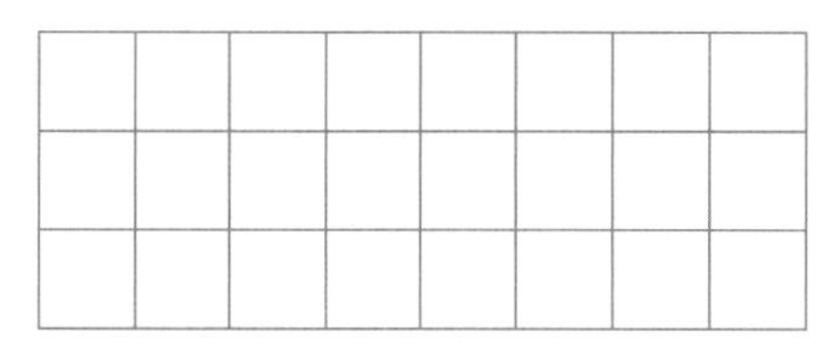

정답 :

크로스컨트리 기록

참가자	기록
1. 미렐라	20분 59초
2. 콜린	21분 33초
3. 사울	23분 46초
4. 베르나	25분 9초

❸ 콜린의 기록은 미렐라와 얼마나 차이가 날까요?

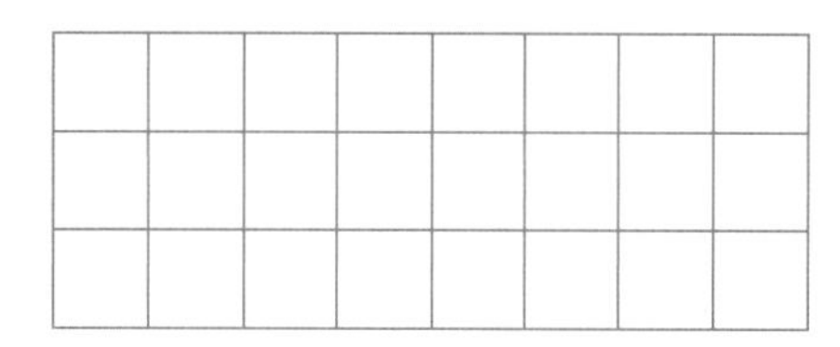

정답 :

34초 41초 1분 23초 2분 13초

2분 55초 4분 10초

3. 공책에 알맞은 식을 세워 계산한 후, 정답을 로봇에서 찾아 ○표 해 보세요.

❶ 어떤 가족이 콜라리에서 투르쿠까지 휴가를 떠나요. 차를 운전해서 가면 13시간 32분이 걸리고, 기차를 타면 11시간 47분이 걸려요. 기차로 왕복하면 이동 시간을 얼마나 단축할 수 있을까요?

❷ 헬싱키에서 시카고행 직항은 13시간 47분이 걸려요. 헬싱키에서 런던까지 경유기는 4시간 10분, 런던에서 시카고행 비행기는 8시간 35분이 걸려요. 공항에서 대기 시간이 2시간 25분이라면 시카고행 직항은 비행시간을 얼마나 단축할 수 있을까요?

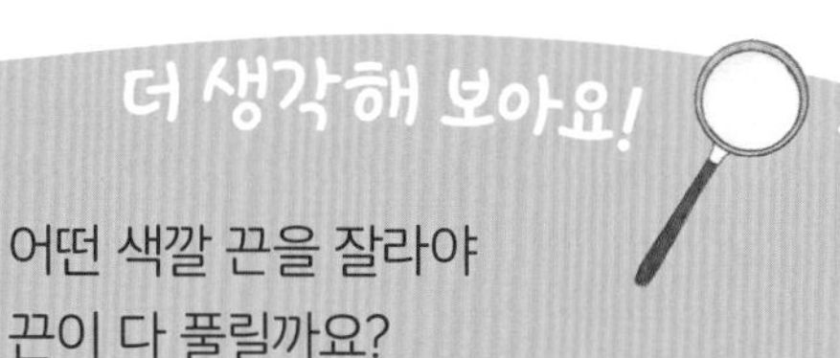

더 생각해 보아요!

어떤 색깔 끈을 잘라야 끈이 다 풀릴까요?

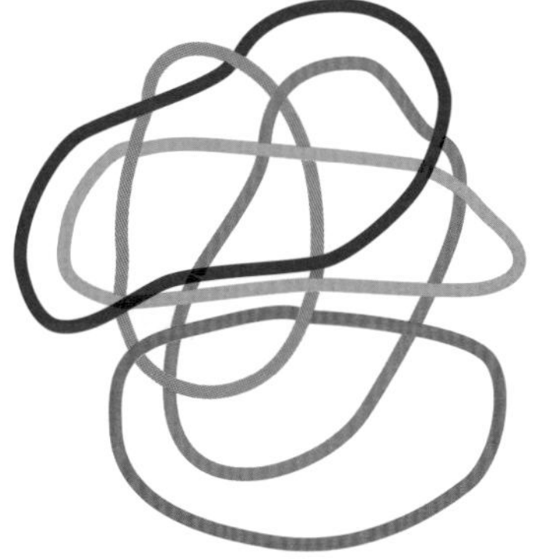

1시간 23분 2시간 15분

3시간 30분 3시간 40분

4. 아래 단서를 읽고 같은 거리를 달릴 때 가장 빠른 차부터 가장 느린 차의 순서로 배열해 보세요.

- 스테이션 왜건(SW)은 이동 시간이 2시간에서 6분 적게 걸려요.
- 스포츠카(S)는 이동 시간이 2시간 12분 걸려요.
- 컨버터블(C)은 이동 시간이 레저용 차량(RV)보다 16분 더 걸려요.
- 레저용 차량(RV)은 이동 시간이 스포츠카보다 13분 적게 걸려요.

____

5. 아래 글을 읽고 질문에 답해 보세요.

컴퓨터 게임을 시작하면 초록색, 노란색, 주황색, 파란색 물고기가 스크린에 동시에 나와요. 그 후 스크린에 물고기가 아래 순서로 나타나요.

- 3초마다 초록색 물고기
- 5초마다 노란색 물고기
- 6초마다 주황색 물고기
- 8초마다 파란색 물고기

❶ 몇 초 후에 초록색, 노란색 물고기가 스크린에 동시에 나타날까요?

____

❷ 몇 초 후에 초록색, 노란색, 주황색 물고기가 스크린에 동시에 나타날까요?

____

❸ 몇 초 후에 초록색, 노란색, 주황색, 파란색 물고기가 스크린에 동시에 나타날까요?

____

6. 아래 질문에 답해 보세요. 로봇은 10분에 15쪽을 읽어요.

❶ 로봇은 1.5시간 동안 몇 쪽을 읽을까요?

____

❷ 로봇은 2시간 20분 동안 몇 쪽을 읽을까요?

____

❸ 로봇이 375쪽을 읽는 데 시간이 얼마나 걸릴까요?

____

❹ 로봇이 705쪽을 읽는 데 시간이 얼마나 걸릴까요?

____

7. 대여 시간이 아래와 같다면 자전거를 대여하기에 가장 저렴한 곳은 어디일까요?

❶ 10시 50분 ~ 11시 40분
❷ 15시 40분 ~ 17시 20분
❸ 18시 15분 ~ 20시 30분
❹ 12시 45분 ~ 16시 15분

자전거 천국
최초 비용 8유로
7유로 / 1시간

한 번 더 연습해요!

1. 더 빠른 교통수단으로 이동 시간을 얼마나 단축할 수 있을까요?

❶ 자동차 : 5시간 12분
버스 : 7시간 45분

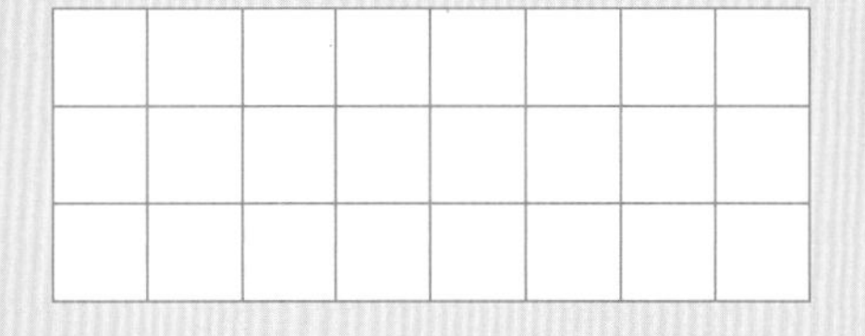

정답 :

❷ 자전거 : 9시간 5분
자동차 : 3시간 37분

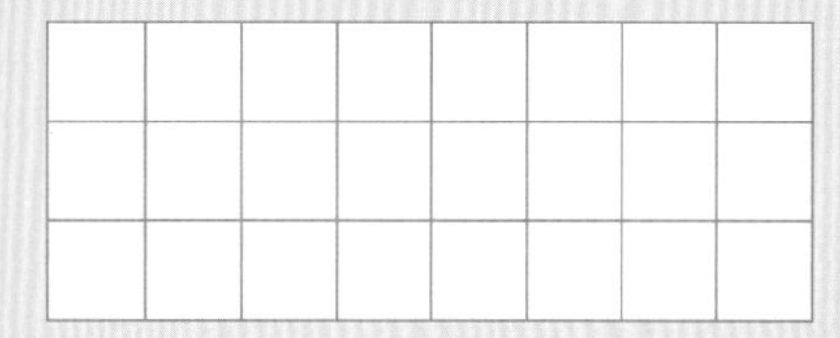

정답 :

2. 걸음이 더 빠른 사람이 목적지에 도착하는 시간을 얼마나 단축할 수 있을까요?

❶ A : 36분 12초
B : 41분 28초

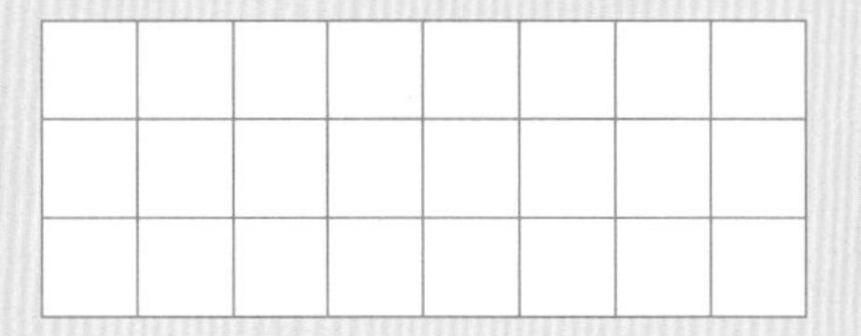

정답 :

❷ A : 29분 31초
B : 33분 22초

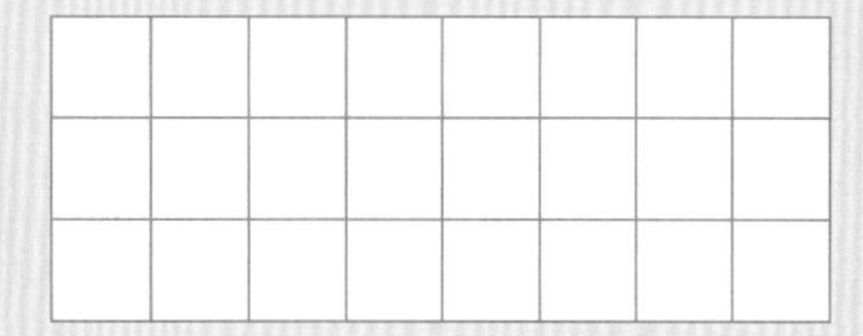

정답 :

연습 문제

_____ 월 _____ 일 _____ 요일

1. 주어진 시간 단위로 바꾸어 보세요.

❶ 분과 초로 바꾸어 보세요.

75초 = ____________________

150초 = ____________________

250초 = ____________________

215초 = ____________________

❷ 시간과 분으로 바꾸어 보세요.

90분 = ____________________

125분 = ____________________

375분 = ____________________

550분 = ____________________

2. 주어진 시간 단위로 바꾸어 보세요.

❶ 주와 일로 바꾸어 보세요.

10일 = ____________________

31일 = ____________________

36일 = ____________________

❷ 년과 개월로 바꾸어 보세요.

14개월 = ____________________

27개월 = ____________________

37개월 = ____________________

3. 시간이 얼마나 지났는지 계산한 후, 정답을 시간과 분으로 나누어 써 보세요.

6:05 → 10:25

____

2:35 → 4:15

____

4. 달력의 날짜에 X표 하고 공책에 기간을 계산해 보세요.

❶ 도서관의 도서 대출 기간은 12월 5일부터 21일까지예요.

12월

월	화	수	목	금	토	일
						1
2	3	4	5	6	7	8
9	10	11	12	13	14	15
16	17	18	19	20	21	22
23	24	25	26	27	28	29
30	31					

❷ 차량을 9월 25일에 맡기고 10월 5일에 가져왔어요.

9월

월	화	수	목	금	토	일
					1	2
3	4	5	6	7	8	9
10	11	12	13	14	15	16
17	18	19	20	21	22	23
24	25	26	27	28	29	30

10월

월	화	수	목	금	토	일
1	2	3	4	5	6	7
8	9	10	11	12	13	14
15	16	17	18	19	20	21
22	23	24	25	26	27	28
29	30	31				

지구는 태양 주위를 공전하는 데 365일 5시간 48분 46초가 걸려요. 그래서 4년마다 이 시간을 모아 하루를 더 만들어 2월 29일이 있는 윤달이 생겨요.

5. 아래 글을 읽고 세로셈으로 계산해 보세요.

❶ 더 빠른 교통수단으로 이동 시간을 얼마나 단축할 수 있을까요?
기차 : 4시간 16분
버스 : 6시간 23분

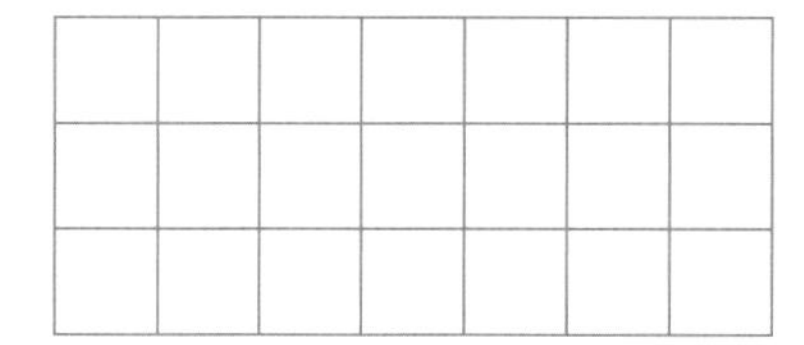

정답 : ____________________

❷ 더 빠른 교통수단으로 이동 시간을 얼마나 단축할 수 있을까요?
자전거 : 2시간 41분
오토바이 : 1시간 49분

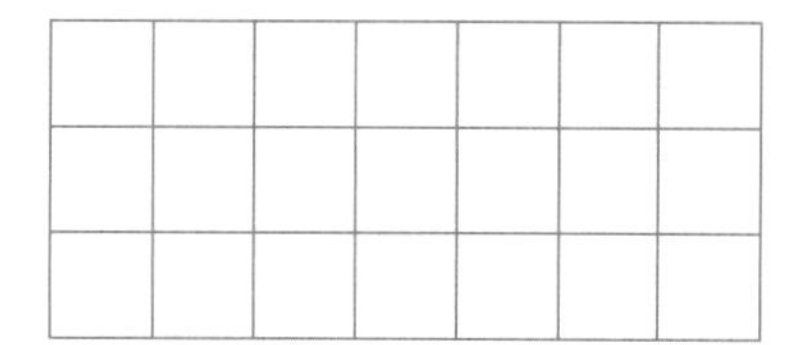

정답 : ____________________

❸ 걸음이 더 빠른 사람이 목적지에 도착하는 시간을 얼마나 단축할 수 있을까요?
A : 28분 35초
B : 24분 22초

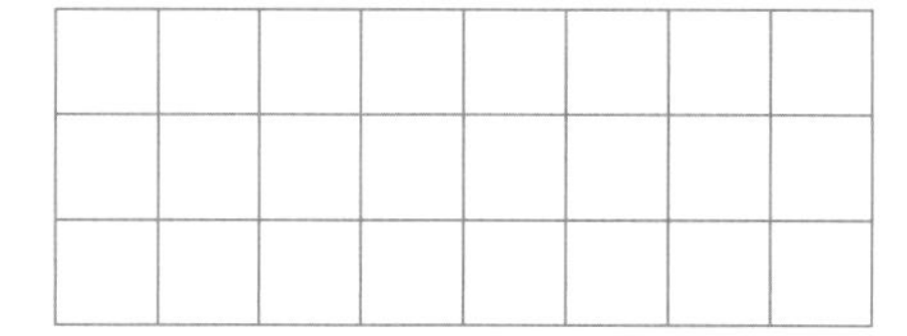

정답 : ____________________

❹ 더 빨리 뛰는 사람이 목적지에 도착하는 시간을 얼마나 단축할 수 있을까요?
A : 12분 32초
B : 16분 9초

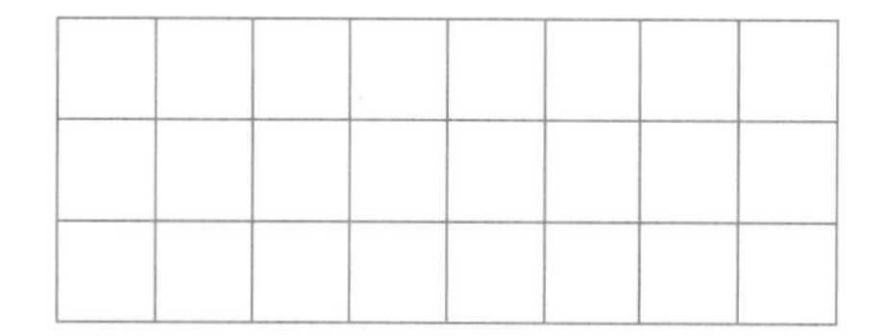

정답 : ____________________

6. 공책에 계산한 후, 정답을 로봇에서 찾아 ○표 해 보세요.

❶ 하루 동안 실키는 집에서 15시간 45분을, 학교에서 5시간 15분을 보냈어요. 나머지 시간은 취미 활동을 하면서 보냈어요. 실키가 취미 활동에 쓴 시간을 계산해 보세요.

❷ 할머니는 1월 30일에 여행을 떠나서 2월 19일에 돌아와요. 그리고 6월 18일부터 23일까지 또 다른 여행을 가요. 할머니의 여행 기간은 모두 며칠일까요?

❸ 제이크의 학교 수업은 9시 15분에 시작하여 13시 30분에 끝나요. 애니는 9시 45분부터 15시 15분까지 해요. 애니가 학교에 있는 시간은 제이크보다 얼마나 더 많을까요? 시간과 분으로 나누어 써 보세요.

❹ 엄마는 7시 50분부터 15시 15분까지 회사에 있어요. 회사에서 30분은 휴식, 2시간 20분은 전화, 1시간 15분은 회의, 나머지 시간은 글을 쓰면서 보내요. 엄마가 글을 쓰는 시간을 계산하여 시간과 분으로 나누어 써 보세요.

❺ 어떤 가족이 12월 23일부터 1월 11일까지 오두막집을 대여했어요. 두 번째에는 첫 번째 기간의 $\frac{1}{4}$ 동안 대여했어요. 총 대여 기간이 4주가 되려면 며칠 더 대여해야 할까요?

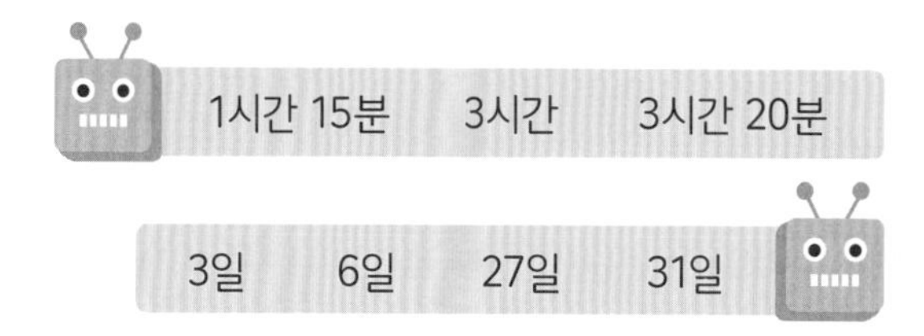

7. 알파벳을 다시 배열하여 시간 관련 단어를 만들어 보세요.

❶ ARYE ______

❷ UNTIME ______

❸ HOTMN ______

❹ AYD ______

❺ KWEE ______

❻ CONSED ______

8. 아래 글을 읽고 아이들의 생일을 알아맞혀 보세요.

랜스
______

루시
______

노버트
______

줄스
______

카일라
______

- 랜스가 태어난 달은 28일까지 있어요.
- 루시가 태어난 달은 한 해의 끝에서 두 번째 달이에요.
- 카일라의 생일은 첫 달의 마지막 날이에요.
- 랜스의 생일은 줄스의 생일보다 정확히 5개월 전이에요.
- 노버트는 카일라와 같은 달에 태어났어요.
- 랜스는 카일라보다 10일 후에 태어났어요.
- 루시가 태어난 달의 일수를 2로 나누면 루시가 태어난 날이에요.
- 노버트는 12일에 태어났어요.

9. 방향을 바꾸어 가로나 세로로 움직여 보세요. 한 번에 가로로 1칸, 세로로 2칸 움직일 수 있어요. 선을 따라서만 움직여서 원을 모두 한 번씩 지나는 경로를 찾아보세요.

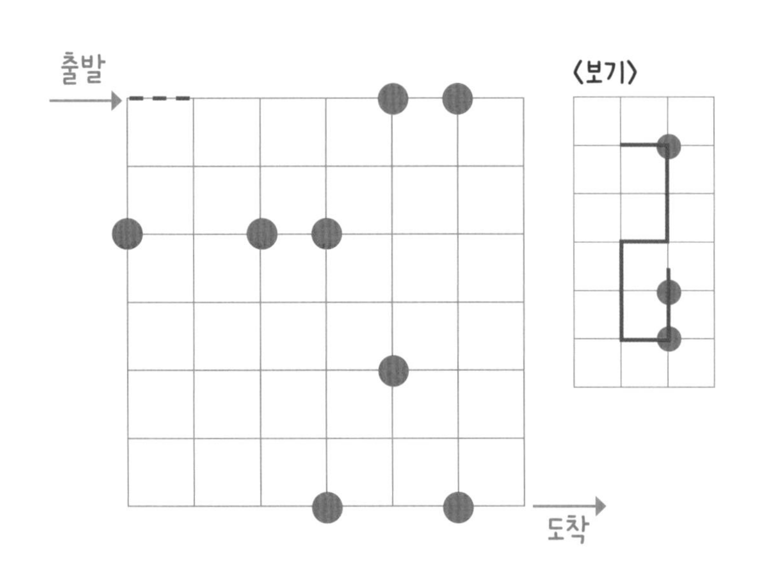

10. 아래 코드를 살펴보세요. 계산기 프로그램이 어떤 수를 출력할까요?

❶ 계산기

```
{
    a = 5;
    b = a;
    c = a + b;

    d = a + b + c;
    출력 (d);
}
```

출력 : ______________

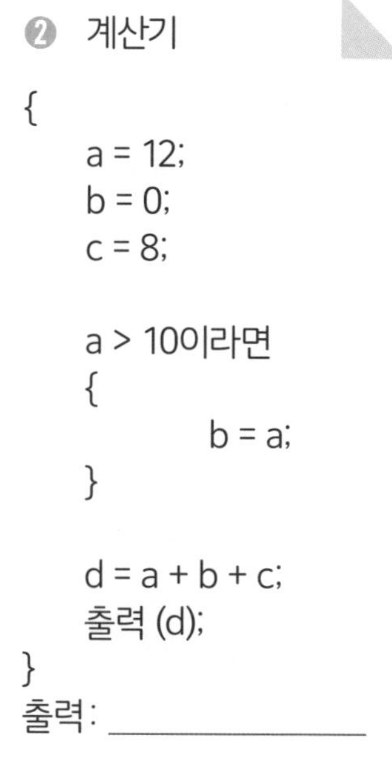

❷ 계산기

```
{
    a = 12;
    b = 0;
    c = 8;

    a > 10이라면
    {
            b = a;
    }

    d = a + b + c;
    출력 (d);
}
```

출력 : ______________

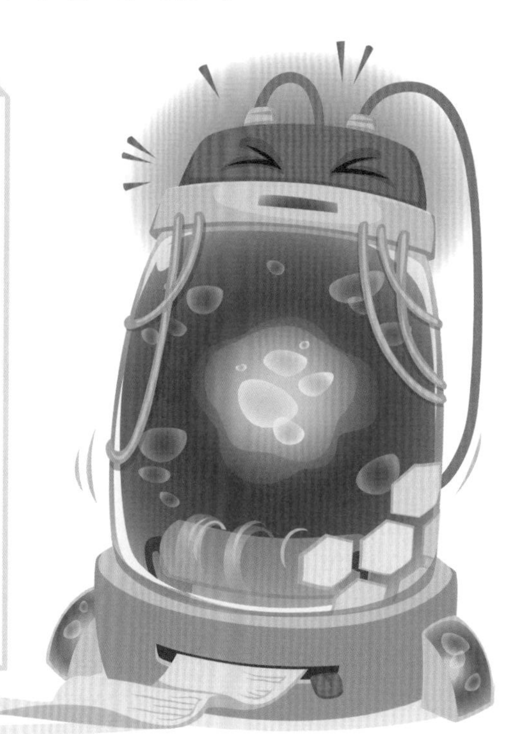

한 번 더 연습해요!

1. 세로셈으로 계산해 보세요. 더 빠른 이동 수단으로 시간을 얼마나 단축할 수 있을까요?

❶ 달리는 사람 : 18분 13초
걷는 사람 : 56분 41초

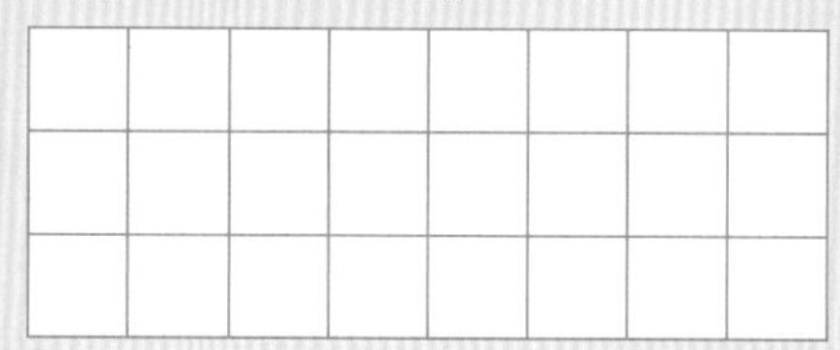

정답 : ______________

❷ 스케이트보드 : 2시간 25분
자전거 : 1시간 58분

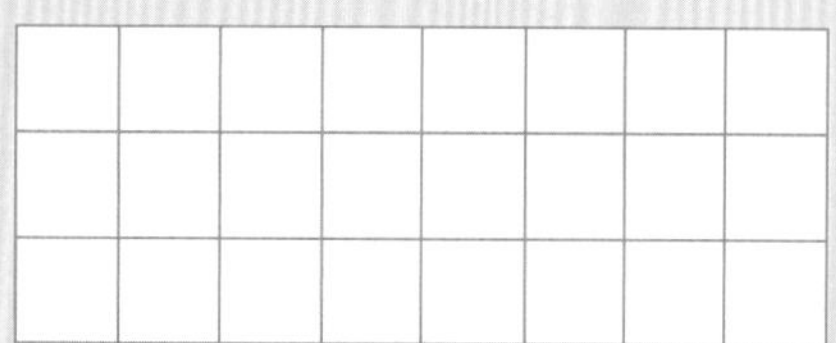

정답 : ______________

2. 공책에 계산해 보세요.

❶ 캐스퍼는 7월 15일부터 26일까지 여행을 가요. 여행 기간이 정확히 2주가 되려면 캐스퍼는 며칠 더 여행해야 할까요?

❷ 버스 여행이 가는 데는 14시 25분~16시 50분이 걸려요. 돌아오는 데는 18시 5분~20시 20분이 걸려요. 버스로 왕복하는 데 걸린 시간은 모두 얼마일까요?

6 평균 속력

- 속력은 이동 중 변화하기 때문에 평균 속력으로 이야기해요.
- 평균 속력은 이동 거리를 소요 시간으로 나누어 계산해요. 즉, 평균 속력 = $\frac{거리}{시간}$
- 속력의 가장 일반적인 단위는 km/h와 m/s예요.

자동차의 현재 속력은 시속 95km예요.

95km/h는 "시속 95킬로미터"라고 읽고
6m/s는 "초속 6미터"라고 읽어요.

2시간 동안 자동차는 120km를 이동했어요. 이 차의 평균 속력은 얼마일까요?

거리 : 120km

시간 : 2시간

$\frac{120km}{2시간}$ = 60km/h

정답 : 60km/h

차의 평균 속력이 60km/h라는 것은 차가 1시간에 60km를 이동한다는 것을 의미해요.

세라는 10초에 60m를 달렸어요. 세라의 평균 속력은 얼마일까요?

거리 : 60m

시간 : 10초

$\frac{60m}{10초}$ = 6m/s

정답 : 6m/s

세라의 평균 속력이 6m/s라는 것은 세라가 1초에 6m를 달린다는 것을 의미해요.

! 평균 속력 = $\frac{거리}{시간}$

먼저 계산에 필요한 정보를 모두 파악하세요.

1. 평균 속력을 써 보세요.

❶ 기차는 1시간에 125km를 가요.

____

❷ 자동차가 1시간에 70km를 가요.

____

❸ 저드는 1초에 5m를 달려요.

____

❹ 풍속이 초속 7m예요.

____

❺ 비행기가 1시간에 980km를 가요.

____

❻ 빛은 초속 300,000km예요.

____

2. 빈칸을 채워 평균 속력을 계산한 후, 정답을 로봇에서 찾아 ○표 해 보세요.

❶ 제이미는 2시간 동안 16km를 달렸어요.
제이미의 평균 속력은 얼마일까요?

거리 : ____________________

시간 : ____________________

평균 속력 : ____________________

정답 : ____________________

❷ 샐리는 3시간 동안 자전거를 48km 탔어요.
샐리의 평균 속력은 얼마일까요?

거리 : ____________________

시간 : ____________________

평균 속력 : ____________________

정답 : ____________________

❸ 자동차가 3시간 동안 150km를 갔어요.
자동차의 평균 속력은 얼마일까요?

거리 : ____________________

시간 : ____________________

평균 속력 : ____________________

정답 : ____________________

❹ 비행기가 10시간 동안 9750km를 갔어요.
비행기의 평균 속력은 얼마일까요?

거리 : ____________________

시간 : ____________________

평균 속력 : ____________________

정답 : ____________________

3. 공책에 알맞은 식을 세워 답을 구한 후, 정답을 로봇에서 찾아 ○표 해 보세요.

❶ 개가 10초에 120m를 달려요.
이 개의 평균 속력은 얼마일까요?

❷ 고양이가 7초에 14m를 걸어요.
이 고양이의 평균 속력은 얼마일까요?

❸ 말이 5초에 70m를 달려요.
이 말의 평균 속력은 얼마일까요?

❹ 밀리가 50초에 200m를 달려요.
밀리의 평균 속력은 얼마일까요?

2 m/s　4 m/s　5 m/s　12 m/s　14 m/s　8 km/h　16 km/h　50 km/h　70 km/h　975 km/h

4. 평균 속력이 시속 80km인 자동차가 있어요. 이 자동차는 아래 주어진 시간 동안 몇 km를 갈 수 있을까요?

❶ 3시간 동안

____

❷ 4시간 동안

____

❸ 30분 동안

____

❹ 15분 동안

____

5. 그림에 해당하는 평균 속력을 찾아 선으로 이어 보세요.

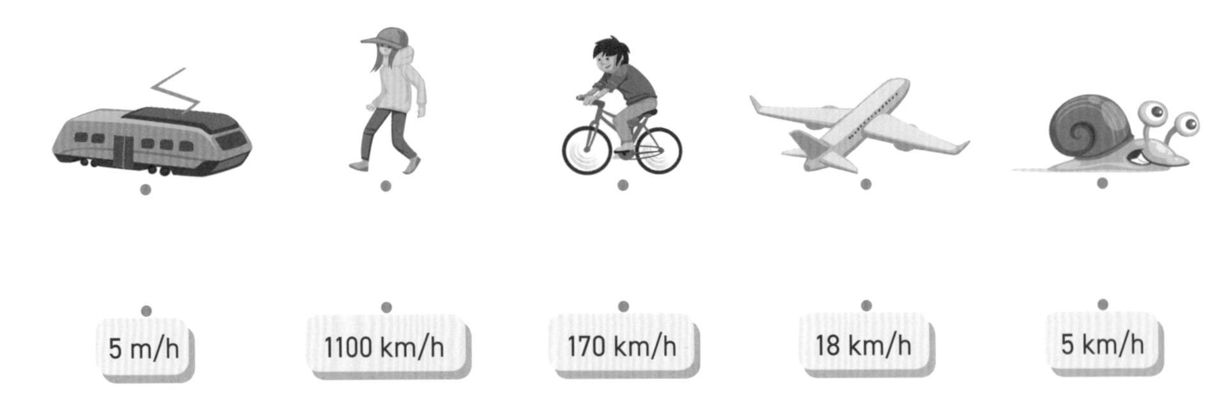

6. A 지점에서 출발한 아이들의 목적지가 어디일까요? 빈칸을 채워 표를 완성해 보세요.

이름	시간	평균 속력	거리	도시
에밀리	5시간	60km/h		
오마르	2.5시간	80km/h		
미사	1.5시간	100km/h		
잰	0.5시간	70km/h		
에밀	6시간	90km/h		
네타	3시간	65km/h		
콜린	3시간	90km/h		

7. km/h로 평균 속력을 구해 보세요.

❶ 기차가 5분 동안 10km를 가요.

____

❷ 알렉은 3분 동안 300m를 걸어요.

____

❸ 자동차가 2분 동안 1.5km를 달려요.

____

❹ 에니는 6분 동안 사이클을 2.3km 타요.

____

8. 아래 글을 읽고 아이들이 가는 곳과 평균 속력(km/h)을 알아맞혀 보세요.

메릴린 
팀 
시빌 
키아 

줄스 

	메릴린	팀	시빌	키아	줄스
장소					
평균 속력					

- 키아의 평균 속력은 시빌보다 시속 20km 더 빨라요.
- 시빌은 2시간 동안 15km를 가요.
- 영화관에 가는 아이의 평균 속력은 시빌보다 4배 더 빨라요.
- 역에 가는 아이는 1시간 동안 18km를 가요.
- 도서관까지의 거리는 5.5km예요. 이 아이는 도서관까지 가는 데 12분이 걸려요.
- 메릴린의 평균 속력은 줄스보다 시속 20km 느려요.
- 메릴린의 평균 속력은 팀의 $\frac{3}{5}$이에요.
- 줄스는 아이스 스케이트장에 가요.
- 속력이 가장 느린 아이는 상점에 가요.

한 번 더 연습해요!

1. 아래 글을 읽고 알맞은 식을 세워 답을 구해 보세요.

❶ 자동차는 4시간 동안 320km를 가요.
이 자동차의 평균 속력은 얼마일까요?

정답 :

❷ 리나는 3시간 동안 사이클을 42km 타요.
사이클의 평균 속력은 얼마일까요?

정답 :

❸ 시에나는 40초 동안 200m를 달려요.
시에나의 평균 속력은 얼마일까요?

정답 :

❹ 비행기는 8시간 동안 8080km를 날아가요.
비행기의 평균 속력은 얼마일까요?

정답 :

2. 아래 글을 읽고 공책에 알맞은 식을 세워 답을 구해 보세요.

❶ 닭이 9초 동안 18m를 달려요. 이 닭의 평균 속력은 얼마일까요?

❷ 곰이 6초 동안 48m를 달려요. 이 곰의 평균 속력은 얼마일까요?

7 속력 계산하기

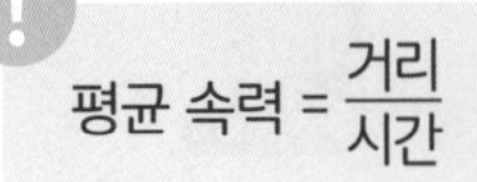

평균 속력 = $\frac{\text{거리}}{\text{시간}}$

기차는 14시 50분에 떠나서 16시 50분에 도착해요. 이동 거리가 250km라면 이 기차의 평균 속력은 얼마일까요?

거리 = 250km

시간 = (14시 50분부터 16시 50분까지) 2시간

평균 속력 = $\frac{250\text{km}}{2\text{시간}}$ = 125km/h

정답 : 125km/h

여름 별장은 120km 거리에 있어요. 갈 때 1시간 30분이 걸리고, 돌아올 때 2시간 30분이 걸려요. 별장에 갔다 오는 동안 평균 속력은 얼마일까요?

거리 = 120km + 120km = 240km

시간 = 1시간 30분 + 2시간 30분 = 4시간

평균 속도 = $\frac{240\text{km}}{4\text{시간}}$ = 60km/h

정답 : 60km/h

1. 빈칸을 채워 평균 속력을 계산한 후, 정답을 구해 보세요.

❶ 버스는 12시 30분에 출발하여 16시 30분에 도착해요. 이동 거리가 320km라면 이 버스의 평균 속력은 얼마일까요?

거리 : ______________________

시간 : ______________________

평균 속력 : ______________________

정답 : ______________________

❷ 스키장까지의 거리는 150km이고 가는 데 2시간, 오는 데 3시간이 걸려요. 스키장에 갔다 오는 동안 평균 속력은 얼마일까요?

거리 : ______________________

시간 : ______________________

평균 속력 : ______________________

정답 : ______________________

2. 빈칸을 채워 평균 속력을 계산한 후, 정답을 로봇에서 찾아 ○표 해 보세요.

❶ 세라는 처음 1시간 동안 6km를 걸었고 또 1시간 동안 8km를 걸었어요. 세라가 걷는 동안 평균 속력은 얼마일까요?

거리 : ____________________

시간 : ____________________

평균 속력 : ____________________

정답 : ____________________

❷ 수영장까지의 거리는 8km예요. 가는 데 55분, 오는 데 1시간 5분이 걸려요. 수영장에 갔다 오는 동안 평균 속력은 얼마일까요?

거리 : ____________________

시간 : ____________________

평균 속력 : ____________________

정답 : ____________________

3. 아래 글을 읽고 공책에 알맞은 식을 세워 답을 구한 후, 정답을 로봇에서 찾아 ○표 해 보세요.

❶ 제리는 2시간 동안 자전거를 25km 타요. 제리가 자전거를 타는 평균 속력은 얼마일까요?

❷ 버스는 8시 55분에 출발하여 11시 55분에 도착해요. 이동 거리가 270km라면 이 버스의 평균 속력은 얼마일까요?

❸ 자동차가 처음 5시간 동안 370km, 그 후 2시간 동안 190km를 달렸어요. 자동차가 달리는 동안 평균 속력은 얼마일까요?

❹ 여름 별장까지 거리는 360km예요. 3시간 이동하고 다시 2시간 더 이동하여 도착했어요. 이동하는 동안 평균 속력은 얼마일까요?

❺ 버스는 1시간 24분을 달리고 휴식 후에 다시 2시간 36분을 달렸어요. 버스의 총 운행 거리가 340km라면 이 버스의 평균 속력은 얼마일까요?

❻ 헬싱키에서 기차를 타고 모스크바로 이동하면 15시간이 걸려요. 모스크바까지 거리가 1110km라면 이 기차의 평균 속력은 얼마일까요?

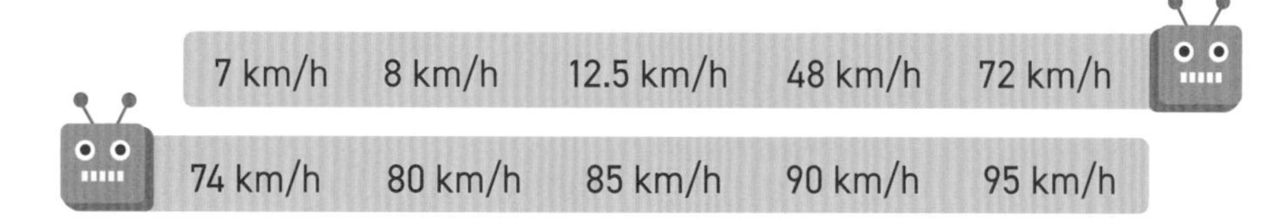

더 생각해 보아요!

자동차가 $\frac{1}{2}$분 동안 750m를 달려요.
이 차의 평균 속력은 시속 몇 km일까요?

____

4. 빈칸을 채워 표를 완성해 보세요.

평균 속력	시간	거리
70km/h	2시간	
	3시간	270km
120km/h	30분	
90km/h	4시간	
	5시간	520km
60km/h		15km

5. 아래와 같은 모양을 찾아서 표시해 보세요.
남은 칸에 있는 알파벳이 어떤 단어를 만들까요?
일부 모양이 겹칠 수도 있어요.

<찾아야 할 모양>

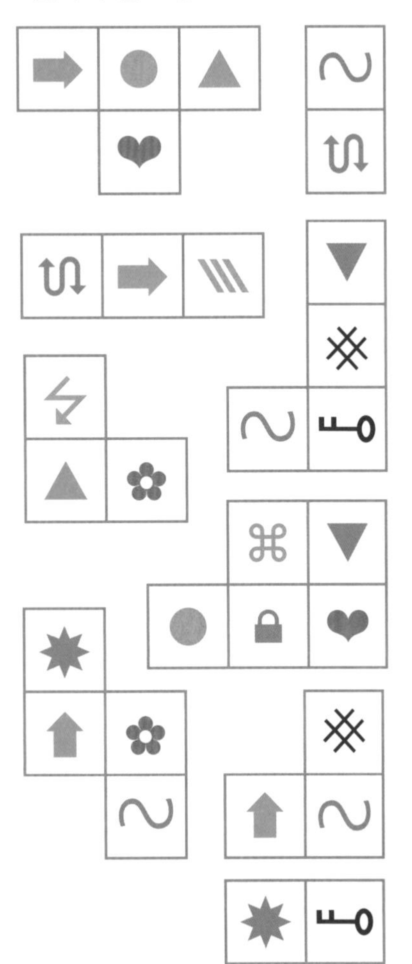

A	N	I	T	A	M
U	S	V	O	L	K
W	E	E	R	J	I
A	N	U	S	R	M
K	I	G	X	Y	D
J	U	M	V	R	E

정답 : ____________________

6. 아래 글을 읽고 공책에 답을 구해 보세요.

일부 학급 친구들은 걸어서, 또 다른 친구들은 자전거를 타고 학교에서 목적지까지 같은 경로를 이동하려고 해요. 걸어가는 친구들은 자전거를 타는 친구들보다 정확히 30분 전에 출발했어요. 걸어가는 친구들의 평균 속력은 시속 4km이고, 자전거를 타는 친구들의 평균 속력은 시속 12km예요.

❶ 자전거를 타는 친구들이 출발할 때, 걸어가는 친구들은 얼마나 앞서 있을까요?

❷ 자전거를 타는 친구들이 걸어가는 친구들과 만나게 될 때, 걸어가는 친구들은 얼마나 갔을까요?

❸ 자전거를 타는 친구들이 걸어가는 친구들을 만나게 될 때까지 시간은 얼마나 걸릴까요?

7. 아래 속도를 점점 빠른 순서로 나열해 보세요.

50 m/h　　50 m/s　　50 km/h　　50 km/s　　50 cm/s

______ < ______ < ______ < ______ < ______

한 번 더 연습해요!

1. 아래 글을 읽고 답을 구해 보세요.

❶ 기차가 17시 45분에 출발하여 19시 45분에 도착해요. 이동 거리가 280km라면 이 기차의 평균 속력은 얼마일까요?

거리 : ______

시간 : ______

평균 속력 : ______

정답 : ______

❷ 놀이공원까지 거리는 75km예요. 가는 데 1시간 25분, 오는 데 1시간 35분이 걸려요. 평균 속력은 얼마일까요?

거리 : ______

시간 : ______

평균 속력 : ______

정답 : ______

2. 아래 글을 읽고 공책에 답을 구해 보세요.

❶ 시에나는 2시간 동안 11km를 달려요. 시에나의 평균 속력은 얼마일까요?

❷ 페이톤은 처음 3시간 동안 자전거를 34km 타고, 그 후 2시간 동안 26km를 더 탔어요. 자전거의 평균 속력은 얼마일까요?

_____ 월 _____ 일 _____ 요일

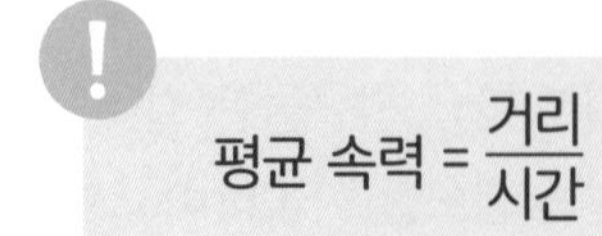

1. 아래 글을 읽고 알맞은 식을 세워 답을 구한 후, 정답을 로봇에서 찾아 ○표 해 보세요.

❶ 버스의 총 이동 거리는 400km예요. 갈 때는 2시간 15분, 올 때는 2시간 45분이 걸려요. 이 버스의 평균 속력은 얼마일까요?

거리 : ______________________

시간 : ______________________

평균 속력 : ______________________

정답 : ______________________

❷ 여름 별장까지 거리는 225km예요. 별장에 갔다 오는 데 5시간이 걸려요. 별장에 다녀오는 동안 평균 속력은 얼마일까요?

거리 : ______________________

시간 : ______________________

평균 속력 : ______________________

정답 : ______________________

❸ 기차는 13시 45분에 출발하여 19시 45분에 도착해요. 이동 거리가 660km라면 이 기차의 평균 속력은 얼마일까요?

거리 : ______________________

시간 : ______________________

평균 속력 : ______________________

정답 : ______________________

❹ 자동차가 6시 40분에 출발하여 10시 10분에 멈추고 잠시 쉬었어요. 10시 30분에 다시 출발하여 목적지에 12시에 도착했어요. 이동 거리가 410km라면 휴식 시간을 제외한 이동 시간 동안의 평균 속력은 얼마일까요?

거리 : ______________________

시간 : ______________________

평균 속력 : ______________________

정답 : ______________________

2. 공책에 알맞은 식을 세워 답을 구한 후, 정답을 로봇에서 찾아 ○표 해 보세요.

❶ 아이노는 2시간 동안 자전거를 35km 탔어요. 아이노의 평균 속력은 얼마일까요?

❷ 학급에서 최고 기록을 가진 선수는 20초에 200m를 달려요. 이 선수의 평균 속력은 얼마일까요?

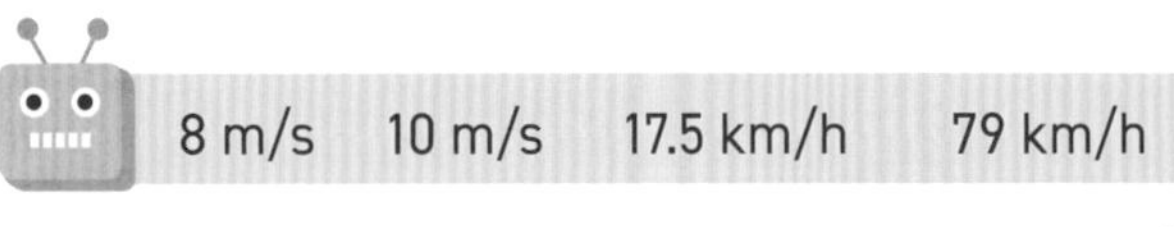

80 km/h 82 km/h 90 km/h 110 km/h

여기서 잠깐!

치타는 세계에서 가장 빠른 육상 동물이에요. 치타의 최고 속도는 시속 120km, 약 초속 33m예요.

3. 공책에 알맞은 식을 세워 계산한 후, 정답을 로봇에서 찾아 ○표 해 보세요.

❶ 블랙 힐에서 먹스베리까지 자동차를 2시간 동안 운전했어요. 이 자동차의 평균 속력은 얼마일까요?

❷ 버스가 비컨 힐에서 블랙 힐을 경유하여 우드엔드까지 2시간 동안 달렸어요. 이 버스의 평균 속력은 얼마일까요?

❸ 기차가 블랙 힐에서 17시 35분에 출발하여 번사이드에 20시 35분에 도착했어요. 이 기차의 평균 속력은 얼마일까요?

❹ 버스가 블랙 힐을 6시 5분에 출발하여 캐슬 힐에 11시 5분에 도착했어요. 이 버스의 평균 속력은 얼마일까요?

❺ 피트는 블랙 힐에서 비컨 힐까지 자전거를 탔어요. 20km 이동하는 데 1시간 45분이 걸렸고, 나머지를 이동하는 데 2시간 15분이 걸렸어요. 피트의 평균 속력은 얼마일까요?

❻ 자동차를 운전하여 블랙 힐에서 바튼까지 갔다 돌아왔어요. 왕복 3시간이 걸렸다면 이 자동차의 평균 속력은 얼마일까요?

❼ 버스가 블랙 힐에서 캐슬 힐까지 이동했어요. 3시간 후에 캐슬 힐에 도착하려면 버스의 평균 속력은 얼마여야 할까요?

❽ 버스 경로는 캐슬 힐~블랙 힐~바튼~블랙 힐~먹스베리~블랙 힐이에요. 이동하는 데 총 10시간이 걸렸다면 이 버스의 평균 속력은 얼마일까요?

더 생각해 보아요!

한스와 알렉의 집 사이 거리는 정확히 12km예요. 한스와 알렉은 서로를 향해 동시에 집을 떠났어요. 한스는 시속 18km로 자전거를 탔고, 알렉은 시속 6km로 걸었어요. 두 사람이 만났을 때 알렉의 집에서 얼마나 떨어져 있을까요?

____

13 km/h	17 km/h	35 km/h
50 km/h	66 km/h	80 km/h	86 km/h
95 km/h	105 km/h	110 km/h

4. 빈칸을 채워 표를 완성해 보세요.

	거리	시각	걸린 시간	평균 속력
달리기	14km	8:52 ~ 10:52		
사이클	69km	18:15 ~ 21:15		
모터 자전거	22km	17:15 ~ 17:45		
자동차	420km	10:05 ~ 16:05		
오토바이	210km	11:10 ~ 14:10		
헬리콥터	60km	6:15 ~ 6:30		

5. 페넬로페 가족은 놀이공원에 가는 계획을 세우고 있어요. 이동 방법으로 3가지가 있어요. 늦어도 13시에 도착하려면 언제 집에서 출발해야 할까요?

1안
기차를 타면 2시간 10분이 걸려요. 기차가 출발하기 20분 전에 기차역으로 출발해야 해요. 기차역에서 놀이공원까지 걸어서 20분이 걸려요. ____________

2안
아빠가 시속 90km의 속력으로 180km를 운전해요. 운전 도중 30분 정도 휴식을 취할 수 있어요. 주차장에서 놀이공원까지 걸어서 15분이 걸려요. ____________

3안
집에서 버스 정류장까지 걸어가면 10분이 걸려요. 버스를 타고 2시간 35분을 가요. 버스 정류장에서 놀이공원까지 걸어서 10분이 걸려요. ____________

시간표

기차 출발 시각
9시
10시
11시
12시

버스 출발 시각
8시 30분
9시 30분
10시 30분
11시 30분
12시 30분

6. 가로와 세로의 숫자 합이 각각 같도록 숫자 1, 4, 7, 10, 13을 빈칸에 알맞게 써넣어 보세요. 가운데 숫자를 달리하여 3가지 답을 생각해 보세요.

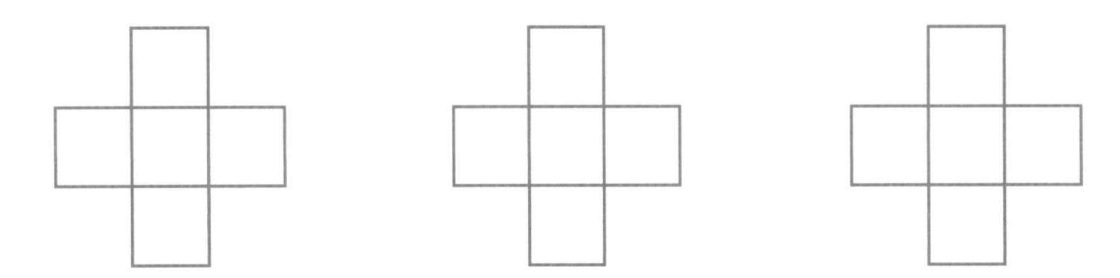

7. 24시간 동안 시계의 시침과 분침은 몇 회 겹칠까요? 밤 9시부터 다음 날 밤 9시까지 기간을 정하여 관찰해 보세요.

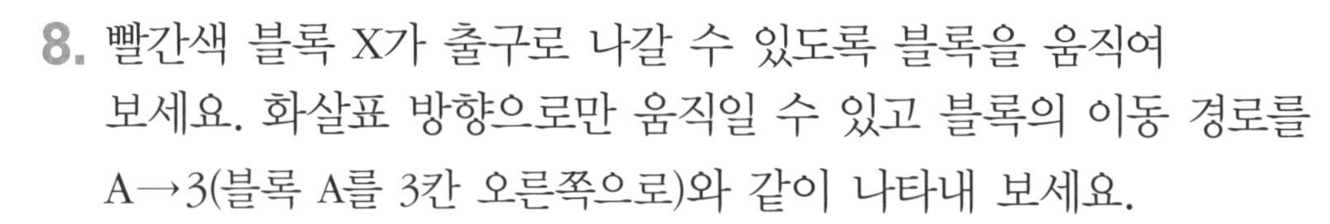

8. 빨간색 블록 X가 출구로 나갈 수 있도록 블록을 움직여 보세요. 화살표 방향으로만 움직일 수 있고 블록의 이동 경로를 A→3(블록 A를 3칸 오른쪽으로)와 같이 나타내 보세요.

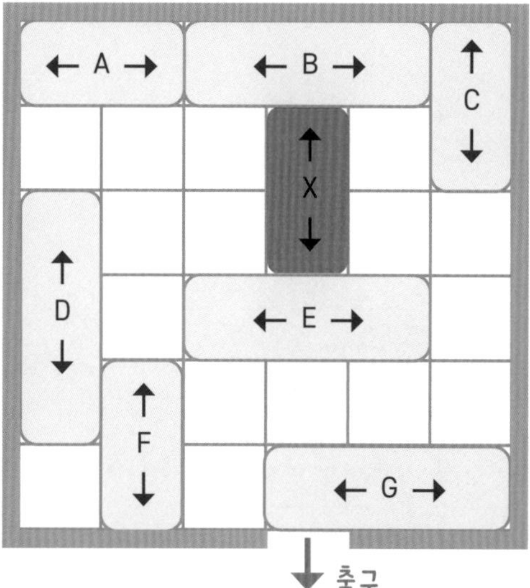

한 번 더 연습해요!

1. 알맞은 식을 세워 답을 구해 보세요.

❶ 버스가 2시간 동안 150km를 이동해요. 이 버스의 평균 속력은 얼마일까요?

정답 :

❷ 리스토는 3시간 동안 18km를 달려요. 리스토의 평균 속력은 얼마일까요?

정답 :

2. 공책에 알맞은 식을 세워 답을 구해 보세요.

❶ 자동차가 1시간 35분 동안 145km를 달린 후, 1시간 25분 동안 95km를 더 달렸어요. 이 자동차의 평균 속력은 얼마일까요?

❷ 기차가 9시 5분에 출발하여 13시 5분에 도착했어요. 이동 거리가 480km라면 이 기차의 평균 속력은 얼마일까요?

9. 빈칸에 알맞은 시각과 걸린 시간을 써 보세요.

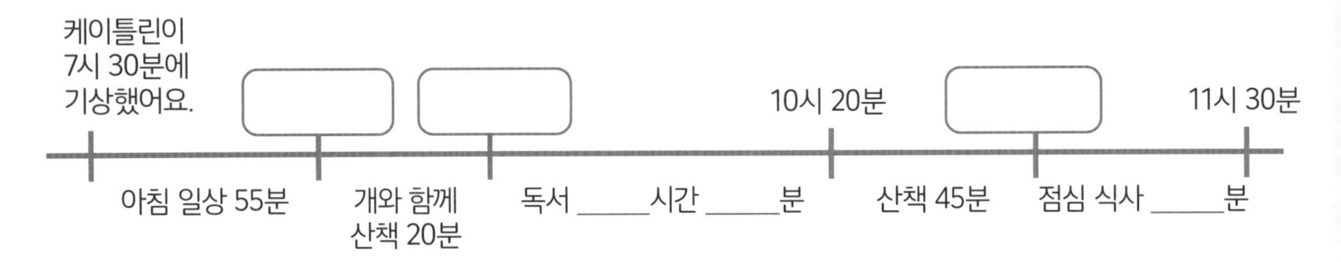

10. 모스 부호를 이용하여 아래 메시지를 해독해 보세요.

짧고 긴 신호를 이용하여 메시지를 보내는 데 쓰이는 모스 부호는 문자와 숫자를 기호화해요. 모스 부호를 쓰면 각 단어 사이에 /를 써요.

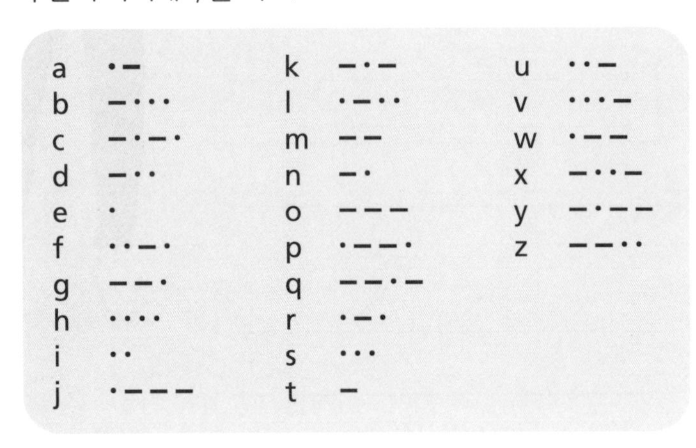

a	·–	k	–·–	u	··–
b	–···	l	·–··	v	···–
c	–·–·	m	––	w	·––
d	–··	n	–·	x	–··–
e	·	o	–––	y	–·––
f	··–·	p	·––·	z	––··
g	––·	q	––·–		
h	····	r	·–·		
i	··	s	···		
j	·–––	t	–		

0	–––––
1	·––––
2	··–––
3	···––
4	····–
5	·····
6	–····
7	––···
8	–––··
9	––––·

❶ ·/–/··–/–·/··/––

____

❷ –··/–·/–––/–·–·/·/···

____

❸ –/····/·/ –·–·/····/·/·/–/·–/····/ ··/···/ ·–/ ··–·/·–/···/–/ ·–·/··–/–·/–·/·/·–·

____

❹ 모스 부호로 친구에게 전하는 간단한 메시지를 만들어 보세요.

____

____

____

____

11. 총 거리는 360km예요. 사이먼은 7시 50분에 운전을 시작하여 시속 120km의 속력으로 전체 거리의 $\frac{1}{9}$을 이동했어요. 사이먼이 12시 10분에 도착한다면 나머지 거리를 가는 동안 평균 속력은 얼마일까요?

12. 공책에 질문의 답을 구해 보세요. 공기 중 소리의 속력은 초속 340m이고, 수중 속력은 초속 1500m예요.

❶ 1시간 동안 소리는 공기 중에서 몇 km를 이동할까요?

____

❷ 1시간 동안 소리는 물속에서 몇 km를 이동할까요?

____

한 번 더 연습해요!

1. 계산해 보세요.

❶ 클라우드는 연습을 15시 45분에 시작하여 17시 30분에 끝냈어요. 연습 시간은 얼마일까요? 시간과 분으로 나누어 써 보세요.

____

정답 :

❷ 달리기 경주에서 밀라의 기록은 21분 26초이고 시에나의 기록은 17분 31초예요. 시에나는 밀라보다 얼마나 더 빠를까요?

정답 :

2. 공책에 알맞은 식을 세워 계산해 보세요.

❶ 바이올렛은 2시간 동안 사이클을 27km 탔어요. 바이올렛의 평균 속력은 얼마일까요?

❷ 기차는 11시 45분에 출발하여 14시 45분에 도착했어요. 총 거리가 480km라면 이 기차의 평균 속력은 얼마일까요?

실력을 평가해 봐요!

____ 월 ____ 일 ____ 요일

1. 주어진 단위로 바꾸어 보세요.

❶ 80초 = ________분 ________초

❷ 325초 = ________분 ________초

❸ 150분 = ________시간 ________분

❹ 42개월 = ________년 ________개월

2. 계산하여 시간과 분으로 나타내 보세요.

❶ 상점은 8시 15분에 열고 17시 30분에 닫아요.
상점의 영업시간은 얼마일까요?

정답 :

❷ 공원은 11시 45분에 열고 20시 30분에 닫아요.
공원 운영시간은 얼마일까요?

정답 :

3. 여행 기간이 며칠인지 계산해 보세요. 6월에는 30일이 있어요.

❶ 시나는 6월 18일부터 27일까지 여행해요.

정답 :

❷ 제시는 6월 26일에 떠나서 7월 13일에 집에 돌아와요.

정답 :

4. 시간이 얼마나 단축되는지 세로셈으로 계산해 보세요.

❶ 빨간색 버스를 타면 시간이 얼마나 단축될까요?
빨간색 버스 : 3시간 18분
파란색 버스 : 5시간 32분

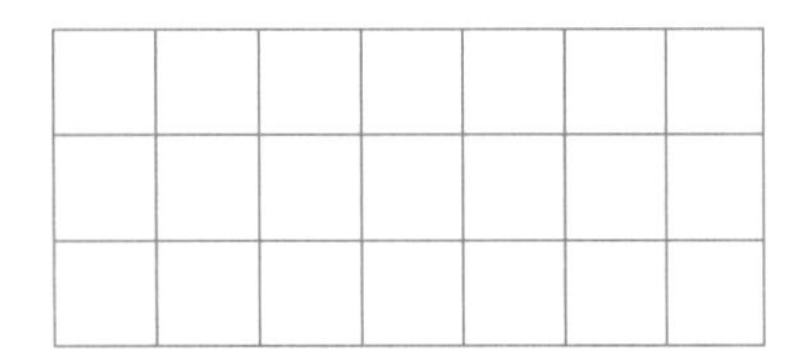

정답 :

❷ 자전거를 타면 시간이 얼마나 단축될까요?
자전거 : 22분 46초
스케이트 : 34분 8초

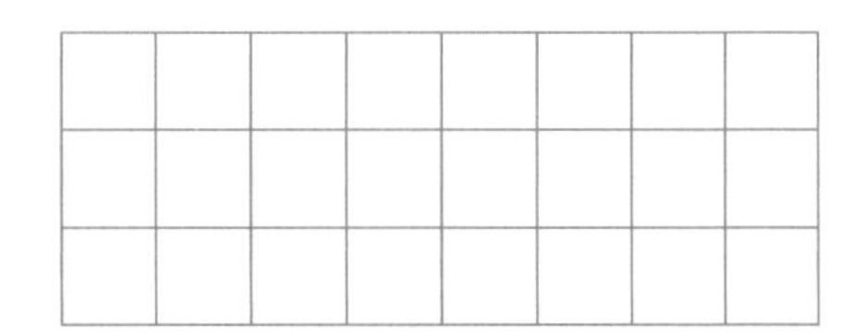

정답 :

5. 계산해 보세요.

❶ 아서의 학교는 9시 15분에 시작하여 14시 30분에 끝나요. 엘리나의 학교는 8시 10분에 시작하여 13시 15분에 끝나요. 아서가 학교에 있는 시간은 엘리나보다 얼마나 더 많을까요?

정답 :

❷ 한 가족이 자동차를 두 번 대여했어요. 첫 번째에는 1월 12일~2월 5일까지, 두 번째에는 2주 동안 대여했어요. 첫 번째에는 두 번째보다 며칠 더 대여했을까요? 1월에는 31일이 있어요.

정답 :

6. 평균 속력을 계산해 보세요.

❶ 엘리나는 3시간 동안 자전거를 45km 타요.

정답 :

❷ 고양이는 10초 동안 42m를 달려요.

정답 :

❸ 기차는 10시 5분에 출발하여 13시 5분에 도착해요. 총 거리는 375km예요.

정답 :

❹ 이동 거리 중 240km는 2.5시간 동안, 그 후 390km는 4.5시간 동안 갈 수 있어요.

정답 :

실력이 자란 만큼 별을 색칠하세요.

★★★ 정말 잘했어요.
★★☆ 꽤 잘했어요.
★☆☆ 앞으로 더 노력할게요.

_____월 _____일 _____요일

1. 주어진 단위로 바꾸어 보세요.

❶ 3시간 = __________분

❷ 5분 = __________초

❸ 12개월 = __________년

❹ 120분 = __________시간

2. 계산하여 시간과 분으로 나타내 보세요.

❶ 아이스 스케이트장은 10시 30분에 열고 16시 45분에 닫아요. 아이스 스케이트장 운영시간은 얼마일까요?

정답 :

❷ 상점은 12시 50분에 열고 19시 15분에 닫아요. 상점의 영업시간은 얼마일까요?

정답 :

3. 여행 기간이 며칠인지 계산해 보세요. 9월에는 30일이 있어요.

❶ 페이튼은 9월 12일부터 26일까지 여행을 가요.

정답 :

❷ 줄리는 9월 27일부터 10월 14일까지 여행을 가요.

정답 :

4. 메이블의 기록은 28분 14초이고 젠나의 기록은 31분 23초예요.
두 사람의 기록 차이를 분과 초로 나누어 나타내 보세요.

정답 :

5. 평균 속력을 계산해 보세요.

❶ 기차는 2시간 동안 280km를 달려요.

정답 :

❷ 버스는 18시 40분에 출발하여 22시 40분에 도착해요. 총 거리는 320km예요.

정답 :

6. 주어진 단위로 바꾸어 보세요.

❶ 95초 = ____분 ____초

230초 = ____분 ____초

❷ 18개월 = ____년 ____개월

32개월 = ____년 ____개월

❸ 145분 = ____시간 ____분

475분 = ____시간 ____분

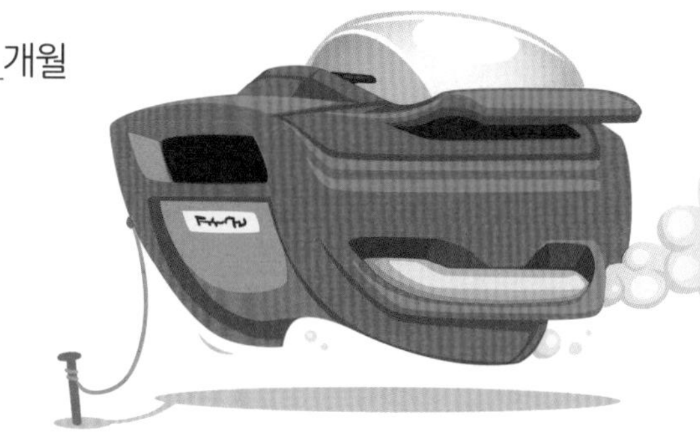

7. 아래 글을 읽고 알맞은 식을 세워 답을 구해 보세요.

❶ 도서관 운영시간은 월요일부터 금요일은 9시~16시이고, 토요일은 10시 15분~15시 30분까지예요. 월요일부터 토요일까지 도서관 운영시간은 모두 얼마일까요?

______

______

______

정답 : ______

❷ 주방 개보수 공사를 7월 25일에 시작하여 8월 5일까지 진행했어요. 그 후에 기간을 연장해서 처음 개보수 공사 기간의 $\frac{1}{3}$만큼 더 진행했어요. 개보수 공사는 모두 며칠이 걸렸을까요?

______

______

______

정답 : ______

8. 공책에 계산한 후, 정답을 시간과 분으로 나누어 나타내 보세요.

❶ 저드는 8시 15분부터 14시 30분까지 학교에 있어요. 그리고 저녁 17시 30분부터 19시 45분까지 유도 훈련을 받아요. 수면 시간은 9시간 20분이에요. 저드가 다른 활동을 하는 시간은 얼마일까요?

❷ 기차와 자동차가 같은 거리를 달려요. 기차는 7시간 41분, 자동차는 9시간 25분이 걸려요. 기차를 타면 시간을 얼마나 더 단축할 수 있을까요?

9. 공책에 평균 속력을 계산해 보세요.

❶ 비행기가 22시 30분에 출발하여 다음 날 8시 30분에 도착해요. 총 거리는 9240km예요.

______

❷ 자동차가 1시간 25분 동안 120km를 갔고, 그 후 2시간 35분 동안 140km를 더 갔어요.

______

10. 표를 완성해 보세요.

거리	시간	평균 속력(km/h)
28km	30분	
55km	15분	
70km	20분	
42km	6분	
120km	50분	
225km	45분	

11. 공책에 알맞은 식을 세워 답을 구해 보세요.

❶ 기차가 4시간 동안 420km를 달려요. 버스를 타면 1시간이 더 걸려요. 버스와 기차의 평균 속력의 차는 얼마일까요?

❷ 세인트피츠버그 역에서 출발한 기차가 핀란드 시각으로 16시 5분에 헬싱키에 도착했어요. 3시간 22분이 걸렸다면 기차는 세인트피츠버그 역에서 몇 시에 출발했을까요? 세인트피츠버그는 핀란드보다 1시간이 빨라요.

❸ 나일스는 6월 24일부터 3주 동안 휴가예요. 나일스의 휴가가 끝나는 날은 며칠일까요? 6월은 30일까지 있어요.

❹ 메이는 10월 26일 화요일에 여행을 떠나요. 여행 기간이 24일이라면 메이가 집으로 돌아오는 날은 무슨 요일일까요?

12. 아래의 글을 읽고 질문에 답해 보세요.

메이와 에린이 경주를 해요. 동시에 출발했지만 에린이 24m 정도 앞섰어요. 에린과 메이의 평균 속력은 각각 초속 4m와 초속 6m예요.

❶ 메이는 30초 동안 몇 m를 달릴까요?

____

❷ 10초 동안 달린 후에 누가 앞서 있을까요?

____

❸ 몇 초가 지난 후에 메이가 에린을 따라잡을 수 있을까요?

____

❹ 1분 후 에린이 메이보다 몇 m 뒤에 있을까요?

____

____월 ____일 ____요일

★ 시간 단위

- 초, 분, 시간, 일, 주, 월, 년은 모두 시간의 단위예요.
- 초는 시간의 가장 기본적인 단위예요.

1분 = 60초
1시간 = 60분
1일 = 24시간
1주 = 7일
1년 = 365일
1년 = 12개월

★ 시간 계산하기

여행을 9시 45분에 출발하여 17시 20분에 도착했어요. 여행 시간은 얼마일까요?
정답을 시간과 분으로 나누어 써 보세요.

1. 9시 45분부터 16시 45분까지 시간을 계산하세요. 7시간
2. 16시 45분부터 17시 20분까지 분을 계산하세요. 35분
3. 총 경과 시간을 계산하세요. 7시간 + 35분 = 7시간 35분

정답 : 7시간 35분

★ 달력

믹은 6월 24일부터 7월 14일까지 휴가예요. 믹의 휴가 기간은 며칠일까요?

1. 달력을 살펴보고 6월에 며칠이 있는지 계산하세요. 30일
2. 6월 24일부터 6월 30일까지 날짜를 계산하고 시작일 하루를 더하세요. 30일 – 24일 + 1일 = 7일
3. 7월 1일부터 7월 14일까지 날짜를 계산하세요. 14일
4. 휴가가 며칠인지 모두 합하여 계산하세요. 7일 + 14일 = 21일

정답 : 21일

★ 세로셈으로 시간 계산하기

자동차를 타면 12시간 17분, 기차를 타면 8시간 34분이 걸려요. 기차로 가면 차로 갈 때보다 시간을 얼마나 단축할 수 있을까요?

- 먼저 분끼리 뺄셈을 계산해요.
- 필요할 경우 시간에서 분을 빌려 와야 해요. 1시간이 60분인 것을 기억하세요.
- 시간끼리 뺄셈을 계산해요.

60분 + 17분 = 77분

11 → 60

	1̸	2̸	시간		1	7	분
–		8	시간		3	4	분
		3	시간		4	3	분

정답 : 3시간 43분

★ 평균 속력

- 평균 속력은 이동 거리를 걸린 시간으로 나누어 계산해요.

$$\text{평균 속력} = \frac{\text{거리}}{\text{시간}}$$

2시간 후 자동차는 120km를 이동했어요.
이 차의 평균 속력은 얼마일까요?

거리 : 120km
시간 : 2시간

$\frac{120\text{km}}{2\text{시간}} = 60\text{km/h}$

정답 : 60km/h

학습 자가 진단

학습 태도

	그렇지 못해요.	때때로 그래요.	자주 그래요.	항상 그래요.
수업 시간에 적극적이에요.	□	□	□	□
학습에 집중해요.	□	□	□	□
친구들과 협동해요.	□	□	□	□
숙제를 잘해요.	□	□	□	□

학습 목표

학습하면서 만족스러웠던 부분은 무엇인가요?

어떻게 실력을 향상할 수 있었나요?

____

____

____

학습 성과

	아직 익숙하지 않아요.	연습이 더 필요해요.	괜찮아요.	꽤 잘해요.	정말 잘해요.
• 시간 단위를 바꿀 수 있어요.	○	○	○	○	○
• 시계의 시간 간격을 계산할 수 있어요.	○	○	○	○	○
• 달력의 시간 간격을 계산할 수 있어요.	○	○	○	○	○
• 시간 계산을 세로셈으로 할 수 있어요.	○	○	○	○	○
• 평균 속력을 계산할 수 있어요.	○	○	○	○	○

이번 단원에서 가장 쉬웠던 부분은 ______________________________예요.

이번 단원에서 가장 어려웠던 부분은 ______________________________예요.

___월 ___일 ___요일

표준 시간대

세계에는 총 24개의 표준 시간대가 있어요. 인접한 지역과의 시차는 1시간이에요. 자오선을 따라 표준 시간대가 나누어지는데, 보통 국경과 행정 구역에 따라 같은 시간대를 사용해요. 예를 들면 중국에는 1개의 시간대만 있어요.

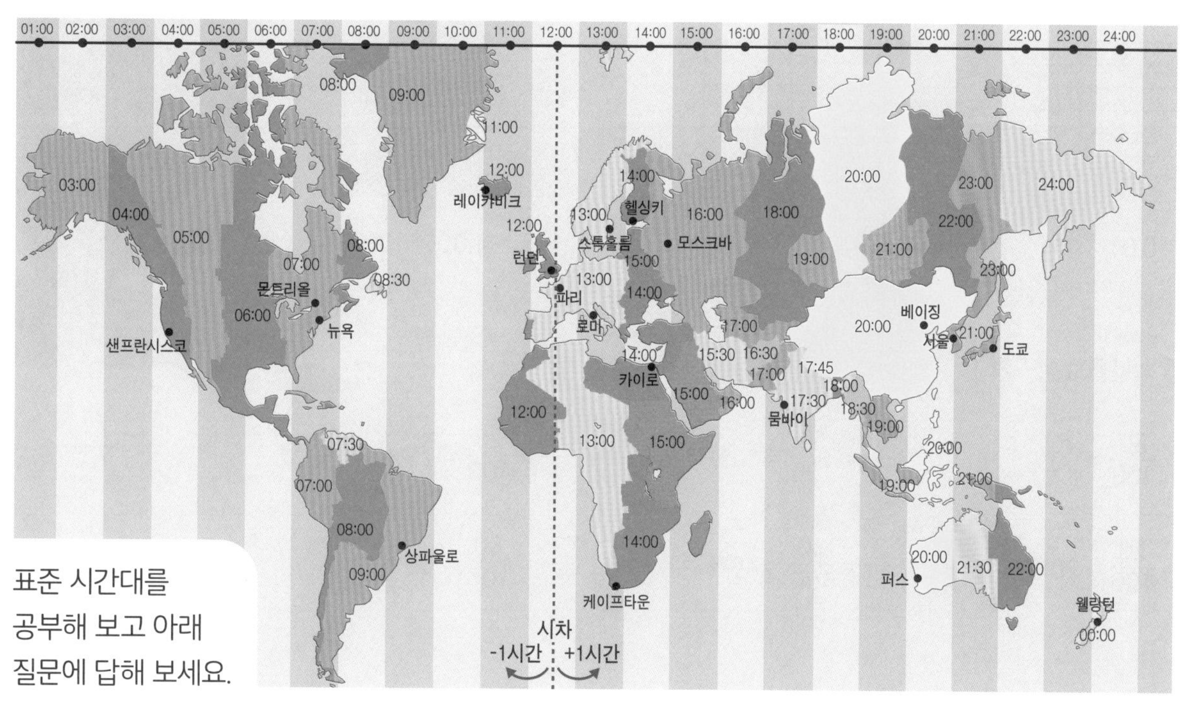

표준 시간대를 공부해 보고 아래 질문에 답해 보세요.

1. 핀란드에서 7시는 다음 도시에서 몇 시일까요?

① 스톡홀름 ________

② 런던 ________

③ 케이프타운 ________

2. 스톡홀름에서 15시는 다음 도시에서 몇 시일까요?

① 모스크바 ________

② 몬트리올 ________

③ 웰링턴 ________

3. 파리에서 17시는 뭄바이에서 몇 시일까요? ________

4. 상파울로에서 18시는 서울에서 몇 시일까요? ________

5. 샌프란시스코에서 학교는 14시 30분에 끝나요. 그때 헬싱키는 몇 시일까요? ________

6. 런던에서 정오일 때 자정인 곳은 어느 도시일까요? ________

8 분수, 소수, 백분율

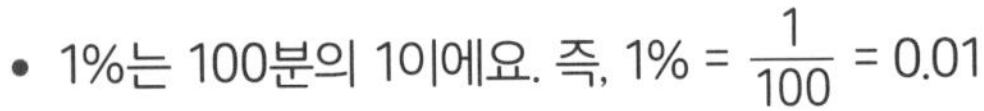

- 1%는 100분의 1이에요. 즉, 1% = $\frac{1}{100}$ = 0.01
- 100%는 전체 1이에요. 즉, 100% = $\frac{100}{100}$ = 1

%는 백분율을 나타내는
단위이고 퍼센트라고 읽어요.

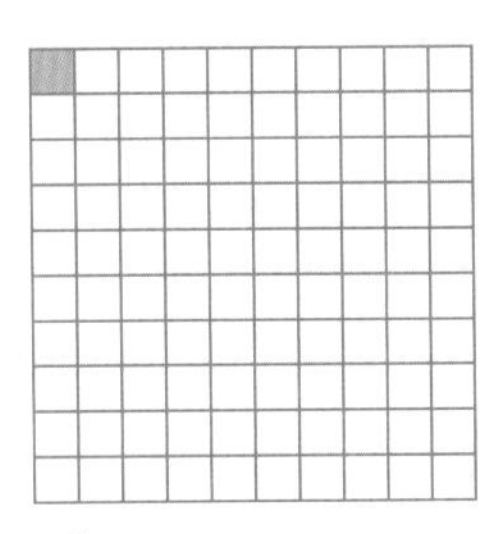

$\frac{1}{100}$ = 0.01 = 1%

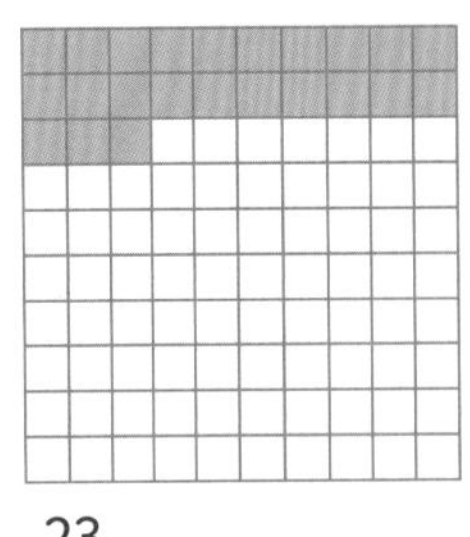

$\frac{23}{100}$ = 0.23 = 23%

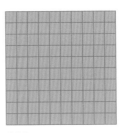

$\frac{100}{100}$ = 1.00 = 100%

분수를 백분율로 바꾸기

$^{50)}\frac{1}{2} = \frac{50}{100}$ = 50% $^{10)}\frac{1}{10} = \frac{10}{100}$ = 10% $^{25)}\frac{1}{4} = \frac{25}{100}$ = 25% $^{25)}\frac{3}{4} = \frac{75}{100}$ = 75%

$^{20)}\frac{1}{5} = \frac{20}{100}$ = 20% $^{20)}\frac{2}{5} = \frac{40}{100}$ = 40% $^{20)}\frac{3}{5} = \frac{60}{100}$ = 60% $^{20)}\frac{4}{5} = \frac{80}{100}$ = 80%

1. 색칠한 모눈종이는 모두 몇 칸일까요? 색칠한 부분을 분수와 소수, %로 나타내 보세요.

❶ 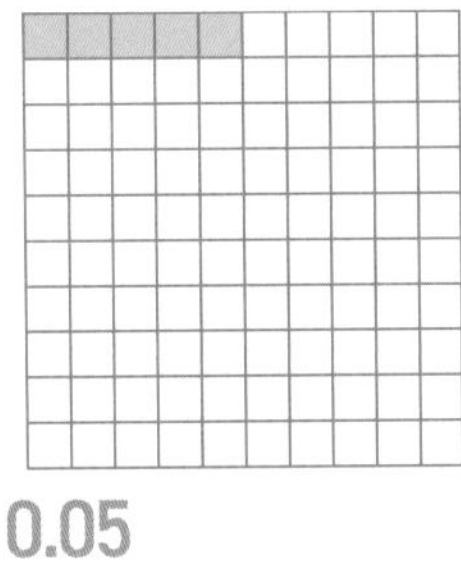

$\frac{5}{100}$ = 0.05

❷ 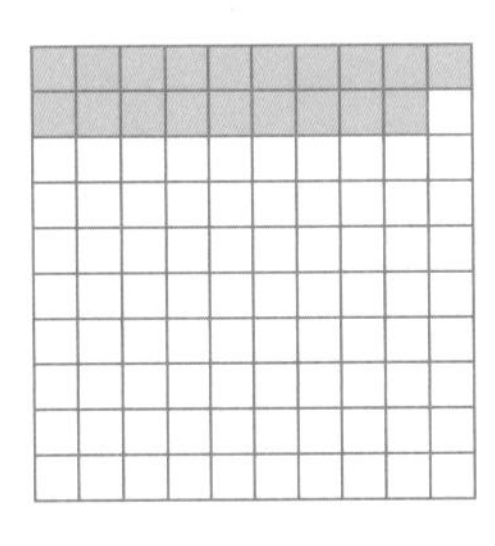

❸ 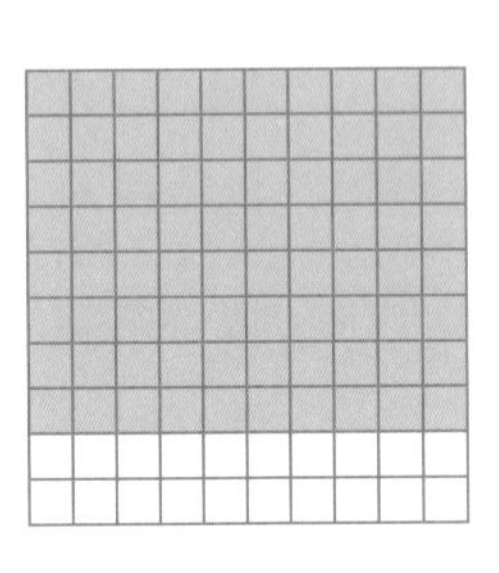

❹ 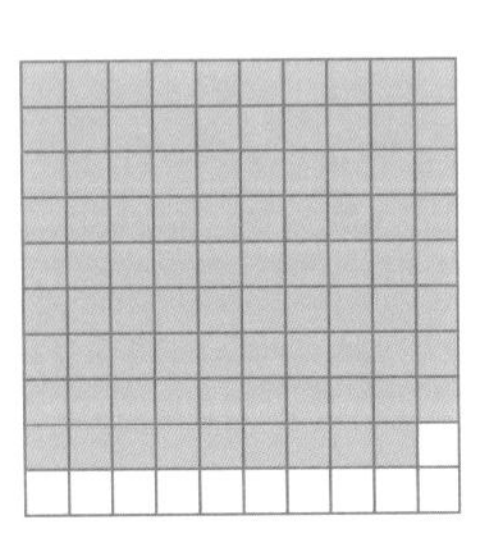

❺ 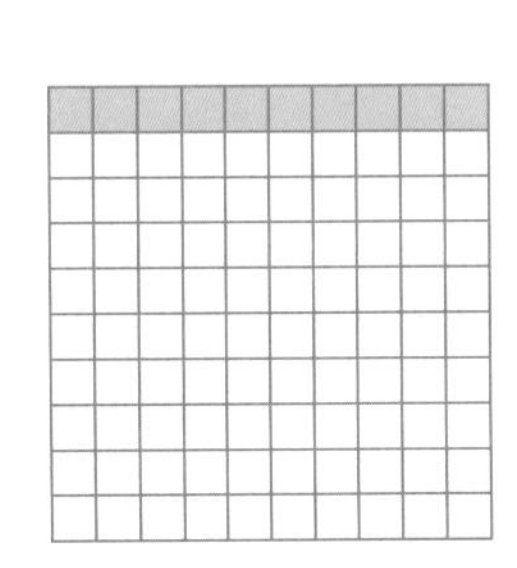

❻ 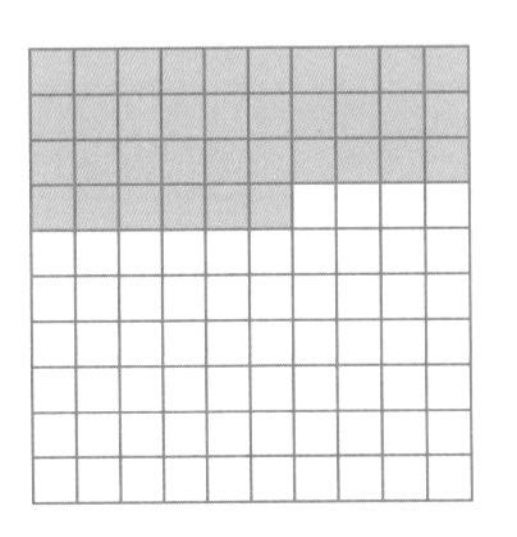

2. 분수를 %로 바꾸어 보세요.

$\frac{34}{100}$ = ______　　$\frac{95}{100}$ = ______　　$\frac{15}{100}$ = ______　　$\frac{100}{100}$ = ______

$\frac{4}{100}$ = ______　　$\frac{1}{100}$ = ______　　$\frac{10}{100}$ = ______　　$\frac{7}{100}$ = ______

3. 값이 같은 것끼리 선으로 이어 보세요.

$\frac{17}{100}$　$\frac{7}{100}$　$\frac{71}{100}$　$\frac{70}{100}$　　　　90%　19%　9%　91%

71%　70%　17%　7%　　　　0.09　0.90　0.91　0.19

4. 분수를 소수와 %로 바꾸어 보세요.

$\frac{78}{100}$ = ______　　$\frac{44}{100}$ = ______

$\frac{3}{100}$ = ______　　$\frac{56}{100}$ = ______

5. 소수를 %로 바꾸어 보세요.

0.45 = ______　　0.50 = ______　　0.32 = ______　　0.05 = ______

0.20 = ______　　0.99 = ______　　0.01 = ______　　1.00 = ______

6. 분모가 100인 분수로 통분한 후, 통분한 분수를 %로 바꾸어 보세요.

$\frac{1}{2}$ = ______

$\frac{1}{4}$ = ______

$\frac{2}{5}$ = ______

$\frac{3}{10}$ = ______

더 생각해 보아요!

작은 삼각형이 몇 개 있을까요?

❶ 다섯째 줄 ______

❷ 여섯째 줄 ______

❸ 열째 줄 ______

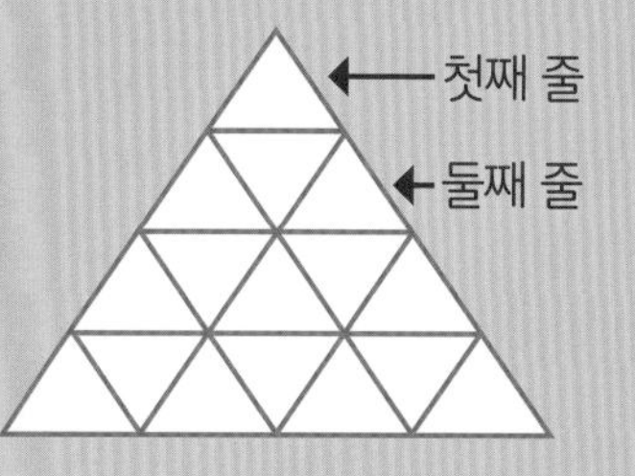

7. 짝을 이루는 것끼리 선으로 이어 보세요.

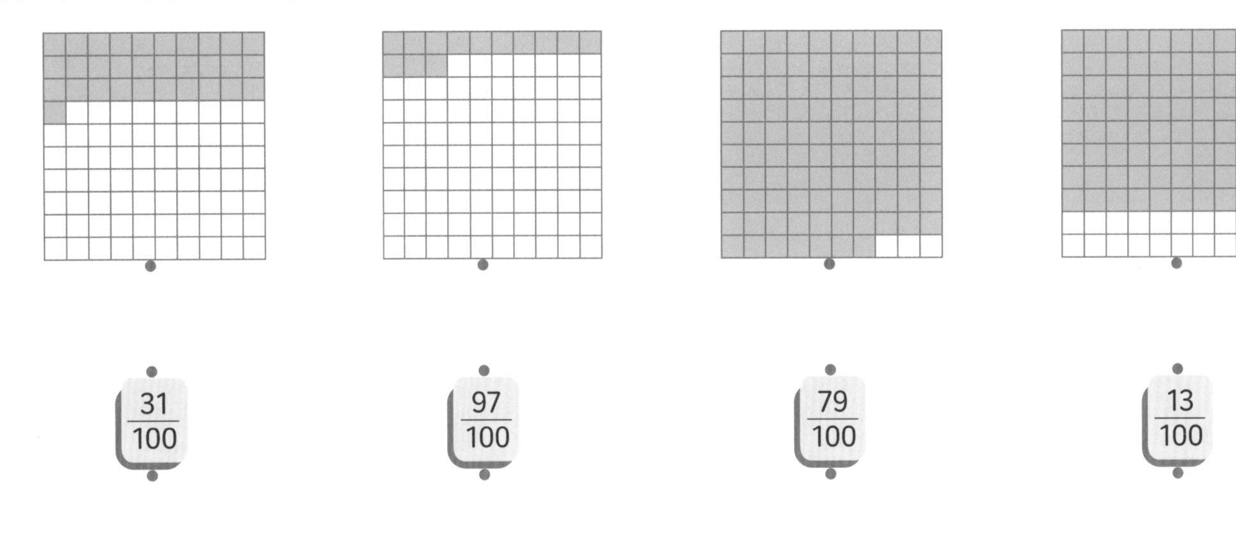

8. 아래 그림을 보고 질문에 답해 보세요.

❶ 목도리 3개는 얼마일까요?

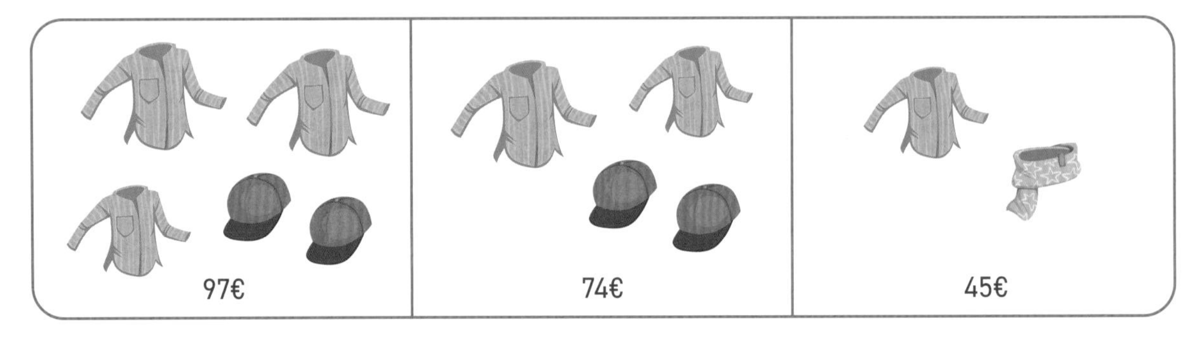

정답 : ______________________

❷ 티셔츠 1벌, 바지 1벌, 양말 1켤레는 모두 얼마일까요?

정답 : ______________________

9. 아래 글을 읽고 빈칸에 참 또는 거짓을 써넣어 보세요.

미아는 자기가 가진 돈의 50%를 벨라에게 주었고, 그 후 벨라가 가진 돈의 50%를 미아에게 주었어요.

❶ 마지막에는 벨라가 미아보다 돈이 더 많아요. ________

❷ 미아는 벨라가 미아에게 준 돈만큼 벨라에게 주었어요. ________

❸ 마지막에는 미아가 벨라보다 돈이 더 많아요. ________

❹ 마지막에는 미아가 벨라가 가진 돈의 10배의 돈을 가지게 되었어요. ________

10. 공책에 그림을 그리고 질문의 답을 구해 보세요.

스노우타운 학교 학생 중 30%는 부엉이 팀(O)을 응원하고, 50%는 독수리 팀(E)을 응원해요. 20%는 부엉이 팀과 독수리 팀을 모두 응원해요.

〈예시〉

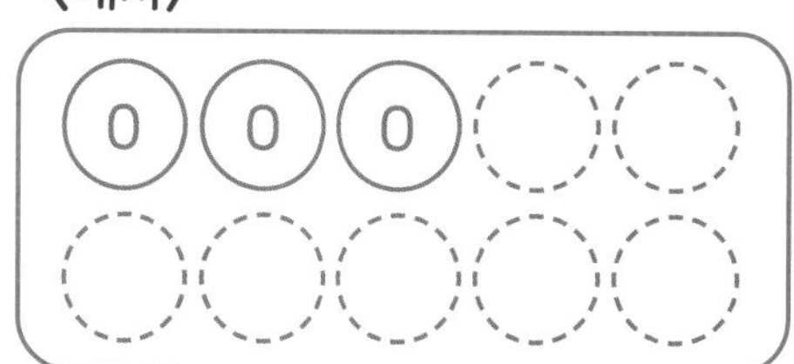

❶ 부엉이 팀도 독수리 팀도 응원하지 않는 학생은 몇 %일까요?

❷ 부엉이 팀만 응원하는 학생은 몇 %일까요?

❸ 독수리 팀만 응원하는 학생은 몇 %일까요?

한 번 더 연습해요!

1. 분수를 %로 바꾸어 보세요.

$\frac{20}{100}$ = ________ $\frac{50}{100}$ = ________ $\frac{25}{100}$ = ________ $\frac{10}{100}$ = ________

2. 분수를 소수와 %로 바꾸어 보세요.

$\frac{75}{100}$ = ________________ $\frac{3}{100}$ = ________________

3. 소수를 %로 바꾸어 보세요.

0.75 = ______ 0.10 = ______ 0.33 = ______ 0.05 = ______

4. 분모가 100인 분수로 통분한 후, %로 바꾸어 보세요.

$\frac{3}{10}$ = ________________ $\frac{1}{2}$ = ________________

9 몇 %일까요?

공 10개 중 7개는 몇 %일까요?

$^{10)}\frac{7}{10}=\frac{70}{100}=70\%$

정답 : 70%

40 중 18은 몇 %일까요?

$\frac{18}{40}^{(2}=\,^{5)}\frac{9}{20}=\frac{45}{100}=45\%$

정답 : 45%

분수 $\frac{18}{40}$은 분모 100으로 바로 통분할 수 없어요. 먼저 약분하세요.

관중에는 128명의 아이와 72명의 성인이 있어요. 관중의 몇 %가 성인일까요?

성인의 수 72

전체 관중 수 128 + 72 = 200

성인의 비율

$\frac{72}{200}^{(2}=\frac{36}{100}=36\%$

정답 : 36%

학급에 20명의 학생이 있어요. 그중 3명은 왼손잡이이고 나머지는 오른손잡이에요. 오른손잡이 학생의 비율은 얼마일까요?

왼손잡이 학생의 비율

$^{5)}\frac{3}{20}=\frac{15}{100}=15\%$

오른손잡이 학생의 비율

100% - 15% = 85%

정답 : 85%

- 비율을 분수로 쓰세요.
- 분수를 분모가 100인 분수로 통분하거나 약분하세요.
- 분수를 %로 바꾸세요.

<예시>

$^{50)}\frac{1}{2}=\frac{50}{100}=50\%$ $^{25)}\frac{1}{4}=\frac{25}{100}=25\%$ $^{20)}\frac{1}{5}=\frac{20}{100}=20\%$ $^{10)}\frac{1}{10}=\frac{10}{100}=10\%$

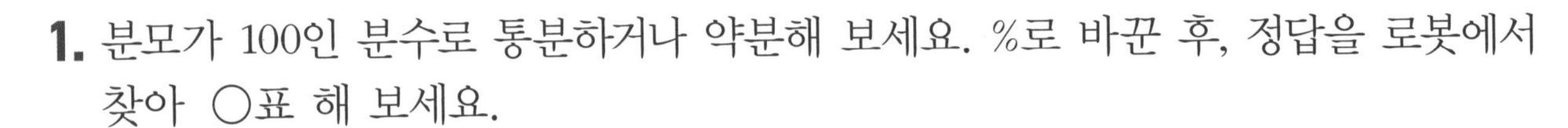

1. 분모가 100인 분수로 통분하거나 약분해 보세요. %로 바꾼 후, 정답을 로봇에서 찾아 ○표 해 보세요.

$\frac{9}{10}=$ ______ $\frac{1}{2}=$ ______ $\frac{4}{5}=$ ______

$\frac{21}{50}=$ ______ $\frac{1}{4}=$ ______ $\frac{7}{20}=$ ______

$\frac{18}{200}=$ ______ $\frac{200}{200}=$ ______ $\frac{36}{300}=$ ______

9% 12% 15% 25% 35% 42% 45% 50% 80% 90% 100%

2. 계산한 후, 정답을 로봇에서 찾아 ○표 해 보세요.

❶ 100에서 30은 몇 %일까요?

❷ 50에서 23은 몇 %일까요?

❸ 200에서 8은 몇 %일까요?

3. 계산한 후, 정답을 로봇에서 찾아 ○표 해 보세요.

❶ 공원에 개 10마리가 있어요. 그중 2마리는 검은색이에요. 검은색 개는 몇 %일까요?

정답 :

❷ 체육관에 학생이 50명 있어요. 그중 32명은 6학년이에요. 6학년 학생은 몇 %일까요?

정답 :

4. 공책에 계산한 후, 정답을 로봇에서 찾아 ○표 해 보세요.

❶ 창고에 작은 공책 96권과 큰 공책 104권이 있어요. 큰 공책은 전체의 몇 %일까요?

❷ 자루에 빨간색 공 12개, 파란색 공 13개, 검은색 공 5개가 있어요. 파란색이거나 검은색인 공은 전체의 몇 %일까요?

❸ 학급에 학생이 25명 있어요. 그중 11명은 남학생이에요. 여학생은 몇 %일까요?

❹ 책장에 책이 20권 있어요. 그중 6권은 여행 안내책이고 나머지는 그림책이에요. 그림책은 몇 %일까요?

4% 16% 20% 30% 35% 46% 52% 56% 60% 64% 70%

더 생각해 보아요!

리타는 가진 돈의 60%를 썼더니 20유로가 남았어요. 리타가 처음에 가지고 있던 돈은 얼마일까요?

5. 계산한 후, 정답에 해당하는 알파벳을 찾아 빈칸에 써넣어 보세요.

300에서 3은 몇 %일까요?

______ □

100에서 50은 몇 %일까요?

______ □

8에서 4는 몇 %일까요?

______ □

40에서 10은 몇 %일까요?

______ □

50에서 1은 몇 %일까요?

______ □

100에서 60은 몇 %일까요?

______ □

20에서 1은 몇 %일까요?

______ □

100에서 20은 몇 %일까요?

______ □

5에서 1은 몇 %일까요?

______ □

200에서 100은 몇 %일까요?

______ □

100에서 40은 몇 %일까요?

______ □

1%	2%	5%	20%	25%	40%	50%	60%
L	W	I	R	H	F	E	S

엠마 가족이 머무는 호텔 창문에서 보이는 것은 무엇일까요? ______

6. 색칠한 부분은 전체의 몇 %일까요?

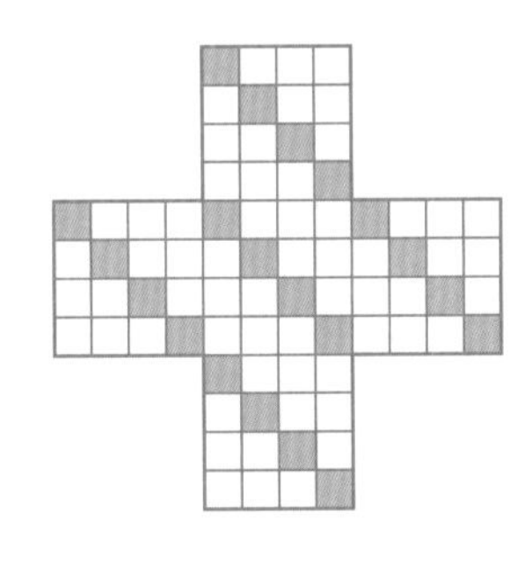
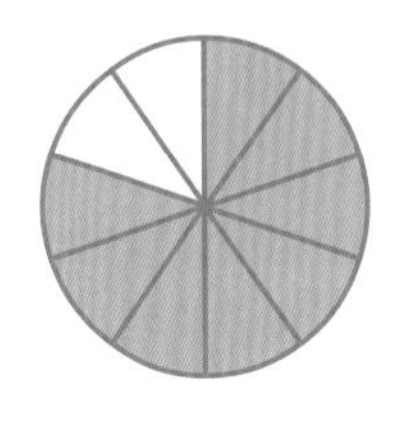
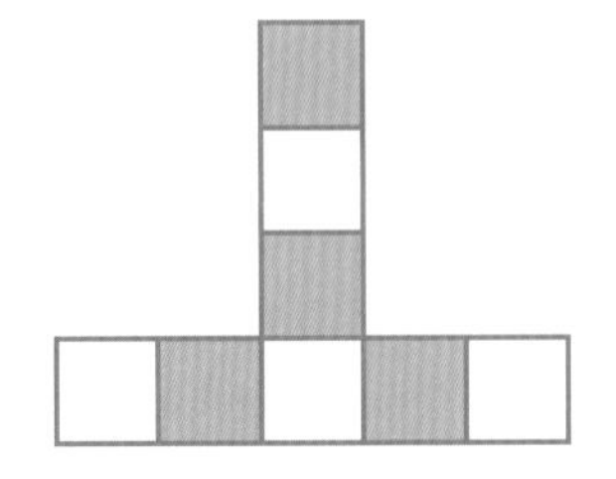
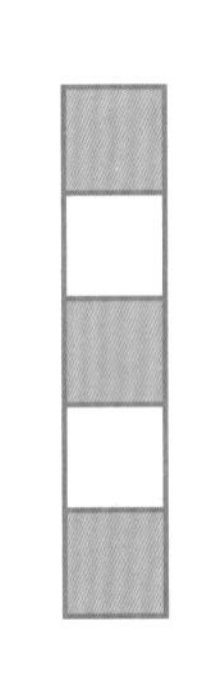

______ ______ ______ ______

7. 같은 크기의 네모를 줄을 맞춰 더 채워 그린 후, 비율에 맞게 색칠해 보세요.

❶ 전체의 50%가 빨간색

❷ 전체의 25%가 노란색

❸ 전체의 10%가 파란색

❹ 전체의 5%가 갈색

❺ 전체의 10%가 회색

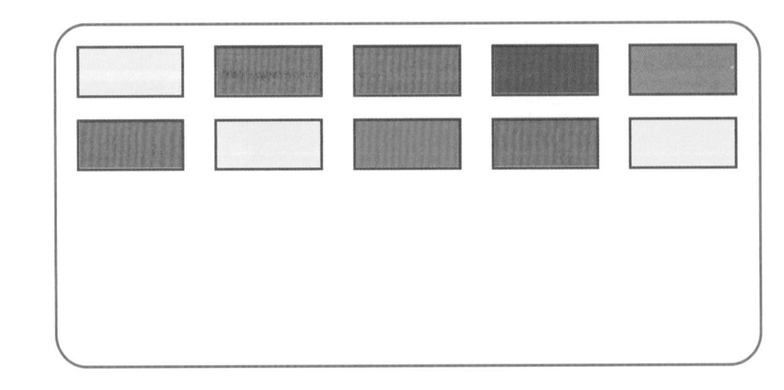

8. 헬가는 바위 밑에 1~8까지의 숫자 표를 숨겨놓았어요. 각각의 색깔 경로에 있는 숫자의 합은 21이에요. 1~8까지의 수를 바위에 알맞게 써넣어 보세요.

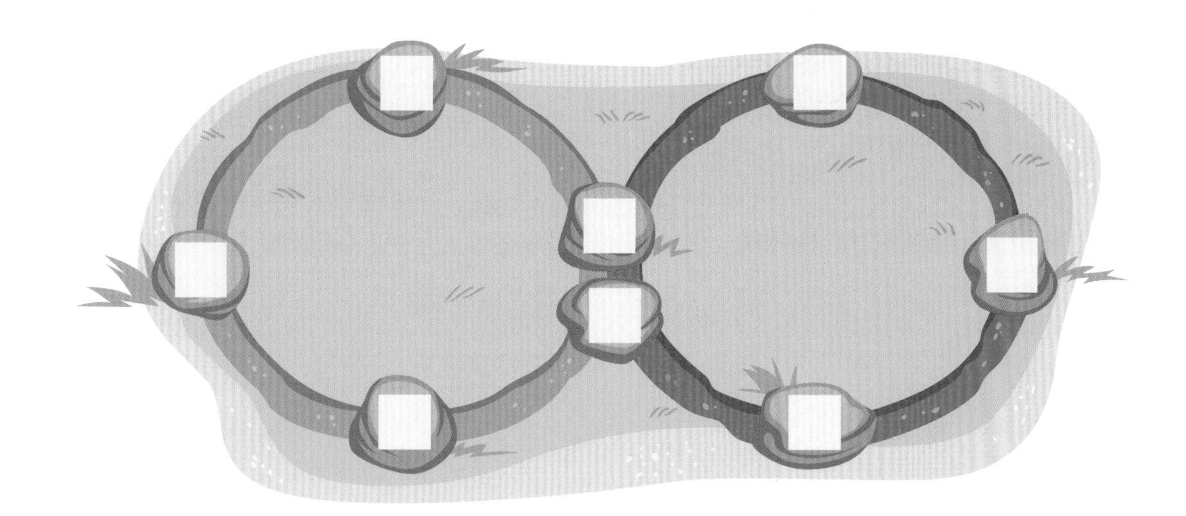

한 번 더 연습해요!

1. 분모가 100인 분수로 통분하거나 약분한 후, %로 바꾸어 보세요.

$\frac{1}{2}$ = ______ $\frac{2}{5}$ = ______ $\frac{3}{4}$ = ______

$\frac{8}{10}$ = ______ $\frac{7}{25}$ = ______ $\frac{140}{200}$ = ______

2. 계산한 후, %로 나타내 보세요.

❶ 10에서 3은 몇 %일까요? ______

❷ 200에서 84는 몇 %일까요? ______

❸ 25에서 13은 몇 %일까요? ______

3. 공책에 계산해 보세요.

❶ 바구니에 25개의 공이 있어요. 그중 11개는 축구공이에요. 축구공은 몇 %일까요?

❷ 학급에 20명의 학생이 있어요. 그중 3명은 책을 반납하러 가고 나머지는 남아서 독서를 해요. 독서를 하는 학생은 몇 %일까요?

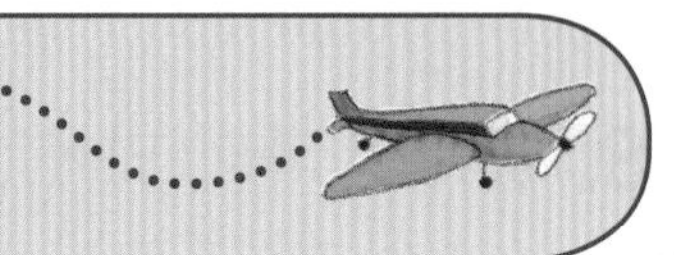

10 1% 계산하기

연극 공연에 관객이 500명 왔어요. 그중 1%가 무료 관람권으로 입장했어요. 무료 관람권으로 입장한 관객은 몇 명일까요?

1%는 $\frac{1}{100}$이기 때문에 500을 100으로 나누세요.

$\frac{500}{100} = 5$

정답 : 5명

350유로의 1%를 계산해 보세요.

1%는 $\frac{1}{100}$이기 때문에 350유로를 100으로 나누세요.

$\frac{350€}{100} = 3.50€$

정답 : 3.50유로

어떤 수의 1%는 그 수를 100으로 나누어 구할 수 있어요.

<예시>

1475의 1%

$\frac{1475}{100} = 14.75$

55의 1%

$\frac{55}{100} = 0.55$

9의 1%

$\frac{9}{100} = 0.09$

1. 계산한 후, 정답을 로봇에서 찾아 ○표 해 보세요.

❶ 200의 1% ______

❷ 300의 1% ______

❸ 450의 1% ______

❹ 2000의 1% ______

❺ 325의 1% ______

❻ 1650의 1% ______

1.65 2 3 3.25 4.5 16.5 20 30

2. 계산한 후, 정답을 로봇에서 찾아 ○표 해 보세요.

❶ 400유로의 1% ______

❷ 950유로의 1% ______

❸ 510유로의 1% ______

❹ 3000유로의 1% ______

❺ 405유로의 1% ______

❻ 4500유로의 1% ______

0.50 € 4 € 4.05 € 4.50 € 5.10 € 9.50 € 30 € 45 €

3. 계산한 후, 정답을 로봇에서 찾아 ○표 해 보세요.

❶ 70유로의 1% ________

❷ 45유로의 1% ________

❸ 5유로의 1% ________

0.05 € 0.45 € 0.50 € 0.70 € 4.50 €

4. 공책에 계산한 후, 정답을 로봇에서 찾아 ○표 해 보세요.

❶ 관객이 5000명 있어요. 그중 1%는 시즌권을 구매했어요. 시즌권을 구매한 관객은 몇 명일까요?

❷ 콘서트홀에 관객이 1500명 있어요. 그중 1%는 맨 앞줄에 앉았어요. 맨 앞줄에 앉은 관객은 몇 명일까요?

❸ 게임 표 400장이 판매 중인데 그중 1%만 판매되지 않았어요. 이미 판매된 표는 몇 장일까요?

❹ 콘서트홀에 좌석이 2400개 있어요. 그중 1%만 예약되지 않았어요. 이미 예약된 좌석은 몇 개일까요?

❺ 여행 거리가 원래 280km인데 우회해서 가면 거리가 1% 더 늘어나요. 우회로로 간다면 여행 거리는 몇 km가 될까요?

❻ 자전거 경로가 원래 30km인데 새로 생긴 다리 덕분에 거리가 1% 줄었어요. 다리를 거쳐 가면 자전거 경로는 몇 km가 될까요?

15 50 396 2180 2376 29.7 km 282.8 km 290.7 km

5. 아래 값은 1%예요. 100% 값을 구해 보세요.

❶ 5유로 ________

❷ 12유로 ________

❸ 45유로 ________

❹ 1.5유로 ________

❺ 3.5유로 ________

❻ 0.6유로 ________

더 생각해 보아요!

오른쪽 그림에서 색칠한 부분은 몇 %일까요?

____

6. 〈보기〉에서 알맞은 수를 골라 빈칸에 써 보세요.

❶ 50000유로의 1%는 얼마일까요? ________유로

❷ 50유로의 1%는 얼마일까요? ________센트

❸ 1km의 1%는 몇 미터일까요? ________미터

❹ 0.5km의 1%는 몇 미터일까요? ________미터

❺ 2kg의 1%는 몇 그램일까요? ________그램

❻ 5시간의 1%는 몇 분일까요? ________분

〈보기〉

3 20 50 500 10 5

7. 어떤 수일까요?

- 이 수를 3으로 나누어요.
- 숫자 6을 몫에 더해요.
- 그 합에 3을 곱해요.
- 곱한 수에서 4를 빼면 38이 나와요.

정답 : ________________

- 이 수에 5를 곱해요.
- 곱한 수에서 6을 빼요.
- 그 차를 4로 나누어요.
- 그 몫에 3을 더하면 19가 나와요.

정답 : ________________

8. 아래 단서를 읽고 1~5까지의 수를 빈칸에 알맞게 배열해 보세요.

- 아래 두 숫자의 합은 7이에요.
- 가장 위의 수는 짝수예요.
- 숫자 1과 2는 같은 가로선에 있지 않아요.

- 아래 두 숫자의 차는 1이에요.
- 가운데 두 수의 합은 7이에요.
- 가장 위의 수는 1보다 커요.

9. 같은 값끼리 선을 이어 보세요.
선끼리 서로 교차할 수 없어요.

50% 100% 모두 $\frac{1}{4}$ 25% $\frac{1}{2}$

10. 먼저 1%의 값을 구한 후, 아래 값을 계산해 보세요.

❶ 200의 1.5% ________

❷ 300의 0.5% ________

❸ 5400의 0.1% ________

❹ 800의 0.25% ________

11. 원을 모두 지나는 닫힌 선을 그려 보세요. 파란색 원을 지날 때는 원이 있는 칸을 선이 바로 통과하여 직진할 수 있어요. 빨간색 원을 지날 때는 어느 방향으로든 90° 회전해야 해요. 선끼리 교차할 수 없어요.

❶

❷

〈보기〉

한 번 더 연습해요!

1. 계산해 보세요.

❶ 600의 1% ________

❷ 150의 1% ________

❸ 75의 1% ________

❹ 500유로의 1% ________

❺ 350유로의 1% ________

❻ 50유로의 1% ________

2. 공책에 계산해 보세요.

❶ 블록 세트에 블록이 200개 들어 있어요. 그중 1%는 초록색이에요. 세트 안에 초록색 블록은 몇 개일까요?

____

정답 : ________

❷ 콘서트에 성인과 아이 합하여 총 300명이 입장했어요. 그중 1%만 성인이에요. 관객 중 아이는 몇 명일까요?

____

정답 : ________

_____월 _____일 _____요일

11 1%를 이용하여 백분율 계산하기

백분율을 계산할 때 먼저 그 수의 1%를 계산하세요.

400의 15%를 계산해 보세요.

먼저 400의 1%를 계산하세요.

$\frac{400}{100} = 4$

그리고 15%를 계산해요. 4 × 15 = 60

정답 : 60

250유로의 3%를 계산해 보세요.

먼저 250유로의 1%를 계산하세요.

$\frac{250€}{100} = 2.50€$

그리고 3%를 계산해요. 2.50€ × 3 = 7.50€

정답 : 7.50유로

- 수를 100으로 나누어서 그 수의 1%를 먼저 계산해요.
- 앞에서 구한 1% 값에 백분율의 수를 곱해요.

1. 계산한 후, 정답을 로봇에서 찾아 ○표 해 보세요.

❶ 200의 3%

$\frac{200}{100} = 2$

2 × 3 = ______

❷ 500의 6%

❸ 300의 8%

❹ 800의 11%

❺ 500의 15%

❻ 1500의 4%

6 24 30 45 60 75 80 88

2. 계산한 후, 정답을 로봇에서 찾아 ○표 해 보세요.

❶ 400유로의 7%

❷ 900유로의 5%

❸ 300유로의 12%

28 € 32 € 36 € 42 € 45 €

3. 계산한 후, 정답을 로봇에서 찾아 ○표 해 보세요.

❶ 150유로의 3%

❷ 230유로의 2%

❸ 140유로의 4%

4. 계산한 후, 정답을 로봇에서 찾아 ○표 해 보세요.

❶ 페이튼은 400유로를 저축했는데 그중 5%를 사용했어요. 페이튼이 사용한 금액은 얼마일까요?

정답 :

❷ 전교생 300명 중 15%는 6학년이에요. 6학년 학생은 몇 명일까요?

정답 :

❸ 런던 여행 비용이 원래 1200유로인데 4% 인하되었어요. 얼마가 인하된 걸까요?

정답 :

❹ 여행 가방 가격이 210유로인데 3% 인하되었어요. 얼마가 인하된 걸까요?

정답 :

5. 공책에 계산한 후, 정답을 로봇에서 찾아 ○표 해 보세요.

❶ 헬렌은 600유로짜리 새 자전거를 사려고 해요. 헬렌은 자전거 가격의 95%를 저축했어요. 헬렌이 더 저축해야 할 금액은 얼마일까요?

❷ 자루에 공이 150개 들어 있어요. 그중 46%는 파란색, 48%는 빨간색, 나머지는 흰색이에요. 자루에 있는 흰색 공은 몇 개일까요?

9 32 45 4.50 € 4.60 € 5.60 €

6.30 € 20 € 30 € 36 € 48 €

더 생각해 보아요!

작은 정사각형의 넓이는 큰 정사각형 넓이의 몇 %일까요?

6. 그림을 보고 얼마인지 계산해 보세요.

❶ 그림에 있는 돈의 2%

그림에 있는 돈의 6%

❷ 그림에 있는 돈의 5%

그림에 있는 돈의 20%

❸ 그림에 있는 돈의 2%

그림에 있는 돈의 10%

7. 제이크는 도넛을 만들었어요. 만든 도넛 중 70%는 젤리 도넛이고, 나머지 12개는 설탕을 뿌린 도넛이에요. 제이크가 만든 도넛은 모두 몇 개일까요?

정답 :

8. 아래 단서를 읽고 미나가 가지고 있는 책의 권수를 알아맞혀 보세요.

- 70권 초과 100권 미만의 책이 있어요.
- 책의 $\frac{1}{5}$은 자연에 관한 책이에요.
- 책의 $\frac{1}{2}$은 페이퍼백이에요.
- 책의 $\frac{2}{3}$는 비소설류예요.

정답 :

9. 아래 단서를 읽고 빈칸에 빨간 원을 그려 보세요.

- 빈칸에 원을 그려야 해요.
- 한 칸에는 원이 1개만 들어가요.
- 칸에 있는 숫자는 그 칸의 면이나 꼭짓점에서 몇 개의 원과 접하고 있는지를 나타내요.

1	2	1	1
	2		
2		3	2
		2	

1	2		1
2		3	
1		2	

10. 아래 단서를 읽고 두 수를 알아맞혀 보세요.

- 두 수의 합은 60이에요.
- 두 번째 수는 첫 번째 수의 50%예요.

_______, _______

- 두 수의 곱은 72예요.
- 두 번째 수는 첫 번째 수의 50%예요.

_______, _______

- 세 수의 합은 84예요.
- 두 번째 수는 첫 번째 수의 50%예요.
- 세 번째 수는 두 번째 수의 50%예요.

_______, _______, _______

- 세 수의 곱은 64예요.
- 두 번째 수는 첫 번째 수의 25%예요.
- 세 번째 수는 두 번째 수의 25%예요.

_______, _______, _______

11. 바구니에 파란색 공 18개와 빨간색 공 12개가 있어요. 아래 조건을 만족하려면 파란색 공 몇 개를 더하거나 빼야 할까요?

❶ 전체의 50%가 파란색 공

❷ 전체의 20%가 빨간색 공

❸ 전체의 75%가 빨간색 공

❹ 전체의 30%가 빨간색 공

한 번 더 연습해요!

1. 계산해 보세요.

❶ 700의 4%

❷ 600의 5%

❸ 120의 3%

❹ 200의 15%

❺ 1300의 4%

❻ 350의 3%

2. 공책에 계산해 보세요.

❶ 자동차 경주로가 250km예요. 지금까지 전체의 6%를 갔어요. 지금까지 간 거리는 몇 km일까요?

❷ 운전 거리가 600km예요. 지금까지 전체의 12%를 운전했어요. 더 가야 할 거리는 몇 km일까요?

_____월 _____일 _____요일

1. 분수를 소수와 %로 바꾸어 보세요.

$\frac{85}{100}$ = ____________________

$\frac{7}{100}$ = ____________________

2. 계산한 후, 정답을 로봇에서 찾아 ○표 해 보세요.

❶ 900의 1%

____

❷ 250의 1%

____

❸ 780의 1%

____

❹ 2500의 1%

____

❺ 175의 1%

____

❻ 2460의 1%

____

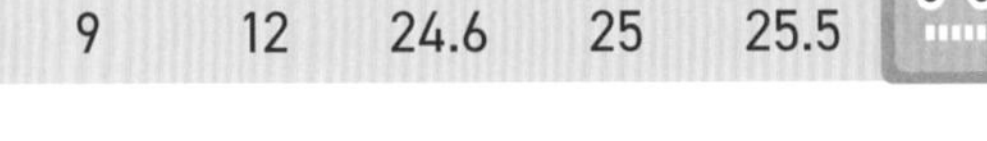

3. 계산한 후, 정답을 로봇에서 찾아 ○표 해 보세요.

❶ 100에서 34는 몇 %일까요?

____

❷ 20에서 9는 몇 %일까요?

____

❸ 200에서 24는 몇 %일까요?

____

4. 계산한 후, 정답을 로봇에서 찾아 ○표 해 보세요.

❶ 파란색 티셔츠는 몇 %일까요?

____

정답 : ________________

❷ 파란색이나 빨간색 티셔츠는 몇 %일까요?

____

정답 : ________________

12% 15% 34% 40% 45% 60% 70% 90%

여기서 잠깐!

퍼밀(‰)은 $\frac{1}{1000}$이에요. 금반지의 숫자 585는 그 반지의 무게 중 최소 $\frac{585}{1000}$, 다시 말해 585퍼밀(=58.5%)이 금이라는 뜻이에요.

5. 계산한 후, 정답을 로봇에서 찾아 ○표 해 보세요.

❶ 파인힐 초등학교의 6학년 학생은 25명이에요. 그중 4명은 눈이 갈색이에요. 6학년 학생 중 갈색 눈을 가진 학생은 몇 %일까요?

정답 :

❷ 버스에 승객 25명이 타고 있어요. 그중 7명은 성인이고 나머지는 아이예요. 승객 중 아이는 몇 %일까요?

정답 :

6. 공책에 계산한 후, 정답을 로봇에서 찾아 ○표 해 보세요.

❶ 그림에서 파란색 공은 몇 %일까요?
❷ 그림에서 빨간색이나 파란색 공은 몇 %일까요?
❸ 그림에서 회색이나 노란색 공은 몇 %일까요?
❹ 그림에서 흰색이 아닌 공은 몇 %일까요?

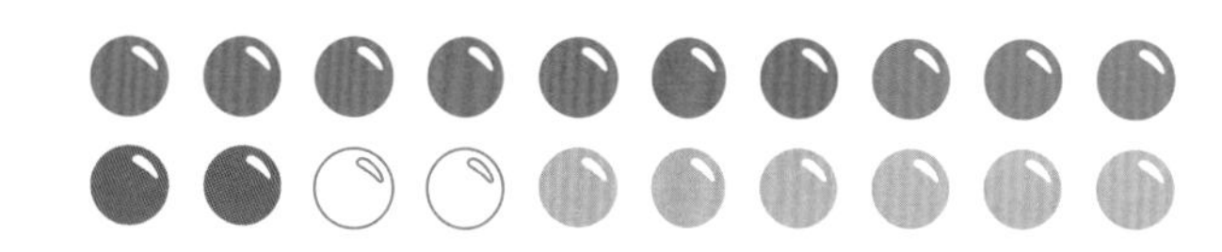

15% 16% 24% 30% 40% 50% 72% 90%

7. 공책에 계산한 후, 정답을 로봇에서 찾아 ○표 해 보세요.

❶ 전교생 600명 중 40%는 남학생이에요. 전교생 중 남학생은 몇 명일까요?

❷ 전교생 150명 중 30%는 6학년이에요. 전교생 중 6학년은 몇 명일까요?

❸ 학급 학생 30명 중 10%는 안경을 써요. 안경을 쓰지 않는 학생은 몇 명일까요?

❹ 바자회를 위해 번을 200개 만들려고 해요. 전체의 40%를 만들었다면 더 만들어야 할 번은 몇 개일까요?

❺ 전교생 300명 중 13%는 도보로, 52%는 자전거로, 나머지는 대중교통으로 등교해요. 대중교통으로 등교하는 학생은 몇 명일까요?

❻ 깡통에 비스킷이 60개 들어 있어요. 그중 10%는 초콜릿 비스킷, 40%는 오렌지 비스킷, 나머지는 귀리 비스킷이에요. 귀리 비스킷은 몇 개일까요?

12 27 30 45

105 110 120 240

더 생각해 보아요!

아서는 가진 돈의 50%를 사탕 사는 데 썼어요. 그 후 엄마한테 7유로를 받았어요. 하지만 처음 가진 돈보다 1.5유로 적어요. 아서가 처음에 가진 돈은 얼마일까요?

8. 색깔 조각은 전체의 몇 %인지 구해 보세요.

A = ____________

B = ____________

C = ____________

D = ____________

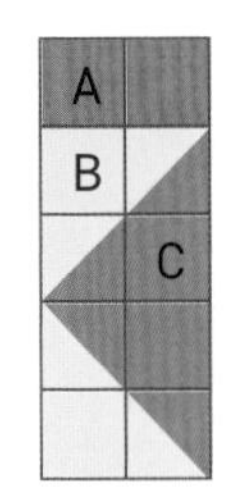

A = ____________

B = ____________

C = ____________

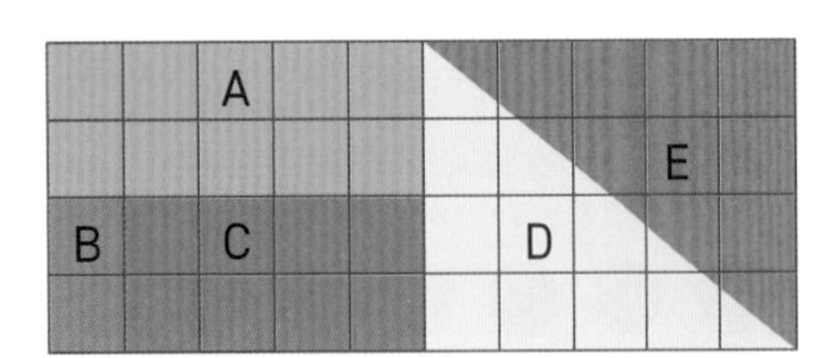

A = ____________ B = ____________

C = ____________ D = ____________

E = ____________

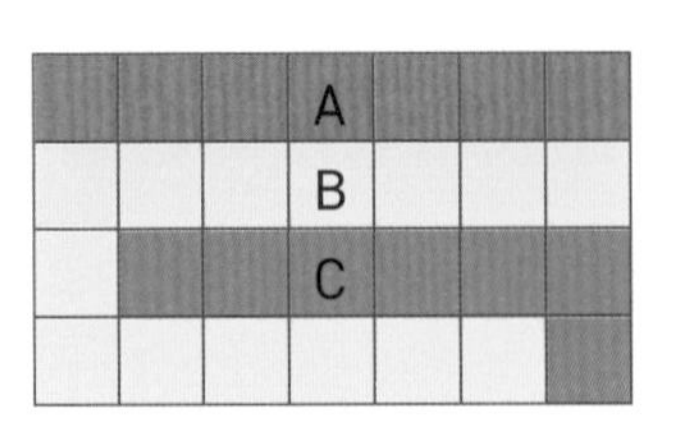

A = ____________

B = ____________

C = ____________

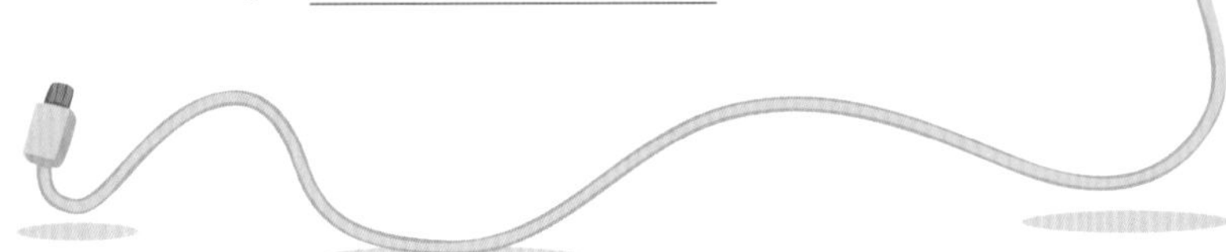

9. 미지수 x 대신 어떤 수를 쓸 수 있을까요?

$\frac{29}{x} = 10\%$ ______ $\frac{31}{x} = 1\%$ ______ $\frac{120}{x} = 60\%$ ______

$\frac{x}{232} = 50\%$ ______ $\frac{x}{400} = 3\%$ ______ $\frac{x}{40} = 15\%$ ______

10. 계산해 보세요.

❶ 395의 1% ____________

❷ 2900의 1% ____________

❸ 36의 1% ____________

❹ 300의 13% ____________

❺ 400의 22% ____________

❻ 2500의 4% ____________

11. 휴대 전화의 배터리가 30% 남았어요. 1시간 15분 동안 쓸 수 있는 양이에요. 배터리가 완전히 다 충전되면 얼마나 오래 쓸 수 있을까요?

12. 경기장에 3600명의 관람객이 있어요. 그중 48.5%는 원정 팀을 응원해요. 원정 팀을 응원하는 관람객은 몇 명일까요?

한 번 더 연습해요!

1. 계산해 보세요.

❶ 500의 7%

❷ 300의 13%

❸ 50의 2%

2. 그림에서 주황색 공책은 몇 %일까요? ______

3. 아래 글을 읽고 계산해 보세요.

❶ 리니아가 학교까지 가는 거리는 800m예요. 그중 40%를 걸었어요. 리니아가 걸은 거리는 몇 m일까요?

정답 :

❷ 운전 거리가 300km예요. 지금까지 전체 거리의 15%를 운전했어요. 앞으로 운전해야 할 거리는 몇 km일까요?

정답 :

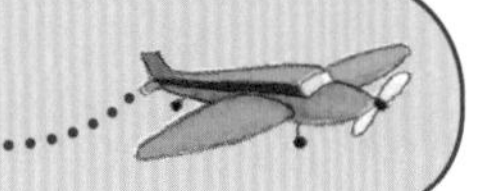

12 분수를 이용하여 백분율 계산하기

백분율 계산은 분수를 이용하면 더 쉬워요.

24명의 50%를 계산해 보세요.

$50\% = \frac{50^{(50}}{100} = \frac{1}{2}$

$\frac{24}{2} = 12$

정답 : 12명

36명의 25%를 계산해 보세요.

$25\% = \frac{25^{(25}}{100} = \frac{1}{4}$

$\frac{36}{4} = 9$

정답 : 9%

12유로의 30%를 계산해 보세요.

$30\% = \frac{30^{(10}}{100} = \frac{3}{10}$

$\frac{12€}{10} = 1.20€$

$1.20€ \times 3 = 3.60€$

정답 : 3.60유로

60유로의 75%를 계산해 보세요.

$75\% = \frac{75^{(25}}{100} = \frac{3}{4}$

$\frac{60€}{4} = 15€$

$15€ \times 3 = 45€$

정답 : 45유로

- 먼저 %를 분수로 바꾸세요.
- 분수를 약분하여 기약분수로 만드세요.
- 기약분수의 분모로 나누고 분자를 곱하세요.

<예시>

$100\% = \frac{100^{(100}}{100} = 1$ $10\% = \frac{10^{(10}}{100} = \frac{1}{10}$ $20\% = \frac{20^{(20}}{100} = \frac{1}{5}$

$40\% = \frac{40^{(20}}{100} = \frac{2}{5}$ $60\% = \frac{60^{(20}}{100} = \frac{3}{5}$ $80\% = \frac{80^{(20}}{100} = \frac{4}{5}$

1. 계산한 후, 정답을 로봇에서 찾아 ○표 해 보세요.

❶ 68의 50%

$50\% = \frac{50^{(50}}{100} = \frac{1}{2}$

$\frac{68}{}$ ______

❷ 40의 25%

______

______

❸ 70의 10%

______

______

❹ 85의 10%

______

______

❺ 150의 20%

______

______

❻ 630의 1%

______

______

6.3	7	8.5	10	20	30	34	85

2. 계산한 후, 정답을 로봇에서 찾아 ○표 해 보세요.

❶ 80의 30%

$30\% = \frac{30}{100} = \frac{3}{10}$ (10

80

❷ 35의 40%

❸ 36의 75%

12　14　24　26　27

3. 공책에 계산한 후, 정답을 로봇에서 찾아 ○표 해 보세요.

❶ 운동장에 160명의 학생이 있어요. 그중 25%는 축구를 해요. 축구를 하는 학생은 몇 명일까요?

❷ 아이노는 75유로짜리 배낭을 사기 위해 돈을 모아요. 지금까지 배낭 가격의 10%를 모았어요. 아이노가 더 모아야 하는 돈은 얼마일까요?

❸ 250명의 학생이 학교 운동회에 참석했어요. 그중 40%는 걸었고 나머지는 자전거를 탔어요. 자전거를 탄 학생은 몇 명일까요?

❹ 책과 공책 가격을 모두 합하면 12유로예요. 공책은 구매 가격의 30%를 차지해요. 공책의 가격은 얼마일까요?

❺ 아모스는 70유로를 가지고 있어요. 아모스는 가진 돈의 60%를 지갑에 넣었고, 지갑에 있는 돈의 50%를 사용했어요. 지갑에 남은 돈은 얼마일까요?

❻ 콘서트에 관객이 1200명 있어요. 그중 25%는 아이이고 나머지는 성인이에요. 성인 입장권의 30%는 사전 예약되었어요. 사전 예약된 입장권은 몇 장일까요?

40　80　150　270　3.60 €　21 €　54.50 €　67.50 €

4. 드럼통 1개에 물이 90L 들어가요. 그중 60%는 나무에 물을 주고, 남은 물 중 75%는 꽃에 물을 줘요. 그러고서 남은 물을 용기 2개에 똑같이 나누어 담는다면 용기 1개에 담기는 물은 몇 L일까요?

벼룩 두 마리가 길을 따라 걷고 있어요. 케일이 전체 거리의 63%를, 케이트가 전체 거리의 82%를 갔을 때 둘 사이의 거리는 몇 cm일까요?

5. 〈보기〉에 있는 단어를 살펴보고 아래 조건을 만족하는 단어를 모두 써 보세요.

❶ 단어를 구성하는 알파벳의 50% 이상이 모음(A, E, I, O, U)이에요.

❷ 단어를 구성하는 알파벳의 60%가 자음이에요.

❸ 단어를 구성하는 알파벳의 70%가 자음이에요.

❹ 단어를 구성하는 알파벳의 20%가 E예요.

❺ 단어를 구성하는 알파벳의 50% 미만이 모음이에요.

❻ 단어를 구성하는 알파벳의 50%가 자음이에요.

SNOW LEOPARD(눈표범)
ARCTIC FOX(북극여우)
CHIMPANZEE(침팬지)
MOUNTAIN LION(퓨마)
ROE DEER(노루)
ZEBRA FINCH(금화조)

6. 아래 글을 읽고 질문에 답해 보세요.

❶ 상인이 장미 400송이를 팔고 있어요. 그중 25%는 흰색, 35%는 빨간색, 나머지는 노란색이에요. 노란색 장미는 몇 송이일까요?

정답 :

❷ 상인 중 60%는 그 지역 사람이에요. 그중 90%는 채소를 판매해요. 외지에서 온 상인들은 80명이에요. 그 지역 상인 중 채소를 팔지 않는 상인은 몇 명일까요?

정답 :

7. 아래 조건을 만족하려면 고양이가 몇 마리 더 있어야 할까요?

❶ 동물의 40%가 강아지

❷ 동물의 30%가 고양이

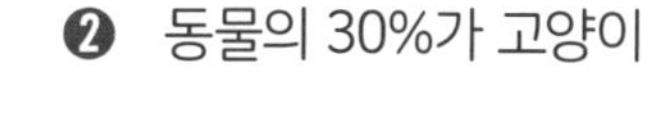

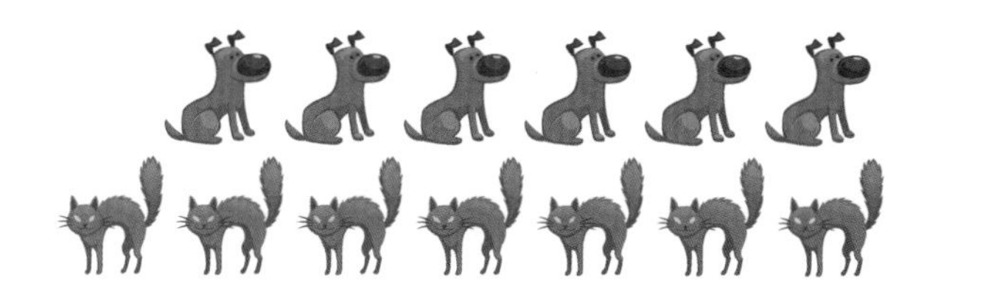

정답 : ______________________

정답 : ______________________

8. 아래 단서를 읽고 세 자리 수 비밀번호를 구해 보세요.

- 비밀번호 561에서 숫자 1개는 맞고 자릿수의 위치도 맞아요.
- 비밀번호 509에서 숫자 1개는 맞지만 자릿수의 위치는 틀려요.
- 비밀번호 175에서 숫자 2개는 맞지만 자릿수의 위치는 틀려요.
- 비밀번호 246에서 맞는 숫자는 없어요.
- 비밀번호 267에서 숫자 1개는 맞지만 자릿수의 위치는 틀려요.

____

한 번 더 연습해요!

1. 계산해 보세요.

❶ 48의 50%

❷ 60의 25%

❸ 90의 10%

2. 아래 글을 읽고 공책에 계산해 보세요.

❶ 총 60명의 학생이 오리엔티어링(지도와 나침반만 가지고 정해진 길을 걸어서 가는 스포츠) 경주에 참석했어요. 그중 90%는 기준 지점을 모두 찾았어요. 기준 지점을 모두 찾은 학생은 몇 명일까요?

❷ 올리아나는 55유로를 가지고 있는데 가진 돈의 30%를 쇼핑에 사용했어요. 올리아나에게 남은 돈은 얼마일까요?

13 다양한 방법으로 백분율 계산하기

150유로의 40%를 계산해 보세요.

나는 분수를 이용해서 계산했어.

$40\% = \frac{2}{5}$

$\frac{150€}{5} = 30€$

$30€ \times 2 = 60€$

정답 : 60유로

나는 먼저 1%를 계산한 다음 이 문제를 풀 거야.

1%는

$\frac{150€}{100} = 1.50€$

40%는

$1.50€ \times 40$

$= 1.50€ \times 10 \times 4$

$= 15€ \times 4 = 60€$

정답 : 60유로

나는 이렇게 계산했어.

$10\% = \frac{1}{10}$

$\frac{150€}{10} = 15€$

$15€ \times 4 = 60€$

정답 : 60유로

<분수와 백분율의 관계>

$50\% = \frac{1}{2}$ $25\% = \frac{1}{4}$ $10\% = \frac{1}{10}$ $5\% = \frac{1}{20}$ $1\% = \frac{1}{100}$

$20\% = \frac{1}{5}$ $40\% = \frac{2}{5}$ $60\% = \frac{3}{5}$ $80\% = \frac{4}{5}$ $75\% = \frac{3}{4}$

1. 계산한 후, 정답을 로봇에서 찾아 ○표 해 보세요.

❶ 600의 50%

$50\% = \frac{1}{2}$

______

______

❷ 200의 25%

______

______

❸ 150의 10%

______

______

❹ 300의 7%

$\frac{300}{100} =$

______

______

❺ 200의 5%

______

______

❻ 500의 12%

______

______

10 12 15 21 50 60 200 300

2. 계산한 후, 정답을 로봇에서 찾아 ○표 해 보세요. 운전 거리는 총 250km예요.

❶ 지금까지 총 거리의 10%를 운전했어요. 운전한 거리는 몇 km일까요?

정답 :

❷ 지금까지 총 거리의 30%를 운전했어요. 운전해야 할 거리는 몇 km 남았을까요?

정답 :

3. 공책에 계산한 후, 정답을 로봇에서 찾아 ○표 해 보세요. 자전거 경로는 총 60km예요.

❶ 테오는 자전거 경로의 25%를 탔어요. 지금까지 탄 거리는 몇 km일까요?

❷ 비니는 자전거 경로의 20%를 탔어요. 지금까지 탄 거리는 몇 km일까요?

❸ 이나는 자전거 경로의 92%를 탔어요. 앞으로 탈 거리는 몇 km 남았을까요?

❹ 페트릭은 자전거 경로의 75%를, 에릭은 80%를 탔어요. 에릭이 탄 거리는 페트릭이 탄 거리보다 몇 km 더 많을까요?

3 km　4.8 km　5 km　12 km　15 km　25 km　175 km　200 km

4. 아래 글을 읽고 공책에 계산한 후, 정답을 로봇에서 찾아 ○표 해 보세요.

❶ 미란다는 하루 동안 걸음 수를 세기 위해 만보기를 켰어요. 저녁에 보니 9400보를 걸었어요. 학교 가는 길에 총 걸음의 10%를 걸었어요. 미란다는 학교에 갈 때 몇 보를 걸었을까요?

❷ 1주일 동안 1500명의 고객이 수영장을 방문했어요. 그중 20%는 오전 6시~12시 사이에, 나머지는 12시~저녁 8시 사이에 방문했어요. 12시~저녁 8시까지 방문한 고객은 몇 명일까요?

❸ 월요일에는 300명, 화요일에는 550명의 관객이 영화관을 찾았어요. 월요일엔 관객의 50%가, 화요일엔 20%가 어린이였어요. 월요일에 방문한 어린이 관객은 화요일보다 몇 명 더 많을까요?

❹ 기차에 200명의 승객이 있어요. 그중 70%는 성인이고 나머지는 어린이예요. 어린이 승객의 40%는 10세 미만이에요. 기차에 탄 10세 미만의 승객은 모두 몇 명일까요?

24　36　40　940　1200　1500

더 생각해 보아요!

정사각형의 변 길이가 100% 길어졌어요. 처음 정사각형의 넓이는 새로운 정사각형 넓이의 몇 %일까요?

5. 빈칸에 알맞은 수를 써넣어 표를 완성해 보세요.

100%	50%	25%	10%	5%	1%
200	100				
					8
	300				
		70			
			40		

6. 오른쪽 원그래프는 학생들이 가장 좋아하는 음악 장르를 보여 줘요. 전교생 300명 중 각 장르를 좋아하는 학생 수는 몇 명일까요?

❶ 랩 ________

❷ 고전 음악 ________

❸ 팝 ________

❹ 팝이나 헤비메탈 ________

❺ 랩, 헤비메탈 또는 록 ________

❻ 헤비메탈이 아닌 다른 장르 ________

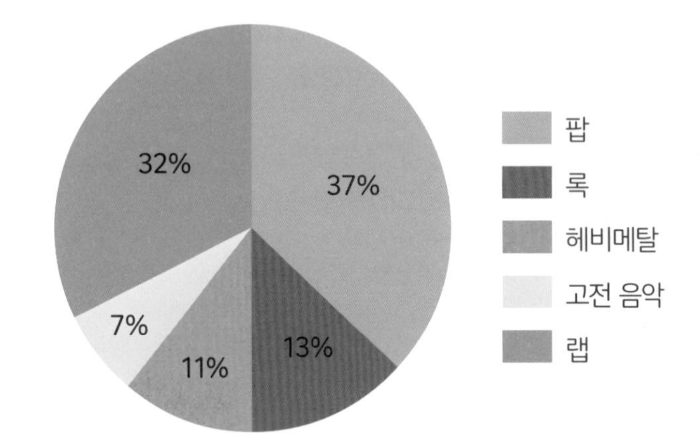

7. 아래 글을 읽고 아이들이 가진 돈을 구해 보세요.

동전 중에서 20%는 10센트 동전, 40%는 50센트 동전, 나머지 8개는 20센트 동전이에요.

____

동전 중에서 20%는 10센트 동전, 35%는 20센트 동전, 35%는 50센트 동전, 나머지 4개는 1유로 동전이에요.

____

동전 중에서 15%는 10센트 동전, 45%는 1유로 동전, 35%는 50센트 동전, 나머지 3개는 2유로 동전이에요.

____

8. 아래 글을 읽고 알맞은 식을 세워 답을 구해 보세요.

❶ 아드리안은 6.30유로를 가지고 있어요. 에디는 아드리안보다 돈을 50% 더 많이 가지고 있어요. 에디가 가진 돈은 얼마일까요?

❷ 폴라는 12.80유로를 가지고 있어요. 애니는 폴라보다 돈을 25% 더 적게 가지고 있어요. 애니가 가진 돈은 얼마일까요?

❸ 베라는 2.90유로를 가지고 있어요. 엘라는 베라보다 돈을 100% 더 많이 가지고 있어요. 엘라가 가진 돈은 얼마일까요?

❹ 닉은 5유로를 가지고 있어요. 아리는 닉보다 돈을 150% 더 많이 가지고 있어요. 아리가 가진 돈은 얼마일까요?

9. 아래 글을 읽고 질문에 답해 보세요.

창고에 잡지 200권이 있어요. 그중 1%는 만화 잡지이고 나머지는 과학 잡지예요.

❶ 창고에 있는 만화 잡지는 몇 권일까요?

❷ 만화 잡지가 전체 잡지의 2%를 차지하려면 창고에서 과학 잡지를 몇 권 빼내야 할까요?

한 번 더 연습해요!

1. 계산해 보세요.

❶ 80의 50%

❷ 50의 5%

❸ 120의 25%

❹ 900의 7%

❺ 60의 8%

❻ 140의 3%

2. 아래 글을 읽고 공책에 계산해 보세요. 최고 시험 점수는 40점이에요.

❶ 한스는 최고 시험 점수의 60%를 맞았어요. 한스는 몇 점일까요?

❷ 이다는 최고 시험 점수의 95%를 맞았어요. 이다의 점수는 최고 시험 점수에서 몇 점 부족할까요?

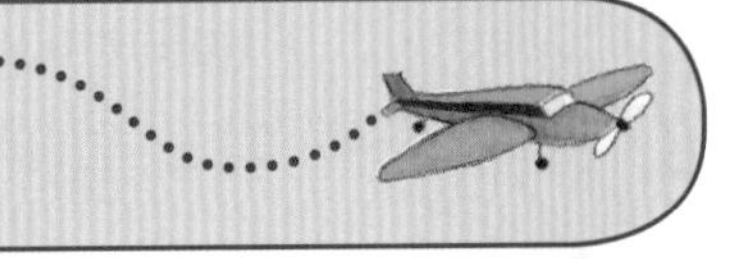

14 할인된 가격 계산하기

티셔츠 1벌이 60유로예요. 엘리는 20% 할인을 받았어요.
할인받은 셔츠의 새 가격을 구해 보세요.

먼저 할인율 즉, 60유로의 20%를 계산해요.

나는 분수를 이용하여 할인액을 계산할 거야.

$20\% = \frac{1}{5}$

$\frac{60€}{5} = 12€$

나는 1%를 먼저 계산하여 할인액을 구할 거야.

1%는

$\frac{60€}{100} = 0.60€$

20%는

$0.60€ \times 20$

$= 0.60€ \times 10 \times 2$

$= 6€ \times 2 = 12€$

할인액은 12유로예요.
그럼 이제 할인액(12€)을 원래 가격(60€)에서 빼고 할인된 가격을 구하세요.
할인된 가격은 60€ - 12€ = 48€
정답 : 48유로

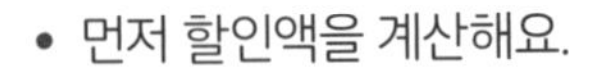

- 먼저 할인액을 계산해요.
- 원래 가격에서 할인액을 빼서 할인된 가격을 구해요.

1. 플로어볼 스틱이 80유로인데 10% 할인을 받았어요.

❶ 할인액을 계산해 보세요.

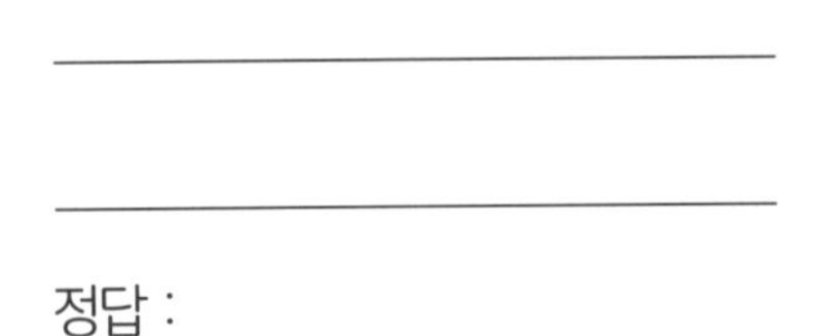

정답 :

❷ 할인된 가격을 계산해 보세요.

정답 :

2. 단체 셔츠가 50유로인데 20% 할인을 받았어요.

❶ 할인액을 계산해 보세요.

정답 :

❷ 할인된 가격을 계산해 보세요.

정답 :

3. 구매한 물건의 할인된 가격을 계산한 후, 정답을 로봇에서 찾아 ○표 해 보세요.

❶

____

____

____

정답 : ____________________________

❷

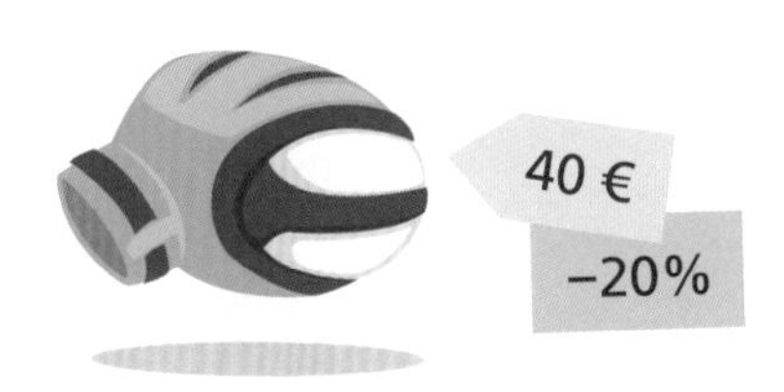

____

____

____

정답 : ____________________________

❸

55 €
−10%

____

____

____

정답 : ____________________________

32 € 39 € 49.50 € 175 € 225 €

4. 아래 글을 읽고 공책에 계산한 후, 정답을 로봇에서 찾아 ○표 해 보세요.

❶ 컴퓨터가 원래 400유로인데 가격이 30% 할인되었어요. 컴퓨터의 할인된 가격은 얼마일까요?

❷ 키보드 가격이 25% 할인되었어요. 원래 가격이 84유로라면 할인된 가격은 얼마일까요?

❸ 태블릿의 원래 가격은 300유로예요. 할인율이 13%라면 할인된 가격은 얼마일까요?

❹ 스마트폰 가격이 20% 할인되었어요. 원래 가격이 505유로라면 할인된 가격은 얼마일까요?

❺ 애플리케이션이 250유로인데 가격이 20% 할인되었어요. 그리고 구매 당시 10% 추가 할인을 받았어요. 애플리케이션의 최종 가격은 얼마일까요?

❻ 게임기 가격이 2번 할인되었어요. 먼저 50% 할인되었고, 이후 할인 가격에서 5% 더 할인되었어요. 원래 가격이 800유로라면 게임기의 최종 가격은 얼마일까요?

더 생각해 보아요!

헬레나는 라켓을 25% 할인받았어요. 할인된 가격으로 라켓을 샀더니 105유로예요. 원래 라켓 가격은 얼마일까요?

____

63 € 165 € 180 € 261 €

280 € 380 € 404 € 525 €

5. 질문에 답해 보세요. 비비안은 두 상점에서 같은 셔츠의 가격을 비교하고 있어요.

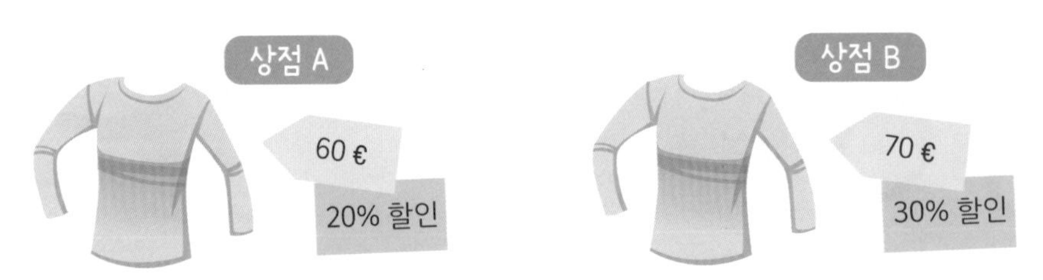

❶ 두 상점에서 파는 셔츠의 할인된 가격 차는 얼마일까요?

____

____

____

정답 : ______________

❷ 어느 상점의 셔츠가 더 저렴할까요? ______________________________

6. 아래 조건을 만족하는 도형을 그려 보세요.

❶ 원래 도형보다 20% 작은 도형

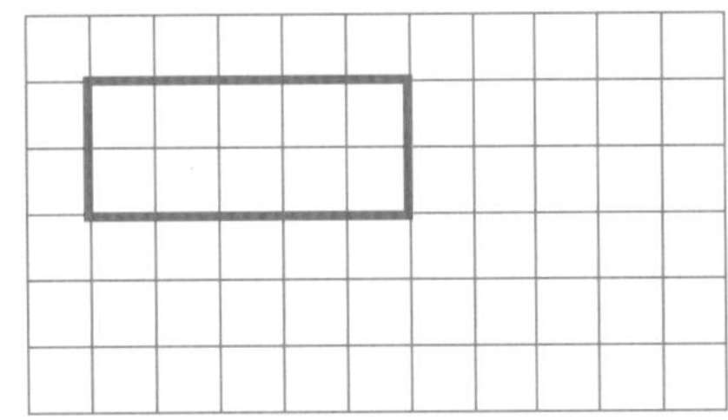

❷ 원래 도형보다 60% 큰 도형

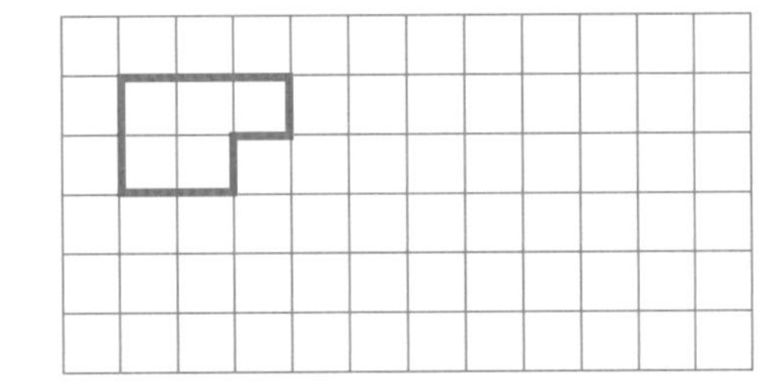

7. 세 상점의 개 사료 광고를 살펴보세요. 어느 상점이 가장 저렴할까요?

____

8. 아래 글을 읽고 질문의 답을 구해 보세요.

상자에 건포도가 100개 들어 있어요. 그중 10%는 요거트 건포도이고 나머지는 초콜릿 건포도예요.

❶ 초콜릿 건포도 50개를 먹었어요. 요거트 건포도는 남은 건포도의 몇 %일까요?

❷ 초콜릿 건포도 42개와 요거트 건포도 8개를 먹었어요. 요거트 건포도는 남은 건포도의 몇 %일까요?

9. 아래 코드를 잘 살펴보세요. 계산기 프로그램이 어떤 수를 출력할까요?

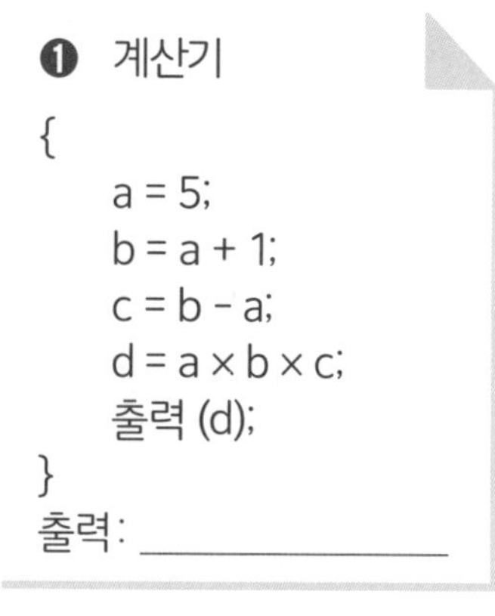

❶ 계산기

```
{
    a = 5;
    b = a + 1;
    c = b - a;
    d = a × b × c;
    출력 (d);
}
```

출력: ______________

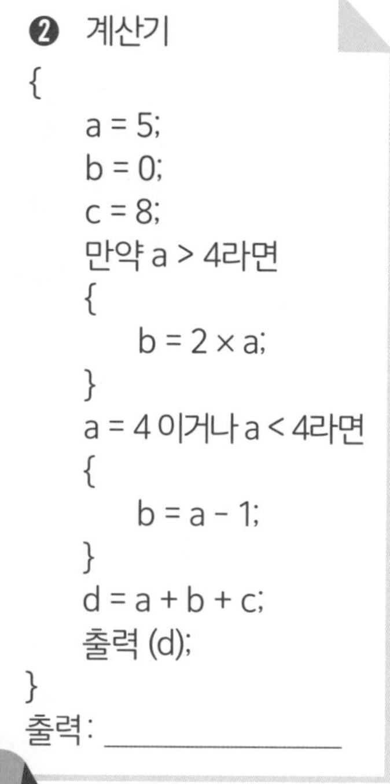

❷ 계산기

```
{
    a = 5;
    b = 0;
    c = 8;
    만약 a > 4라면
    {
        b = 2 × a;
    }
    a = 4 이거나 a < 4라면
    {
        b = a - 1;
    }
    d = a + b + c;
    출력 (d);
}
```

출력: ______________

❸ ❷번 문제의 프로그램을 아래와 같이 재설정해 보세요.

```
a = 3;
b = 0;
c = 8;
```

프로그램이 어떤 수를 출력할까요?

____

1. 스케이트보드가 120유로인데 20% 할인을 받았어요.

❶ 할인액을 계산해 보세요.

____

____

정답: ______________

❷ 할인된 가격을 계산해 보세요.

____

____

정답: ______________

2. 구매한 물건의 할인된 가격을 공책에 계산해 보세요.

90 €
-50%

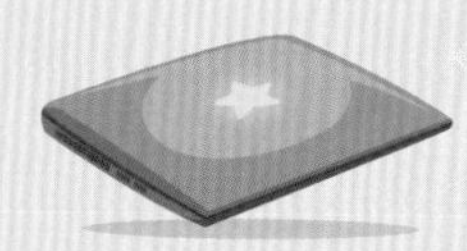

600 €
-25%

75 €
-20%

15 인상된 가격 계산하기

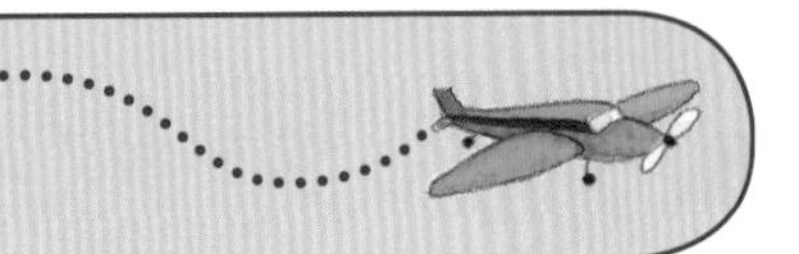

경매에서 골동품 탁자의 최초 가격은 250유로였는데, 가격이 40% 인상되었어요. 인상된 가격은 얼마인지 계산해 보세요.

먼저 인상액, 즉 250유로의 40%를 계산해요.

나는 분수를 이용하여 인상액을 계산할 거야.

$40\% = \frac{2}{5}$

$\frac{250€}{5} = 50€$

$50€ \times 2 = 100€$

나는 먼저 1%를 계산하여 인상액을 구할 거야.

1%는

$\frac{250€}{100} = 2.50€$

40%는

$2.50€ \times 40$

$= 2.50€ \times 10 \times 4$

$= 25€ \times 4 = 100€$

인상액은 100유로예요.
원래 가격(250€)에 인상액(100€)을 더해 인상된 가격을 계산해요.
인상된 가격은 250€ + 100€ = 350€
정답 : 350유로

할인액과 할인된 가격

- 먼저 할인액을 계산해요.
- 원래 가격에서 할인액을 빼서 할인된 가격을 구해요.

인상액과 인상된 가격

- 먼저 인상액을 계산해요.
- 원래 가격에 인상액을 더해 인상된 가격을 구해요.

1. 자전거 1대가 400유로인데 가격이 10% 인상되었어요.

❶ 인상액을 계산해 보세요.

____

____

정답 : _______________

❷ 인상된 가격을 계산해 보세요.

____

____

정답 : _______________

2. 휴대 전화가 500유로인데 가격이 15% 인상되었어요.

❶ 인상액을 계산해 보세요.

____

____

정답 : _______________

❷ 인상된 가격을 계산해 보세요.

____

____

정답 : _______________

3. 상품의 할인된 가격을 공책에 계산한 후, 정답을 로봇에서 찾아 ○표 해 보세요.

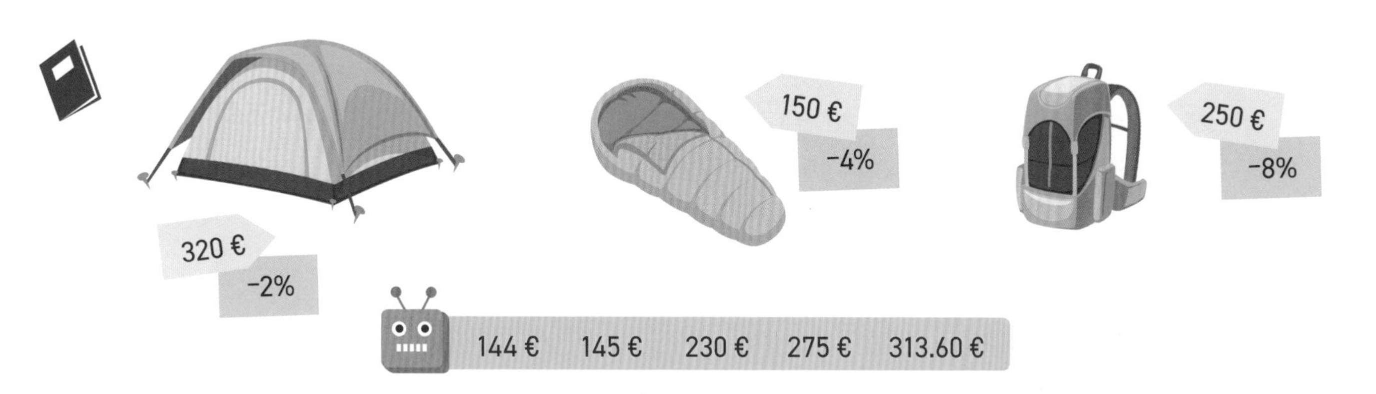

4. 아래 글을 읽고 공책에 계산한 후, 정답을 로봇에서 찾아 ○표 해 보세요.

❶ 여행 비용이 900유로인데 11% 인상되었어요. 인상된 가격은 얼마일지 계산해 보세요.

❷ 장비 대여 회사가 스노우보드 대여비를 5% 인상했어요. 원래 대여비가 50유로였다면 인상된 대여비는 얼마일지 계산해 보세요.

❸ 호텔 1박의 원래 숙박비가 136유로예요. 10% 할인된다면 할인된 가격은 얼마일지 계산해 보세요.

❹ 자동차 대여 회사가 대여비를 20% 인하했어요. 원래 가격이 150유로였다면 할인된 가격은 얼마일까요?

❺ 백화점에서 140유로짜리 코트를 30% 할인해요. 다른 상점에서는 같은 코트 가격이 120유로이고 15% 할인해요. 더 저렴한 코트의 가격은 얼마일까요?

❻ 오두막집 대여료가 원래 1250유로인데 여름에 20% 인상되었어요. 그리고 다음 해 봄에 전년도 여름보다 30% 인하되었어요. 봄철 대여료는 얼마일까요?

52.50 € 98 € 102.50 € 120 € 122.40 € 975 € 999 € 1050 €

5. 로라는 두 군데 상점에서 같은 컴퓨터의 가격을 비교하고 있어요. 상점 A에서 컴퓨터는 650유로이고 구매 가격의 5%를 배송비로 청구해요. 반면 상점 B에서 컴퓨터의 원래 가격은 760유로인데 10% 학생 할인을 받을 수 있어요. 어느 상점이 더 저렴할까요?

더 생각해 보아요!

상품의 가격이 먼저 100% 인상된 후, 다시 50% 인하되었어요. 상품의 가격은 얼마일까요?

____

6. 아래 단서를 읽고 경로를 표시해 보세요.

- A : 남쪽으로 50칸의 10%만큼 전진하세요.
- B : 서쪽으로 방향을 바꾸어 A 거리의 40%만큼 전진하세요.
- C : 남쪽으로 방향을 바꾸어 A 거리의 80%만큼 전진하세요.
- D : 서쪽으로 방향을 바꾸어 C 거리보다 100% 더 많이 전진하세요.
- E : 북쪽으로 방향을 바꾸어 D 거리의 25%만큼 전진하세요.
- F : 동쪽으로 방향을 바꾸어 E 거리보다 50% 더 많이 전진하세요.

발견한 X표는 어떤 색일까요? ____________

출발

북

서

동

남

7. 암산해 보세요.

❶ 24유로의 50%	____________	❷ 120유로의 50%	____________
❸ 36유로의 25%	____________	❹ 480유로의 25%	____________
❺ 50유로의 10%	____________	❻ 250유로의 10%	____________
❼ 450유로의 1%	____________	❽ 70유로의 1%	____________

8. 최종 가격을 계산해 보세요.

9. 아래의 경우 100유로짜리 상품 가격은 어떻게 변동할까요?

❶ 가격이 우선 20% 인하된 후, 인하 가격이 다시 20% 인상된다면?

❷ 가격이 우선 20% 인상된 후, 인상 가격이 다시 20% 인하된다면?

❸ 문제 ①과 ②에서 계산한 상품의 최종 가격을 보고 어떤 생각이 들었나요?

10. 아래 단서를 읽고 상자의 무게를 알아맞혀 보세요.

- 상자의 무게를 모두 합하면 80kg이에요.
- 검은색 상자의 무게는 상자를 모두 합한 무게의 30%예요.
- 파란색 상자의 무게는 검은색 상자 무게의 75%예요.
- 주황색 상자의 무게는 검은색과 파란색 상자를 합한 무게의 50%예요.

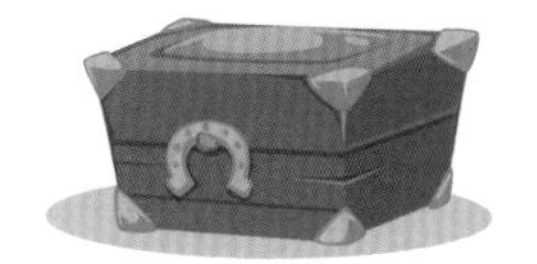

한 번 더 연습해요!

1. 어떤 그림의 가격이 300유로인데 7% 인상되었어요.

❶ 인상액을 계산해 보세요.

정답 :

❷ 인상된 가격을 계산해 보세요.

정답 :

2. 아래 글을 읽고 계산해 보세요.

❶ 신발 한 켤레의 가격이 70유로인데 6% 인상되었어요. 인상된 가격은 얼마일까요?

정답 :

❷ 바지 가격이 10% 할인되었어요. 원래 가격이 80유로라면 할인된 가격은 얼마일까요?

정답 :

연습 문제

____월 ____일 ____요일

1. 계산한 후, 정답을 로봇에서 찾아 ○표 해 보세요.

❶ 98의 10%

❷ 24의 25%

❸ 55의 20%

❹ 500의 60%

❺ 310의 30%

❻ 140의 5%

6　7　9.8　11　93　300　360　400

2. 빅토르는 두 상점에서 같은 자전거의 가격을 비교하고 있어요. 자전거의 가격을 계산해 보세요.

❶ 자전거 세상

정답 :

자전거 세상

❷ 바퀴와 페달

정답 :

바퀴와 페달

❸ 빅토르는 어느 상점에서 자전거를 구매해야 할까요?

3. 공책에 계산한 후, 정답을 로봇에서 찾아 ○표 해 보세요.

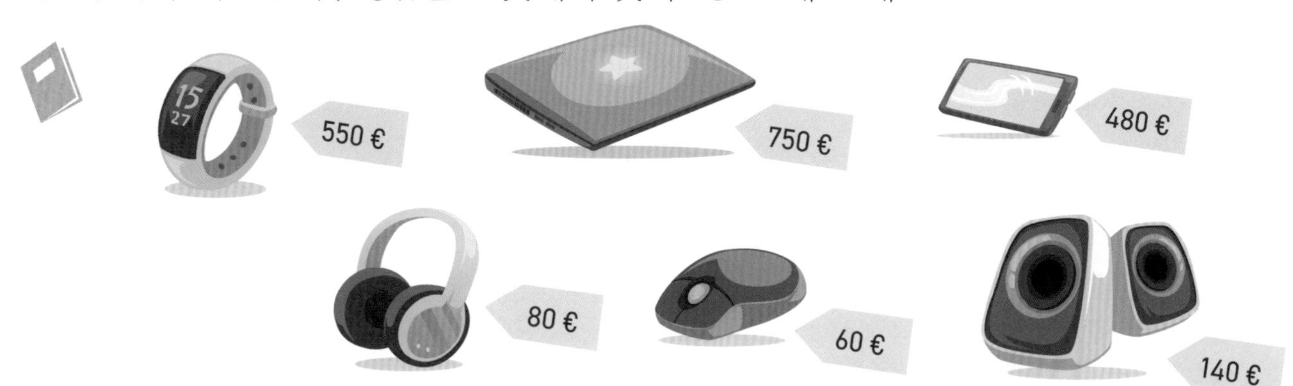

❶ 엘리나가 10% 할인을 받아서 휴대 전화를 샀어요. 휴대 전화의 할인된 가격은 얼마일까요?

❷ 애나는 20% 할인을 받아서 스피커 1세트를 샀어요. 스피커의 할인된 가격은 얼마일까요?

❸ 키아의 엄마는 8% 할인을 받아서 노트북과 스마트워치를 구매했어요. 구매한 물건의 최종 가격은 얼마일까요?

❹ 루카는 100유로를 가지고 있어요. 5% 할인을 받고 마우스를 샀다면 루카에게 남은 돈은 얼마일까요?

❺ 피터는 10% 할인을 받고 스마트워치를, 5% 할인을 받고 헤드폰을 샀어요. 구매한 물건의 가격은 모두 얼마일까요?

❻ 아빠는 노트북, 마우스, 그리고 스피커 1세트를 동시에 구매했어요. 가장 비싼 상품에 대해서 10% 할인을 받고, 가장 저렴한 상품에 대해서는 원래 가격의 절반에 샀어요. 아빠가 구매한 물건의 최종 가격은 얼마일까요?

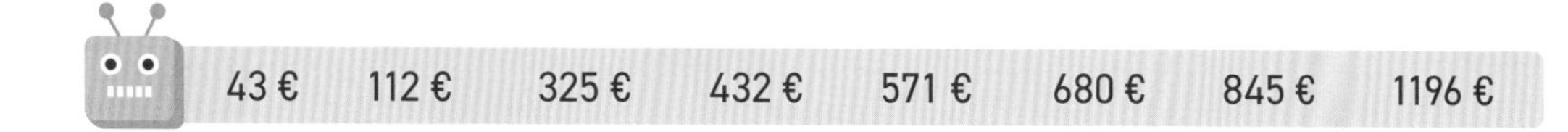

43 €
112 €
325 €
432 €
571 €
680 €
845 €
1196 €

4. 아래 글을 읽고 공책에 답을 구해 보세요. 링게트(여성들이 하는 아이스하키 비슷한 경기) 팀은 매달 40시간씩 연습해요.

❶ 연습 시간 중 40%는 스케이트에, 20%는 기술 연습에 사용해요. 나머지 시간에는 체력 단련을 해요. 체력 단련에는 몇 시간을 사용할까요?

❷ 전체 연습 시간의 6시간을 스트레칭에 사용해요. 스트레칭 시간은 전체의 몇 %일까요?

❸ 규정상 연습 시간의 20%까지는 결석할 수 있어요. 헨리에타는 31시간을 연습했어요. 20%를 넘겨 결석했는지 계산해 보세요.

초콜릿 가격이 25% 인상되었어요. 새로운 가격이 2.50유로라면 원래 가격은 얼마일까요?

____

5. 그림을 보고 공책에 알맞은 식을 세워 답을 구해 보세요.

❶ 흰색 강아지는 몇 %일까요?
❷ 갈색 강아지는 몇 %일까요?
❸ 흰색이나 검은색 강아지는 몇 %일까요?
❹ 의자 위에 있는 강아지는 몇 %일까요?
❺ 의자 위에 있는 강아지 중 검은색 강아지는 몇 %일까요?
❻ 목줄을 한 강아지는 몇 %일까요?
❼ 흰색 강아지 중 목줄을 한 강아지는 몇 %일까요?
❽ 갈색이 아닌 강아지는 몇 %일까요?
❾ 갈색 강아지 중 목줄을 하지 않은 강아지는 몇 %일까요?
❿ 의자 위에 있는 강아지 중 목줄을 한 강아지는 몇 %일까요?
⓫ 의자 위에 있지도 않고 목줄도 하지 않은 강아지는 몇 %일까요?

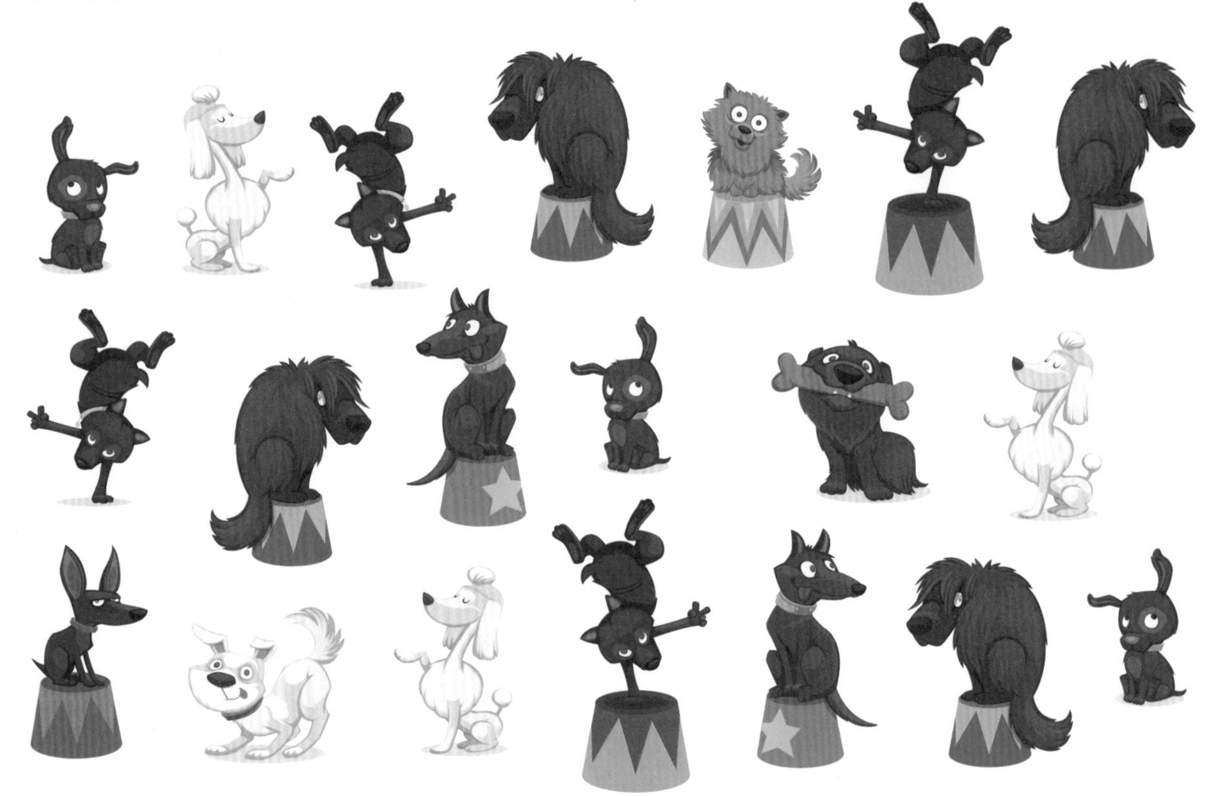

6. 아래 단서를 읽고 통에 물이 몇 리터 들어 있는지 알아맞혀 보세요.

- 갈색 통에 초록색 통보다 물이 15% 적게 들어 있어요.
- 초록색 통에 있는 물의 25%가 노란색 통에 들어 있어요.
- 노란색 통에 물이 30L 들어 있어요.
- 갈색 통에 있는 물의 25%가 파란색 통에 들어 있어요.

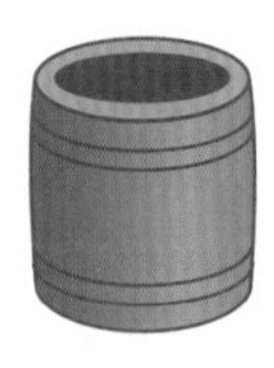 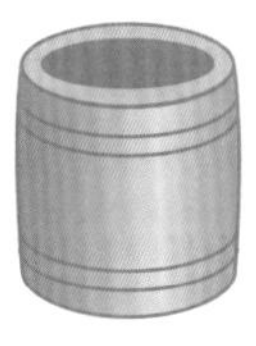  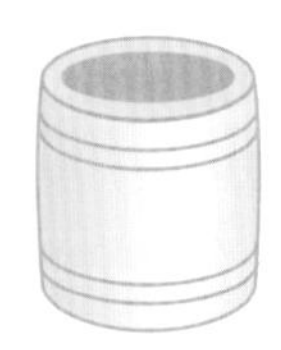

7. 질문에 답해 보세요.

❶ 다음 수는 이전 수보다 항상 50% 증가해요. 합이 38이 되는 세 자연수는 무엇일까요?

_______ + _______ + _______ = 38

❷ 다음 수는 이전 수보다 항상 25% 증가해요. 합이 61이 되는 세 자연수는 무엇일까요?

_______ + _______ + _______ = 61

❸ 다음 수는 이전 수보다 항상 50% 작아요. 차가 15가 되는 세 자연수는 무엇일까요?

_______ - _______ - _______ = 15

한 번 더 연습해요!

1. 계산해 보세요.

❶ 80의 25%

❷ 59의 10%

❸ 64의 50%

❹ 800의 40%

❺ 120의 5%

❻ 110의 9%

2. 아래 글을 읽고 알맞은 식을 세워 답을 구해 보세요.

❶ 콜린은 50유로짜리 게임을 20% 할인받았어요. 할인된 가격은 얼마일까요?

정답 :

❷ 스포츠 센터에서 테니스를 1시간 치는 데 비용이 25유로예요. 가격이 6% 인상되었다면 인상된 비용은 얼마일까요?

정답 :

8. 색칠하지 않은 부분은 전체의 몇 %인지 구해 보세요.

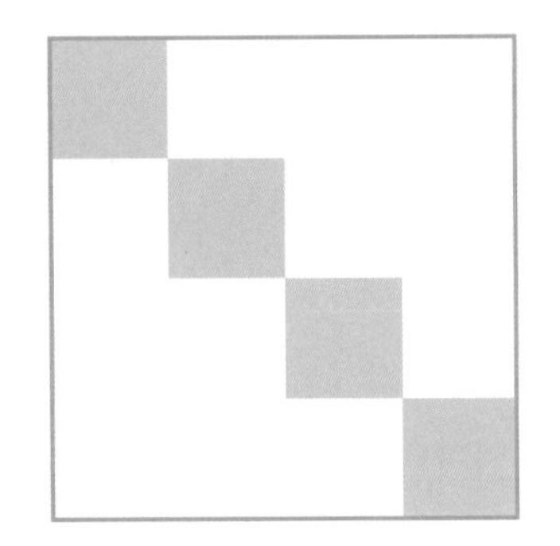

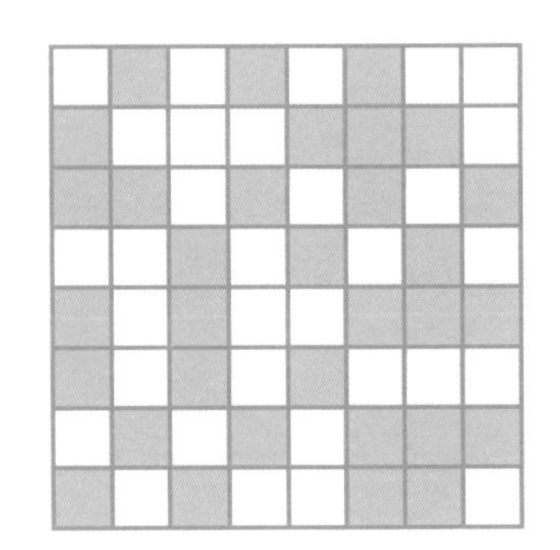

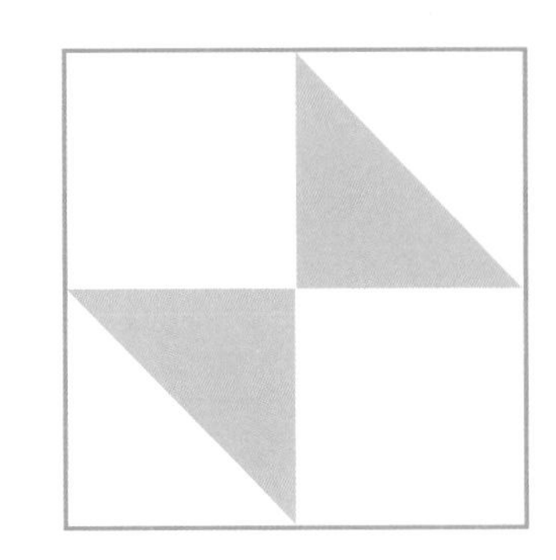

9. 아래 단서를 읽고 가격을 알아맞혀 보세요.

- 여행 가방은 어깨에 메는 가방의 정상가보다 40% 더 비싸요.
- 배낭은 어깨에 메는 가방보다 5% 더 저렴해요.
- 어깨에 메는 가방의 정상가는 120유로인데 가격이 절반으로 인하되었어요.
- 핸드백은 배낭 가격의 절반이에요.
- 벨트백은 핸드백보다 3유로 더 싸요.

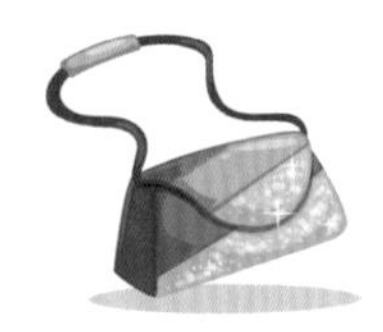

10. 빈칸을 완성해 보세요.

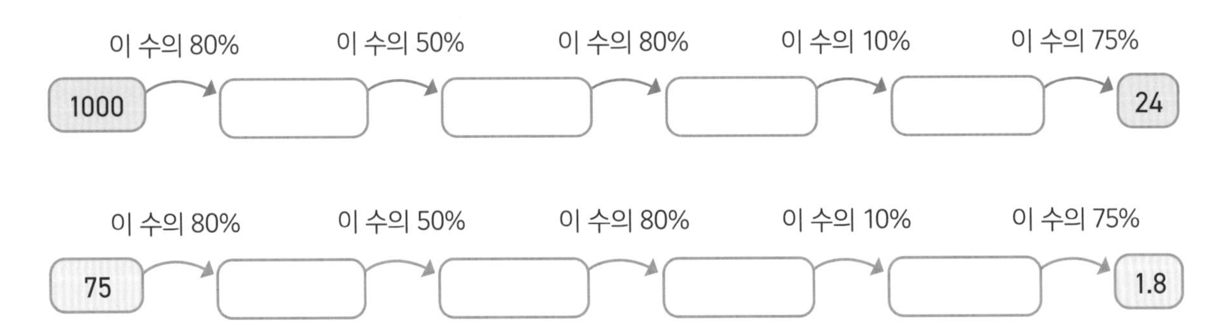

11. 아래 글을 읽고 알맞은 식을 세워 답을 구해 보세요.

❶ 카일라가 가진 스티커의 25%가 잉가가 가진 스티커의 40%와 같아요. 잉가의 스티커가 50개라면 카일라의 스티커는 몇 개일까요?

❷ 에멧이 가진 카드 수의 60%가 아만이 가진 카드 수의 75%와 같아요. 에멧의 카드가 45장이라면 아만의 카드는 몇 장일까요?

한 번 더 연습해요!

1. 아래 글을 읽고 알맞은 식을 세워 답을 구해 보세요.

❶ 콘서트 입장권 가격이 25유로인데 어린이 표는 50% 할인해요. 어린이 입장권 1장은 얼마일까요?

정답 :

❷ 반지 1개 가격이 250유로인데 2% 인상되었어요. 인상된 반지 가격은 얼마일까요?

정답 :

❸ 후드 셔츠가 30유로인데 20% 할인을 받았어요. 후드 셔츠의 할인된 가격은 얼마일까요?

정답 :

❹ 휴대 전화 가격이 150유로인데 5% 할인을 받았어요. 휴대 전화의 할인된 가격은 얼마일까요?

정답 :

실력을 평가해 봐요!

____ 월 ____ 일 ____ 요일

1. 분수를 소수와 %로 바꾸어 보세요.

$\frac{43}{100}$ = ____________________

$\frac{6}{10}$ = ____________________

2. 몇 %인지 계산해 보세요.

❶ 100에서 13 ____________________

❷ 10에서 3 ____________________

❸ 200에서 16 ____________________

3. 계산해 보세요.

❶ 500의 1% ____________________

❷ 340의 1% ____________________

❸ 96의 1% ____________________

❹ 48의 50% ____________________

❺ 36의 25% ____________________

❻ 25의 20% ____________________

4. 계산해 보세요. 애니는 120유로를, 세라는 150유로를 가지고 있어요.

❶ 애니는 가진 돈의 20%를 사용했어요. 애니가 사용한 돈은 얼마일까요?

정답 : ____________________

❷ 세라는 가진 돈의 60%를 사용했어요. 세라에게 남은 돈은 얼마일까요?

정답 : ____________________

5. 아래 글을 읽고 알맞은 식을 세워 답을 구해 보세요.

❶ 바구니에 공이 25개 들어 있어요. 그중 7개는 초록색이고 나머지는 흰색이에요. 흰색 공은 전체의 몇 %일까요?

정답 :

❷ 경기장에 있는 관람객 중 270명은 홈팀을 응원하고, 30명은 원정팀을 응원했어요. 원정팀을 응원한 관람객은 몇 %일까요?

정답 :

6. 배낭의 가격이 60유로인데 30% 할인을 받았어요.

❶ 할인액을 계산해 보세요.

정답 :

❷ 할인된 가격을 계산해 보세요.

정답 :

60 €

-30%

7. 아래 글을 읽고 알맞은 식을 세워 답을 구해 보세요.

❶ 자동차 대여료가 400유로에서 15% 인상되었어요. 인상된 대여료는 얼마일까요?

정답 :

❷ 세탁기가 600유로인데 40% 할인되었어요. 그리고 구매 당시 10% 추가 할인을 받았어요. 이 세탁기의 최종 가격은 얼마일까요?

정답 :

얼마나 잘했나요?

실력이 자란 만큼 별을 색칠하세요.

★★★ 정말 잘했어요.

★★☆ 꽤 잘했어요.

★☆☆ 앞으로 더 노력할게요.

단원 종합 문제

____월 ____일 ____요일

1. 계산해 보세요.

❶ 200유로의 1%

❷ 160유로의 1%

❸ 1300유로의 1%

2. 계산해 보세요.

❶ 120의 50%

❷ 80의 25%

❸ 490의 10%

❹ 600의 9%

❺ 1000의 28%

❻ 150의 3%

3. 몇 %인지 계산해 보세요.

❶ 100에서 27

❷ 50에서 41

❸ 25에서 2

4. 여행 경비가 300유로인데 20% 할인되었어요.

❶ 할인액을 계산해 보세요.

정답 :

❷ 할인된 가격을 계산해 보세요.

정답 :

5. 공책에 계산해 보세요. 컴퓨터 가격이 900유로인데 2% 인상되었어요.

❶ 인상액을 계산해 보세요.

❷ 인상된 가격을 계산해 보세요.

6. 계산해 보세요.

① 300의 16%
② 25의 80%
③ 210의 7%

7. 아래 글을 읽고 알맞은 식을 세워 답을 구해 보세요.

① 소파의 가격이 450유로인데 30% 할인되었어요.
할인된 소파 가격은 얼마일까요?

정답 :

② 여행 경비가 75유로인데 2% 인상되었어요.
인상된 여행 경비는 얼마일까요?

정답 :

8. 아래 글을 읽고 계산해 보세요.

① 채소 한 봉지에 당근 12개, 양파 6개, 감자 7개가 들어 있어요. 당근은 전체의 몇 %일까요?

정답 :

② 카페의 손님 60명 중 21명이 차를 주문했어요.
차를 주문한 손님은 전체의 몇 %일까요??

정답 :

9. 계산해 보세요.

① 15유로가 20%인 금액
② 24유로가 30%인 금액
③ 300유로가 60%인 금액
④ 270유로가 15%인 금액

10. 계산해 보세요.

60 € → +75% → [ ] → -50% → [ ] → +20% → [ ] → -10% → [ ] → +100% → [ ]

11. 몇 %인지 계산해 보세요.

❶ 40센트에서 12센트

정답 :

❷ 2.5유로에서 90센트

정답 :

❸ 1분에서 24초

정답 :

❹ 2.5시간에서 1시간

정답 :

12. 색칠한 부분은 전체의 몇 %일까요?

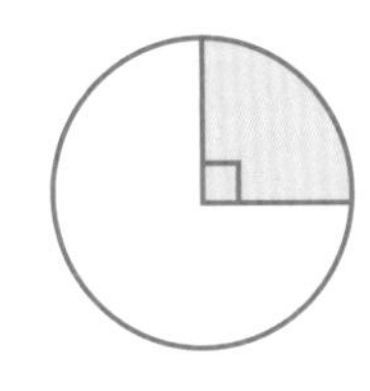

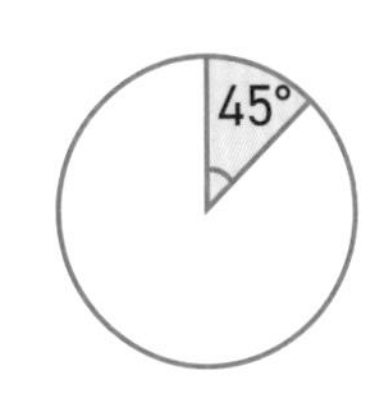

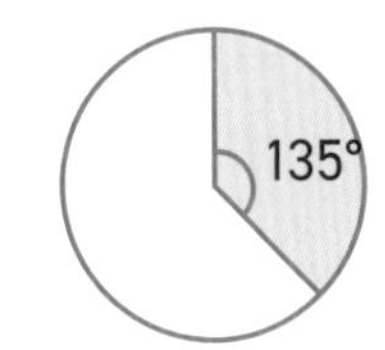

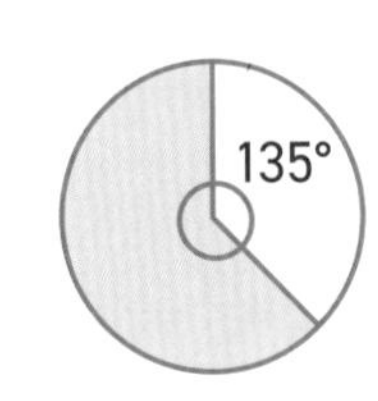

13. 질문에 답해 보세요.

❶ 360유로였던 그림이 현재 288유로라면 할인율은 몇 %일까요? ________%

❷ 140유로였던 비행기표가 현재 182유로라면 인상률은 몇 %일까요? ________%

❸ 250유로였던 텔레비전이 현재 212.50유로라면 할인율은 몇 %일까요? ________%

14. 계산해 보세요.

❶ 어떤 수의 30%가 6일까요?

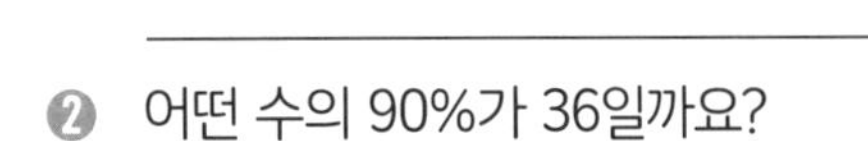

❷ 어떤 수의 90%가 36일까요?

❸ 어떤 수의 75%가 30일까요?

단원 정리

____월 ____일 ____요일

★ 백분율

- 1%는 $\frac{1}{100}$이에요.
- 100%는 $\frac{100}{100}$, 즉 전체 1이에요.

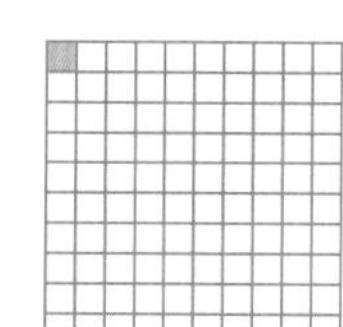

$1\% = \frac{1}{100} = 0.01$

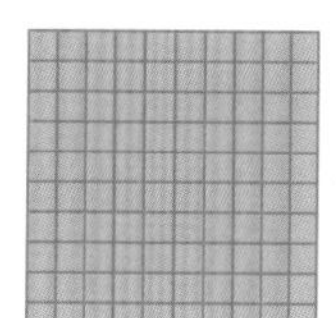

$100\% = \frac{100}{100} = 1$

★ 분수로 나타낸 백분율

$50\% = \frac{1}{2}$ $25\% = \frac{1}{4}$ $10\% = \frac{1}{10}$ $5\% = \frac{1}{20}$ $1\% = \frac{1}{100}$

$20\% = \frac{1}{5}$ $40\% = \frac{2}{5}$ $60\% = \frac{3}{5}$ $80\% = \frac{4}{5}$ $75\% = \frac{3}{4}$

★ 몇 %일까요?

빨간색 공은 몇 %일까요?

$^{5)}\frac{13}{20} = \frac{65}{100} = 65\%$

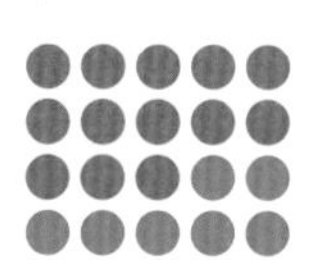

200에서 72는 몇 %일까요?

$\frac{72}{200}^{(2} = \frac{36}{100} = 36\%$

- 먼저 전체에서 차지하는 비율을 분수로 나타내요.
- 그 분수를 분모가 100인 분수로 약분 또는 통분하여 %로 바꾸어요.

★ 1% 계산하기

450의 1%는 얼마일까요?

$\frac{450}{100} = 4.5$

- 100으로 나누어 그 수의 1%를 구할 수 있어요.

★ 1% 이상 계산하기

1%를 이용

500유로의 15%는 얼마일까요?

1%는 $\frac{500€}{100}$ = 5€와 같아요.

5€ × 15 = 75€

- 우선 100으로 수를 나누어 1%를 계산해요.
- 1% 값에 구하고자 하는 %의 수를 곱해요.

분수를 이용

36유로의 75%는 얼마일까요?

$75\% = \frac{3}{4}$

$\frac{36€}{4}$ = 9€ 9€ × 3 = 27€

- 먼저 백분율을 분수로 바꾸어요. (약분하여 기약분수로 나타내요.)
- 부분의 개수를 세어 최종값을 계산해요.

★ 할인 가격 계산하기

- 먼저 할인액을 계산해요.
- 할인액을 원래 가격에서 빼 할인된 가격을 구해요.

★ 인상 가격 계산하기

- 먼저 인상액을 계산해요.
- 원래 가격에 인상액을 더해 인상된 가격을 구해요.

학습 자가 진단

학습 태도

	그렇지 못해요.	때때로 그래요.	자주 그래요.	항상 그래요.
수업 시간에 적극적이에요.	□	□	□	□
학습에 집중해요.	□	□	□	□
친구들과 협동해요.	□	□	□	□
숙제를 잘해요.	□	□	□	□

학습 목표

학습하면서 만족스러웠던 부분은 무엇인가요?

어떻게 실력을 향상할 수 있었나요?

____

____

____

학습 성과

	아직 익숙하지 않아요.	연습이 더 필요해요.	괜찮아요.	꽤 잘해요.	정말 잘해요.
• 비율을 분수로 나타낼 수 있어요.	○	○	○	○	○
• 분수를 백분율로 바꿀 수 있어요.	○	○	○	○	○
• 1%를 이용하여 백분율 문제를 계산할 수 있어요.	○	○	○	○	○
• 분수를 이용하여 백분율 문제를 계산할 수 있어요.	○	○	○	○	○
• 할인 가격을 구할 수 있어요.	○	○	○	○	○
• 인상 가격을 구할 수 있어요.	○	○	○	○	○

이번 단원에서 가장 쉬웠던 부분은 ______________________________예요.

이번 단원에서 가장 어려웠던 부분은 ______________________________예요.

함께 해봐요!

____월 ____일 ____요일

설문 조사

스프레드시트 앱을 이용하여
만들 수도 있어요.

계획하기

친구와 함께 설문 조사를 계획하고 실행해 보세요. 학급 친구들이 좋아하는 색깔, 취미, 게임이나 태어난 달 등 여러 가지 주제로 조사할 수 있어요. 학급 친구들을 인터뷰하고 설문 조사의 결과를 표로 작성해 보세요.

실행하기

- 표에 서로 다른 색깔 6개와 기타를 기록해요.
- 학급 친구들에게 좋아하는 색깔이 무엇인지 묻고 답을 기록해요.
- 각 색깔 옆에 그 색을 좋아하는 친구의 수를 적어요.
- 계산기를 이용하여 비율을 소수로 계산해요.
- 마지막으로 그 비율을 %로 나타내요.

발표하기

- 조사 결과를 학급에서 발표해 보세요.

평가하기

- 마지막으로 발표 태도와 성과를 평가해 보세요.
- 청중에게 피드백을 요청해 보세요.

준비 과정에서 친구와 협력이 잘 되었나요?

발표가 성공적이었나요?

더 나아질 수 있는 부분이 있나요?

아쉬웠던 부분이 있나요?

〈예시〉

좋아하는 색	응답자 수	소수로 나타낸 비율	백분율로 나타낸 비율
파란색	6	$\frac{6}{25}=0.24$	24%
노란색	2	$\frac{2}{25}=0.08$	8%
빨간색	3	$\frac{3}{25}=0.12$	12%
검정색	3	$\frac{3}{25}=0.12$	12%
갈색	2	$\frac{2}{25}=0.08$	8%
초록색	5	$\frac{5}{25}=0.20$	20%
기타	4	$\frac{4}{25}=0.16$	16%
합계	25	$\frac{25}{25}=1$	100%

___ 월 ___ 일 ___ 요일

1. 주어진 단위로 바꾸어 보세요.

❶ 60초 = ___ 분

❷ 60분 = ___ 시간

❸ 24시간 = ___ 일

❹ 105초 = ___ 분 ___ 초

❺ 265초 = ___ 분 ___ 초

❻ 85분 = ___ 시간 ___ 분

❼ 175분 = ___ 시간 ___ 분

❽ 25일 = ___ 주 ___ 일

2. 시간이 얼마나 지났는지 계산하여 정답을 시간과 분으로 나누어 쓰세요.

❶ 3:25 7:40

___

❷ 22:50 1:15

___

3. 며칠 사용했는지 계산한 후, 정답을 로봇에서 찾아 ○표 해 보세요.

❶ 차를 8월 7일부터 25일까지 대여했어요.

___

정답 : ___

❷ 저드는 8월 28일에 여행을 떠나 9월 13일에 돌아왔어요.

___

___

정답 : ___

4. 공책에 계산한 후, 정답을 로봇에서 찾아 ○표 해 보세요.

❶ 울라의 아침 연습은 6시 30분에 시작하여 7시 45분에 끝나요. 저녁 연습은 17시 45분에 시작하여 19시 20분에 끝나요. 울라의 연습 시간은 모두 얼마일까요?

❷ 아빠는 8시 45분부터 17시 10분까지 회사에 있어요. 그리고 저녁에는 18시 30분부터 19시 25분까지 체육관에 있어요. 아빠의 수면 시간은 7시간 25분이에요. 아빠의 다른 활동 시간은 얼마일까요?

2시간 50분 | 5시간 25분 | 7시간 15분 | 17일 | 18일 | 19일

5. 아래 교통수단을 이용한다면 시간을 얼마나 단축할 수 있을까요? 세로셈으로 계산한 후, 정답을 로봇에서 찾아 ○표 해 보세요.

❶ 자동차로 간다면?
자동차 : 5시간 14분
버스 : 7시간 38분

정답 : ______________________

❷ 자전거로 간다면?
롤러스케이트 : 42분 34초
자전거 : 27분 55초

정답 : ______________________

1시간 42분　2시간 24분　14분 39초　15분 29초

6. 아래 글을 읽고 알맞은 식을 세워 계산한 후, 정답을 로봇에서 찾아 ○표 해 보세요.

❶ 강아지가 20초 만에 160m를 달려요. 강아지의 평균 속력은 얼마일까요?

____

정답 : ______________________

❷ 티노는 4시간 동안 자전거를 52km 타요. 티노의 평균 속력은 얼마일까요?

____

정답 : ______________________

❸ 자동차가 처음 1시간 25분 동안 175km를, 그 후 1시간 35분 동안 185km를 달렸어요. 자동차의 평균 속력은 얼마일까요?

____

____

____

정답 : ______________________

❹ 기차가 16시 45분에 출발하여 21시 45분에 도착하였어요. 기차가 달린 거리는 총 545km예요. 기차의 평균 속력은 얼마일까요?

____

정답 : ______________________

6 m/s　8 m/s　13 km/h

109 km/h　115 km/h　120 km/h

더 생각해 보아요!

피터는 4분 동안 톱질하여 나무판을 3조각으로 잘랐어요. 나무판을 4조각으로 자른다면 시간이 얼마나 걸릴까요?

____

7. 설명을 읽고 빈칸을 영어 단어로 채워 보세요.

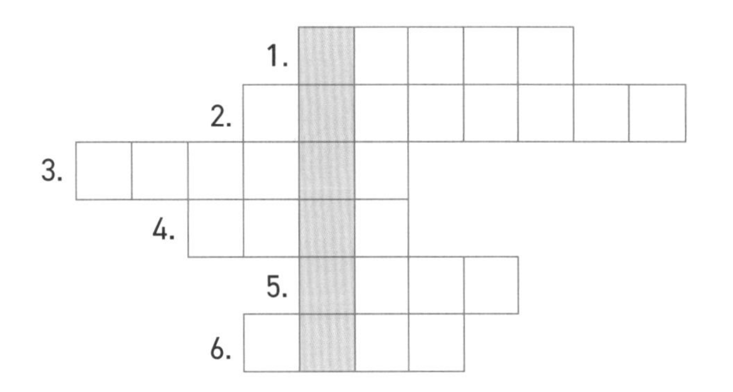

1. 1년보다 짧고 1주일보다 길어요.
2. 걸린 시간으로 이것을 나누면 평균 속력을 구할 수 있어요.
3. 시간의 기본 단위
4. 3600초
5. 시계를 보면 무엇이 보이나요?
6. 7일

8. 아래 설명을 읽고 자동차의 평균 속력(km/h)과 목적지를 알아맞혀 보세요.

평균 속력

목적지

- 빨간색 자동차의 평균 속력은 흰색 자동차보다 시속 40km가 더 빨라요.
- 파란색 자동차는 2시간 동안 170km를 달려요.
- 검은색 자동차는 조엔수를 향해 가요.
- 탐페레를 향해 가는 자동차의 평균 속력은 시속 85km예요.
- 오울루까지 거리는 180km예요. 이 자동차는 2시간 동안 180km를 가요.
- 검은색 자동차의 평균 속력은 파란색 자동차보다 시속 20km 더 느려요.
- 흰색 자동차의 평균 속력이 가장 느려요. 흰색 자동차는 헬싱키를 향해 가요.
- 시속 100km로 가는 자동차의 목적지는 투르쿠예요.
- 가장 속도가 느린 자동차의 평균 속력은 시속 60km예요.

9. 빈칸을 채워 보세요.

❶ 1~40까지의 연속된 수가 가로, 세로, 대각선으로 이어지게 빈칸을 채워 보세요.

					35	33	
				22	24		
				21			
		11	40	13		26	
	1		9				27
			18				
		7					
	5						

❷ 1~68까지의 연속된 수가 가로, 세로, 대각선으로 이어지게 빈칸을 채워 보세요.

67	68								
	65								50
		37	35	61			55		
			34	43	60			47	
			42		57				
			41			7	5		
						2			
		21	19			1			
		20							12
	23								

한 번 더 연습해요!

1. 세로셈으로 계산해 보세요. 아래 교통수단을 이용한다면 시간을 얼마나 단축할 수 있을까요?

❶ 기차로 간다면?
기차 : 2시간 7분
버스 : 4시간 14분

정답 :

❷ B가 달려간다면?
A가 달려가기 : 32분 43초
B가 달려가기 : 27분 55초

정답 :

2. 아래 글을 읽고 공책에 알맞은 식을 세워 답을 구해 보세요.

❶ 안나는 자전거를 42km 탔어요. 초반에는 1시간 15분이 걸렸고 그 후 1시간 45분이 걸렸어요. 안나의 평균 속력은 얼마일까요?

❷ 버스가 18시 5분에 출발하여 21시 5분에 도착했어요. 달린 거리가 255km라면 이 버스의 평균 속력은 얼마일까요?

백분율 복습

____ 월 ____ 일 ____ 요일

1. 짝이 되는 것끼리 선으로 이어 보세요.

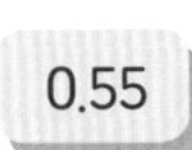

0.55   0.01 $\frac{1}{4}$ $\frac{3}{4}$ $\frac{9}{10}$ $\frac{1}{2}$ 0.10 $\frac{2}{5}$

25%   1%   55%   10%   50%   75%   40%   90%

2. 계산한 후, 정답을 로봇에서 찾아 ○표 해 보세요.

❶ 500의 50%

❷ 35의 10%

❸ 88의 25%

❹ 800의 30%

❺ 120의 5%

❻ 240의 2%

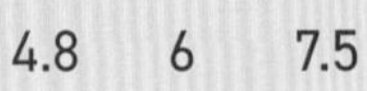

3.5   4.8   6   7.5   22   220   240   250

3. 계산해 보세요. 현장 체험 학습 예산이 450유로예요.

❶ 예산 중 20%는 식사비에 쓰였어요. 식사비는 얼마일까요?

정답 :

❷ 예산 중 30%를 사용했어요. 이제 남은 금액은 얼마일까요?

정답 :

4. 공책에 알맞은 식을 세워 계산한 후, 정답을 로봇에서 찾아 ○표 해 보세요.

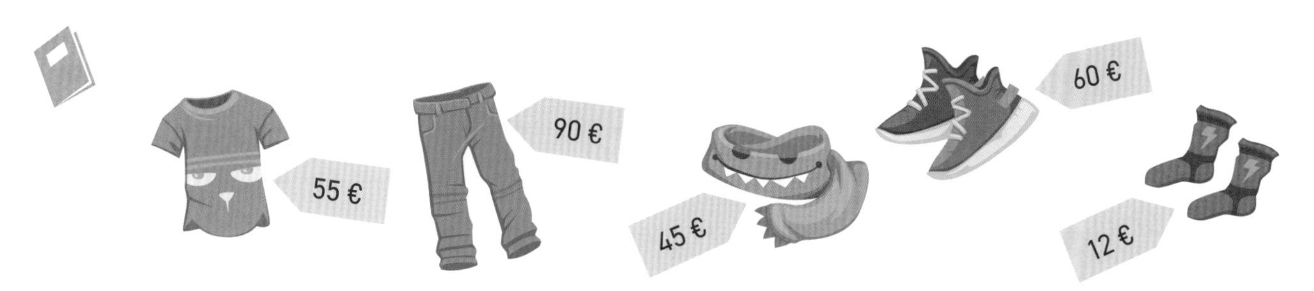

❶ 아모스는 신발 1켤레를 샀는데 20% 할인을 받았어요. 할인액은 얼마일까요?

❷ 파벨은 티셔츠 1벌을 샀는데 10% 할인을 받았어요. 할인된 티셔츠 가격은 얼마일까요?

❸ 네씨의 엄마는 목도리 1개와 티셔츠 1벌을 샀는데 15% 할인을 받았어요. 네씨 엄마가 산 물건은 모두 얼마일까요?

❹ 젠나는 50유로를 가지고 있어요. 양말 2켤레를 샀는데 10% 할인을 받았어요. 이제 젠나에게 남은 돈은 얼마일까요?

❺ 레이븐은 20% 할인을 받아 목도리를 1개 샀고, 10% 할인을 받아 양말 1켤레를 샀어요. 레이븐이 산 물건은 모두 얼마일까요?

❻ 할아버지는 신발 1켤레, 양말 1켤레, 셔츠 1벌, 바지 1벌을 샀어요. 가장 비싼 물건은 20% 할인을 받았고, 가장 저렴한 물건은 원래 가격의 절반 값으로 샀어요. 할아버지가 산 물건은 모두 얼마일까요?

12 € 28.40 € 46.80 € 49.50 € 53.50 € 85 € 193 € 202 €

5. 공책에 알맞은 식을 세워 계산한 후, 정답을 로봇에서 찾아 ○표 해 보세요.

❶ 빵 한 덩어리가 4.50유로예요. 빵 가격이 10% 인상되었다면 인상액은 얼마일까요?

❷ 케이크 가격이 15% 인상되었어요. 원래 가격이 10유로였다면 인상된 가격은 얼마일까요?

❸ 15유로는 50유로의 몇 %일까요?

❹ 로렌스는 80유로를 저축했는데 28유로짜리 게임을 샀어요. 로렌스가 게임을 사는 데 쓴 돈은 저축한 돈의 몇 %일까요?

더 생각해 보아요!

A와 B 중 어느 것이 더 저렴할까요?

A : 먼저 30% 할인을 받은 후 할인된 가격에서 다시 30% 할인을 받아요.
B : 정가에서 50% 할인을 받아요.

____

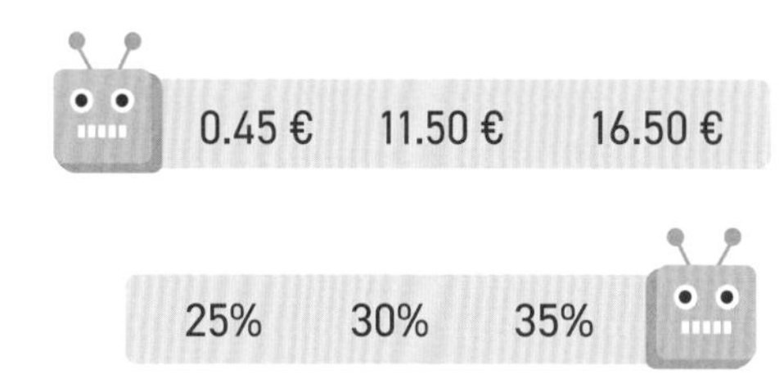

6. 빈칸을 채워 표를 완성해 보세요.

100%	50%	25%	10%	5%	1%
400	200				
200					
					7
			30		
		40			

7. 몇 %인지 계산해 보세요.

❶ 2명 중 1명의 핀란드 사람 ________

❷ 10권 중 3권의 책 ________

❸ 10개 중 1개 ________

❹ 학생 5명 중 1명 ________

❺ 선수의 $\frac{1}{4}$ ________

❻ 1시간의 $\frac{1}{4}$ ________

8. 밴드 연습 시간이 언제인지 알아맞혀 보세요.

- 요나스는 어느 요일이든 괜찮아요.
- 마티아스는 월요일이나 화요일에 연습에 참여할 수 없어요.
- 키티는 수요일과 목요일에 아무 때나 올 수 있고 금요일 19시 이전도 괜찮아요.
- 마틴은 금요일, 토요일, 일요일에 올 수 없어요.
- 조슈아는 목요일 18시 이후를 제외하고 언제든 올 수 있어요.
- 세라는 화요일, 목요일, 금요일마다 올 수 있어요.

밴드 연습은 ________________에 있어요.

9. 상자에 색연필 30자루와 연필 75자루가 있어요. 색연필 30자루가 60%가 되려면 연필을 몇 자루 빼야 될까요?

10. 아래 글을 읽고 질문에 답해 보세요.

파란색(B)과 노란색(Y) 용기에 각각 물 100L가 있어요.

❶ 파란색 용기의 물 20%를 노란색 용기에 부은 다음 노란색 용기의 물 20%를 파란색 용기에 다시 부었어요. 파란색 용기와 노란색 용기에 담긴 물은 각각 몇 리터일까요?

파란색 용기 ________ 노란색 용기 ________

❷ 파란색 용기의 물 50%를 노란색 용기에 부은 다음 노란색 용기의 물 40%를 파란색 용기에 부었어요. 파란색 용기와 노란색 용기에 담긴 물은 각각 몇 리터일까요?

파란색 용기 ________ 노란색 용기 ________

❸ 파란색 용기의 물 40%를 노란색 용기에 부은 다음 노란색 용기의 물 30%를 파란색 용기에 부었어요. 파란색 용기와 노란색 용기에 담긴 물은 각각 몇 리터일까요?

파란색 용기 ________ 노란색 용기 ________

❹ 파란색 용기의 물 30%를 노란색 용기에 부은 다음 노란색 용기의 물 20%를 파란색 용기에 부었어요. 파란색 용기와 노란색 용기에 담긴 물은 각각 몇 리터일까요?

파란색 용기 ________ 노란색 용기 ________

한 번 더 연습해요!

1. 계산해 보세요.

❶ 50의 20%

____

____

❷ 48의 50%

____

____

❸ 44의 25%

____

____

❹ 200의 8%

____

____

❺ 140의 3%

____

____

❻ 300의 33%

____

____

2. 아래 글을 읽고 공책에 계산해 보세요.

❶ 아론은 50유로짜리 키보드를 40% 할인을 받아 샀어요. 할인된 키보드의 가격은 얼마일까요?

❷ 배드민턴을 1시간 치는 데 드는 비용이 22유로예요. 가격이 5% 인상되었다면 인상된 가격은 얼마일까요?

탈것을 골라라!

인원 : 2명　준비물 : 주사위 1개, 색연필

주사위				
1	4시간 = ______ 분	0.5시간 = ______ 분	3일 = ______ 시간	4년 = ______ 개월
2	$\frac{240km}{6시간}$ = ______ km/h	6분 = ______ 초	$\frac{3200km}{8시간}$ = ______ km/h	420분 = ______ 시간
3	$\frac{210km}{7시간}$ = ______ km/h	180초 = ______ 분	36시간 = ______ 일	$\frac{55m}{10초}$ = ______ m/s
4	28일 = ______ 주	$\frac{180km}{4시간}$ = ______ km/h	150분 = ______ 시간	2분 = ______ 초
5	2년 = ______ 개월	60개월 = ______ 년	$\frac{1250km}{10시간}$ = ______ km/h	300초 = ______ 분
6	$\frac{315km}{3시간}$ = ______ km/h	3주 = ______ 일	$\frac{560km}{8시간}$ = ______ km/h	$\frac{21m}{3초}$ = ______ m/s

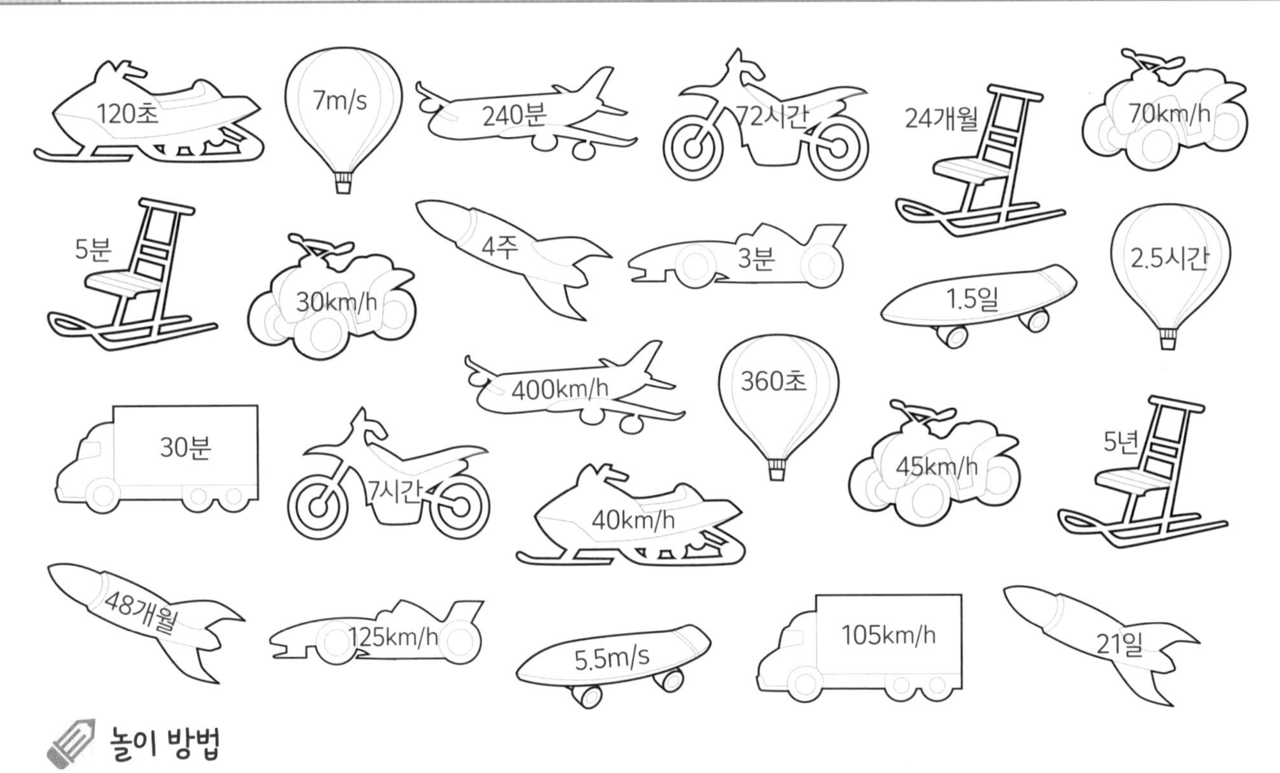

놀이 방법

1. 한 사람의 교재를 이용하세요.
2. 순서를 정해 주사위를 굴려요. 나온 주사위 눈은 문제를 선택할 수 있는 줄을 나타내요. 예를 들어 주사위를 굴려 3이 나왔다면 주사위 눈 3이 있는 줄의 4칸 중 한 칸을 골라 문제를 푸세요.
3. 고른 문제에 X표 하고 자신이 정한 색으로 정답이 있는 탈것을 찾아 색칠하세요.
4. 주사위 눈에 해당하는 줄의 모든 문제를 풀었거나 문제를 풀지 못한다면 순서는 다음 참가자에게 넘어가요.
5. 12개의 탈것을 먼저 색칠하는 사람이 놀이에서 이겨요.

속력 측정 놀이

인원 : 2명 준비물 : 스톱워치, 줄자, 트레이닝 콘, 121쪽 활동지

움직이는 방법	시간	이동 거리	평균 속력
걷기	10초	m	m/s
뒤로 걷기	10초	m	m/s
곰처럼 걷기	10초	m	m/s
네발로 기기	10초	m	m/s
게걸음	10초	m	m/s
	10초	m	m/s
	10초	m	m/s
	10초	m	m/s
	10초	m	m/s

 놀이 방법

1. 한 명은 교재를, 다른 한 명은 활동지를 이용하세요.
2. 일정한 간격으로 (예를 들어 1미터) 트레이닝 콘을 설치하세요. 친구 한 명이 기록을 재고 다른 친구는 표에 적은 방법으로 10초 동안 움직이세요.
3. 움직인 거리를 미터로 측정하세요.
4. 마지막으로 평균 속력을 계산하세요.

놀이 수학

알뜰 쇼핑 놀이

인원 : 2명　　준비물 : 주사위 1개, 122쪽 활동지

할인율 ＿＿＿＿＿

할인된 가격 ＿＿＿＿＿

할인율 ＿＿＿＿＿

할인된 가격 ＿＿＿＿＿

할인율 ＿＿＿＿＿

할인된 가격 ＿＿＿＿＿

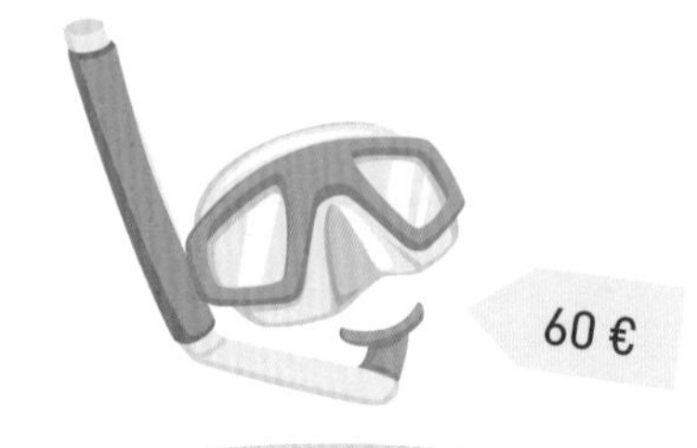

할인율 ＿＿＿＿＿

할인된 가격 ＿＿＿＿＿

250 €

할인율 ＿＿＿＿＿

할인된 가격 ＿＿＿＿＿

주사위 눈	할인율
⚀	10%
⚁	20%
⚂	30%
⚃	40%
⚄	50%
⚅	60%

상품 가격	
	€
	€
	€
	€
	€
총액	€

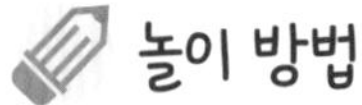 놀이 방법

1. 한 명은 교재를, 다른 한 명은 활동지를 이용하세요.
2. 그림에 있는 5가지 상품을 최대한 저렴하게 구매하는 것이 이 놀이의 목표예요.
3. 순서를 정해 주사위를 굴린 후, 나온 주사위 눈에 해당하는 할인율을 표에서 찾으세요.
4. 상품 1개를 골라 주어진 할인율로 할인된 가격을 계산하여 표에 쓰세요.
5. 마지막으로 5가지 상품의 가격을 더해 총액을 계산하세요. 총액이 더 적은 사람이 놀이에서 이겨요.

직사각형 그리기 놀이

인원 : 2명　준비물 : 주사위 1개, 123쪽 활동지

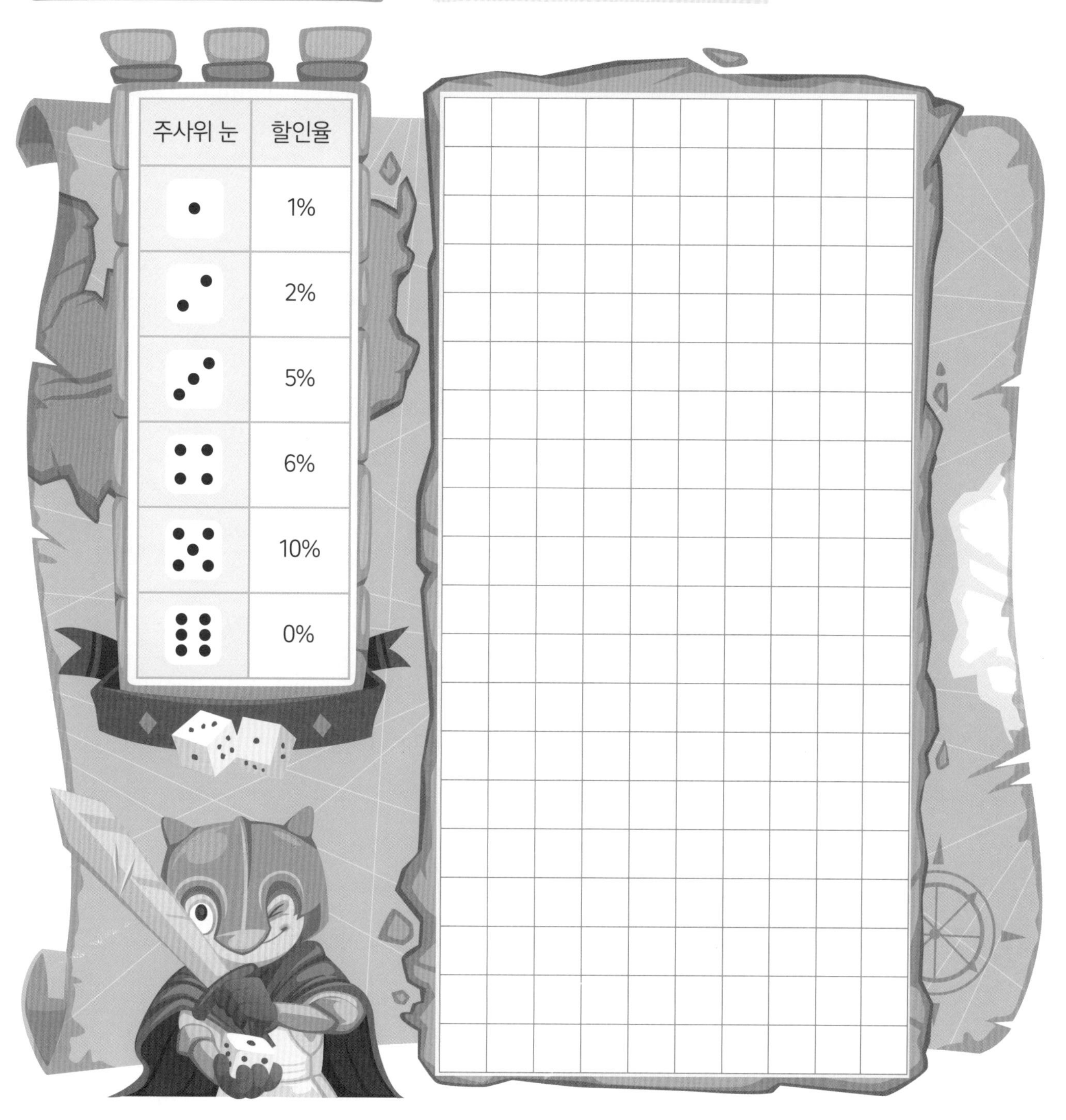

주사위 눈	할인율
⚀	1%
⚁	2%
⚂	5%
⚃	6%
⚄	10%
⚅	0%

놀이 방법

1. 한 명은 교재를, 다른 한 명은 활동지를 이용하세요.
2. 직사각형을 그려서 200칸의 모눈종이에 자신의 땅을 만들어 보세요.
3. 순서를 정해 주사위를 굴리세요. 자신의 직사각형이 전체 모눈종이의 몇 %를 차지할 수 있는지 표에서 확인해요.
4. 전체 200칸을 기준으로 %를 계산한 후, 해당 칸수에 맞게 직사각형을 그려요.
5. 직사각형은 서로 접하면 안 되고, 3번 연속으로 직사각형을 그리지 못한 사람이 놀이에서 져요.

117쪽 놀이 수학 <속력 측정 놀이>에 활용하세요.

움직이는 방법	시간	이동 거리	평균 속력
걷기	10초	m	m/s
뒤로 걷기	10초	m	m/s
곰처럼 걷기	10초	m	m/s
네발로 기기	10초	m	m/s
게걸음	10초	m	m/s
	10초	m	m/s
	10초	m	m/s
	10초	m	m/s
	10초	m	m/s

움직이는 방법	시간	이동 거리	평균 속력
걷기	10초	m	m/s
뒤로 걷기	10초	m	m/s
곰처럼 걷기	10초	m	m/s
네발로 기기	10초	m	m/s
게걸음	10초	m	m/s
	10초	m	m/s
	10초	m	m/s
	10초	m	m/s
	10초	m	m/s

118쪽 놀이 수학 <알뜰 쇼핑 놀이>에 활용하세요.

할인율 ___________

할인된 가격 ___________

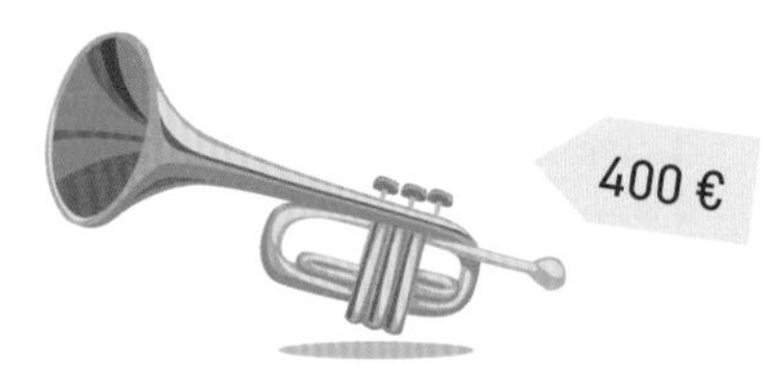

할인율 ___________

할인된 가격 ___________

할인율 ___________

할인된 가격 ___________

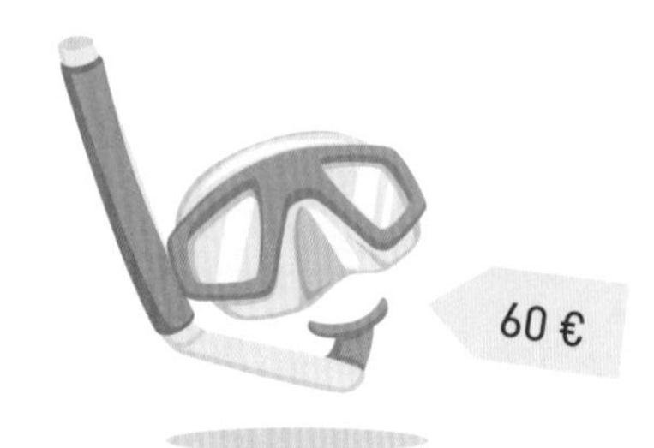

할인율 ___________

할인된 가격 ___________

할인율 ___________

할인된 가격 ___________

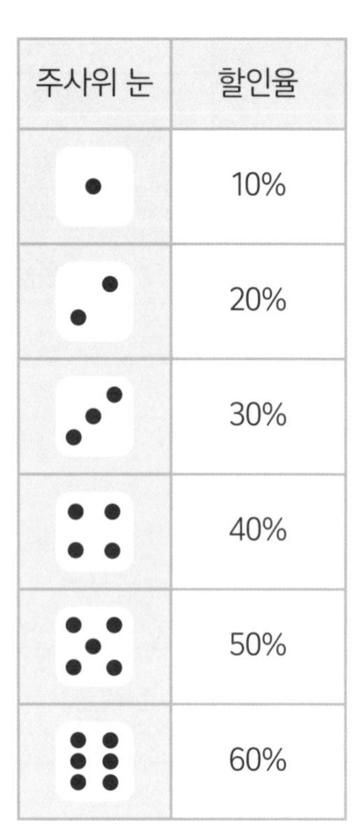

주사위 눈	할인율
	10%
	20%
	30%
	40%
	50%
	60%

상품 가격	
	€
	€
	€
	€
	€
총액	€

119쪽 놀이 수학 <직사각형 그리기 놀이>에 활용하세요.

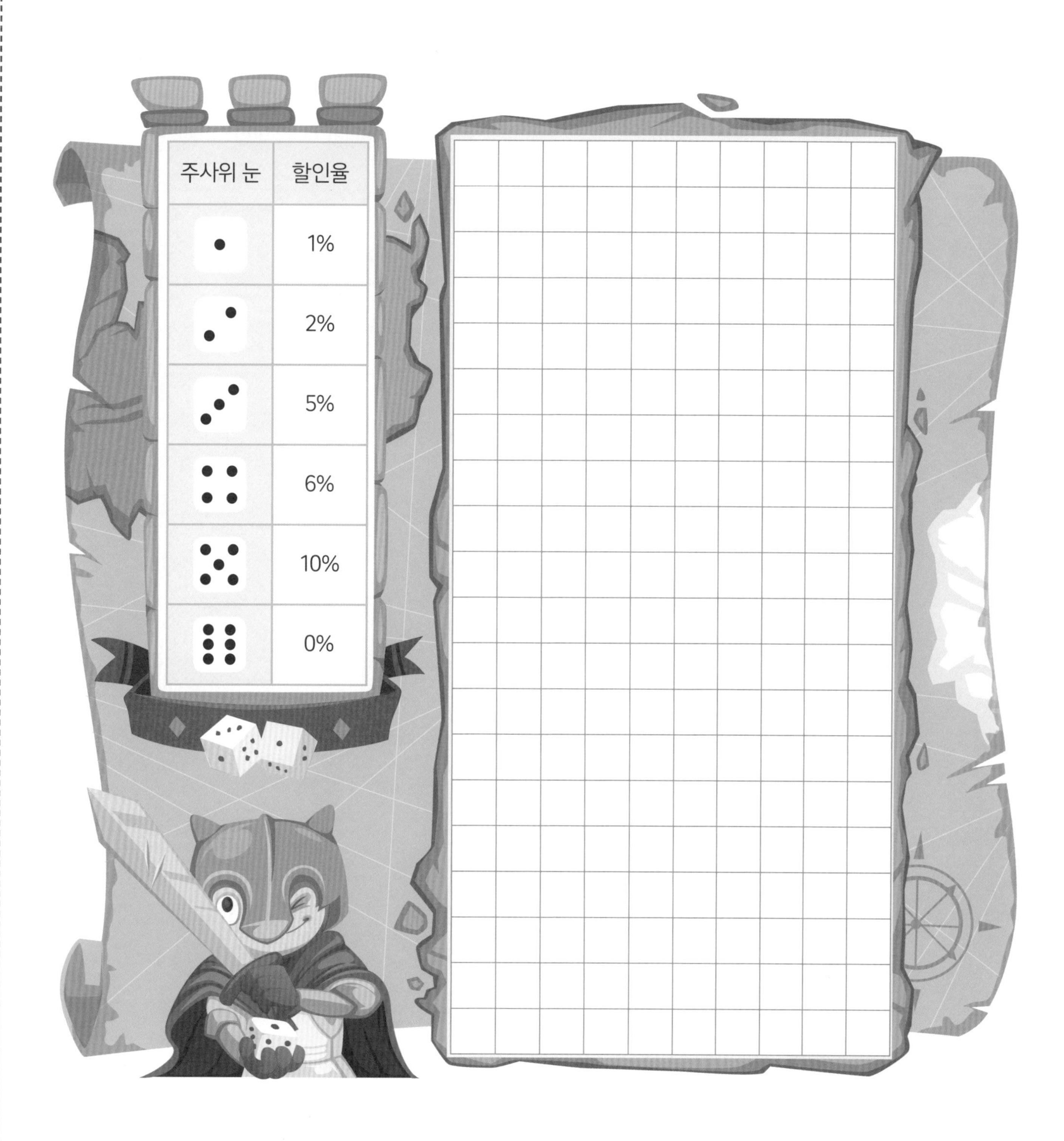

주사위 눈	할인율
⚀	1%
⚁	2%
⚂	5%
⚃	6%
⚄	10%
⚅	0%

핀란드에서 가장 많이 보는 1등 수학 교과서!
핀란드 초등학교 수학 교육 최고 전문가들이 만든
혼공 시대에 꼭 필요한 자기주도 수학 교과서를 만나요!

123
456
789

핀란드 수학 교과서, 왜 특별할까?

수학적 구조를 발견하고 이해하게 하여 수학 공식을 암기할 필요가 없어요.

수학적 이야기가 풍부한 그림으로 수학 학습에 영감을 불어넣어요.

교구를 활용한 놀이를 통해 수학 개념을 이해시켜요.

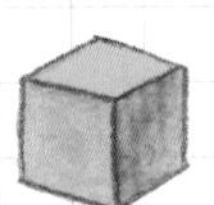

수학과 연계하여 컴퓨팅 사고와 문제 해결력을 키워 줘요.

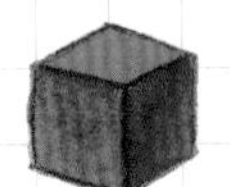

연산, 서술형, 응용과 심화, 사고력 문제가 한 권에 모두 들어 있어요.

어떤 문제를 푸느냐에
따라 수학 사고력은
달라집니다!

개별가 없음(세트로만 판매)

64410
9 791192 183336

ISBN 979-11-92183-33-6
979-11-92183-30-5 (세트)

무형광 종이 인쇄로 아이들 눈을 지켜 줘요

핀란드 6학년 수학 교과서

6-2 2권

글 파이비 키빌루오마, 킴모 뉘리넨, 피리타 페랄라,
페카 록카, 마리아 살미넨, 티모 타피아이넨

그림 미리야미 만니넨

옮김 박문선

감수 이경희(전 수학 교과서 집필진), 핀란드수학교육연구회

놀이 수학 카드와
동영상 제공

·음이음

글 **파이비 키빌루오마** | Päivi Kiviluoma

탐페레에서 초등학교 교사로 일하고 있습니다. 학생들마다 문제 해결 도출 방식이 다르므로 수학 교수법에 있어서도 어떻게 접근해야 할지 늘 고민하고 도전합니다.

킴모 뉘리넨 | Kimmo Nyrhinen

투루쿠에서 수학과 과학을 가르치고 있습니다. 「핀란드 수학 교과서」 외에도 화학, 물리학 교재를 집필했습니다. 낚시와 버섯 채집을 즐겨하며, 체력과 인내심은 자연에서 얻을 수 있는 놀라운 선물이라 생각합니다.

피리타 페랄라 | Pirita Perälä

탐페레에서 초등학교 교사로 일하고 있습니다. 수학을 제일 좋아하지만 정보통신기술을 활용한 수업에도 관심이 많습니다. 「핀란드 수학 교과서」를 집필하면서 다양한 수준의 학생들이 즐겁게 도전하며 배울 수 있는 교재를 만드는 데 중점을 두었습니다.

페카 록카 | Pekka Rokka

교사이자 교장으로 30년 이상 재직하며 1~6학년 모든 과정을 가르쳤습니다. 학생들이 수학 학습에서 영감을 얻고 자신만의 강점을 더 발전시킬 수 있는 교재를 만드는 게 목표입니다.

마리아 살미넨 | Maria Salminen

오울루에서 초등학교 교사로 일하고 있습니다. 체험과 실습을 통한 배움, 협동, 유연한 사고를 중요하게 생각합니다. 수학 교육에 있어서도 이를 적용하여 똑같은 결과를 도출하기 위해 얼마나 다양한 방식으로 접근할 수 있는지 토론하는 것을 좋아합니다.

티모 타피아이넨 | Timo Tapiainen

오울루에 있는 고등학교에서 수학 교사로 있습니다. 다양한 교구를 활용하여 수학을 가르치고, 학습 성취가 뛰어난 학생들에게 적절한 도전 과제를 제공하는 것을 중요하게 생각합니다.

옮김 **박문선**

연세대학교 불어불문학과를 졸업하고 한국외국어대학교 통역번역대학원 영어과를 전공하였습니다. 졸업 후 부동산 투자 회사 세빌스코리아(Savills Korea)에서 5년간 에디터로 근무하면서 다양한 프로젝트 통번역과 사내 영어 교육을 담당했습니다. 현재 프리랜서로 번역 활동 중입니다.

감수 **이경희**

서울교육대학교와 동 대학원에서 초등교육방법을 전공했으며, 2009 개정 교육과정에 따른 초등학교 수학 교과서 집필진으로 활동했습니다. ICME12(세계 수학교육자대회)에서 한국 수학 교과서 발표, 2012년 경기도 연구년 교사로 덴마크에서 덴마크 수학을 공부했습니다. 현재 학교를 은퇴하고 외국인들에게 한국어를 가르쳐 주며 봉사활동을 하고 있습니다. 집필한 책으로는 『외우지 않고 구구단이 술술술』 『예비 초등학생을 위한 든든한 수학 짝꿍』 『한 권으로 끝내는 초등 수학사전』 등이 있습니다.

핀란드수학교육연구회

학생들이 수학을 사랑할 수 있도록 그 방법을 고민하며 찾아가는 선생님들이 모였습니다. 강주연(위성초), 김영훈(위성초), 김태영(서하초), 김현지(서상초), 박성수(위성초), 심지원(위성초), 이은철(위성초), 장세정(서상초), 정원상(함양초) 선생님이 참여하였습니다.

핀란드 6학년 수학 교과서

_______ 초등학교 ____ 학년 ____ 반

이름 ____________

Star Maths 6B : ISBN 978-951-1-32702-8

QR코드를 스캔하면 놀이 수학
동영상을 보실 수 있습니다.

핀란드 6학년 수학 교과서 6-2 2권

초판 1쇄 발행 2022년 12월 10일

지은이 파이비 키빌루오마, 킴모 뉘리넨, 피리타 페랄라, 페카 록카, 마리아 살미넨, 티모 타피아이넨
그린이 미리야미 만니넨 **옮긴이** 박문선 **감수** 이경희, 핀란드수학교육연구회
펴낸이 정혜숙 **펴낸곳** 마음이음

책임편집 이금정 **디자인** 디자인서가
등록 2016년 4월 5일(제2018-000037호)
주소 03925 서울시 마포구 월드컵북로 402, 9층 917A호(상암동, KGIT센터)
전화 070-7570-8869 **팩스** 0505-333-8869
전자우편 ieum2016@hanmail.net
블로그 https://blog.naver.com/ieum2018

ISBN 979-11-92183-34-3 64410
979-11-92183-30-5 (세트)

책값은 뒤표지에 있습니다.

어린이제품안전특별법에 의한 제품표시
제조자명 마음이음 **제조국명** 대한민국 **사용연령** 만 12세 이상 어린이 제품
KC마크는 이 제품이 공통안전기준에 적합하였음을 의미합니다.

핀란드 6학년 수학 교과서 6-2 2권

글 파이비 키빌루오마, 킴모 뉘리넨, 피리타 페랄라,
페카 록카, 마리아 살미넨, 티모 타피아이넨

그림 미리야미 만니넨

옮김 박문선

감수 이경희(전 수학 교과서 집필진), 핀란드수학교육연구회

마음이음

아이들이 수학을 공부해야 하는 이유는 수학 지식을 위한 단순 암기도 아니며, 많은 문제를 빠르게 푸는 것도 아닙니다. 시행착오를 통해 정답을 유추해 가면서 스스로 사고하는 힘을 키우기 위함입니다.
핀란드의 수학 교육은 다양한 수학적 활동을 통하여 수학 개념을 자연스럽게 깨닫게 하고, 논리적 사고를 유도하는 문제들로 학생들이 수학에 흥미를 갖도록 하는 데 성공했습니다. 이러한 자기 주도적인 수학 교과서가 우리나라에 번역되어 출판하게 된 것을 두 팔 벌려 환영하며, 학생들이 수학을 즐겁게 공부하게 될 것이라 생각하여 감히 추천하는 바입니다.

하동우(민족사관고등학교 수학 교사)

수학은 언어, 그림, 색깔, 그래프, 방정식 등으로 다양하게 표현하는 의사소통의 한 형태입니다. 이들 사이의 관계를 파악하면서 수학적 사고력도 높아지는데, 안타깝게도 우리나라 교육 환경에서는 수학이 의사소통임을 인지하기 어렵습니다. 수학 교육 과정이 수직적으로 배열되어 있기 때문입니다. 그런데 『핀란드 수학 교과서』는 배운 개념이 거미줄처럼 수평으로 확장, 반복되고, 아이들은 넓고 깊게 스며들 듯이 개념을 이해할 수 있습니다.

정유숙(쑥샘TV 운영자)

『핀란드 수학 교과서』를 보는 순간 다양한 문제들을 보고 놀랐습니다. 다양한 형태의 문제를 풀면서 생각의 폭을 넓히고, 생각의 힘을 기르고, 수학 실력을 보다 안정적으로 만들 수 있습니다. 또한 놀이와 탐구로 학습하면서 수학에 대한 흥미가 높아져 문제를 스스로 이해하고 터득하는 데 도움이 됩니다.
숫자가 바탕이 되는 수학은 세계적인 유일한 공통 과목입니다. 21세기를 이끌어 갈 아이들에게 4차산업혁명을 넘어 인공지능 시대에 맞는 창의적인 사고를 길러 주는 바람직한 수학 교육이 이 책을 통해 이루어지길 바랍니다.

김재련(사월이네 공부방 원장)

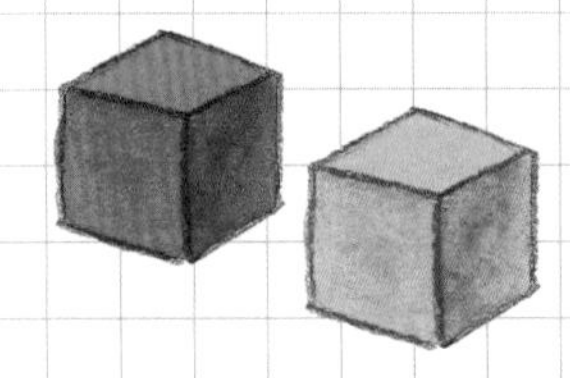

한국의 학생들에게

「핀란드 수학 교과서(Star Maths)」 시리즈를 펴낸 오타바(Otava) 출판사는 교재 전문 출판사로 120년이 넘는 역사를 지닌 명실상부한 핀란드의 대표 출판사입니다. 특히 「Star Maths」 시리즈는 핀란드 학교 현장의 수학 전문가들이 최신 핀란드 국립교육과정을 반영하여 함께 개발한 핀란드의 대표 수학 교과서입니다.

수 개념과 십진법을 이해하기 위한 탄탄한 기반을 제공하여 연산 능력을 키우고, 기본, 응용, 심화 문제 등 학생 개개인의 학습 차이를 다각도에서 고려하여 다양한 평가 문제를 실었습니다. 또한 친구 또는 부모님과 함께 놀이를 통해 문제 해결을 하며 수학적 즐거움을 발견하여 수학에 대한 긍정적인 태도를 갖도록 합니다.

한국의 학생들이 이 책과 함께 즐거운 수학 세계로 여행을 떠나길 바랍니다.

파이비 키빌루오마, 킴모 뉘리넨, 피리타 페랄라, 페카 록카,
마리아 살미넨, 티모 타피아이넨(STAR MATHS 공동 저자)

차례

______ 월 ______ 일 ______ 요일

1 확률

어떤 일이 일어날 가능성의 정도를 확률이라고 해요.

엠마가 주사위를 한 번 굴렸어요. 엠마가 굴린 주사위 눈이 4일 확률은 얼마일까요?

주사위 눈에 1, 2, 3, 4, 5, 6이 있어요. 굴리면 6개 중 1개가 나와요. 4는 6개 숫자 중 1개예요.
확률은 $\frac{1}{6}$이에요.

정답 : $\frac{1}{6}$

알렉이 주사위를 한 번 굴렸어요. 굴린 주사위 눈이 짝수일 확률은 얼마일까요?

주사위 눈에 1, 2, 3, 4, 5, 6이 있어요. 그중 2, 4, 6은 짝수예요. 주사위 눈에서 짝수는 3개예요.
확률은 $\frac{3^{(3}}{6} = \frac{1}{2}$이에요.

정답 : $\frac{1}{2}$

티몬이 주사위를 한 번 굴렸어요. 굴린 주사위 눈이 7일 확률은 얼마일까요?

주사위 눈에는 1, 2, 3, 4, 5, 6이 있고 7은 없어요.
확률은 $\frac{0}{6} = 0$이에요.

정답 : 0

줄리가 주사위를 한 번 굴렸어요. 굴린 주사위 눈이 7보다 작을 확률은 얼마일까요?

주사위 눈에 6개의 숫자가 있고 그 숫자는 모두 7보다 작아요.
확률은 $\frac{6}{6} = 1$이에요.

정답 : 1

!

$$\text{확률} = \frac{\text{문제의 사건이 일어나는 경우의 수}}{\text{일어나는 모든 경우의 수}}$$

- 불가능한 사건의 확률은 0이에요.
- 반드시 일어나는 사건의 확률은 1이에요.
- 불가능하거나 반드시 일어나는 사건이 아니라면 가능한 사건이라고 말해요.
  그때 확률은 0보다 크고 1보다 작아요.

1. 파라가 주사위를 한 번 굴렸어요. 주사위 눈이 아래 숫자일 확률은 얼마일까요? 분수나 자연수로 확률을 구해 보세요.

5	______	10	______	1, 2, 3, 4, 5, 또는 6	______
1, 2, 또는 3	______	1, 2, 5, 또는 6	______	3 또는 4	______

2. 헬가가 주사위를 한 번 굴렸어요. 아래 질문에 답해 보세요.

❶ 주사위 눈이 0보다 클 확률은 얼마일까요? ________

❷ 주사위 눈이 홀수이거나 짝수일 확률은 얼마일까요? ________

3. 다니엘의 가방에 빨간색 공 2개와 파란색 공 2개가 들어 있어요. 다니엘이 눈을 감고 공 1개를 가방에서 꺼냈어요. 꺼낸 공이 아래와 같을 때 그 사건이 반드시 일어나는 사건인지, 불가능한 사건인지, 가능한 사건인지 빈칸에 써 보세요.

❶ 파란색 공이 나왔어요. ________

❷ 빨간색 공이 나왔어요. ________

❸ 빨간색이나 파란색 공이 나왔어요. ________

❹ 노란색 공이 나왔어요. ________

4. 자루에 공이 7개 들어 있어요. 4개는 파란색, 2개는 빨간색, 1개는 노란색이에요. 눈을 감고 자루에서 공을 1개 꺼냈어요. 꺼낸 공이 아래와 같을 때 확률은 얼마일까요?

❶ 파란색 ________

❷ 빨간색 ________

❸ 노란색 ________

❹ 파란색이나 빨간색 또는 노란색 ________

❺ 빨간색이나 파란색 ________

5. 그릇에 과일 맛 사탕 13개와 감초 맛 사탕 8개가 담겨 있어요. 미사는 그릇에서 사탕 1개를 가져갔어요. 가져간 사탕이 아래와 같을 때 확률은 얼마일까요?

❶ 과일 맛 사탕 ________

❷ 감초 맛 사탕 ________

6. 접시에서 가져온 과일이 아래와 같을 확률은 얼마일까요? 분수로 답해 보세요.

❶ 바나나 ______

❷ 빨간 사과 ______

❸ 바나나 또는 초록 사과 ______

❹ 오렌지 ______

❺ 사과 ______

❻ 오렌지를 제외한 과일 ______

7. 아래 단서를 읽은 후, 그림을 그리고 색칠해 보세요.

상자에서 공을 한 개 꺼냈어요.

- 꺼낸 공이 빨간색일 확률은 $\frac{1}{8}$이에요.
- 꺼낸 공이 파란색일 확률은 $\frac{1}{4}$이에요.
- 꺼낸 공이 검은색일 확률은 $\frac{1}{2}$이에요.
- 꺼낸 공이 흰색일 확률은 $\frac{1}{8}$이에요.

8. 에날리자의 이름을 구성하는 알파벳을 종이에 나누어 썼어요. 종이를 모두 가방에 넣고 1장을 꺼냈어요. 꺼낸 종이가 아래 알파벳일 확률은 얼마일까요?

❶ 알파벳 S ______ ❷ 알파벳 A ______ ❸ 알파벳 K ______

9. 파란색 스크래치 카드 중 3장이, 빨간색 스크래치 카드 중 2장이 이기는 카드예요. 루이스는 스크래치 카드 1장을 샀어요. 빨간색 카드와 파란색 카드 중 어느 것을 사야 이길 확률이 높을까요?

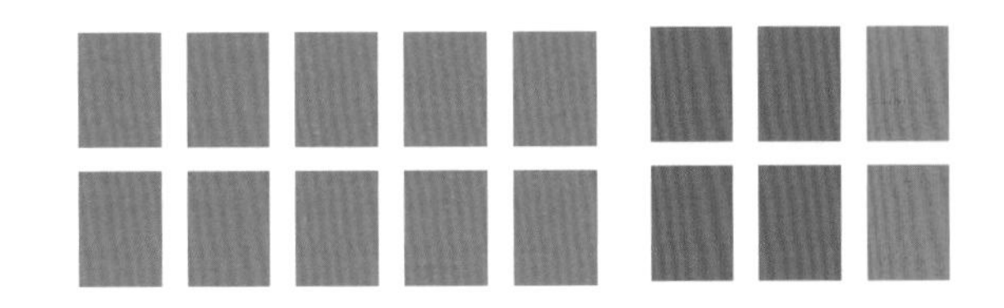

10. 아래 사건은 반드시 일어나는 사건, 불가능한 사건, 가능한 사건 중 어느 것일까요?

❶ 2개의 연속적인 자연수 중 적어도 1개는 홀수예요.

____

❷ 4개의 연속적인 자연수 중 3개는 짝수예요.

____

❸ 3개의 연속적인 자연수의 곱이 홀수예요.

____

❹ 5개의 연속적인 자연수 중 적어도 3개는 홀수예요.

____

❺ 2개의 연속적인 자연수의 곱이 짝수예요.

____

한 번 더 연습해요!

1. 알렉이 주사위를 한 번 굴렸어요. 굴린 주사위 눈이 아래 숫자일 확률은 얼마일까요? 확률을 분수나 자연수로 나타내 보세요.

2 ________ 1 또는 6 ________ 8 ________

1, 2, 또는 3 ________ 1, 2, 5, 또는 6 ________ 1, 2, 3, 4, 5, 또는 6 ________

2. 엠마가 주사위를 한 번 굴렸어요. 아래 질문에 답해 보세요.

❶ 굴린 주사위 눈이 5보다 작을 확률은 얼마일까요? ________

❷ 굴린 주사위 눈이 홀수일 확률은 얼마일까요? ________

3. 지갑에 1유로 동전 3개와 50센트 동전 2개가 들어 있어요. 눈을 감고 지갑에서 동전 1개를 꺼냈어요. 꺼낸 동전이 아래와 같을 때 그 사건이 반드시 일어나는 사건인지, 불가능한 사건인지, 가능한 사건인지 빈칸에 써 보세요.

❶ 1유로 동전

____

❷ 50센트 동전

____

❸ 20센트 동전

____

❹ 1유로 또는 50센트 동전

____

2 도형에서의 확률

다트판의 각 부분은 크기가 같아요. 다트가 빨간색 부분에 꽂힐 확률은 얼마일까요?

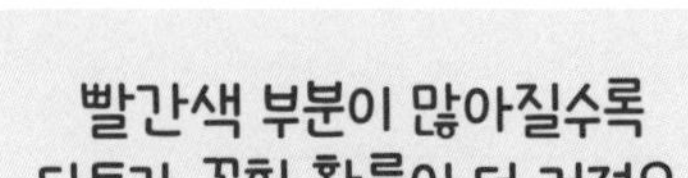

빨간색 부분이 많아질수록
다트가 꽂힐 확률이 더 커져요.

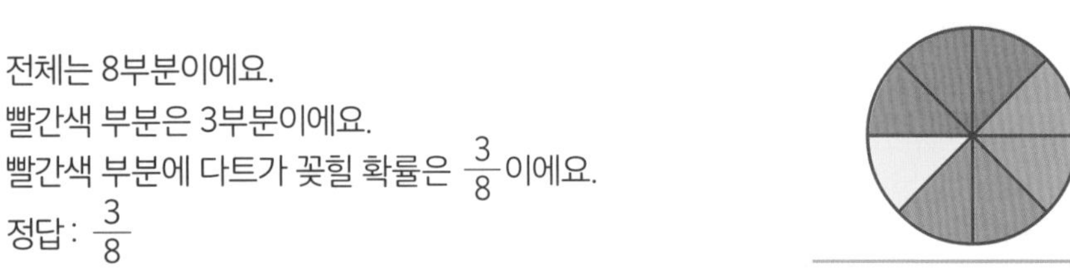

전체는 8부분이에요.
빨간색 부분은 3부분이에요.
빨간색 부분에 다트가 꽂힐 확률은 $\frac{3}{8}$이에요.
정답 : $\frac{3}{8}$

도로 전체의 길이가 100km이고, 비가 내리는 부분은 60km예요. 울라의 차가 비가 내리는 부분에 있을 확률은 얼마일까요?

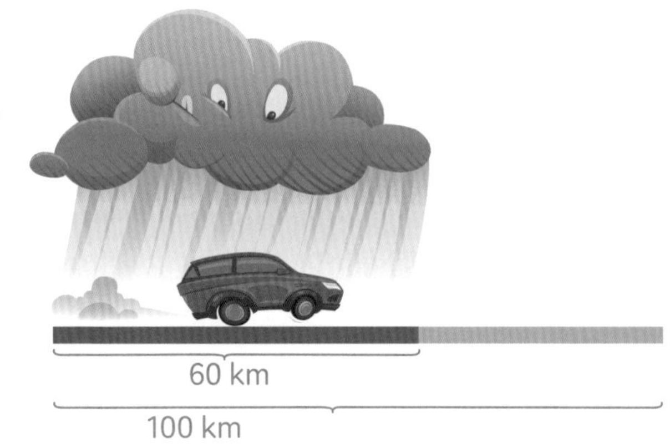

$\frac{60km}{100km}$

$\frac{60^{(10}}{100} = \frac{6^{(2}}{10} = \frac{3}{5}$ 정답 : $\frac{3}{5}$

1. 다트판의 각 부분은 크기가 같아요. 아래 질문에 답해 보세요.

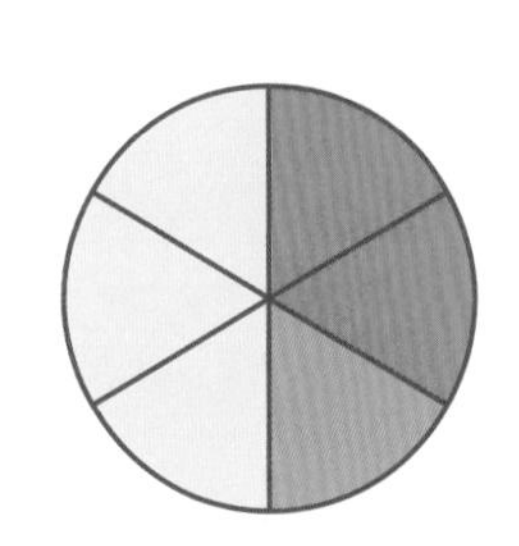

❶ 다트가 노란색 부분에 꽂힐 확률은 얼마일까요?

____

❷ 다트가 빨간색 부분에 꽂힐 확률은 얼마일까요?

____

2. 양탄자의 길이가 5m예요. 양탄자에 얼룩이 생겼어요. 아래 질문에 답해 보세요.

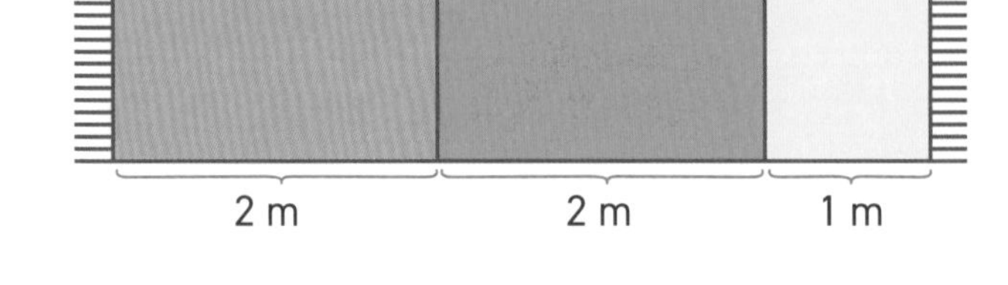

❶ 얼룩이 파란색 부분에 있을 확률은 얼마일까요?

____

❷ 얼룩이 노란색 부분에 있을 확률은 얼마일까요?

____

❸ 얼룩이 빨간색이나 노란색 부분에 있을 확률은 얼마일까요?

____

❹ 얼룩이 파란색이나 빨간색 부분에 있을 확률은 얼마일까요?

____

3. 네모 한 칸에 파리가 앉았어요. 파리가 다음 칸에 앉을 확률은 얼마일까요?

❶ 파란색 칸 ________

❷ 노란색 칸 ________

❸ 빨간색이나 노란색 칸 ________

❹ 빨간색 칸 ________

❺ 초록색 칸 ________

❻ 초록색이 아닌 칸 ________

4. 스카이다이빙을 하는 사람이 그림에 있는 섬에 착륙하려고 해요. 아래 질문에 답해 보세요.

❶ 착륙 지점이 니에미넨 가족의 땅일 확률은 얼마일까요?

____

❷ 착륙 지점이 니쿨라 가족의 땅일 확률은 얼마일까요?

____

❸ 착륙 지점이 레인 가족의 땅일 확률은 얼마일까요?

____

5. 아래 질문에 답해 보세요.

❶ 돌림판이 초록색 부분에 멈출 확률은 얼마일까요? ________

❷ 돌림판이 노란색 부분에 멈출 확률은 얼마일까요? ________

❸ 돌림판이 초록색이나 노란색 부분에 멈출 확률은 얼마일까요? ________

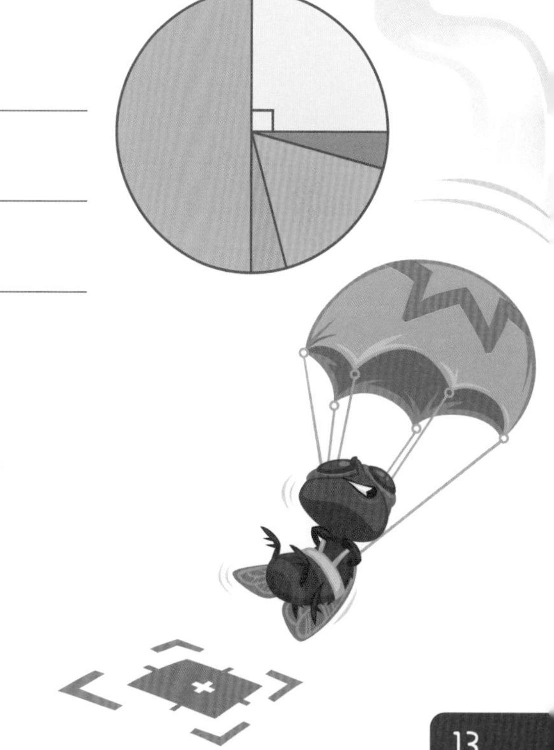

더 생각해 보아요!

에씨와 친구 7명은 달력을 가지고 각자 태어난 요일이 언제인지 알아보았어요. 적어도 2명이 같은 요일에 태어나는 사건은 가능한 사건, 불가능한 사건, 반드시 일어나는 사건 중 어느 것일까요?

____

6. 아래 글을 읽고 다트판의 부분을 색칠해 보세요.

- 커스티가 빨간색 부분에 다트를 꽂을 확률은 $\frac{4}{9}$예요.
- 커스티가 파란색 부분에 다트를 꽂을 확률은 $\frac{1}{9}$이에요.
- 커스티가 노란색 부분에 다트를 꽂을 확률은 $\frac{1}{3}$이에요.
- 커스티가 초록색 부분에 다트를 꽂을 확률은 $\frac{1}{9}$이에요.

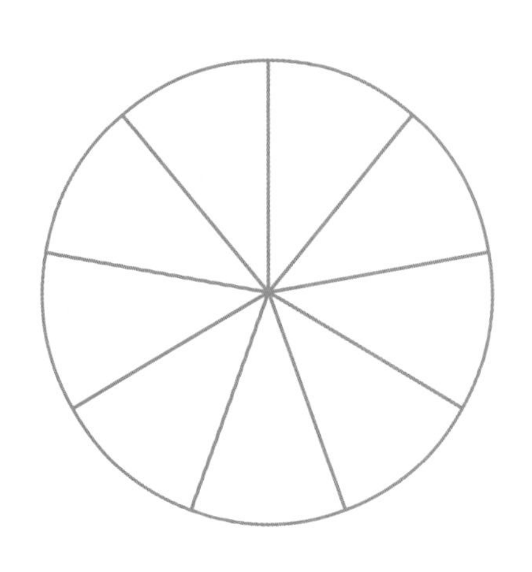

7. 아래 그림을 보고 돌림판의 어느 색 부분일지 답해 보세요.

❶ 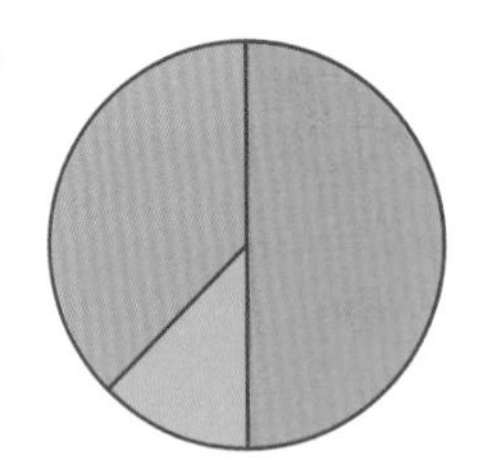

확률이 가장 높은 부분: ______________

확률이 가장 낮은 부분: ______________

❷ 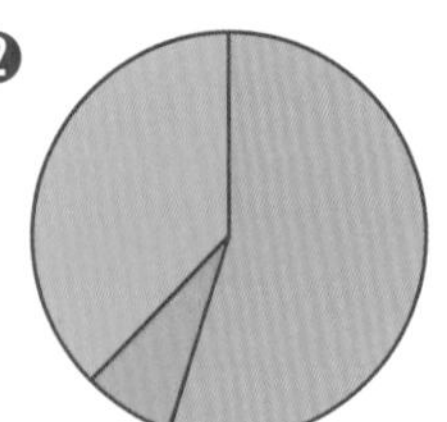

확률이 가장 높은 부분: ______________

확률이 가장 낮은 부분: ______________

❸ 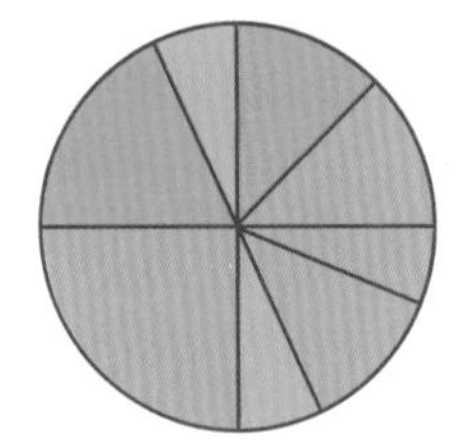

확률이 가장 높은 부분: ______________

확률이 가장 낮은 부분: ______________

❹ 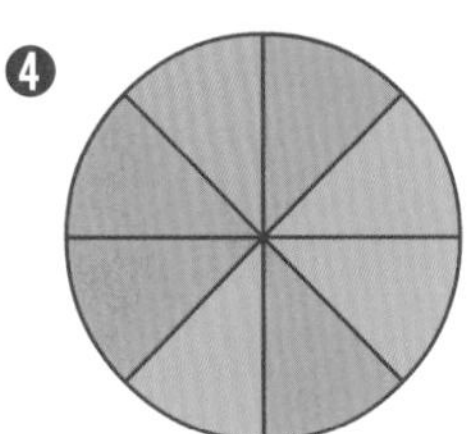

확률이 가장 높은 부분: ______________

확률이 가장 낮은 부분: ______________

8. 아래 글을 읽고 질문에 답해 보세요.

에씨는 1, 3, 5가 적힌 숫자 카드를 가지고 있어요. 가방에서 무작위로 카드를 꺼냈어요.

❶ 숫자 카드로 만들 수 있는 세 자리 수를 모두 써 보세요.

____

____

❷ 만든 세 자리 수가 200보다
클 확률은 얼마일까요? ______________

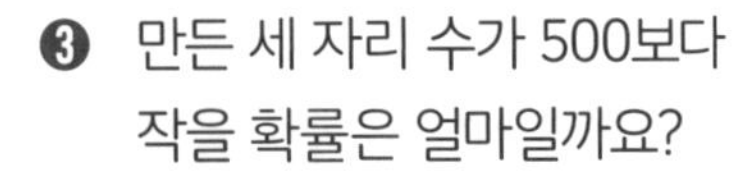

❸ 만든 세 자리 수가 500보다
작을 확률은 얼마일까요? ______________

❹ 만든 세 자리 수가 100보다
클 확률은 얼마일까요? ______________

9. 공이 색칠된 구역에 멈췄어요. A와 B 중 확률이 더 높은 것에 ○표 해 보세요.

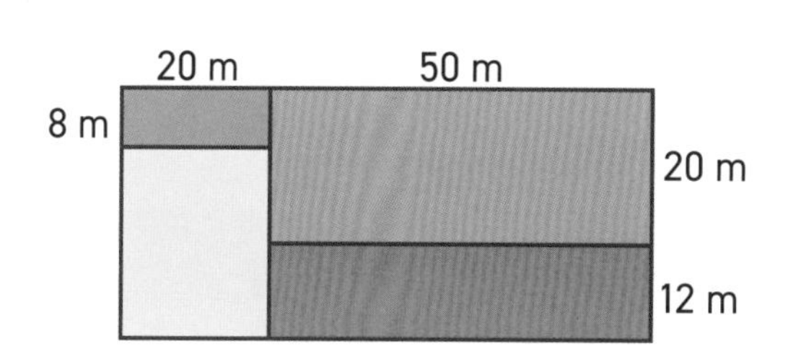

❶ A : 공이 노란색 구역에 멈췄어요.
B : 공이 빨간색 구역에 멈췄어요.

❷ A : 공이 파란색 구역에 멈췄어요.
B : 공이 파란색이 아닌 구역에 멈췄어요.

❸ A : 공이 초록색이나 노란색 구역에 멈췄어요.
B : 공이 빨간색 구역에 멈췄어요.

10. 아래 질문에 답해 보세요.

바둑판이 100칸으로 되어 있어요. 1칸은 상금이 당첨되는 칸이에요.

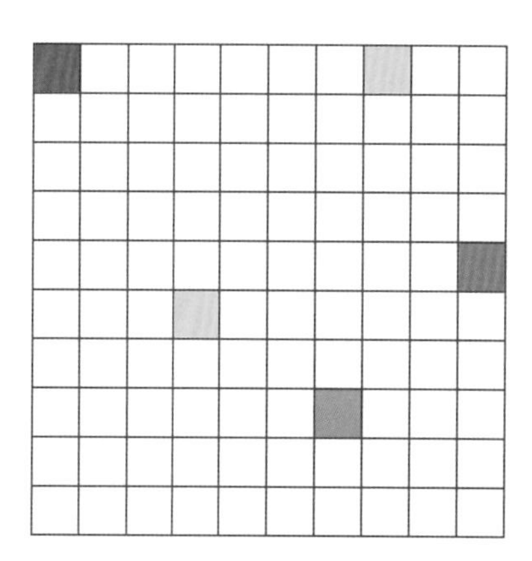

❶ 당첨 칸이 빨간색이거나, 모서리 또는 꼭짓점에서 빨간색 칸과 접하는 칸이 될 확률은 얼마일까요?

____

❷ 당첨 칸이 파란색이거나, 모서리 또는 꼭짓점에서 파란색 칸과 접하는 칸이 될 확률은 얼마일까요?

____

❸ 당첨 칸이 초록색이거나, 모서리 또는 꼭짓점에서 초록색 칸과 접하는 칸이 될 확률은 얼마일까요?

____

한 번 더 연습해요!

1. 다트판의 각 부분은 크기가 같아요.
아래 질문에 답해 보세요.

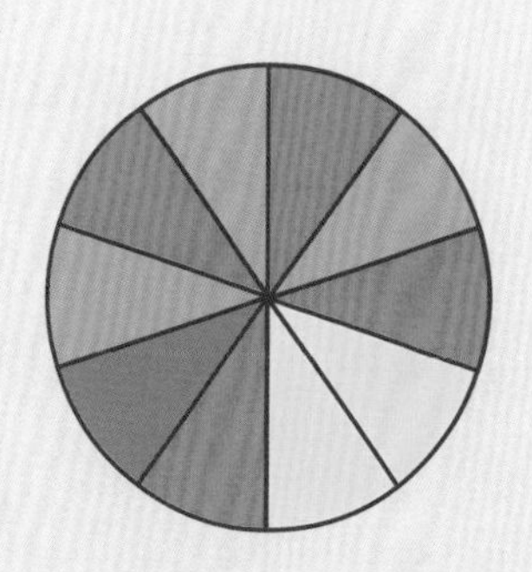

❶ 다트가 파란색 부분에 꽂힐 확률은 얼마일까요?

____

❷ 다트가 빨간색 부분에 꽂힐 확률은 얼마일까요?

____

❸ 다트가 파란색이나 노란색 부분에 꽂힐 확률은 얼마일까요?

____

%로 나타내기

확률을 %로 나타낼 수 있어요.

알렉이 주사위를 한 번 굴렸어요. 나온 주사위 눈이 홀수일 확률은 얼마일까요?

주사위 눈은 1~6까지 총 6개가 있어요. 그중 홀수는 1, 3, 5이고, 3개예요.

즉, 주사위 눈이 홀수일 확률은 $\frac{3^{(3}}{6} = \frac{1}{2}$ 이에요.

확률을 %로 나타내면 $^{50)}\frac{1}{2} = \frac{50}{100}$ = 50%예요.　　　정답 : 50%

자루에 사탕이 10개 들어 있어요. 그중 3개는 감초 맛이고, 7개는 퍼지 맛이에요. 엠마는 자루에서 사탕 1개를 무작위로 꺼냈어요. 엠마가 꺼낼 확률이 높은 사탕은 무엇일까요?

감초 맛 사탕을 꺼낼 확률 : $^{10)}\frac{3}{10} = \frac{30}{100}$ = 30%

퍼지 맛 사탕을 꺼낼 확률 : $^{10)}\frac{7}{10} = \frac{70}{100}$ = 70%　　　정답 : 퍼지 맛 사탕

%로 나타내는 분수

$\frac{1}{100}$ = 1%　$\frac{1}{2}$ = 50%　$\frac{1}{4}$ = 25%　$\frac{3}{4}$ = 75%　$\frac{1}{10}$ = 10%　$\frac{1}{5}$ = 20%　1 = 100%

1. %로 나타내 보세요.

$\frac{1}{2}$ = ________　$\frac{3}{10}$ = ________　$\frac{6}{10}$ = ________　$\frac{2}{5}$ = ________

$\frac{3}{4}$ = ________　$\frac{4}{5}$ = ________　$\frac{15}{100}$ = ________　1 = ________

2. 애나는 공 1개를 무작위로 꺼냈어요. 꺼낸 공이 파란색일 확률은 얼마일까요? 확률을 분수와 %로 나타내 보세요.

_____ = ________

_____ = ________

_____ = ________

_____ = ________

_____ = ________

_____ = ________

3. 숫자 표의 1칸은 상금이 당첨되는 칸이에요. 당첨 칸의 색이 아래와 같을 때 확률은 얼마일까요? 확률을 %로 나타내 보세요.

❶ 빨간색 ________

❷ 파란색 ________

❸ 노란색 ________

❹ 파란색 또는 빨간색 ________

❺ 노란색이 아닌 색 ________

❻ 파란색이나 노란색이 아닌 색 ________

1	2	3	4	5	6	7	8	9	10
11	12	13	14	15	16	17	18	19	20
21	22	23	24	25	26	27	28	29	30
31	32	33	34	35	36	37	38	39	40
41	42	43	44	45	46	47	48	49	50
51	52	53	54	55	56	57	58	59	60
61	62	63	64	65	66	67	68	69	70
71	72	73	74	75	76	77	78	79	80
81	82	83	84	85	86	87	88	89	90
91	92	93	94	95	96	97	98	99	100

4. 100장의 스크래치 카드 중 34장이 이기는 카드예요. 알렉의 엄마는 스크래치 카드 1장을 샀어요. 아래 글을 읽고 확률을 %로 나타내 보세요.

❶ 이기는 카드일 확률은 얼마일까요?

____

❷ 이기는 카드가 아닐 확률은 얼마일까요?

____

5. 아래 글을 읽고 A와 B 중 확률이 더 높은 것에 ○표 해 보세요.

자루에 공이 100개 들어 있어요. 그중 13개는 파란색, 8개는 빨간색, 20개는 초록색, 6개는 노란색, 53개는 흰색이에요. 자루에서 공 1개를 꺼냈어요.

❶ A : 꺼낸 공은 초록색이에요.
B : 꺼낸 공은 파란색이나 빨간색이에요.

❷ A : 꺼낸 공은 흰색이에요.
B : 꺼낸 공은 흰색이 아닌 다른 색이에요.

❸ A : 꺼낸 공은 초록색이거나 노란색이에요.
B : 꺼낸 공은 파란색이나 빨간색이에요.

❹ A : 꺼낸 공은 파란색이에요.
B : 꺼낸 공은 빨간색이나 노란색이에요.

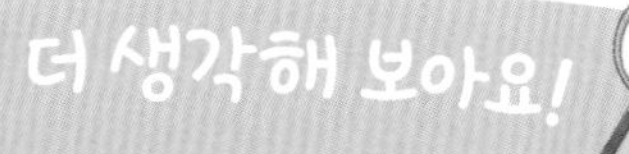

1, 2, 3, …, 198, 199, 200까지 0이 몇 개 있을까요?

____

6. 아래 질문에 답해 보세요.

❶ 각 자루 속에서 스크래치 카드를 뽑았을 때 이기는 카드가 될 확률을 %로 계산해 보세요.

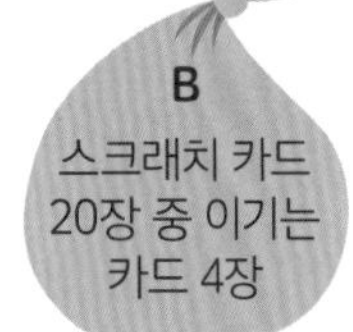

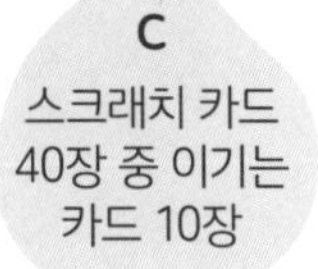

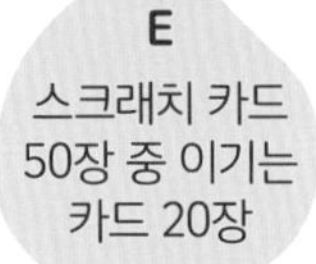

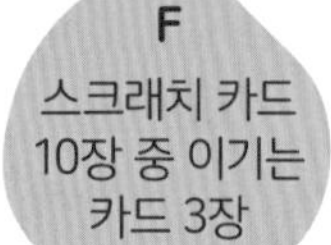

❷ 확률이 높은 것에서 낮은 순서로 스크래치 카드 자루를 배열해 보세요.

7. 바구니에 스크래치 카드가 20장 있어요. 그중 18장이 이기는 카드예요. 아래 글을 읽고 질문에 답해 보세요.

❶ 이기는 카드를 1장 이상 얻을 확률이 100%가 되려면 스크래치 카드를 최소 몇 장 사야 할까요?

❷ 에반은 스크래치 카드를 10장 샀어요. 그중 9장이 이기는 카드예요. 그 후 캐리가 스크래치 카드를 1장 샀어요. 캐리가 산 카드가 이기는 카드일 확률을 %로 나타내 보세요.

8. 아래 글을 읽고 질문에 답해 보세요.

알렉(A), 엠마(E), 리사(L), 니나(N), 줄스(J)가 영화표 2장을 놓고 추첨을 했어요. 알렉과 줄스는 남자예요.

❶ 영화표를 받을 두 사람의 경우의 수를 모두 써 보세요.

❷ 알렉과 엠마가 받을 확률은 몇 %일까요?

❸ 엠마가 받을 확률은 몇 %일까요?

❹ 여자아이 두 명이 받을 확률은 몇 %일까요?

❺ 줄스는 받고 니나는 받지 못할 확률은 몇 %일까요?

9. 도형 1개가 당첨 도형이에요. 확률을 %로 나타내 보세요.

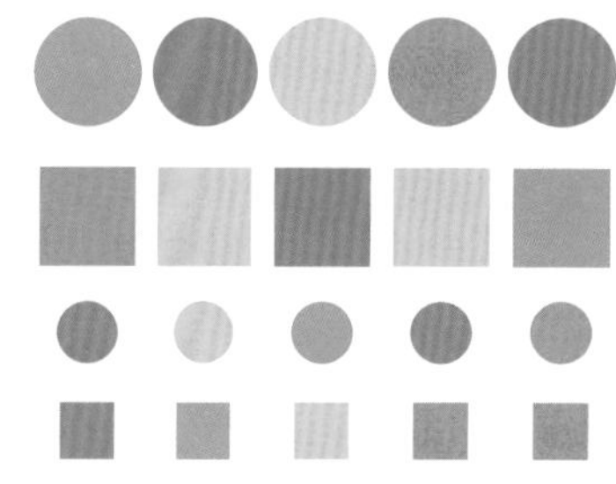

❶ 당첨된 도형의 크기가 작을 확률은 몇 %일까요?

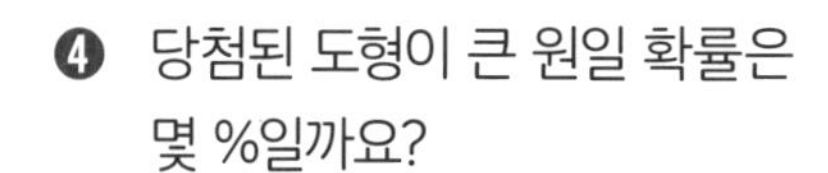

❷ 당첨된 도형이 파란색일 확률은 몇 %일까요?

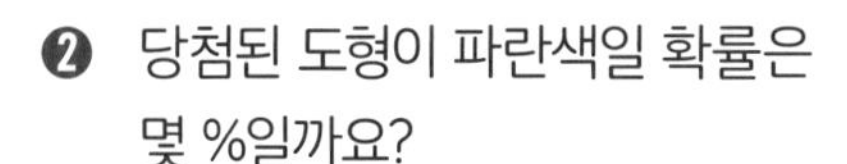

❸ 당첨된 도형이 초록색이거나 주황색일 확률은 몇 %일까요?

❹ 당첨된 도형이 큰 원일 확률은 몇 %일까요?

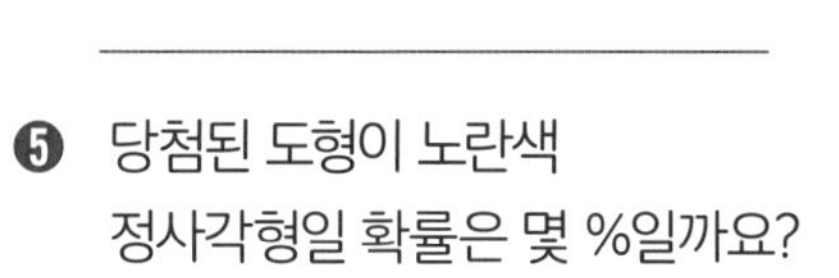

❺ 당첨된 도형이 노란색 정사각형일 확률은 몇 %일까요?

❻ 당첨된 도형이 주황색 작은 도형이거나 파란색 큰 도형일 확률은 몇 %일까요?

10. 아래 글을 읽고 빈칸에 참 또는 거짓을 써넣어 보세요.

❶ 주사위를 굴릴 때 짝수가 나올 확률이 홀수가 나올 확률보다 더 높아요. ______

❷ 5명이 3명의 영화표를 추첨할 경우 표를 얻을 확률이 못 얻을 확률보다 더 높아요. ______

❸ 동전 2개를 던졌을 때 둘 다 앞면이 나올 확률과 둘 다 뒷면이 나올 확률은 같아요. ______

❹ 어떤 사람이 화요일, 목요일 또는 일요일에 태어날 확률은 다른 요일에 태어날 확률보다 더 높아요. ______

❺ 어떤 사건의 확률이 50% 이상이라면 일어나지 않을 확률보다 일어날 확률이 더 높아요. ______

한 번 더 연습해요!

1. %로 나타내 보세요.

$\frac{1}{4}$ = ______ $\frac{9}{10}$ = ______ $\frac{35}{100}$ = ______

2. 애런은 색연필 1자루를 가져갔어요. 가져간 색연필이 빨간색일 확률은 얼마일까요? 확률을 분수와 %로 나타내 보세요.

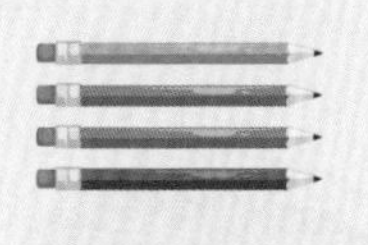

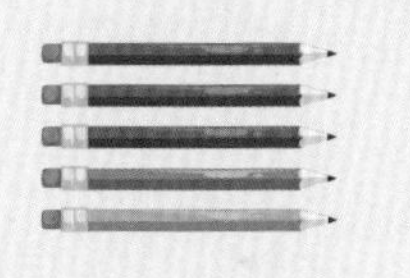

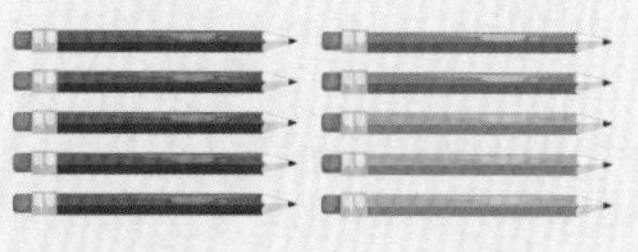

____ = ______ ____ = ______ ____ = ______

4 가능한 조합의 경우의 수

아트는 모자 4개, 셔츠 2벌, 바지 2벌을 가지고 있어요. 아트가 만들 수 있는 옷의 조합은 모두 몇 가지일까요?

수형도를 이용하여 가능한 조합을 살펴보세요. 조합이란 여러 개 가운데에서 몇 개를 순서에 관계없이 한 쌍으로 뽑아내어 모은 것을 말해요.

수형도에서 16가지의 다른 조합을 찾을 수 있어요.

서로 다른 조합을 세어 보세요.

모자의 수 4
셔츠의 수 2
바지의 수 2

모자의 수, 셔츠의 수, 바지의 수를 모두 곱해서 서로 다른 가능한 조합의 수를 구할 수 있어요.

$4 \times 2 \times 2 = 16$

정답 : 16가지 조합

마가렛에게 줄무늬, 땡땡이 무늬, 체크무늬 목도리와 갈색, 검은색, 회색 장갑이 있어요. 마가렛이 갈색 장갑과 체크무늬 목도리를 고를 확률은 얼마일까요?

목도리와 장갑의 가능한 조합은 모두 $3 \times 3 = 9$예요.
그중 갈색 장갑과 체크무늬 목도리 조합은 1이에요.
따라서 문제의 확률은 $\frac{1}{9}$이에요.
정답 : $\frac{1}{9}$

1. 레나가 선택할 수 있는 아이스크림과 소스의 조합은 몇 가지일까요?

아이스크림	소스
바닐라	퍼지
누가	딸기
망고	초콜릿
배	감초
	라즈베리

아이스크림의 수 ____________

소스의 수 ____________

가능한 아이스크림과 소스의 조합

____

정답 : ____________

2. 메뉴에 스타터 메뉴 4가지, 주메뉴 10가지, 후식 메뉴 5가지가 있어요. 티나가 주문할 수 있는 스타터, 주메뉴, 후식의 조합은 몇 가지일까요?

____

정답 : ______________

3. 질문에 답해 보세요.

엄마는 제시카의 생일 선물로 플로어볼 스틱과 공을 골랐어요.

❶ 선택할 수 있는 스틱과 공의 조합은 모두 몇 가지일까요?

____

정답 : ______________

❷ 제시카가 빨간 스틱과 빨간 공을 갖게 될 확률은 얼마일까요?

____

정답 : ______________

4. 아래 글을 읽고 질문에 답해 보세요.

요하나는 실크, 모직 목도리와 파란색, 빨간색, 노란색, 초록색 모자를 가지고 있어요.

❶ 목도리와 모자의 가능한 조합은 모두 몇 가지일까요?

____

정답 : ______________

❷ 요하나가 목도리 1개와 모자 1개를 무작위로 골랐어요. 요하나가 고른 것이 파란색 모자와 실크 목도리가 될 확률은 얼마일까요?

____

정답 : ______________

5. 아래 글을 읽고 알맞은 식을 세워 답을 구해 보세요.

❶ 29개의 알파벳 중 1개와 0~9 사이의 숫자 1개로 비밀번호를 만들 수 있어요. 비밀번호가 알파벳으로 시작한다면 가능한 비밀번호는 몇 가지일까요?

❷ 스탠드 좌석은 A, B, C, D구역과 1~10열, 그리고 1~20까지의 좌석 번호로 표시해요. 스탠드 좌석은 모두 몇 개일까요?

더 생각해 보아요!

에씨가 할머니께 카드를 쓰는 중이에요. 할머니의 주소는 두 자리 수예요. 에씨는 첫 번째 자리 숫자가 1 또는 2이고, 두 번째 자리 숫자가 홀수라는 것은 확실히 기억하고 있어요. 에씨가 할머니 주소를 카드에 바르게 쓸 확률은 얼마일까요? 분수로 나타내 보세요.

____

6. 아래 글을 읽고 질문에 답해 보세요.

어떤 학생의 간식 메뉴에 그림과 같이 요거트류, 과일류, 빵류가 있어요.

❶ 서로 다른 간식 메뉴의 조합은 모두 몇 가지일까요?

정답 :

❷ 줄스는 바나나에 알레르기가 있어요. 줄스를 위한 간식 메뉴 조합은 몇 가지일까요?

정답 :

❸ 윌라는 블루베리 요거트만 먹어요. 윌라를 위한 간식 메뉴 조합은 몇 가지일까요?

정답 :

7. 아이스하키팀에서 기자 회견에 참석할 골키퍼 1명, 수비수 1명, 공격수 1명을 선발했어요. 골키퍼 2명, 수비수 10명, 공격수 15명이 있다면 기자 회견에 참석할 선수의 조합은 몇 가지일까요?

정답 :

8. 아래 글을 읽고 질문에 답해 보세요.

색깔 원 1개와 0~9 사이의 숫자 1개를 골라 표시하려고 해요.

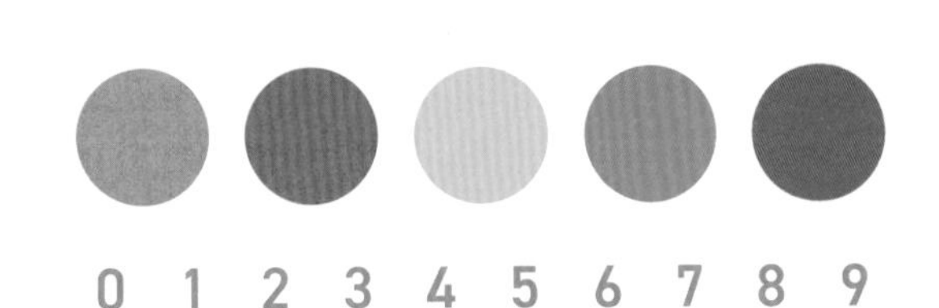

❶ 색깔 원이 빨간색이나 노란색이고, 숫자가 홀수일 경우 가능한 표시의 조합은 몇 가지일까요?

❷ 색깔 원이 파란색이 아니고, 숫자가 3보다 큰 경우 가능한 표시의 조합은 몇 가지일까요?

❸ 색깔 원이 주황색도 회색도 아니고, 숫자가 4보다 작은 경우 가능한 표시의 조합은 몇 가지일까요?

9. 잉가의 운동복 상의 4벌과 하의 3벌이 빨랫줄에 걸려 있어요. 잉가가 상의와 하의 1벌씩을 무작위로 골랐어요. 다음과 같은 경우 확률은 얼마일까요?

❶ 상의와 하의의 번호가 모두 7일 경우

____

❷ 상의와 하의의 번호가 같을 경우

____

❸ 상의의 번호가 하의의 번호보다 더 클 경우

____

❹ 하의의 번호가 42일 경우

____

10. 아래 글을 읽고 질문에 답해 보세요.

A, B, C, D 4팀의 야구팀에 10명의 선수가 각각 있는데, 남자와 여자가 각각 5명씩이에요.

❶ 각 팀에서 1명씩 선발하여 4명의 팀을 만들 수 있는 경우의 수는 몇 가지일까요?

____

❷ A와 B팀에서 여학생 1명씩을 선발하여 2명의 팀을 만들 수 있는 경우의 수는 몇 가지일까요?

____

한 번 더 연습해요!

1. 우르슬라는 블라우스 3벌, 바지 5벌, 신발 4켤레가 있어요. 우르슬라가 만들 수 있는 옷의 조합은 모두 몇 가지일까요?

____

2. 아래 글을 읽고 질문에 답해 보세요.

시험에 객관식 문제 4개가 나와요. 객관식의 정답 선택 항목은 A, B, C 3개인데, 그중 1개를 골라 정답을 맞히는 시험이에요.

❶ 시험에 답을 쓰는 방법은 모두 몇 가지일까요?

____

____

❷ 찍어서 4문제를 다 맞힐 확률은 얼마일까요?

____

_____ 월 _____ 일 _____ 요일

5 가능한 순서의 경우의 수

알렉(A), 에씨(E), 오리(O)가 줄을 서고 있어요.
줄을 서는 방법은 모두 몇 가지일까요?

A E O

A O E

E A O

E O A

O A E

O E A

줄은 서는 방법은 모두 6가지예요.

줄을 서는 방법은 아래와 같이 계산해요.
세 명의 사람이 줄의 맨 앞에 설 수 있어요.
두 명의 사람이 두 번째에 설 수 있어요.
한 명의 사람이 마지막에 설 수 있어요.
따라서 줄을 서는 방법은 $3 \times 2 \times 1 = 6$
정답 : 6가지

알파벳 A, B, C, D, E를 일렬로 배열하려고 해요. A가 맨 처음에 오는 방법은 모두 몇 가지일까요?

먼저 알파벳 A를 쓸 수 있어요.
두 번째, 나머지 4개의 알파벳 중 1개를 쓸 수 있어요.
세 번째, 나머지 3개의 알파벳 중 1개를 쓸 수 있어요.
네 번째, 나머지 2개의 알파벳 중 1개를 쓸 수 있어요.
마지막으로 알파벳 1개가 남아요.
$1 \times 4 \times 3 \times 2 \times 1 = 24$
정답 : 24가지

1. 알맞은 식을 세워 답을 구해 보세요.

❶ 돼지 3마리가 줄을 서는 방법은 모두 몇 가지일까요?

정답 :

❷ 판다 2마리가 줄을 서는 방법은 모두 몇 가지일까요?

정답 :

❸ 강아지 5마리가 줄을 서는 방법은 모두 몇 가지일까요?

정답 :

2. 알맞은 식을 세워 답을 구해 보세요.

어떤 모둠에 남학생 3명과 여학생 2명이 있어요.

❶ 남학생이 줄을 서는 방법은 몇 가지일까요?

정답 :

❷ 여학생이 줄을 서는 방법은 몇 가지일까요?

정답 :

❸ 이 모둠 5명의 학생이 줄을 서는 방법은 몇 가지일까요?

정답 :

3. 알맞은 식을 세워 답을 구해 보세요.

토마스, 트레버, 미아, 비올레타가 줄을 서요.

❶ 네 사람이 줄을 서는 방법은 모두 몇 가지일까요?

정답 :

❷ 토마스가 맨 앞에 선다면 네 사람이 줄을 서는 방법은 모두 몇 가지일까요?

정답 :

4. 다섯 자리 수에 숫자 2, 6, 8, 3, 7이 들어 있어요. 이 숫자들로 만들 수 있는 다섯 자리 수는 모두 몇 개일까요?

❶ 첫 자리 숫자가 2일 경우

❷ 마지막 자리 숫자가 8일 경우

❸ 첫 자리 숫자가 2이고, 마지막 자리 숫자가 8일 경우

5. 알렉(A), 버사(B), 세실리아(C), 데이비드(D)가 줄을 서요. 다음과 같은 경우 줄을 서는 방법을 모두 써 보세요.

❶ 알렉이 맨 앞에 설 경우

❷ 여학생이 맨 앞에 설 경우

❸ 남학생이 맨 앞과 두 번째에 설 경우

더 생각해 보아요!

숫자 3, 3, 4, 4를 이용하여 만들 수 있는 네 자리 수는 모두 몇 개일까요? 가능한 경우의 수를 모두 써 보세요.

6. 5가지 색깔로 된 양탄자가 있어요. 가운데에 파란색이 있고, 오른쪽 맨 끝은 주황색이에요. 나머지는 빨간색, 노란색, 회색으로 되어 있어요. 양탄자를 서로 다르게 색칠해 보세요.

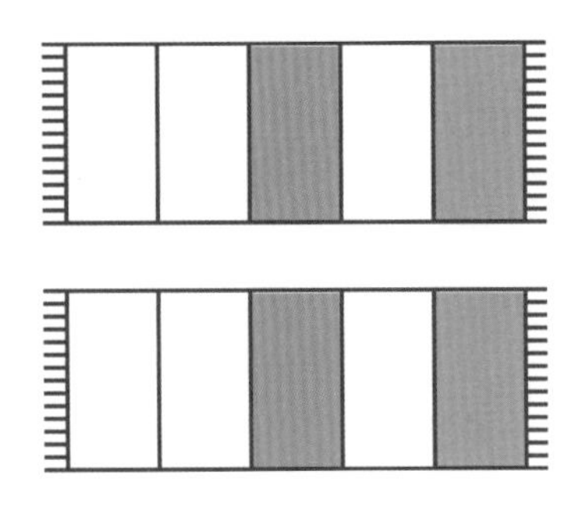
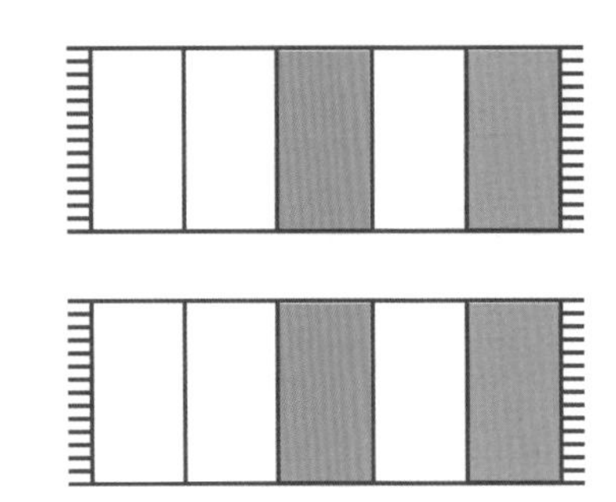
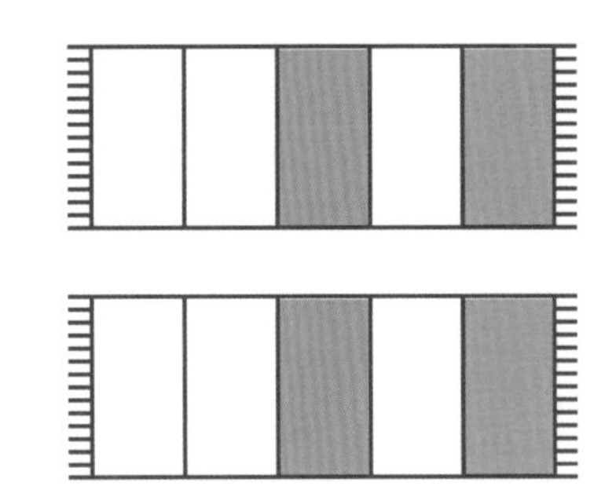

7. 아래 단서를 읽고 블록을 색칠해 보세요.

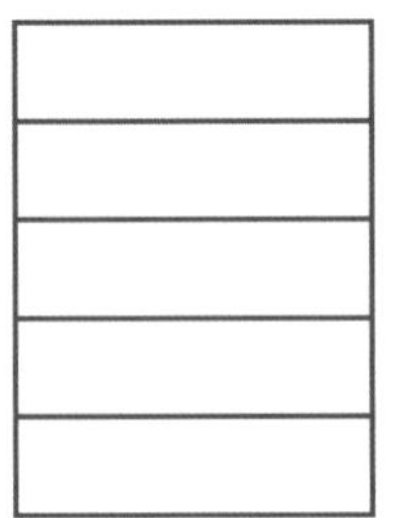

- 빨간색 블록은 파란색 블록이랑만 접해 있어요.
- 초록색 블록은 노란색 블록보다 위에 있어요.
- 회색 블록과 노란색 블록은 접해 있지 않아요.
- 파란색 블록은 회색 블록보다 아래에 있어요.

8. 남학생 2명(A, B)과 여학생 2명(C, D)이 줄을 서요. 가능한 경우의 수를 모두 써 보세요.

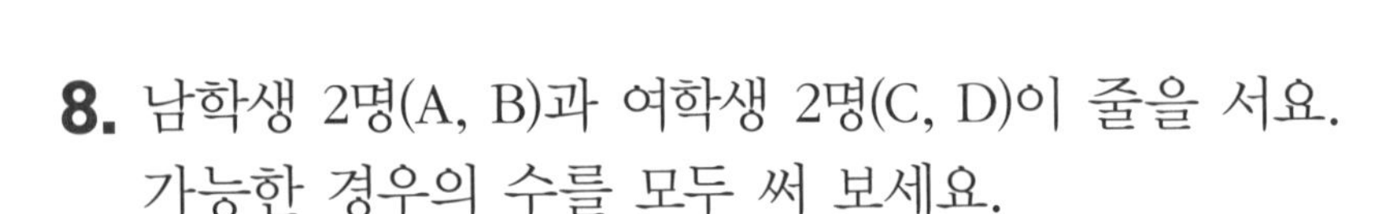

❶ 여학생끼리 나란히 줄을 설 경우

____

____

❷ 여학생과 남학생이 번갈아 줄을 설 경우

____

____

9. 아래 글을 읽고 질문에 답해 보세요.

네 자리 자연수에 들어가는 숫자는 2, 3, 4, 5예요.

❶ 4개의 숫자로 만들 수 있는 네 자리 수는 모두 몇 개일까요? ______________

❷ 첫 자리 숫자가 4일 경우 만들 수 있는 네 자리 수는 몇 개일까요? ______________

❸ 세 번째 자리 숫자가 2일 경우 만들 수 있는 네 자리 수는 몇 개일까요? ______________

10. 흰색 골프공(WG), 흰색 플로어볼 공(WF), 흰색 배구공(WV), 주황색 농구공(OB), 파란색 핸드볼 공(BH)이 각각 1개씩 5개가 1줄로 있어요. 흰색 공이 나란히 있지 않도록 공을 배열하는 방법을 모두 써 보세요.

____

____

____

____

한 번 더 연습해요!

1. 알맞은 식을 세워 답을 구해 보세요.

❶ 코끼리 3마리가 줄을 서는 방법은 모두 몇 가지일까요?

____

정답 : ______________________________

❷ 토끼 4마리가 줄을 서는 방법은 모두 몇 가지일까요?

____

정답 : ______________________________

2. 알맞은 식을 세워 답을 구해 보세요.

파란색, 빨간색, 초록색, 흰색 블라우스를 접어서 옷장에 쌓아 두었어요.

❶ 블라우스를 쌓는 방법은 모두 몇 가지일까요?

____

정답 : ______________________________

❷ 맨 아래 블라우스가 초록색일 경우 블라우스를 쌓는 방법은 몇 가지일까요?

____

정답 : ______________________________

___월 ___일 ___요일

1. 린다는 주사위를 한 번 굴렸어요. 주사위 눈이 아래와 같이 나올 확률은 얼마일까요? 확률을 분수나 자연수로 나타내 보세요.

1 ________ 1, 2, 또는 5 ________ 1 또는 6 ________

9 ________ 3, 4, 5, 또는 6 ________ 2, 3, 4, 5, 또는 6 ________

2. 다트판의 8부분은 크기가 모두 같아요. 확률을 분수로 나타내 보세요.

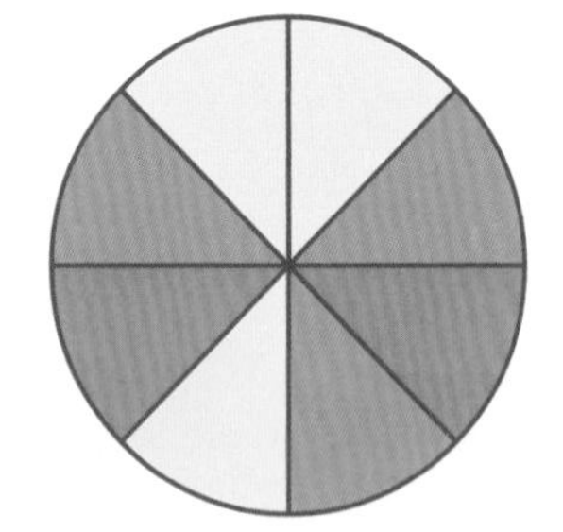

① 다트가 노란색 부분에 꽂힐 확률은 얼마일까요? ________

② 다트가 빨간색 부분에 꽂힐 확률은 얼마일까요? ________

③ 다트가 파란색 또는 노란색 부분에 꽂힐 확률은 얼마일까요? ________

3. 피터가 주사위를 한 번 굴렸어요. 나온 주사위 눈이 아래와 같을 때 가능한 사건, 불가능한 사건, 반드시 일어나는 사건 중 어느 것에 해당하는지 빈칸에 써 보세요.

① 주사위 눈이 4가 나왔어요.

____

② 주사위 눈이 7이 나왔어요.

____

③ 주사위 눈이 7보다 작아요.

____

④ 나온 주사위 눈의 최댓값이 5예요.

____

4. 베라는 블라우스 2벌과 바지 2벌을 가지고 있어요. 베라가 만들 수 있는 옷의 조합은 모두 몇 가지일까요?

____

정답 : ________________

여기서 잠깐!

복권에서 1~40 가운데 7개의 숫자를 고를 때 모두 18,643,560가지 경우의 수가 있어요. 7개의 숫자를 일렬로 모두 맞힐 확률은 $\frac{1}{18,643,560}$, 약 1900만 분의 일이에요.

5. 상자에 100장의 카드가 있어요. 그중 27장은 노란색, 49장은 빨간색, 24장은 파란색이에요. 윌이 카드 1장을 꺼냈어요. 확률을 %로 나타내 보세요.

❶ 카드가 노란색일 확률은 얼마일까요? ____________

❷ 카드가 파란색이나 노란색일 확률은 얼마일까요? ____________

6. 알맞은 식을 세워 답을 구해 보세요. 시오반, 토마스, 제리, 한나가 줄을 서요.

❶ 네 사람이 줄을 서는 방법은 모두 몇 가지일까요?

____

정답 : ____________

❷ 시오반이 두 번째에 선다면 줄을 서는 방법은 몇 가지일까요?

____

정답 : ____________

7. 확률을 %로 나타내 보세요.

그림에 있는 공 가운데 무작위로 1개를 골랐어요.

❶ 공이 빨간색일 확률은 얼마일까요?

____

❷ 공이 회색일 확률은 얼마일까요?

____

❸ 공이 노란색일 확률은 얼마일까요?

____

❹ 공이 노란색이나 파란색일 확률은 얼마일까요?

____

❺ 공이 흰색이나 파란색, 또는 빨간색일 확률은 얼마일까요?

____

❻ 공이 회색이나 빨간색이 아닐 확률은 얼마일까요?

____

8. 아래 질문에 답해 보세요. 바딤은 모자 4개, 셔츠 3벌, 바지 2벌을 가지고 있어요.

❶ 모자, 셔츠, 바지를 조합하는 방법은 모두 몇 가지일까요?

____

❷ 빨간 모자를 골랐다면 셔츠와 바지를 조합하는 방법은 몇 가지일까요?

____

❸ 빨간 모자와 흰색 셔츠를 골랐다면 바지를 조합하는 방법은 몇 가지일까요?

____

9. 아래 질문에 답해 보세요. 바람이 불어서 빨랫줄에 있는 양말 1개가 떨어졌어요.

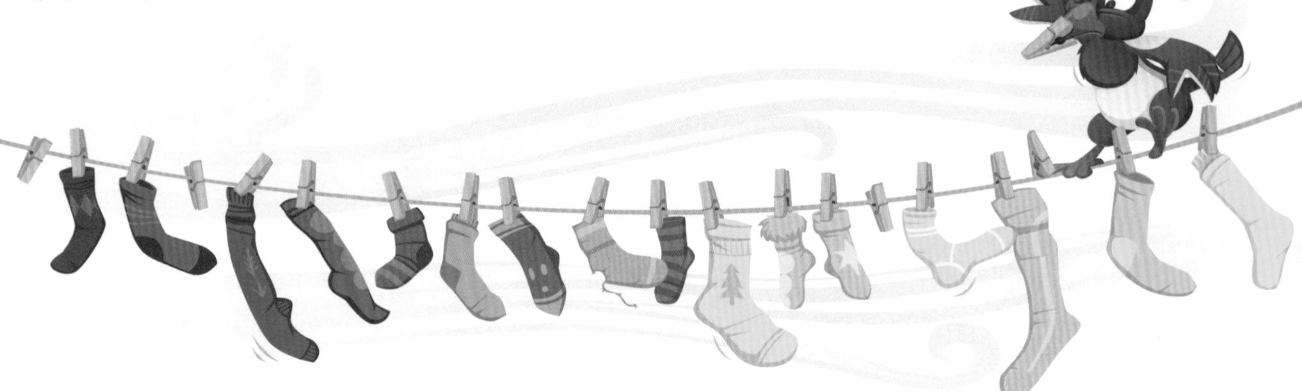

❶ 확률을 구해 보세요.

A : 파란색 양말이 떨어졌어요. ____________________

B : 빨간색 양말이 떨어졌어요. ____________________

C : 초록색 양말이 떨어졌어요. ____________________

D : 노란색 양말이 떨어졌어요. ____________________

E : 노란색이나 초록색 양말이 떨어졌어요. ____________________

F : 빨간색이나 파란색 양말이 떨어졌어요. ____________________

❷ 확률이 높은 것에서 낮은 순서로 A~F를 배열해 보세요. □ □ □ □ □ □

10. 표를 살펴보고 답을 예상해 보세요. 그리고 확률을 %로 나타내 보세요.

❶ 다음 경기에서 까치 팀이 비길 확률은 얼마일까요? ____________

❷ 다음 경기에서 제트 팀이 이길 확률은 얼마일까요? ____________

❸ 다음 경기에서 표범 팀이 질 확률은 얼마일까요? ____________

❹ 다음 경기에서 독수리 팀이 이길 확률은 얼마일까요? ____________

❺ 다음 경기에서 인디언 팀이 비길 확률은 얼마일까요? ____________

팀 이름	승	무승부	패
독수리	7	1	2
제트	6	1	3
까치	4	2	4
인디언	3	3	4
표범	2	3	5
사자	3	0	7

11. 확률을 기약분수로 나타내 보세요.

직사각형 안에 개미 1마리가 있어요.

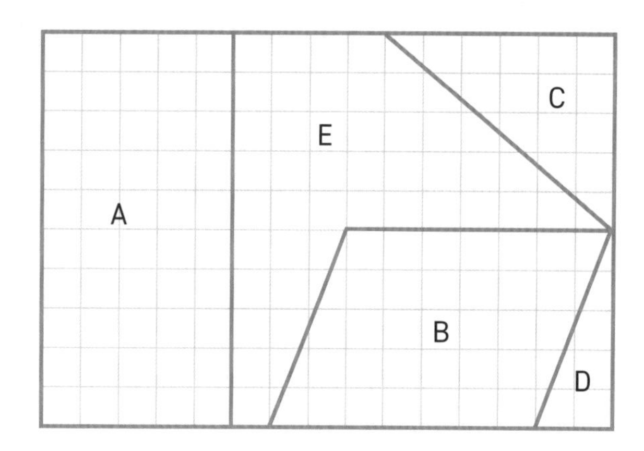

❶ 개미가 A구역에 있을 확률은 얼마일까요?

❷ 개미가 B구역에 있을 확률은 얼마일까요?

❸ 개미가 A 또는 B구역에 있을 확률은 얼마일까요?

❹ 개미가 B, C, 또는 D구역에 있을 확률은 얼마일까요?

❺ 개미가 C 또는 D구역에 있을 확률은 얼마일까요?

❻ 개미가 E 구역에 있을 확률은 얼마일까요?

한 번 더 연습해요!

1. 확률을 %로 나타내 보세요.

자루에 파란색 공 2개, 빨간색 공 3개, 흰색 공 4개, 노란색 공 1개가 들어 있어요. 자루에서 공 1개를 무작위로 꺼냈어요.

❶ 공이 빨간색일 확률은 얼마일까요?

❷ 공이 파란색이나 노란색일 확률은 얼마일까요?

❸ 공이 흰색이 아닐 확률은 얼마일까요?

2. 알맞은 식을 세워 답을 구해 보세요. 라스, 올리아나, 오스카, 카트리나가 줄을 서고 있어요.

❶ 4명이 줄을 서는 방법은 모두 몇 가지일까요?

정답 :

❷ 카트리나가 맨 끝에 선다면 줄을 서는 방법은 몇 가지일까요?

정답 :

6 방정식 : 덧셈과 뺄셈

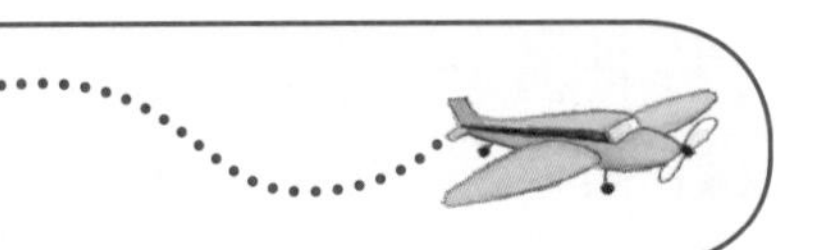

파란색 상자의 무게는 얼마일까요?

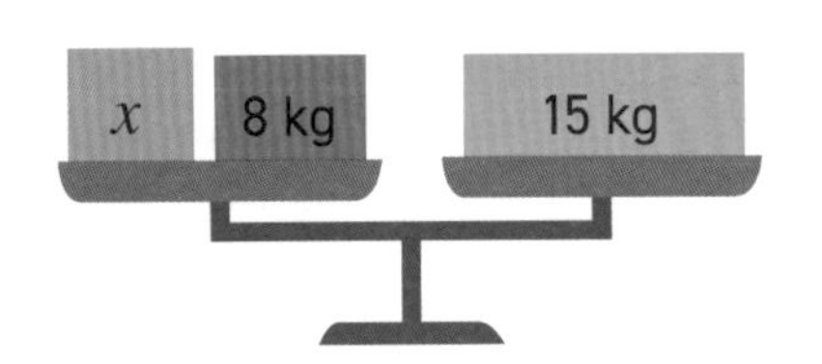

방정식을 세워 보세요. $x + 8kg = 15kg$

x값을 구하세요. $x = 7kg$

검산 : 7kg + 8kg = 15kg
정답 : 7kg

나무토막에서 1.3m를 톱으로 잘라 냈어요. 남은 나무토막의 길이가 0.8m라면 잘라 내기 전 나무토막의 길이는 얼마였을까요?

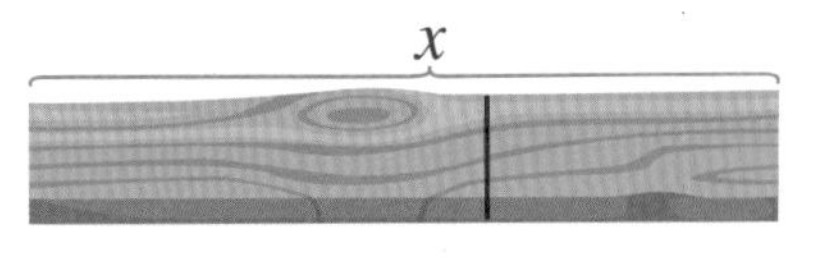

방정식을 세워 보세요. $x - 1.3m = 0.8m$

x값을 구하세요. $x = 2.1m$

검산 : 2.1m − 1.3m = 0.8m
정답 : 2.1m

- 두 식을 등호(=)로 연결하여 방정식을 만들어요.
- x는 방정식에서 구해야 하는 값이며 이를 미지수라고 해요.

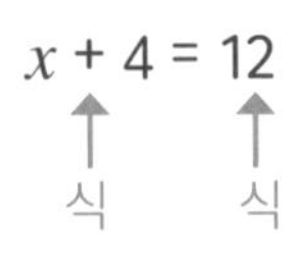

1. 그림을 보고 방정식을 세워 x의 무게를 구해 보세요.

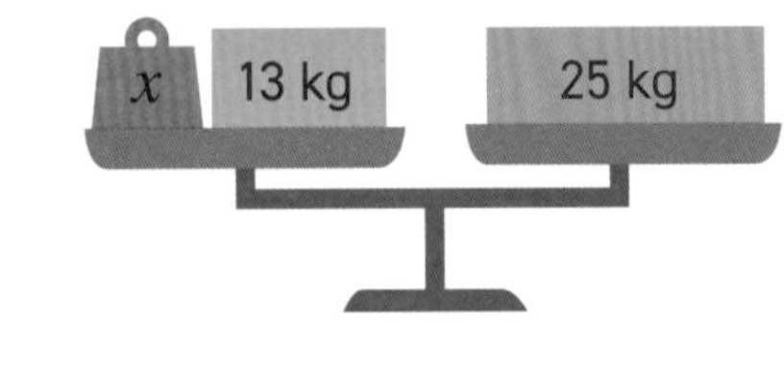

x + ______

x = ______

정답 : ______

5.5 kg　x　7.8 kg

______

______

정답 : ______

2. 그림을 보고 방정식을 세워 x의 길이를 구해 보세요.

❶ 나무토막에서 0.9m를 톱으로 잘라 냈어요. 남은 나무토막의 길이가 4.3m라면 잘라 내기 전 나무토막의 길이는 얼마였을까요?

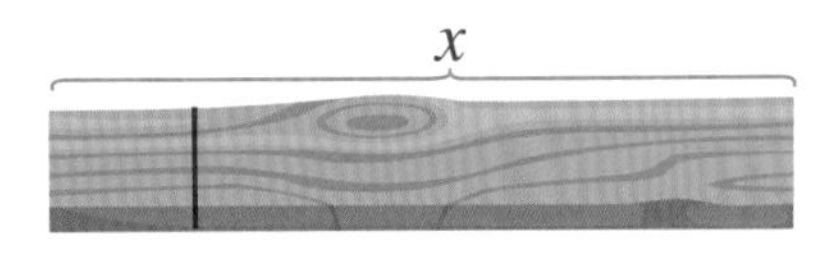

x − ______

x = ______

정답 : ______

❷ 나무토막에서 3.8m를 톱으로 잘라 냈어요. 남은 나무토막의 길이가 1.5m라면 잘라 내기 전 나무토막의 길이는 얼마였을까요?

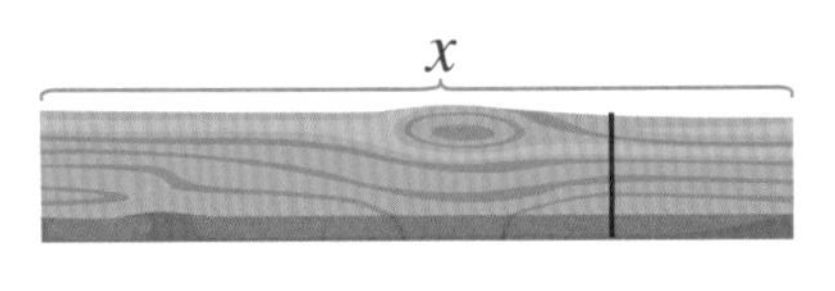

______

______

정답 : ______

3. x값을 구한 후, 로봇에서 찾아 ○표 해 보세요.

$x + 37 = 77$	$52 + x = 100$	$x - 17 = 130$	$44 - x = 29$
$x =$ ______	$x =$ ______	$x =$ ______	$x =$ ______
$x + 18.7 = 20$	$1.4 + x = 9.9$	$x - 2.8 = 4.0$	$16.7 - x = 12.5$
$x =$ ______	$x =$ ______	$x =$ ______	$x =$ ______

4. 방정식을 세우고 x값을 구한 후, 로봇에서 찾아 ○표 해 보세요.

❶ x에 23을 더하면 57이에요.

____

$x =$ ______

❷ x에 4.2를 더하면 9.1이에요.

____

$x =$ ______

❸ 129에서 x를 빼면 14예요.

____

$x =$ ______

❹ x에서 16.4를 빼면 3.2예요.

____

$x =$ ______

1.3	2.7	4.2	4.9	6.8	8.5	15	19.6	34	40	48	64	115	147

5. 방정식을 세우고 x의 길이를 구해 보세요.

❶

x	6 m
14 m	

____

$x =$ ______

❷

7.4 m	x
13.3 m	

____

$x =$ ______

x에 x의 $\frac{1}{3}$을 더하면 56이 나와요. x값은 얼마일까요?

____

6. 정답을 따라 길을 찾아보세요.

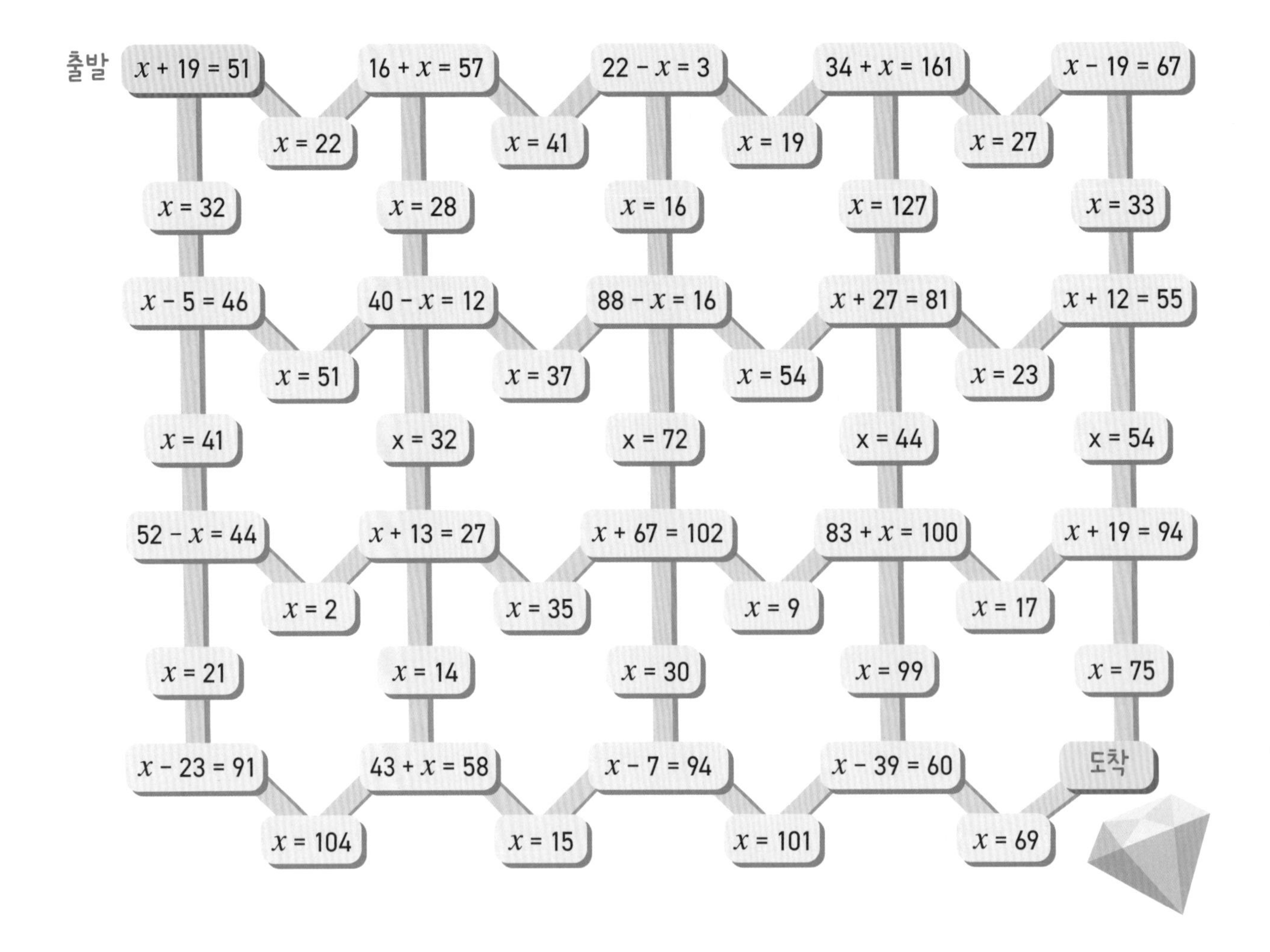

7. 변의 길이의 합이 아래와 같을 때 변의 길이 x를 구해 보세요.

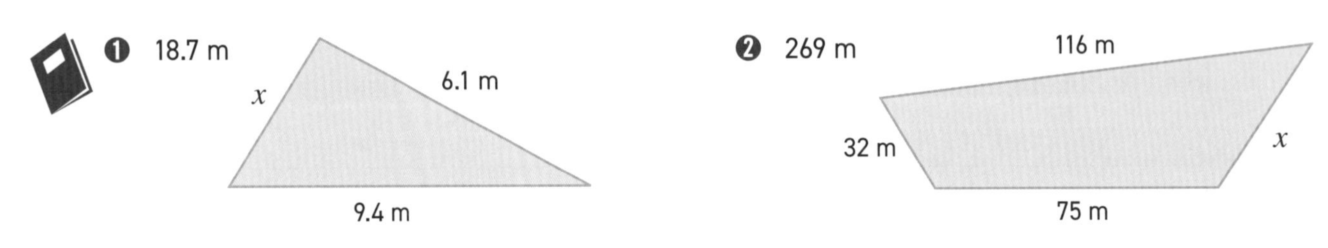

8. 그림이 들어 있는 식을 보고 그림의 값을 구해 보세요.

9. 어떤 수일까요?

- 양의 정수예요.
- 두 자리 수예요.
- 각 자리의 숫자를 곱하면 홀수예요.
- 각 자리 숫자의 차는 6이에요.
- 일의 자리 숫자는 십의 자리 숫자보다 작아요.
- 3이 들어가지 않아요.

이 수는 ______________이에요.

- 음수예요.
- 두 자리 수예요.
- -20보다 커요.
- 각 자리의 숫자의 차는 5예요.

이 수는 ______________이에요.

10. x값이 존재하지 않는 방정식 3개를 찾아 ○표 해 보세요.

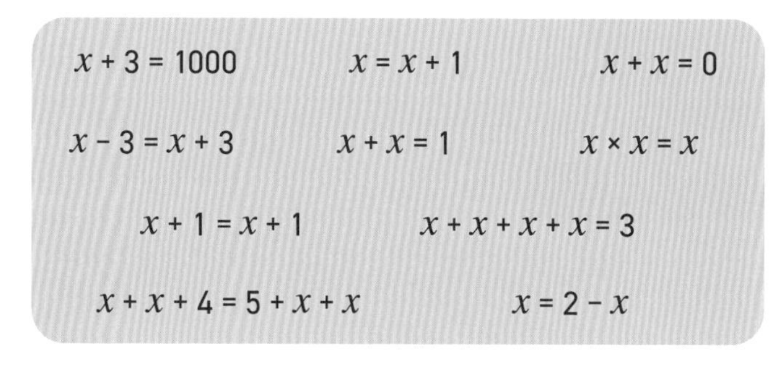

$x + 3 = 1000$ $x = x + 1$ $x + x = 0$

$x - 3 = x + 3$ $x + x = 1$ $x \times x = x$

$x + 1 = x + 1$ $x + x + x + x = 3$

$x + x + 4 = 5 + x + x$ $x = 2 - x$

한 번 더 연습해요!

1. 그림을 보고 방정식을 세워 x의 무게를 구해 보세요.

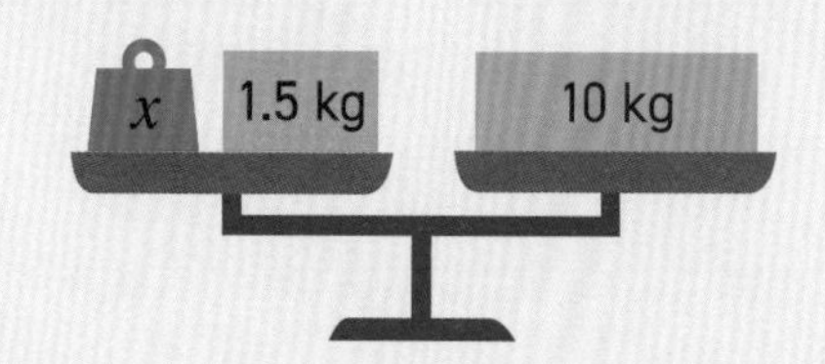

____

____

정답 : ______________________________

____

____

정답 : ______________________________

2. x값을 구해 보세요.

$x + 19 = 62$ $x =$ __________

$42 + x = 79$ $x =$ __________

$x - 17.2 = 13.1$ $x =$ __________

$44.8 - x = 33.7$ $x =$ __________

7 방정식 : 곱셈과 나눗셈

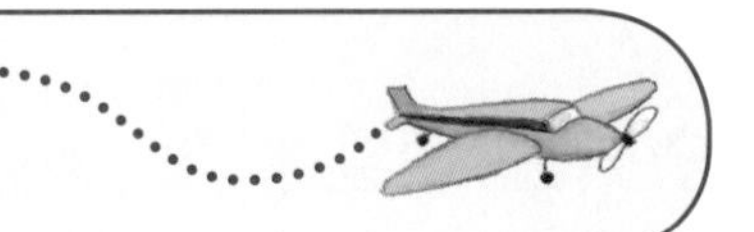

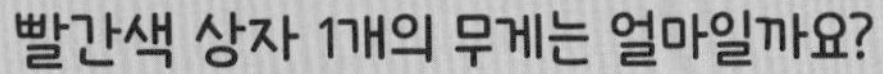

빨간색 상자 1개의 무게는 얼마일까요?

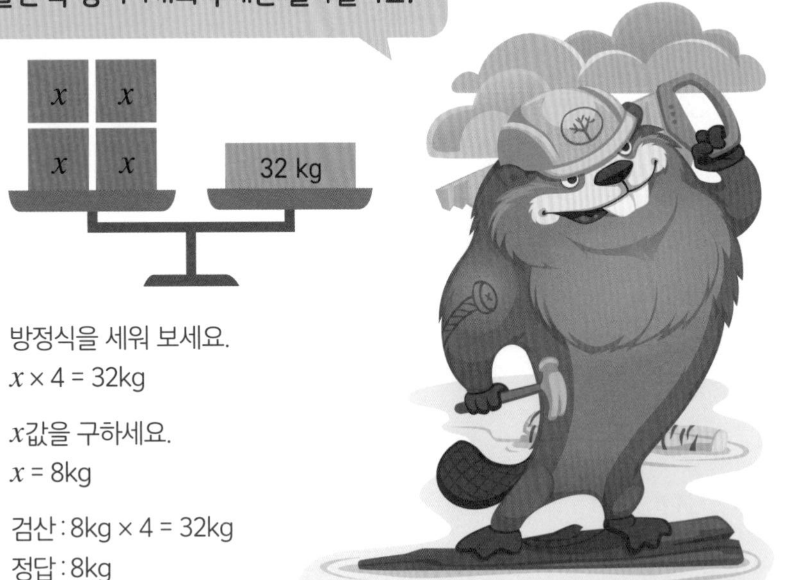

방정식을 세워 보세요.
$x \times 4$ = 32kg

x값을 구하세요.
x = 8kg

검산 : 8kg × 4 = 32kg
정답 : 8kg

나무토막을 3부분으로 똑같이 잘라 나누었어요. 한 부분의 길이가 1.4m라면 나무토막 전체의 길이는 얼마일까요?

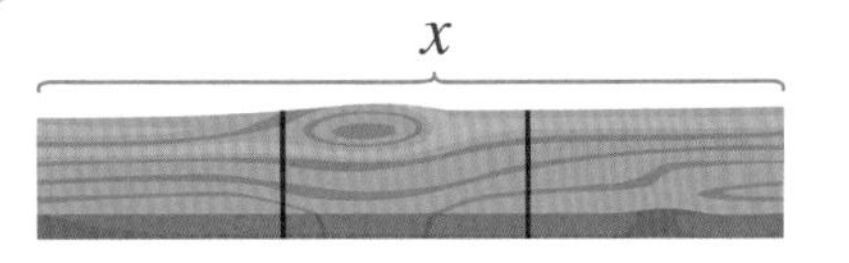

방정식을 세워 보세요.
$x \div 3$ = 1.4m

x값을 구하세요.
x = 4.2m

검산 : 4.2m ÷ 3 = 1.4m
정답 : 4.2m

1. 그림을 보고 방정식을 세워 x의 무게를 구해 보세요.

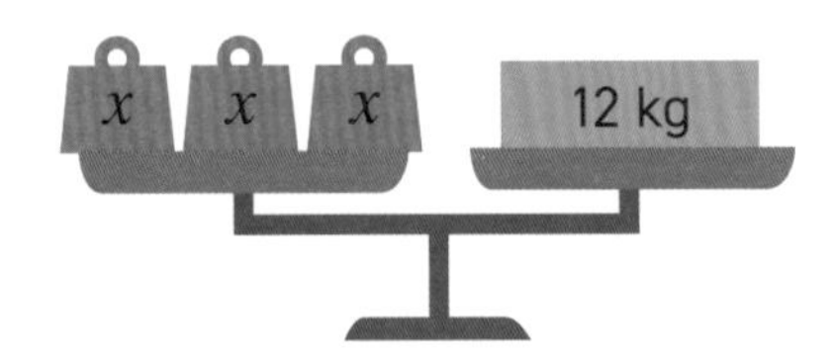

___

___

정답 : ___

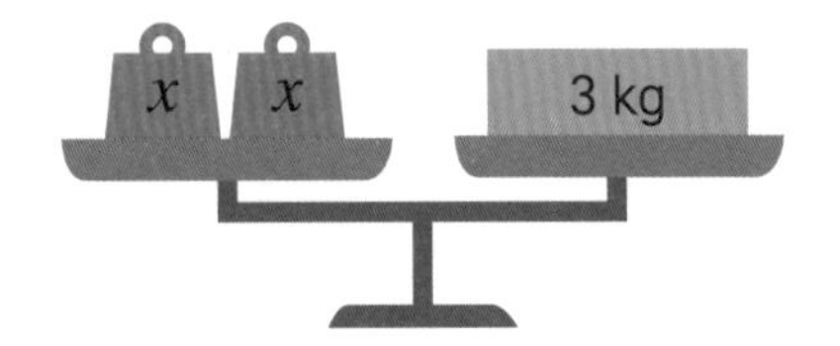

___

___

정답 : ___

2. 그림을 보고 방정식을 세워 x의 길이를 구해 보세요.

❶ 나무토막을 5부분으로 똑같이 잘라 나누었어요.
한 부분의 길이는 1.1m예요.

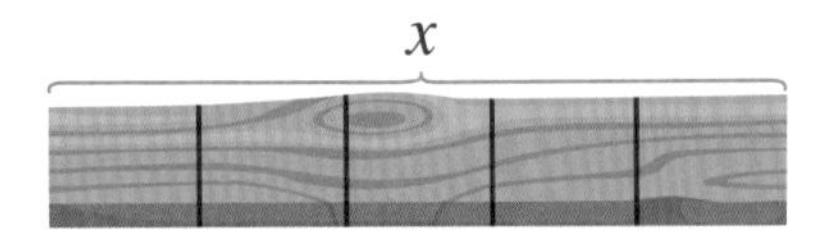

___

___

정답 : ___

❷ 나무토막을 2부분으로 똑같이 잘라 나누었어요.
한 부분의 길이는 2.7m예요.

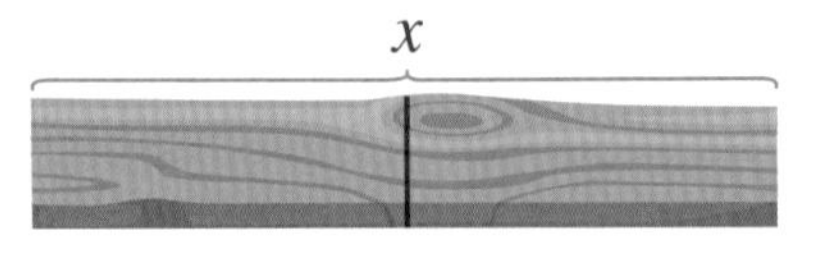

___

___

정답 : ___

3. x값을 구한 후, 로봇에서 찾아 ○표 해 보세요.

$4 \times x = 80$	$x \times 2 = 13$	$x \div 7 = 8$	$44 \div x = 4$
x = ________	x = ________	x = ________	x = ________
$10 \times x = 27$	$x \times 6 = 9$	$x \div 2 = 2.4$	$36 \div x = 3$
x = ________	x = ________	x = ________	x = ________

4. 방정식을 세우고 x값을 구한 후, 로봇에서 찾아 ○표 해 보세요.

❶ x에 8을 곱하면 72예요.

____

x = ________

❷ 42를 x로 나누면 6이에요.

____

x = ________

❸ 4.2에 x를 곱하면 12.6이에요.

____

x = ________

❹ x를 100으로 나누면 0.32예요.

____

x = ________

1.5 2.7 3 4.8 6 6.5 7 9 11 12 20 25 

5. 방정식을 세우고 x의 길이를 구해 보세요. 각 부분은 길이가 모두 같아요.

❶

x	x	x	x	x	x
18 m					

____

x = ________

❷

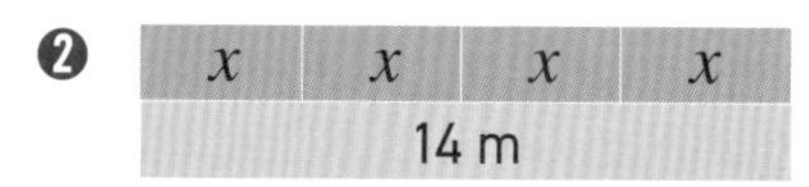

____

x = ________

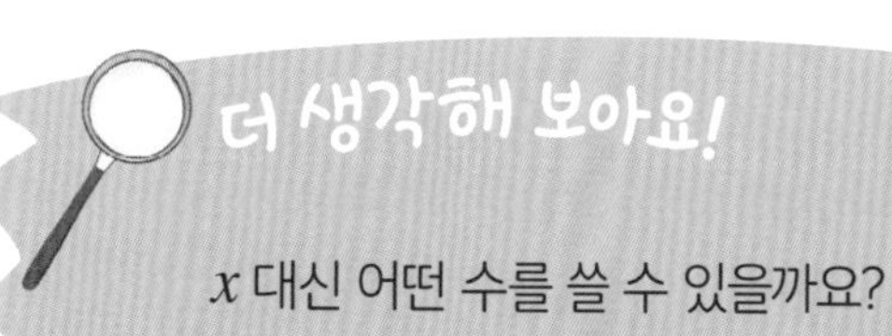

x 대신 어떤 수를 쓸 수 있을까요?

$x \times x \div x + x - x = 100$

x = ________

6. 정답을 따라 길을 찾아보세요.

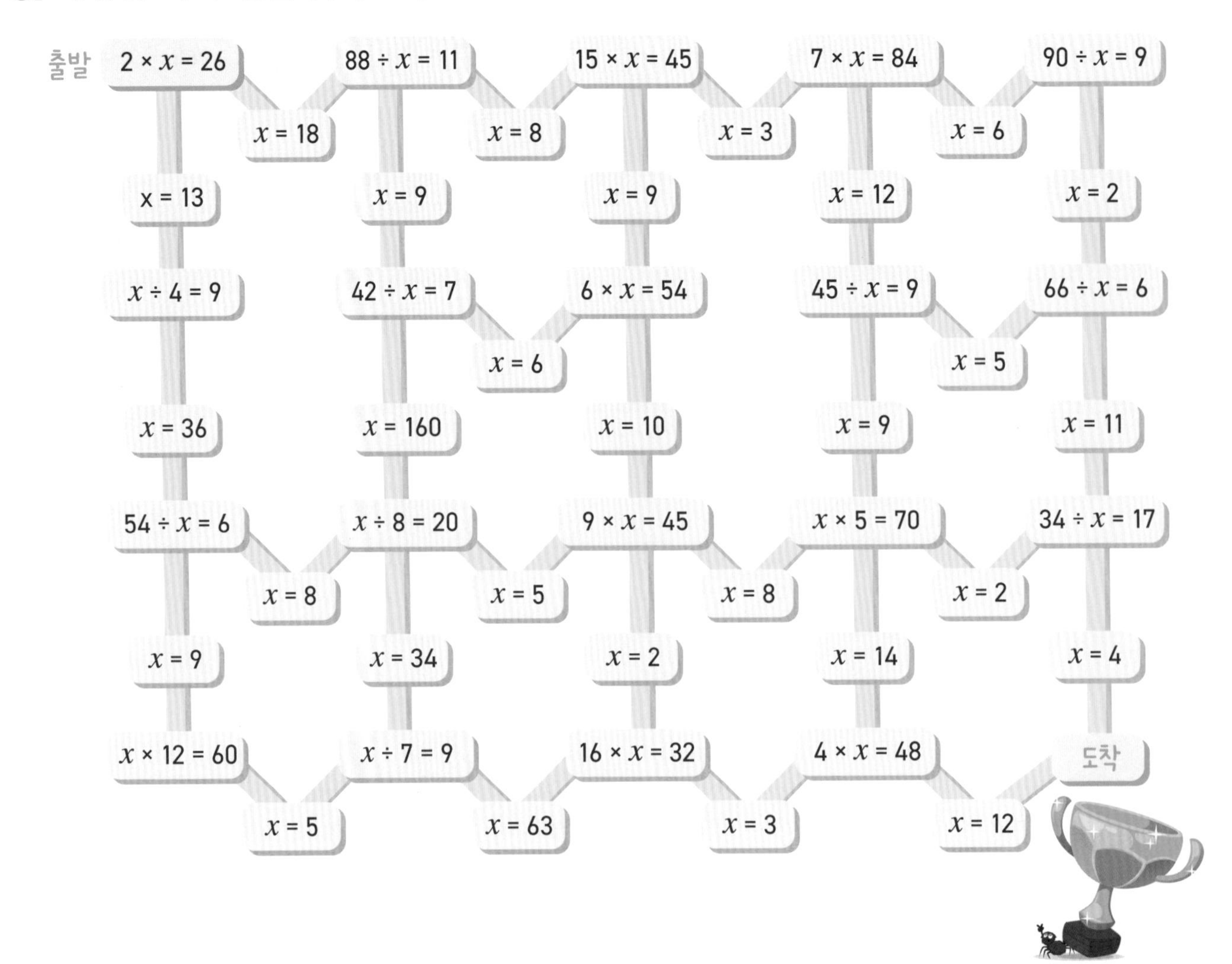

7. 그림이 들어간 식을 보고 그림의 값을 구해 보세요.

8. x값이 3인 방정식 7개를 찾아 ○표 해 보세요.

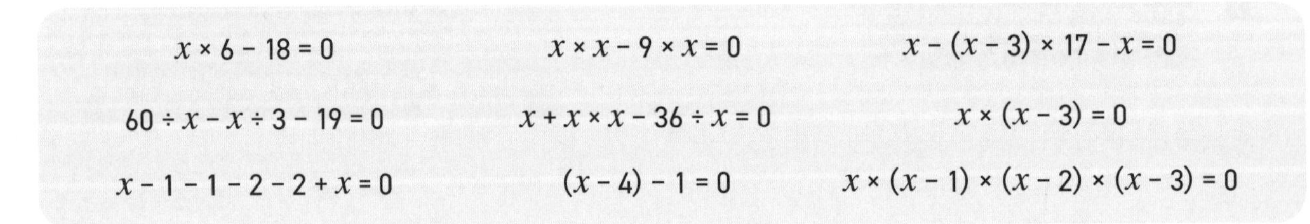

$x \times 6 - 18 = 0$	$x \times x - 9 \times x = 0$	$x - (x - 3) \times 17 - x = 0$
$60 \div x - x \div 3 - 19 = 0$	$x + x \times x - 36 \div x = 0$	$x \times (x - 3) = 0$
$x - 1 - 1 - 2 - 2 + x = 0$	$(x - 4) - 1 = 0$	$x \times (x - 1) \times (x - 2) \times (x - 3) = 0$

9. x값이 5가 되도록 아래 식에 괄호를 넣어 보세요.

❶ $3 \times x - 4 + 2 \times x - 3 - 3 \times x = 0$

❷ $x - 5 \times 4 + x \times 7 - 3 + 4 \times x = 0$

10. x값이 2인 곳을 따라 길을 찾아보세요.
화살표 방향으로만 움직일 수 있어요.

$\div x$ | $- x$ | $+ 16$ | $\times x$

$+ x$ | $- 12$ | $\div x$ | $- 10 \times x$

$- 3 \times x$ | $\div x$ | $+ 8 \times x$ | $- 50$

$- 10$ | $- 5 \times x$ | $+ 12$ | $+ x$

0

11. 아래 글을 읽고 빈칸에 참 또는 거짓을 써넣어 보세요.

❶ 방정식 $x - 3 = 3 - x$에서 x값은 무수히 많아요. ________

❷ 방정식 $x - 3 = 3 - x$에서 x값은 3이에요. ________

❸ 방정식 $x - 3 = 3 + x$에서 x값은 존재하지 않아요. ________

한 번 더 연습해요!

1. 그림을 보고 방정식을 세워 빨간색 추 x의 무게를 구해 보세요.

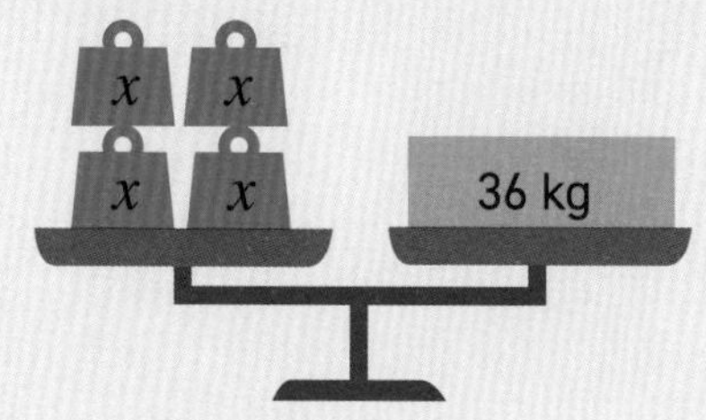

____

____

정답 : ________________

____

____

정답 : ________________

2. x값을 구해 보세요.

$3 \times x = 63$	$x \times 9 = 72$	$x \div 15 = 3$	$48 \div x = 8$
$x =$ ______	$x =$ ______	$x =$ ______	$x =$ ______

8 부등식

• 부등식은 < 또는 > 같은 부등호를 이용해요. 예를 들어, $x < 1$, $x > 2$는 부등식이에요.

$x < 1$을 만족하는 정수는 무엇일까요?

$x > 2$를 만족하는 정수는 무엇일까요?

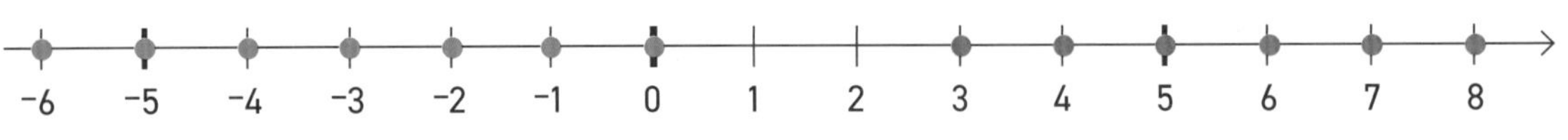

부등식 $x < 1$을 만족하는 정수는 1보다 작은 모든 정수예요.
$x = 0, -1, -2, \ldots$

부등식 $x > 2$를 만족하는 정수는 2보다 큰 모든 정수예요.
$x = 3, 4, 5, \ldots$

• x값이 무수히 많을 때 숫자 3개를 쓰고 점 3개를 추가로 찍어서 나타내요.

부등식 $-2 < x < 5$를 만족하는 정수는 무엇일까요?

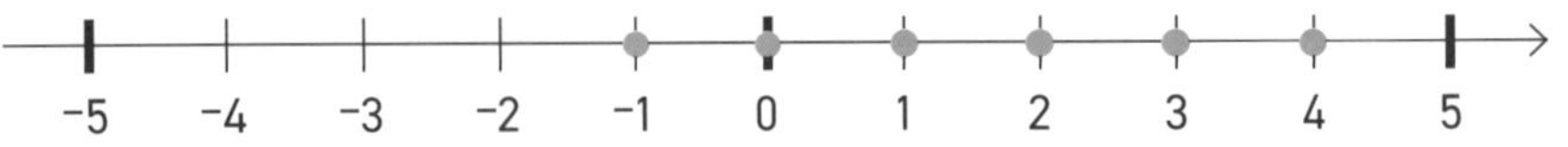

부등식 $-2 < x < 5$를 만족하는 정수는 -2보다 크고 5보다 작은 모든 정수예요.
$x = -1, 0, 1, 2, 3, 4$

부등식 $-2 < x < 5$를 다음과 같이 읽어요. x는 -2보다 크고 5보다 작아요.

• 답이 제한되어 있을 때 점 3개를 추가로 찍지 마세요.

1. 수직선에서 아래 부등식을 만족하는 모든 정수를 표시해 보세요.

$x > -2$

$x =$ ____________________

$x < 0$

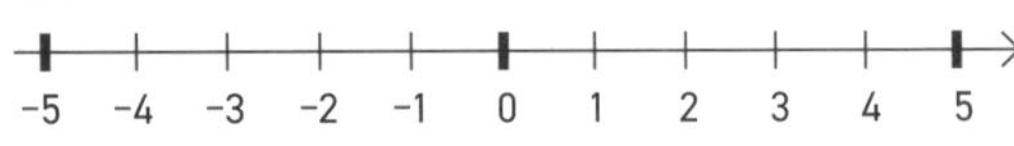

$x =$ ____________________

$x < -2$

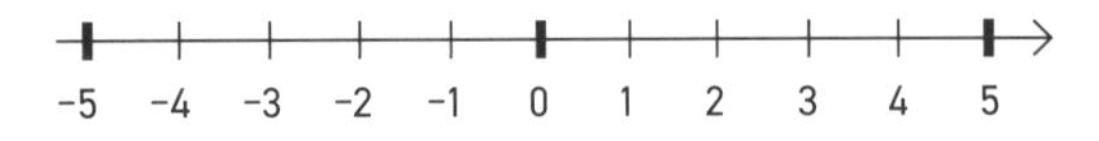

$x =$ ____________________

$x > -3$

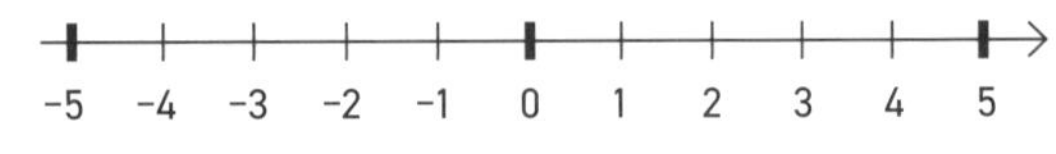

$x =$ ____________________

$-4 < x < -1$

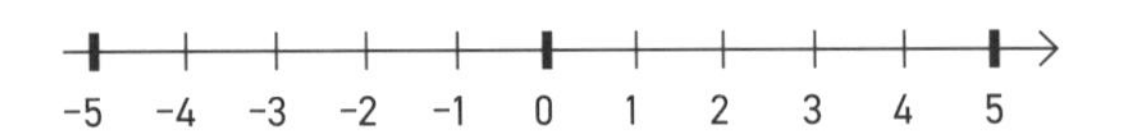

$x =$ ____________________

$-2 < x < 3$

$x =$ ____________________

2. 아래 부등식을 만족하는 정수를 모두 써 보세요. 수직선을 이용해도 좋아요.

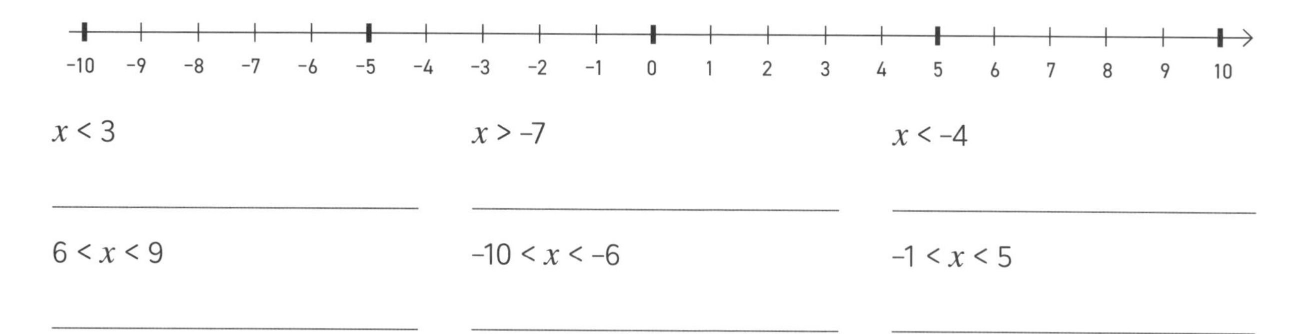

$x < 3$ ________

$x > -7$ ________

$x < -4$ ________

$6 < x < 9$ ________

$-10 < x < -6$ ________

$-1 < x < 5$ ________

3. 아래 문제를 읽고 답을 구해 보세요.

❶ $x = -3$인 부등식을 모두 찾아 O표 해 보세요.

❷ $x = 0$인 부등식을 모두 찾아 X표 해 보세요.

$x < -2$　　$x < 3$　　$-1 < x < 1$　　$x > 4$

$-1 < x < 2$　　$x > 0$　　$3 < x < 9$　　$-5 < x < 0$

$-2 < x < 0$　　$x > -3$　　$x < -1$　　$x > 1$

4. 아래 나열된 수를 부등식으로 나타내 보세요.

$x = 2, 3, 4, \ldots$

$x >$ ________

$x = -6, -7, -8, \ldots$ ________

$x = 0, 1, 2, \ldots$ ________

$x = 3, 4, 5$ ________

$x = -7, -6$ ________

$x = -1, 0, 1, 2$ ________

5. 부등식으로 나타내 보세요.

❶ 공이 10개보다 많아요.

____

❷ 공이 3개보다 많고 7개보다 적어요.

____

❸ 기온이 섭씨 영하 8도보다 낮아요.

____

❹ 기온이 섭씨 영하 5도보다 높고 1도보다 낮아요.

____

부등식 $1 < x < 99$를 만족하는 정수는 모두 몇 개일까요?

____

6. x = −5인 곳을 따라 길을 찾아보세요.

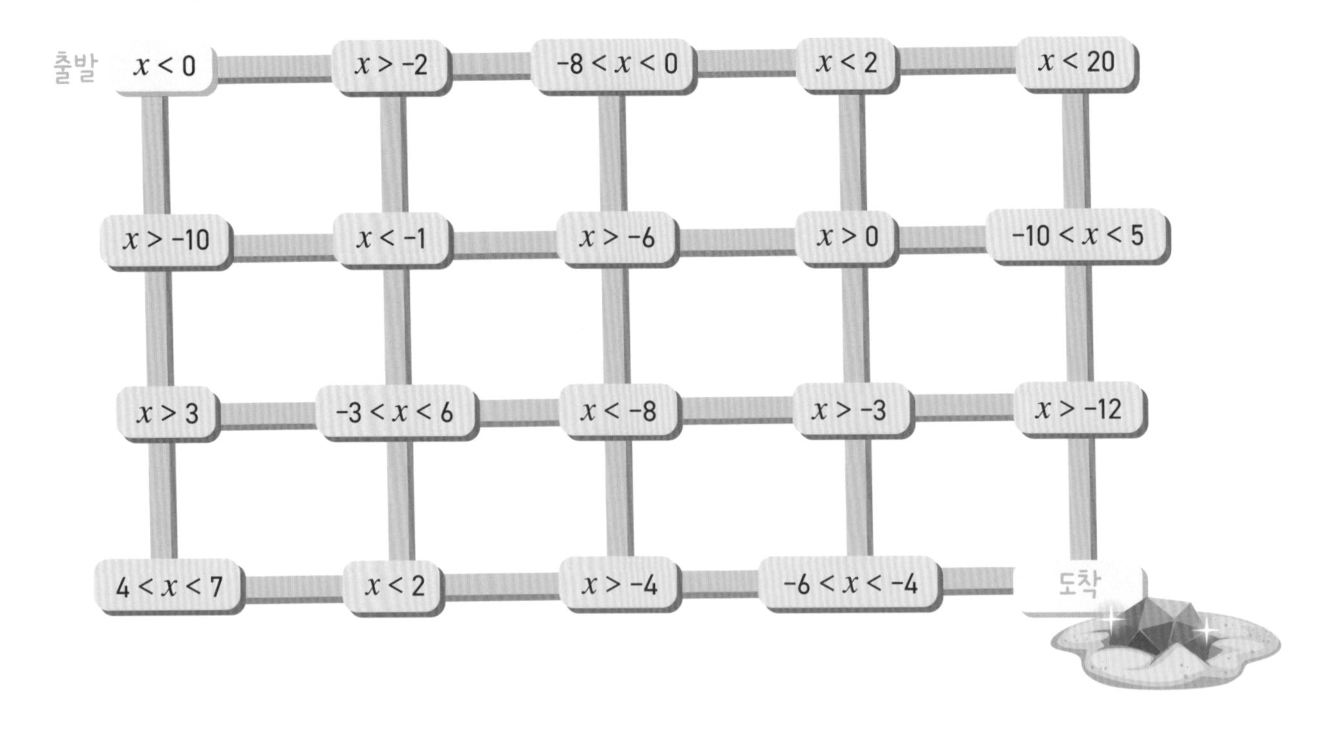

7. x의 무게를 부등식으로 나타내 보세요.

8. 음수 2개가 잘못 표시되어 있어요. 점점 커지는 순서가 되도록 잘못 표시된 음수 기호를 옮겨 보세요.

❶ 20 < −12 < 9 < −3 < −4 < 10 < −13

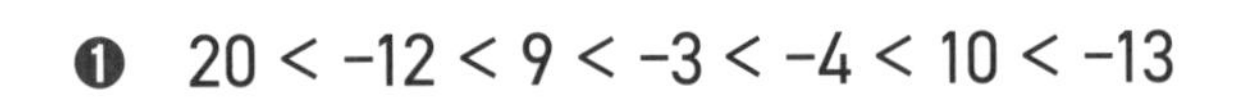

❷ −6 > −3 > −2 > −3 > −5 > 7 > 8 > −10

9. 3개의 부등식을 모두 만족하는 정수는 무엇일까요?

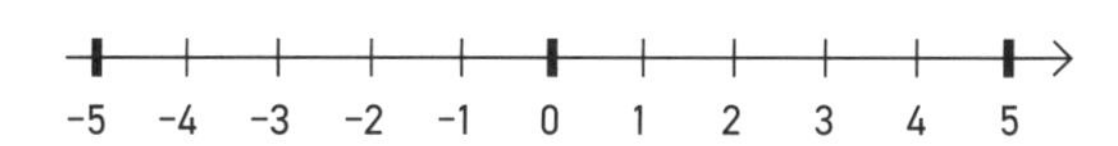

$x < 3$
$-2 < x < 1$
$x > -1$

정답 : x = ____________

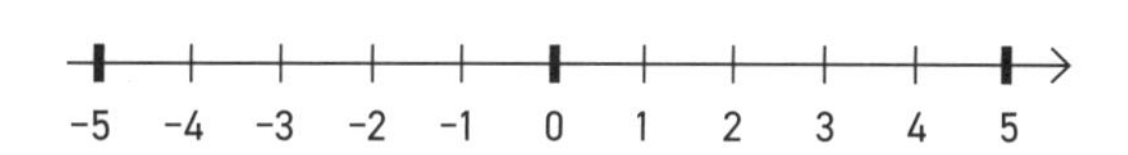

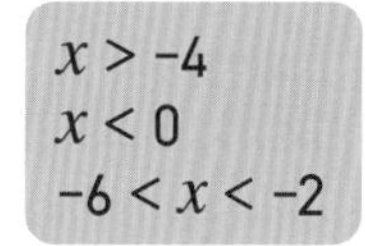

$x > -4$
$x < 0$
$-6 < x < -2$

정답 : x = ____________

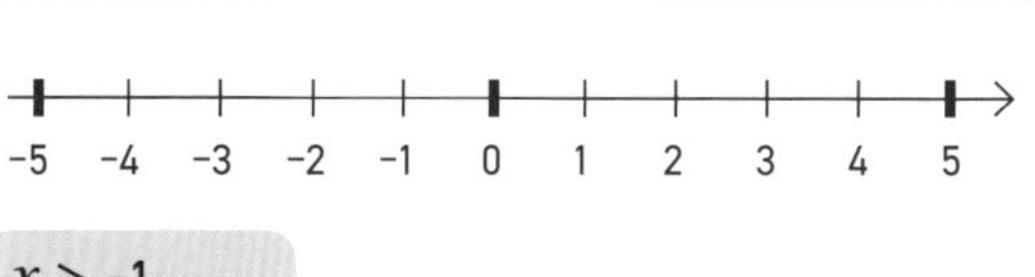

$x > -1$
$-2 < x < 2$
$-5 < x < 1$

정답 : x = ____________

$x > 3$
$x > -8$
$-3 < x < 5$

정답 : x = ____________

10. 아래 글을 읽고 부등식으로 나타내 보세요.

❶ 부등식을 모두 만족하는 정수가 6개인데 그중 2개는 음수예요.

____

❷ 부등식을 모두 만족하는 정수가 5개인데 이 정수를 모두 합하면 5예요.

____

한 번 더 연습해요!

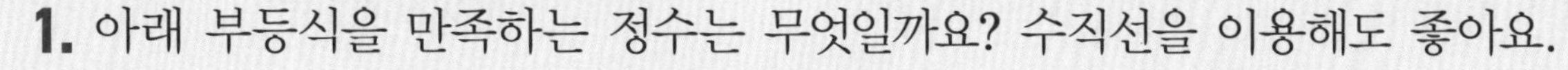

1. 아래 부등식을 만족하는 정수는 무엇일까요? 수직선을 이용해도 좋아요.

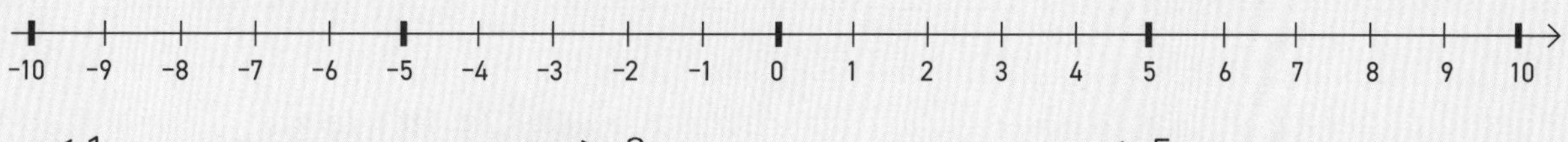

$x < 1$ ____________

$x > -2$ ____________

$x < -5$ ____________

$1 < x < 5$ ____________

$-9 < x < -6$ ____________

$-5 < x < -1$ ____________

2. 조건에 맞는 부등식을 만들어 보세요.

❶ $x = 1, 2, 3, ...$인 부등식을 만들어 보세요.

____

❷ $x = -8, -7$인 부등식을 만들어 보세요.

____

❸ $x = 0, 1, 2$인 부등식을 만들어 보세요.

____

연습 문제

____ 월 ____ 일 ____ 요일

1. x값을 구한 후, 로봇에서 찾아 ○표 해 보세요.

$x + 16 = 51$ x = ________

$19 + x = 60$ x = ________

$x - 34 = 98$ x = ________

$79 - x = 34$ x = ________

$4 \times x = 80$ x = ________

$x \times 2 = 13$ x = ________

$6 \times x = 120$ x = ________

$30 \times x = 150$ x = ________

$\frac{90}{x} = 30$ x = ________

$\frac{x}{6} = 9$ x = ________

$\frac{x}{4} = 2.2$ x = ________

$60 \div x = 5$ x = ________

3 5 6.5 8.8 12 16 20 20 35 41 45 54 110 132

2. 아래 부등식을 만족하는 정수는 무엇일까요? 수직선을 이용해도 좋아요.

$x > -5$ ________

$x < -2$ ________

$x < 0$ ________

$2 < x < 6$ ________

$-1 < x < 4$ ________

$-10 < x < -6$ ________

3. 조건에 맞는 부등식을 만들어 보세요.

❶ $x = -2, -3, -4, \ldots$인 부등식을 만들어 보세요.

____

❷ $x = -6, -5$인 부등식을 만들어 보세요.

____

❸ $x = 0, 1, 2$인 부등식을 만들어 보세요.

____

여기서 잠깐!

시소의 균형은 시소에 앉는 사람의 무게와 위치에 영향을 받아요.

4. 방정식을 세워 x값을 구한 후, 로봇에서 찾아 ○표 해 보세요.

❶ x에 7을 곱하면 49예요.

____

x = ________

❷ x에 29를 더하면 63이에요.

____

x = ________

❸ x에서 4.2를 빼면 12.6이에요.

____

x = ________

❹ x를 10으로 나누면 0.62예요.

____

x = ________

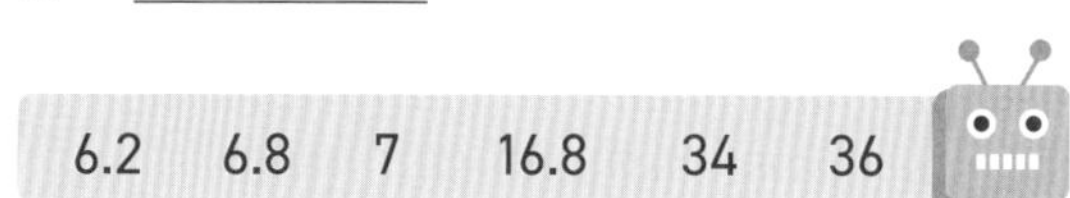

5. 방정식을 세워 x의 길이를 구한 후, 로봇에서 찾아 ○표 해 보세요.

❶ 3.5 m | x
11 m

____

x = ________

❷ 1.5 m | x
8 m

____

x = ________

❸

____

x = ________

❹ x | x | x | x
18 m

____

x = ________

3.5 m 4.5 m 5.5 m

6.5 m 6.5 m 7.5 m

더 생각해 보아요!

색이 같은 자루에는 그 자루와 같은 색의 공이 같은 수만큼 들어 있어요. 빨간색 자루 1개에는 파란색 자루 2개에 있는 공의 수만큼 공이 있어요. 노란색 자루 1개에는 빨간색 자루 2개에 있는 공의 수만큼 공이 있어요.
공이 가장 많은 자루의 색은 무엇일까요?

6. 정답을 골라 ○표 해 보세요.

$4 \times x + 4 = 12$

$x = 1$ $x = 3.5$
$x = 2$ $x = 5$

$62 - x = x + 22$

$x = 5$ $x = 15$
$x = 10$ $x = 20$

$6 \times x = 45$

$x = 6$ $x = 7.5$
$x = 6.5$ $x = 8$

$x \times x - 8 = 28$

$x = 4$ $x = 6$
$x = 5$ $x = 7$

$23 - x = 3 \times x - 5$

$x = 7$ $x = 10$
$x = 8$ $x = 12$

$8 \times x = 77 + x$

$x = 6$ $x = 10$
$x = 8$ $x = 11$

7. x의 무게는 최소 몇 kg일까요? 부등식으로 나타내 보세요.

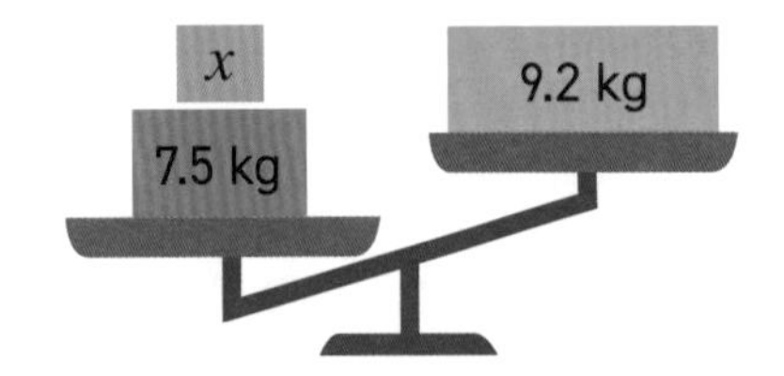

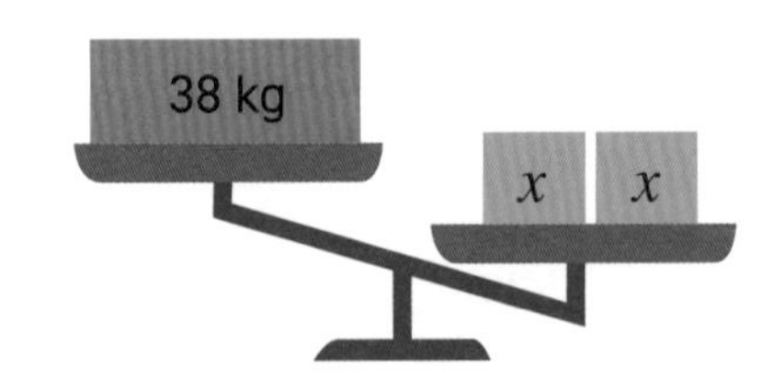

______________________ ______________________

8. x의 무게는 최대 몇 kg일까요? 부등식으로 나타내 보세요.

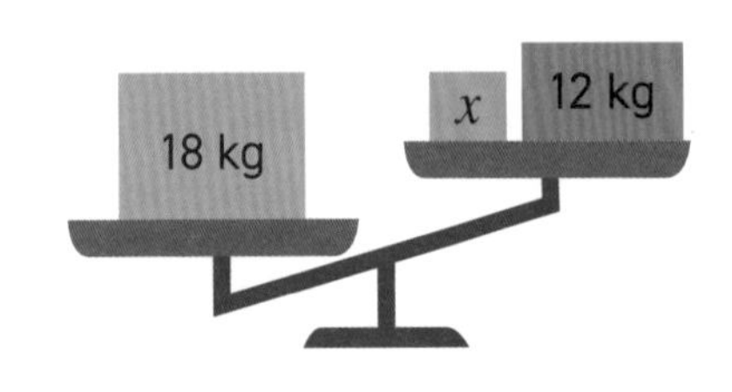

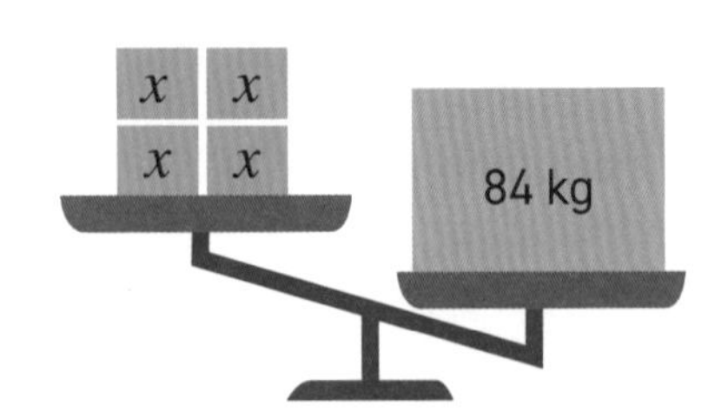

______________________ ______________________

9. 3개의 부등식을 모두 만족하는 정수는 무엇일까요?

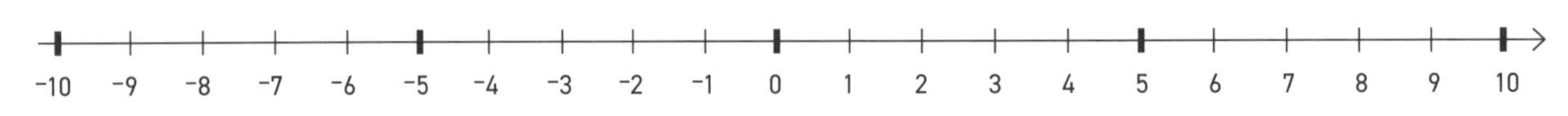

❶
$x > -6$
$x < -1$
$-8 < x < -3$

❷
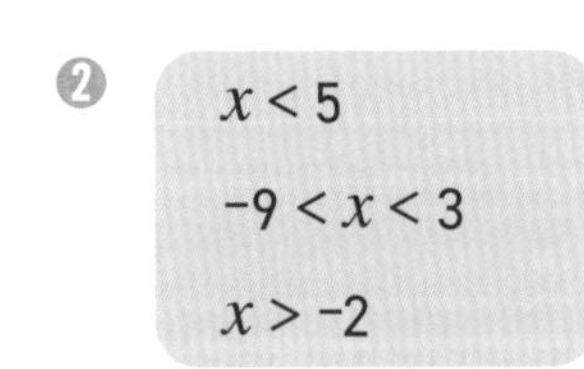

______________________ ______________________

10. x값을 구해 보세요.

❶ $3 \times x + 1 = 13$ ______

❷ $5 \times x + 15 = x + 23$ ______

❸ $22 - 3 \times x = 13$ ______

❹ $32 \div x + 1 = x + 5$ ______

❺ $3 \times x \div 4 = 9$ ______

❻ $8 \times x - 3 \times x = 45$ ______

11. 덧셈식을 쓰고 계산해 보세요.

〈보기〉 $\sum_{i=1}^{5} i$ i는 1부터 5까지의 합, 즉 1 + 2 + 3 + 4 + 5 = 15를 의미해요.

❶ $\sum_{i=3}^{6} i$ ______

❷ $\sum_{i=7}^{9} i$ ______

❸ $\sum_{i=-1}^{2} i$ ______

한 번 더 연습해요!

1. x값을 구해 보세요.

$x + 9 = 31$	$29 + x = 80$	$85 - x = 48$	$x - 19 = 53$
x = ______	x = ______	x = ______	x = ______
$7 \times x = 21$	$x \times 4 = 24$	$5 \times x = 250$	$20 \times x = 300$
x = ______	x = ______	x = ______	x = ______

2. 아래 부등식을 만족하는 정수는 무엇일까요? 수직선을 이용해도 좋아요.

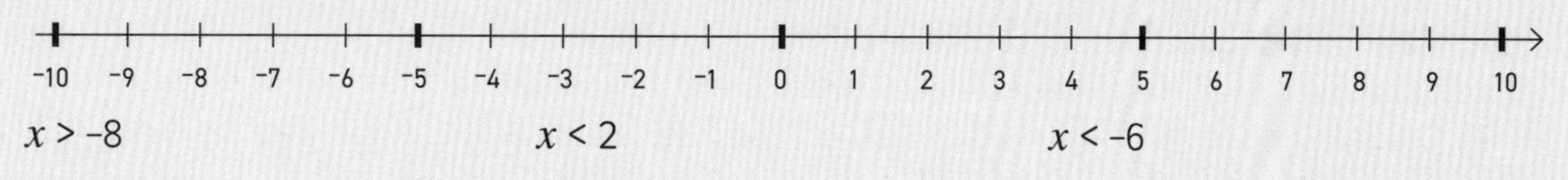

$x > -8$ ______

$x < 2$ ______

$x < -6$ ______

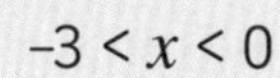

$-3 < x < 0$ ______

$-4 < x < 1$ ______

$-8 < x < -6$ ______

12. x값이 짝수인 곳을 따라 길을 찾아보세요. 줄스가 가장 좋아하는 구기 종목은 무엇일까요?

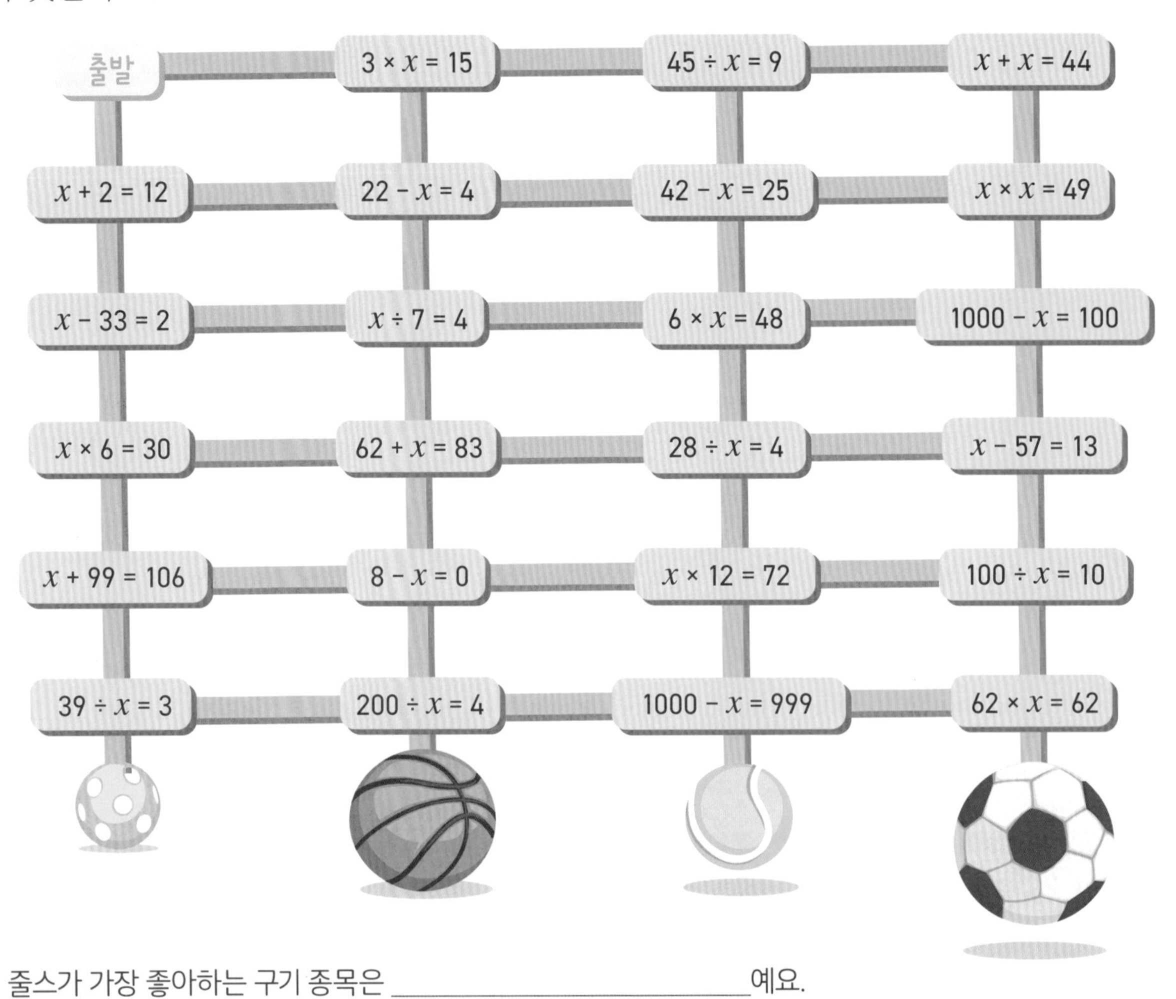

줄스가 가장 좋아하는 구기 종목은 ____________________예요.

13. 미미가 주사위 2개를 굴렸어요. 아래 사건은 불가능한 사건, 가능한 사건, 반드시 일어나는 사건 중 어느 것일까요? 해당하는 칸에 X표 해 보세요.

❶ 주사위 눈의 합이 2 이상인 경우
- ☐ 불가능한 사건
- ☐ 가능한 사건
- ☐ 반드시 일어나는 사건

❷ 주사위 눈의 곱이 7인 경우
- ☐ 불가능한 사건
- ☐ 가능한 사건
- ☐ 반드시 일어나는 사건

❸ 주사위 눈의 차가 6보다 작은 경우
- ☐ 불가능한 사건
- ☐ 가능한 사건
- ☐ 반드시 일어나는 사건

❹ 주사위 눈의 합이 15인 경우
- ☐ 불가능한 사건
- ☐ 가능한 사건
- ☐ 반드시 일어나는 사건

❺ 주사위 눈을 나누면 몫이 4인 경우
- ☐ 불가능한 사건
- ☐ 가능한 사건
- ☐ 반드시 일어나는 사건

❻ 주사위 눈의 곱이 25인 경우
- ☐ 불가능한 사건
- ☐ 가능한 사건
- ☐ 반드시 일어나는 사건

❼ 주사위 눈을 나누면 몫이 10인 경우
- ☐ 불가능한 사건
- ☐ 가능한 사건
- ☐ 반드시 일어나는 사건

❽ 주사위 눈의 차가 1 이상인 경우
- ☐ 불가능한 사건
- ☐ 가능한 사건
- ☐ 반드시 일어나는 사건

14. 아래 글을 읽고 질문에 답해 보세요.

스티나(S), 줄스(J), 카리(K), 엘비라(E), 펄(P)이 영화표 2장을 놓고 추첨을 했어요.

❶ 영화표를 받을 두 사람의 경우의 수를 모두 써 보세요.

____

❷ 카리가 영화관에 갈 수 있는 경우의 수를 모두 써 보세요. ______________

❸ 카리가 영화관에 갈 확률은 얼마일까요? ______________

15. 아래 글을 읽고 질문에 답해 보세요.

리사, 레아, 미니, 타라가 체험 학습을 갔어요. 이들은 같은 방에 배정되었는데 서랍장에 서랍이 4개 있어서 서랍 1개를 1명씩 쓸 수 있어요.

❶ 서랍을 아이들에게 배정하는 방법은 모두 몇 가지일까요?

____

❷ 리사와 레아가 가운데 서랍을 쓰도록 배정하는 방법은 몇 가지일까요?

____

16. 아래 글을 읽고 질문에 답해 보세요.

알파벳 A, B, C, D를 무작위로 뽑았어요.

❶ 알파벳을 배열하는 방법은 모두 몇 가지일까요?

____

❷ 알파벳 C가 A 앞에 오도록 배열하는 방법은 몇 가지일까요?

____

한 번 더 연습해요!

1. 제니카가 주사위를 한 번 굴렸어요.

❶ 나온 주사위 눈이 3일 확률은 얼마일까요? ______________

❷ 나온 주사위 눈이 2, 3 또는 4일 확률은 얼마일까요? ______________

❸ 나온 주사위 눈이 10일 확률은 얼마일까요? ______________

2. x값을 구해 보세요.

$39 - x = 21$

$x =$ ______________

$x \times 14 = 70$

$x =$ ______________

$300 \div x = 5$

$x =$ ______________

실력을 평가해 봐요!

____월 ____일 ____요일

1. 도형 1개를 무작위로 선택했을 때 확률을 분수로 나타내 보세요.

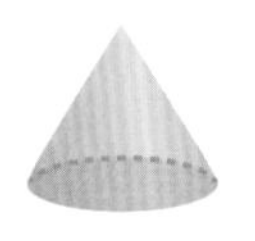  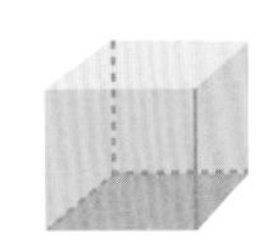  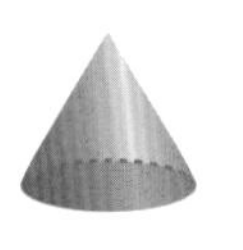   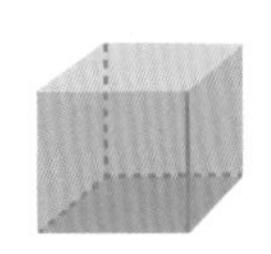

❶ 선택한 도형이 구일 확률

____

❷ 선택한 도형이 빨간색일 확률

____

❸ 선택한 도형이 뿔이나 정육면체일 확률

____

2. 오토에게 셔츠 5벌, 바지 3벌, 신발 2켤레가 있어요. 오토가 만들 수 있는 옷의 조합은 모두 몇 가지일까요?

____

3. 아래 글을 읽고 알맞은 식을 세워 답을 구해 보세요.

❶ 학생 3명이 줄을 서는 방법은 모두 몇 가지일까요?

____

❷ 탑승자 4명이 줄을 서는 방법은 모두 몇 가지일까요?

____

❸ 경기 참가자 5명이 줄을 서는 방법은 모두 몇 가지일까요?

____

4. 앤톤은 다트판에 다트를 던졌어요. 확률을 분수와 %로 나타내 보세요.

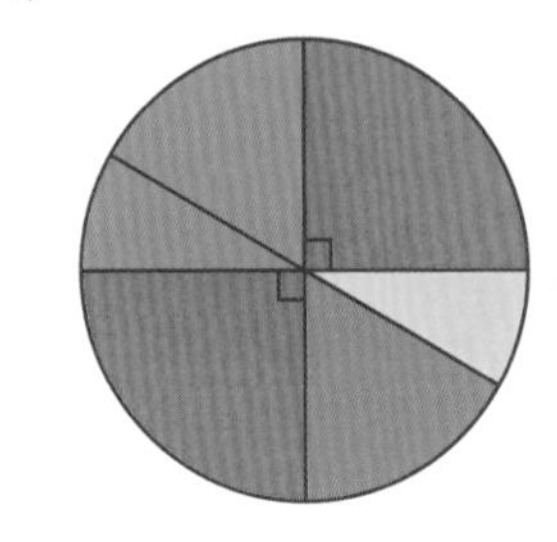

❶ 다트가 빨간색 부분에 꽂힐 확률은 얼마일까요?

____

❷ 다트가 파란색 부분에 꽂힐 확률은 얼마일까요?

____

5. 오른손 한 손가락에 반지를 끼었을 때 확률을 %로 나타내 보세요.

❶ 반지 낀 손가락이 검지일 확률은 얼마일까요?

____

❷ 반지 낀 손가락이 검지나 중지일 확률은 얼마일까요?

____

6. x값을 구해 보세요.

$x + 31 = 79$	$x + 33 = 90$	$x - 31 = 52$	$70 - x = 29$
$x =$ ______	$x =$ ______	$x =$ ______	$x =$ ______
$8 \times x = 160$	$x \times 119 = 119$	$x \div 20 = 7$	$54 \div x = 9$
$x =$ ______	$x =$ ______	$x =$ ______	$x =$ ______

7. 방정식을 세워 x값을 구해 보세요.

❶ 61을 x에 더하면 77이에요.

____

$x =$ ______

❷ x를 9로 나누면 11이에요.

____

$x =$ ______

8. 아래 부등식을 만족하는 정수는 무엇일까요? 수직선을 이용해도 좋아요.

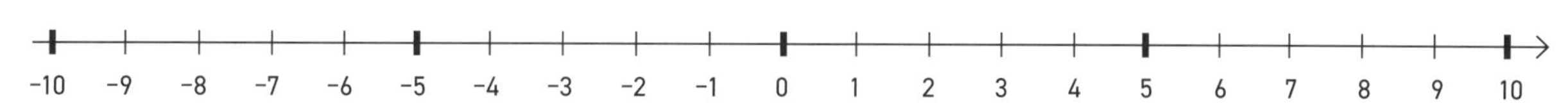

$x < 7$	$x > -2$	$x < -8$
______	______	______
$-2 < x < 3$	$-10 < x < -8$	$-3 < x < 0$
______	______	______

9. 조건에 맞는 부등식을 만들어 보세요.

$x = -1, 0, 1, \ldots$	$x = 2, 1, 0, \ldots$	$x = 0, 1, 2, \ldots$
______	______	______

실력이 자란 만큼 별을 색칠하세요.

 정말 잘했어요.

 꽤 잘했어요.

 앞으로 더 노력할게요.

단원 종합 문제

____월 ____일 ____요일

1. 도형 1개를 무작위로 선택했을 때 확률을 분수로 나타내 보세요.

     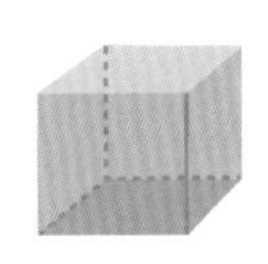

❶ 선택한 도형이 뿔일 확률 ________

❷ 선택한 도형이 빨간색일 확률 ________

❸ 선택한 도형이 파란색이거나 구일 확률 ________

2. 저드가 아이스크림 1개와 소스 1개를 골랐어요. 아이스크림은 딸기 맛, 초콜릿 맛, 바닐라 맛이 있고, 소스는 감초 맛과 퍼지 맛이 있어요. 저드가 선택할 수 있는 아이스크림과 소스의 조합은 몇 가지일까요?

____

3. 아래 글을 읽고 질문에 답해 보세요.

❶ 책 3권을 배열하는 방법은 몇 가지일까요? ________

❷ 네 자리 수 비밀번호를 배열하는 방법은 몇 가지일까요? ________

❸ 입장권 2장을 배열하는 방법은 몇 가지일까요? ________

4. 당첨 칸이 1개 있을 때 확률을 분수와 %로 나타내 보세요.

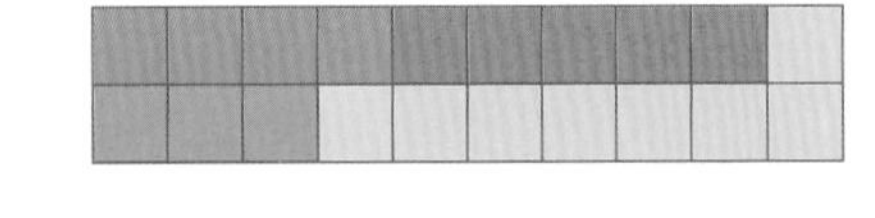

❶ 당첨 칸이 빨간색일 확률 ________

❷ 당첨 칸이 파란색일 확률 ________

❸ 당첨 칸이 주황색일 확률 ________

❹ 당첨 칸이 노란색일 확률 ________

5. x값을 구해 보세요.

$x + 42 = 76$ $x =$ ________

$62 + x = 90$ $x =$ ________

$x - 12 = 90$ $x =$ ________

$50 - x = 18$ $x =$ ________

6. 도형 1개를 무작위로 선택했을 때 확률을 %로 나타내 보세요.

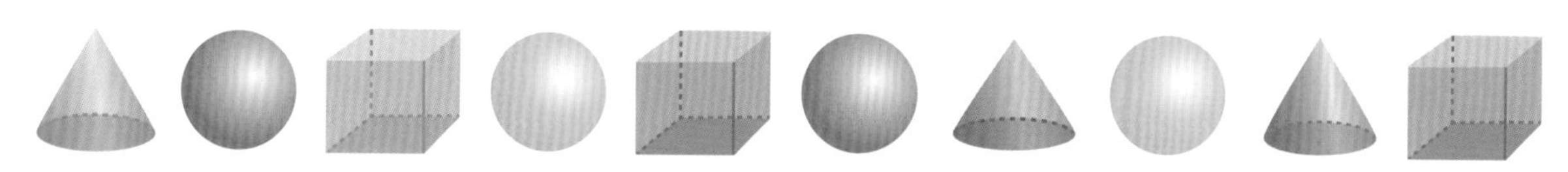

❶ 선택한 도형이 빨간색 구일 확률

❷ 선택한 도형이 뿔이 아닐 확률

❸ 선택한 도형이 뿔이거나 보라색 정육면체일 확률

7. 이다는 자전거를 구매하려고 해요. 색깔은 5가지, 모델은 4가지, 기어 세트는 4가지가 있어요. 이다가 선택할 수 있는 자전거는 모두 몇 가지일까요?

8. 아래 글을 읽고 질문에 답해 보세요.

앵거스, 아이슬링, 아이리스, 에이노, 타이라가 줄을 서고 있어요.

❶ 아이슬링이 두 번째에 설 때 5명이 줄을 서는 방법은 모두 몇 가지일까요?

❷ 앵거스가 맨 앞에, 아이리스가 네 번째에 설 때 줄을 서는 방법은 모두 몇 가지일까요?

9. 왓슨은 동전을 3번 던졌어요. 아래와 같은 사건은 불가능한 사건, 가능한 사건, 반드시 일어나는 사건 중에 어느 것일까요?

❶ 뒷면만큼 앞면이 나와요.

❷ 뒷면만 나와요.

❸ 적어도 앞면이 2번 또는 뒷면이 2번 나와요.

10. x값을 구해 보세요.

$x + 21 = 177$ 　 x = ______

$13 + x = 80$ 　 x = ______

$x \times 12 = 96$ 　 x = ______

$500 \div x = 125$ 　 x = ______

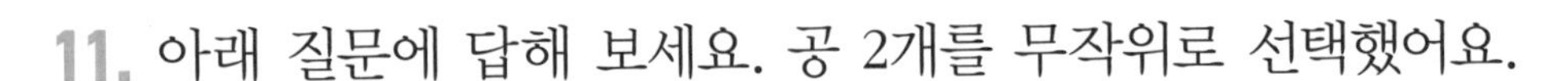

11. 아래 질문에 답해 보세요. 공 2개를 무작위로 선택했어요.

❶ 선택한 공 2개가 빨간색(R), 파란색(B), 노란색(Y), 보라색(P) 중 무슨 색일지 가능한 경우의 수를 모두 써 보세요.

____

❷ 선택한 공이 파란색과 보라색일 확률은 얼마일까요?

____

❸ 공 1개가 노란색일 확률은 얼마일까요?

____

12. x값을 구해 보세요.

$x - 43 = 749$	$x + 62 + x = 90$	$x - 12 = 90 - 38$	$50 \div x = 4$
x = ______	x = ______	x = ______	x = ______

13. 아래 부등식을 만족하는 정수는 무엇일까요?

$x < -112$	$x > -57$	$-28 < x < -25$
______	______	______

14. 조건에 맞는 부등식을 만들어 보세요.

$x = -10, -9, -8, \ldots$	$x = 0, 1, 2$	$x = -22$
______	______	______

15. 서로 다른 숫자로 이루어진 두 자리 정수는 몇 개가 있을 수 있는지 경우의 수를 구해 보세요.

____

16. 길이가 6m인 나무판을 아무 곳에서 2부분으로 잘라 나누었어요. 짧은 쪽의 길이가 2m보다 작을 확률을 구해 분수로 나타내 보세요.

____

단원 정리

___ 월 ___ 일 ___ 요일

★ 확률

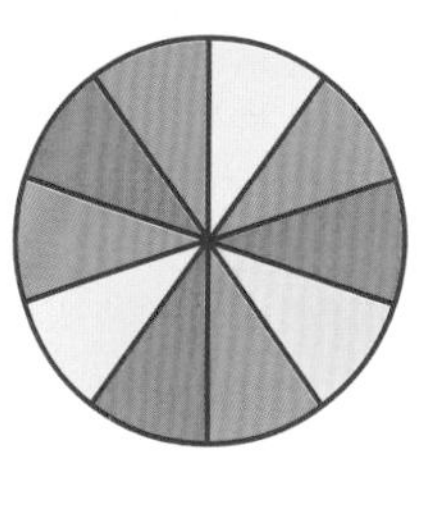
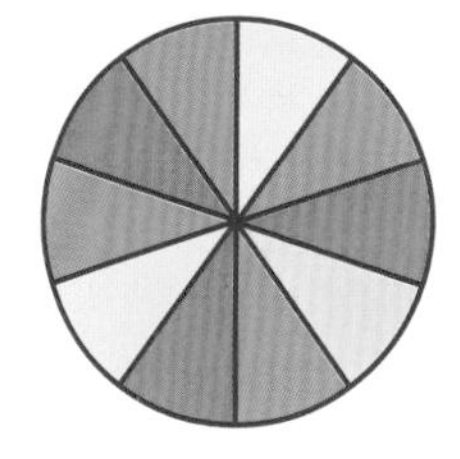

- 확률은 분수나 백분율로 나타내요.

다트판의 각 부분은 크기가 모두 같아요. 앤이 던진 다트가 빨간색 부분에 꽂힐 확률을 계산해 보세요.

[10] $\frac{3}{10} = \frac{30}{100} = 30\%$

정답 : 30%

$$확률 = \frac{문제의\ 사건이\ 일어나는\ 경우의\ 수}{일어나는\ 모든\ 경우의\ 수}$$

- 불가능한 사건의 확률은 0이에요.
- 반드시 일어나는 사건의 확률은 1이에요.
- 불가능하거나 반드시 일어나는 사건이 아니라면 가능한 사건이에요. 그때 확률은 0보다 크고 1보다 작아요.

★ 가능한 조합의 경우의 수

아트는 모자 4개, 티셔츠 3벌, 바지 2벌을 가지고 있어요. 아트가 모자, 티셔츠, 바지를 입는 가능한 조합의 경우의 수는 곱셈(4 x 3 x 2 = 24)을 이용하여 구할 수 있어요.

★ 가능한 순서의 경우의 수

알렉(A), 에씨(E), 올리(O)가 줄을 서요. 세 사람이 줄을 서는 방법은 모두 6가지예요.

AEO AOE EAO EOA OAE OEA

가능한 순서의 경우의 수는 곱셈(3 x 2 x 1 = 6)을 이용하여 구할 수 있어요.

★ 방정식 풀기

덧셈	뺄셈	곱셈	나눗셈
$x + 7 = 12$	$14 - x = 8$	$x \times 6 = 24$	$18 \div x = 6$
$x = 5$	$x = 6$	$x = 4$	$x = 3$
검산 :	검산 :	검산 :	검산 :
$5 + 7 = 12$	$14 - 6 = 8$	$4 \times 6 = 24$	$18 \div 3 = 6$

★ 부등식

- 부등식은 < 또는 >와 같은 부등호를 이용해요.

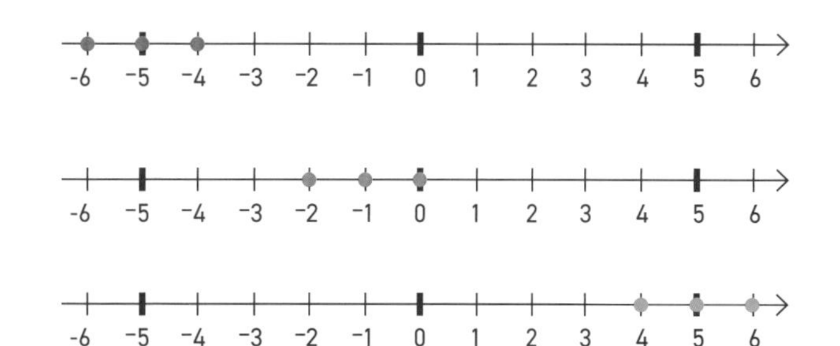

부등식 $x < -3$을 만족하는 정수
$x = -4, -5, -6, ...$이에요.

부등식 $-3 < x < 1$을 만족하는 정수
$x = -2, -1, 0$이에요.

부등식 $x > 3$을 만족하는 정수
$x = 4, 5, 6, ...$이에요.

학습 자가 진단

학습 태도

	그렇지 못해요.	때때로 그래요.	자주 그래요.	항상 그래요.
수업 시간에 적극적이에요.	☐	☐	☐	☐
학습에 집중해요.	☐	☐	☐	☐
친구들과 협동해요.	☐	☐	☐	☐
숙제를 잘해요.	☐	☐	☐	☐

학습 목표

학습하면서 만족스러웠던 부분은 무엇인가요?

어떻게 실력을 향상할 수 있었나요?

____

____

____

학습 성과

	아직 익숙하지 않아요.	연습이 더 필요해요.	괜찮아요.	꽤 잘해요.	정말 잘해요.
• 확률을 분수와 %로 나타낼 수 있어요.	○	○	○	○	○
• 경우의 수를 계산할 수 있어요.	○	○	○	○	○
• 방정식에서 x값을 구할 수 있어요.	○	○	○	○	○
• 부등식에서 x값을 구할 수 있어요.	○	○	○	○	○

이번 단원에서 가장 쉬웠던 부분은 ______________________________예요.

이번 단원에서 가장 어려웠던 부분은 ______________________________예요.

함께 해봐요!

____월 ____일 ____요일

점수 모으기

각 검문소 담당자가 검문소에 온 사람에게 해야 할 임무를 알려 줘요. 검문소 담당자는 리스트에 나온 대로 점수 카드를 가지고 있어요. 놀이 참여자는 검문소를 차례로 한 번씩 거치며 임무를 완성해요. 놀이 참여자는 1점 카드 10장과 5점 카드 2장을 가지고 시작해요.

준비물

점수 카드, 주사위 3개, 동전, 복권, 복권 자루

검문소의 점수 카드:

1점 (10장)
5점 (20장)
10점 (10장)
20점 (10장)
50점 (5장)

<검문소 1> 주사위 2개를 굴려라

- **임무 내용**

방문자에게 주사위 2개를 주세요. 방문자는 주사위를 한 번 굴려요.

- **점수 획득**

주사위의 눈의 합이 7이면 5점
주사위 눈의 합이 12이면 15점
주사위 눈의 합이 2이면 15점

<검문소 2> 주사위와 동전을 던져라

- **임무 내용**

방문자에게 주사위 1개와 동전 1개를 주세요. 방문자는 주사위와 동전을 동시에 던지세요.

- **점수 획득**

동전의 앞면이 나오고 주사위 눈이 짝수이면 2점
동전의 앞면이 나오고 주사위 눈이 5이면 10점

<검문소 3> 수를 추측해라

- **임무 내용**

방문자가 오면 검문소 담당자가 10~29 사이에 수 1개를 종이에 적어서 숨겨요. 방문자가 수를 추측하여 종이에 적어요.

- **점수 획득**

추측한 수가 맞으면 50점
추측한 수가 정답과 1 차이이면 20점
추측한 수가 정답과 2, 3, 4 차이이면 10점

<검문소 4> 복권 자루

- **임무 내용**

검문소 담당자가 복권 30장이 들어 있는 자루를 준비해요. 5점짜리 5장, 10점짜리 10장, 꽝 15장으로 구성되어요. 방문자는 복권 1장당 2점을 지급하고 3장까지 살 수 있어요.

- **점수 획득**

당첨된 복권에 적힌 점수만큼 획득

9 좌표평면

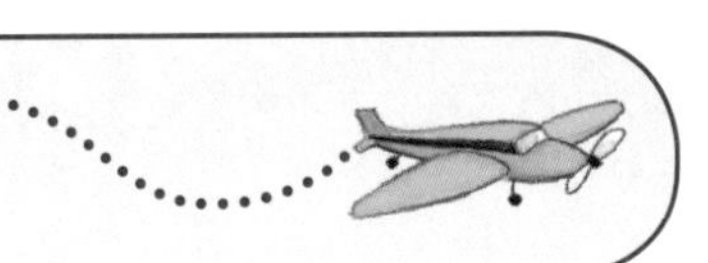

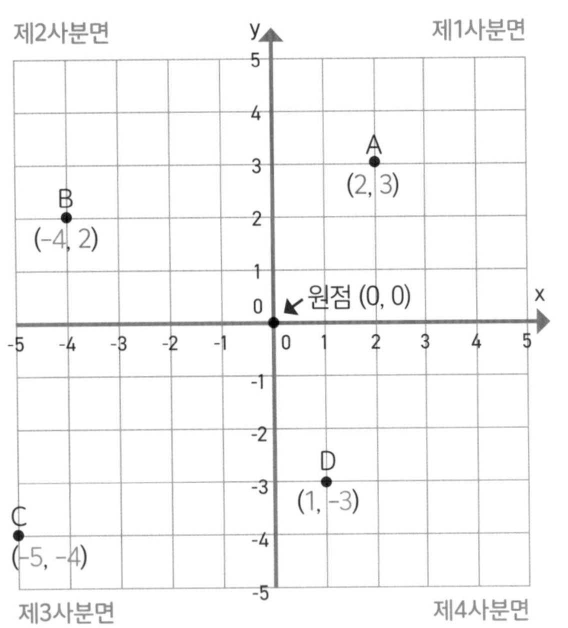

- 좌표평면에는 4개의 사분면이 있어요.
- 점 A의 좌표는 (2, 3)이에요. 이는 x축의 좌표는 2이고, y축의 좌표는 3이라는 뜻이에요.
- 좌표는 양수일 수도 음수일 수도 있어요.
- 점 B의 좌표는 (-4, 2)예요.
- 점 C의 좌표는 (-5, -4)예요.
- 점 D의 좌표는 (1, -3)이에요.

1. 점의 좌표를 써 보세요.

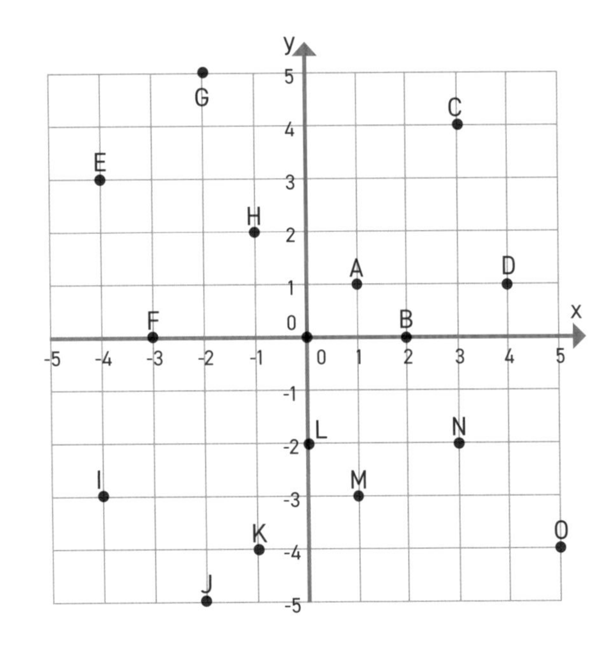

A(____ , ____) I(____ , ____)

B(____ , ____) J(____ , ____)

C(____ , ____) K(____ , ____)

D(____ , ____) L(____ , ____)

E(____ , ____) M(____ , ____)

F(____ , ____) N(____ , ____)

G(____ , ____) O(____ , ____)

H(____ , ____)

2. 좌표평면에 점을 표시해 보세요.

A(5, 3) H(4, 0)

B(−2, 2) I(−5, 0)

C(0, 3) J(−3, −4)

D(1, −4) K(−1, 4)

E(−2, −3) L(1, −2)

F(−5, 1) M(5, −3)

G(1, 5) N(2, 5)

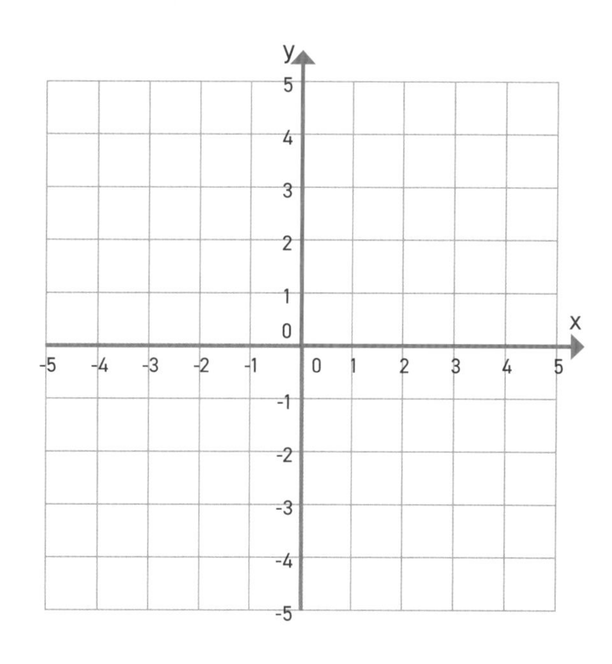

3. 좌표평면에 그려 보세요.

❶ 점 A(-4, -4)와 점 B(2, -5)를 끝점으로 하는 선분

❷ 점 C(2, 5), 점 D(-1, 1), 점 E(5, -2)를 꼭짓점으로 하는 삼각형 CDE

❸ 점 F(1, 5), 점 G(-2, 2), 점 H(-4, -2), 점 I(-5, 5)를 꼭짓점으로 하는 사각형 FGHI

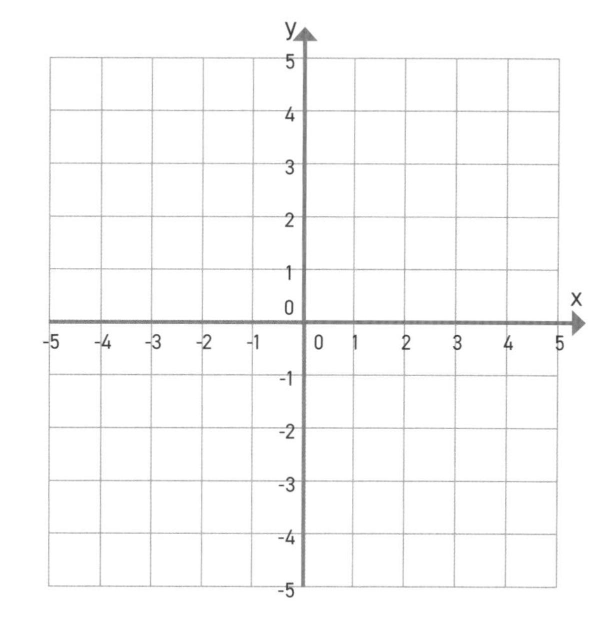

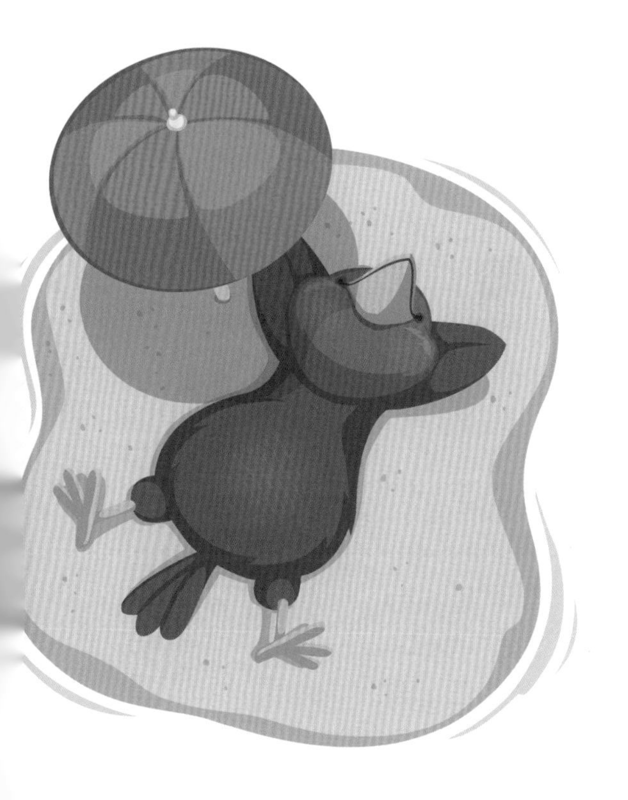

더 생각해 보아요!

x축이나 y축을 따라서만 움직일 수 있고 한 칸의 한 변의 길이는 1m예요. 점 (-4, -3)에서 점 (1, 5)를 거쳐 점 (5, 2)로 움직이려고 해요. 최단 거리는 얼마일까요?

____

4. 좌표에 나온 순서대로 알파벳을 찾아 써 보세요. 알렉의 새 스포츠 장비는 무엇일까요?

(-6, 0) ________

(-5, 6) ________

(2, 8) ________

(3, -1) ________

(1, -2) ________

(6, 5) ________

(0, -6) ________

(-6, -5) ________

(-1, 5) ________

알렉의 새 스포츠 장비는

________________예요.

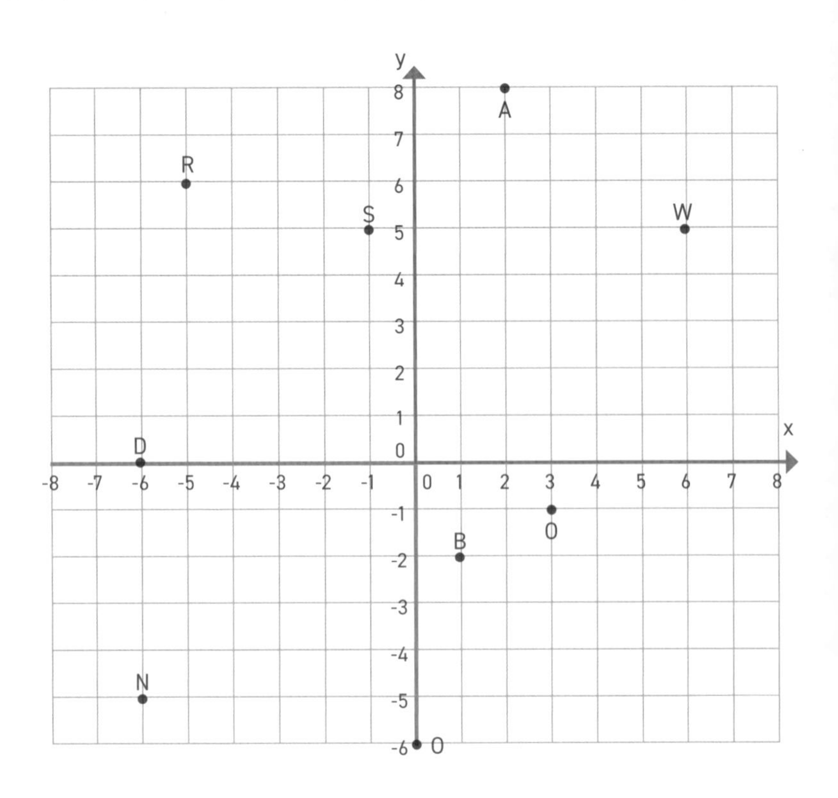

5. 좌표평면에 그려 보세요.

❶ 꼭짓점이 모두 다른 사분면에 있는 평행사변형 ABCD

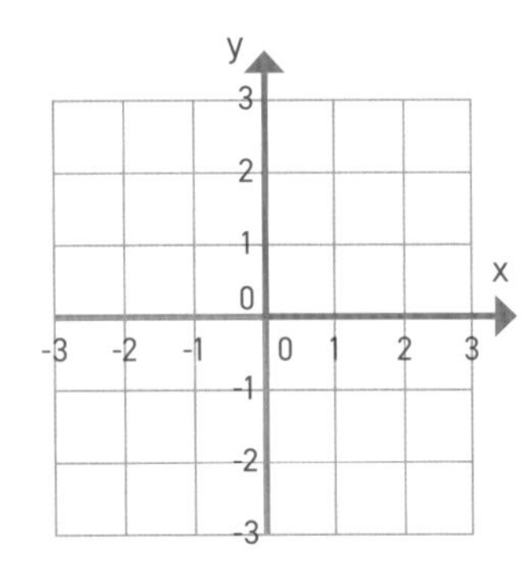

❷ 꼭짓점이 모두 좌표축에 있는 정사각형 EFGH

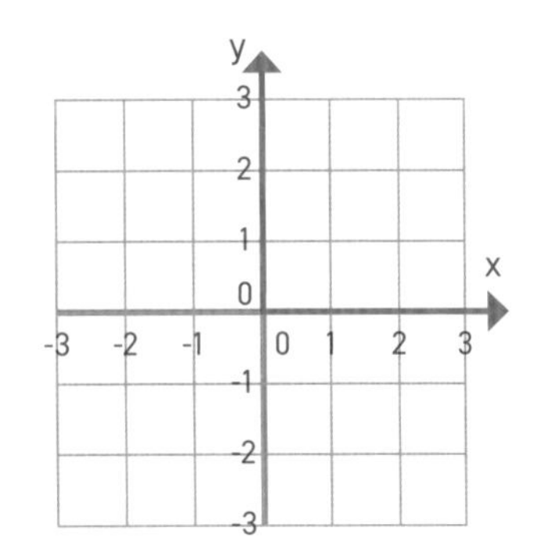

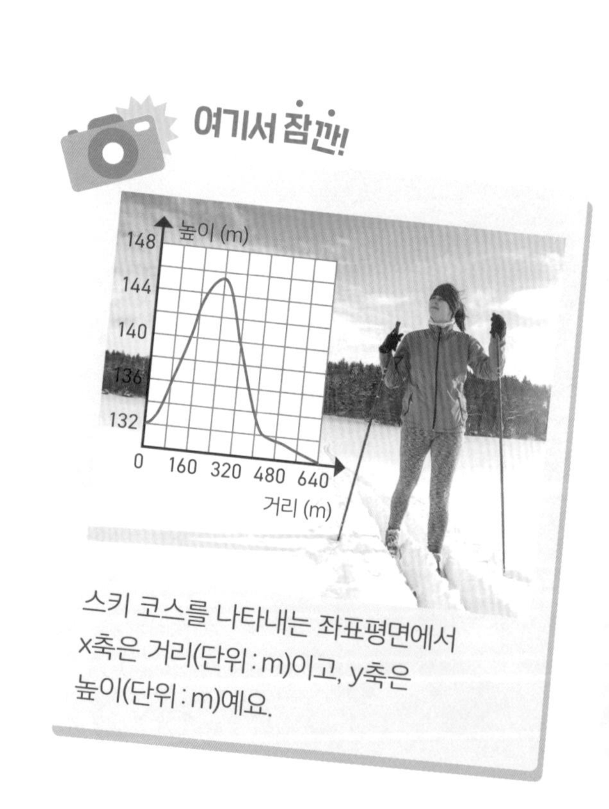

여기서 잠깐!
높이 (m)
148
144
140
136
132
0
160
320
480
640
거리 (m)
스키 코스를 나타내는 좌표평면에서 x축은 거리(단위 : m)이고, y축은 높이(단위 : m)예요.

6. 아래 글을 읽고 답을 구해 보세요.

직사각형의 마주 보는 꼭짓점의 좌표가 (-4, 3)과 (5, -2)예요.
좌표평면에서 한 칸의 변의 길이는 1m예요.

❶ 좌표평면에 직사각형을 그려 보세요.

❷ 직사각형의 둘레를 계산해 보세요.

둘레 = ____________________

____

정답 : ____________________

❸ 직사각형의 넓이를 계산해 보세요.

넓이 = ____________________

정답 : ____________________

7. 점 (8, -5)에서 점 (-16, -5)까지 거리만큼 점 (8, -5)에서 같은 거리에 있는 점 3개의 좌표를 써 보세요.

(___ , ___) (___ , ___) (___ , ___)

한 번 더 연습해요!

1. 점의 좌표를 써 보세요.

A(___ , ___)

B(___ , ___)

C(___ , ___)

D(___ , ___)

E(___ , ___)

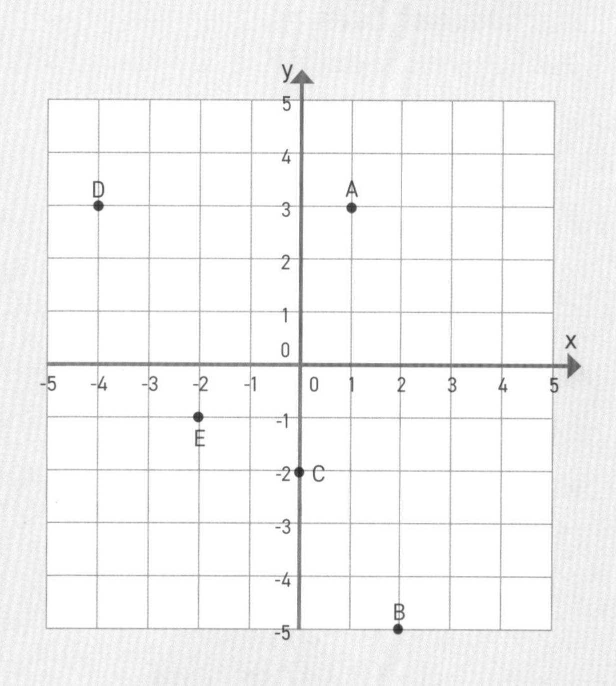

2. 좌표평면에 점을 그려 보세요.

F(−5, −2)

G(3, 4)

H(−3, 0)

I(−5, 3)

J(4, −4)

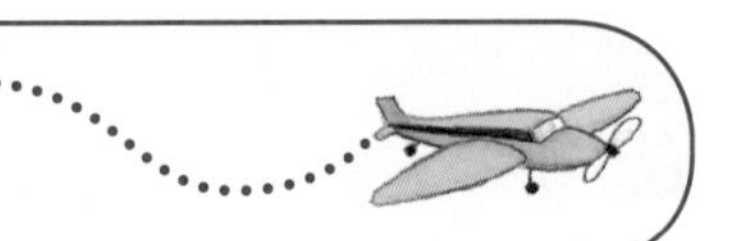

10 밀기와 돌리기

밀기

삼각형 ABC를 아래로 3칸 밀었어요.

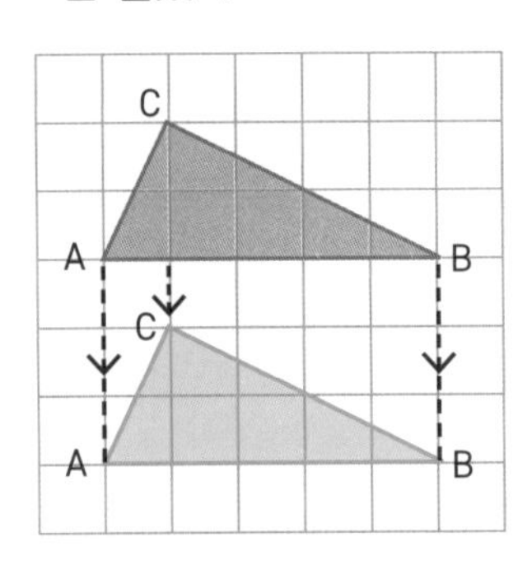

삼각형 ABC를 왼쪽으로 4칸 밀었어요.

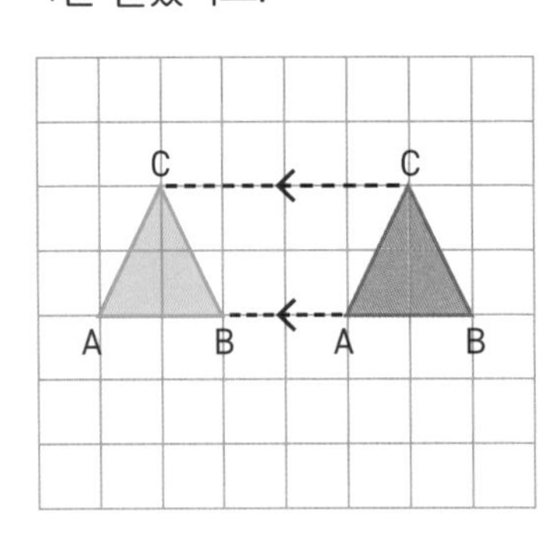

삼각형 ABC를 위로 3칸, 오른쪽으로 6칸 밀었어요.

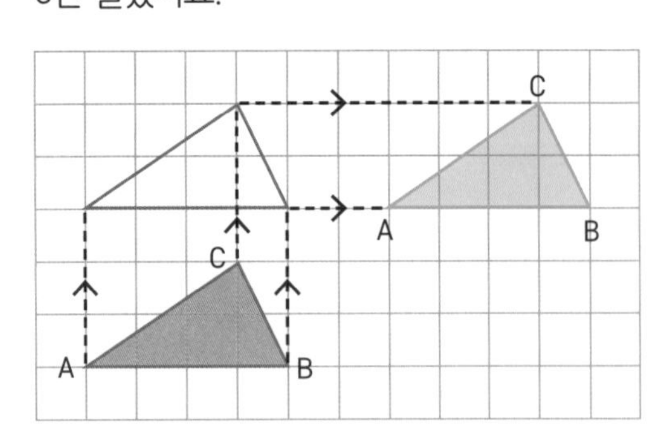

돌리기

직사각형 ABCD를 시계 반대 방향으로 90° 돌렸어요.
점 A는 원래 있던 자리에 있어요.

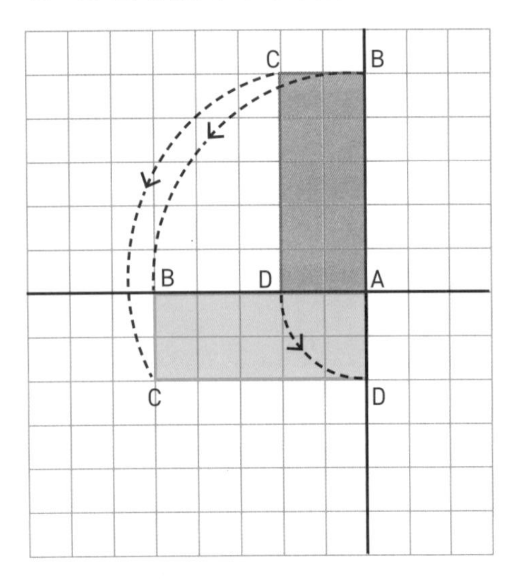

직사각형 ABCD를 시계 방향으로 180° 돌렸어요.
점 A는 원래 있던 자리에 있어요.

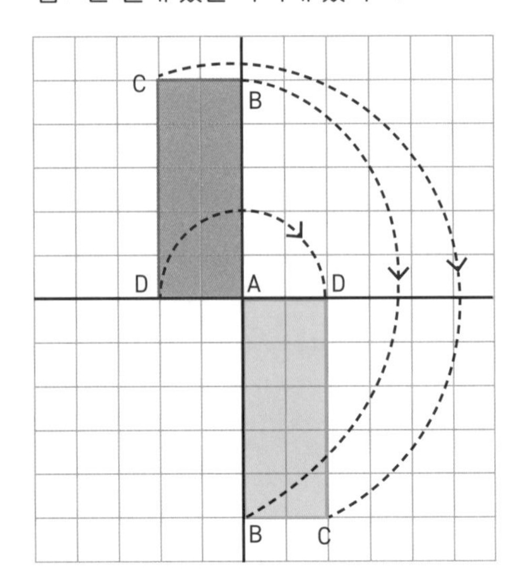

1. 도형을 아래 조건에 맞게 밀었을 때의 도형을 나타내 보세요.

❶ 위로 3칸

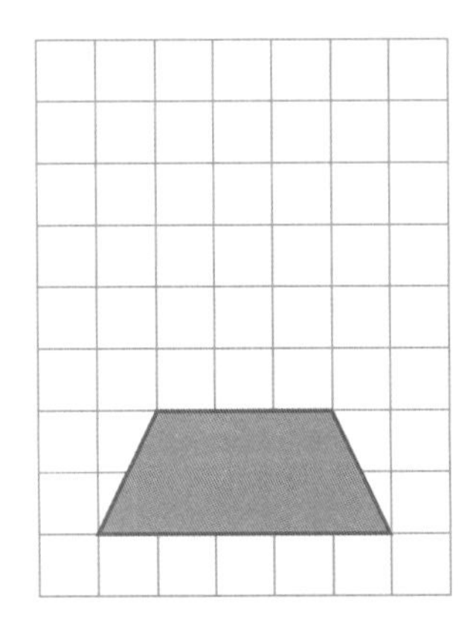

❷ 오른쪽으로 5칸

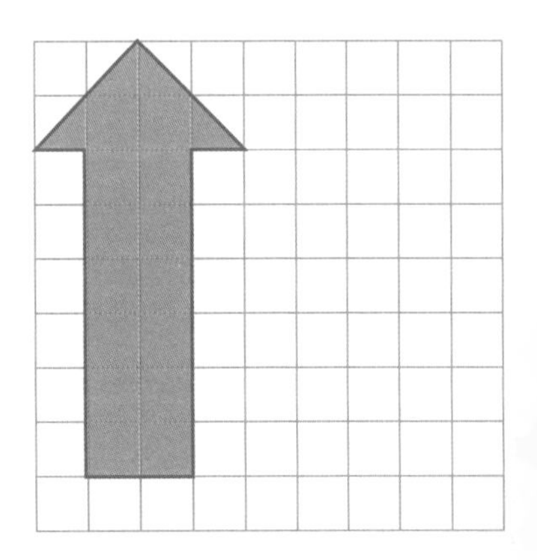

2. 아래 그림을 보고 질문에 답해 보세요.

❶ 화살표를 몇 도 돌렸을까요?

❷ 화살표를 돌린 방향은 시계 방향일까요? 시계 반대 방향일까요?

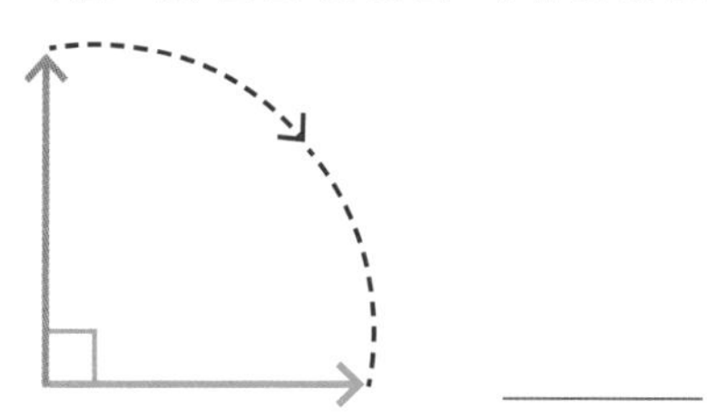

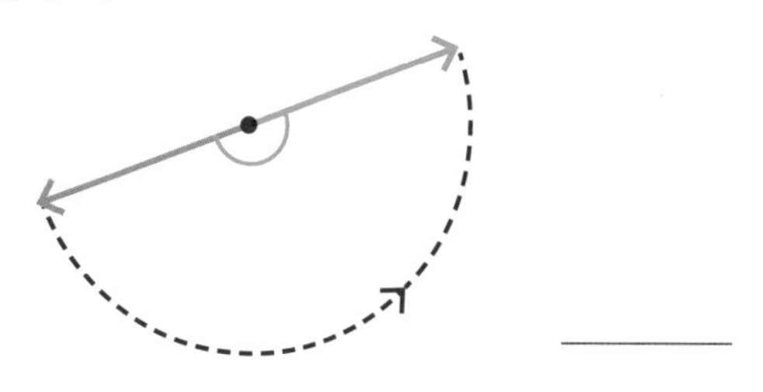

3. 먼저 삼각형을 그린 후, 삼각형의 꼭짓점 좌표를 표시해 보세요.

❶ 삼각형 ABC를 위로 7칸 밀었어요.

A(____ , ____)

B(____ , ____)

C(____ , ____)

❷ 삼각형 DEF를 오른쪽으로 1칸, 아래로 5칸 밀었어요.

D(____ , ____)

E(____ , ____)

F(____ , ____)

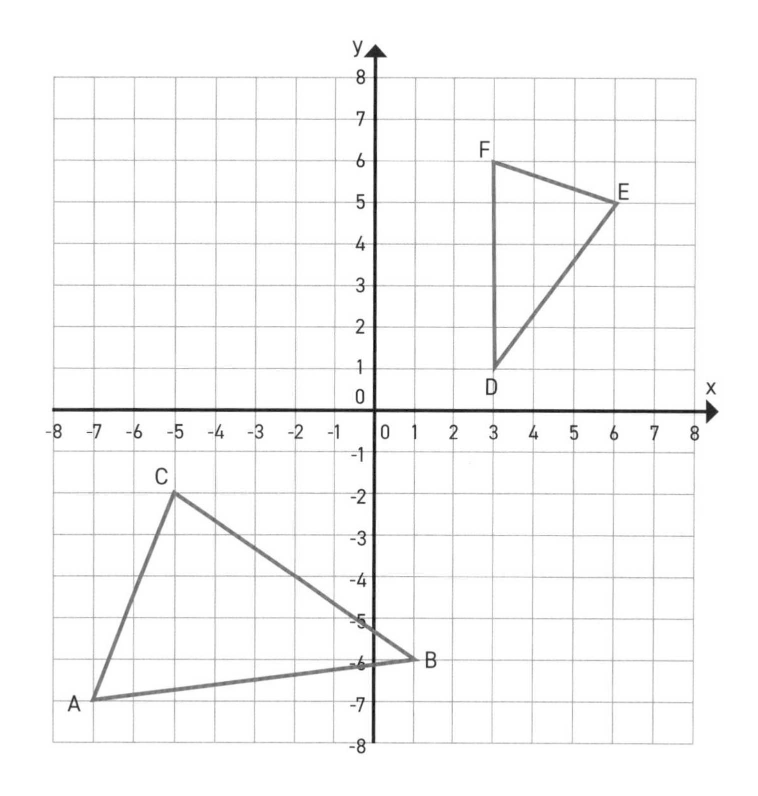

4. 빨간색 도형을 돌린 도형을 찾아 ○표 해 보세요.

더 생각해 보아요!

시계 한 바퀴는 360°이고 현재 14시예요.

❶ 14시 5분이 되면 분침은 몇 도 움직인 걸까요? ________

❷ 14시 20분이 되면 분침은 몇 도 움직인 걸까요? ________

❸ 14시 50분이 되면 분침은 몇 도 움직인 걸까요? ________

5. 회색 삼각형을 어떻게 움직인 것인지 공책에 써 보세요.

❶

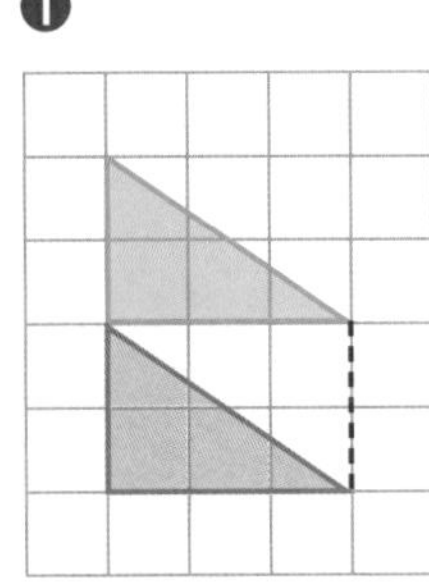

❷

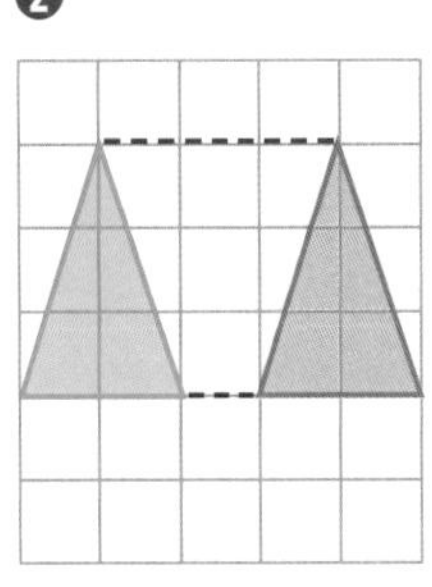

❸

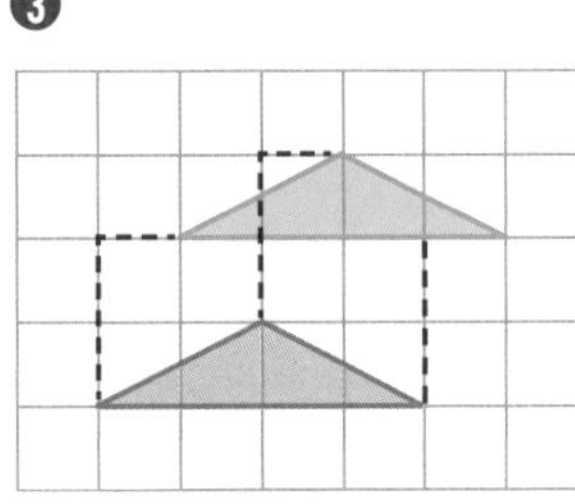

❹

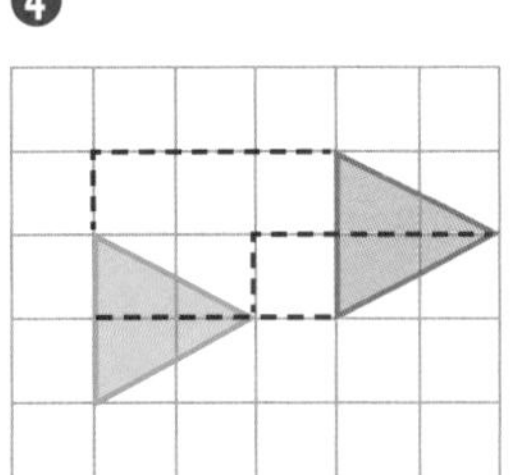

6. 그림을 그려서 아래 질문에 답을 구해 보세요.

빛이 점 (-7, -6)에서 시작하여 오른쪽으로 3칸, 위로 2칸 움직여 계속 나아가요.

❶ 이 빛이 점 (-1, 4), (1, -1), (2, 3)을 꼭짓점으로 하는 삼각형을 지날까요?

____

❷ 이 빛이 점 (-4, -1), (6, 3)을 끝점으로 하는 선분을 지날까요?

____

❸ 이 빛이 점 (0, -1), (6, 1), (4, -2), (-2, -6)을 꼭짓점으로 하는 사각형을 지날까요?

____

❹ 이 빛이 점 (0, 5), (7, 2)에 마주 보는 꼭짓점이 있는 직사각형을 지날까요?

____

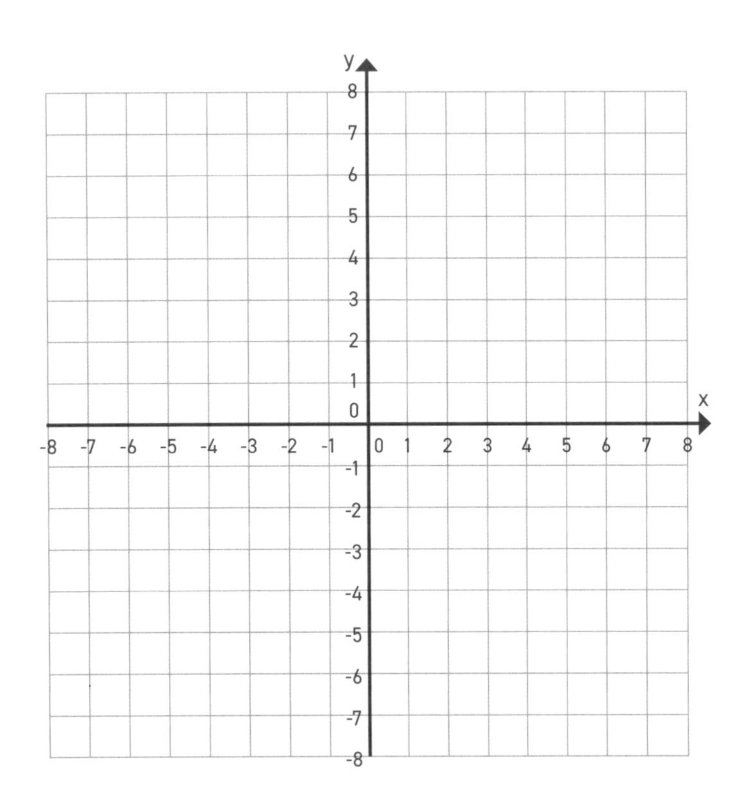

예시〉

빛이 오른쪽으로 6칸, 아래로 1칸 움직였어요.

사진 편집 소프트웨어로 사진을 쉽게 회전할 수 있어요.

7. 〈보기〉를 밀기한 것에 ○표, 돌리기한 것에 X표 해 보세요.

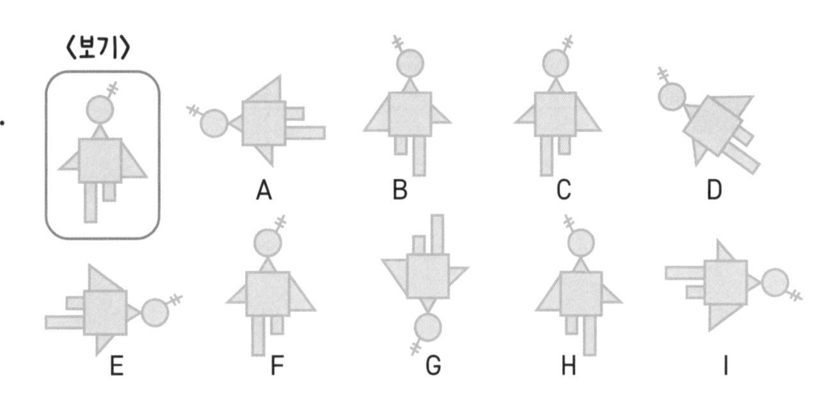

8. 직사각형 ABCD를 좌표평면에 그렸어요. 점 A는 원점에 있고 점 B는 y축에 있어요. 점 C의 좌표는 (-2, 3)이에요. 점 A는 그대로 있고 직사각형을 아래와 같이 돌릴 경우 점들의 좌표를 써 보세요.

❶ 시계 반대 방향으로 90° 돌릴 경우

B(____ , ____)

C(____ , ____)

D(____ , ____)

❷ 시계 방향으로 90° 돌릴 경우

B(____ , ____)

C(____ , ____)

D(____ , ____)

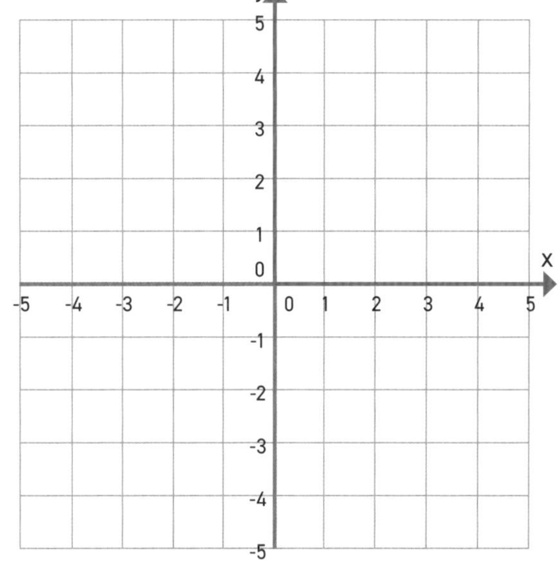

한 번 더 연습해요!

1. 도형을 아래 조건에 맞게 밀었을 때의 도형을 나타내 보세요.

❶ 아래로 3칸

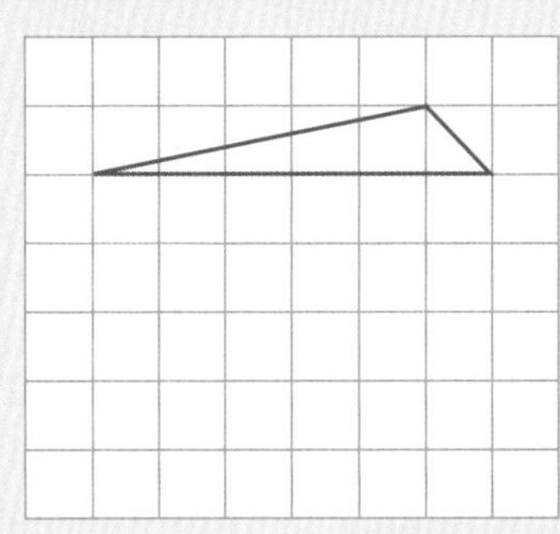

❷ 오른쪽으로 4칸

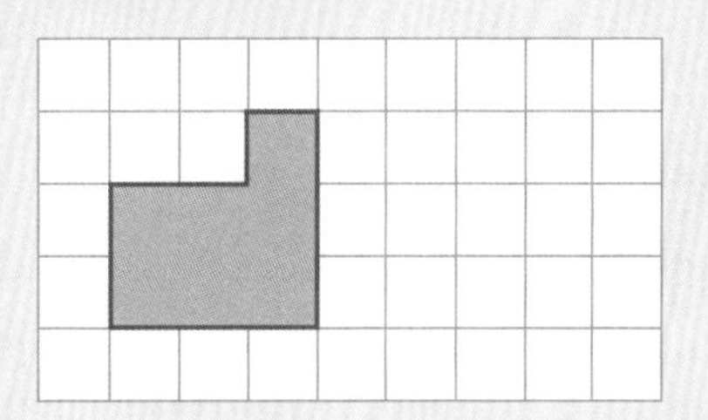

2. 빨간색 도형을 돌린 것을 찾아 ○표 해 보세요.

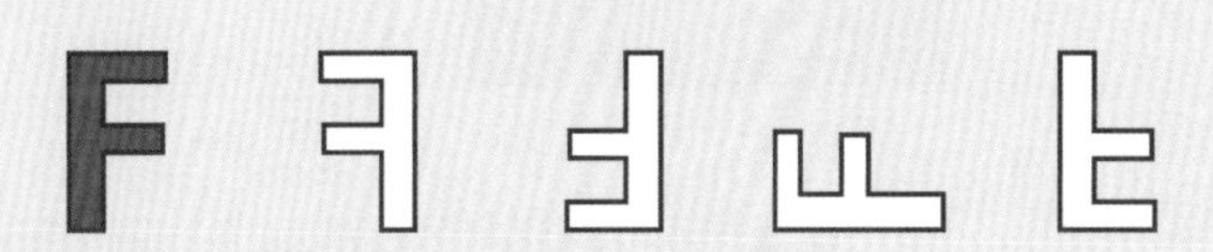

11 다각형의 둘레

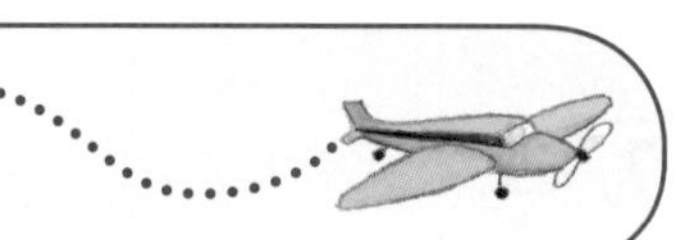

다각형의 변의 길이를 모두 합하여 다각형의 둘레를 계산할 수 있어요.

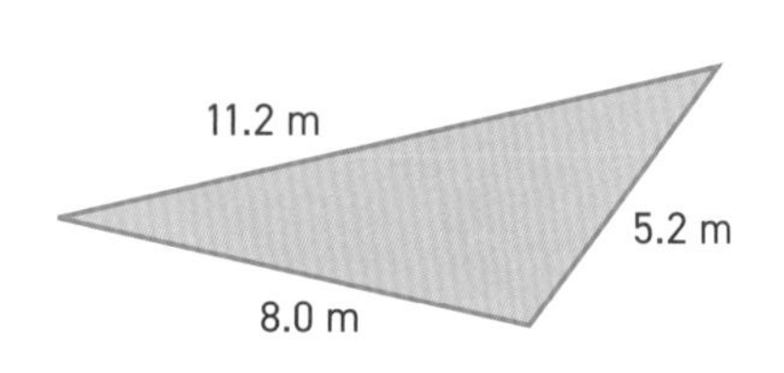

둘레 = 8.0m + 5.2m + 11.2m
= 24.4m

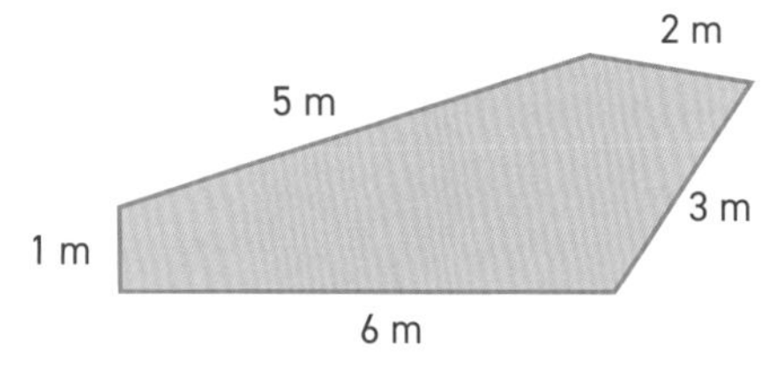

둘레 = 6m + 3m + 2m + 5m + 1m
= 17m

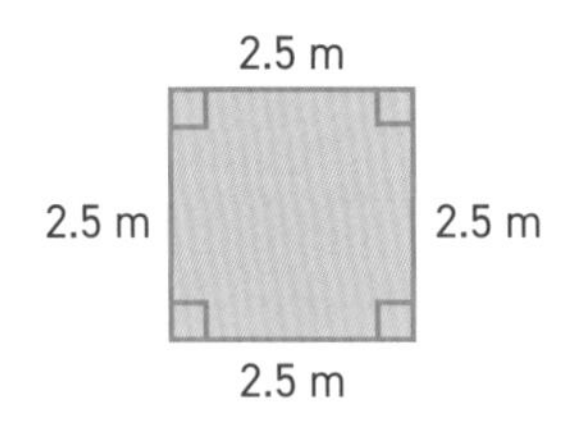

둘레 = 2.5m + 2.5m + 2.5m + 2.5m
= 2.5m × 4
= 10m

1. 알맞은 식을 세워 다각형의 둘레를 계산한 후, 정답을 로봇에서 찾아 ○표 해 보세요.

❶

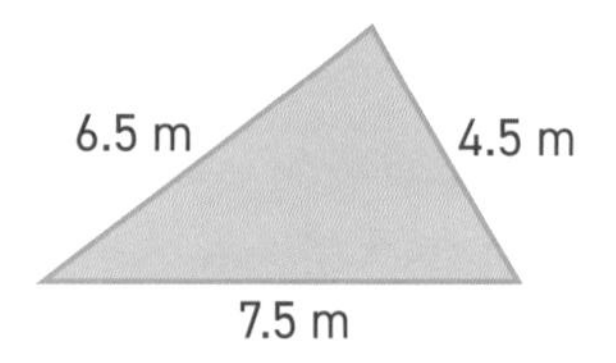

____

____

❷

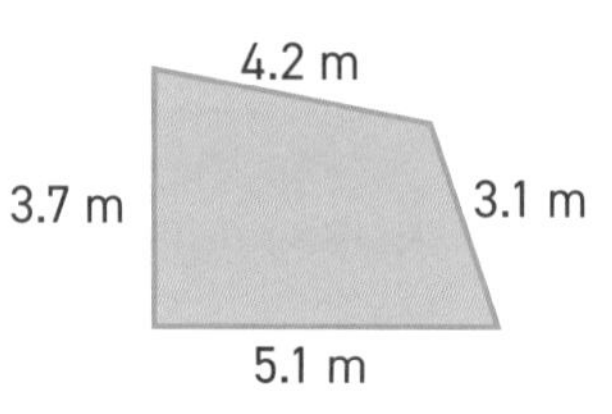

____

____

❸

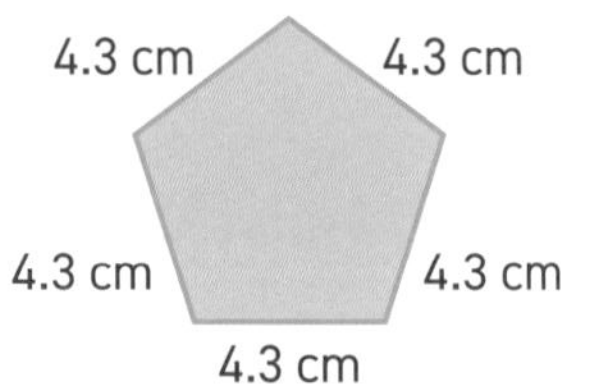

____

____

____

❹

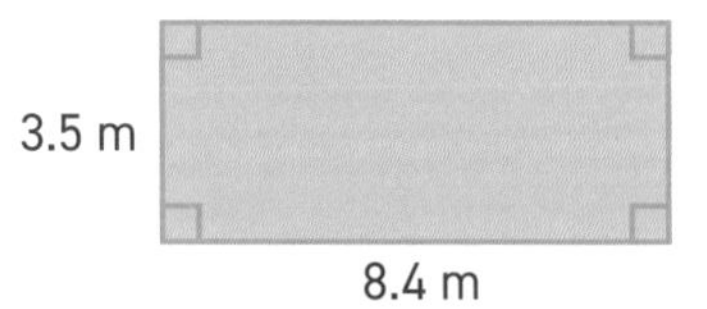

____

____

19.5 cm　21.5 cm　16.1 m　18.5 m　23.8 m　25.4 m

2. 아래 글을 읽고 알맞은 식을 세워 답을 구한 후, 로봇에서 찾아 ○표 해 보세요.

❶ 사각형 모양의 잔디밭이 있어요. 변의 길이가 20m, 22m, 25m, 30m예요. 이 잔디밭의 둘레는 얼마일까요?

정답 :

❷ 삼각형의 변의 길이가 17m, 17m, 27m예요. 이 삼각형의 둘레는 얼마일까요?

정답 :

❸ 분수 바닥이 팔각형이에요. 각 변의 길이는 12m예요. 바닥의 둘레는 얼마일까요?

정답 :

❹ 가로 65m, 세로 80m인 직사각형 모양의 강아지 공원이 있어요. 강아지 공원에 울타리를 두르려면 울타리가 몇 m 필요할까요?

정답 :

❺ 삼각형의 둘레가 19.5cm인데, 한 변은 7.0cm, 다른 변은 7.3cm예요. 세 번째 변의 길이는 얼마일까요?

정답 :

❻ 직사각형의 짧은 변의 길이가 6.5cm이고 둘레는 32cm예요. 직사각형의 긴 변의 길이는 얼마일까요?

정답 :

4.6 cm 5.2 cm 9.5 cm 61 m

96 m 97 m 260 m 290 m

더 생각해 보아요!

세 변이 3cm, 6cm, 10cm인 삼각형은 존재할까요?

3. 둘레가 1km인 도형을 색칠해 보세요.

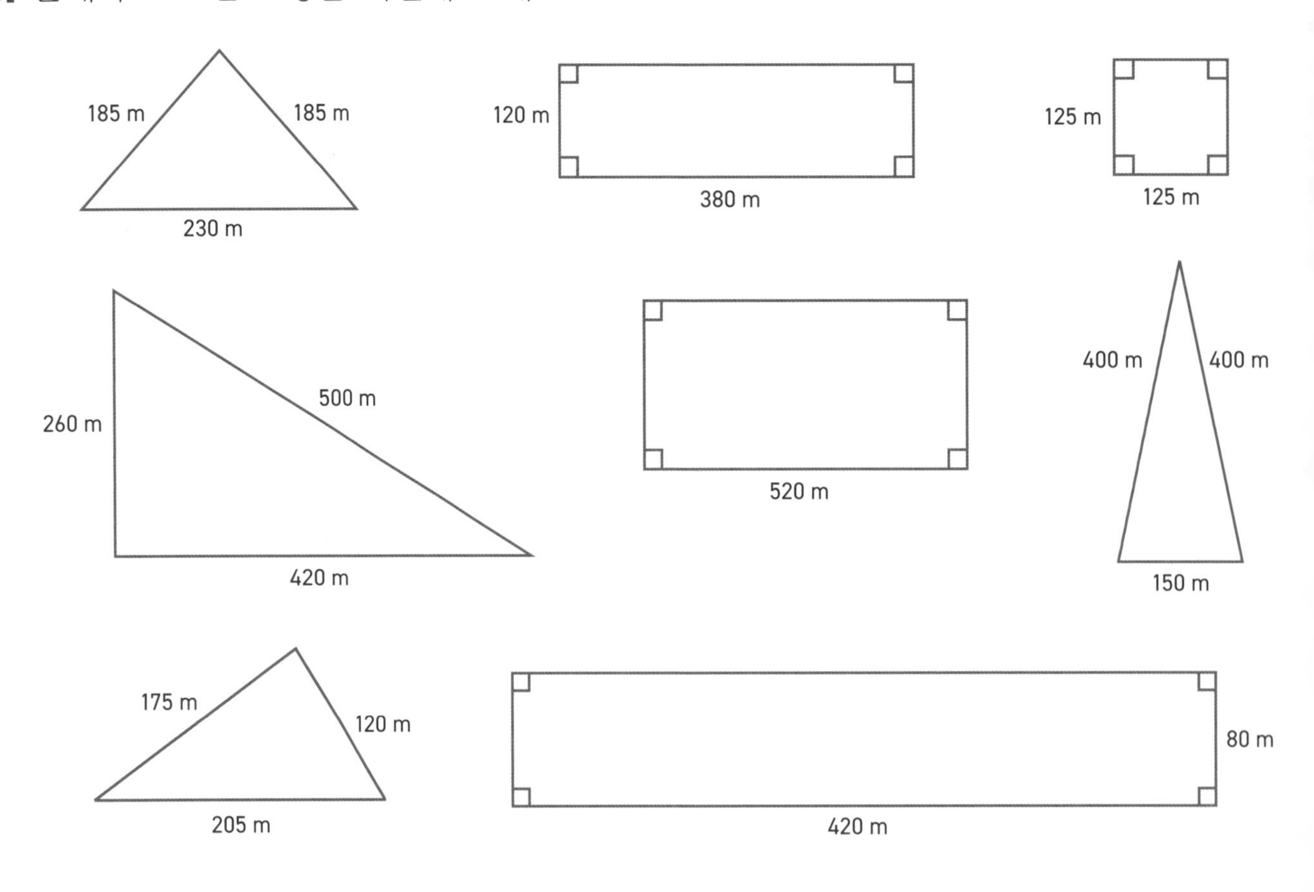

4. 공책에 계산해 보세요. 이 직사각형 모양의 땅은 4구역으로 나뉘어 있어요.

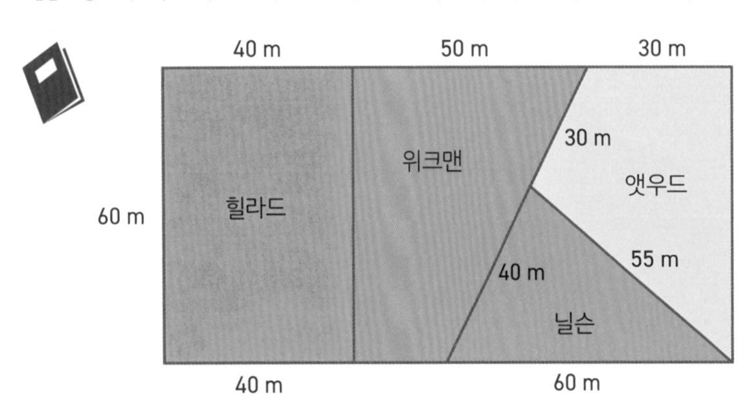

❶ 닐슨 구역의 둘레는 얼마일까요? ________

❷ 힐라드 구역의 둘레는 얼마일까요? ________

❸ 위크맨 구역과 힐라드 구역 중 둘레가 더 긴 구역은 어디일까요? ________

❹ 앳우드 구역의 둘레는 닐슨 구역보다 몇 m 더 길까요? ________

원의 둘레를 지름으로 나누면 답이 파이(=3.1415926...)로 늘 일정하게 나와요. **2 x π x 원의 반지름** 공식을 이용하여 원의 둘레를 계산해요.

5. 공책에 답을 구해 보세요.

❶ 그림의 삼각형을 이용하여 둘레가 가장 긴 사각형을 만들어 보세요.

❷ 그림의 삼각형을 이용하여 둘레가 가장 긴 오각형을 만들어 보세요.

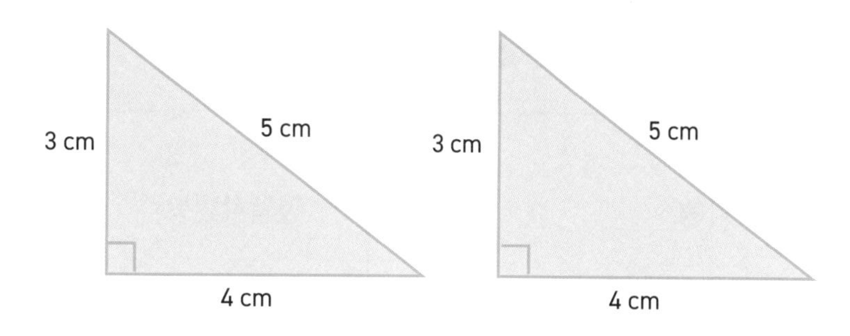

6. 아래 글을 읽고 빈칸에 참 또는 거짓을 써넣어 보세요.

❶ 삼각형의 둘레가 18cm이면 삼각형의 세 변의 길이는 항상 같아요. ________

❷ 삼각형을 2개의 삼각형으로 나누었어요. 큰 삼각형의 둘레는 작은 삼각형 2개의 둘레를 합한 것과 같아요. ________

❸ 삼각형의 변의 길이가 두 배가 되면 삼각형의 둘레도 두 배가 돼요. ________

❹ 변의 길이가 2cm, 3cm, 5cm, 5cm인 사각형이 존재해요. ________

한 번 더 연습해요!

1. 알맞은 식을 세워 다각형의 둘레를 계산해 보세요.

❶

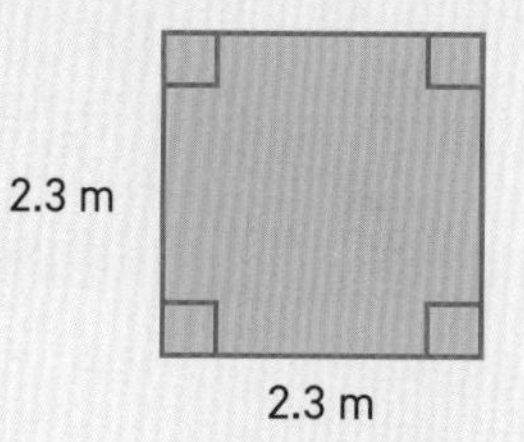

____

____

❷

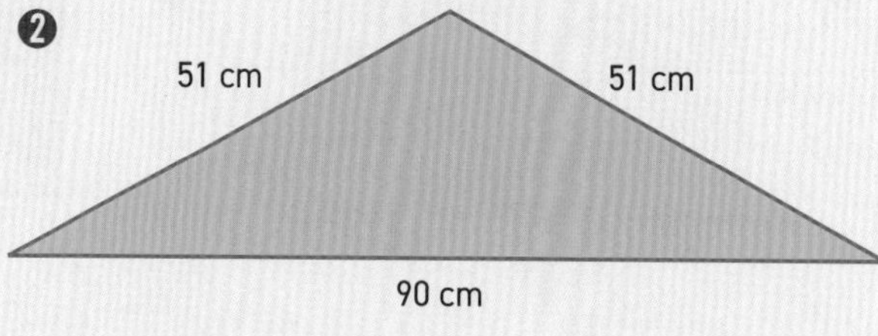

____

____

2. 아래 글을 읽고 알맞은 식을 세워 답을 구해 보세요.

❶ 직사각형의 세로가 8.5cm, 가로가 3.2cm예요. 이 직사각형의 둘레는 얼마일까요?

____

____

정답 : ________________

❷ 육각형의 세 변의 길이가 각각 4.3m예요. 나머지 세 변의 길이는 각각 2.5m라면 이 육각형의 둘레는 얼마일까요?

____

____

정답 : ________________

12 다각형의 넓이

직사각형

넓이 = 가로 길이 x 세로 길이

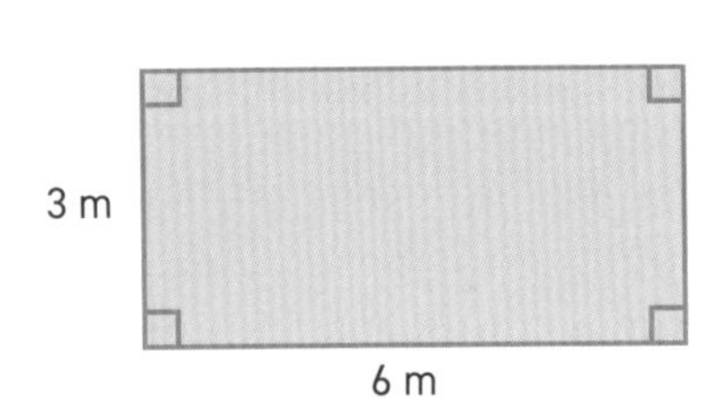

넓이 = 6m × 3m = $18m^2$

평행사변형

넓이 = 밑변 x 높이

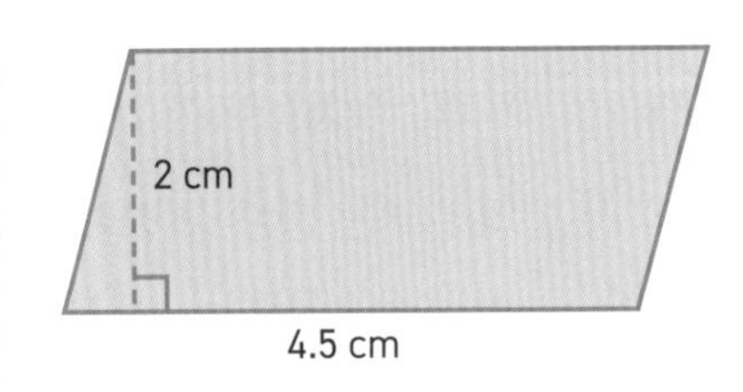

넓이 = 4.5cm × 2cm = $9cm^2$

삼각형

넓이 = $\frac{밑변 \times 높이}{2}$

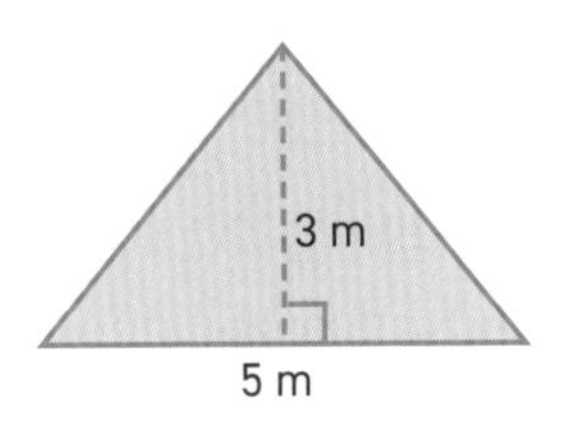

넓이 = $\frac{5m \times 3m}{2} = \frac{15m^2}{2}$

= $7.5m^2$

1. 알맞은 식을 세워 아래 도형의 넓이를 계산한 후, 정답을 로봇에서 찾아 ○표 해 보세요.

❶
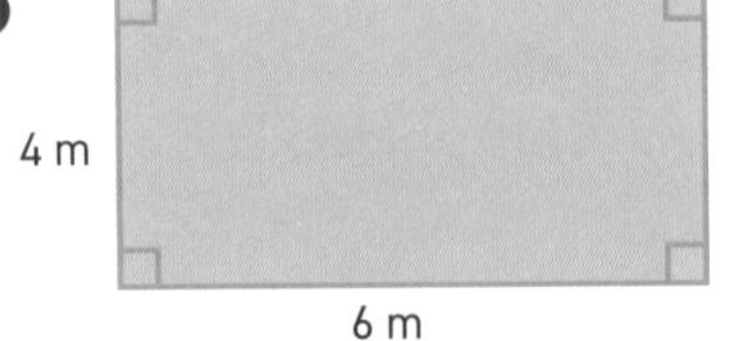

❷
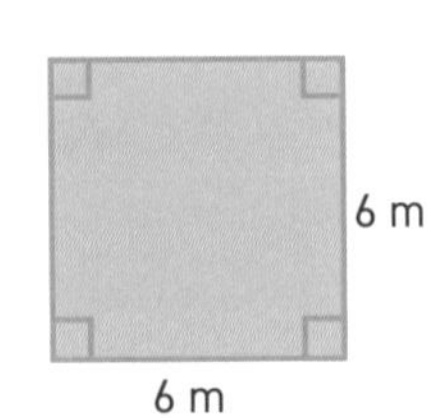

❸
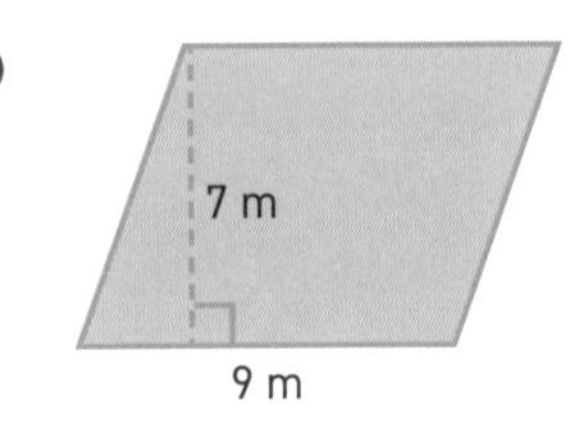

❹
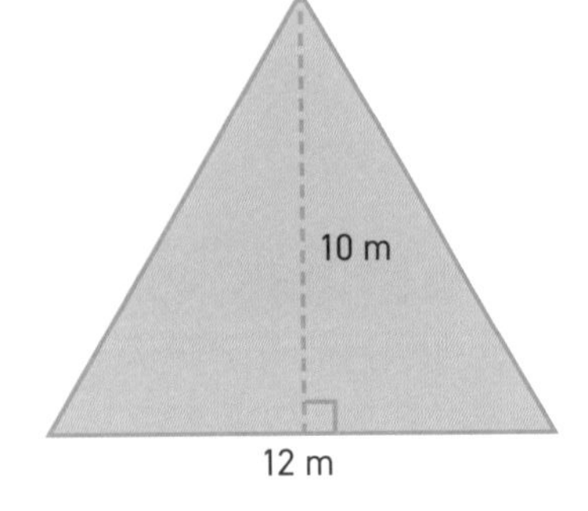

❺
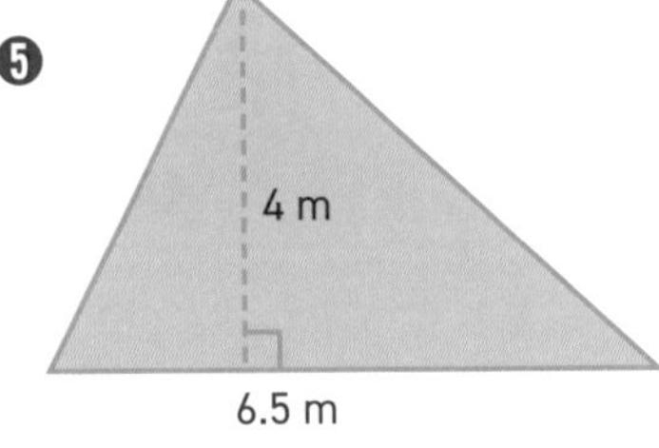

❻
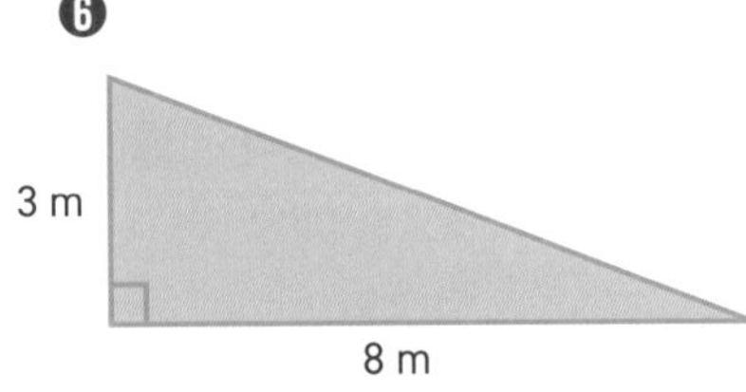

$12\ m^2$ $13\ m^2$ $24\ m^2$ $28\ m^2$ $36\ m^2$ $50\ m^2$ $60\ m^2$ $63\ m^2$

2. 알맞은 식을 세워 도형의 넓이를 계산한 후, 정답을 로봇에서 찾아 ○표 해 보세요.

❶ 삼각형의 밑변이 30cm, 높이가 6cm예요.
이 삼각형의 넓이는 얼마일까요?

정답 :

❷ 삼각형의 밑변이 60cm, 높이가 50cm예요.
이 삼각형의 넓이는 얼마일까요?

정답 :

❸ 평행사변형의 모든 변의 길이가 7cm이고 높이는 6cm예요. 이 평행사변형의 넓이는 얼마일까요?

정답 :

❹ 정사각형의 둘레가 28cm예요. 이 정사각형의 넓이는 얼마일까요?

정답 :

3. 초록색 도형의 넓이를 공책에 계산한 후, 정답을 로봇에서 찾아 ○표 해 보세요.

❶

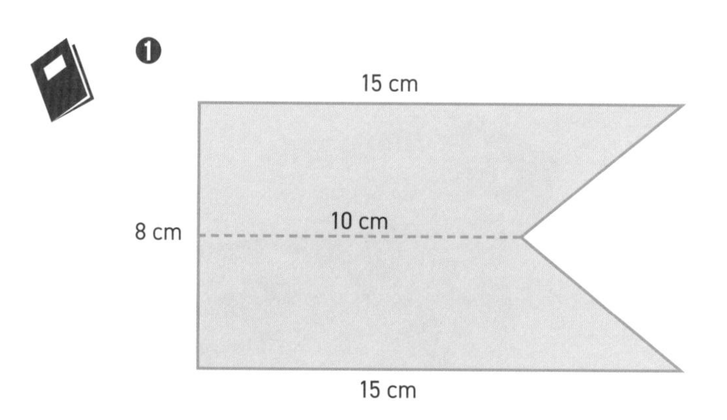

❷

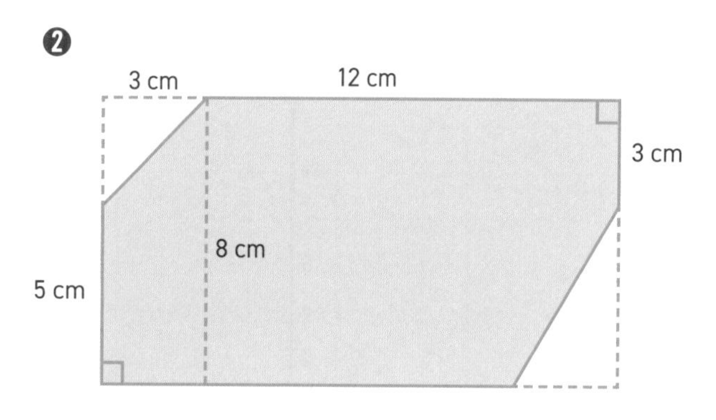

42 cm² 49 cm² 64 cm² 82.5 cm²

90 cm² 100 cm² 108 cm² 1500 cm²

더 생각해 보아요!

직각삼각형의 넓이가 직사각형의 넓이보다 2배 커요. 두 도형의 높이가 같고 직사각형의 가로가 9cm라면 삼각형의 밑변은 얼마일까요?

4. 색칠한 부분의 넓이를 공책에 계산해 보세요.

❶
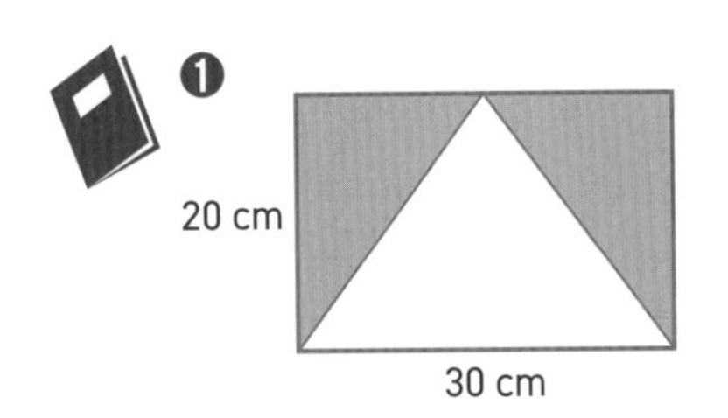

❷
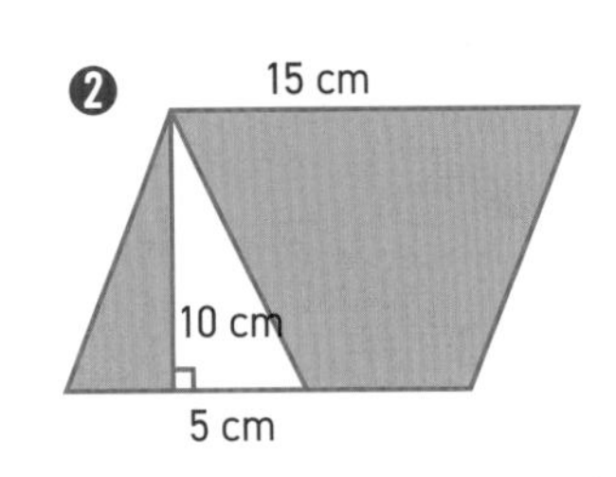

❸
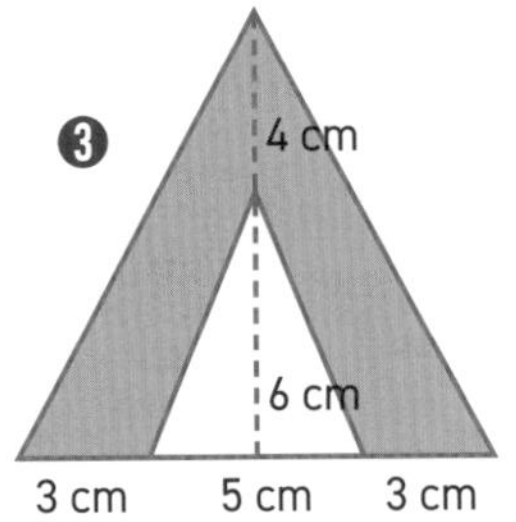

❹
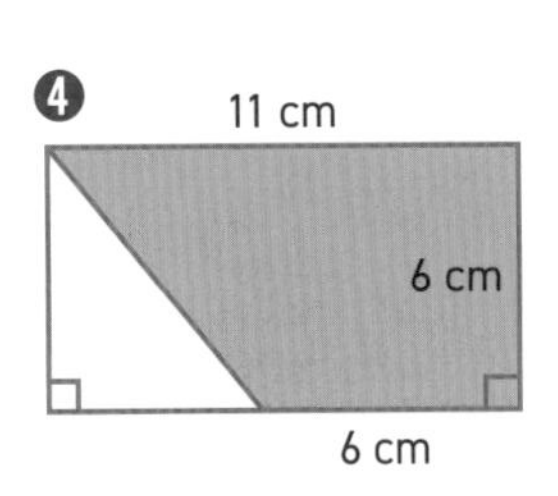

5. 아래 좌표평면에 그려서 답을 구해 보세요.

❶ 점 (1, 2), (1, -3), (6, -3)을 꼭짓점으로 하는 삼각형을 좌표평면에 그려 보세요.

❷ 점 (-2, 1), (-5, 1), (-5, 7), (-2, 7)을 꼭짓점으로 하는 직사각형을 좌표평면에 그려 보세요.

❸ 그린 직사각형을 오른쪽으로 7칸, 아래로 5칸 이동하여 그려 보세요.

❹ 이동한 직사각형과 삼각형이 겹친 부분이 몇 칸인지 계산해 보세요.

____

❺ 이동한 직사각형과 겹치지 않은 삼각형은 몇 칸인지 계산해 보세요.

____

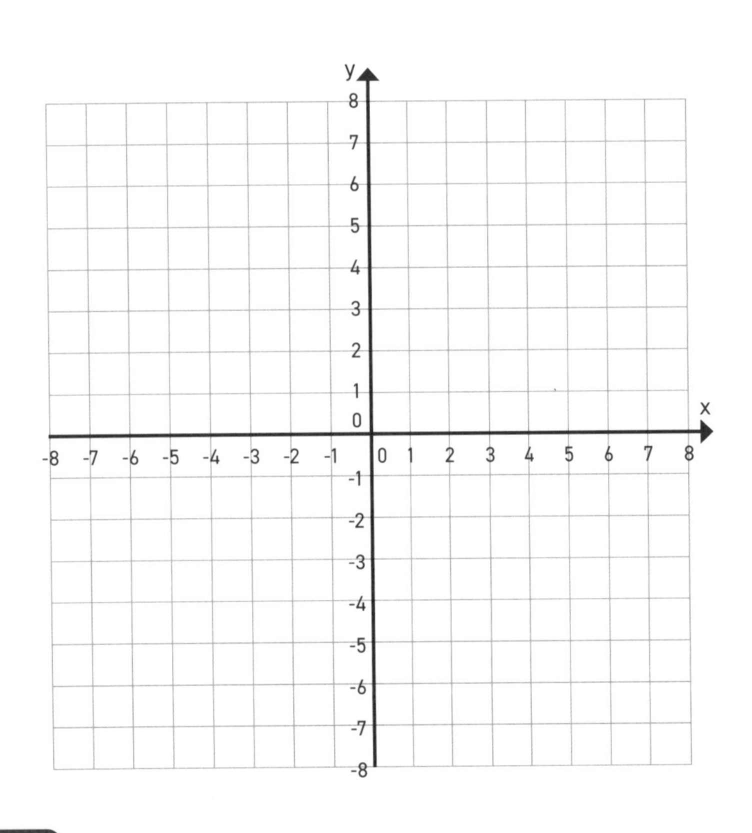

여기서 잠깐!

r
a
r은 원의 반지름이고, a는 각의 크기를 나타내요.

원의 일부분의 넓이는 $\frac{a}{360^\circ} \times \pi \times r^2$ 이라는 공식을 이용해서 계산할 수 있어요. 파이의 값은 늘 일정해요. (π = 3.1415926...)

6. 그림을 그려서 답해 보세요.

빛이 점 (-7, -8)에서 시작하여 오른쪽으로 1칸, 위로 1칸 움직여 나아가다가 거울을 통해 x축을 따라 반사되었어요.

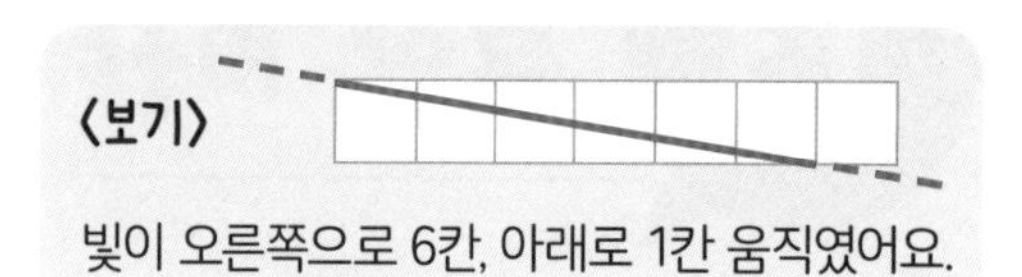

빛이 오른쪽으로 6칸, 아래로 1칸 움직였어요.

❶ 이 빛이 점 (6, 5)를 지날까요?

___

❷ 이 빛이 점 (4, -2), (7, -5)를 끝점으로 하는 선분을 지날까요?

___

❸ 이 빛이 점 (2, 2), (4, -4), (6, 0)을 꼭짓점으로 하는 삼각형을 지날까요?

___

❹ 이 빛이 점 (5, -2), (2, 1)에 마주 보는 꼭짓점이 있는 직사각형을 지날까요?

___

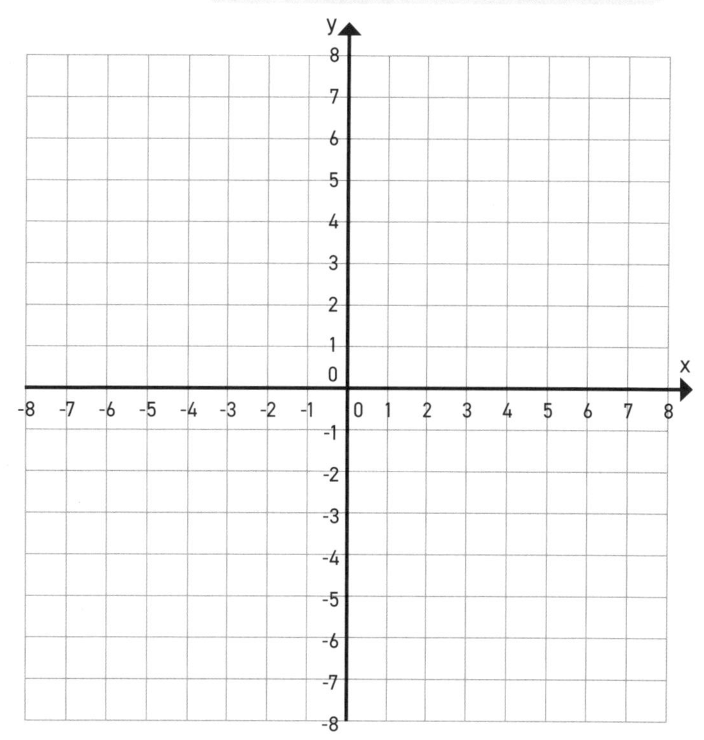

7. 그림의 사각형을 이용하여 정사각형을 만들려고 해요. 정사각형의 최소 넓이는 얼마일까요?

___

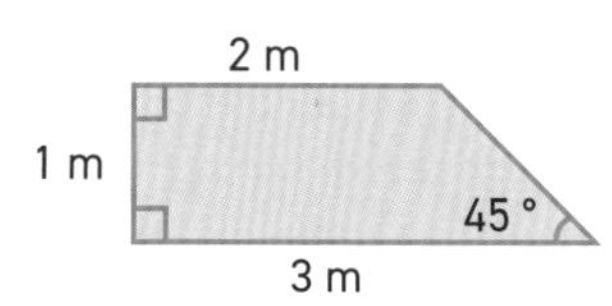

한 번 더 연습해요!

1. 알맞은 식을 세워 도형의 넓이를 계산해 보세요.

❶

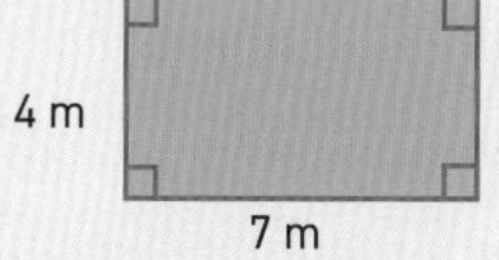

❷

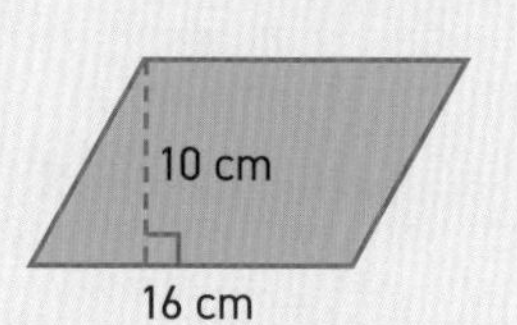

❸

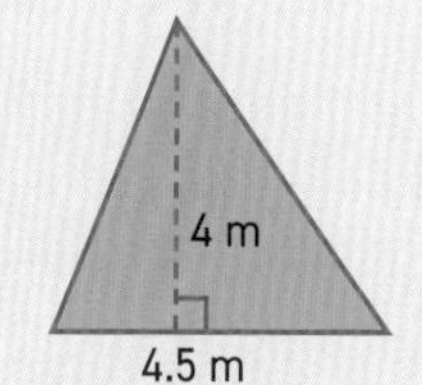

___

2. 아래 글을 읽고 공책에 계산해 보세요.

❶ 삼각형의 밑변과 높이가 모두 5cm예요. 삼각형의 넓이는 얼마일까요?

❷ 직사각형의 긴 변의 길이가 8cm이고, 둘레는 30cm예요. 이 직사각형의 넓이는 얼마일까요?

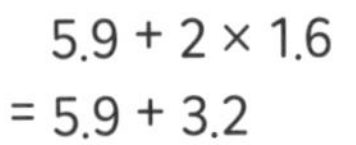

13 혼합 계산

$5.9 + 2 \times 1.6$
$= 5.9 + 3.2$
$= 9.1$

$1.4 \div 2 - 2 \times 0.3$
$= 0.7 - 0.6$
$= 0.1$

$92 \div 10 - 10 \times 0.45$
$= 9.2 - 4.5$
$= 4.7$

$(12.4 - 5.6) \div (7.9 + 2.1)$
$= 6.8 \div 10$
$= 0.68$

혼합 계산의 순서

1. 먼저 괄호 안의 식을 계산해요.
2. 곱셈과 나눗셈을 왼쪽에서 오른쪽으로 순서대로 계산해요.
3. 마지막으로 덧셈과 뺄셈을 왼쪽에서 오른쪽으로 순서대로 계산해요.

1. 계산한 후, 정답을 로봇에서 찾아 ○표 해 보세요.

$12 - 3 \times 2$
= ______
= ______

$(7 + 3) \times 8$
= ______
= ______

$23 + 7 \times 5$
= ______
= ______

$5 \times 6 + 2 \times 9$
= ______
= ______

$24 \div 3 - 2 \times 4$
= ______
= ______

$(46 - 10) \div (7 + 2)$
= ______
= ______

0 2 4 6 48 58 64 80

2. 계산한 후, 정답을 로봇에서 찾아 ○표 해 보세요.

4×0.2
= ______

5×0.3
= ______

3×1.5
= ______

10×0.5
= ______

$1.6 \div 4$
= ______

$2.4 \div 4$
= ______

$3.6 \div 4$
= ______

$1.8 \div 9$
= ______

0.2 0.4 0.6 0.8 0.9 1.5 2.4 3.6 4.5 5

3. 공책에 계산한 후, 정답을 로봇에서 찾아 ○표 해 보세요.

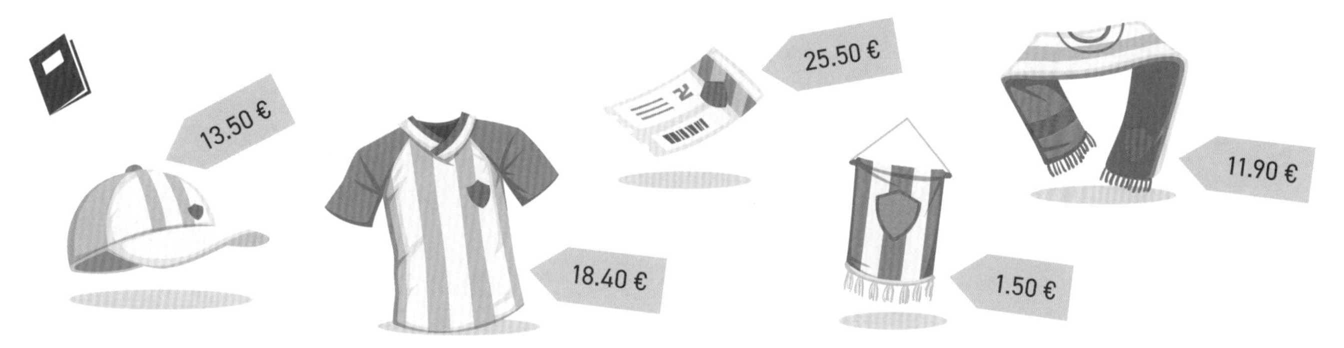

❶ 래리는 입장권 2장과 우승기 1개를 샀어요. 구매한 물건값은 모두 얼마일까요?

❷ 키라는 티셔츠 2벌, 우승기 2개, 목도리 1개를 샀어요. 구매한 물건값은 모두 얼마일까요?

❸ 케이틀린은 100유로를 가지고 있는데 입장권 1장, 우승기 2개, 티셔츠 1벌을 샀어요. 이제 케이틀린에게 남은 돈은 얼마일까요?

❹ 다니엘라는 야구모자 3개와 티셔츠 1벌을 샀어요. 60유로를 내면 거스름돈으로 얼마를 받을까요?

❺ 오나와 카이는 입장권 1장과 야구모자 1개를 저스틴에게 줄 선물로 샀어요. 오나와 카이는 선물 비용을 똑같이 나누었어요. 한 사람이 부담하는 돈은 얼마일까요?

❻ 구닐라는 야구모자 2개와 목도리 1개를 샀고, 피터는 셔츠 2벌을 샀어요. 구닐라가 산 물건값은 피터가 산 물건값보다 얼마 더 많을까요?

1.10 € 1.70 € 2.10 € 19.50 € 23.40 € 51.70 € 52.50 € 53.10 €

4. 계산한 후, 정답을 로봇에서 찾아 ○표 해 보세요.

$4.3 + 3 \times 0.3$
= ____________
= ____________

$(1.8 + 2.6) \div 2$
= ____________
= ____________

$8.9 - 4 \times 0.5$
= ____________
= ____________

$86 \div 10 - 5 \times 1.3$
= ____________
= ____________

$6.4 \div 2 + 2 \times 0.4$
= ____________
= ____________

$(1.6 + 5.4) \div 10$
= ____________
= ____________

0.7 1.3 2.1 2.2 4 5.2 6.9 7.2

더 생각해 보아요!

알렌은 35유로를 가지고 있고, 에이노는 알렌이 가진 돈의 31%를 가지고 있어요. 에이노가 가진 돈은 얼마일까요?

____

5. 계산한 후, 정답에 해당하는 알파벳을 찾아 빈칸에 써 보세요.

$10 \times 0.7 =$ ______ ☐ $10 \times 0.45 =$ ______ ☐ $5 \times 0.5 =$ ______ ☐

$4 \times 1.3 =$ ______ ☐ $8.4 \div 2 =$ ______ ☐ $7.2 \div 2 =$ ______ ☐

$2 \times 2.1 =$ ______ ☐ $6 \times 0.6 =$ ______ ☐ $4 \times 1.2 =$ ______ ☐

$10 \div 4 =$ ______ ☐ $2 \times 3.8 =$ ______ ☐ $1.8 \div 3 =$ ______ ☐

$32 \div 10 =$ ______ ☐ $7 \times 0.6 =$ ______ ☐

0.6	2.5	3.2	3.6	4.2	4.5	4.8	5.2	7	7.6
M	T	A	L	I	C	U	O	N	P

줄리는 무엇을 공부하고 있나요? ____________________

6. 에멧은 20센트 동전과 50센트 동전을 합하여 총 25개를 가지고 있어요.

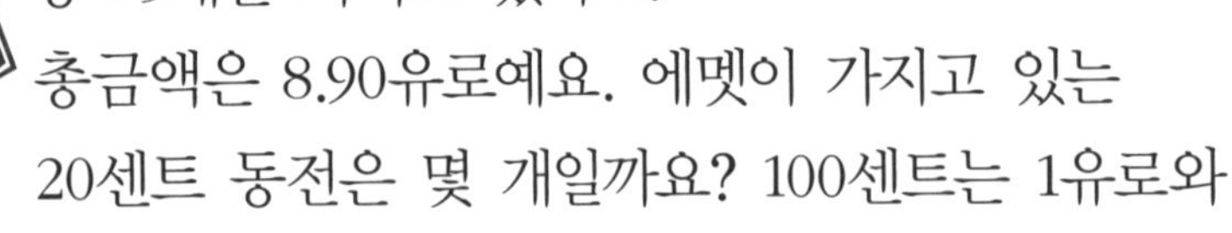

총금액은 8.90유로예요. 에멧이 가지고 있는 20센트 동전은 몇 개일까요? 100센트는 1유로와 같아요. ____________

7. 숫자 0, 1, 2, 3을 이용한 곱셈식을 만들어 보세요. 곱하는 수와 곱해지는 수가 자연수이고 숫자 4개를 한 번씩 써야 해요.

❶ 곱의 값이 최소인 곱셈식을 만들어 보세요.

____

❷ 곱의 값이 최대인 곱셈식을 만들어 보세요.

____

❸ 곱의 값이 200에 가까운 곱셈식을 만들어 보세요.

____

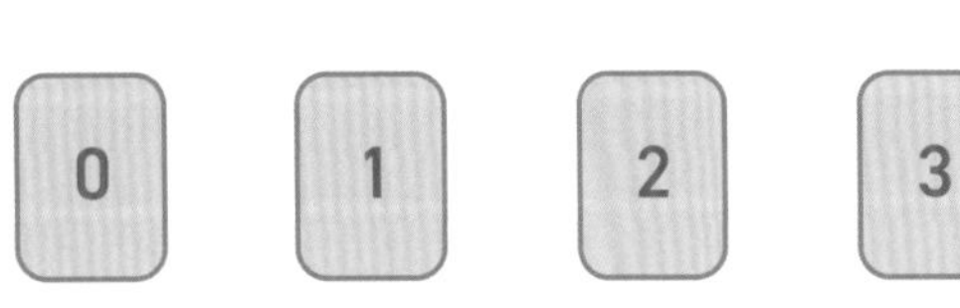

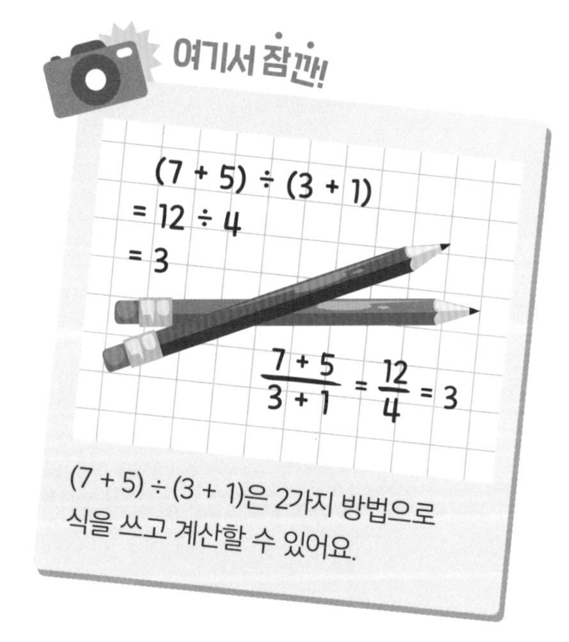

(7 + 5) ÷ (3 + 1)은 2가지 방법으로 식을 쓰고 계산할 수 있어요.

8. 아래 설명을 읽고 공책에 답을 구해 보세요.

- 주황색 영역의 점수에 2를 곱하세요.
- 파란색 영역의 점수를 빼세요.
- 초록색 영역의 점수에 3을 곱하세요.
- 노란색 영역의 점수를 더하세요.

❶ 에리카가 득점한 점수는 얼마일까요?

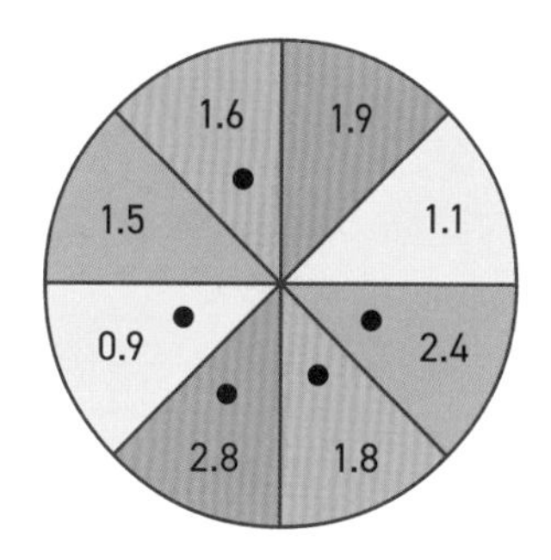

❷ 악셀이 득점한 점수는 얼마일까요?

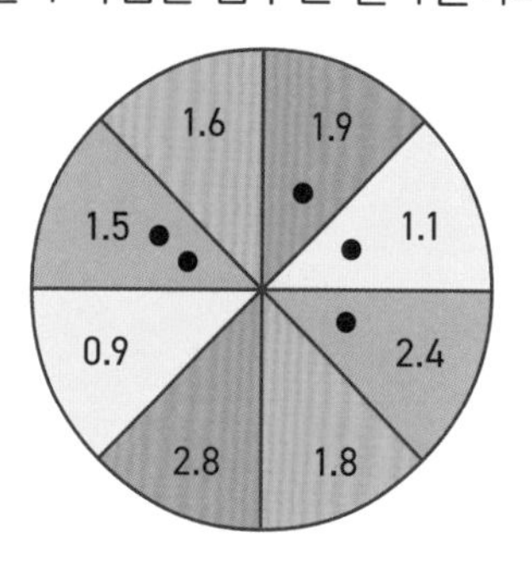

❸ 엘리는 다트를 3번 던져서 총 1.5점을 득점했어요. 엘리의 다트를 그려 보세요.

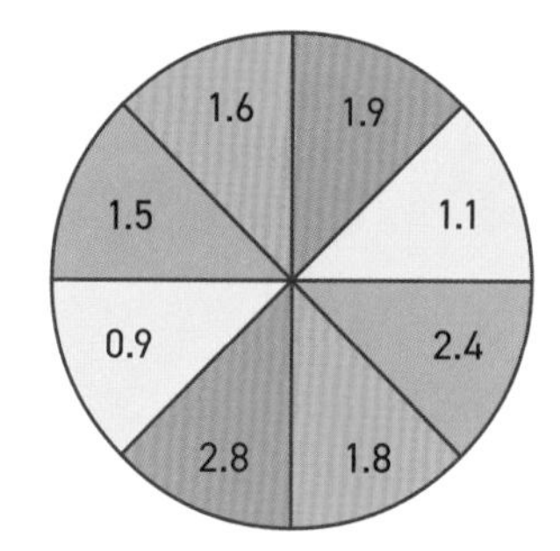

❹ 네트는 다트를 3번 던져서 총 0.7점을 득점했어요. 네트의 다트를 그려 보세요.

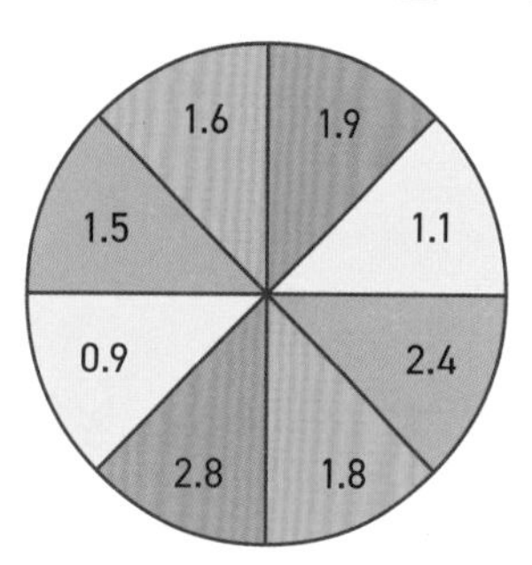

한 번 더 연습해요!

1. 계산해 보세요.

$44 + 3 \times 7$
= ________
= ________

$(9.6 - 4.4) \div 2$
= ________
= ________

$6 \times (0.2 + 0.9)$
= ________
= ________

2. 아래 글을 읽고 공책에 계산해 보세요.

❶ 리사는 한 잔에 4.50유로인 음료수 3잔과 1개에 3.60유로인 샌드위치 2개를 샀어요. 음식값은 모두 얼마일까요?

❷ 테디는 2.30유로짜리 사탕 4개와 1.20유로짜리 초콜릿바 1개를 샀어요. 20유로를 내면 거스름돈으로 얼마를 받을까요?

____월 ____일 ____요일

14 자릿수로 분해하여 곱셈하기

• 곱셈을 계산하기 전에 곱하는 수와 곱해지는 수를 자릿수별로 분해해 보세요.

곱하는 수 분해하기

3 × 27 = 3 × 20 + 3 × 7 = 60 + 21 = 81	4 × 8.4 = 4 × 8 + 4 × 0.4 = 32 + 1.6 = 33.6

곱해지는 수 분해하기

14 × 21 = 10 × 21 + 4 × 21 = 210 + 84 = 294	13 × 1.5 = 10 × 1.5 + 3 × 1.5 = 15 + 4.5 = 19.5

나는 8.4를
자연수 8과 소수 0.4로
분해했어.

1. 아래 수를 자릿수별로 분해해 보세요.

85 = 80 + ________　　174 = ________　　105 = ________

3.7 = 3 + ________　　6.5 = ________　　12.8 = ________

2. 곱하는 수를 자릿수별로 분해하여 계산한 후, 정답을 로봇에서 찾아 ○표 해 보세요.

2 × 38
= 2 × 30 + 2 × ________
= ________
= ________

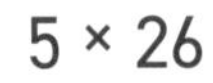

5 × 26
= ________
= ________
= ________

4 × 6.1
= ________
= ________
= ________

6 × 10.3
= ________
= ________
= ________

24.4　28.2　61.8　76　126　130

3. 곱해지는 수를 자릿수별로 분해하여 계산한 후, 정답을 로봇에서 찾아 ○표 해 보세요.

13×23

$= 10 \times 23 +$ ______

= ______

= ______

14×25

= ______

= ______

= ______

12×3.4

= ______

= ______

= ______

15×1.2

= ______

= ______

= ______

4. 곱하는 수나 곱해지는 수를 자릿수별로 분해하여 공책에 계산한 후, 정답을 로봇에서 찾아 ○표 해 보세요.

15×16 $\quad$ 12×150 $\quad$ 17×0.8 $\quad$ 13×1.6

13.6 18 20.8 32.2 40.8 240 299 350 1200 1800

5. 알맞은 식을 세워 답을 구한 후, 정답을 로봇에서 찾아 ○표 해 보세요.

❶ 엘리엇은 길이가 각각 1.3m인 나무판 12조각을 가지고 있어요. 엘리엇이 가진 나무판은 모두 몇 m일까요?

______

______

______

정답 : ______

❷ 학교에 줄넘기 18개가 있어요. 줄넘기의 길이는 각각 2.5m예요. 줄넘기를 모두 일렬로 나열하면 몇 m일까요?

______

______

______

정답 : ______

15.6 m 16.4 m 35 m 45 m

더 생각해 보아요!

두 자연수 중 한 개의 자연수에 0.4를 더한 후 두 수를 곱하려고 해요. 곱의 값이 최대가 되려면 큰 수와 작은 수 중 어떤 수에 소수를 더해야 할까요?

______

6. 값을 예측하여 연관된 것끼리 선으로 이어 보세요.

7. 알맞은 식을 세워 답을 구해 보세요.

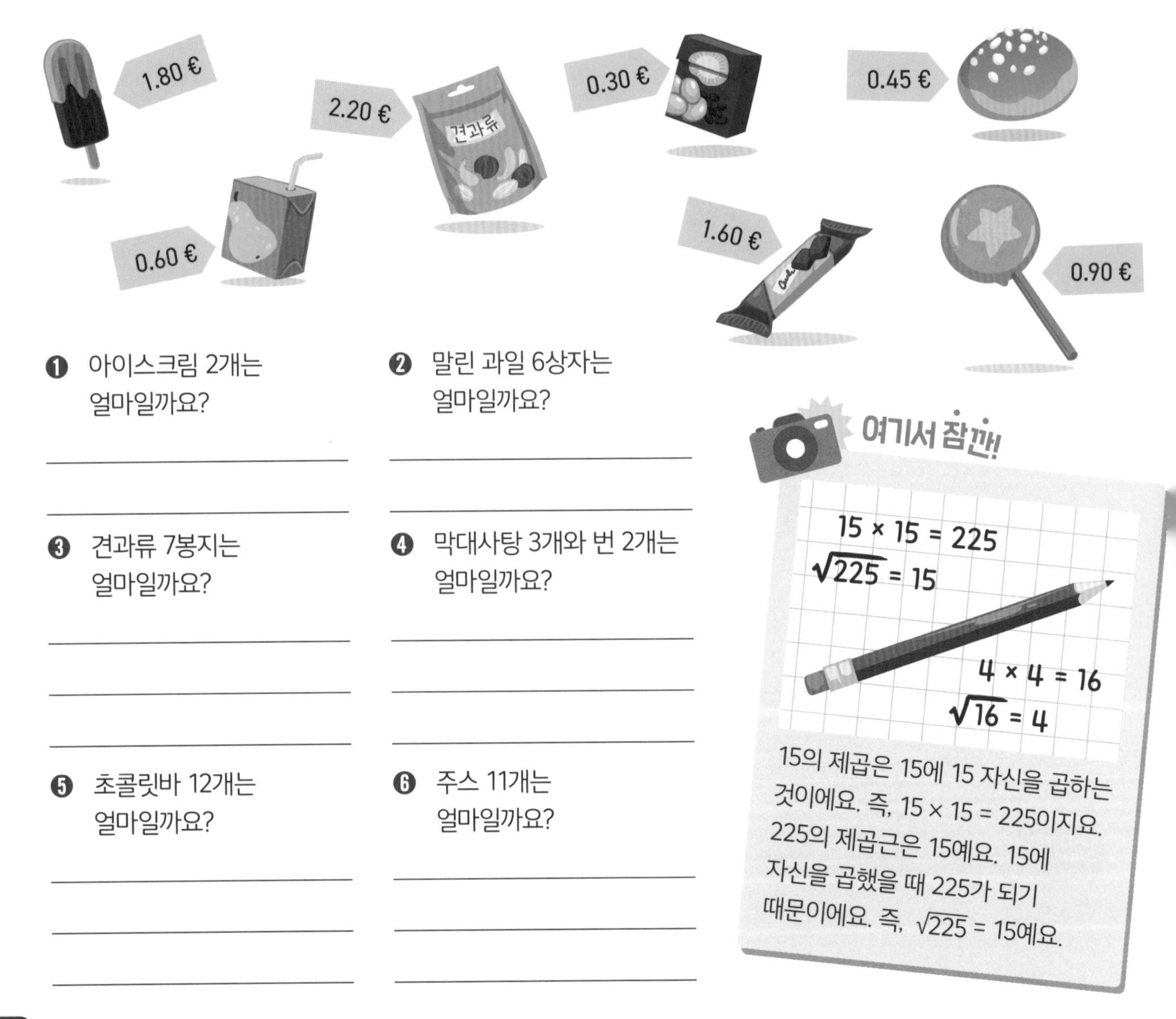

❶ 아이스크림 2개는 얼마일까요?

❷ 말린 과일 6상자는 얼마일까요?

❸ 견과류 7봉지는 얼마일까요?

❹ 막대사탕 3개와 번 2개는 얼마일까요?

❺ 초콜릿바 12개는 얼마일까요?

❻ 주스 11개는 얼마일까요?

여기서 잠깐!

$15 \times 15 = 225$

$\sqrt{225} = 15$

$4 \times 4 = 16$

$\sqrt{16} = 4$

15의 제곱은 15에 15 자신을 곱하는 것이에요. 즉, $15 \times 15 = 225$이지요. 225의 제곱근은 15예요. 15에 자신을 곱했을 때 225가 되기 때문이에요. 즉, $\sqrt{225} = 15$예요.

8. 질문에 답해 보세요. x 대신 어떤 수를 쓸 수 있을까요?

$4 \times x = 4.8$ $x =$ ______
$x \times 1.7 = 3.4$ $x =$ ______
$4 \times x = 6.4$ $x =$ ______
$3 \times x = 2.1$ $x =$ ______

$10 \times x = 5.8$ $x =$ ______
$x \times 15 = 60$ $x =$ ______
$x \times 2.5 = 7.5$ $x =$ ______
$5 \times x = 6.5$ $x =$ ______

9. x 대신 쓸 수 있는 수를 찾아 ○표 해 보세요.

$4 \times x < 4.8$

1.1 0.13 0.8
1.2 1.5 2.2

$3 \times x > 1.5$

0.1 4.9 0.4
0.7 1.3 0.49

$x \times 5 > 2$

0.2 0.6 2.1
0.03 1.0 0.9

$x \times 10 > 14$

1.3 1.4 0.9
2.4 14.5 1.8

한 번 더 연습해요!

1. 곱하는 수나 곱해지는 수를 자릿수별로 분해하여 계산해 보세요.

3×2.6
= ______
= ______

4×27
= ______
= ______

13×3.2
= ______
= ______
= ______

15×15
= ______
= ______
= ______

2. 아래 글을 읽고 공책에 알맞은 식을 세워 답을 구해 보세요.

❶ 탁자 위에 동전 더미 12개를 쌓아 놓았어요. 동전 더미 1개의 금액은 7.50유로예요. 동전 더미의 전체 금액은 얼마일까요?

❷ 탁자 위에 지폐 묶음 15개가 있어요. 한 묶음의 금액은 25유로예요. 지폐는 모두 얼마일까요?

15 인수 분해하여 곱셈하기

- 인수의 자리를 바꾸거나 인수 분해를 하면 곱셈 계산이 더 쉬워져요.
- 10과 100은 유용한 인수예요.

인수의 자리를 바꾸기

$1.5 \times 7 \times 2$
$= 2 \times 1.5 \times 7$
$= 3 \times 7$
$= 21$

곱해지는 수를 인수 분해하기

20×0.7
$= 2 \times 10 \times 0.7$
$= 2 \times 7$
$= 14$

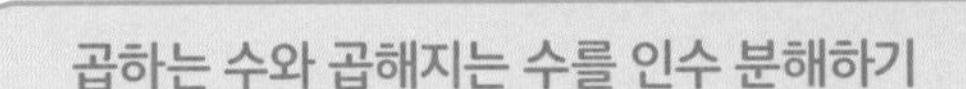

곱하는 수와 곱해지는 수를 인수 분해하기

35×18	22×350
$= 5 \times 7 \times 2 \times 9$	$= 2 \times 11 \times 7 \times 50$
$= 5 \times 2 \times 7 \times 9$	$= 2 \times 50 \times 7 \times 11$
$= 10 \times 63$	$= 100 \times 77$
$= 630$	$= 7700$

1. 인수의 자리를 바꾸어 계산한 후, 정답을 로봇에서 찾아 ○표 해 보세요.

$0.5 \times 9 \times 2$	$1.5 \times 4 \times 7$	$5 \times 17 \times 2$
= ____	= ____	= ____
= ____	= ____	= ____
= ____	= ____	= ____

2. 곱해지는 수를 인수 분해하여 계산한 후, 정답을 로봇에서 찾아 ○표 해 보세요.

30×1.5	20×1.7	40×3.2
$= 3 \times 10 \times 1.5$	= ____	= ____
= ____	= ____	= ____
= ____	= ____	= ____
60×0.8	400×0.07	600×0.11
= ____	= ____	= ____
= ____	= ____	= ____
= ____	= ____	= ____

9 28 32 34 42 45 48 56 66 128 170

3. 곱해지는 수와 곱하는 수를 인수 분해하여 계산한 후, 정답을 로봇에서 찾아 ○표 해 보세요.

18 × 15	35 × 8	16 × 250
= 2 × 9 × 5 ______	= 7 × ______	= 2 × ______
= ______	= ______	= ______
= ______	= ______	= ______
= ______	= ______	= ______

4. 계산한 후, 정답을 로봇에서 찾아 ○표 해 보세요.

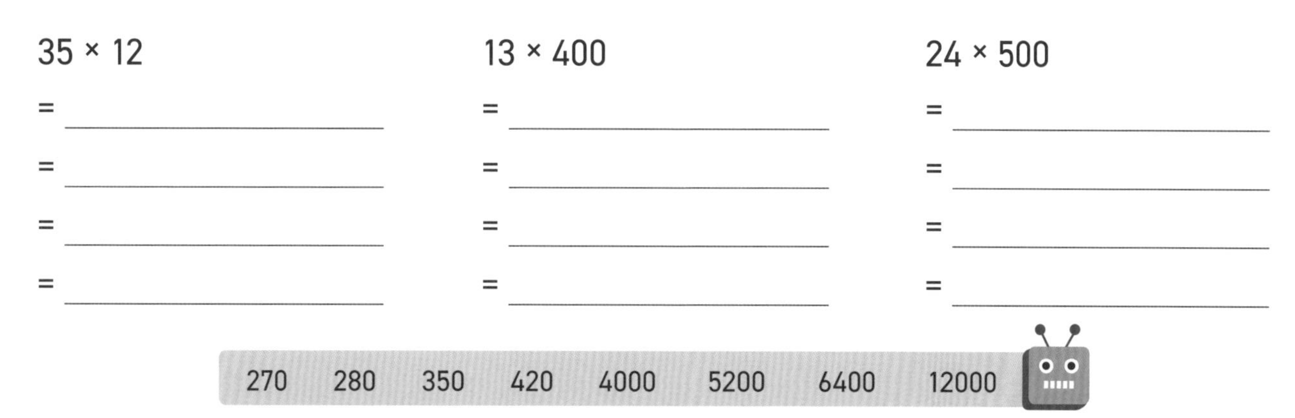

35 × 12	13 × 400	24 × 500
= ______	= ______	= ______
= ______	= ______	= ______
= ______	= ______	= ______
= ______	= ______	= ______

5. 아래 글을 읽고 공책에 계산한 후, 정답을 로봇에서 찾아 ○표 해 보세요.

❶ 팬클럽에서 셔츠 32벌과 후드 티 10벌을 샀어요. 셔츠 1벌이 15유로이고, 후드 티 1벌은 47유로예요. 산 물건은 모두 얼마일까요?

❷ 500유로가 있는데 팀에서 야구모자 18개를 샀어요. 야구모자 1개는 25유로예요. 이제 팀에 남은 돈은 얼마일까요?

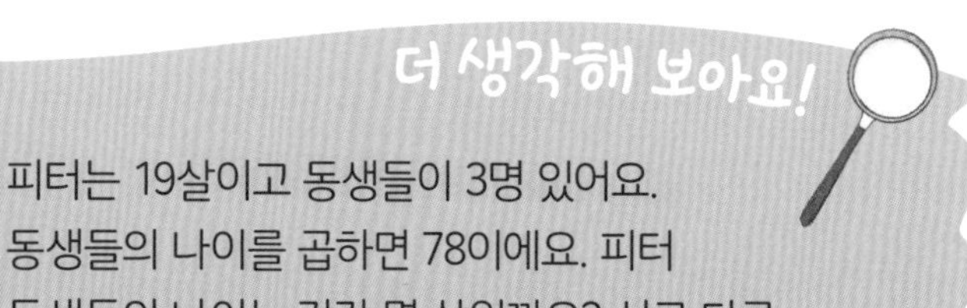

피터는 19살이고 동생들이 3명 있어요. 동생들의 나이를 곱하면 78이에요. 피터 동생들의 나이는 각각 몇 살일까요? 서로 다른 답 2가지를 생각해 보세요.

____

6. 그림이 들어간 식을 보고 세 번째 칸에 있는 그림의 값을 구해 보세요.

❶

❷

❸

❹

7. $>$, $=$, $<$ 중 알맞은 부호를 빈칸에 써넣어 보세요.

20×1.8	☐	1.6×18	$10 \times 4 \times 0.2$	☐	$20 \times 0.1 \times 4$
6.7×5	☐	5.7×5	$5 \times 0.2 \times 23$	☐	$23 \times 0.1 \times 10$
4.5×5	☐	5×5.5	$4 \times 9 \times 37$	☐	$6 \times 39 \times 6$

8. 아래 단서를 읽고 알파벳 A, B, C, D의 올바른 순서를 알아맞혀 보세요. 답을 2개 구해 보세요.

A B C D　알파벳 1개는 바른 자리에 있어요.

B D A C　알파벳이 모두 틀린 자리에 있어요.

D C B A　알파벳 1개는 바른 자리에 있어요.

D B C A　알파벳이 모두 틀린 자리에 있어요.

정답 : ______________________

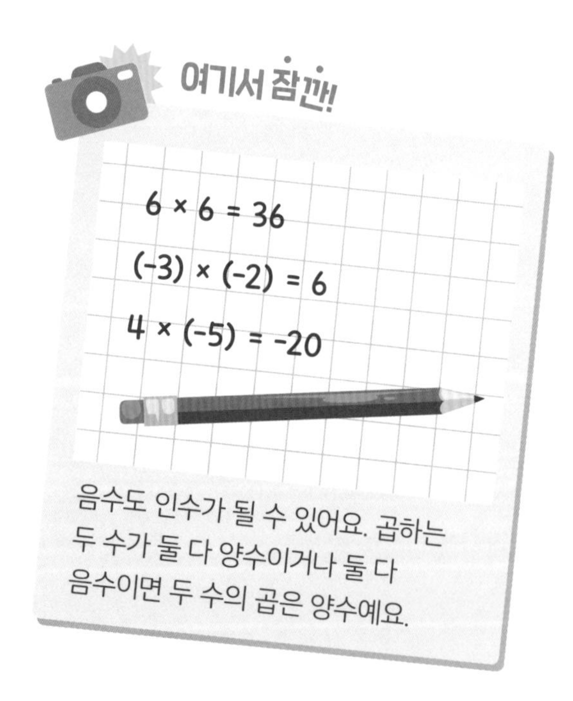

9. 계산해 보세요.

$0.3 \times 25 \times 6$
= ______
= ______
= ______
= ______

$0.4 \times 15 \times 8$
= ______
= ______
= ______
= ______

$55 \times 0.1 \times 12$
= ______
= ______
= ______
= ______

10. 공책에 계산해 보세요. 결괏값이 더 큰 것은 어느 것일까요?

❶ $(x + 3) \times (x + 3)$ 또는 $x \times x + 2 \times x \times 3 + 3 \times 3$

❷ $(x + 5) \times (x + 5)$ 또는 $x \times x + 2 \times x \times 5 + 5 \times 5$

한 번 더 연습해요!

1. 곱하는 수를 자릿수별로 분해하여 계산해 보세요.

$0.5 \times 5 \times 2$
= ______
= ______

20×1.6
= ______
= ______

30×1.4
= ______
= ______

45×6
= ______
= ______
= ______

22×15
= ______
= ______
= ______

16×500
= ______
= ______
= ______

2. 아래 글을 읽고 공책에 알맞은 식을 세워 답을 구해 보세요.

❶ 지하실 선반에 잼이 25통 있어요. 한 통에 잼이 12dL 들어가요. 지하실에 있는 잼의 양은 모두 얼마일까요?

❷ 학교에서 책 28권과 컴퓨터 3대를 샀어요. 책은 1권에 25유로이고, 컴퓨터는 1대에 350유로예요. 학교에서 구매한 책과 컴퓨터는 모두 얼마일까요?

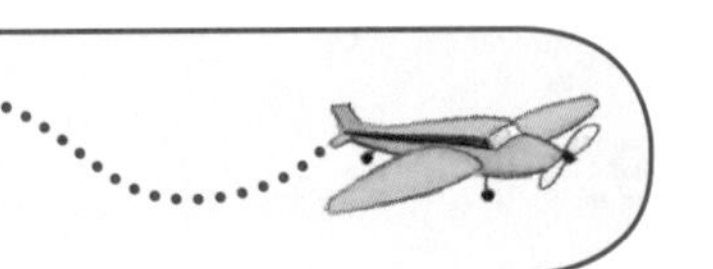

16 나눗셈하기

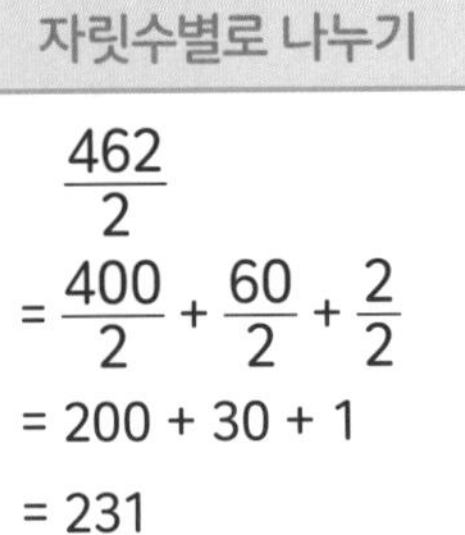

자릿수별로 나누기

$$\frac{462}{2} = \frac{400}{2} + \frac{60}{2} + \frac{2}{2} = 200 + 30 + 1 = 231$$

약분하여 나누기

$$\frac{126^{(2}}{12} = \frac{63^{(3}}{6} = \frac{21}{2} = 10\frac{1}{2}$$

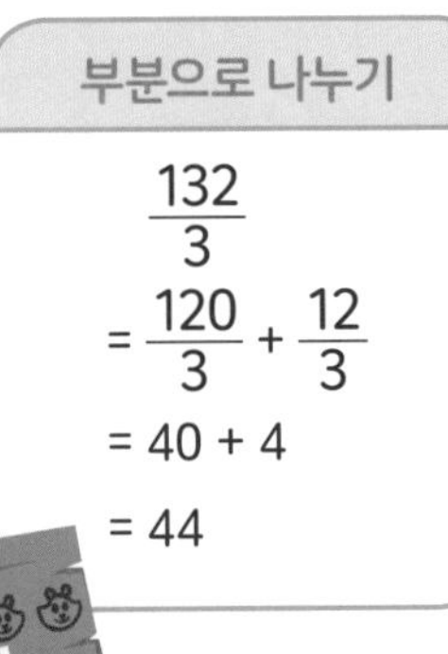

부분으로 나누기

$$\frac{132}{3} = \frac{120}{3} + \frac{12}{3} = 40 + 4 = 44$$

30, 60, 90, 120, 150.
150은 나누어지는 수보다 크니 120을 첫 부분으로 나누어요.

1. 계산하여 자연수나 대분수로 나타낸 후, 정답을 로봇에서 찾아 ○표 해 보세요.

$\frac{45}{5}$ = ________ $\frac{56}{8}$ = ________ $\frac{25}{4}$ = ________ $\frac{31}{7}$ = ________

2. 자릿수별로 나누어 계산한 후, 정답을 로봇에서 찾아 ○표 해 보세요.

$\frac{96}{3}$ = ____________________

$\frac{693}{3}$ = ____________________

$\frac{505}{5}$ = ____________________

3. 부분으로 나누어 나눗셈을 계산한 후, 정답을 로봇에서 찾아 ○표 해 보세요.

$\frac{96}{4}$ = ____________________

$\frac{234}{3}$ = ____________________

$4\frac{3}{7}$ $5\frac{4}{5}$ $6\frac{1}{4}$ 7 9 24 32 69 78 86 101 231

4. 공책에 계산하여 대분수로 나타낸 후, 정답을 로봇에서 찾아 ○표 해 보세요.

$\frac{62}{3}$ = ______ $\frac{133}{4}$ = ______ $\frac{191}{3}$ = ______

5. 약분하여 계산한 후, 정답을 로봇에서 찾아 ○표 해 보세요.

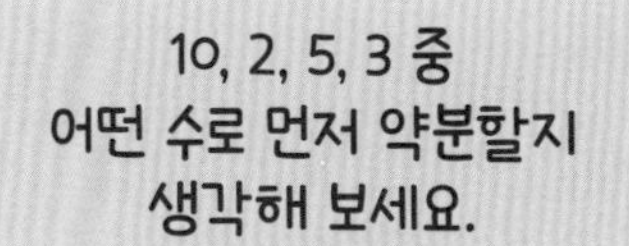

10, 2, 5, 3 중
어떤 수로 먼저 약분할지
생각해 보세요.

$\frac{720}{90}$ = ______

$\frac{1260}{140}$ = ______

$\frac{93}{18}$ = ______

$\frac{180}{15}$ = ______

$\frac{118}{12}$ = ______

$5\frac{1}{6}$ 8 9 $9\frac{5}{6}$ 12 15 $20\frac{2}{3}$ $33\frac{1}{4}$ $58\frac{3}{5}$ $63\frac{2}{3}$

6. 아래 글을 읽고 공책에 계산하여 대분수로 나타낸 후, 정답을 로봇에서 찾아 ○표 해 보세요.

❶ 감자 23kg을 상자 2개에 똑같이 나누었어요. 상자 1개에 들어가는 감자는 몇 kg일까요?

❷ 무게가 같은 상자 5개의 총 무게가 114kg이에요. 상자 1개의 무게는 몇 kg일까요?

❸ 딸기 78kg을 상자 12개에 똑같이 나누었어요. 상자 1개에 들어가는 딸기는 몇 kg일까요?

❹ 무게가 같은 상자 5개의 총 무게가 22kg이에요. 상자 3개의 무게는 모두 몇 kg일까요?

더 생각해 보아요!

책장에 책이 33권 있어요. 비소설 분야 책은 그림책보다 5권 적어요. 책장에 있는 비소설 분야의 책은 모두 몇 권일까요?

______

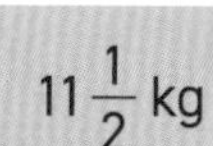

$5\frac{1}{5}$ kg $6\frac{1}{2}$ kg $11\frac{1}{2}$ kg

$13\frac{1}{5}$ kg $21\frac{1}{5}$ kg $22\frac{4}{5}$ kg

7. 짝이 되는 것끼리 선으로 이어 보세요.

$\frac{368}{4}$	$\frac{372}{6}$	$\frac{345}{5}$	$\frac{384}{4}$	$\frac{324}{6}$	$\frac{475}{5}$
$\frac{300}{5}+\frac{45}{5}$	$\frac{360}{4}+\frac{8}{4}$	$\frac{360}{6}+\frac{12}{6}$	$\frac{300}{6}+\frac{24}{6}$	$\frac{360}{4}+\frac{24}{4}$	$\frac{450}{5}+\frac{25}{5}$
90 + 2	60 + 9	90 + 6	90 + 5	50 + 4	60 + 2
95	92	96	69	54	62

8. 두 자리 자연수는 어떤 수일까요?

- 이 수는 2~9 사이의 어떤 수로도 나누어떨어지지 않아요.
- 이 수를 5로 나누면 나머지 2가 생겨요.
- 이 수를 4로 나누면 나머지 1이 생겨요.
- 이 수를 3으로 나누면 나머지 1이 생겨요.

이 수는 ______________________이에요.

1	2	3	4	5	6	7	8	9	10
11	12	13	14	15	16	17	18	19	20
21	22	23	24	25	26	27	28	29	30
31	32	33	34	35	36	37	38	39	40
41	42	43	44	45	46	47	48	49	50
51	52	53	54	55	56	57	58	59	60
61	62	63	64	65	66	67	68	69	70
71	72	73	74	75	76	77	78	79	80
81	82	83	84	85	86	87	88	89	90
91	92	93	94	95	96	97	98	99	100

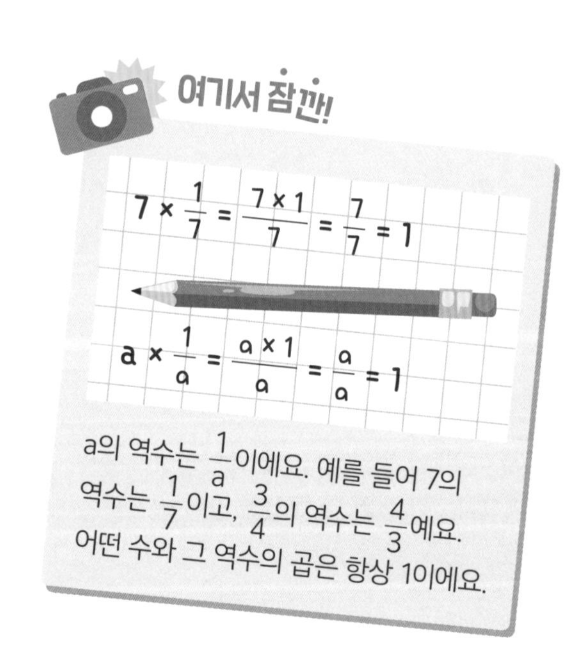

여기서 잠깐!
$7 \times \frac{1}{7} = \frac{7 \times 1}{7} = \frac{7}{7} = 1$
$a \times \frac{1}{a} = \frac{a \times 1}{a} = \frac{a}{a} = 1$
a의 역수는 $\frac{1}{a}$이에요. 예를 들어 7의 역수는 $\frac{1}{7}$이고, $\frac{3}{4}$의 역수는 $\frac{4}{3}$예요. 어떤 수와 그 역수의 곱은 항상 1이에요.

9. 아래 글을 읽고 빈칸에 참 또는 거짓을 써넣어 보세요.

❶ 18은 1, 2, 9, 18로만 나누어져요. ________

❷ 어떤 수가 10으로 나누어지면 그 수는 항상 5로 나누어져요. ________

❸ 어떤 수가 8로 나누어지면 그 수는 2와 4로도 나누어져요. ________

❹ 어떤 수가 12로 나누어지면 그 수는 3과 4로도 나누어져요. ________

❺ 두 번째마다 있는 수는 2로 나누어떨어져요. ________

❻ 3으로 나누어지는 수는 모두 홀수예요. ________

10. 아래 글을 읽고 답을 구해 보세요.

❶ 공책 1개의 가격은 얼마일까요?

❷ 펜 1개의 가격은 얼마일까요?

❸ 폴더 1개의 가격은 얼마일까요?

- 공책 2권과 펜 1개의 가격을 합하면 폴더 2개의 가격과 같아요.
- 공책 1권의 가격은 펜 1개 가격의 절반이에요.
- 펜 2개, 공책 1권, 폴더 3개의 가격을 합하면 38.50유로예요.

한 번 더 연습해요!

1. 계산하여 자연수나 대분수로 나타내 보세요.

$\frac{284}{2}$ = ________

$\frac{290}{5}$ = ________

$\frac{323}{4}$ = ________

$\frac{1500}{700}$ = ________

2. 아래 글을 읽고 공책에 알맞은 식을 세워 답을 구한 후, 대분수로 나타내 보세요.

❶ 무게가 같은 금속 상자 4개의 총무게가 13kg이에요. 금속 상자 1개의 무게는 몇 kg일까요?

❷ 귤 67kg을 상자 5개에 똑같이 나누었어요. 상자 1개에 들어가는 귤은 몇 kg일까요?

____ 월 ____ 일 ____ 요일

17 몫을 소수로 나타내기

소수로 나타내는 나눗셈의 몫

$\frac{1}{2}=0.5$ $\frac{1}{4}=0.25$ $\frac{3}{4}=0.75$ $\frac{1}{10}=0.1$

$\frac{1}{5}=0.2$ $\frac{2}{5}=0.4$ $\frac{3}{5}=0.6$ $\frac{4}{5}=0.8$

대분수와 소수로 나타내는 나눗셈의 몫

$\frac{9}{2}=4\frac{1}{2}=4+0.5=4.5$ | $\frac{38}{5}=7\frac{3}{5}=7+0.6=7.6$

부분으로 나누어 계산하기

$\frac{99}{4}=\frac{80}{4}+\frac{19}{4}$
$=20+4\frac{3}{4}$
$=20+4.75$
$=24.75$

약분하여 계산하기

$\frac{760}{80}=\frac{76}{8}=\frac{38}{4}=\frac{19}{2}=9\frac{1}{2}=9+0.5=9.5$

1. 분수를 소수로 나타내 보세요.

$\frac{1}{2}=$ ______ $\frac{3}{5}=$ ______ $\frac{1}{4}=$ ______ $\frac{1}{10}=$ ______

$\frac{3}{4}=$ ______ $\frac{4}{5}=$ ______ $\frac{2}{5}=$ ______ $\frac{9}{10}=$ ______

2. 계산하여 대분수와 소수로 나타낸 후, 정답을 로봇에서 찾아 ○표 해 보세요.

$\frac{15}{2}=$ ______

$\frac{36}{5}=$ ______

$\frac{17}{4}=$ ______

4.25 7.2 7.5 8.5 11.75

3. 계산하여 소수로 나타낸 후, 정답을 로봇에서 찾아 ○표 해 보세요.

$\frac{61}{5} = \frac{50}{5} +$ ____________________

$\frac{437}{5} =$ ____________________

$\frac{253}{4} =$ ____________________

4. 공책에 계산하여 소수로 나타낸 후, 정답을 로봇에서 찾아 ○표 해 보세요.

$\frac{147}{2}$ $\frac{221}{4}$ $\frac{123}{5}$

12.2 16.6 24.6 55.25 63.25 73.5 87.4 91.2

10, 2, 5, 3 가운데 어떤 수로 먼저 약분해야 할까요?

5. 약분하여 소수로 나타낸 후, 정답을 로봇에서 찾아 ○표 해 보세요.

$\frac{700}{80} =$ ____________________

$\frac{132}{24} =$ ____________________

$\frac{126}{15} =$ ____________________

6. 공책에 계산하여 소수로 나타낸 후, 정답을 로봇에서 찾아 ○표 해 보세요.

❶ 25유로를 아이 4명에게 똑같이 나누어 주었어요. 아이 1명이 받는 돈은 얼마일까요?

❷ 가격이 같은 콘서트 입장권 5장이 총 178유로예요. 콘서트 입장권 1장은 얼마일까요?

❸ 가격이 같은 연극 입장권 4장이 총 126유로예요. 제시는 연극 입장권 3장을 샀어요. 연극 입장권 3장의 가격은 얼마일까요?

❹ 가격이 같은 영화 입장권 5장이 총 146유로예요. 오스카는 50유로를 내고 입장권 1장을 샀어요. 거스름돈은 얼마일까요?

5.5 8.4 8.75 12.75 6.25 € 20.80 € 35.60 € 94.50 € 97.40 €

7. 계산하여 정답에 해당하는 알파벳을 빈칸에 써넣어 보세요.

3 ÷ 10 = ______ ☐ 4 ÷ 5 = ______ ☐ 7 ÷ 10 = ______ ☐

3 ÷ 4 = ______ ☐ 3 ÷ 6 = ______ ☐ 1 ÷ 10 = ______ ☐

2 ÷ 10 = ______ ☐ 6 ÷ 10 = ______ ☐ 1 ÷ 2 = ______ ☐

9 ÷ 10 = ______ ☐ 2 ÷ 5 = ______ ☐

0.1	0.2	0.3	0.4	0.5	0.6	0.7	0.75	0.8	0.9
P	E	D	R	S	T	O	L	F	I

헨리가 여름에 가장 좋아하는 장소는 어디일까요? ______________________

8. 피에타와 앤은 식탁 위의 번을 비닐봉지에 나누어 담았어요. 번을 2개씩, 3개씩 또는 5개씩 나누어 담으면 번 1개가 꼭 남아요. 식탁 위에 번은 최소 몇 개일까요?

____

9. x 대신 어떤 수를 쓸 수 있을까요?

$x \div 2 = 24.5$

$x =$ ______________

$x \div 5 = 3.4$

$x =$ ______________

$x \div 4 = 6.75$

$x =$ ______________

$x \div 5 + 2 = 34.5$

$x =$ ______________

$x \div 2 - 13.4 = 20.1$

$x =$ ______________

$x \div 4 + 2.25 = 6.75$

$x =$ ______________

15 ÷ 7의 몫은 2.142857142857142...인 순환 소수예요. 몫을 간단하게 2.142857로 쓸 수 있어요. 소수점 아래 142857 부분은 무한 반복돼요.

10. 음료수 4잔과 샐러드 2개가 총 33유로예요.
샐러드 2개와 음료수 1잔은 총 22.50유로예요.
샐러드 3개와 음료수 2잔은 얼마일까요?

11. 바른 순서로 모든 버튼을 한 번씩 누르면 금고가 열려요. 각 버튼에 쓰여 있는 숫자와 문자는 다음에 어떤 버튼을 눌러야 할지를 알려 줘요. 예를 들어 2D는 2칸 아래에 있는 버튼을 눌러야 해요. R은 오른쪽, L은 왼쪽, U는 위쪽, D는 아래쪽을 의미해요. 가장 먼저 눌러야 하는 버튼을 찾아 ○표 해 보세요.

1 R	3 D	2 R	1 D	1 L
2 D	1 D	3 D	3 L	2 L
3 R	OPEN	1 D	1 R	2 L
1 U	2 R	2 R	1 D	1 D
4 U	3 U	2 L	2 L	3 U

한 번 더 연습해요!

1. 계산하여 대분수와 소수로 나타내 보세요.

$\frac{19}{2}=$ ________ $\frac{42}{5}=$ ________ $\frac{23}{4}=$ ________

2. 아래 글을 읽고 알맞은 식을 세워 답을 소수로 나타내 보세요.

❶ 37유로를 아이 5명에게 똑같이 나누어 주었어요. 한 아이가 받은 돈은 얼마일까요?

____

____

____

정답 : ________

❷ 가격이 같은 비행기 표 4장이 총 333유로예요. 비행기 표 1장은 얼마일까요?

____

____

____

정답 : ________

18 분수의 덧셈과 뺄셈

덧셈
$\frac{4}{5}+\frac{2}{3}$ (3), 5))
$=\frac{12}{15}+\frac{10}{15}$
$=\frac{22}{15}=1\frac{7}{15}$

뺄셈	
$\frac{7}{12}-\frac{1}{4}$ (3))	$2\frac{1}{6}-1\frac{2}{3}$
$=\frac{7}{12}-\frac{3}{12}$	$=\frac{13}{6}-\frac{5}{3}$ (2))
$=\frac{4}{12}=\frac{1}{3}$ (4)	$=\frac{13}{6}-\frac{10}{6}$
	$=\frac{3}{6}=\frac{1}{2}$ (3)

분모가 다른 분수를 먼저 통분하여 분모가 같게 해 주세요.

1. 계산하여 정답을 로봇에서 찾아 ○표 해 보세요.

$\frac{7}{10}+\frac{1}{10}$

= ______

= ______

$\frac{3}{5}+\frac{3}{10}$

= ______

= ______

$\frac{11}{12}-\frac{5}{6}$

= ______

= ______

$\frac{7}{9}-\frac{2}{3}$

= ______

= ______

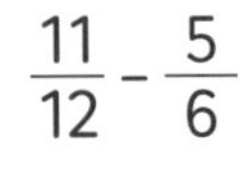

$\frac{1}{15}+\frac{8}{15}$

= ______

= ______

$\frac{7}{8}+\frac{1}{2}$

= ______

= ______

$\frac{3}{5}$ $\frac{4}{5}$ $\frac{7}{8}$ $\frac{1}{9}$ $\frac{9}{10}$ $\frac{1}{12}$ $\frac{5}{12}$ $1\frac{3}{8}$

2. 계산하여 정답을 로봇에서 찾아 ○표 해 보세요.

$\frac{1}{3}+\frac{7}{10}$

= ____________

= ____________

$\frac{2}{3}+\frac{1}{4}$

= ____________

= ____________

$\frac{4}{5}-\frac{3}{4}$

= ____________

= ____________

$\frac{1}{2}+\frac{3}{5}$

= ____________

= ____________

$\frac{9}{10}-\frac{3}{4}$

= ____________

= ____________

$2-\frac{5}{8}$

= ____________

= ____________

3. 공책에 계산하여 정답을 로봇에서 찾아 ○표 해 보세요.

$2\frac{2}{5}+1\frac{4}{5}$　　$5\frac{1}{2}-3\frac{3}{4}$　　$2\frac{1}{3}+2\frac{1}{2}$

$\frac{11}{12}$　$\frac{1}{20}$　$\frac{3}{20}$　$1\frac{3}{4}$　$1\frac{1}{6}$　$1\frac{3}{8}$　$1\frac{1}{10}$　$1\frac{1}{30}$　$2\frac{1}{4}$　$4\frac{1}{5}$　$4\frac{5}{6}$

4. 공책에 알맞은 식을 세워 답을 구한 후, 정답을 로봇에서 찾아 ○표 해 보세요.

❶ 반죽을 만들기 위해 밀가루 $2\frac{3}{4}$dL와 호밀가루 $1\frac{1}{2}$dL가 필요해요. 반죽에 필요한 가루는 모두 몇 dL일까요?

❷ 주스 통에 주스가 $1\frac{1}{2}$L 들어가요. 그중 $\frac{3}{4}$L를 마셨어요. 남은 주스는 몇 L일까요?

❸ 쇼핑 바구니에 탄산음료 $1\frac{1}{3}$L와 광천수 $4\frac{1}{2}$L가 들어 있어요. 쇼핑 바구니에 들어 있는 탄산음료와 광천수는 모두 몇 L일까요?

❹ 밀가루 9dL가 있어요. 그중 $3\frac{1}{4}$dL는 베리 파이에, $2\frac{1}{2}$dL는 팬케이크 반죽에 쓸 거예요. 남은 밀가루는 몇 dL일까요?

$\frac{3}{4}$ dL　$1\frac{1}{2}$ dL　$3\frac{1}{4}$ dL　$4\frac{1}{4}$ dL　$\frac{3}{4}$ L　$5\frac{5}{6}$ L

5. 계산하여 정답에 해당하는 알파벳을 빈칸에 써 보세요.

$\frac{3}{5}+\frac{1}{10}=$ ______ ☐

$1\frac{1}{2}+\frac{1}{4}=$ ______ ☐

$3\frac{4}{5}-2\frac{3}{5}=$ ______ ☐

$\frac{4}{5}+\frac{1}{10}=$ ______ ☐

$2\frac{1}{2}-\frac{3}{4}=$ ______ ☐

$1\frac{2}{5}-\frac{1}{2}=$ ______ ☐

$1\frac{1}{2}+2\frac{1}{2}=$ ______ ☐

$\frac{5}{9}+\frac{2}{3}=$ ______ ☐

$\frac{7}{10}$	$\frac{9}{10}$	$1\frac{3}{4}$	$1\frac{1}{5}$	$1\frac{2}{9}$	4
N	D	I	O	A	T

6. 아래 글을 읽고 알맞은 식을 세워 답을 구해 보세요.

❶ 올리, 비달, 트루디는 48유로를 나누어 가졌어요. 올리는 $\frac{3}{8}$을, 비달은 $\frac{1}{3}$을, 트루디가 나머지 돈을 가졌어요. 트루디가 가진 돈은 얼마일까요?

______

______

정답 : ______

❷ 돼지 저금통에 동전 54개가 있어요. 그중 $\frac{1}{3}$은 2유로짜리, $\frac{1}{6}$은 1유로짜리, $\frac{1}{9}$은 50센트짜리이고, 나머지는 20센트짜리 동전이에요. 돼지 저금통에 있는 동전은 모두 얼마일까요?

______

______

정답 : ______

7. 공책에 계산한 후, 정답을 로봇에서 찾아 ○표 해 보세요.

$2\frac{1}{4}+\frac{1}{2}-\frac{3}{4}$

$\frac{1}{12}+\frac{3}{4}+1\frac{7}{12}$

$\frac{2}{3}+\frac{3}{4}+\frac{2}{3}$

$3\frac{2}{3}-2\frac{1}{2}$

$1\frac{1}{2}+\left(2-\frac{1}{5}\right)$

$\left(\frac{1}{2}+\frac{5}{8}\right)+\left(\frac{17}{20}-\frac{3}{5}\right)$

$1\frac{1}{6}$ $1\frac{3}{8}$ $1\frac{1}{12}$ 2 $2\frac{1}{12}$ $2\frac{5}{12}$ $3\frac{3}{10}$ $3\frac{7}{12}$

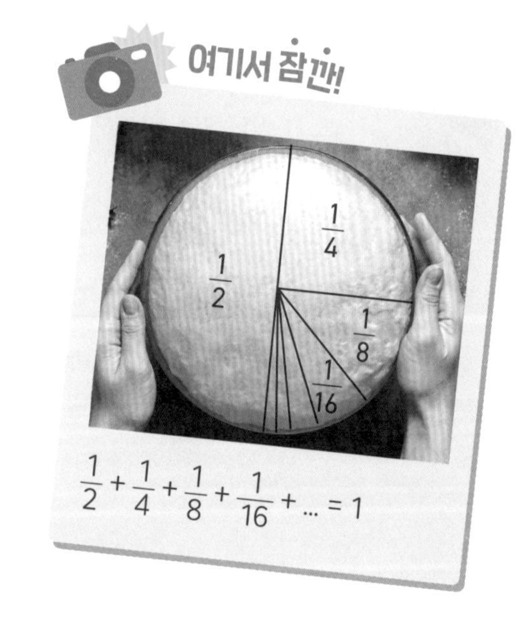

$\frac{1}{2}+\frac{1}{4}+\frac{1}{8}+\frac{1}{16}+\ldots=1$

8. 그림이 들어간 식을 보고 세 번째 그림의 값을 구해 보세요.

❶

$= \frac{3}{4}$

$= 2$

$=$ ______

❷

$= 1\frac{3}{5}$

$= \frac{9}{10}$

$=$ ______

❸

$= 2$

$= 1\frac{3}{10}$

$=$ ______

한 번 더 연습해요!

1. 계산해 보세요.

$\frac{8}{15} + \frac{1}{15}$

= ______

= ______

$\frac{7}{10} + \frac{2}{5}$

= ______

= ______

$2 - \frac{1}{2}$

= ______

= ______

$4\frac{1}{5} - 2\frac{3}{5}$

= ______

= ______

$\frac{5}{7} + \frac{3}{5}$

= ______

= ______

$\frac{7}{8} - \frac{1}{3}$

= ______

= ______

2. 아래 글을 읽고 공책에 알맞은 식을 세워 답을 구해 보세요.

❶ 주스를 만들기 위해 주스 농축액과 물이 총 $9\frac{3}{4}$dL 필요해요. 주스 농축액이 $1\frac{1}{2}$dL 있다면 필요한 물의 양은 몇 dL일까요?

❷ 그릇에 블루베리 4L가 담겨 있어요. 그중 $2\frac{1}{5}$L를 냉동하고 $1\frac{3}{10}$L를 파이에 넣었어요. 남은 블루베리는 몇 L일까요?

___월 ___일 ___요일

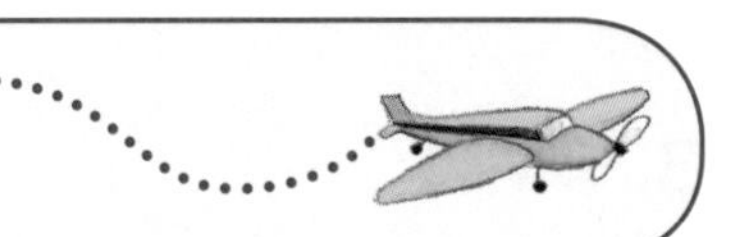

19 분수의 곱셈과 나눗셈

계산하기 전에 먼저
대분수를 가분수로 바꾸세요.

곱셈

$$5 \times \frac{3}{10} = \frac{5 \times 3}{10} = \frac{15^{(5}}{10} = \frac{3}{2} = 1\frac{1}{2}$$

$$3 \times 2\frac{3}{4} = 3 \times \frac{11}{4} = \frac{3 \times 11}{4} = \frac{33}{4} = 8\frac{1}{4}$$

- 분모는 그대로 두고 분자에만 자연수를 곱해요.

나눗셈

$$\frac{8}{15} \div 4 = \frac{8}{15 \times 4} = \frac{8^{(4}}{60} = \frac{2}{15}$$

$$2\frac{1}{2} \div 10 = \frac{5}{2} \div 10 = \frac{5}{2 \times 10} = \frac{5^{(5}}{20} = \frac{1}{4}$$

- 나누는 수를 분수의 분모에 곱해요.
- 분자는 그대로 두어요.

1. 계산한 후, 정답을 로봇에서 찾아 ○표 해 보세요.

$8 \times \frac{1}{10}$

= ________

= ________

$5 \times \frac{3}{5}$

= ________

= ________

$8 \times \frac{3}{7}$

= ________

= ________

2. 계산한 후, 정답을 로봇에서 찾아 ○표 해 보세요.

$5 \times 1\frac{1}{3}$

= ________

= ________

= ________

$3 \times 2\frac{2}{5}$

= ________

= ________

= ________

$4 \times 1\frac{1}{2}$

= ________

= ________

= ________

$\frac{4}{5}$ $1\frac{1}{5}$ 3 $3\frac{3}{7}$ $3\frac{5}{7}$ 6 $6\frac{2}{3}$ $7\frac{1}{5}$

3. 계산한 후, 정답을 로봇에서 찾아 ○표 해 보세요.

$\frac{1}{4} \div 3$	$\frac{8}{9} \div 4$	$\frac{5}{6} \div 3$
= ________	= ________	= ________
= ________	= ________	= ________
$2\frac{1}{2} \div 3$	$6\frac{1}{4} \div 5$	$4\frac{4}{5} \div 2$
= ________	= ________	= ________
= ________	= ________	= ________
= ________	= ________	= ________

$\frac{5}{6}$ $\frac{2}{9}$ $\frac{7}{10}$ $\frac{1}{12}$ $\frac{5}{18}$ $1\frac{1}{4}$ $2\frac{1}{4}$ $2\frac{2}{5}$

4. 아래 글을 읽고 공책에 계산한 후, 정답을 로봇에서 찾아 ○표 해 보세요.

❶ 주스가 5병 있어요. 1병에 주스가 $\frac{9}{10}$L씩 들어 있어요. 주스 병에 있는 주스는 모두 몇 L일까요?

❷ 우유 팩에 우유가 $1\frac{1}{2}$L 들어 있어요. 우유 팩 4개를 산다면 우유는 모두 몇 L일까요?

❸ 샐리는 주스 $3\frac{1}{2}$L를 5통에 똑같이 나누어 담았어요. 1통에 들어가는 주스의 양은 몇 L일까요?

❹ 레니와 친구 2명은 물 $2\frac{1}{4}$L를 똑같이 나누었어요. 각자 가진 물의 양은 몇 L일까요?

❺ 아모스는 $\frac{1}{2}$L짜리 주스병 3개를 큰 용기에 함께 담은 후, 주스를 4컵에 똑같이 나누어 따랐어요. 1컵에 담긴 주스의 양은 몇 L일까요?

❻ 물병에 물 2L가 담겨 있어요. 그중 $\frac{4}{5}$L를 마신 후, 남은 물을 3컵에 똑같이 나누어 따랐어요. 1컵에 담긴 물의 양은 몇 L일까요?

$\frac{3}{4}$L $\frac{2}{5}$L $\frac{4}{5}$L $\frac{3}{8}$L $\frac{7}{10}$L $4\frac{1}{2}$L $5\frac{3}{5}$L 6L

더 생각해 보아요!

x값을 구해 보세요.

$4\frac{2}{5} \times x = 1$ x = ________

5. 정답을 따라 길을 찾은 후, 길 위의 알파벳을 모아 보세요. 알렉은 무엇을 공부했을까요?

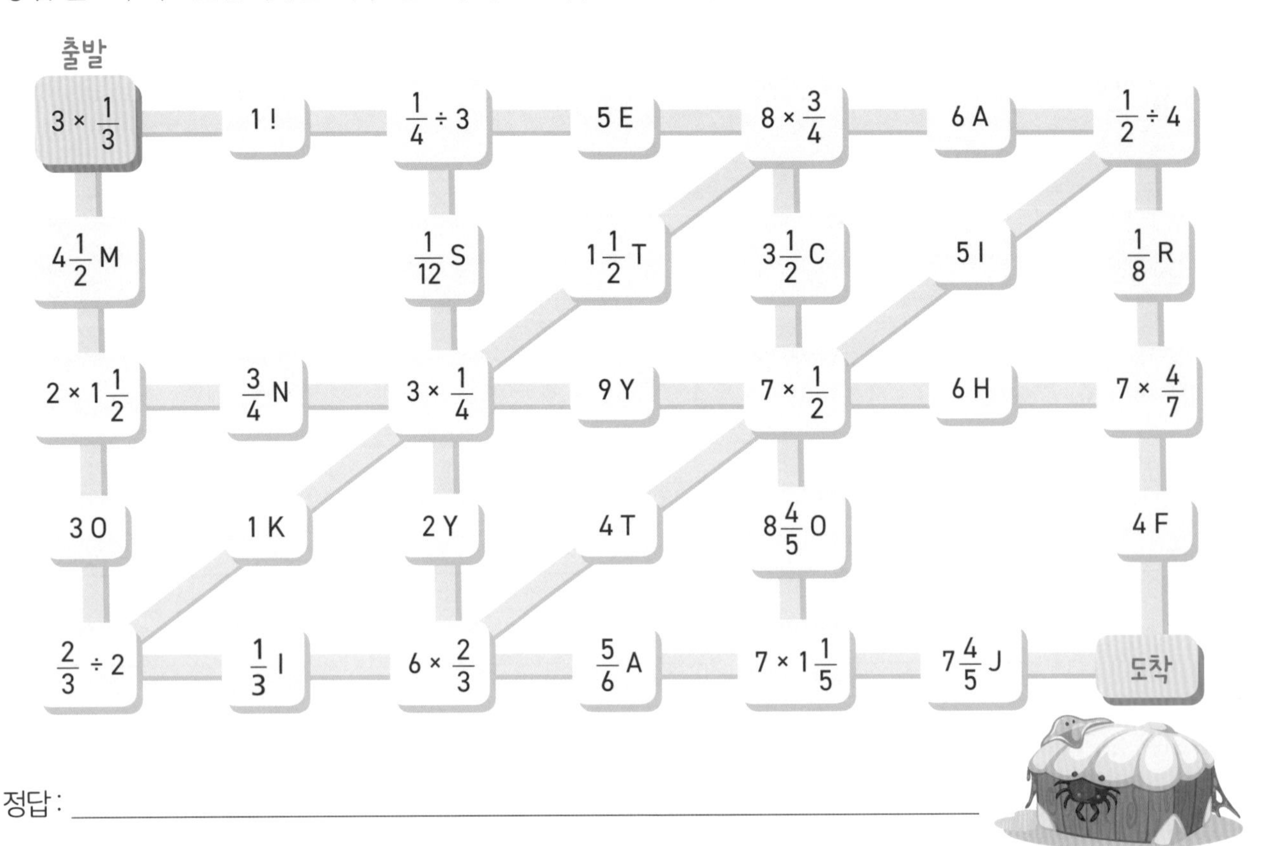

정답 : ______________________________

6. 아래 글을 읽고 공책에 답을 구해 보세요.

❶ 영화관에 관람객 64명이 있어요. 그중 $\frac{5}{8}$는 아이이고 나머지는 성인이에요. 영화관에 성인은 몇 명일까요?

❷ 하루 동안 360명이 수영장을 방문했어요. 그중 $\frac{5}{9}$는 수중 에어로빅에, $\frac{1}{4}$은 수영 강습에 참여했으며 나머지는 수영 단체 연습을 했어요. 수영 단체 연습에 참여한 사람은 몇 명일까요?

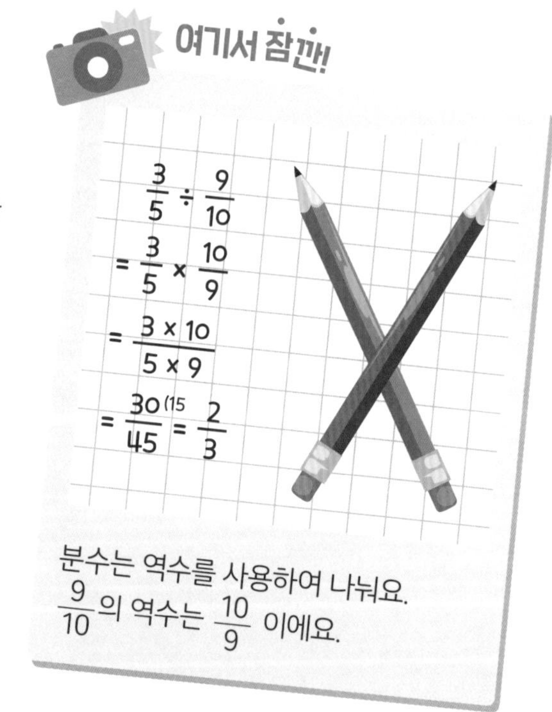

여기서 잠깐!
$\frac{3}{5} \div \frac{9}{10}$
$= \frac{3}{5} \times \frac{10}{9}$
$= \frac{3 \times 10}{5 \times 9}$
$= \frac{30}{45} = \frac{2}{3}$ (15
분수는 역수를 사용하여 나눠요.
$\frac{9}{10}$의 역수는 $\frac{10}{9}$ 이에요.

7. 니나와 버논은 같은 금액의 돈을 가지고 있어요. 니나는 자신이 가진 돈의 $\frac{1}{5}$을, 버논은 자신이 가진 돈의 $\frac{1}{4}$을 재커리에게 주었어요. 버논이 준 돈은 니나가 준 돈보다 6유로 더 많아요. 버논이 처음에 가지고 있었던 돈은 얼마일까요?

8. 공책에 계산한 후, 정답을 로봇에서 찾아 ○표 해 보세요.

$3 \times \frac{1}{6} - \frac{1}{2}$　　$1\frac{1}{6} + 2 \times 1\frac{5}{6}$　　$4 + 16 \times \frac{1}{8}$

$3 \times \frac{3}{4} - \frac{1}{4}$　　$3 \times \left(2 - 1\frac{2}{3}\right)$　　$4 \times 1\frac{1}{4} + 2 \times 1\frac{3}{4}$

0　1　2　3　$4\frac{5}{6}$　$5\frac{1}{2}$　6　$8\frac{1}{2}$

9. 계산해 보세요.

❶ 3에 2와 $1\frac{2}{5}$의 곱을 더하세요.

❷ $1\frac{2}{5}$와 $\frac{1}{2}$의 차를 3으로 나누세요.

한 번 더 연습해요!

1. 계산해 보세요.

$6 \times \frac{2}{5}$

= ______________

= ______________

$\frac{2}{3} \div 3$

= ______________

= ______________

$\frac{6}{7} \div 3$

= ______________

= ______________

$4 \times 5\frac{1}{2}$

= ______________

= ______________

= ______________

$4 \times 2\frac{1}{3}$

= ______________

= ______________

= ______________

$4\frac{1}{2} \div 4$

= ______________

= ______________

= ______________

2. 아래 글을 읽고 공책에 계산해 보세요.

❶ 로렌스는 물 $5\frac{1}{3}$L를 4병에 똑같이 나누어 담았어요. 1병에 담긴 물은 몇 L일까요?

❷ 냉장고에 $\frac{1}{2}$L들이 탄산음료 5병이 있어요. 그중 $1\frac{3}{4}$L를 마셨어요. 남은 탄산음료는 몇 L일까요?

실력을 평가해 봐요!

_____ 월 _____ 일 _____ 요일

1. 오른쪽 좌표평면을 이용하여 답을 구해 보세요.

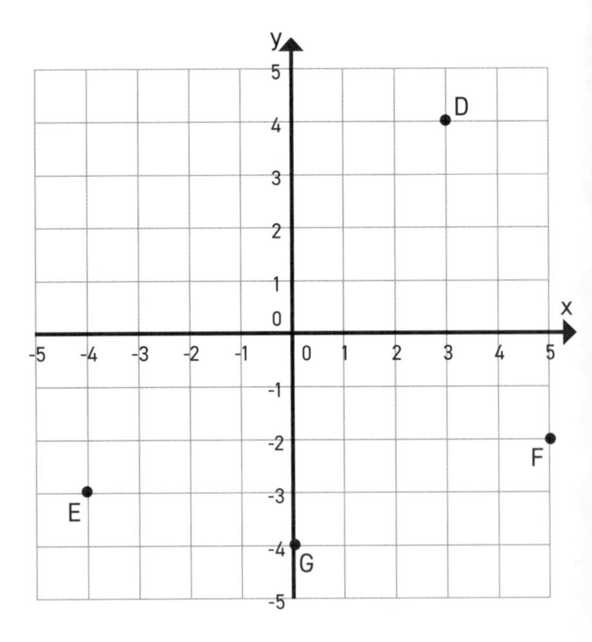

❶ 좌표평면에 점 A(1, 2), B(-1, 4), C(-3, 1)를 표시해 보세요.

❷ 삼각형 ABC를 그려 보세요.

❸ 삼각형 ABC를 아래로 3칸 이동해 보세요.

❹ 점 D, E, F, G의 좌표를 써 보세요.

D(____ , ____) E(____ , ____)

F(____ , ____) G(____ , ____)

2. 파란색 도형을 돌린 것을 모두 찾아 ○표 해 보세요.

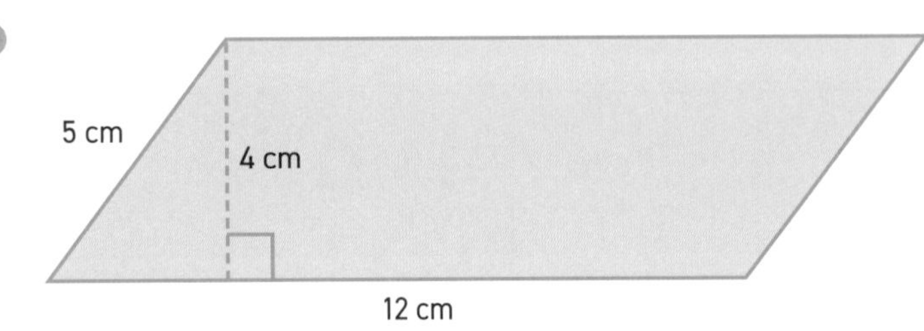

3. 계산해 보세요.

❶

5 cm

4 cm

12 cm

둘레 = ______________________

넓이 = ______________________

❷

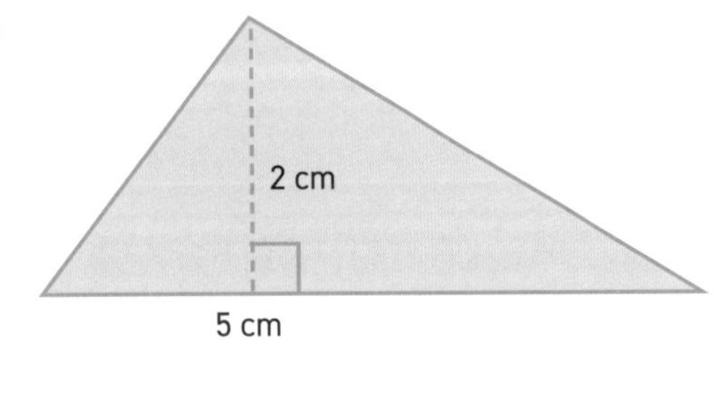

넓이 = ______________________

4. 계산해 보세요.

3×6.4

5×24

12×1.5

13×23

40×1.3

25×14

5. 계산하여 자연수나 소수로 나타내 보세요.

$\frac{129}{3} =$ ______

$\frac{144}{18} =$ ______

$\frac{126}{5} =$ ______

$\frac{156}{8} =$ ______

6. 계산해 보세요.

$\frac{1}{2} + 3 \times \frac{1}{4} =$ ______

$\frac{5}{12} + 2\frac{1}{3} \div 4 =$ ______

실력이 자란 만큼 별을 색칠하세요.

 정말 잘했어요.

 꽤 잘했어요.

 앞으로 더 노력할게요.

단원 종합 문제

____ 월 ____ 일 ____ 요일

1. 오른쪽 좌표평면을 이용하여 답을 구해 보세요.

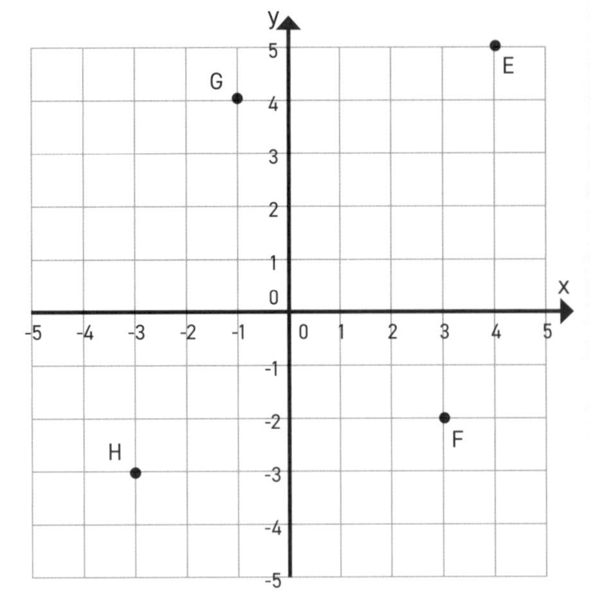

❶ 좌표평면에 점 A(3, 1), B(-1, 0), C(0, -2), D(5, -4)를 표시해 보세요.

❷ 사각형 ABCD를 그려 보세요.

❸ 사각형 ABCD를 왼쪽으로 4칸 이동해 보세요.

❹ 점 E, F, G, H의 좌표를 써 보세요.

E(____ , ____)　F(____ , ____)

G(____ , ____)　H(____ , ____)

2. 오른쪽 삼각형의 둘레와 넓이를 구해 보세요.

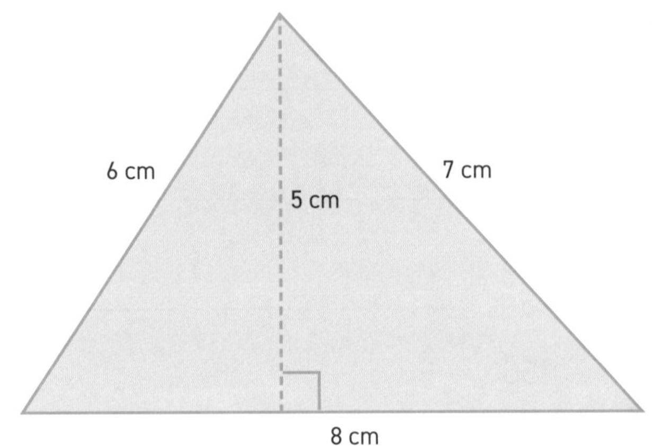

❶

둘레 = ____________________

❷

넓이 = ____________________

3. 계산해 보세요.

$69 - 11 \times 6$　　$3 \times (2.1 + 5.2)$　　12×35

____

____

4. 계산해 보세요.

$\frac{135}{3}$ = ____________________

$\frac{64}{16}$ = ____________________

5. 오른쪽 좌표평면을 이용하여 답을 구해 보세요.

❶ A (-3, -4), B(-2, 1), C (1, -1)을 꼭짓점으로 하는 삼각형 ABC를 그려 보세요.

❷ 삼각형 ABC를 위로 4칸, 오른쪽으로 3칸 이동해 보세요.

❸ 이동한 삼각형의 좌표를 써 보세요.

A(____ , ____) B(____ , ____) C(____ , ____)

6. 아래 다각형의 둘레와 넓이를 구해 보세요.

❶

둘레 = ________________

❷

넓이 = ________________

8 cm
8 cm
7 cm
7 cm
7 cm
17 cm

7. 계산해 보세요.

6.9 + 4 × 12.4

12 × 800

25 × 45

8. 아래 글을 읽고 알맞은 식을 세워 답을 구해 보세요.

❶ 현금 출납기에 5유로 지폐로 총 495유로가 들어 있어요. 현금 출납기에 있는 5유로 지폐는 모두 몇 장일까요?

정답 : ________________

❷ 가격이 같은 공 32개가 총 288유로예요. 공 1개의 가격은 얼마일까요?

정답 : ________________

9. 오른쪽 좌표평면을 이용하여 답을 구해 보세요.

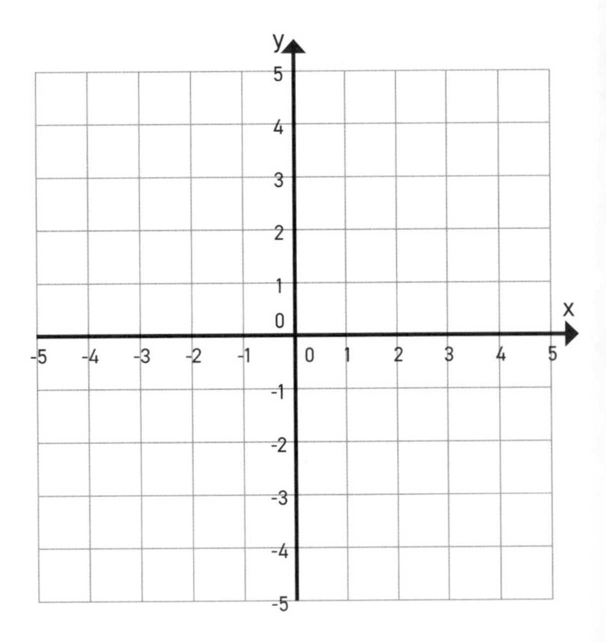

❶ A (1, -2), B(-5, 4), C (1, 3), D(-4, -2), E (2, 1)는 모두 집의 좌표이고 1칸의 길이는 1km예요. 집과 집 사이의 거리가 5km 떨어진 집들을 써 보세요.

____

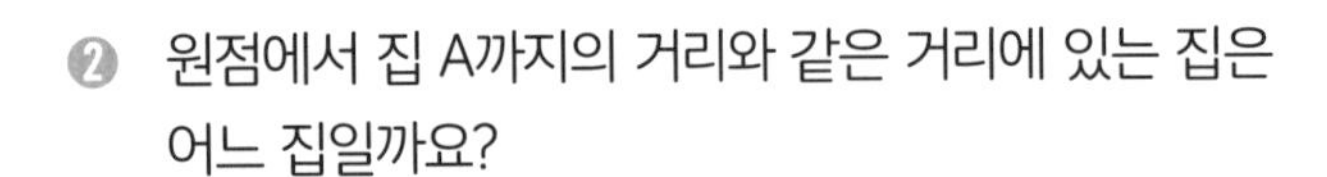

❷ 원점에서 집 A까지의 거리와 같은 거리에 있는 집은 어느 집일까요?

____

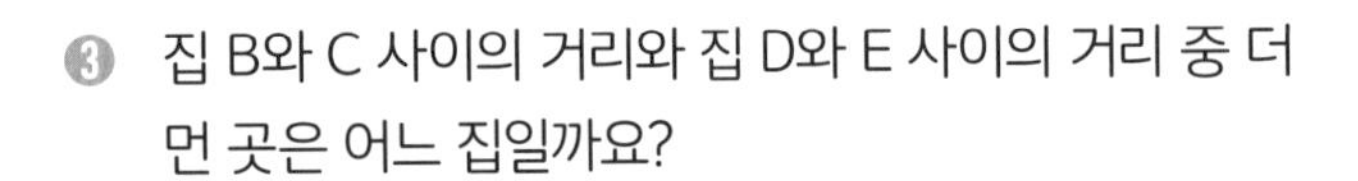

❸ 집 B와 C 사이의 거리와 집 D와 E 사이의 거리 중 더 먼 곳은 어느 집일까요?

____

10. 아래 질문에 답해 보세요.

직사각형 KLMN의 꼭짓점은 K(-1, -1), L(3, -1), M(3, 1), N(-1, 1)이에요. 점 N은 그대로 두고 이 직사각형을 돌렸어요.

❶ 180° 돌렸을 때 점 K, L, M의 새로운 좌표를 빈칸에 써 보세요.

K(___ , ___) L(___ , ___) M(___ , ___)

❷ 시계 반대 방향으로 90° 돌렸을 때 점 K, L, M의 새로운 좌표를 빈칸에 써 보세요.

K(___ , ___) L(___ , ___) M(___ , ___)

11. 방바닥을 모두 덮을 수 있도록 아래 깔개를 부분으로 나누어 보세요. 단, 방바닥의 가운데에 책장이 있고 책장 밑으로 깔개를 깔 수 없어요.

깔개

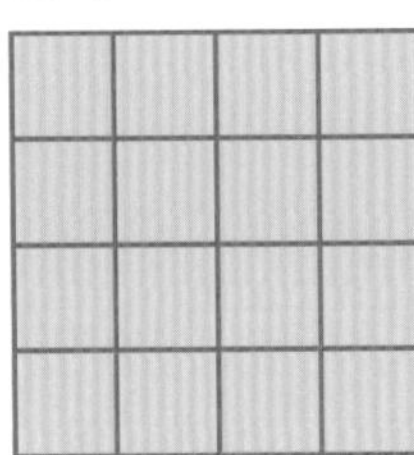

방바닥

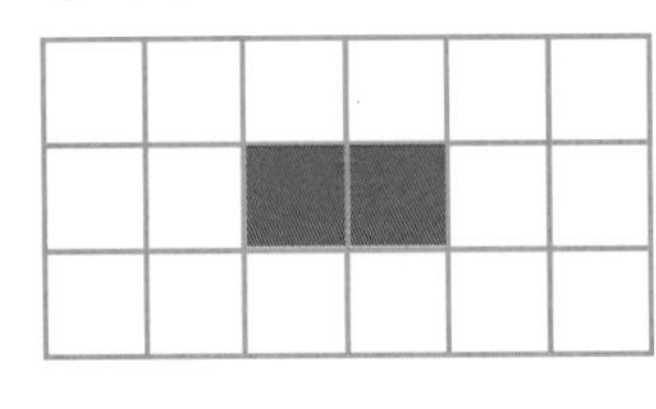

12. 그림의 직사각형은 세 부분으로 나뉘어 있어요. 이 직사각형의 가로는 높이보다 길어요. 가로값과 세로값을 다양하게 대입하여 파란색 부분과 노란색 부분 중 어느 부분이 더 클지 생각해 보세요.

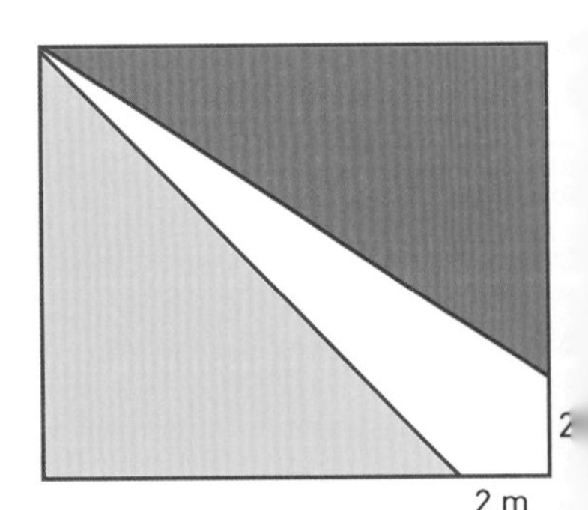

단원 정리

____ 월 ____ 일 ____ 요일

★ 좌표평면, 밀기와 돌리기

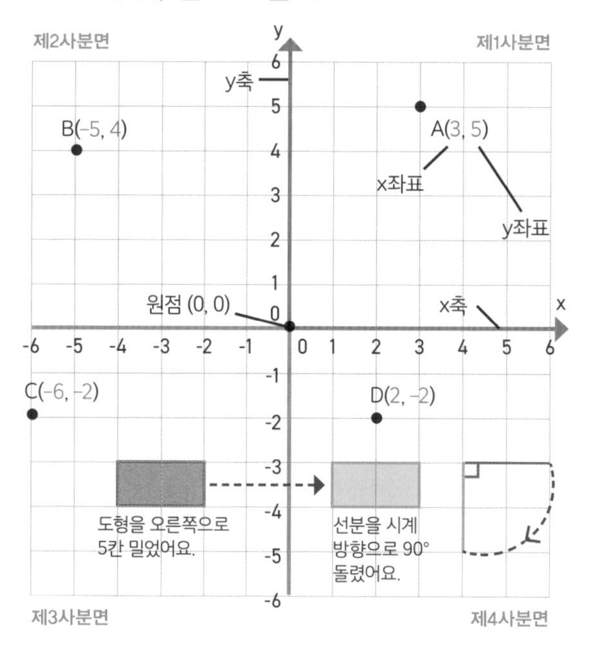

★ 다각형의 둘레

다각형의 변의 길이를 모두 합하여 다각형의 둘레를 계산할 수 있어요.

★ 다각형의 넓이

직사각형	넓이 = 가로 길이 x 세로 길이
평행사변형	넓이 = 밑변 x 높이
삼각형	넓이 = $\frac{밑변 \times 높이}{2}$

★ 혼합 계산의 순서

1. 괄호 안의 식
2. 곱셈과 나눗셈을 왼쪽에서 오른쪽 순으로
3. 덧셈과 뺄셈을 왼쪽에서 오른쪽 순으로

★ 곱셈

자릿수별로 분해하기

4×66
$= 4 \times 60 + 4 \times 6$
$= 240 + 24$
$= 264$

15×12
$= 10 \times 12 + 5 \times 12$
$= 120 + 60$
$= 180$

인수 분해하기

40×12
$= 10 \times 4 \times 12$
$= 10 \times 48$
$= 480$

16×35
$= 2 \times 8 \times 5 \times 7$
$= 2 \times 5 \times 8 \times 7$
$= 10 \times 56 = 560$

★ 나눗셈

자릿수별로 분해하기

$\frac{284}{2}$
$= \frac{200}{2} + \frac{80}{2} + \frac{4}{2}$
$= 100 + 40 + 2 = 142$

부분으로 나누어 계산하기

$\frac{375}{5}$
$= \frac{350}{5} + \frac{25}{5}$
$= 70 + 5 = 75$

약분하여 계산하기

$\frac{128}{12}{}^{(2} = \frac{64}{6}{}^{(2} = \frac{32}{3} = 10\frac{2}{3}$

★ 분수의 계산

덧셈과 뺄셈

- 분모가 다른 분수를 통분하여 분모가 같게 만들어요.
- 분자끼리 덧셈이나 뺄셈을 계산해요.
- 분모는 그대로 두어요.

자연수 곱하기

- 자연수를 분자에만 곱하세요.
- 분모는 그대로 두어요.

자연수로 나누기

- 분수의 분모에 자연수를 곱해요.
- 분자는 그대로 두어요.

학습 자가 진단

학습 태도

	그렇지 못해요.	때때로 그래요.	자주 그래요.	항상 그래요.
수업 시간에 적극적이에요.	☐	☐	☐	☐
학습에 집중해요.	☐	☐	☐	☐
친구들과 협동해요.	☐	☐	☐	☐
숙제를 잘해요.	☐	☐	☐	☐

학습 목표

학습하면서 만족스러웠던 부분은 무엇인가요?

어떻게 실력을 향상할 수 있었나요?

____

____

____

학습 성과

	아직 익숙하지 않아요.	연습이 더 필요해요.	괜찮아요.	꽤 잘해요.	정말 잘해요.
• 좌표평면에 점을 표시할 수 있어요.	○	○	○	○	○
• 도형을 밀고 돌릴 수 있어요.	○	○	○	○	○
• 다각형의 둘레를 계산할 수 있어요.	○	○	○	○	○
• 직사각형, 평행사변형, 삼각형의 넓이를 계산할 수 있어요.	○	○	○	○	○
• 곱셈과 나눗셈을 다양한 방법으로 계산할 수 있어요.	○	○	○	○	○
• 분수와 대분수가 있는 식을 계산할 수 있어요.	○	○	○	○	○
• 혼합 계산의 순서를 이해할 수 있어요.	○	○	○	○	○

이번 단원에서 가장 쉬웠던 부분은 ______________________________예요.

이번 단원에서 가장 어려웠던 부분은 ______________________________예요.

함께 해봐요!

___월 ___일 ___요일

계산기를 이용해요

21 만들기

친구 또는 부모님과 함께 계산기 1개를 가지고 놀이해 보세요.
5번 중 3번을 먼저 이긴 사람이 놀이에서 이겨요.

- 0에서 시작하세요.
- 순서를 정해 번갈아 가면서 계산기의 수에 1이나 2 또는 3을 더해 보세요.
- 정확히 21을 만드는 사람이 이겨요.

0 만들기

친구 또는 부모님과 함께 계산기 1개로 놀이해 보세요.
5번 중 3번을 먼저 이긴 사람이 놀이에서 이겨요.

- 23에서 시작하세요.
- 순서를 정해 번갈아 가면서 계산기의 수에 1이나 2 또는 3을 빼 보세요.
- 정확히 0을 만드는 사람이 이겨요.

정답 찾기

친구 또는 부모님과 함께 계산기 2개로 놀이해 보세요. 두 사람이 가능한 한 빨리 정답을 찾는 놀이에요. 각 계산식의 정답을 먼저 찾는 사람이 1점을 얻어요. 해는 x값을 말해요.

❶ 같은 수를 두 번 곱하여 289가 나오는 수는 어떤 수일까요? x = ________

❷ 방정식 $x \times x = 324$의 해는 무엇일까요? x = ________

❸ 방정식 $x \times x = 15625$의 해는 무엇일까요? x = ________

❹ 방정식 $x \times x = 1.69$의 해는 무엇일까요? x = ________

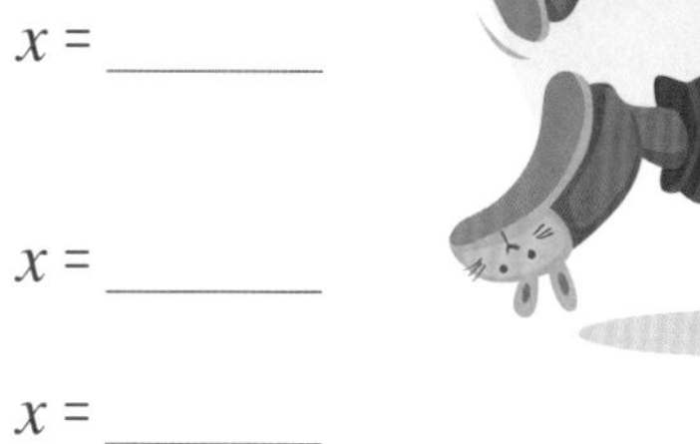

❺ 부등식 $x \times x < 1000$을 만족하는
가장 큰 두 자리 소수 x는 무엇일까요? x = ________

❻ 방정식 $8 \times x = 1$의 해는 무엇일까요? x = ________

❼ 방정식 $1 \div x = 4$의 해는 무엇일까요? x = ________

❽ 부등식 $5 \times x + 4 > 15$를 만족하는
가장 작은 소수 x는 무엇일까요? x = ________

____ 월 ____ 일 ____ 요일

1. 그림을 보고 아래 문제의 확률을 분수로 나타내 보세요.
오른쪽 그림에서 공 1개를 무작위로 골랐어요.

❶ 공이 빨간색일 확률은 얼마일까요?

____

❷ 공이 노란색일 확률은 얼마일까요?

____

❸ 공이 회색일 확률은 얼마일까요?

____

❹ 공이 노란색이나 빨간색일 확률은 얼마일까요?

____

❺ 공이 회색이나 파란색 또는 빨간색일 확률은 얼마일까요?

____

❻ 공이 회색이 아닐 확률은 얼마일까요?

____

2. 상자에 구슬 100개가 들어 있어요. 그중 36개는 빨간색, 29개는 초록색, 35개는 파란색이에요. 닉이 구슬 1개를 골랐어요. 확률을 %로 나타내 보세요.

❶ 닉이 고른 구슬이 초록색일 확률은 얼마일까요?

____

❷ 닉이 고른 구슬이 파란색일 확률은 얼마일까요?

____

❸ 닉이 고른 구슬이 빨간색이거나 파란색일 확률은 얼마일까요?

____

❹ 닉이 고른 구슬이 파란색이 아닐 확률은 얼마일까요?

____

3. 아래 사건이 불가능한 사건, 가능한 사건, 반드시 일어나는 사건 중 어느 것인지 빈칸에 써 보세요.

지갑에 2유로 동전 3개, 1유로 동전 1개, 20센트 동전 2개가 들어 있어요. 눈을 감고 지갑에서 동전 1개를 꺼냈어요.

❶ 꺼낸 동전이 2유로 동전이에요.

____

❷ 꺼낸 동전이 50센트 동전이에요.

____

❸ 꺼낸 동전이 1유로 또는 20센트 동전이에요.

____

❹ 꺼낸 동전이 2유로나 1유로 또는 20센트 동전이에요.

____

4. 점심 메뉴 3가지와 후식 메뉴 2가지가 있어요. 점심과 후식의 조합은 몇 가지가 있을까요?

________________ 정답 : ________

5. 알맞은 식을 세워 답을 구해 보세요.

❶ 고양이 2마리가 줄을 서는 방법

____

정답 : ______________________

❷ 말 4마리가 줄을 서는 방법

____

정답 : ______________________

❸ 개 5마리가 줄을 서는 방법

____

정답 : ______________________

6. x 대신 어떤 수를 쓸 수 있을까요? 정답을 로봇에서 찾아 ○표 해 보세요.

$x + 12 = 30$

$x =$ ____________

$45 + x = 61$

$x =$ ____________

$x - 27 = 45$

$x =$ ____________

$92 - x = 64$

$x =$ ____________

$5 \times x = 100$

$x =$ ____________

$x \times 8 = 56$

$x =$ ____________

$x \div 3 = 23$

$x =$ ____________

$72 \div x = 18$

$x =$ ____________

4 7 11 16 18 20 26 28 69 72

7. 아래 부등식을 만족하는 정수는 무엇일까요? 수직선을 이용해도 좋아요.

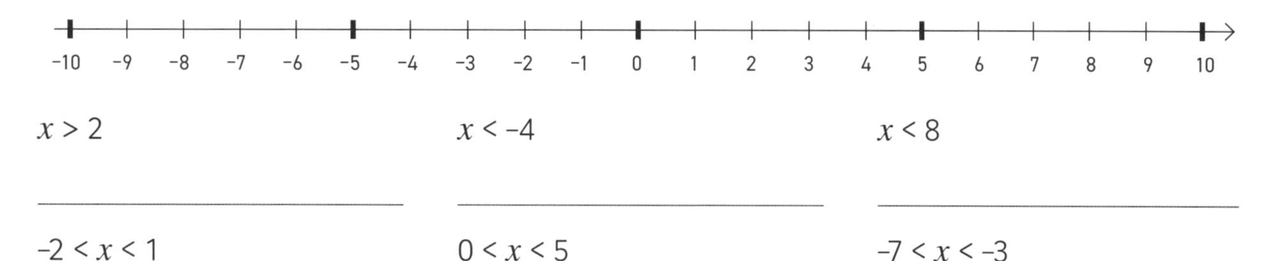

$x > 2$

____

$x < -4$

____

$x < 8$

____

$-2 < x < 1$

____

$0 < x < 5$

____

$-7 < x < -3$

____

더 생각해 보아요!

상자에 있는 공 중 2%가 파란색이에요. 바구니에 있는 공 중 8%가 파란색이에요. 바구니에 상자보다 공이 100% 더 많아요. 파란색 공은 전체의 몇 %일까요?

____

8. 다트판은 크기가 같은 부분 10개로 나뉘어 있어요. 셀마가 다트 1개를 다트판에 던졌어요. 확률을 기약분수와 %로 나타내 보세요.

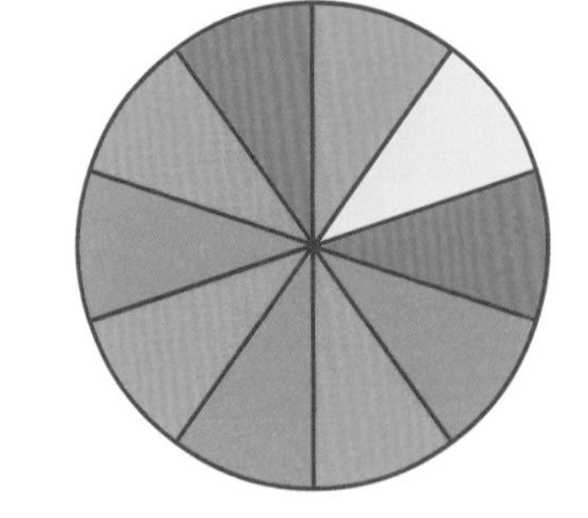

❶ 다트가 노란색 부분에 꽂힐 확률은 얼마일까요? ________ = _____%

❷ 다트가 파란색 부분에 꽂힐 확률은 얼마일까요? ________ = _____%

❸ 다트가 주황색이나 초록색 부분에 꽂힐 확률은 얼마일까요? ________ = _____%

❹ 다트가 초록색이나 노란색 부분에 꽂힐 확률은 얼마일까요? ________ = _____%

❺ 다트가 초록색이나 파란색 부분에 꽂힐 확률은 얼마일까요? ________ = _____%

❻ 다트가 초록색이 아닌 부분에 꽂힐 확률은 얼마일까요? ________ = _____%

9. 상자의 무게는 최소 몇 kg일까요? 부등식으로 나타내 보세요.

❶

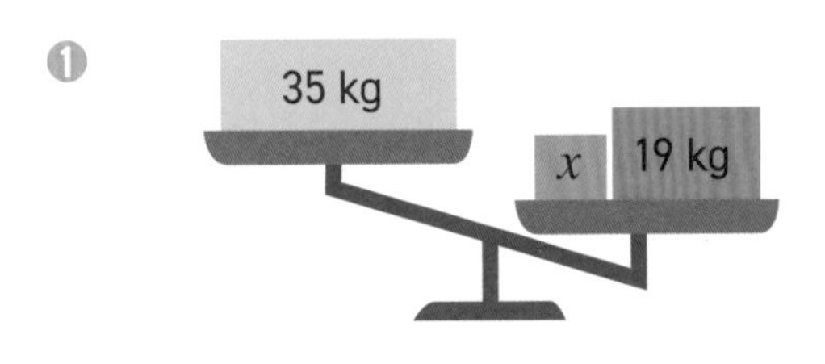

____

❷

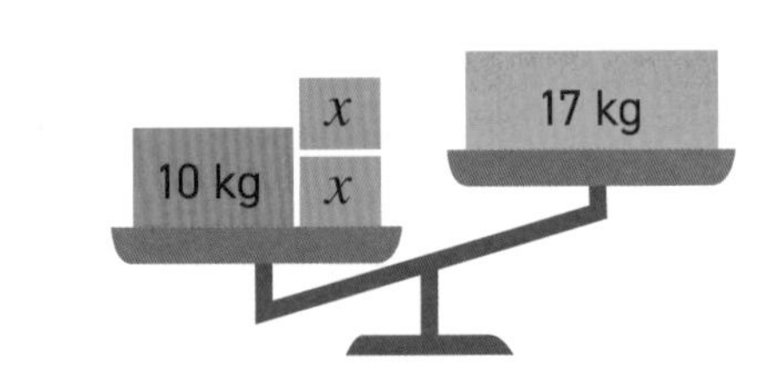

____

10. 방정식을 세워 x의 길이를 구해 보세요.

❶

x	x	x	x	x
65 m				

____

x = ________

❷

x	x
5.6 m	

____

x = ________

❸

3.2 m	x	x	x
7.7 m			

____

x = ________

❹

x	2.8 m	x
4.0 m		

____

x = ________

11. 아래 단서를 읽고 답을 구해 보세요.

로렌스는 면이 8개인 특별한 주사위를 한 번 굴렸어요. 아래 단서를 읽고 주사위 면에 어떤 숫자가 있는지 알아맞혀 보세요. 같은 숫자가 여러 면에 있을 수 있어요.

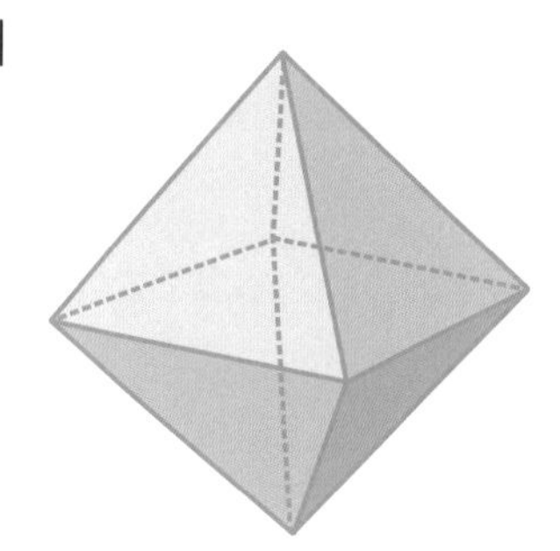

- 주사위를 굴려서 나온 눈이 9가 될 확률은 25%예요.
- 주사위를 굴려서 나온 눈이 7이나 4가 될 확률은 50%예요.
- 주사위를 굴려서 나온 눈이 5나 9가 될 확률은 50%예요.
- 4가 있는 면이 5가 있는 면보다 1개 적어요.

❶ 4가 있는 면은 몇 개일까요? ❷ 5가 있는 면은 몇 개일까요? ❸ 7이 있는 면은 몇 개일까요?

한 번 더 연습해요!

1. 아서가 주사위를 한 번 굴렸어요. 확률을 분수나 자연수로 나타내 보세요.

❶ 주사위의 눈이 1이 될 확률은 얼마일까요?

❷ 주사위의 눈이 2나 6이 될 확률은 얼마일까요?

❸ 주사위의 눈이 6보다 클 확률은 얼마일까요?

❹ 주사위의 눈이 3, 4 또는 6이 될 확률은 얼마일까요?

❺ 주사위의 눈이 0이 될 확률은 얼마일까요?

❻ 주사위의 눈이 1, 2, 3, 4, 5 또는 6이 될 확률은 얼마일까요?

2. 아래 부등식을 만족하는 정수는 무엇일까요? 수직선을 이용해도 좋아요.

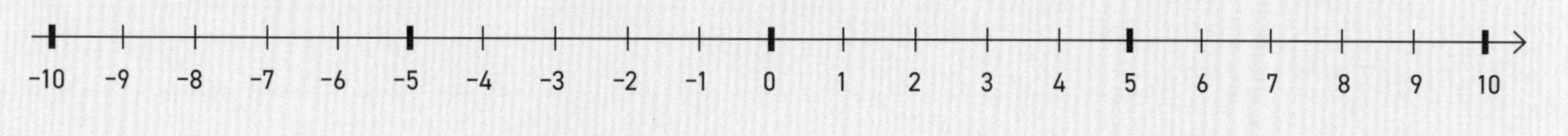

$x < 3$ $x > -2$ $x < -6$

$-2 < x < 3$ $2 < x < 6$ $-4 < x < 0$

주사위 눈의 합

인원 : 2명 준비물 : 주사위 2개, 119쪽 활동지

10										
5										
2	3	4	5	6	7	8	9	10	11	12

놀이 방법

1. 한 명은 교재를, 다른 한 명은 활동지를 이용하세요.
2. 순서를 정해 주사위를 굴리세요.
3. 나온 주사위 눈의 합을 구하여 표의 해당하는 수에 X표 해 보세요. 주사위 눈의 합이 일정하게 10번 나올 때까지 놀이를 계속해요.

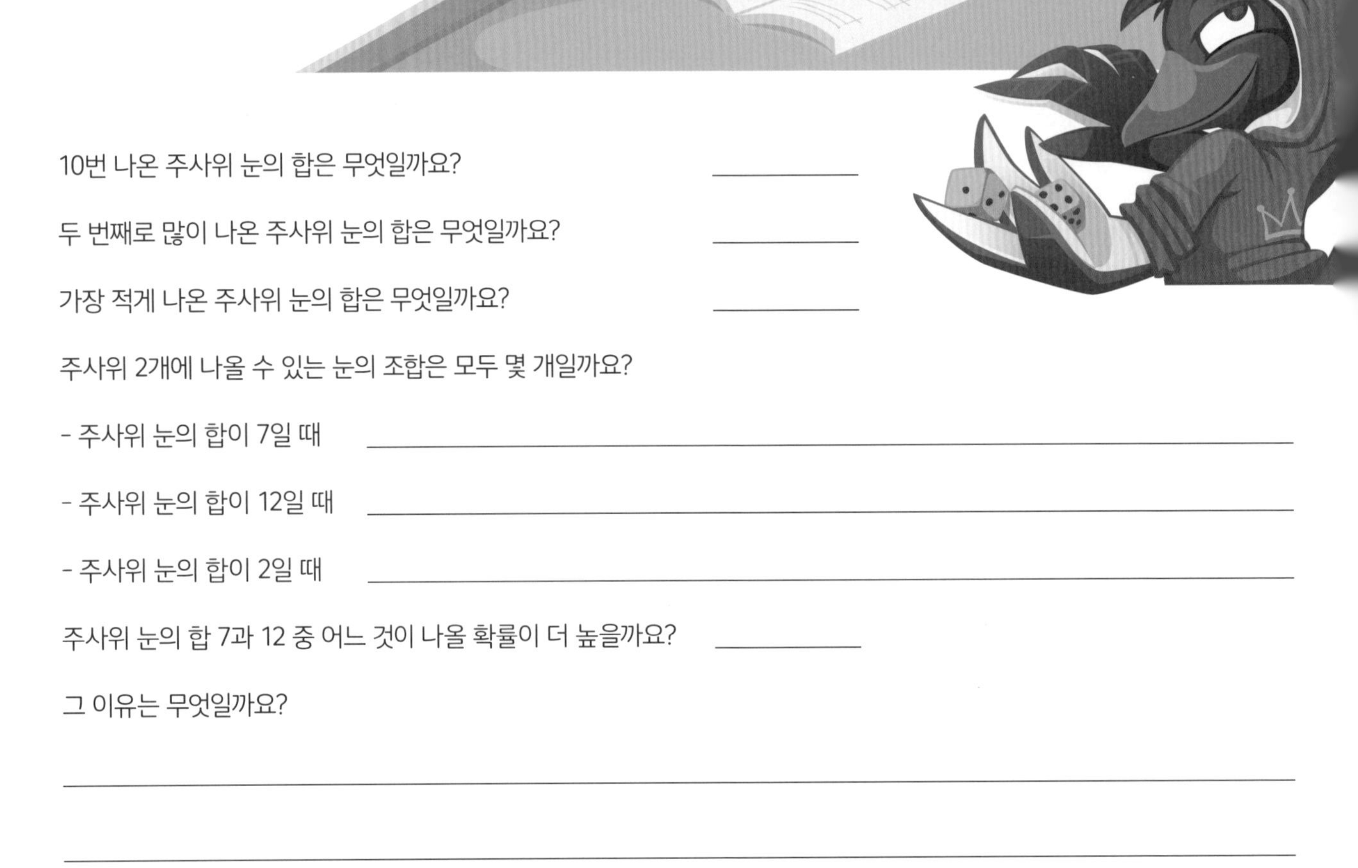

10번 나온 주사위 눈의 합은 무엇일까요? ________

두 번째로 많이 나온 주사위 눈의 합은 무엇일까요? ________

가장 적게 나온 주사위 눈의 합은 무엇일까요? ________

주사위 2개에 나올 수 있는 눈의 조합은 모두 몇 개일까요?

- 주사위 눈의 합이 7일 때 ________________

- 주사위 눈의 합이 12일 때 ________________

- 주사위 눈의 합이 2일 때 ________________

주사위 눈의 합 7과 12 중 어느 것이 나올 확률이 더 높을까요? ________

그 이유는 무엇일까요?

____

____

주사위 경주

인원 : 2명　준비물 : 주사위 2개

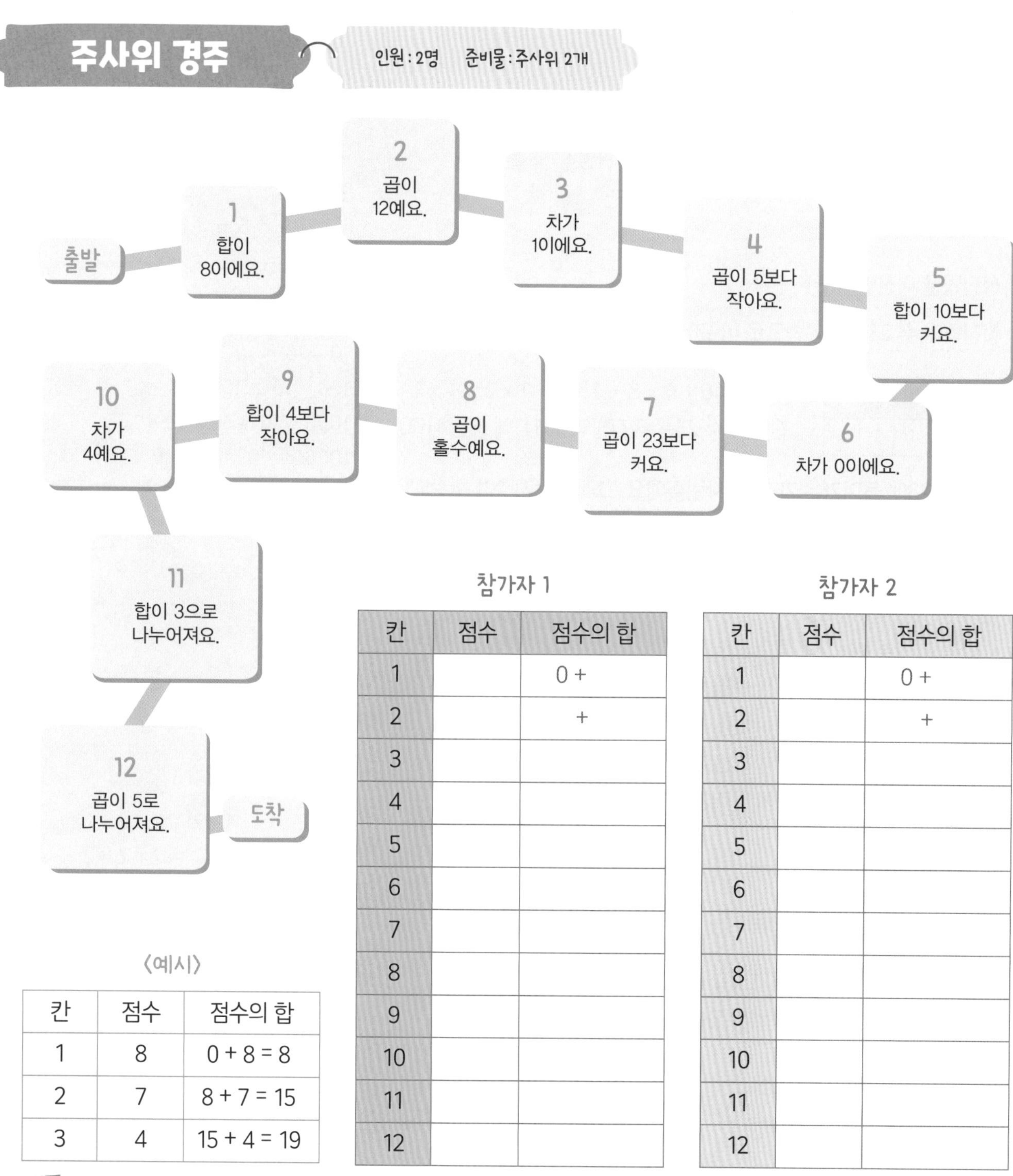

〈예시〉

칸	점수	점수의 합
1	8	0 + 8 = 8
2	7	8 + 7 = 15
3	4	15 + 4 = 19

참가자 1

칸	점수	점수의 합
1		0 +
2		+
3		
4		
5		
6		
7		
8		
9		
10		
11		
12		

참가자 2

칸	점수	점수의 합
1		0 +
2		+
3		
4		
5		
6		
7		
8		
9		
10		
11		
12		

놀이 방법

1. 한 사람의 교재를 놀이판으로 이용하세요.
2. 한 번에 한 칸씩 움직이세요.
3. 네모 안의 식이 성립할 때까지 주사위 2개를 굴리세요. 최대 9번까지 굴릴 수 있어요. 식이 성립할 때까지 주사위를 몇 번 굴렸는지 세어 보세요.
4. 10에서 주사위 굴린 횟수를 뺀 차가 자신의 점수예요. 점수를 표에 기록하세요. 예를 들어 처음 주사위를 굴렸을 때 식이 성립하면 10 - 1 = 9이므로 9점을 얻게 돼요. 만약 주사위를 6번째 굴렸을 때 식이 성립하게 되면 10 - 6 = 4이므로 4점을 얻어요.
5. 9번째에도 식이 성립하지 않으면 점수가 없어요. 놀이를 마쳤을 때 점수의 총합이 더 높은 사람이 놀이에서 이겨요.

____월 ____일 ____요일

이분법

수는 서로 다른 진법으로 표현할 수 있어요. 우리는 보통 십진법을 써요. 그러나 컴퓨터는 이진법을 써서 모든 수를 0과 1로 표현해요.

십진법을 이진법으로 바꾸기

십진법의 수 23을 이진법으로 바꾸어 보세요.

16	8	4	2	1
1	0	1	1	1

23 = 1 x 16 + 0 x 8 + 1 x 4 + 1 x 2 + 1 x 1
십진법의 수 23은 이진법의 10111에 해당해요.

- 16은 23에 들어가는 가장 큰 자릿수예요. 그래서 숫자 1이 첫 번째 칸에 들어가요. 뺄셈 23 - 16을 하여 나머지 수를 계산하세요.
- 두 번째 수 8은 7에 들어가지 않아요. 그래서 이 칸의 숫자는 0이 돼요.
- 다음 자릿수 4는 7에 들어가요. 그래서 이 칸의 숫자는 1이 돼요. 뺄셈 7 - 4를 하여 나머지 수를 계산하세요.
- 다음 자릿수 2는 3에 들어가요. 그래서 이 칸의 숫자는 1이 돼요. 뺄셈 3 - 2를 하여 나머지 수를 계산하세요.
  가장 작은 자릿수 1은 1에 들어가요. 그래서 이 칸의 숫자는 1이 돼요.

이진법을 십진법으로 바꾸기

이진법의 1101을 십진법으로 바꾸어 보세요.

8	4	2	1
1	1	0	1

1 x 8 + 1 x 4 + 0 x 2 + 1 x 1 = 13
이진법의 수 1101은 십진법의 13에 해당해요.

십진법

숫자
0, 1, 2, 3, 4, 5, 6, 7, 8, 9

자릿수
1 = 10^0
10 = 10^1 = 10
100 = 10^2 = 10 × 10
1000 = 10^3 = 10 × 10 × 10
10000 = 10^4 = 10 × 10 × 10 × 10
100000 = 10^5 = 10 × 10 × 10 × 10 × 10

이진법

숫자
0, 1

자릿수
1 = 2^0
2 = 2^1 = 2
4 = 2^2 = 2 × 2
8 = 2^3 = 2 × 2 × 2
16 = 2^4 = 2 × 2 × 2 × 2
32 = 2^5 = 2 × 2 × 2 × 2 × 2

1. 아래 이진법의 수를 십진법으로 바꾸어 보세요.

8	4	2	1
1	0	0	1

______

8	4	2	1
1	1	1	1

______

8	4	2	1
1	0	1	0

______

8	4	2	1
0	1	0	1

______

8	4	2	1
0	1	1	1

______

8	4	2	1
0	0	1	1

______

2. 아래 십진법의 수를 이진법으로 바꾸어 보세요.

❶ 35

32	16	8	4	2	1

❷ 54

32	16	8	4	2	1

3. 〈보기〉를 참고하여 아래 막대의 수에 색칠해 보세요.

〈보기〉

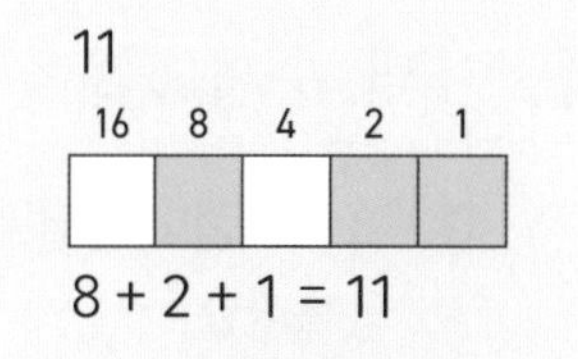

❶ 7

16	8	4	2	1

❷ 15

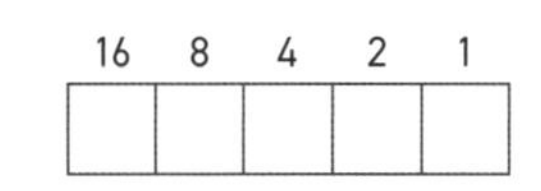

❸ 26

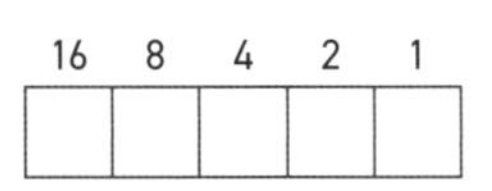

❹ 4

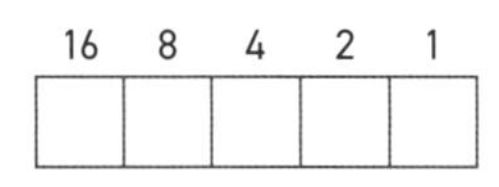

❺ 30

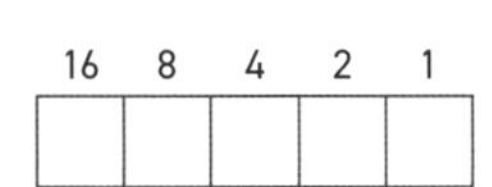

❻ 20

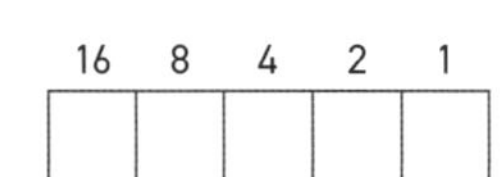

4. 아래 이진법의 수를 십진법으로 바꾸어 보세요.

16	8	4	2	1

____

16	8	4	2	1

____

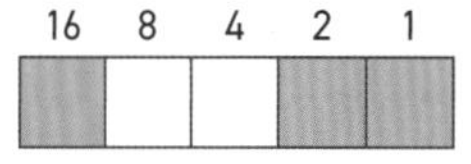

____

16	8	4	2	1

____

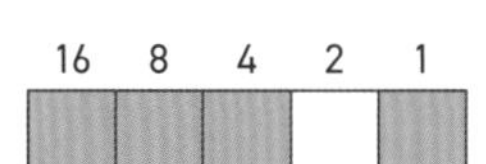

____

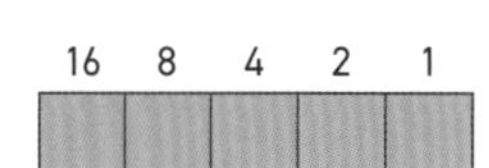

____

5. 계산하여 막대의 수에 색칠해 보세요.

❶ 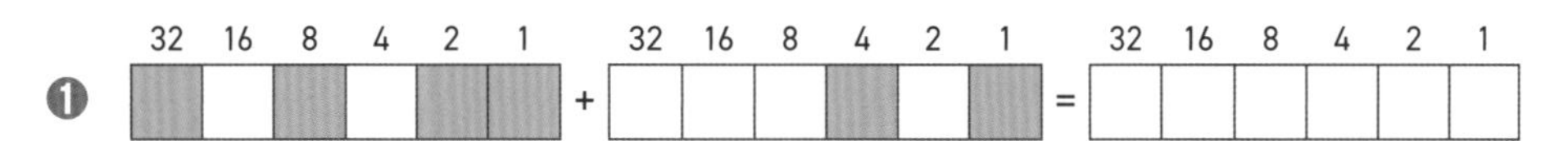

❷ 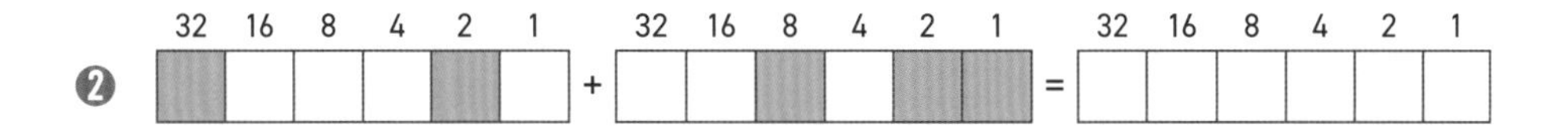

❸ 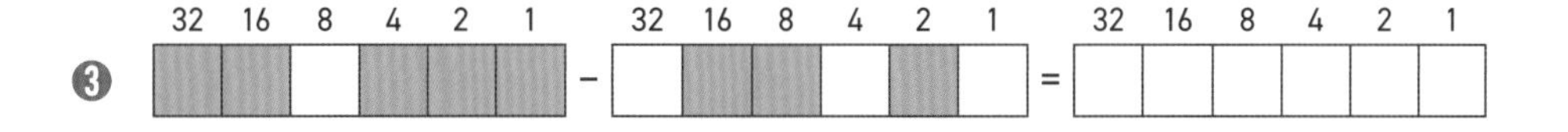

순서도

시작과 끝	
행동	
조건	
방향 화살표	⟶

컴퓨터는 알고리즘에 따라 작동해요. 알고리즘은 컴퓨터 프로그램의 작동 순서를 정한 것이에요. 순서도는 화살표와 서로 다른 도형을 이용해서 알고리즘의 단계를 보여 줘요. 프로그래밍 언어로 프로그램을 코딩하기 전에 순서도를 이용하여 프로그램을 계획할 수 있어요.

1. 아래 순서도를 살펴보고 순서도에 따라 행동해 보세요.

❶ 프로그램이 끝날 때 어떤 신발을 신고 있을까요?

❷ 책가방을 살펴보세요. 프로그램이 끝날 때 가방에서 꺼낸 물건은 무엇일까요?

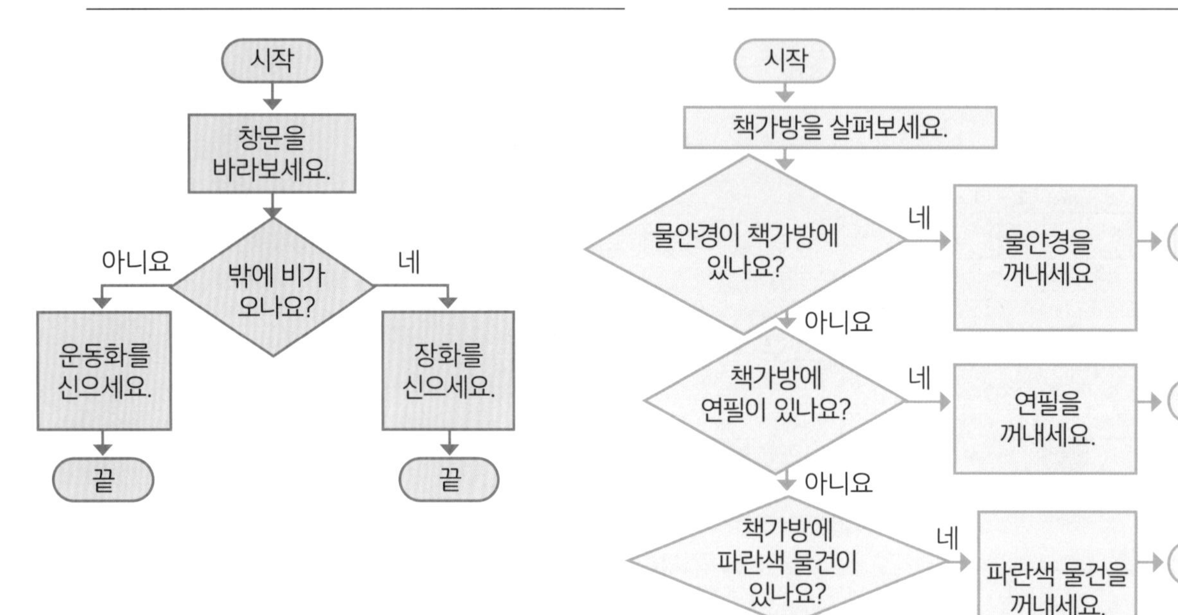

2. 동물원 입장권을 사려고 해요. 어린이 입장권은 7유로이고, 성인 입장권은 12유로예요. 입장권을 사는 순서도를 완성해 보세요.

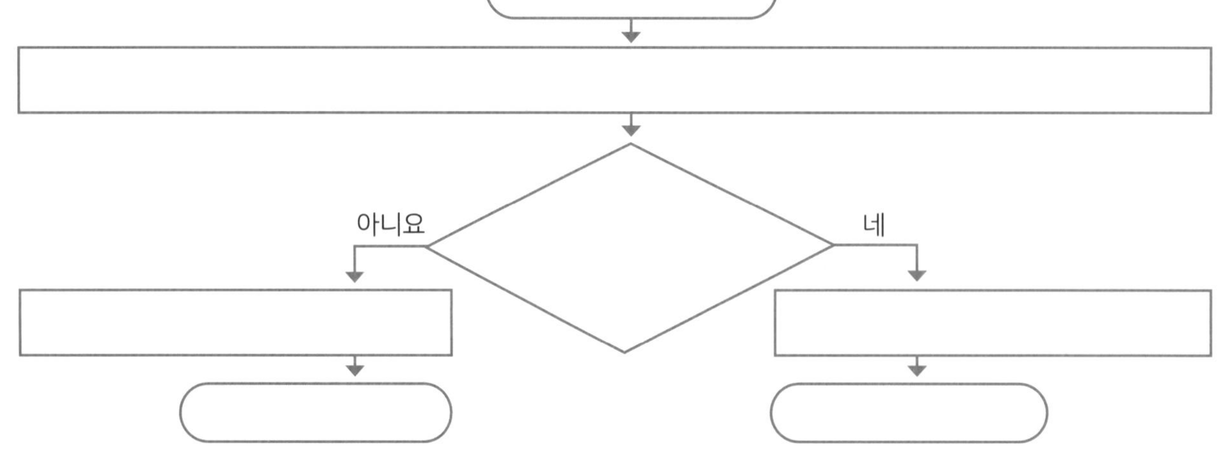

114쪽 놀이 수학 <주사위 눈의 합>에 활용하세요.

10

5

2	3	4	5	6	7	8	9	10	11	12

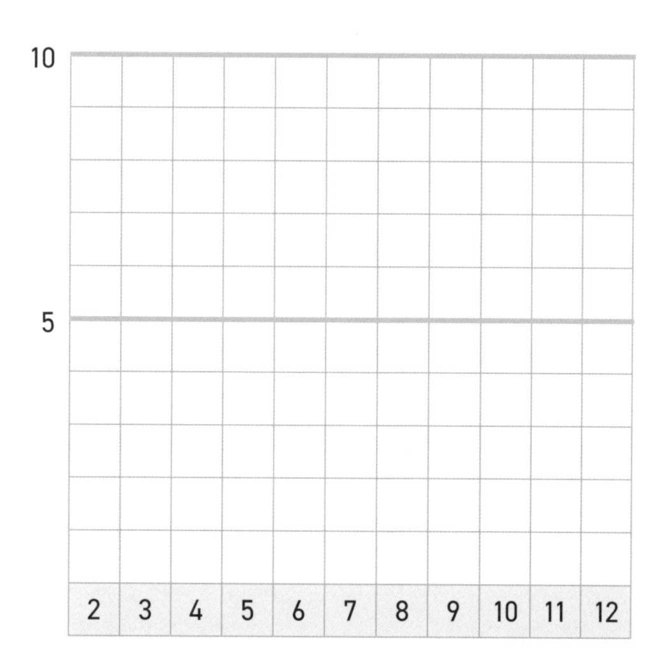

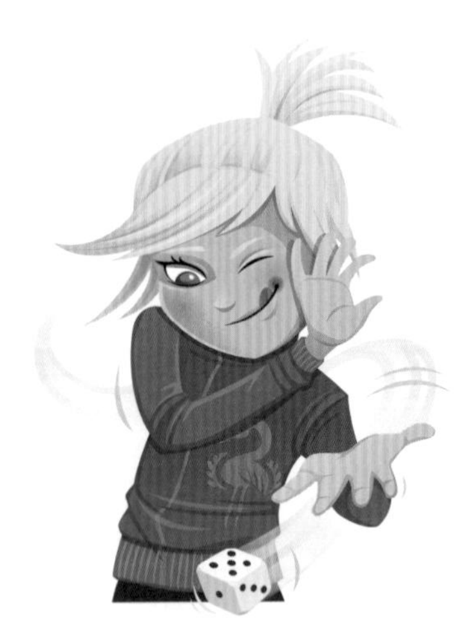

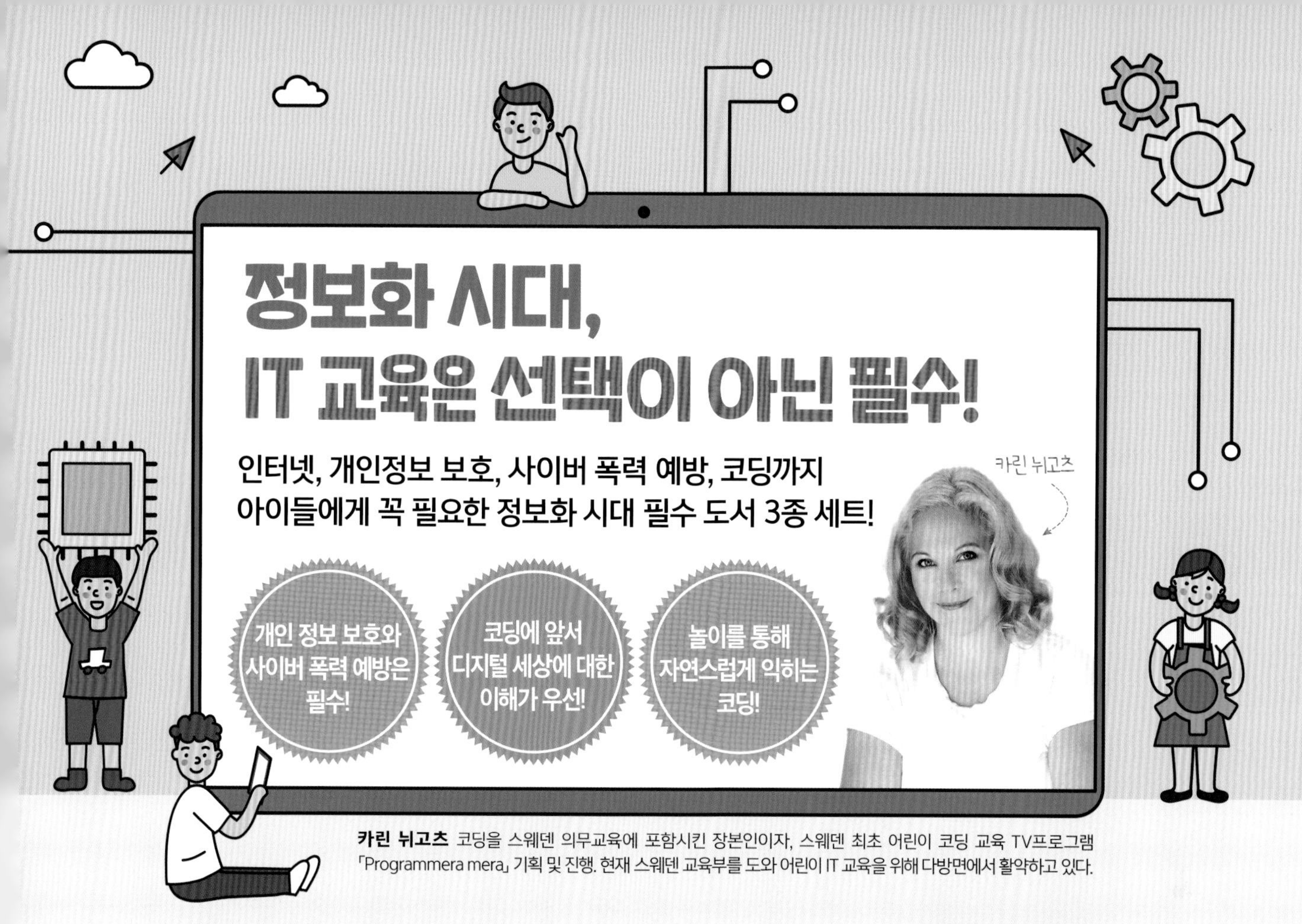

정보화 시대,
IT 교육은 선택이 아닌 필수!
인터넷, 개인정보 보호, 사이버 폭력 예방, 코딩까지
아이들에게 꼭 필요한 정보화 시대 필수 도서 3종 세트!
카린 뉘고츠
개인 정보 보호와 사이버 폭력 예방은 필수!
코딩에 앞서 디지털 세상에 대한 이해가 우선!
놀이를 통해 자연스럽게 익히는 코딩!
카린 뉘고츠 코딩을 스웨덴 의무교육에 포함시킨 장본인이자, 스웨덴 최초 어린이 코딩 교육 TV프로그램 「Programmera mera」 기획 및 진행. 현재 스웨덴 교육부를 도와 어린이 IT 교육을 위해 다방면에서 활약하고 있다.

스웨덴 아이들이 매일 아침 하는 놀이 코딩

초등 놀이 코딩

카린 뉘고츠 글 | 노준구 그림 | 배장열 옮김 | 116쪽

스웨덴 어린이 코딩 교육의 선구자 카린 뉘고츠가 제안하는
언플러그드 놀이 코딩

★ 책과노는아이들 추천도서

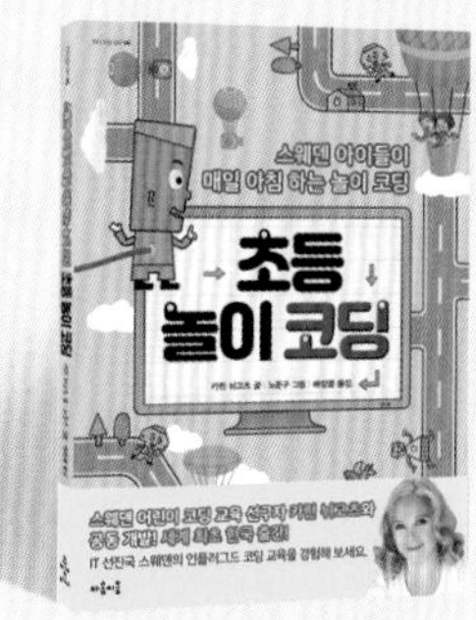

꼼짝 마! 사이버 폭력

떼오 베네데띠, 다비데 모로지노또 지음 | 장 끌라우디오 빈치 그림 | 정재성 옮김 | 96쪽

사이버 폭력의 유형별 방어법이 총망라된
사이버 폭력 예방서

★ (재)푸른나무 청예단 추천도서
★ 한국학교도서관 이달에 꼭 만나볼 책
★ 아침독서추천도서
★ 꿈꾸는도서관 추천도서

코딩에서 4차산업혁명까지 세상을 움직이는 인터넷의 모든 것!

인터넷, 알고는 사용하니?

카린 뉘고츠 글 | 유한나 크리스티안손 그림 | 이유진 옮김 | 64쪽

뭐든 물어 봐, 인터넷에 대한 모든 것!
디지털 세상에 대한 이해를 돕는 필수 입문서!

★ 고래가숨쉬는도서관 겨울방학 추천도서
★ 꿈꾸는도서관 추천도서
★ 책과노는아이들 추천도서

핀란드에서 가장 많이 보는 1등 수학 교과서!
핀란드 초등학교 수학 교육 최고 전문가들이 만든
혼공 시대에 꼭 필요한 자기주도 수학 교과서를 만나요!

핀란드 수학 교과서, 왜 특별할까?

수학적 구조를 발견하고 이해하게 하여 수학 공식을 암기할 필요가 없어요.

수학적 이야기가 풍부한 그림으로 수학 학습에 영감을 불어넣어요.

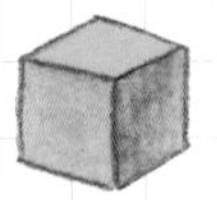

교구를 활용한 놀이를 통해 수학 개념을 이해시켜요.

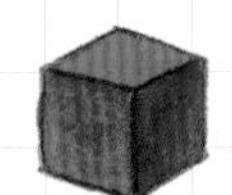

수학과 연계하여 컴퓨팅 사고와 문제 해결력을 키워 줘요.

연산, 서술형, 응용과 심화, 사고력 문제가 한 권에 모두 들어 있어요.

어떤 문제를 푸느냐에
따라 수학 사고력은
달라집니다!

개별가 없음(세트로만 판매)

ISBN 979-11-92183-34-3
979-11-92183-30-5 (세트)

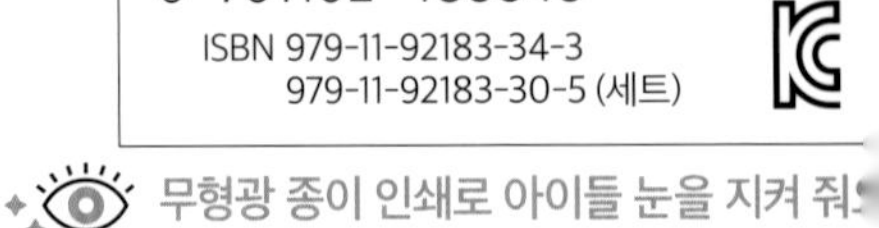

무형광 종이 인쇄로 아이들 눈을 지켜 줘요

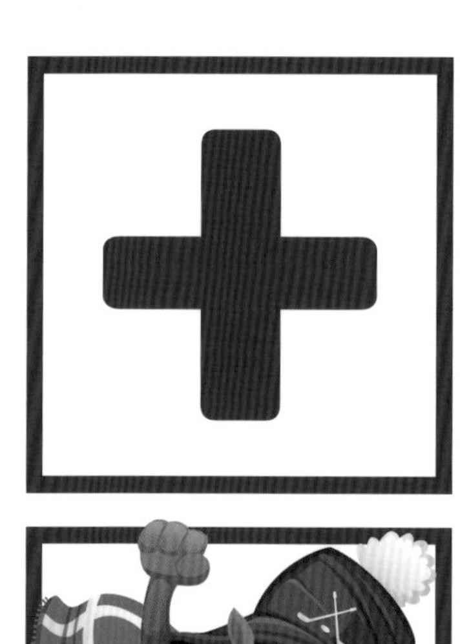

핀란드 6학년 수학 교과서

정답과 해설

마음이음

핀란드 6학년 수학 교과서 6-2

정답과 해설

1권

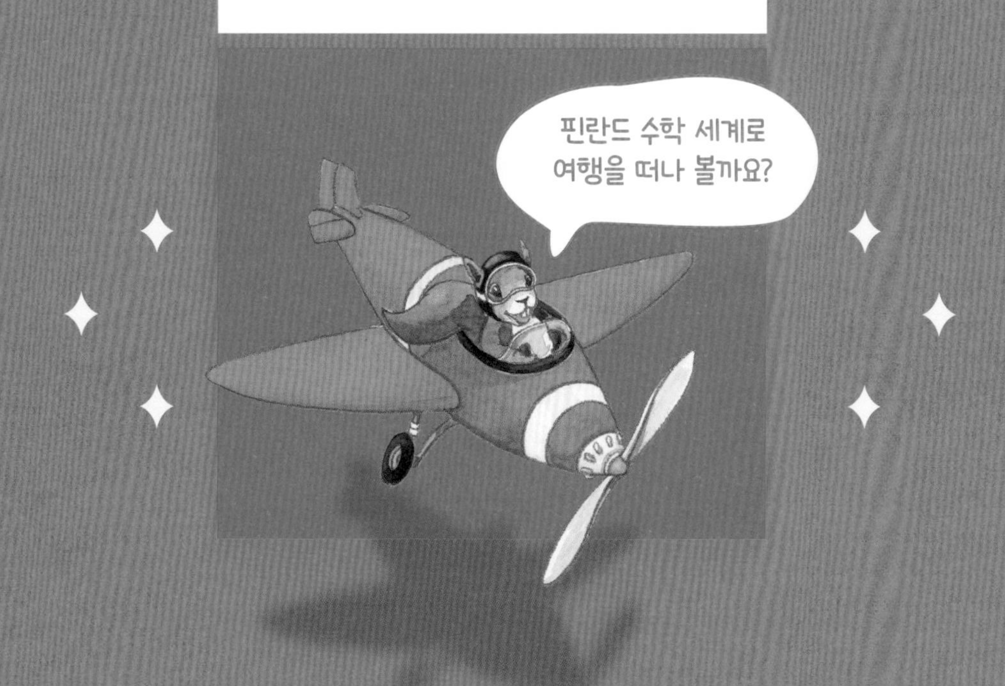

핀란드 수학 세계로
여행을 떠나 볼까요?

12-13쪽

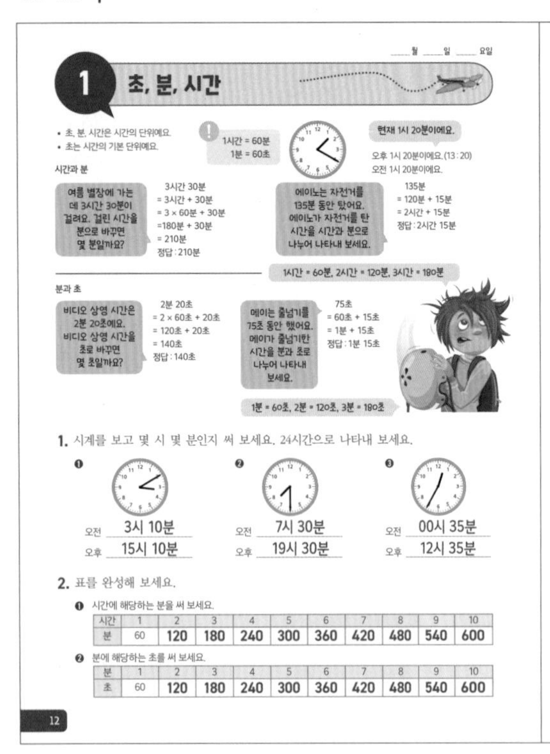

___월 ___일 ___요일

1 초, 분, 시간

- 초, 분, 시간은 시간의 단위예요.
- 초는 시간의 기본 단위예요.

1시간 = 60분
1분 = 60초

현재 1시 20분이에요.
오후 1시 20분이에요.(13 : 20)
오전 1시 20분이에요.

시간과 분

여름 별장에 가는 데 3시간 30분이 걸려요. 걸린 시간을 분으로 바꾸면 몇 분일까요?

3시간 30분
= 3시간 + 30분
= 3 × 60분 + 30분
=180분 + 30분
= 210분
정답 : 210분

에이노는 자전거를 135분 동안 탔어요. 에이노가 자전거를 탄 시간을 시간과 분으로 나누어 나타내 보세요.

135분
= 120분 + 15분
= 2시간 + 15분
정답 : 2시간 15분

1시간 = 60분, 2시간 = 120분, 3시간 = 180분

분과 초

비디오 상영 시간은 2분 20초예요. 비디오 상영 시간을 초로 바꾸면 몇 초일까요?

2분 20초
= 2 × 60초 + 20초
= 120초 + 20초
= 140초
정답 : 140초

메이는 줄넘기를 75초 동안 했어요. 메이가 줄넘기한 시간을 분과 초로 나누어 나타내 보세요.

75초
= 60초 + 15초
= 1분 + 15초
정답 : 1분 15초

1분 = 60초, 2분 = 120초, 3분 = 180초

1. 시계를 보고 몇 시 몇 분인지 써 보세요. 24시간으로 나타내 보세요.

❶ 오전 3시 10분 / 오후 15시 10분
❷ 오전 7시 30분 / 오후 19시 30분
❸ 오전 00시 35분 / 오후 12시 35분

2. 표를 완성해 보세요.

❶ 시간에 해당하는 분을 써 보세요.

시간	1	2	3	4	5	6	7	8	9	10
분	60	120	180	240	300	360	420	480	540	600

❷ 분에 해당하는 초를 써 보세요.

분	1	2	3	4	5	6	7	8	9	10
초	60	120	180	240	300	360	420	480	540	600

12

3. 같은 시간끼리 선으로 이어 보세요.

0.5시간 — 660초 — 10시간 — 0.5분 — 90분

11분 — 30초 — 30분 — 1.5시간 — 600분

4. 주어진 시간을 다른 단위로 바꾸어 보세요. 문제 2번의 표를 이용해도 좋아요.

❶ 시간으로 바꾸어 보세요.
300분 = 5시간
360분 = 6시간
600분 = 10시간

❷ 분으로 바꾸어 보세요.
7시간 = 420분
180초 = 3분
300초 = 5분

❸ 초로 바꾸어 보세요.
6분 = 360초
8분 = 480초
10분 = 600초

5. 주어진 시간을 다른 단위로 바꾸어 보세요.

❶ 분과 초로 나누어 보세요.
70초 = 1분 10초
140초 = 2분 20초
195초 = 3분 15초

❷ 시간과 분으로 나누어 보세요.
100분 = 1시간 40분
260분 = 4시간 20분
450분 = 7시간 30분

6. 공책에 계산한 후, 정답을 로봇에서 찾아 ○표 해 보세요.

❶ 할머니 댁에 가는 데 1시간 20분이 걸려요. 할머니 댁에 가는 시간을 분으로 바꾸어 보세요.
80분

❷ 마누는 135초 동안 공을 튕겼어요. 마누가 공을 튕긴 시간은 몇 분 몇 초일까요?
2분 15초

❸ 버논은 스키장에서 4시간짜리 리프트 사용권을 사고 200분 동안 스키를 탔어요. 버논이 스키를 탈 수 있는 시간이 몇 분 남았을까요?
40분

❹ 공식적인 기차 소요 시간은 165분인데 15분이 더 걸렸어요. 실제로 기차를 탄 시간은 얼마일까요?
3시간

❺ 콜린은 5분 동안 3문제를 풀어야 해요. 첫 번째 문제를 푸는 데 2분 30초가 걸렸고, 두 번째 문제는 75초가 걸렸어요. 콜린은 세 번째 문제를 몇 초 만에 풀어야 할까요?
75초

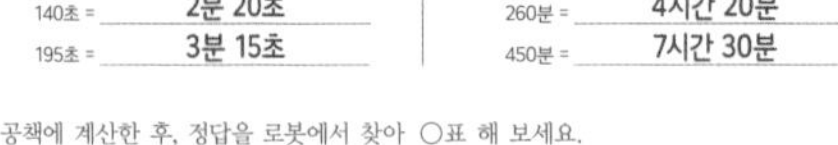

13

보충 가이드 | 12쪽

10진법에 익숙한 계산을 하다 보면 60진법을 사용하는 시간 계산을 할 때 어려움을 겪는 경우가 많아요. 시간의 기본 단위는 '초'로 1초가 60개 모이면 1분, 1분이 60개 모이면 1시간이라고 하지요.
60진법은 고대 바빌로니아 사람들이 쓰던 기수법이에요. 바빌로니아 사람들이 60진법을 쓰게 된 이유는 지구가 태양을 한 바퀴 도는 데 걸리는 주기가 360일이라는 사실을 알고 있었기 때문이에요.
또한 그들은 '원의 둘레를 그 원의 반지름으로 나누면 약 6등분이 된다'는 사실을 알고 있어서 태양과 비슷하게 생긴 원의 중심각을 360°라 생각하고 이것을 6등분해서 얻은 60을 단위 수로 하였다는 이야기가 있어요.
게다가 바빌로니아 사람들은 60을 매우 신비로운 수로 여겼어요. 60의 약수는 60, 30, 20, 15, 12, 10, 6, 5, 4, 3, 2, 1인데 이처럼 60이 다양한 수로 나뉘는 유용한 수이기 때문이라는 이야기도 있답니다.

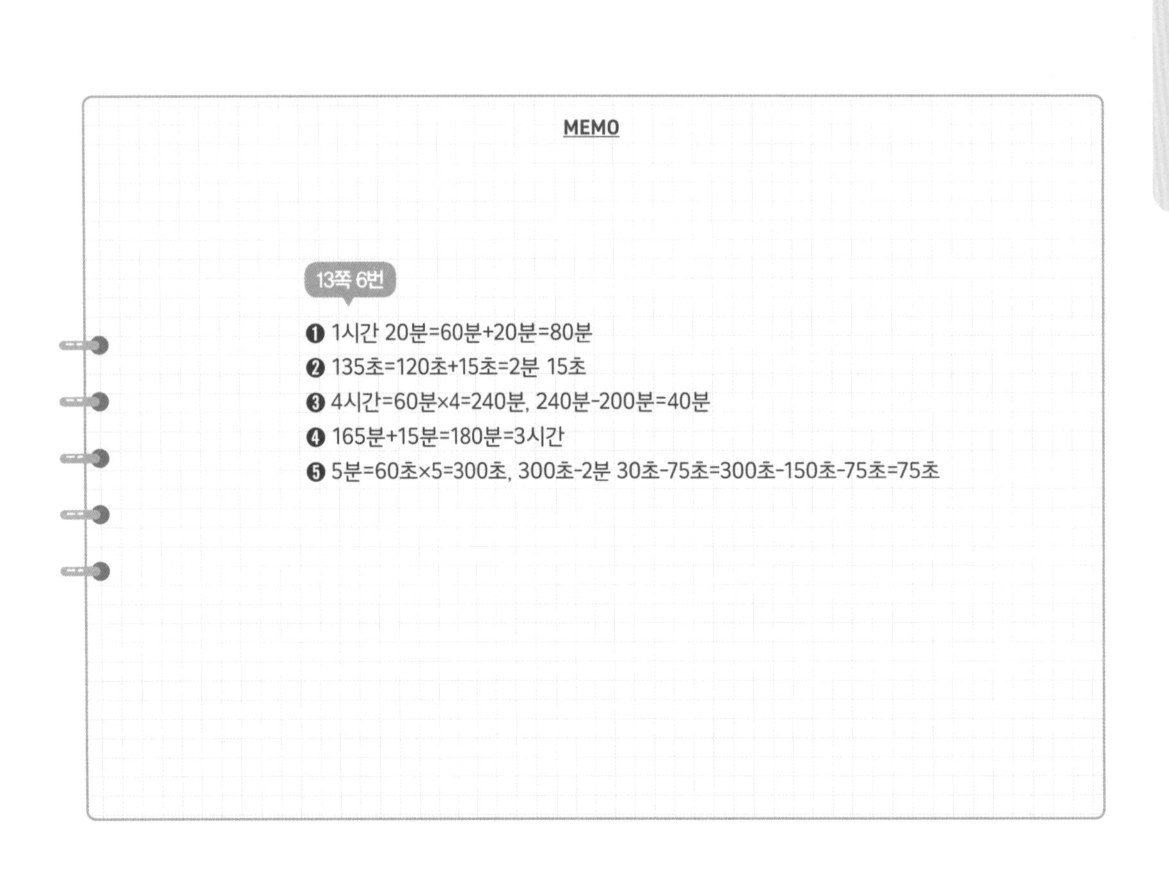

MEMO

13쪽 6번

❶ 1시간 20분=60분+20분=80분
❷ 135초=120초+15초=2분 15초
❸ 4시간=60분×4=240분, 240분-200분=40분
❹ 165분+15분=180분=3시간
❺ 5분=60초×5=300초, 300초-2분 30초-75초=300초-150초-75초=75초

4-15쪽

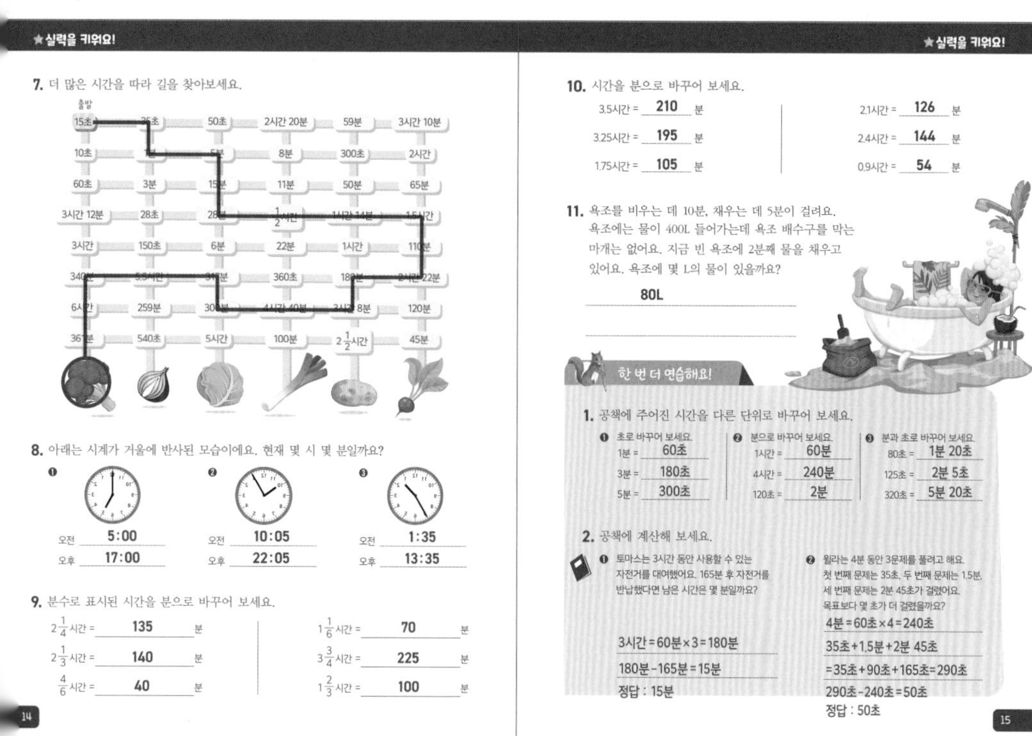

★실력을 키워요!

7. 더 많은 시간을 따라 길을 찾아보세요.

출발

15초	25초	50초	2시간 20분	59분	3시간 10분
10초	1분	5분	8분	300초	2시간
60초	3분	15분	11분	50분	65분
3시간 12분	28초	28분	$\frac{1}{2}$시간	1시간 14분	1.5시간
3시간	150초	6분	22분	1시간	110분
340분	5.5시간	310분	360초	180분	2시간 22분
6시간	259분	300분	4시간 40분	3시간 8분	120분
361분	540초	5시간	100분	$2\frac{1}{2}$시간	45분

8. 아래는 시계가 거울에 반사된 모습이에요. 현재 몇 시 몇 분일까요?

❶ 오전 5:00 오후 17:00
❷ 오전 10:05 오후 22:05
❸ 오전 1:35 오후 13:35

9. 분수로 표시된 시간을 분으로 바꾸어 보세요.

$2\frac{1}{4}$시간 = 135 분
$2\frac{1}{3}$시간 = 140 분
$\frac{4}{6}$시간 = 40 분
$1\frac{1}{6}$시간 = 70 분
$3\frac{3}{4}$시간 = 225 분
$1\frac{2}{3}$시간 = 100 분

14

★실력을 키워요!

10. 시간을 분으로 바꾸어 보세요.

3.5시간 = 210 분
3.25시간 = 195 분
1.75시간 = 105 분
2.1시간 = 126 분
2.4시간 = 144 분
0.9시간 = 54 분

11. 욕조를 비우는 데 10분, 채우는 데 5분이 걸려요. 욕조에는 물이 400L 들어가는데 욕조 배수구를 막는 마개는 없어요. 지금 빈 욕조에 2분째 물을 채우고 있어요. 욕조에 몇 L의 물이 있을까요?

80L

한 번 더 연습해요!

1. 공책에 주어진 시간을 다른 단위로 바꾸어 보세요.

❶ 초로 바꾸어 보세요.
1분 = 60초
3분 = 180초
5분 = 300초

❷ 분으로 바꾸어 보세요.
1시간 = 60분
4시간 = 240분
120초 = 2분

❸ 분과 초로 바꾸어 보세요.
80초 = 1분 20초
125초 = 2분 5초
320초 = 5분 20초

2. 공책에 계산해 보세요.

❶ 토마스는 3시간 동안 사용할 수 있는 자전거를 대여했어요. 165분 후 자전거를 반납했다면 남은 시간은 몇 분일까요?

3시간 = 60분 × 3 = 180분
180분 - 165분 = 15분
정답 : 15분

❷ 윌라는 4분 동안 3문제를 풀려고 해요. 첫 번째 문제는 35초, 두 번째 문제는 1.5분, 세 번째 문제는 2분 45초가 걸렸어요. 목표보다 몇 초가 더 걸렸을까요?

4분 = 60초 × 4 = 240초
35초 + 1.5분 + 2분 45초
= 35초 + 90초 + 165초 = 290초
290초 - 240초 = 50초
정답 : 50초

15

15쪽 11번

1분 동안 담기는 물의 양:
400L÷5분=80L
2분 동안 채운 물의 양:
80L×2분=160L
1분 동안 비워지는 물의 양:
400L÷10분=40L
2분 동안 비워지는 물의 양:
40L×2=80L
마개 없이 2분째 채운 물의 양:
160L-80L=80L

-17쪽

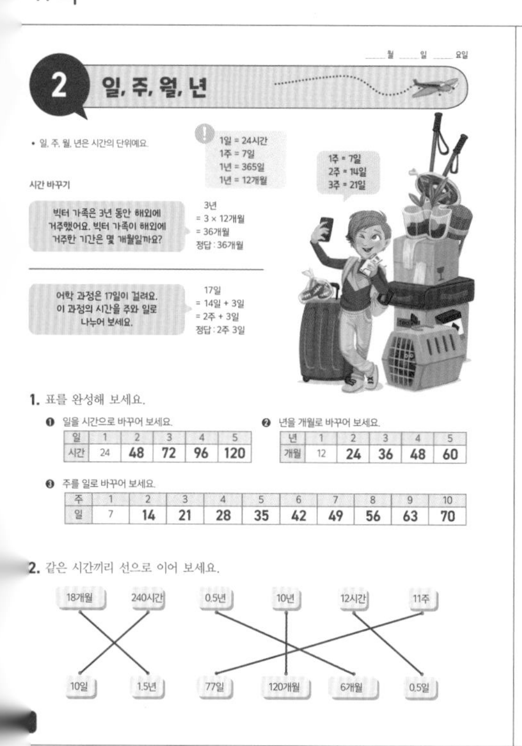

월 일 요일

2 일, 주, 월, 년

• 일, 주, 월, 년은 시간의 단위예요.

1일 = 24시간
1주 = 7일
1년 = 365일
1년 = 12개월

1주 = 7일
2주 = 14일
3주 = 21일

시간 바꾸기

빅터 가족은 3년 동안 해외에 거주했어요. 빅터 가족이 해외에 거주한 기간은 몇 개월일까요?

3년
= 3 × 12개월
= 36개월
정답 : 36개월

어학 과정은 17일이 걸려요. 이 과정의 시간을 주와 일로 나누어 보세요.

17일
= 14일 + 3일
= 2주 + 3일
정답 : 2주 3일

1. 표를 완성해 보세요.

❶ 일을 시간으로 바꾸어 보세요.

일	1	2	3	4	5
시간	24	48	72	96	120

❷ 년을 개월로 바꾸어 보세요.

년	1	2	3	4	5
개월	12	24	36	48	60

❸ 주를 일로 바꾸어 보세요.

주	1	2	3	4	5	6	7	8	9	10
일	7	14	21	28	35	42	49	56	63	70

2. 같은 시간끼리 선으로 이어 보세요.

18개월 240시간 0.5년 10년 12시간 11주

10일 1.5년 77일 120개월 6개월 0.5일

3. 주어진 시간을 다른 단위로 바꾸어 보세요. 문제 1번의 표를 참고해도 좋아요.

❶ 개월로 바꾸어 보세요.
2년 = 24개월
4년 = 48개월
5년 = 60개월

❷ 일로 바꾸어 보세요.
3주 = 21일
6주 = 42일
8주 = 56일

❸ 시간으로 바꾸어 보세요.
3일 = 72시간
6일 = 144시간
7일 = 168시간

4. 주어진 시간을 다른 단위로 바꾸어 보세요.

❶ 일로 바꾸어 보세요.
24시간 = 1일
48시간 = 2일
96시간 = 4일

❷ 주로 바꾸어 보세요.
14일 = 2주
35일 = 5주
70일 = 10주

❸ 년으로 바꾸어 보세요.
36개월 = 3년
48개월 = 4년
365일 = 1년

5. 주어진 시간을 다른 단위로 바꾸어 보세요.

❶ 주와 일로 나누어 보세요.
19일 = 2주 5일
30일 = 4주 2일

❷ 년과 개월로 나누어 보세요.
15개월 = 1년 3개월
25개월 = 2년 1개월

6. 공책에 계산한 후, 정답을 로봇에서 찾아 ○표 해 보세요.

❶ 클린 가족은 3주 동안 여행을 떠났어요. 클린 가족의 여행 기간을 일로 바꾸면 며칠일까요?
21일

❷ 만들기 과정은 12일이 걸려요. 12일을 주와 일로 나누어 보세요.
1주 5일

❸ 휴대 전화 배터리는 39시간 동안 유지돼요. 휴대 전화를 충전 없이 정확히 이틀 동안 사용하려면 배터리가 몇 시간 더 유지돼야 할까요?
9시간

❹ 이동하는 데 총 1일 8시간이 걸렸어요. 총 이동 시간 중 첫 비행기는 12시간, 공항 대기는 5시간, 나머지는 경유 비행기를 타는 데 걸렸어요. 경유 비행기를 타는 데 걸린 시간은 얼마일까요?
15시간

❺ 첫 비행기는 14시간, 경유 비행기 대기는 6시간, 경유 비행기는 7시간이 걸렸어요. 총 이동 시간은 하루하고 몇 시간이 더 걸렸을까요?
3시간

❻ 팔머는 1년에 240유로를 저축했어요. 매월 같은 금액을 저축한다면 팔머가 400유로를 저축할 때까지 몇 개월이 걸릴까요?
20개월

3시간 9시간 5시간 19시간 1주 5일 21일 11개월 20개월

17

17쪽 6번

❶ 3주=7일×3=21일
❷ 12일=7일+5일=1주 5일
❸ 2일=24시간×2=48시간
48시간-39시간=9시간
❹ 1일 8시간=24시간+8시간
=32시간
32시간-12시간-5시간
=15시간
❺ 14시간+6시간+7시간=27시간, 27시간-24시간=3시간
❻ 240€÷12=20€
400€÷20€=20

18-19쪽

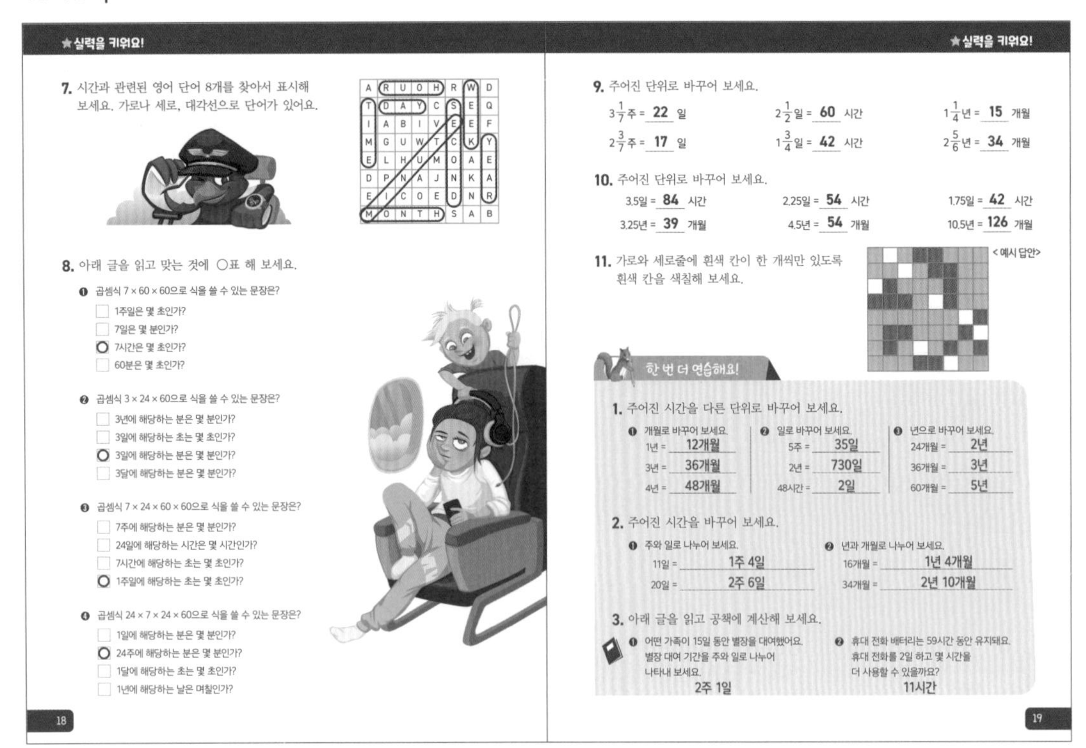

★실력을 키워요!

7. 시간과 관련된 영어 단어 8개를 찾아서 표시해 보세요. 가로나 세로, 대각선으로 단어가 있어요.

A	R	U	O	H	R	W	D
T	D	A	Y	C	S	E	Q
I	A	B	I	V	E	E	F
M	G	U	W	T	C	K	Y
E	L	H	U	M	O	A	E
D	P	N	A	J	N	K	A
E	I	C	O	E	D	N	R
M	O	N	T	H	S	A	B

8. 아래 글을 읽고 맞는 것에 ○표 해 보세요.

❶ 곱셈식 7 × 60 × 60으로 식을 쓸 수 있는 문장은?
- 1주일은 몇 초인가?
- 7일은 몇 분인가?
- ○ 7시간은 몇 초인가?
- 60분은 몇 초인가?

❷ 곱셈식 3 × 24 × 60으로 식을 쓸 수 있는 문장은?
- 3년에 해당하는 분은 몇 분인가?
- 3일에 해당하는 초는 몇 초인가?
- ○ 3일에 해당하는 분은 몇 분인가?
- 3달에 해당하는 분은 몇 분인가?

❸ 곱셈식 7 × 24 × 60 × 60으로 식을 쓸 수 있는 문장은?
- 7주에 해당하는 분은 몇 분인가?
- 24일에 해당하는 시간은 몇 시간인가?
- 7시간에 해당하는 초는 몇 초인가?
- ○ 1주일에 해당하는 초는 몇 초인가?

❹ 곱셈식 24 × 7 × 24 × 60으로 식을 쓸 수 있는 문장은?
- 1일에 해당하는 분은 몇 분인가?
- ○ 24주에 해당하는 분은 몇 분인가?
- 1달에 해당하는 초는 몇 초인가?
- 1년에 해당하는 날은 며칠인가?

18

★실력을 키워요!

9. 주어진 단위로 바꾸어 보세요.

$3\frac{1}{7}$주 = 22 일 　 $2\frac{1}{2}$일 = 60 시간 　 $1\frac{1}{4}$년 = 15 개월

$2\frac{3}{7}$주 = 17 일 　 $1\frac{3}{4}$일 = 42 시간 　 $2\frac{5}{6}$년 = 34 개월

10. 주어진 단위로 바꾸어 보세요.

3.5일 = 84 시간 　 2.25일 = 54 시간 　 1.75일 = 42 시간

3.25년 = 39 개월 　 4.5년 = 54 개월 　 10.5년 = 126 개월

11. 가로와 세로줄에 흰색 칸이 한 개씩만 있도록 흰색 칸을 색칠해 보세요. <예시 답안>

한 번 더 연습해요!

1. 주어진 시간을 다른 단위로 바꾸어 보세요.

❶ 개월로 바꾸어 보세요. 1년 = 12개월, 3년 = 36개월, 4년 = 48개월

❷ 일로 바꾸어 보세요. 5주 = 35일, 2년 = 730일, 48시간 = 2일

❸ 년으로 바꾸어 보세요. 24개월 = 2년, 36개월 = 3년, 60개월 = 5년

2. 주어진 시간을 바꾸어 보세요.

❶ 주와 일로 나누어 보세요. 11일 = 1주 4일, 20일 = 2주 6일

❷ 년과 개월로 나누어 보세요. 16개월 = 1년 4개월, 34개월 = 2년 10개월

3. 아래 글을 읽고 공책에 계산해 보세요.

❶ 어떤 가족이 15일 동안 별장을 대여했어요. 별장 대여 기간을 주와 일로 나누어 나타내 보세요. 2주 1일

❷ 휴대 전화 배터리는 59시간 동안 유지돼요. 휴대 전화를 2일 하고 몇 시간을 더 사용할 수 있을까요? 11시간

19

18쪽 7번

TIME
HOUR
MINUTE
SECOND
DAY
WEEK
MONTH
YEAR

한 번 더 연습해요! | 19쪽 3번

❶ 15일
=14일+1일
=2주 1일

❷ 2일=24시간×2=48시간
59시간-48시간=11시간

20-21쪽

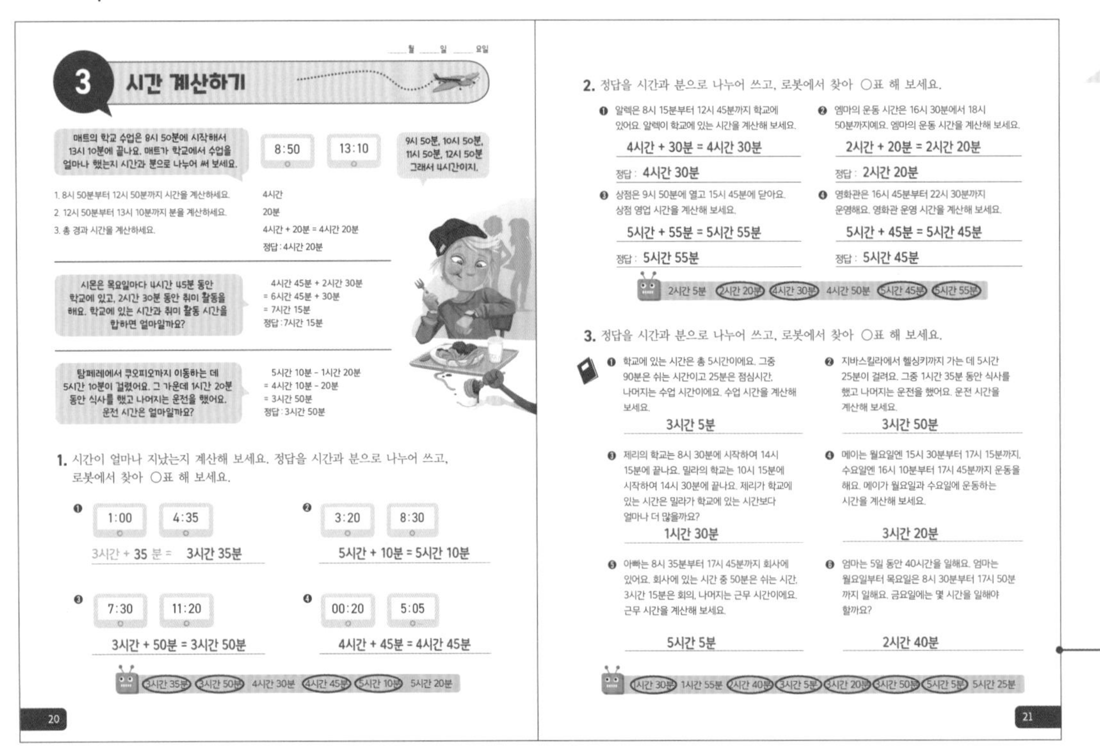

월 일 요일

3 시간 계산하기

매트의 학교 수업은 9시 50분에 시작해서 13시 10분에 끝나요. 매트가 학교에서 수업을 얼마나 했는지 시간과 분으로 나누어 써 보세요. 　 8:50 　 13:10 　 9시 50분, 10시 50분, 11시 50분, 12시 50분 그래서 4시간이지.

1. 8시 50분부터 12시 50분까지 시간을 계산하세요. 　 4시간
2. 12시 50분부터 13시 10분까지 분을 계산하세요. 　 20분
3. 총 경과 시간을 계산하세요. 　 4시간 + 20분 = 4시간 20분 　 정답 : 4시간 20분

시몬은 목요일마다 4시간 45분 동안 학교에 있고, 2시간 30분 동안 취미 활동을 해요. 학교에 있는 시간과 취미 활동 시간을 합하면 얼마일까요? 　 4시간 45분 + 2시간 30분 = 6시간 45분 + 30분 = 7시간 15분 　 정답 : 7시간 15분

탐페레에서 쿠오피오까지 이동하는 데 5시간 10분이 걸렸어요. 그 가운데 1시간 20분 동안 식사를 했고 나머지는 운전을 했어요. 운전 시간은 얼마일까요? 　 5시간 10분 - 1시간 20분 = 4시간 10분 - 20분 = 3시간 50분 　 정답 : 3시간 50분

1. 시간이 얼마나 지났는지 계산해 보세요. 정답을 시간과 분으로 나누어 쓰고, 로봇에서 찾아 ○표 해 보세요.

❶ 1:00 　 4:35 　 3시간 + 35 분 = 3시간 35분

❷ 3:20 　 8:30 　 5시간 + 10분 = 5시간 10분

❸ 7:30 　 11:20 　 3시간 + 50분 = 3시간 50분

❹ 00:20 　 5:05 　 4시간 + 45분 = 4시간 45분

(3시간 35분) (3시간 50분) 4시간 30분 (4시간 45분) (5시간 10분) 5시간 20분

20

2. 정답을 시간과 분으로 나누어 쓰고, 로봇에서 찾아 ○표 해 보세요.

❶ 알렉은 8시 15분부터 12시 45분까지 학교에 있어요. 알렉이 학교에 있는 시간을 계산해 보세요. 　 4시간 + 30분 = 4시간 30분 　 정답 : 4시간 30분

❷ 엄마의 운동 시간은 16시 30분에서 18시 50분까지예요. 엄마의 운동 시간을 계산해 보세요. 　 2시간 + 20분 = 2시간 20분 　 정답 : 2시간 20분

❸ 상점은 9시 50분에 열고 15시 45분에 닫아요. 상점 영업 시간을 계산해 보세요. 　 5시간 + 55분 = 5시간 55분 　 정답 : 5시간 55분

❹ 영화관은 16시 45분부터 22시 30분까지 운영해요. 영화관 운영 시간을 계산해 보세요. 　 5시간 + 45분 = 5시간 45분 　 정답 : 5시간 45분

2시간 5분 (2시간 20분) (4시간 30분) 4시간 50분 (5시간 45분) (5시간 55분)

3. 정답을 시간과 분으로 나누어 쓰고, 로봇에서 찾아 ○표 해 보세요.

❶ 학교에 있는 시간은 총 5시간이에요. 그중 90분은 쉬는 시간이고 25분은 점심시간, 나머지는 수업 시간이에요. 수업 시간을 계산해 보세요. 　 3시간 5분

❷ 지바스킬라에서 헬싱키까지 가는 데 5시간 25분이 걸려요. 그중 1시간 35분 동안 식사를 했고 나머지는 운전을 했어요. 운전 시간을 계산해 보세요. 　 3시간 50분

❸ 제리의 학교는 8시 30분에 시작하여 14시 15분에 끝나요. 밀라의 학교는 10시 15분에 시작하여 14시 30분에 끝나요. 제리가 학교에 있는 시간은 밀라가 학교에 있는 시간보다 얼마나 더 많을까요? 　 1시간 30분

❹ 메이는 월요일엔 15시 30분부터 17시 15분까지, 수요일엔 16시 10분부터 17시 45분까지 운동을 해요. 메이가 월요일과 수요일에 운동하는 시간을 계산해 보세요. 　 3시간 20분

❺ 아빠는 8시 35분부터 17시 45분까지 회사에 있어요. 회사에 있는 시간 중 50분은 쉬는 시간, 3시간 15분은 회의, 나머지는 근무 시간이에요. 근무 시간을 계산해 보세요. 　 5시간 5분

❻ 엄마는 5일 동안 40시간을 일해요. 엄마는 월요일부터 목요일은 8시 30분부터 17시 50분까지 일해요. 금요일에는 몇 시간을 일해야 할까요? 　 2시간 40분

(1시간 30분) 1시간 55분 (2시간 40분) (3시간 5분) (3시간 20분) (3시간 50분) (5시간 5분) 5시간 25분

21

보충 가이드 | 20쪽

시각 : 시간의 한순간으로 시곗바늘이 가리키는 때
시간 : 어떤 시각부터 어떤 시각까지의 사이
쉽게 구분하는 방법으로는 시각은 물을 틀었을 때나 물을 잠갔을 때의 순간을 말하고, 시간은 물을 틀었을 때부터 물을 잠갔을 때 사이에 양동이에 담긴 물의 양으로 생각하면 쉬워요.
시간은 흐르는 물처럼 흘러가기 때문에 처음 시각과 끝나는 시각만 알면 얼마의 시간이 흘렀는지 계산할 수 있습니다.

22-23쪽

★실력을 키워요!

4. 아래 시계는 거울에 반사된 모습이에요. 주어진 시각이 되려면 시간이 얼마나 지나야 할까요?

❶ 12시 정각

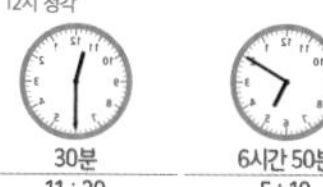

30분	6시간 50분	1시간 55분	15분
11 : 30	5 : 10	10 : 05	11 : 45

❷ 9시 정각

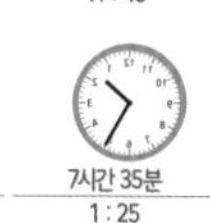

45분	55분	3시간 20분	7시간 35분
8 : 15	8 : 05	5 : 40	1 : 25

5. 방향을 바꾸어 가로, 세로로 움직여 보세요. 한 번에 가로로 1칸, 세로로 2칸 움직일 수 있어요. 원을 모두 지나는 경로를 찾아보세요.

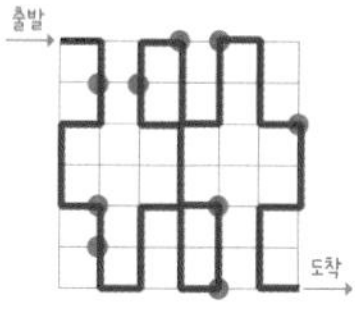

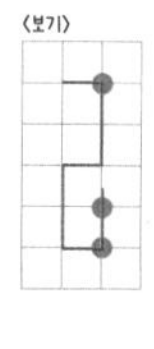

6. 공책에 계산하여 정답을 구해 보세요.

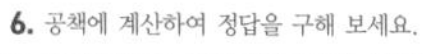

나일스는 8L와 5L 양동이를 가지고 있어요. 아래 물의 양을 측정하려면 나일스는 양동이를 어떻게 이용하면 좋을까요?

❶ 물 3L
❷ 물 2L
❸ 물 6L

22

★실력을 키워요!

7. 사람들은 어드벤처 공원에 들어가려고 줄을 서고 있어요. 10시부터 한 그룹에 8명씩 입장할 수 있어요. 첫 그룹이 입장한 뒤 10분이 경과할 때마다 한 그룹씩 입장해요. 첫 방문객은 10시 5분, 두 번째 방문객은 10시 10분, 세 번째 방문객은 10시 15분… 5분에 한 명씩 방문객이 공원을 떠난다면 아래 주어진 시각에 공원 안에 있는 사람은 몇 명일까요?

❶ 10시 11분 14명 ❷ 10시 32분 26명
❸ 11시 6분 43명 ❹ 12시 3분 80명

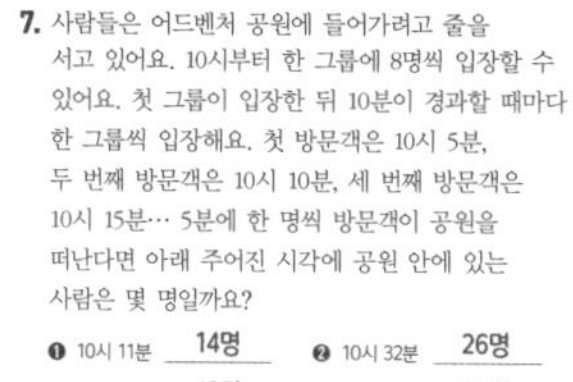

한 번 더 연습해요!

1. 시간이 얼마나 지났는지 계산하여 정답을 시간과 분으로 나누어 써 보세요.

❶ 3:20 7:50
4시간+30분=4시간 30분

❷ 6:25 8:15
1시간+50분=1시간 50분

2. 계산한 후, 정답을 시간과 분으로 나누어 써 보세요.

❶ 티노의 악기 연습은 14시 30분에 시작하여 16시 10분에 끝나요. 연습 시간을 계산해 보세요.
1시간 + 40분 = 1시간 40분
정답 : 1시간 40분

❷ 꽃집은 10시 15분에 열어서 17시 55분에 닫아요. 꽃집의 영업 시간을 계산해 보세요.
7시간 + 40분 = 7시간 40분
정답 : 7시간 40분

3. 아래 글을 읽고 공책에 알맞은 식을 세워 계산해 보세요.

❶ 로바니에미에서 오울루까지 가는 데 4시간 5분이 걸려요. 55분 동안 식사하고 나머지는 운전을 했어요. 운전 시간을 계산해 보세요.
3시간 10분

❷ 엄마는 8시 15분부터 15시 50분까지 일해요. 40분은 휴식 시간, 4시간 5분은 컴퓨터 작업 시간, 나머지는 기타 업무 시간이에요. 기타 업무 시간을 계산해 보세요.
2시간 50분

23

22쪽 6번

❶ 8L 양동이를 가득 채운 후, 5L 양동이에 부으면 3L가 남아요.
❷ 5L 양동이를 가득 채운 후, 8L 양동이에 부으면 3L가 덜 채워져요. 다시 한 번 5L 양동이를 가득 채운 후, 남은 8L 양동이를 채우면 5L 양동이에 2L가 남아요.
❸ 8L 양동이를 가득 채워 5L 양동이에 부은 다음 5L 양동이를 비워요.
8L 양동이에 남은 물 3L를 빈 5L 양동이에 부으면 2L가 부족해요.
8L 양동이에 또 한 번 물을 가득 채운 후, 5L 양동이에 2L를 부으면 6L가 남아요.

23쪽 7번

❶ 입장한 방문객 수 16명(10시, 10시 10분)
퇴장한 방문객 수 2명(5분, 10분)
16명-2명=14명
❷ 입장한 방문객 수 32명
퇴장한 방문객 수 6명
32명-6명=26명
❸ 입장한 방문객 수 56명
퇴장한 방문객 수 13명
56명-13명=43명
❹ 입장한 방문객 수 104명
퇴장한 방문객 수 24명
104명-24명=80명

MEMO

21쪽 3번

❶ 5시간=300분
300분-90분-25분=185분=3시간 5분

❷ 5시간 25분-1시간 35분=3시간 50분

❸ 제리 : 5시간 45분
밀라 : 4시간 15분
5시간 45분-4시간 15분=1시간 30분

❹ 월요일 : 1시간 45분
수요일 : 1시간 35분
1시간 45분+1시간 35분=3시간 20분

❺ 아빠의 근무 시간 : 9시간 10분
9시간 10분-(50분+3시간 15분)
=9시간 10분-4시간 5분
=5시간 5분

❻ 월~목 일하는 시간 : 9시간 20분×4
=36시간 80분=37시간 20분
40시간-37시간 20분
=39시간 60분-37시간 20분
=2시간 40분

한 번 더 연습해요! | 23쪽 3번

❶ 4시간 5분-55분
=3시간 65분-55분
=3시간 10분

❷ 엄마의 근무 시간 : 7시간 35분
7시간 35분-(40분+4시간 5분)
=7시간 35분-4시간 45분
=6시간 95분-4시간 45분
=2시간 50분

24-25쪽

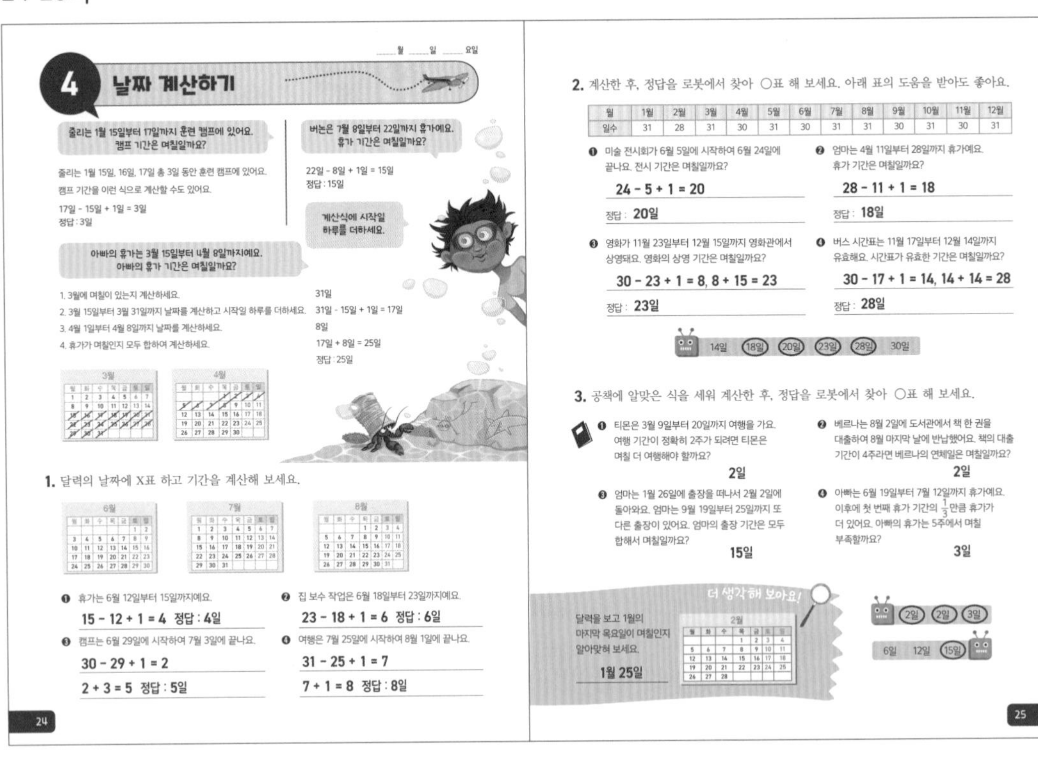

4 날짜 계산하기

___월 ___일 ___요일

줄리는 1월 15일부터 17일까지 훈련 캠프에 있어요. 캠프 기간은 며칠일까요?

줄리는 1월 15일, 16일, 17일 총 3일 동안 훈련 캠프에 있어요.
캠프 기간을 이런 식으로 계산할 수도 있어요.
17일 - 15일 + 1일 = 3일
정답 : 3일

버논은 7월 8일부터 22일까지 휴가예요. 휴가 기간은 며칠일까요?

22일 - 8일 + 1일 = 15일
정답 : 15일

계산식에 시작일 하루를 더하세요.

아빠의 휴가는 3월 15일부터 4월 8일까지예요. 아빠의 휴가 기간은 며칠일까요?

1. 3월에 며칠이 있는지 계산하세요. 31일
2. 3월 15일부터 3월 31일까지 날짜를 계산하고 시작일 하루를 더하세요. 31일 - 15일 + 1일 = 17일
3. 4월 1일부터 4월 8일까지 날짜를 계산하세요. 8일
4. 휴가가 며칠인지 모두 합하여 계산하세요. 17일 + 8일 = 25일

정답 : 25일

1. 달력의 날짜에 X표 하고 기간을 계산해 보세요.

❶ 휴가는 6월 12일부터 15일까지예요.
15 - 12 + 1 = 4 정답 : 4일

❷ 집 보수 작업은 6월 18일부터 23일까지예요.
23 - 18 + 1 = 6 정답 : 6일

❸ 캠프는 6월 29일에 시작하여 7월 3일에 끝나요.
30 - 29 + 1 = 2
2 + 3 = 5 정답 : 5일

❹ 여행은 7월 25일에 시작하여 8월 1일에 끝나요.
31 - 25 + 1 = 7
7 + 1 = 8 정답 : 8일

24

2. 계산한 후, 정답을 로봇에서 찾아 ○표 해 보세요. 아래 표의 도움을 받아도 좋아요.

월	1월	2월	3월	4월	5월	6월	7월	8월	9월	10월	11월	12월
일수	31	28	31	30	31	30	31	31	30	31	30	31

❶ 미술 전시회가 6월 5일에 시작하여 6월 24일에 끝나요. 전시 기간은 며칠일까요?
24 - 5 + 1 = 20
정답 : 20일

❷ 엄마는 4월 11일부터 28일까지 휴가예요. 휴가 기간은 며칠일까요?
28 - 11 + 1 = 18
정답 : 18일

❸ 영화가 11월 23일부터 12월 15일까지 영화관에서 상영돼요. 영화의 상영 기간은 며칠일까요?
30 - 23 + 1 = 8, 8 + 15 = 23
정답 : 23일

❹ 버스 시간표는 11월 17일부터 12월 14일까지 유효해요. 시간표가 유효한 기간은 며칠일까요?
30 - 17 + 1 = 14, 14 + 14 = 28
정답 : 28일

14일 18일 20일 23일 28일 30일

3. 공책에 알맞은 식을 세워 계산한 후, 정답을 로봇에서 찾아 ○표 해 보세요.

❶ 티몬은 3월 9일부터 20일까지 여행을 가요. 여행 기간이 정확히 2주가 되려면 티몬은 며칠 더 여행해야 할까요?
2일

❷ 베르나는 8월 2일에 도서관에서 책 한 권을 대출하여 8월 마지막 날에 반납했어요. 책의 대출 기간이 4주라면 베르나의 연체일은 며칠일까요?
2일

❸ 엄마는 1월 26일에 출장을 떠나서 2월 2일에 돌아와요. 엄마는 9월 19일부터 25일까지 또 다른 출장이 있어요. 엄마의 출장 기간은 모두 합해서 며칠일까요?
15일

❹ 아빠는 6월 19일부터 7월 12일까지 휴가예요. 이후에 첫 번째 휴가 기간의 $\frac{1}{3}$만큼 휴가가 더 있어요. 아빠의 휴가는 5주에서 며칠 부족할까요?
3일

더 생각해 보아요!

달력을 보고 1월의 마지막 목요일이 며칠인지 알아맞혀 보세요.
1월 25일

2일 2일 3일

6일 12일 15일

25

보충 가이드 | 24쪽

달력을 보며 휴가 일수를 셀 때 2가지 방법으로 알아볼 수 있어요.

1. 3월 15일부터 3월 31일까지 날짜를 계산하고 시작일 하루를 더하세요.
   31일 - 15일 + 1일 = 17일
2. 포함되지 않는 날 수인 14일을 3월의 총 일수인 31일에서 빼면 간단해요.
   31일 - 14일 = 17일

25쪽 3번

❶ 20-9+1=12
2주는 14일
14-12=2 정답 : 2일

❷ 31-2+1=30
4주는 28일
30-28=2 정답 : 2일

❸ 첫 번째 출장 기간 :
31-26+1=6, 6+2=8
두 번째 출장 기간 :
25-19+1=7
총 출장 기간 :
8+7=15 정답 : 15일

❹ 첫 번째 출장 기간 :
30-19+1=12
12+12=24
두 번째 출장 기간 :
$\frac{24}{3}=8$
총 출장 기간 : 24+8=32
5주는 35일
35-32=3 정답 : 3일

26-27쪽

10월 1일이 일요일이므로 9월 달력에서 30일은 토요일이어야 해요. 9월은 30일까지 있어요. 10월 31일이 화요일이므로 11월 1일은 수요일이어야 해요.

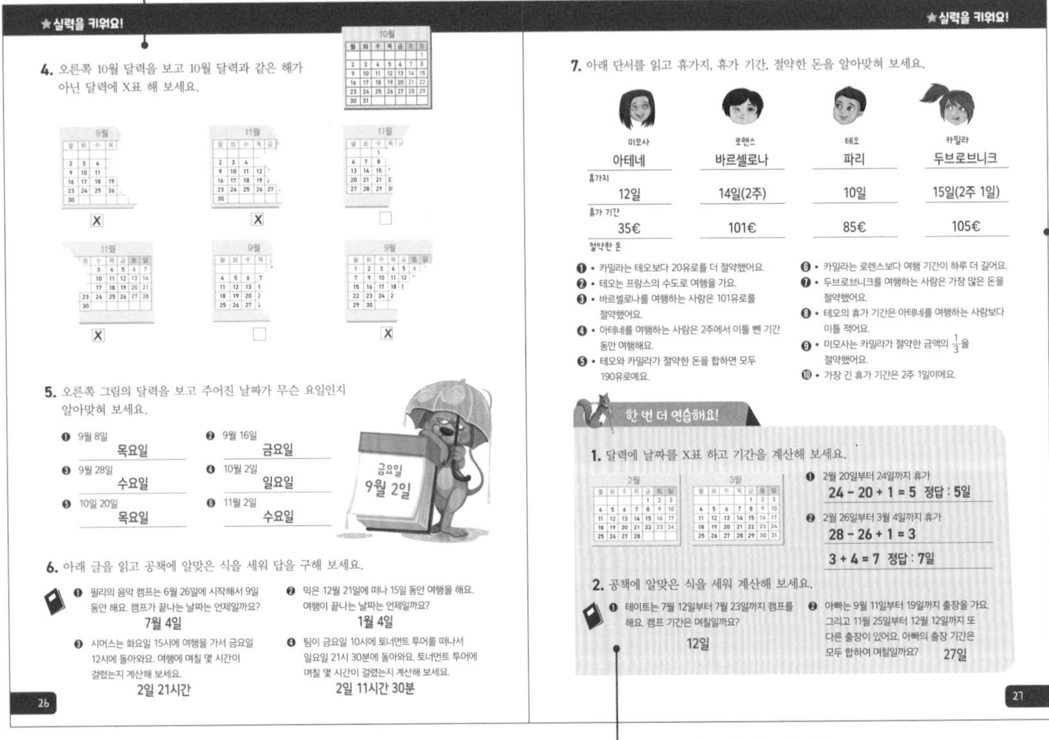

★실력을 키워요!

4. 오른쪽 10월 달력을 보고 10월 달력과 같은 해가 아닌 달력에 X표 해 보세요.

9월 X　11월 X　11월 □
11월 X　9월 □　9월 X

5. 오른쪽 그림의 달력을 보고 주어진 날짜가 무슨 요일인지 알아맞혀 보세요.

❶ 9월 8일 목요일
❷ 9월 16일 금요일
❸ 9월 28일 수요일
❹ 10월 2일 일요일
❺ 10월 20일 목요일
❻ 11월 2일 수요일

금요일 9월 2일

6. 아래 글을 읽고 공책에 알맞은 식을 세워 답을 구해 보세요.

❶ 필리의 음악 캠프는 6월 26일에 시작해서 9일 동안 해요. 캠프가 끝나는 날짜는 언제일까요?
7월 4일

❷ 믹은 12월 21일에 떠나 15일 동안 여행을 해요. 여행이 끝나는 날짜는 언제일까요?
1월 4일

❸ 시머스는 화요일 15시에 여행을 가서 금요일 12시에 돌아와요. 여행에 며칠 몇 시간이 걸렸는지 계산해 보세요.
2일 21시간

❹ 팀이 금요일 10시에 토너먼트 투어를 떠나서 일요일 21시 30분에 돌아와요. 토너먼트 투어에 며칠 몇 시간이 걸렸는지 계산해 보세요.
2일 11시간 30분

26

★실력을 키워요!

7. 아래 단서를 읽고 휴가지, 휴가 기간, 절약한 돈을 알아맞혀 보세요.

	미오사	로렌스	테오	카밀라
휴가지	아테네	바르셀로나	파리	두브로브니크
휴가 기간	12일	14일(2주)	10일	15일(2주 1일)
절약한 돈	35€	101€	85€	105€

❶ • 카밀라는 테오보다 20유로를 더 절약했어요.
❷ • 테오는 프랑스의 수도로 여행을 가요.
❸ • 바르셀로나를 여행하는 사람은 101유로를 절약했어요.
❹ • 아테네를 여행하는 사람은 2주에서 이틀 뺀 기간 동안 여행해요.
❺ • 테오와 카밀라가 절약한 돈을 합하면 모두 190유로예요.
❻ • 카밀라는 로렌스보다 여행 기간이 하루 더 길어요.
❼ • 두브로브니크를 여행하는 사람은 가장 많은 돈을 절약했어요.
❽ • 테오의 휴가 기간은 아테네를 여행하는 사람보다 이틀 적어요.
❾ • 미오사는 카밀라가 절약한 금액의 $\frac{1}{3}$을 절약했어요.
❿ • 가장 긴 휴가 기간은 2주 1일이에요.

한 번 더 연습해요!

1. 달력에 날짜를 X표 하고 기간을 계산해 보세요.

❶ 2월 20일부터 24일까지 휴가
24 - 20 + 1 = 5 정답 : 5일

❷ 2월 26일부터 3월 4일까지 휴가
28 - 26 + 1 = 3
3 + 4 = 7 정답 : 7일

2. 공책에 알맞은 식을 세워 계산해 보세요.

❶ 테이트는 7월 12일부터 7월 23일까지 캠프를 해요. 캠프 기간은 며칠일까요?
12일

❷ 아빠는 9월 11일부터 19일까지 출장을 가요. 그리고 11월 25일부터 12월 12일까지 또 다른 출장이 있어요. 아빠의 출장 기간은 모두 합하여 며칠일까요?
27일

21

26쪽 6번

❶ 30-26+1=5, 9-5=4
정답 : 7월 4일

❷ 31-21+1=11, 15-11=4
정답 : 1월 4일

❸ 화요일 15시~목요일 1
까지 2일
목요일 15시~금요일 1
까지 21시간
정답 : 2일 21시간

❹ 금요일 10시~일요일 1
까지 2일
10시~21시 30분까지
간 30분
정답 : 2일 11시간 30분

❶ 23-12+1=12
❷ 19-11+1=9
30-25+1=6
9+6+12=27

28-29쪽

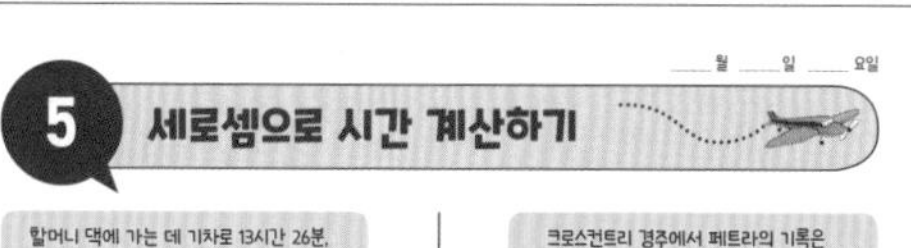

____월 ____일 ____요일

할머니 댁에 가는 데 기차로 13시간 26분, 차로 16시간 8분이 걸려요. 기차로 가면 차로 갈 때보다 시간을 얼마나 단축할 수 있을까요?

60분 + 8분 = 68분 (15 → 60)

	시간	분
	~~16~~ (15)	8 (60)
−	13	26
	2	42

정답 : 2시간 42분

- 먼저 분끼리 뺄셈을 해요. 필요할 경우 시간에서 분을 빌려 와야 해요. 1시간이 60분인 것을 기억하세요.
- 시간끼리 뺄셈을 해요.

크로스컨트리 경주에서 페트라의 기록은 25분 15초, 시머스의 기록은 19분 42초예요. 시머스의 기록은 페트라보다 얼마나 더 빠를까요?

60초 + 15초 = 75초 (24 → 60)

	분	초
	~~25~~ (24)	15 (60)
−	19	42
	5	33

정답 : 5분 33초

- 먼저 초끼리 뺄셈을 해요. 필요한 경우 분에서 초를 빌려 와야 해요. 1분이 60초인 것을 기억하세요.
- 분끼리 뺄셈을 해요.

1. 이동 시간을 살펴보고 더 빠른 방법을 이용할 때 시간이 얼마나 단축되는지 세로셈으로 계산해 보세요. 정답을 로봇에서 찾아 ○표 해 보세요.

헬싱키에서 로바니에미까지 이동

교통수단	이동 시간
기차	8시간 15분
자동차	11시간 48분
자전거	43시간 17분
도보	125시간 39분

❶ 기차와 자동차

	시간	분
	11	48
−	8	15
	3	33

정답 : 3시간 33분

❷ 자전거와 자동차

	시간	분
	~~43~~ (42)	17 (60)
−	11	48
	31	29

정답 : 31시간 29분

❸ 도보와 자동차

	시간	분
	~~125~~ (124)	39 (60)
−	11	48
	113	51

정답 : 113시간 51분

2. 크로스컨트리 경주 기록을 살펴보고 세로셈으로 계산한 후, 정답을 로봇에서 찾아 ○표 해 보세요.

크로스컨트리 기록

참가자	기록
1. 미렐라	20분 59초
2. 콜린	21분 33초
3. 사울	23분 46초
4. 베르나	25분 9초

❶ 콜린의 기록은 사울보다 얼마나 더 빠를까요?

	분	초
	23	46
−	21	33
	2	13

정답 : 2분 13초

❷ 미렐라의 기록은 베르나보다 얼마나 더 빠를까요?

	분	초
	~~25~~ (24)	9 (60)
−	20	59
	4	10

정답 : 4분 10초

❸ 콜린의 기록은 미렐라와 얼마나 차이가 날까요?

	분	초
	~~21~~ (20)	33 (60)
−	20	59
		34

정답 : 34초

❹ 베르나의 기록은 사울과 얼마나 차이가 날까요?

	분	초
	~~25~~ (24)	9 (60)
−	23	46
	1	23

정답 : 1분 23초

3. 공책에 알맞은 식을 세워 계산한 후, 정답을 로봇에서 찾아 ○표 해 보세요.

❶ 어떤 가족이 콜라리에서 투르쿠까지 휴가를 떠나요. 차를 운전해서 가면 13시간 32분이 걸리고, 기차를 타면 11시간 47분이 걸려요. 기차로 왕복하면 이동 시간을 얼마나 단축할 수 있을까요?

3시간 30분

❷ 헬싱키에서 시카고행 직항은 13시간 47분이 걸려요. 헬싱키에서 런던까지 경유기는 4시간 10분, 런던에서 시카고행 비행기는 8시간 35분이 걸려요. 공항에서 대기 시간이 2시간 25분이라면 시카고행 직항은 비행시간을 얼마나 단축할 수 있을까요?

1시간 23분

더 생각해 보아요!

어떤 색깔 끈을 잘라야 끈이 다 풀릴까요?

회색

1시간 23분 · 2시간 15분
3시간 30분 · 3시간 40분

보충 가이드 | 28쪽

1시간=60분, 1분=60초라는 60진법을 이용해서 시간의 덧셈과 뺄셈을 계산해야 해요. 10진법에서는 받아올림과 받아내림을 할 때 10을 가져오지만 시간은 60진법이라 60을 가져와야 해요.

29쪽 3번

❶ 차로 왕복할 때 걸리는 시간 : 27시간 4분
기차로 왕복할 때 걸리는 시간 : 23시간 34분
27시간 4분-23시간 34분
=3시간 30분

❷ 경유기를 이용할 때 걸리는 총 시간 : 15시간 10분
15시간 10분-13시간 47분
=1시간 23분

MEMO

27쪽 7번

	미모사	로렌스	테오	카밀라
휴가지		바르셀로나	파리	
휴가 기간				
절약한 돈	35€	101€	85€	105€

❷ 테오는 프랑스의 수도로 여행을 가요.
❶ 카밀라는 테오보다 20유로를 더 절약했어요.
❺ 테오와 카밀라가 절약한 돈을 합하면 모두 190유로예요.
$x+x+20=190$€, $2x=170$€, $x=85$
테오 85€, 카밀라 105€
❾ 미모사는 카밀라가 절약한 금액의 $\frac{1}{3}$을 절약했어요.(105€÷3=35€)
❸ 바르셀로나를 여행하는 사람은 101유로를 절약했어요.

	미모사	로렌스	테오	카밀라
휴가지	아테네	바르셀로나	파리	두브로브니크
휴가 기간	12일	14일(2주)	10일	15일(2주 1일)
절약한 돈	35€	101€	85€	105€

❼ 두브로브니크를 여행하는 사람은 가장 많은 돈을 절약했어요.
❹ 아테네를 여행하는 사람은 2주에서 이틀 뺀 기간 동안 여행해요.(14-2=12)
❽ 테오의 휴가 기간은 아테네를 여행하는 사람보다 이틀 적어요.(12-2=10)
❻ 카밀라는 로렌스보다 여행 기간이 하루 더 길어요.(카밀라가 가장 길게 여행해요.)
❿ 가장 긴 휴가 기간은 2주 1일이에요.

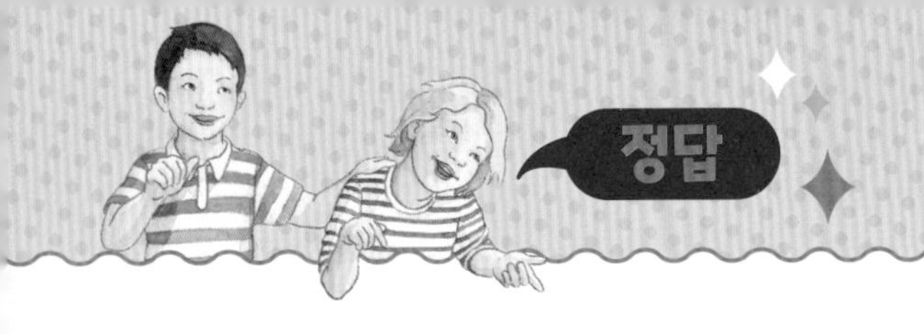

30-31쪽

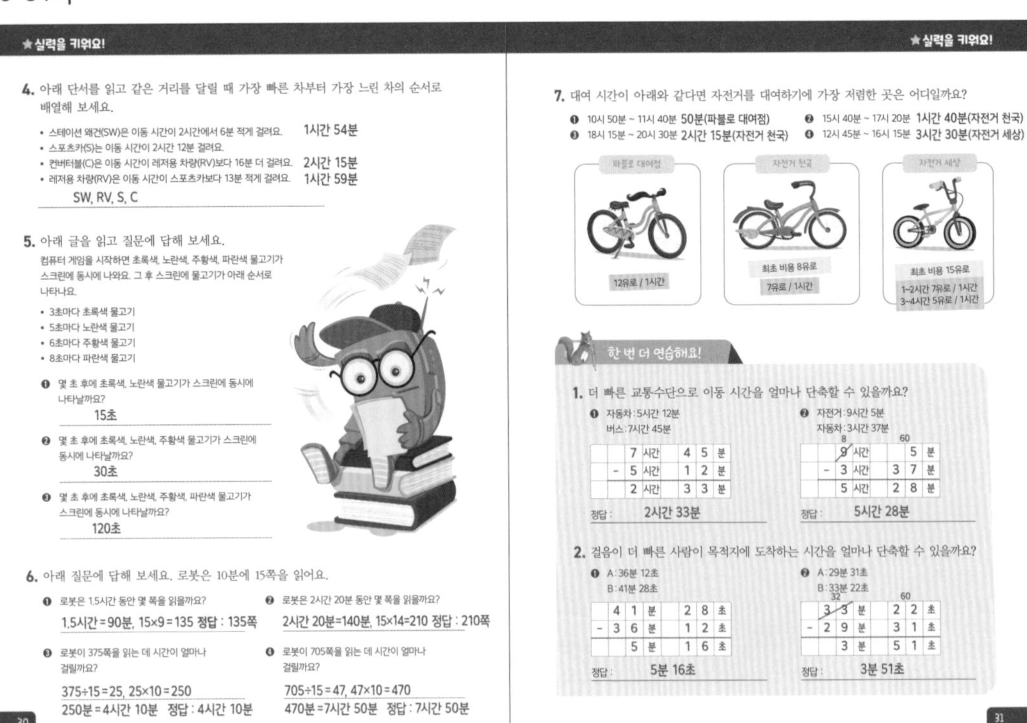

★ 실력을 키워요!

4. 아래 단서를 읽고 같은 거리를 달릴 때 가장 빠른 차부터 가장 느린 차의 순서로 배열해 보세요.

- 스테이션 왜건(SW)은 이동 시간이 2시간에서 6분 적게 걸려요. **1시간 54분**
- 스포츠카(S)는 이동 시간이 2시간 12분 걸려요.
- 컨버터블(C)은 이동 시간이 레저용 차량(RV)보다 16분 더 걸려요. **2시간 15분**
- 레저용 차량(RV)은 이동 시간이 스포츠카보다 13분 적게 걸려요. **1시간 59분**

SW, RV, S, C

5. 아래 글을 읽고 질문에 답해 보세요.

컴퓨터 게임을 시작하면 초록색, 노란색, 주황색, 파란색 물고기가 스크린에 동시에 나와요. 그 후 스크린에 물고기가 아래 순서로 나타나요.

- 3초마다 초록색 물고기
- 5초마다 노란색 물고기
- 6초마다 주황색 물고기
- 8초마다 파란색 물고기

❶ 몇 초 후에 초록색, 노란색 물고기가 스크린에 동시에 나타날까요?
15초

❷ 몇 초 후에 초록색, 노란색, 주황색 물고기가 스크린에 동시에 나타날까요?
30초

❸ 몇 초 후에 초록색, 노란색, 주황색, 파란색 물고기가 스크린에 동시에 나타날까요?
120초

6. 아래 질문에 답해 보세요. 로봇은 10분에 15쪽을 읽어요.

❶ 로봇은 1.5시간 동안 몇 쪽을 읽을까요?
1.5시간=90분, 15×9=135 정답 : 135쪽

❷ 로봇은 2시간 20분 동안 몇 쪽을 읽을까요?
2시간 20분=140분, 15×14=210 정답 : 210쪽

❸ 로봇이 375쪽을 읽는 데 시간이 얼마나 걸릴까요?
375÷15=25, 25×10=250
250분=4시간 10분 정답 : 4시간 10분

❹ 로봇이 705쪽을 읽는 데 시간이 얼마나 걸릴까요?
705÷15=47, 47×10=470
470분=7시간 50분 정답 : 7시간 50분

30

★ 실력을 키워요!

7. 대여 시간이 아래와 같다면 자전거를 대여하기에 가장 저렴한 곳은 어디일까요?

❶ 10시 50분 ~ 11시 40분 **50분(파블로 대여점)**
❷ 15시 40분 ~ 17시 20분 **1시간 40분(자전거 천국)**
❸ 18시 15분 ~ 20시 30분 **2시간 15분(자전거 천국)**
❹ 12시 45분 ~ 16시 15분 **3시간 30분(자전거 세상)**

한 번 더 연습해요!

1. 더 빠른 교통수단으로 이동 시간을 얼마나 단축할 수 있을까요?

❶ 자동차 : 5시간 12분
버스 : 7시간 45분

	7	시간	4 5	분
-	5	시간	1 2	분
	2	시간	3 3	분

정답 : **2시간 33분**

❷ 자전거 : 9시간 5분
자동차 : 3시간 37분

	9 (8)	시간	5 (60)	분
-	3	시간	3 7	분
	5	시간	2 8	분

정답 : **5시간 28분**

2. 걸음이 더 빠른 사람이 목적지에 도착하는 시간을 얼마나 단축할 수 있을까요?

❶ A : 36분 12초
B : 41분 28초

	4 1	분	2 8	초
-	3 6	분	1 2	초
	5	분	1 6	초

정답 : **5분 16초**

❷ A : 29분 31초
B : 33분 22초

	3 3 (32)	분	2 2 (60)	초
-	2 9	분	3 1	초
	3	분	5 1	초

정답 : **3분 51초**

31

30쪽 5번

최대공약수를 찾으면 답을 쉽게 구할 수 있어요.

31쪽 7번

❶ 파블로 대여점 : 12€
자전거 천국 : 8€+7€=15€
자전거 세상 : 15€+7€=22€

❷ 파블로 대여점 :
12€+12€=24€
자전거 천국 :
8€+7€+7€=22€
자전거 세상 :
15€+7€+7€=29€

❸ 파블로 대여점 :
12€+12€+12€=36€
자전거 천국 :
8€+7€+7€+7€=29€
자전거 세상 :
15€+5€+5€+5€=30€

❹ 파블로 대여점 :
12€+12€+12€+12€=48
자전거 천국 :
8€+7€+7€+7€+7€=36€
자전거 세상 :
15€+5€+5€+5€+5€=3

32-33쪽

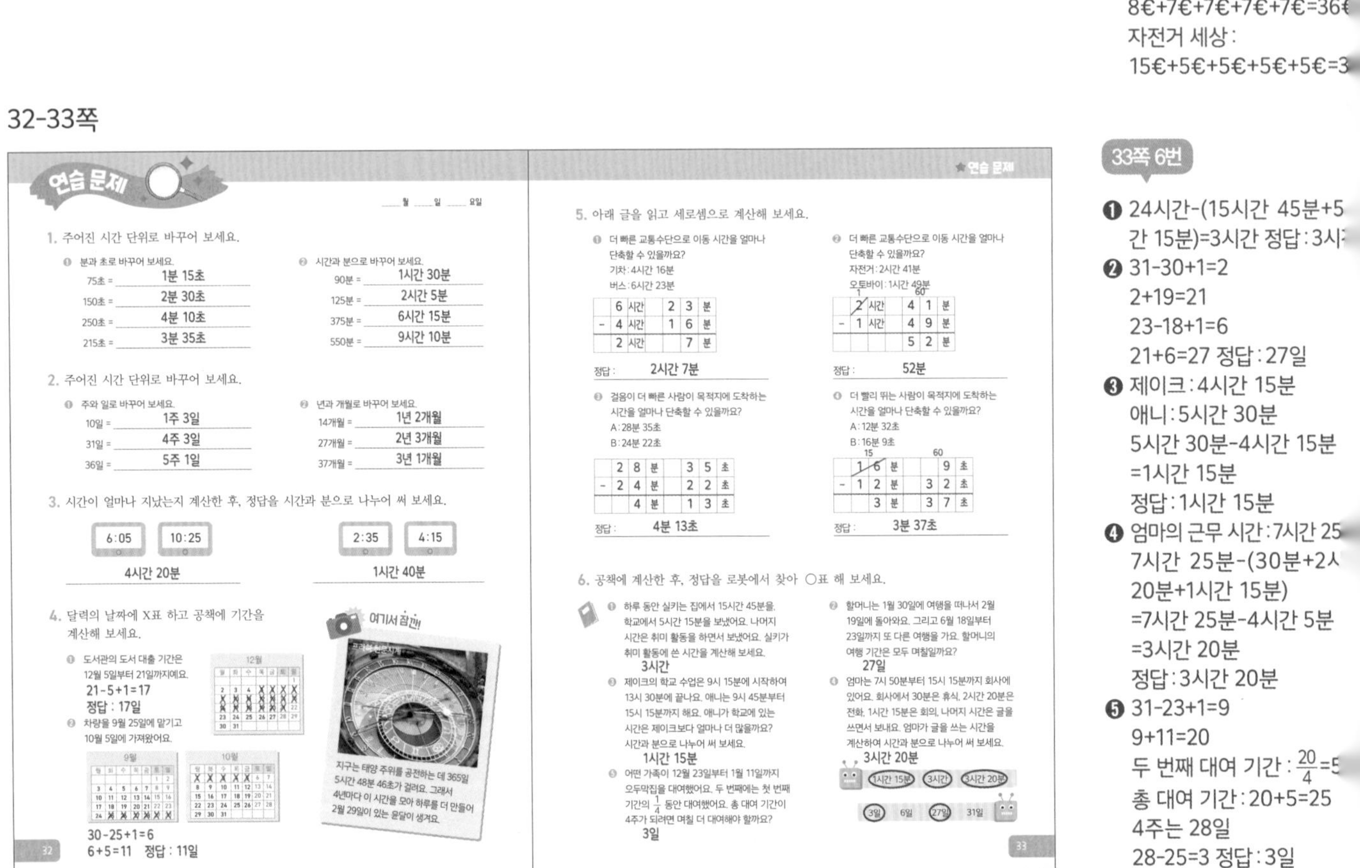

연습 문제

___월 ___일 ___요일

1. 주어진 시간 단위로 바꾸어 보세요.

❶ 분과 초로 바꾸어 보세요.
75초 = **1분 15초**
150초 = **2분 30초**
250초 = **4분 10초**
215초 = **3분 35초**

❷ 시간과 분으로 바꾸어 보세요.
90분 = **1시간 30분**
125분 = **2시간 5분**
375분 = **6시간 15분**
550분 = **9시간 10분**

2. 주어진 시간 단위로 바꾸어 보세요.

❶ 주와 일로 바꾸어 보세요.
10일 = **1주 3일**
31일 = **4주 3일**
36일 = **5주 1일**

❷ 년과 개월로 바꾸어 보세요.
14개월 = **1년 2개월**
27개월 = **2년 3개월**
37개월 = **3년 1개월**

3. 시간이 얼마나 지났는지 계산한 후, 정답을 시간과 분으로 나누어 써 보세요.

6:05 10:25 **4시간 20분**

2:35 4:15 **1시간 40분**

4. 달력의 날짜에 X표 하고 공책에 기간을 계산해 보세요.

❶ 도서관의 도서 대출 기간은 12월 5일부터 21일까지예요.
21-5+1=17
정답 : 17일

❷ 차량을 9월 25일에 맡기고 10월 5일에 가져왔어요.
30-25+1=6
6+5=11 정답 : 11일

여기서 잠깐!

지구는 태양 주위를 공전하는 데 365일 5시간 48분 46초가 걸려요. 그래서 4년마다 이 시간을 모아 하루를 더 만들어 2월 29일이 있는 윤달이 생겨요.

32

★ 연습 문제

5. 아래 글을 읽고 세로셈으로 계산해 보세요.

❶ 더 빠른 교통수단으로 이동 시간을 얼마나 단축할 수 있을까요?
기차 : 4시간 16분
버스 : 6시간 23분

	6	시간	2 3	분
-	4	시간	1 6	분
	2	시간	7	분

정답 : **2시간 7분**

❷ 더 빠른 교통수단으로 이동 시간을 얼마나 단축할 수 있을까요?
자전거 : 2시간 41분
오토바이 : 1시간 49분

	2 (1)	시간	4 1 (60)	분
-	1	시간	4 9	분
			5 2	분

정답 : **52분**

❸ 걸음이 더 빠른 사람이 목적지에 도착하는 시간을 얼마나 단축할 수 있을까요?
A : 28분 35초
B : 24분 22초

	2 8	분	3 5	초
-	2 4	분	2 2	초
	4	분	1 3	초

정답 : **4분 13초**

❹ 더 빨리 뛰는 사람이 목적지에 도착하는 시간을 얼마나 단축할 수 있을까요?
A : 12분 32초
B : 16분 9초

	1 6 (15)	분	9 (60)	초
-	1 2	분	3 2	초
	3	분	3 7	초

정답 : **3분 37초**

6. 공책에 계산한 후, 정답을 로봇에서 찾아 ○표 해 보세요.

❶ 하루 동안 실키는 집에서 15시간 45분을, 학교에서 5시간 15분을 보냈어요. 나머지 시간은 취미 활동을 하면서 보냈어요. 실키가 취미 활동에 쓴 시간을 계산해 보세요.
3시간

❷ 할머니는 1월 30일에 여행을 떠나서 2월 19일에 돌아와요. 그리고 6월 18일부터 23일까지 또 다른 여행을 가요. 할머니의 여행 기간은 모두 며칠일까요?
27일

❸ 제이크의 학교 수업은 9시 15분에 시작하여 13시 30분에 끝나요. 애니는 9시 45분부터 15시 15분까지 해요. 애니가 학교에 있는 시간은 제이크보다 얼마나 더 많을까요? 시간과 분으로 나누어 써 보세요.
1시간 15분

❹ 엄마는 7시 50분부터 15시 15분까지 회사에 있어요. 회사에서 30분은 휴식, 2시간 20분은 전화, 1시간 15분은 회의, 나머지 시간은 글을 쓰면서 보내요. 엄마가 글을 쓰는 시간을 계산하여 시간과 분으로 나누어 써 보세요.
3시간 20분

❺ 어떤 가족이 12월 23일부터 1월 11일까지 오두막집을 대여했어요. 두 번째에는 첫 번째 기간의 $\frac{1}{4}$ 동안 대여했어요. 총 대여 기간이 4주가 되려면 며칠 더 대여해야 할까요?
3일

33

33쪽 6번

❶ 24시간-(15시간 45분+5시간 15분)=3시간 정답 : 3시

❷ 31-30+1=2
2+19=21
23-18+1=6
21+6=27 정답 : 27일

❸ 제이크 : 4시간 15분
애니 : 5시간 30분
5시간 30분-4시간 15분
=1시간 15분
정답 : 1시간 15분

❹ 엄마의 근무 시간 : 7시간 25
7시간 25분-(30분+2시간 20분+1시간 15분)
=7시간 25분-4시간 5분
=3시간 20분
정답 : 3시간 20분

❺ 31-23+1=9
9+11=20
두 번째 대여 기간 : $\frac{20}{4}$=5
총 대여 기간 : 20+5=25
4주는 28일
28-25=3 정답 : 3일

34-35쪽

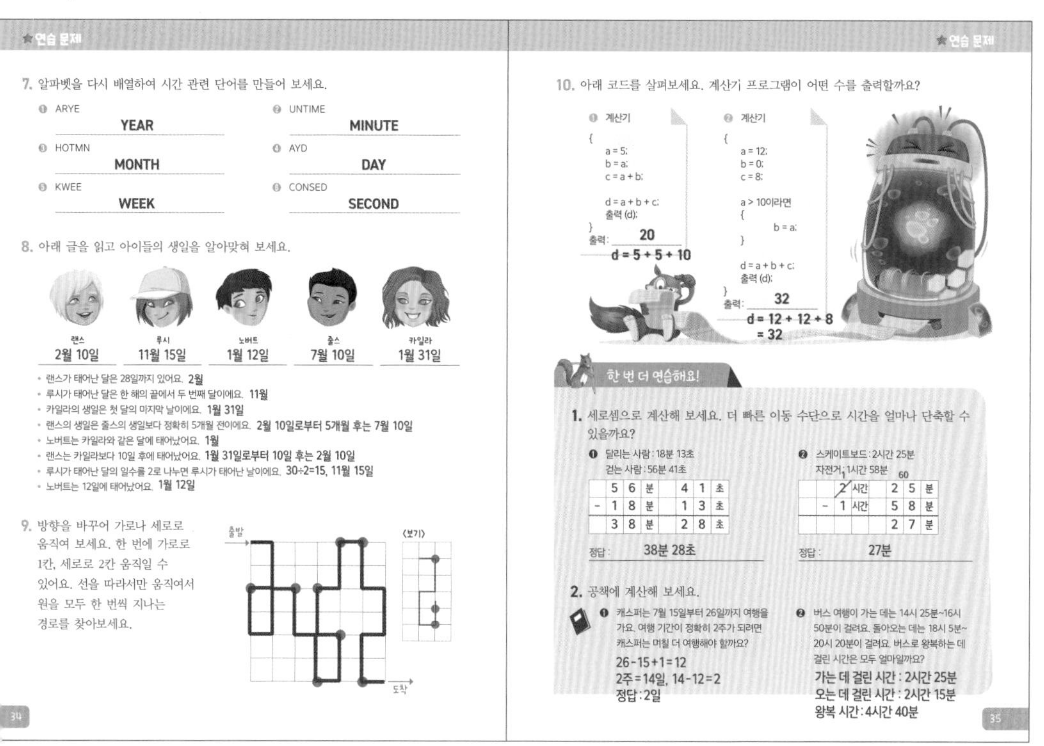

★ 연습 문제

7. 알파벳을 다시 배열하여 시간 관련 단어를 만들어 보세요.

❶ ARYE **YEAR**
❷ UNTIME **MINUTE**
❸ HOTMN **MONTH**
❹ AYD **DAY**
❺ KWEE **WEEK**
❻ CONSED **SECOND**

8. 아래 글을 읽고 아이들의 생일을 알아맞혀 보세요.

랜스	루시	노버트	줄스	카일라
2월 10일	11월 15일	1월 12일	7월 10일	1월 31일

- 랜스가 태어난 달은 28일까지 있어요. **2월**
- 루시가 태어난 달은 한 해의 끝에서 두 번째 달이에요. **11월**
- 카일라의 생일은 첫 달의 마지막 날이에요. **1월 31일**
- 랜스의 생일은 줄스의 생일보다 정확히 5개월 전이에요. **2월 10일로부터 5개월 후는 7월 10일**
- 노버트는 카일라와 같은 달에 태어났어요. **1월**
- 랜스는 카일라보다 10일 후에 태어났어요. **1월 31일로부터 10일 후는 2월 10일**
- 루시가 태어난 달의 일수를 2로 나누면 루시가 태어난 날이에요. **30÷2=15, 11월 15일**
- 노버트는 12일에 태어났어요. **1월 12일**

9. 방향을 바꾸어 가로나 세로로 움직여 보세요. 한 번에 가로로 1칸, 세로로 2칸 움직일 수 있어요. 선을 따라서만 움직여서 원을 모두 한 번씩 지나는 경로를 찾아보세요.

출발
〈보기〉
도착

★ 연습 문제

10. 아래 코드를 살펴보세요. 계산기 프로그램이 어떤 수를 출력할까요?

❶ 계산기

```
{
    a = 5;
    b = a;
    c = a + b;

    d = a + b + c;
    출력 (d);
}
```

출력: **20**
d = 5 + 5 + 10

❷ 계산기

```
{
    a = 12;
    b = 0;
    c = 8;

    a > 10이라면
    {
        b = a;
    }

    d = a + b + c;
    출력 (d);
}
```

출력: **32**
d = 12 + 12 + 8 = 32

한 번 더 연습해요!

1. 세로셈으로 계산해 보세요. 더 빠른 이동 수단으로 시간을 얼마나 단축할 수 있을까요?

❶ 달리는 사람 : 18분 13초
걷는 사람 : 56분 41초

	5	6	분		4	1	초
-	1	8	분		1	3	초
	3	8	분		2	8	초

정답 : **38분 28초**

❷ 스케이트보드 : 2시간 25분
자전거 : 1시간 58분

		2 (1)	시간	2 (60)	5	분
	-	1	시간	5	8	분
				2	7	분

정답 : **27분**

2. 공책에 계산해 보세요.

❶ 캐스퍼는 7월 15일부터 26일까지 여행을 가요. 여행 기간이 정확히 2주가 되려면 캐스퍼는 며칠 더 여행해야 할까요?
26-15+1=12
2주=14일, 14-12=2
정답 : 2일

❷ 버스 여행이 가는 데는 14시 25분~16시 50분이 걸려요. 돌아오는 데는 18시 5분~20시 20분이 걸려요. 버스로 왕복하는 데 걸린 시간은 모두 얼마일까요?
가는 데 걸린 시간 : 2시간 25분
오는 데 걸린 시간 : 2시간 15분
왕복 시간 : 4시간 40분

36-37쪽

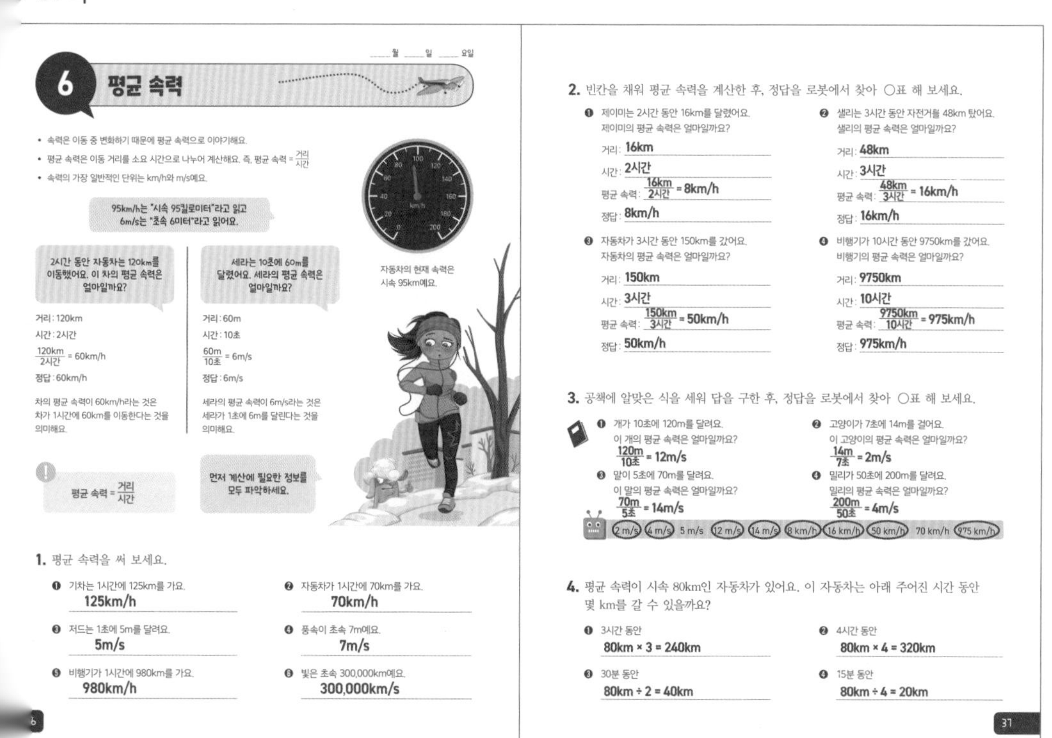

___월 ___일 ___요일

6 평균 속력

- 속력은 이동 중 변화하기 때문에 평균 속력으로 이야기해요.
- 평균 속력은 이동 거리를 소요 시간으로 나누어 계산해요. 즉, 평균 속력 = $\frac{거리}{시간}$
- 속력의 가장 일반적인 단위는 km/h와 m/s예요.

95km/h는 "시속 95킬로미터"라고 읽고 6m/s는 "초속 6미터"라고 읽어요.

자동차의 현재 속력은 시속 95km예요.

2시간 동안 자동차는 120km를 이동했어요. 이 차의 평균 속력은 얼마일까요?

거리 : 120km
시간 : 2시간
$\frac{120km}{2시간} = 60km/h$
정답 : 60km/h

차의 평균 속력이 60km/h라는 것은 차가 1시간에 60km를 이동한다는 것을 의미해요.

세라는 10초에 60m를 달렸어요. 세라의 평균 속력은 얼마일까요?

거리 : 60m
시간 : 10초
$\frac{60m}{10초} = 6m/s$
정답 : 6m/s

세라의 평균 속력이 6m/s라는 것은 세라가 1초에 6m를 달린다는 것을 의미해요.

평균 속력 = $\frac{거리}{시간}$

먼저 계산에 필요한 정보를 모두 파악하세요.

1. 평균 속력을 써 보세요.

❶ 기차는 1시간에 125km를 가요. **125km/h**
❷ 자동차가 1시간에 70km를 가요. **70km/h**
❸ 저드는 1초에 5m를 달려요. **5m/s**
❹ 풍속이 초속 7m예요. **7m/s**
❺ 비행기가 1시간에 980km를 가요. **980km/h**
❻ 빛은 초속 300,000km예요. **300,000km/s**

2. 빈칸을 채워 평균 속력을 계산한 후, 정답을 로봇에서 찾아 ○표 해 보세요.

❶ 제이미는 2시간 동안 16km를 달렸어요. 제이미의 평균 속력은 얼마일까요?
거리 : **16km**
시간 : **2시간**
평균 속력 : **$\frac{16km}{2시간} = 8km/h$**
정답 : **8km/h**

❷ 샐리는 3시간 동안 자전거를 48km 탔어요. 샐리의 평균 속력은 얼마일까요?
거리 : **48km**
시간 : **3시간**
평균 속력 : **$\frac{48km}{3시간} = 16km/h$**
정답 : **16km/h**

❸ 자동차가 3시간 동안 150km를 갔어요. 자동차의 평균 속력은 얼마일까요?
거리 : **150km**
시간 : **3시간**
평균 속력 : **$\frac{150km}{3시간} = 50km/h$**
정답 : **50km/h**

❹ 비행기가 10시간 동안 9750km를 갔어요. 비행기의 평균 속력은 얼마일까요?
거리 : **9750km**
시간 : **10시간**
평균 속력 : **$\frac{9750km}{10시간} = 975km/h$**
정답 : **975km/h**

3. 공책에 알맞은 식을 세워 답을 구한 후, 정답을 로봇에서 찾아 ○표 해 보세요.

❶ 개가 10초에 120m를 달려요. 이 개의 평균 속력은 얼마일까요?
$\frac{120m}{10초} = 12m/s$

❷ 고양이가 7초에 14m를 걸어요. 이 고양이의 평균 속력은 얼마일까요?
$\frac{14m}{7초} = 2m/s$

❸ 말이 5초에 70m를 달려요. 이 말의 평균 속력은 얼마일까요?
$\frac{70m}{5초} = 14m/s$

❹ 밀리가 50초에 200m를 달려요. 밀리의 평균 속력은 얼마일까요?
$\frac{200m}{50초} = 4m/s$

2 m/s 4 m/s 5 m/s 12 m/s 14 m/s 8 km/h 16 km/h 50 km/h 70 km/h 975 km/h

4. 평균 속력이 시속 80km인 자동차가 있어요. 이 자동차는 아래 주어진 시간 동안 몇 km를 갈 수 있을까요?

❶ 3시간 동안 **80km × 3 = 240km**
❷ 4시간 동안 **80km × 4 = 320km**
❸ 30분 동안 **80km ÷ 2 = 40km**
❹ 15분 동안 **80km ÷ 4 = 20km**

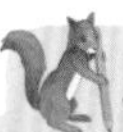

보충 가이드 | 36쪽

평균 속력은 이동 거리를 소요 시간으로 나누어서 계산해요. 즉, 평균 속력 = $\frac{거리}{시간}$ 따라서 단위 시간 동안 얼마의 거리를 갔는지 계산하면 주어진 시간 동안 얼마의 거리를 갔는지 비례 관계를 이용해서 문제를 해결할 수 있어요.

38-39쪽

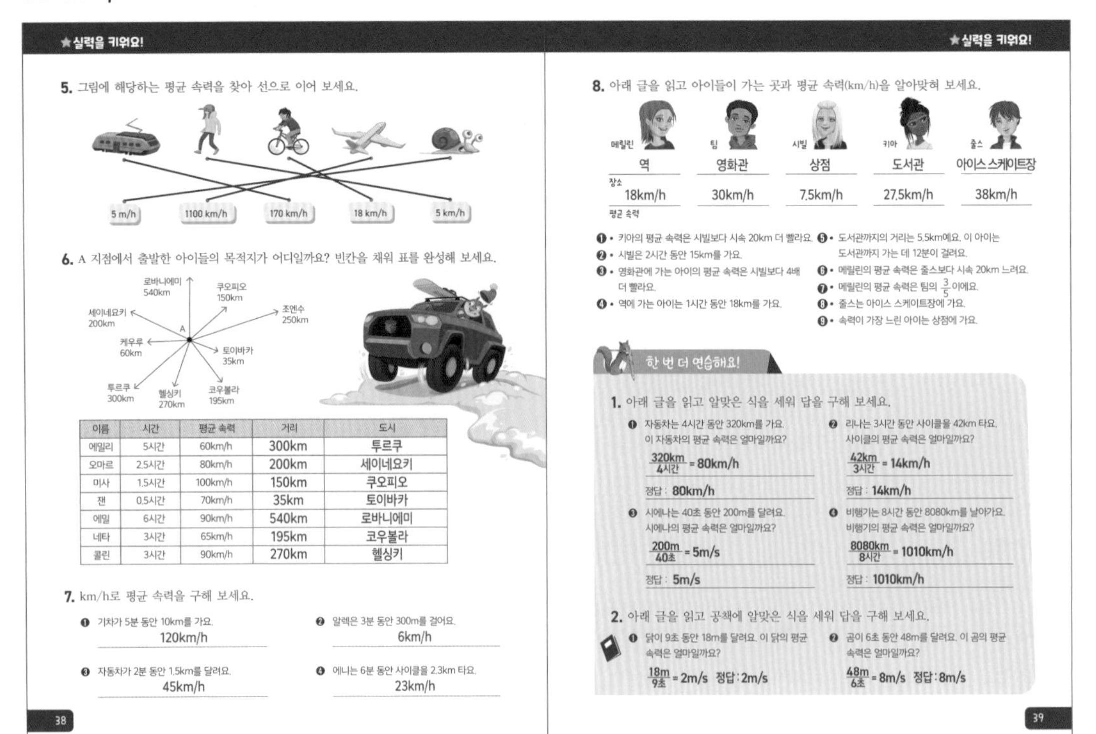

★실력을 키워요!

5. 그림에 해당하는 평균 속력을 찾아 선으로 이어 보세요.

6. A 지점에서 출발한 아이들의 목적지가 어디일까요? 빈칸을 채워 표를 완성해 보세요.

이름	시간	평균 속력	거리	도시
에밀리	5시간	60km/h	300km	투르쿠
오마르	2.5시간	80km/h	200km	세이네요키
미사	1.5시간	100km/h	150km	쿠오피오
잰	0.5시간	70km/h	35km	토이바카
에밀	6시간	90km/h	540km	로바니에미
네타	3시간	65km/h	195km	코우볼라
콜린	3시간	90km/h	270km	헬싱키

7. km/h로 평균 속력을 구해 보세요.

❶ 기차가 5분 동안 10km를 가요.
120km/h

❷ 알렉은 3분 동안 300m를 걸어요.
6km/h

❸ 자동차가 2분 동안 1.5km를 달려요.
45km/h

❹ 에니는 6분 동안 사이클을 2.3km 타요.
23km/h

38

★실력을 키워요!

8. 아래 글을 읽고 아이들이 가는 곳과 평균 속력(km/h)을 알아맞혀 보세요.

	메릴린	팀	시빌	키아	줄스
장소	역	영화관	상점	도서관	아이스 스케이트장
평균 속력	18km/h	30km/h	7.5km/h	27.5km/h	38km/h

❶ • 키아의 평균 속력은 시빌보다 시속 20km 더 빨라요.
❷ • 시빌은 2시간 동안 15km를 가요.
❸ • 영화관에 가는 아이의 평균 속력은 시빌보다 4배 더 빨라요.
❹ • 역에 가는 아이는 1시간 동안 18km를 가요.
❺ • 도서관까지의 거리는 5.5km예요. 이 아이는 도서관까지 가는 데 12분이 걸려요.
❻ • 메릴린의 평균 속력은 줄스보다 시속 20km 느려요.
❼ • 메릴린의 평균 속력은 팀의 $\frac{3}{5}$이에요.
❽ • 줄스는 아이스 스케이트장에 가요.
❾ • 속력이 가장 느린 아이는 상점에 가요.

한 번 더 연습해요!

1. 아래 글을 읽고 알맞은 식을 세워 답을 구해 보세요.

❶ 자동차는 4시간 동안 320km를 가요. 이 자동차의 평균 속력은 얼마일까요?
$\frac{320km}{4시간}$ = 80km/h
정답 : 80km/h

❷ 리나는 3시간 동안 사이클을 42km 타요. 사이클의 평균 속력은 얼마일까요?
$\frac{42km}{3시간}$ = 14km/h
정답 : 14km/h

❸ 시에나는 40초 동안 200m를 달려요. 시에나의 평균 속력은 얼마일까요?
$\frac{200m}{40초}$ = 5m/s
정답 : 5m/s

❹ 비행기는 8시간 동안 8080km를 날아가요. 비행기의 평균 속력은 얼마일까요?
$\frac{8080km}{8시간}$ = 1010km/h
정답 : 1010km/h

2. 아래 글을 읽고 공책에 알맞은 식을 세워 답을 구해 보세요.

❶ 닭이 9초 동안 18m를 달려요. 이 닭의 평균 속력은 얼마일까요?
$\frac{18m}{9초}$ = 2m/s 정답 : 2m/s

❷ 곰이 6초 동안 48m를 달려요. 이 곰의 평균 속력은 얼마일까요?
$\frac{48m}{6초}$ = 8m/s 정답 : 8m/s

39

38쪽 7번

❶ 1분에 2km를 가요.
2km×60분=120km/h

❷ 1분에 100m를 가요.
100m×60분=6000m/h
=6km/h

❸ 1.5km×30=45km/h

❹ 2.3km×10=23km/h

MEMO

이름	메릴린	팀	시빌	키아	줄스
장소					아이스 스케이트장
평균 속력			7.5km/h	27.5km/h	

❽ 줄스는 아이스 스케이트장에 가요.

❷ 시빌은 2시간 동안 15km를 가요.
($\frac{15km}{2시간}$=7.5km/h)

❶ 키아의 평균 속력은 시빌보다 시속 20km 더 빨라요. (7.5km+20km=27.5km/h)

이름	메릴린	팀	시빌	키아	줄스
장소	역	영화관	상점	도서관	아이스 스케이트장
평균 속력	18km/h	30km/h	7.5km/h	27.5km/h	38km/h

❺ 도서관까지의 거리는 5.5km예요. 이 아이는 도서관까지 가는 데 12분이 걸려요. (5.5km×5=27.5km/h→키아)

❸ 영화관에 가는 아이의 평균 속력은 시빌보다 4배 더 빨라요. (7.5km×4=30km/h)

❹ 역에 가는 아이는 1시간 동안 18km를 가요. (18km/h)
→메릴린과 팀이 영화관 또는 역으로 가고 있어요.

❻ 메릴린의 평균 속력은 줄스보다 시속 20km 느려요.

❼ 메릴린의 평균 속력은 팀의 $\frac{3}{5}$이에요.
→팀의 속력이 더 빠르므로 메릴린은 18km/h, 줄스는 18km+20km=38km/h

❾ 속력이 가장 느린 아이는 상점에 가요.

40-41쪽

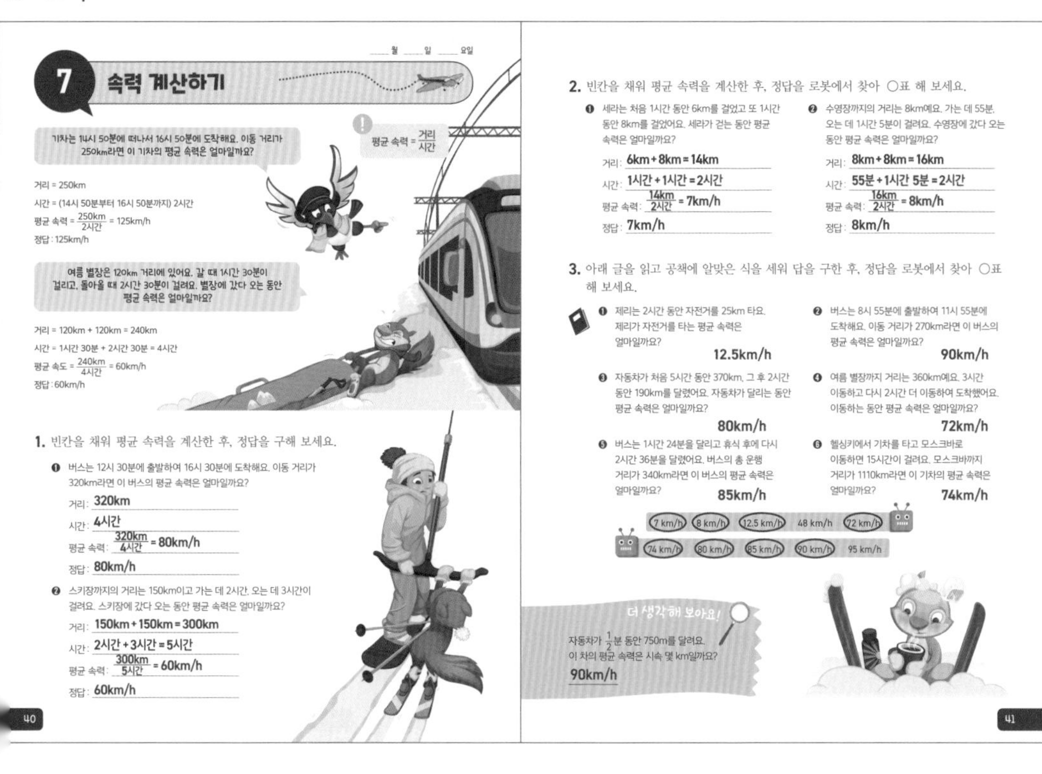

_____월 _____일 _____요일

7 속력 계산하기

기차는 14시 50분에 떠나서 16시 50분에 도착해요. 이동 거리가 250km라면 이 기차의 평균 속력은 얼마일까요?

평균 속력 = $\frac{거리}{시간}$

거리 = 250km
시간 = (14시 50분부터 16시 50분까지) 2시간
평균 속력 = $\frac{250km}{2시간}$ = 125km/h
정답 : 125km/h

여름 별장은 120km 거리에 있어요. 갈 때 1시간 30분이 걸리고, 돌아올 때 2시간 30분이 걸려요. 별장에 갔다 오는 동안 평균 속력은 얼마일까요?

거리 = 120km + 120km = 240km
시간 = 1시간 30분 + 2시간 30분 = 4시간
평균 속도 = $\frac{240km}{4시간}$ = 60km/h
정답 : 60km/h

1. 빈칸을 채워 평균 속력을 계산한 후, 정답을 구해 보세요.

❶ 버스는 12시 30분에 출발하여 16시 30분에 도착해요. 이동 거리가 320km라면 이 버스의 평균 속력은 얼마일까요?
거리: 320km
시간: 4시간
평균 속력: $\frac{320km}{4시간}$ = 80km/h
정답: 80km/h

❷ 스키장까지의 거리는 150km이고 가는 데 2시간, 오는 데 3시간이 걸려요. 스키장에 갔다 오는 동안 평균 속력은 얼마일까요?
거리: 150km + 150km = 300km
시간: 2시간 + 3시간 = 5시간
평균 속력: $\frac{300km}{5시간}$ = 60km/h
정답: 60km/h

2. 빈칸을 채워 평균 속력을 계산한 후, 정답을 로봇에서 찾아 ○표 해 보세요.

❶ 세라는 처음 1시간 동안 6km를 걸었고 또 1시간 동안 8km를 걸었어요. 세라가 걷는 동안 평균 속력은 얼마일까요?
거리: 6km + 8km = 14km
시간: 1시간 + 1시간 = 2시간
평균 속력: $\frac{14km}{2시간}$ = 7km/h
정답: 7km/h

❷ 수영장까지의 거리는 8km예요. 가는 데 55분, 오는 데 1시간 5분이 걸려요. 수영장에 갔다 오는 동안 평균 속력은 얼마일까요?
거리: 8km + 8km = 16km
시간: 55분 + 1시간 5분 = 2시간
평균 속력: $\frac{16km}{2시간}$ = 8km/h
정답: 8km/h

3. 아래 글을 읽고 공책에 알맞은 식을 세워 답을 구한 후, 정답을 로봇에서 찾아 ○표 해 보세요.

❶ 제리는 2시간 동안 자전거를 25km 타요. 제리가 자전거를 타는 평균 속력은 얼마일까요? 12.5km/h

❷ 버스는 8시 55분에 출발하여 11시 55분에 도착해요. 이동 거리가 270km라면 이 버스의 평균 속력은 얼마일까요? 90km/h

❸ 자동차가 처음 5시간 동안 370km, 그 후 2시간 동안 190km를 달렸어요. 자동차가 달리는 동안 평균 속력은 얼마일까요? 80km/h

❹ 여름 별장까지 거리는 360km예요. 3시간 이동하고 다시 2시간 더 이동하여 도착했어요. 이동하는 동안 평균 속력은 얼마일까요? 72km/h

❺ 버스는 1시간 24분을 달리고 휴식 후에 다시 2시간 36분을 달렸어요. 버스의 총 운행 거리가 340km라면 이 버스의 평균 속력은 얼마일까요? 85km/h

❻ 헬싱키에서 기차를 타고 모스크바로 이동하면 15시간이 걸려요. 모스크바까지 거리가 1110km라면 이 기차의 평균 속력은 얼마일까요? 74km/h

7 km/h, 8 km/h, 12.5 km/h, 48 km/h, 72 km/h, 74 km/h, 80 km/h, 85 km/h, 90 km/h, 95 km/h

더 생각해 보아요!
자동차가 $\frac{1}{2}$분 동안 750m를 달려요. 이 차의 평균 속력은 시속 몇 km일까요?
90km/h

40 41

보충 가이드 | 40쪽

평균 속력은 이동 거리를 소요 시간으로 나누어서 계산한다고 배웠어요.
즉, 평균 속력 = $\frac{거리}{시간}$ 공식을 이용하려면 거리와 시간을 구해야 해요.
만약 12km를 30분 동안 갔다고 한다면 주어진 단위인 km와 시간을 통일하기 위해 30분을 1시간으로 만들고 이에 따라 12km가 같은 비례대로 변하는 값을 계산해야 해요.

12km 30분
×2 ×2
24km 1시간=60분

평균 속력=$\frac{거리}{시간}$=$\frac{24km}{1시간}$=24km/h

41쪽 3번

❶ $\frac{25km}{2시간}$=12.5km/h
❷ $\frac{270km}{3시간}$=90km/h
❸ 370km+190km=560km
5시간+2시간=7시간
$\frac{560km}{7시간}$=80km/h
❹ $\frac{360km}{5시간}$=72km/h
❺ 1시간 24분+2시간 36분=4시간
$\frac{340km}{4시간}$=85km/h
❻ $\frac{1110km}{15시간}$=74km/h

더 생각해 보아요! | 41쪽

$\frac{1}{2}$분=30초
1분 동안 달리는 거리:
750m×2=1500m=1.5km
1시간 동안 달리는 거리:
1.5km×60=90km/h

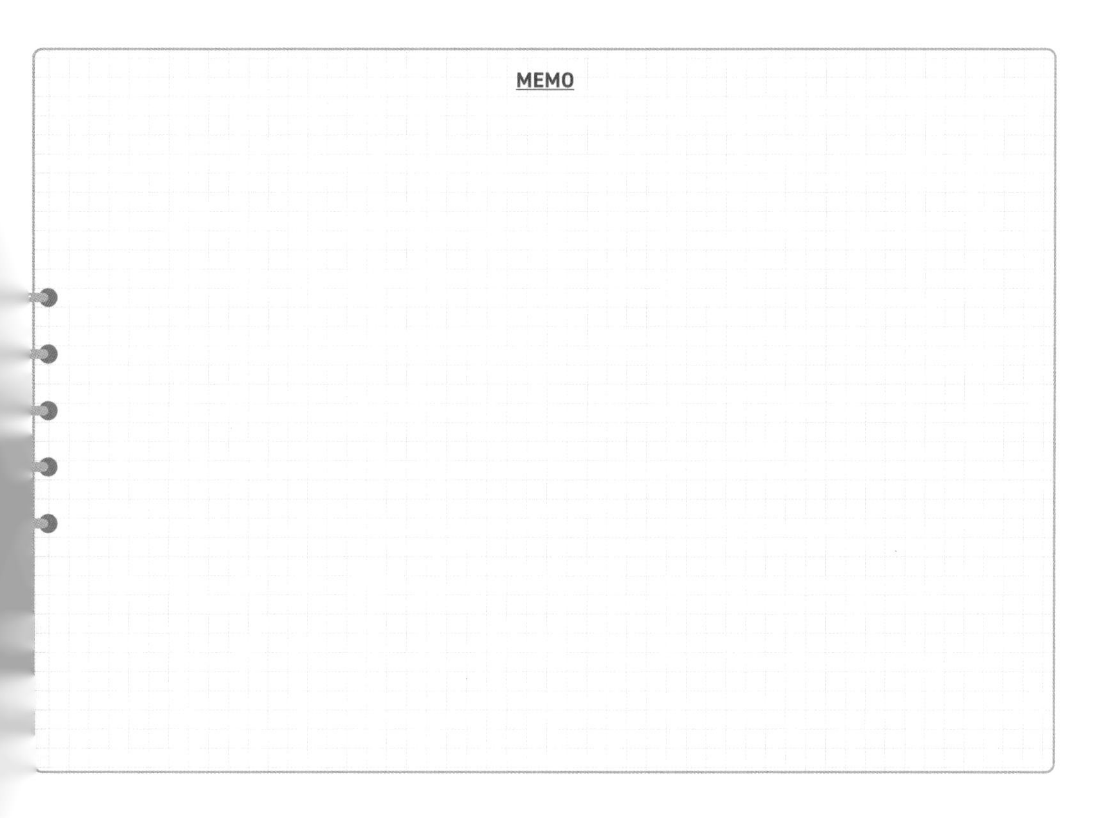

MEMO

42-43쪽

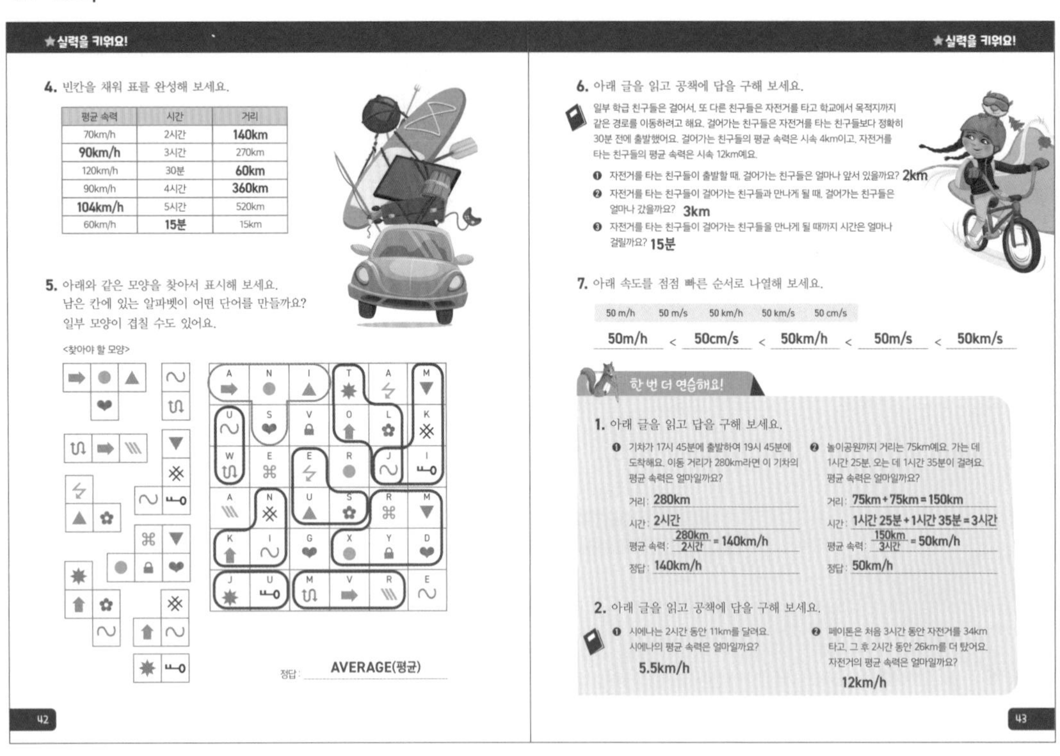

★실력을 키워요!

4. 빈칸을 채워 표를 완성해 보세요.

평균 속력	시간	거리
70km/h	2시간	**140km**
90km/h	3시간	270km
120km/h	30분	**60km**
90km/h	4시간	**360km**
104km/h	5시간	520km
60km/h	**15분**	15km

5. 아래와 같은 모양을 찾아서 표시해 보세요.
남은 칸에 있는 알파벳이 어떤 단어를 만들까요?
일부 모양이 겹칠 수도 있어요.

<찾아야 할 모양>

A	N	I	T	A	M
U	S	V	O	L	K
W	E	E	R	J	I
A	N	U	S	R	M
K	I	G	X	Y	D
J	U	M	V	R	E

정답: **AVERAGE(평균)**

42

★실력을 키워요!

6. 아래 글을 읽고 공책에 답을 구해 보세요.

일부 학급 친구들은 걸어서, 또 다른 친구들은 자전거를 타고 학교에서 목적지까지 같은 경로를 이동하려고 해요. 걸어가는 친구들은 자전거를 타는 친구들보다 정확히 30분 전에 출발했어요. 걸어가는 친구들의 평균 속력은 시속 4km이고, 자전거를 타는 친구들의 평균 속력은 시속 12km예요.

❶ 자전거를 타는 친구들이 출발할 때, 걸어가는 친구들은 얼마나 앞서 있을까요? **2km**

❷ 자전거를 타는 친구들이 걸어가는 친구들과 만나게 될 때, 걸어가는 친구들은 얼마나 갔을까요? **3km**

❸ 자전거를 타는 친구들이 걸어가는 친구들을 만나게 될 때까지 시간은 얼마나 걸릴까요? **15분**

7. 아래 속도를 점점 빠른 순서로 나열해 보세요.

50 m/h　50 m/s　50 km/h　50 km/s　50 cm/s

50m/h < **50cm/s** < **50km/h** < **50m/s** < **50km/s**

한 번 더 연습해요!

1. 아래 글을 읽고 답을 구해 보세요.

❶ 기차가 17시 45분에 출발하여 19시 45분에 도착해요. 이동 거리가 280km라면 이 기차의 평균 속력은 얼마일까요?

거리: **280km**
시간: **2시간**
평균 속력: $\frac{280km}{2시간}$ = **140km/h**
정답: **140km/h**

❷ 놀이공원까지 거리는 75km예요. 가는 데 1시간 25분, 오는 데 1시간 35분이 걸려요. 평균 속력은 얼마일까요?

거리: **75km+75km=150km**
시간: **1시간 25분+1시간 35분=3시간**
평균 속력: $\frac{150km}{3시간}$ = **50km/h**
정답: **50km/h**

2. 아래 글을 읽고 공책에 답을 구해 보세요.

❶ 시에나는 2시간 동안 11km를 달려요. 시에나의 평균 속력은 얼마일까요?
5.5km/h

❷ 페이튼은 처음 3시간 동안 자전거를 34km 타고, 그 후 2시간 동안 26km를 더 탔어요. 자전거의 평균 속력은 얼마일까요?
12km/h

43

43쪽 6번

❶ 30분은 1시간의 $\frac{1}{2}$이므로
4km÷2=2km

❷, ❸ 걸어가는 친구들이 3km를 가는 데 45분이 걸려요. 자전거를 타는 친구들은 3km를 가는 데 15분이 걸려요.

걸어가는 친구들	1km (15분)	2km (30분)	3km (45분)	4km (1시간
자전거를 타는 친구들	1km (5분)	2km (10분)	3km (15분)	

한 번 더 연습해요! | 43쪽 2번

❶ $\frac{11km}{2시간}$=5.5km/h

❷ 34km+26km=60km
3시간+2시간=5시간
$\frac{60km}{5시간}$=12km/h

MEMO

43쪽 7번

1시간(h)=60분(m)=3600초(s)
1km=1000m=100000cm를 이용해서 단위를 통일해요.
50m/s=3000m/m=180,000m/h=180km/h
50km/s=3000km/m=180,000km/h
50cm/s=3000cm/m=180,000cm/h=1.8km/h
정답은
50m/h=0.05km/h < 50cm/s=1.8km/h < 50km/h < 50m/s=180km/h
< 50km/s=180,000km/h

44-45쪽

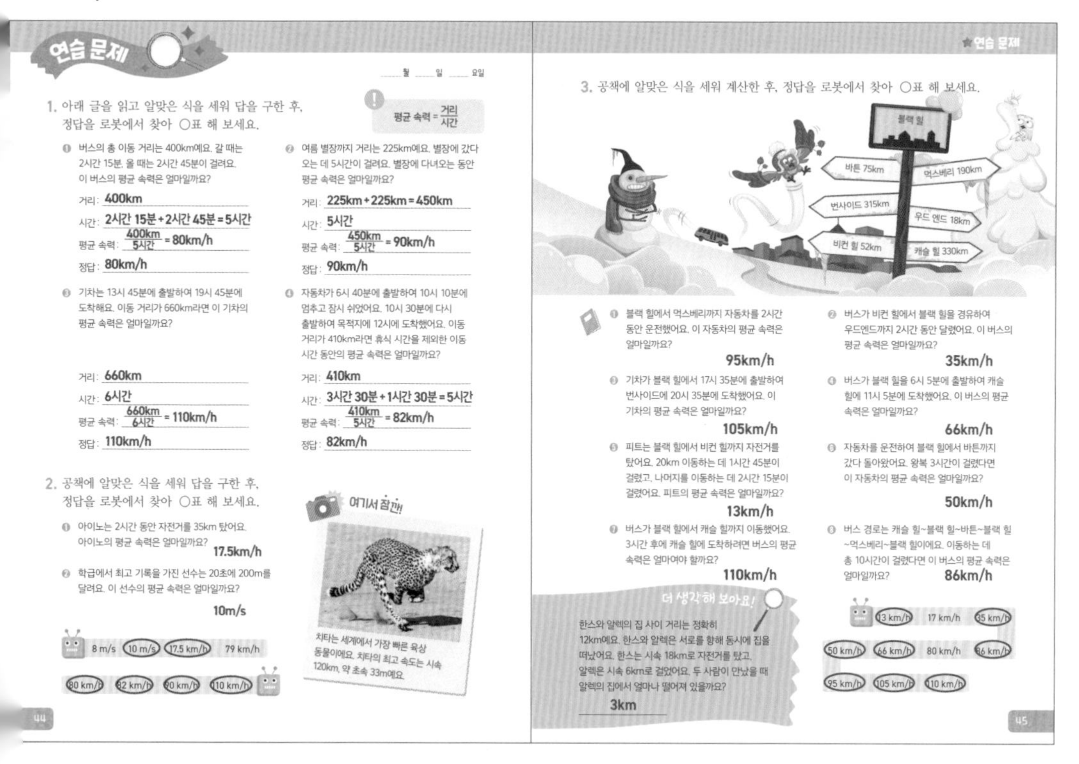

44쪽 2번

❶ $\frac{35km}{2시간}$=17.5km/h
❷ $\frac{200m}{20초}$=10m/s

45쪽 3번

❶ $\frac{190km}{2시간}$=95km/h
❷ 52km+18km=70km
$\frac{70km}{2시간}$=35km/h
❸ $\frac{315km}{3시간}$=105km/h
❹ $\frac{330km}{5시간}$=66km/h
❺ $\frac{52km}{4시간}$=13km/h
❻ $\frac{150km}{3시간}$=50km/h
❼ $\frac{330km}{3시간}$=110km/h
❽ 330km+75km+75km
+190km+190km=860km
$\frac{860km}{10시간}$=86km/h

더 생각해 보아요! | 45쪽

한스는 10분에 3km씩 이동하고, 알렉은 10분에 1km씩 이동해요.
30분이 경과했을 때, 알렉은 집에서 3km 이동한 지점에서, 한스는 집에서 9km 이동한 지점에서 만나요.

MEMO

46-47쪽

★연습 문제

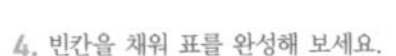

4. 빈칸을 채워 표를 완성해 보세요.

	거리	시각	걸린 시간	평균 속력
달리기	14km	8:52 ~ 10:52	2시간	7km/h
사이클	69km	18:15 ~ 21:15	3시간	23km/h
모터 자전거	22km	17:15 ~ 17:45	30분	44km/h
자동차	420km	10:05 ~ 16:05	6시간	70km/h
오토바이	210km	11:10 ~ 14:10	3시간	70km/h
헬리콥터	60km	6:15 ~ 6:30	15분	240km/h

5. 페넬로페 가족은 놀이공원에 가는 계획을 세우고 있어요. 이동 방법으로 3가지가 있어요. 늦어도 13시에 도착하려면 언제 집에서 출발해야 할까요?

1안
기차를 타면 2시간 10분이 걸려요. 기차가 출발하기 20분 전에 기차역으로 출발해야 해요. 기차역에서 놀이공원까지 걸어서 20분이 걸려요. **9시 40분**

2안
아빠가 시속 90km의 속력으로 180km를 운전해요. 운전 도중 30분 정도 휴식을 취할 수 있어요. 주차장에서 놀이공원까지 걸어서 15분이 걸려요. **10시 15분**

3안
집에서 버스 정류장까지 걸어가면 10분이 걸려요. 버스를 타고 2시간 35분을 가요. 버스 정류장에서 놀이공원까지 걸어서 10분이 걸려요. **9시 20분**

시간표
기차 출발 시각: 9시, 10시, 11시, 12시
버스 출발 시각: 8시 30분, 9시 30분, 10시 30분, 11시 30분, 12시 30분

6. 가로와 세로의 숫자 합이 각각 같도록 숫자 1, 4, 7, 10, 13을 빈칸에 알맞게 써넣어 보세요. 가운데 숫자를 달리하여 3가지 답을 생각해 보세요.

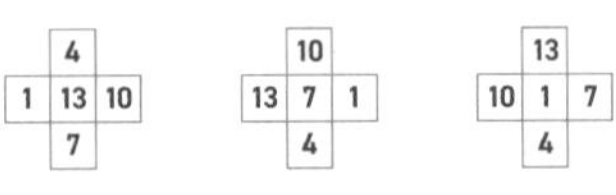

46

★연습 문제

7. 24시간 동안 시계의 시침과 분침은 몇 회 겹칠까요? 밤 9시부터 다음 날 밤 9시까지 기간을 정하여 관찰해 보세요.

22회

8. 빨간색 블록 X가 출구로 나갈 수 있도록 블록을 움직여 보세요. 화살표 방향으로만 움직일 수 있고 블록의 이동 경로를 A→3(블록 A를 3칸 오른쪽으로)와 같이 나타내 보세요.

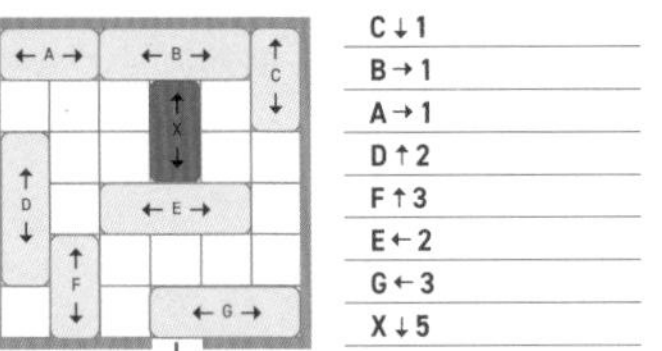

C↓1
B→1
A→1
D↑2
F↑3
E←2
G←3
X↓5

한 번 더 연습해요!

1. 알맞은 식을 세워 답을 구해 보세요.

❶ 버스가 2시간 동안 150km를 이동해요. 이 버스의 평균 속력은 얼마일까요?
$\frac{150km}{2시간}$ = 75km/h
정답 : 75km/h

❷ 리스토는 3시간 동안 18km를 달려요. 리스토의 평균 속력은 얼마일까요?
$\frac{18km}{3시간}$ = 6km/h
정답 : 6km/h

2. 공책에 알맞은 식을 세워 답을 구해 보세요.

❶ 자동차가 1시간 35분 동안 145km를 달린 후, 1시간 25분 동안 95km를 더 달렸어요. 이 자동차의 평균 속력은 얼마일까요?
80km/h

❷ 기차가 9시 5분에 출발하여 13시 5분에 도착했어요. 이동 거리가 480km라면 이 기차의 평균 속력은 얼마일까요?
120km/h

47

48-49쪽

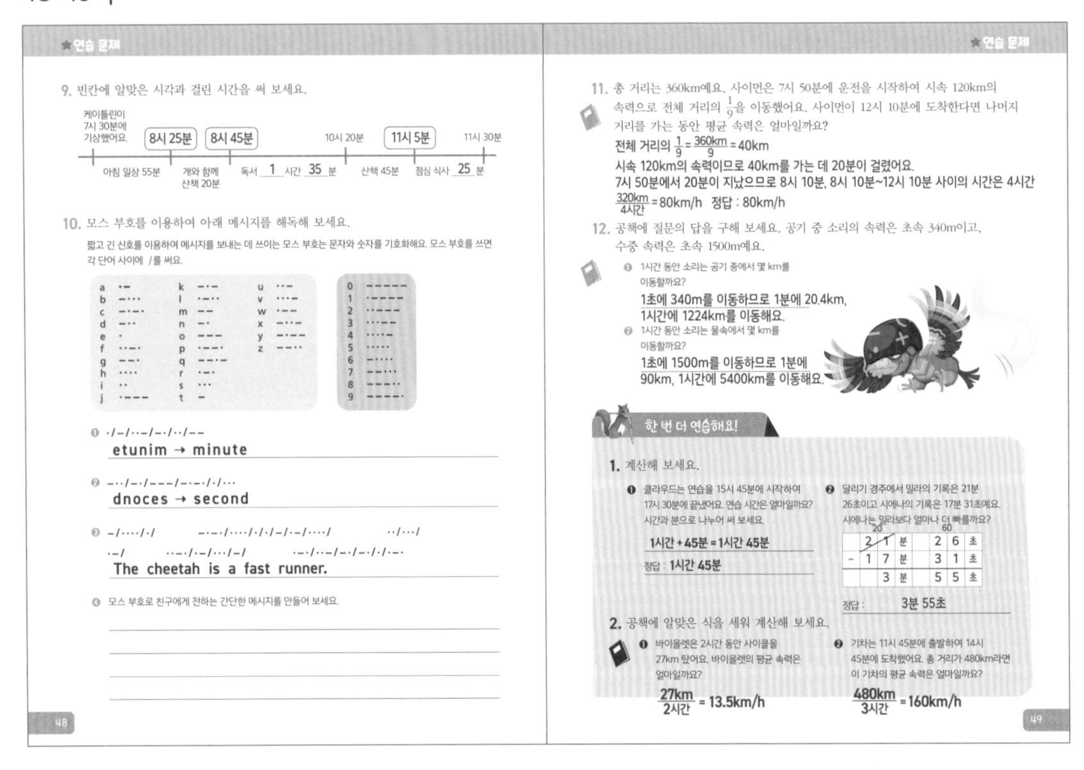

★연습 문제

9. 빈칸에 알맞은 시각과 걸린 시간을 써 보세요.

케이틀린이 7시 30분에 기상했어요. | 8시 25분 | 8시 45분 | 10시 20분 | 11시 5분 | 11시 30분
아침 일상 55분 | 개와 함께 산책 20분 | 독서 1 시간 35 분 | 산책 45분 | 점심 식사 25 분

10. 모스 부호를 이용하여 아래 메시지를 해독해 보세요.

짧고 긴 신호를 이용하여 메시지를 보내는 데 쓰이는 모스 부호는 문자와 숫자를 기호화해요. 모스 부호를 쓰면 각 단어 사이에 /를 써요.

a	·–	k	–·–	u	··–	0	–––––
b	–···	l	·–··	v	···–	1	·––––
c	–·–·	m	––	w	·––	2	··–––
d	–··	n	–·	x	–··–	3	···––
e	·	o	–––	y	–·––	4	····–
f	··–·	p	·––·	z	––··	5	·····
g	––·	q	––·–			6	–····
h	····	r	·–·			7	––···
i	··	s	···			8	–––··
j	·–––	t	–			9	––––·

❶ ·/–/··–/–·/··/––
etunim → minute

❷ –··/–·/–––/–·–·/·/···
dnoces → second

❸ –/····/·/ –·–·/····/·/·/–/·–/····/ ··/···/ ·–/ ··–·/·–/···/–/ ·–·/··–/–·/–·/·/·–·
The cheetah is a fast runner.

❹ 모스 부호로 친구에게 전하는 간단한 메시지를 만들어 보세요.

48

★연습 문제

11. 총 거리는 360km예요. 사이먼은 7시 50분에 운전을 시작하여 시속 120km의 속력으로 전체 거리의 $\frac{1}{9}$을 이동했어요. 사이먼이 12시 10분에 도착한다면 나머지 거리를 가는 동안 평균 속력은 얼마일까요?
전체 거리의 $\frac{1}{9}$ = $\frac{360km}{9}$ = 40km
시속 120km의 속력이므로 40km를 가는 데 20분이 걸렸어요.
7시 50분에서 20분이 지났으므로 8시 10분, 8시 10분~12시 10분 사이의 시간은 4시간
$\frac{320km}{4시간}$ = 80km/h 정답 : 80km/h

12. 공책에 질문의 답을 구해 보세요. 공기 중 소리의 속력은 초속 340m이고, 수중 속력은 초속 1500m예요.

❶ 1시간 동안 소리는 공기 중에서 몇 km를 이동할까요?
1초에 340m를 이동하므로 1분에 20.4km, 1시간에 1224km를 이동해요.

❷ 1시간 동안 소리는 물속에서 몇 km를 이동할까요?
1초에 1500m를 이동하므로 1분에 90km, 1시간에 5400km를 이동해요.

한 번 더 연습해요!

1. 계산해 보세요.

❶ 클라우드는 연습을 15시 45분에 시작하여 17시 30분에 끝냈어요. 연습 시간은 얼마일까요? 시간과 분으로 나누어 써 보세요.
1시간 + 45분 = 1시간 45분
정답 : 1시간 45분

❷ 달리기 경주에서 밀라의 기록은 21분 26초이고 시에나의 기록은 17분 31초예요. 시에나는 밀라보다 얼마나 더 빠를까요?

	20					60	
	2	1	분		2	6	초
-	1	7	분		3	1	초
		3	분		5	5	초

정답 : 3분 55초

2. 공책에 알맞은 식을 세워 계산해 보세요.

❶ 바이올렛은 2시간 동안 사이클을 27km 탔어요. 바이올렛의 평균 속력은 얼마일까요?
$\frac{27km}{2시간}$ = 13.5km/h

❷ 기차는 11시 45분에 출발하여 14시 45분에 도착했어요. 총 거리가 480km라면 이 기차의 평균 속력은 얼마일까요?
$\frac{480km}{3시간}$ = 160km/h

49

46쪽 5번

1안
10시에 출발하는 기차를 타면 기차역에 12시 10분에 도착해요. 20분을 걸어 놀이공원에 도착하면 12시 30분이에요. 10시에 출발하는 기차를 타려면 9시 40분에 집에서 출발해야 해요.

2안
운전 2시간, 휴식 30분, 주차장에서 놀이공원까지 걷는 시간 15분을 모두 합하면 2시간 4 분이에요.
13시까지 놀이공원에 도착하려면 집에서 10시 15분에 출발해야 해요.

3안
집에서 버스 정류장까지 10분 버스 2시간 35분, 버스 정류장에서 놀이공원까지 10분을 모두 합하면 2시간 55분이에요 9시 30분 버스를 타려면 집에서 9시 20분에 출발해야 해요

47쪽 7번

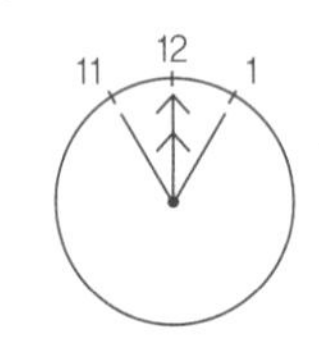

11시에서 1시 사이에는 12시 만 시침과 분침이 만나요. 이 간을 제외한 시간에서는 매 간마다 시침과 분침이 1회씩 나요. 따라서 24시간 중에서 시에서 1시 사이에는 12시에 시침 분침 만나는 횟수 2회 빼면 22회가 정답이에요.

한 번 더 연습해요! | 47쪽 2번

❶ 145km+95km=240km
1시간 35분+1시간 25분 시간
$\frac{240km}{3시간}$=80km/h

❷ $\frac{480km}{4시간}$=120km/h

50-51쪽

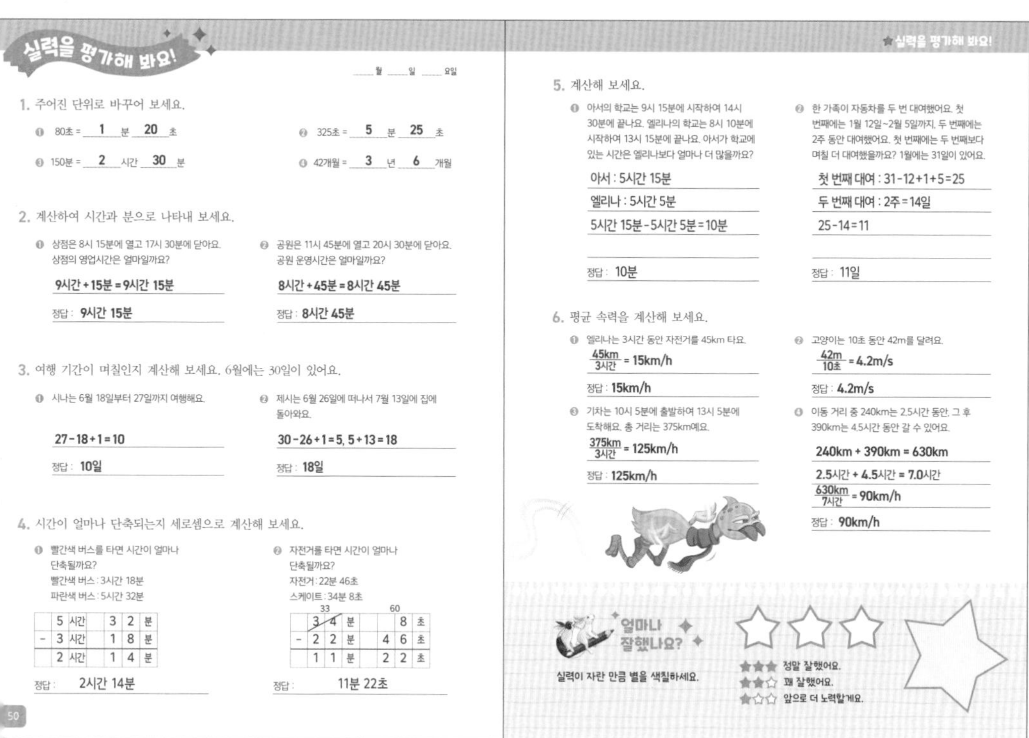

실력을 평가해 봐요!

____월 ____일 ____요일

1. 주어진 단위로 바꾸어 보세요.

❶ 80초 = 1 분 20 초　❷ 325초 = 5 분 25 초

❸ 150분 = 2 시간 30 분　❹ 42개월 = 3 년 6 개월

2. 계산하여 시간과 분으로 나타내 보세요.

❶ 상점은 8시 15분에 열고 17시 30분에 닫아요. 상점의 영업시간은 얼마일까요?

9시간 + 15분 = 9시간 15분

정답 : 9시간 15분

❷ 공원은 11시 45분에 열고 20시 30분에 닫아요. 공원 운영시간은 얼마일까요?

8시간 + 45분 = 8시간 45분

정답 : 8시간 45분

3. 여행 기간이 며칠인지 계산해 보세요. 6월에는 30일이 있어요.

❶ 시나는 6월 18일부터 27일까지 여행해요.

27 - 18 + 1 = 10

정답 : 10일

❷ 제시는 6월 26일에 떠나서 7월 13일에 집에 돌아와요.

30 - 26 + 1 = 5, 5 + 13 = 18

정답 : 18일

4. 시간이 얼마나 단축되는지 세로셈으로 계산해 보세요.

❶ 빨간색 버스를 타면 시간이 얼마나 단축될까요?
빨간색 버스 : 3시간 18분
파란색 버스 : 5시간 32분

	5	시간		3	2	분
-	3	시간		1	8	분
	2	시간		1	4	분

정답 : 2시간 14분

❷ 자전거를 타면 시간이 얼마나 단축될까요?
자전거 : 22분 46초
스케이트 : 34분 8초

	33				60	
	3 4	분			8	초
-	2 2	분		4	6	초
	1 1	분		2	2	초

정답 : 11분 22초

50

★ 실력을 평가해 봐요!

5. 계산해 보세요.

❶ 아서의 학교는 9시 15분에 시작하여 14시 30분에 끝나요. 엘리나의 학교는 8시 10분에 시작하여 13시 15분에 끝나요. 아서가 학교에 있는 시간은 엘리나보다 얼마나 더 많을까요?

아서 : 5시간 15분
엘리나 : 5시간 5분
5시간 15분 - 5시간 5분 = 10분

정답 : 10분

❷ 한 가족이 자동차를 두 번 대여했어요. 첫 번째에는 1월 12일~2월 5일까지, 두 번째에는 2주 동안 대여했어요. 첫 번째에는 두 번째보다 며칠 더 대여했을까요? 1월에는 31일이 있어요.

첫 번째 대여 : 31 - 12 + 1 + 5 = 25
두 번째 대여 : 2주 = 14일
25 - 14 = 11

정답 : 11일

6. 평균 속력을 계산해 보세요.

❶ 엘리나는 3시간 동안 자전거를 45km 타요.

$\frac{45km}{3시간}$ = 15km/h

정답 : 15km/h

❷ 고양이는 10초 동안 42m를 달려요.

$\frac{42m}{10초}$ = 4.2m/s

정답 : 4.2m/s

❸ 기차는 10시 5분에 출발하여 13시 5분에 도착해요. 총 거리는 375km예요.

$\frac{375km}{3시간}$ = 125km/h

정답 : 125km/h

❹ 이동 거리 중 240km는 2.5시간 동안, 그 후 390km는 4.5시간 동안 갈 수 있어요.

240km + 390km = 630km
2.5시간 + 4.5시간 = 7.0시간
$\frac{630km}{7시간}$ = 90km/h

정답 : 90km/h

얼마나 잘했나요?

실력이 자란 만큼 별을 색칠하세요.

★★★ 정말 잘했어요.
★★☆ 꽤 잘했어요.
★☆☆ 앞으로 더 노력할게요.

-53쪽

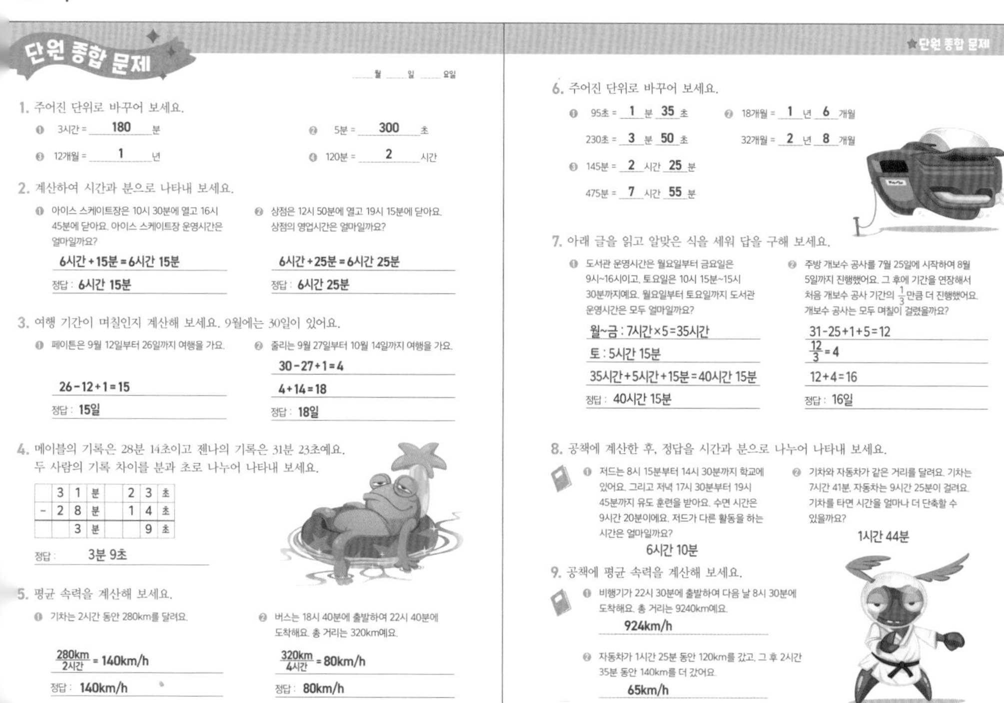

단원 종합 문제

____월 ____일 ____요일

1. 주어진 단위로 바꾸어 보세요.

❶ 3시간 = 180 분　❷ 5분 = 300 초

❸ 12개월 = 1 년　❹ 120분 = 2 시간

2. 계산하여 시간과 분으로 나타내 보세요.

❶ 아이스 스케이트장은 10시 30분에 열고 16시 45분에 닫아요. 아이스 스케이트장 운영시간은 얼마일까요?

6시간 + 15분 = 6시간 15분

정답 : 6시간 15분

❷ 상점은 12시 50분에 열고 19시 15분에 닫아요. 상점의 영업시간은 얼마일까요?

6시간 + 25분 = 6시간 25분

정답 : 6시간 25분

3. 여행 기간이 며칠인지 계산해 보세요. 9월에는 30일이 있어요.

❶ 페이튼은 9월 12일부터 26일까지 여행을 가요.

26 - 12 + 1 = 15

정답 : 15일

❷ 줄리는 9월 27일부터 10월 14일까지 여행을 가요.

30 - 27 + 1 = 4
4 + 14 = 18

정답 : 18일

4. 메이블의 기록은 28분 14초이고 젠나의 기록은 31분 23초예요. 두 사람의 기록 차이를 분과 초로 나누어 나타내 보세요.

	3	1	분	2	3	초
-	2	8	분	1	4	초
		3	분		9	초

정답 : 3분 9초

5. 평균 속력을 계산해 보세요.

❶ 기차는 2시간 동안 280km를 달려요.

$\frac{280km}{2시간}$ = 140km/h

정답 : 140km/h

❷ 버스는 18시 40분에 출발하여 22시 40분에 도착해요. 총 거리는 320km예요.

$\frac{320km}{4시간}$ = 80km/h

정답 : 80km/h

★ 단원 종합 문제

6. 주어진 단위로 바꾸어 보세요.

❶ 95초 = 1 분 35 초
230초 = 3 분 50 초

❷ 18개월 = 1 년 6 개월
32개월 = 2 년 8 개월

❸ 145분 = 2 시간 25 분
475분 = 7 시간 55 분

7. 아래 글을 읽고 알맞은 식을 세워 답을 구해 보세요.

❶ 도서관 운영시간은 월요일부터 금요일은 9시~16시이고, 토요일은 10시 15분~15시 30분까지예요. 월요일부터 토요일까지 도서관 운영시간은 모두 얼마일까요?

월~금 : 7시간 × 5 = 35시간
토 : 5시간 15분
35시간 + 5시간 + 15분 = 40시간 15분

정답 : 40시간 15분

❷ 주방 개보수 공사를 7월 25일에 시작하여 8월 5일까지 진행했어요. 그 후에 기간을 연장해서 처음 개보수 공사 기간의 $\frac{1}{3}$만큼 더 진행했어요. 개보수 공사는 모두 며칠이 걸렸을까요?

31 - 25 + 1 + 5 = 12
$\frac{12}{3}$ = 4
12 + 4 = 16

정답 : 16일

8. 공책에 계산한 후, 정답을 시간과 분으로 나누어 나타내 보세요.

❶ 저드는 8시 15분부터 14시 30분까지 학교에 있어요. 그리고 저녁 17시 30분부터 19시 45분까지 유도 훈련을 받아요. 수면 시간은 9시간 20분이에요. 저드가 다른 활동을 하는 시간은 얼마일까요?

6시간 10분

❷ 기차와 자동차가 같은 거리를 달려요. 기차는 7시간 41분, 자동차는 9시간 25분이 걸려요. 기차를 타면 시간을 얼마나 더 단축할 수 있을까요?

1시간 44분

9. 공책에 평균 속력을 계산해 보세요.

❶ 비행기가 22시 30분에 출발하여 다음 날 8시 30분에 도착해요. 총 거리는 9240km예요.

924km/h

❷ 자동차가 1시간 25분 동안 120km를 갔고, 그 후 2시간 35분 동안 140km를 더 갔어요.

65km/h

53

53쪽 8번

❶ 학교에 있는 시간 : 6시간 15분
유도 훈련을 받는 시간 : 2시간 15분
수면 시간 : 9시간 20분
6시간 15분+2시간 15분+9시간 20분=17시간 50분
24시간-17시간 50분 =6시간 10분

❷ 9시간 25분-7시간 41분 =1시간 44분

53쪽 9번

❶ $\frac{9240km}{10시간}$=924km/h

❷ $\frac{260km}{4시간}$=65km/h

54-55쪽

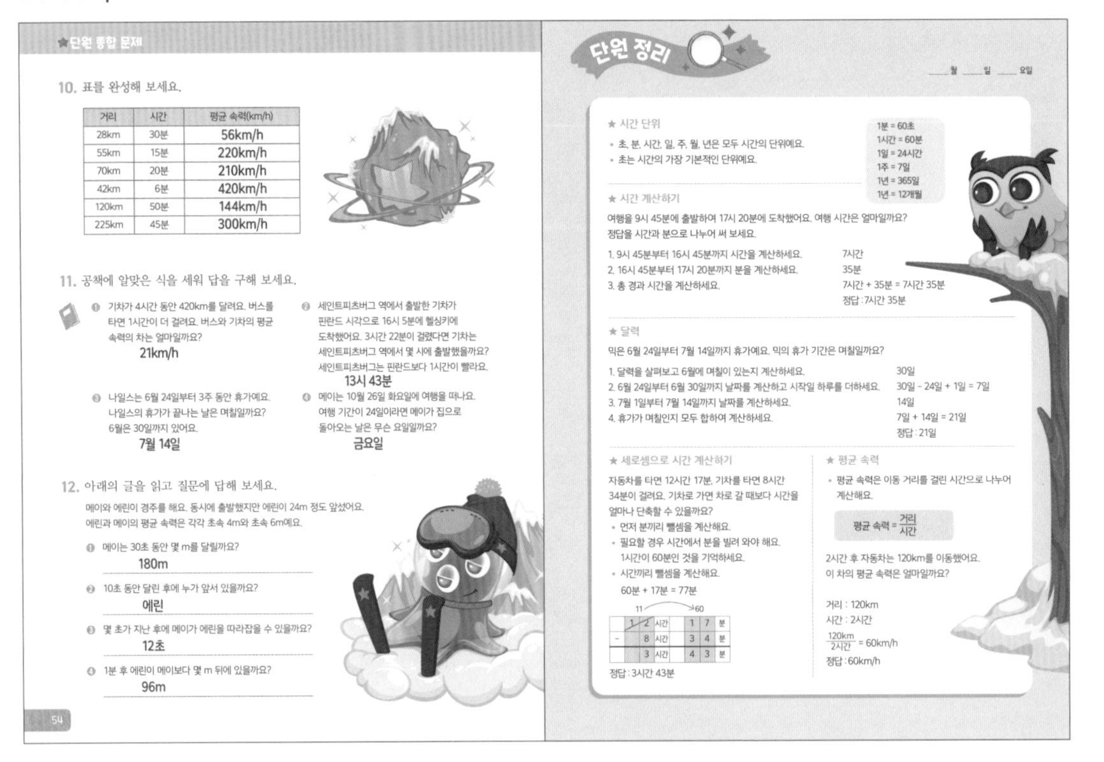

★단원 종합 문제

10. 표를 완성해 보세요.

거리	시간	평균 속력(km/h)
28km	30분	56km/h
55km	15분	220km/h
70km	20분	210km/h
42km	6분	420km/h
120km	50분	144km/h
225km	45분	300km/h

11. 공책에 알맞은 식을 세워 답을 구해 보세요.

❶ 기차가 4시간 동안 420km를 달려요. 버스를 타면 1시간이 더 걸려요. 버스와 기차의 평균 속력의 차는 얼마일까요?
21km/h

❷ 세인트피츠버그 역에서 출발한 기차가 핀란드 시각으로 16시 5분에 헬싱키에 도착했어요. 3시간 22분이 걸렸다면 기차는 세인트피츠버그 역에서 몇 시에 출발했을까요? 세인트피츠버그는 핀란드보다 1시간이 빨라요.
13시 43분

❸ 나일스는 6월 24일부터 3주 동안 휴가예요. 나일스의 휴가가 끝나는 날은 며칠일까요? 6월은 30일까지 있어요.
7월 14일

❹ 메이는 10월 26일 화요일에 여행을 떠나요. 여행 기간이 24일이라면 메이가 집으로 돌아오는 날은 무슨 요일일까요?
금요일

12. 아래의 글을 읽고 질문에 답해 보세요.

메이와 에린이 경주를 해요. 동시에 출발했지만 에린이 24m 정도 앞섰어요. 에린과 메이의 평균 속력은 각각 초속 4m와 초속 6m예요.

❶ 메이는 30초 동안 몇 m를 달릴까요?
180m

❷ 10초 동안 달린 후에 누가 앞서 있을까요?
에린

❸ 몇 초가 지난 후에 메이가 에린을 따라잡을 수 있을까요?
12초

❹ 1분 후 에린이 메이보다 몇 m 뒤에 있을까요?
96m

54

단원 정리

____월 ____일 ____요일

★ 시간 단위
- 초, 분, 시간, 일, 주, 월, 년은 모두 시간의 단위예요.
- 초는 시간의 가장 기본적인 단위예요.

1분 = 60초
1시간 = 60분
1일 = 24시간
1주 = 7일
1년 = 365일
1년 = 12개월

★ 시간 계산하기

여행을 9시 45분에 출발하여 17시 20분에 도착했어요. 여행 시간은 얼마일까요? 정답을 시간과 분으로 나누어 써 보세요.

1. 9시 45분부터 16시 45분까지 시간을 계산하세요. 7시간
2. 16시 45분부터 17시 20분까지 분을 계산하세요. 35분
3. 총 경과 시간을 계산하세요. 7시간 + 35분 = 7시간 35분

정답 : 7시간 35분

★ 달력

믹은 6월 24일부터 7월 14일까지 휴가예요. 믹의 휴가 기간은 며칠일까요?

1. 달력을 살펴보고 6월에 며칠이 있는지 계산하세요. 30일
2. 6월 24일부터 6월 30일까지 날짜를 계산하고 시작일 하루를 더하세요. 30일 - 24일 + 1일 = 7일
3. 7월 1일부터 7월 14일까지 날짜를 계산하세요. 14일
4. 휴가가 며칠인지 모두 합하여 계산하세요. 7일 + 14일 = 21일

정답 : 21일

★ 세로셈으로 시간 계산하기

자동차를 타면 12시간 17분, 기차를 타면 8시간 34분이 걸려요. 기차로 가면 차로 갈 때보다 시간을 얼마나 단축할 수 있을까요?
- 먼저 분끼리 뺄셈을 계산해요.
- 필요할 경우 시간에서 분을 빌려 와야 해요. 1시간이 60분인 것을 기억하세요.
- 시간끼리 뺄셈을 계산해요.

60분 + 17분 = 77분

11 → 60

	1 2	시간	1	7	분
-	8	시간	3	4	분
	3	시간	4	3	분

정답 : 3시간 43분

★ 평균 속력
- 평균 속력은 이동 거리를 걸린 시간으로 나누어 계산해요.

$$평균\ 속력 = \frac{거리}{시간}$$

2시간 후 자동차는 120km를 이동했어요. 이 차의 평균 속력은 얼마일까요?

거리 : 120km
시간 : 2시간
$\frac{120km}{2시간} = 60km/h$
정답 : 60km/h

54쪽 11번

❶ 기차=$\frac{420km}{4시간}$=105km/h
버스=$\frac{420km}{5시간}$=84km/h
평균 속력의 차=105-84=2
정답 : 21km/h

❷ 16시 5분-3시간 22분=1
시 43분
세인트피츠버그가 핀란드
다 1시간이 빠르므로 1시
을 더하면 13시 43분이에

❸ 3주는 21일
30-24+1=7
21-7=14
7월 14일

❹ 24일=21일+3일이며, 3주 3
화요일로부터 3일 후는 금요

54쪽 12번

❶ 메이의 평균 속력은 6m/s
6m×30초=180m

❷ 메이 : 6m×10초=60m
에린 : 4m×10초=40m
40m+24m=64m
에린이 4m 앞서 있어요.

❸ 12초 뒤, 메이는 72m(1
6=72), 에린(12×4+24=
역시 72m로 달린 거리가
아요.

❹ 메이 : 6m×60초=360m
에린 : 4m×60초+24m
=264m
360m-264m=96m

56-57쪽

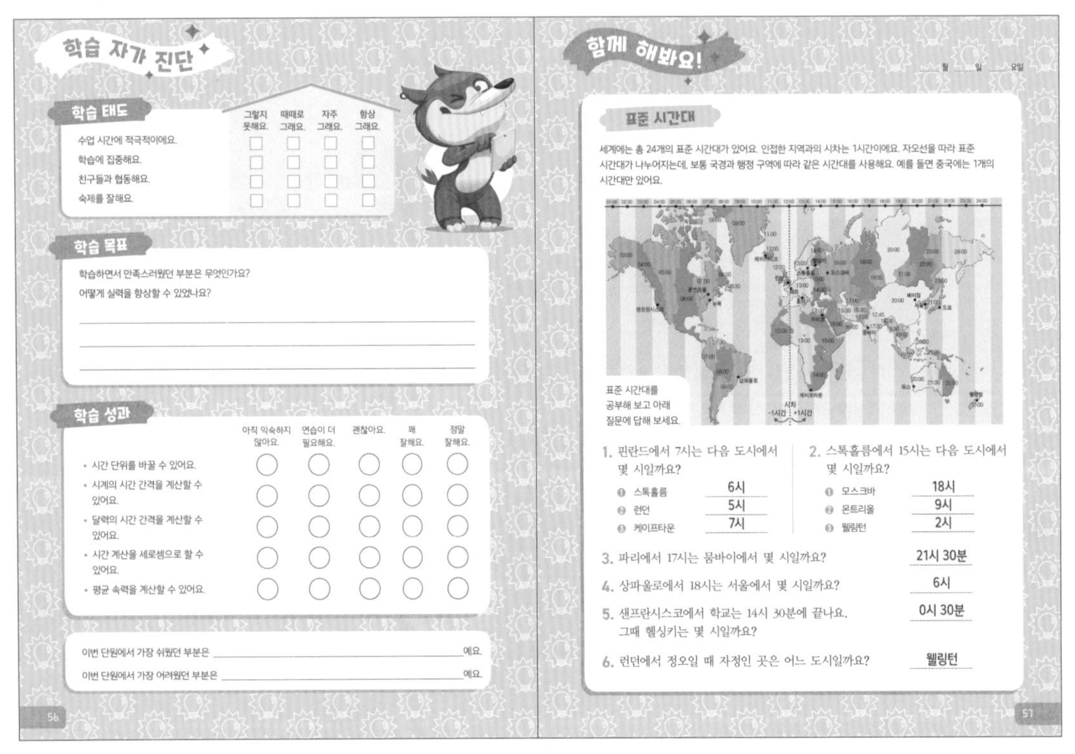

학습 자가 진단

학습 태도

	그렇지 못해요.	때때로 그래요.	자주 그래요.	항상 그래요.
수업 시간에 적극적이에요.	□	□	□	□
학습에 집중해요.	□	□	□	□
친구들과 협동해요.	□	□	□	□
숙제를 잘해요.	□	□	□	□

학습 목표

학습하면서 만족스러웠던 부분은 무엇인가요?
어떻게 실력을 향상할 수 있었나요?

학습 성과

	아직 익숙하지 않아요.	연습이 더 필요해요.	괜찮아요.	꽤 잘해요.	정말 잘해요.
• 시간 단위를 바꿀 수 있어요.	○	○	○	○	○
• 시계의 시간 간격을 계산할 수 있어요.	○	○	○	○	○
• 달력의 시간 간격을 계산할 수 있어요.	○	○	○	○	○
• 시간 계산을 세로셈으로 할 수 있어요.	○	○	○	○	○
• 평균 속력을 계산할 수 있어요.	○	○	○	○	○

이번 단원에서 가장 쉬웠던 부분은 ______________________ 예요.
이번 단원에서 가장 어려웠던 부분은 ______________________ 예요.

56

함께 해봐요!

____월 ____일 ____요일

표준 시간대

세계에는 총 24개의 표준 시간대가 있어요. 인접한 지역과의 시차는 1시간이에요. 자오선을 따라 표준 시간대가 나누어지는데, 보통 국경과 행정 구역에 따라 같은 시간대를 사용해요. 예를 들면 중국에는 1개의 시간대만 있어요.

표준 시간대를 공부해 보고 아래 질문에 답해 보세요.

시차
-1시간 +1시간

1. 핀란드에서 7시는 다음 도시에서 몇 시일까요?
❶ 스톡홀름 6시
❷ 런던 5시
❸ 케이프타운 7시

2. 스톡홀름에서 15시는 다음 도시에서 몇 시일까요?
❶ 모스크바 18시
❷ 몬트리올 9시
❸ 웰링턴 2시

3. 파리에서 17시는 뭄바이에서 몇 시일까요? 21시 30분

4. 상파울로에서 18시는 서울에서 몇 시일까요? 6시

5. 샌프란시스코에서 학교는 14시 30분에 끝나요. 그때 헬싱키는 몇 시일까요? 0시 30분

6. 런던에서 정오일 때 자정인 곳은 어느 도시일까요? 웰링턴

57

58-59쪽

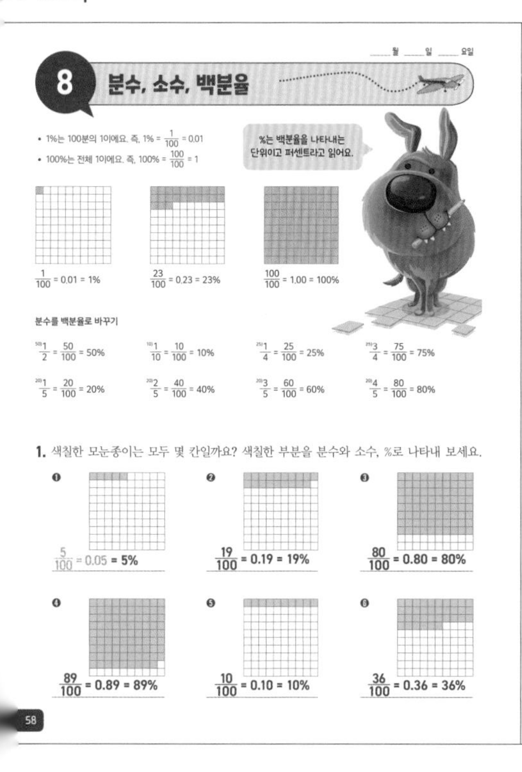

___월 ___일 ___요일

8 분수, 소수, 백분율

- 1%는 100분의 1이에요. 즉, 1% = $\frac{1}{100}$ = 0.01
- 100%는 전체 1이에요. 즉, 100% = $\frac{100}{100}$ = 1

%는 백분율을 나타내는
단위이고 퍼센트라고 읽어요.

$\frac{1}{100}$ = 0.01 = 1% $\frac{23}{100}$ = 0.23 = 23% $\frac{100}{100}$ = 1.00 = 100%

분수를 백분율로 바꾸기

$\frac{1}{2} = \frac{50}{100}$ = 50% (50) $\frac{1}{10} = \frac{10}{100}$ = 10% (10) $\frac{1}{4} = \frac{25}{100}$ = 25% (25) $\frac{3}{4} = \frac{75}{100}$ = 75% (25)

$\frac{1}{5} = \frac{20}{100}$ = 20% (20) $\frac{2}{5} = \frac{40}{100}$ = 40% (20) $\frac{3}{5} = \frac{60}{100}$ = 60% (20) $\frac{4}{5} = \frac{80}{100}$ = 80% (20)

1. 색칠한 모눈종이는 모두 몇 칸일까요? 색칠한 부분을 분수와 소수, %로 나타내 보세요.

❶ $\frac{5}{100}$ = 0.05 = **5%**
❷ $\frac{19}{100}$ = 0.19 = 19%
❸ $\frac{80}{100}$ = 0.80 = 80%
❹ $\frac{89}{100}$ = 0.89 = 89%
❺ $\frac{10}{100}$ = 0.10 = 10%
❻ $\frac{36}{100}$ = 0.36 = 36%

58

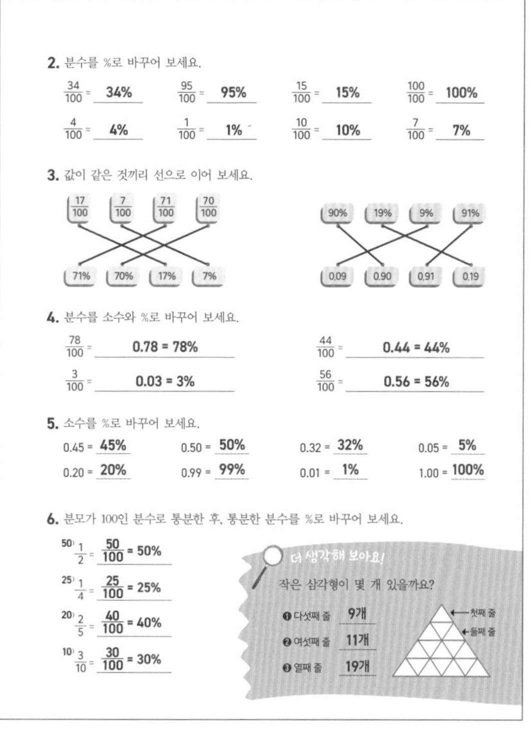

2. 분수를 %로 바꾸어 보세요.

$\frac{34}{100}$ = 34% $\frac{95}{100}$ = 95% $\frac{15}{100}$ = 15% $\frac{100}{100}$ = 100%

$\frac{4}{100}$ = 4% $\frac{1}{100}$ = 1% $\frac{10}{100}$ = 10% $\frac{7}{100}$ = 7%

3. 값이 같은 것끼리 선으로 이어 보세요.

$\frac{17}{100}$ $\frac{7}{100}$ $\frac{71}{100}$ $\frac{70}{100}$

71% 70% 17% 7%

90% 19% 9% 91%

0.09 0.90 0.91 0.19

4. 분수를 소수와 %로 바꾸어 보세요.

$\frac{78}{100}$ = 0.78 = 78% $\frac{44}{100}$ = 0.44 = 44%

$\frac{3}{100}$ = 0.03 = 3% $\frac{56}{100}$ = 0.56 = 56%

5. 소수를 %로 바꾸어 보세요.

0.45 = 45%   0.50 = 50%   0.32 = 32%   0.05 = 5%

0.20 = 20%   0.99 = 99%   0.01 = 1%   1.00 = 100%

6. 분모가 100인 분수로 통분한 후, 통분한 분수를 %로 바꾸어 보세요.

$\frac{1}{2} = \frac{50}{100}$ = 50% (50)

$\frac{1}{4} = \frac{25}{100}$ = 25% (25)

$\frac{2}{5} = \frac{40}{100}$ = 40% (20)

$\frac{3}{10} = \frac{30}{100}$ = 30% (10)

더 생각해 보아요!

작은 삼각형이 몇 개 있을까요?

❶ 다섯째 줄 9개
❷ 여섯째 줄 11개
❸ 열째 줄 19개

보충 가이드 | 58쪽

비율을 기준량 100으로 하는 분수로 나타낸 후, 백분율로 나타내요. %는 영어로 percent, 우리말로 퍼센트라고 읽어요. percent는 15세기 이탈리아어 per cento에서 왔고, '100에 대하여'라는 뜻을 가졌어요.

왜 백분율을 쓸까요? 10을 기준량으로 하기에는 너무 적고, 1000을 기준량으로 하기에는 너무 커요. 100 이하가 일상생활에서 많이 쓰이고, 한 번에 쉽게 가늠할 수 있는 수량이기 때문에 백분율이 가장 흔하게 쓰인답니다.

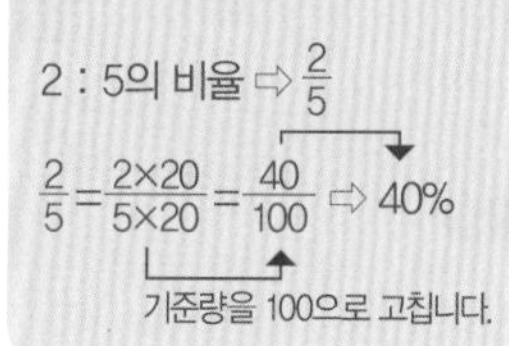

2 : 5의 비율 ⇨ $\frac{2}{5}$

$\frac{2}{5} = \frac{2 \times 20}{5 \times 20} = \frac{40}{100}$ ⇨ 40%

기준량을 100으로 고칩니다.

더 생각해 보아요! | 59쪽

1, 3, 5, 7…의 규칙으로 층이 1개씩 늘어날 때마다 삼각형의 개수가 2개씩 많아지고 있어요.

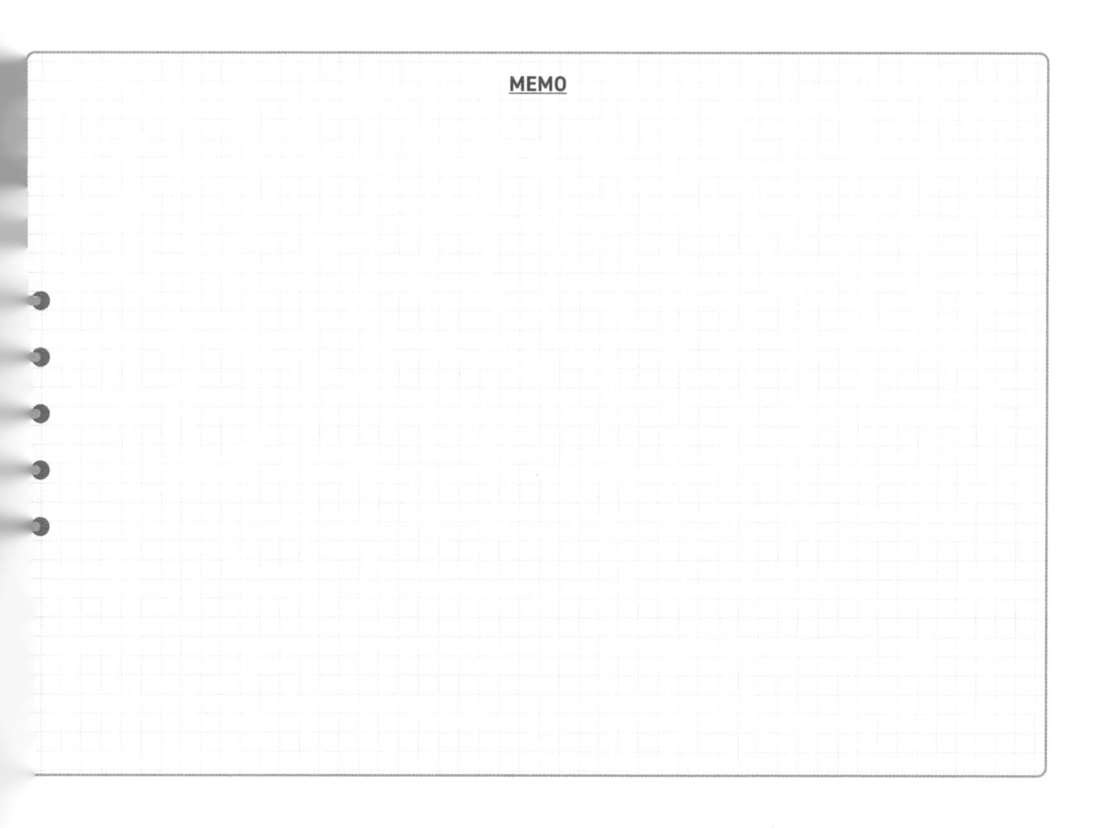

60-61쪽

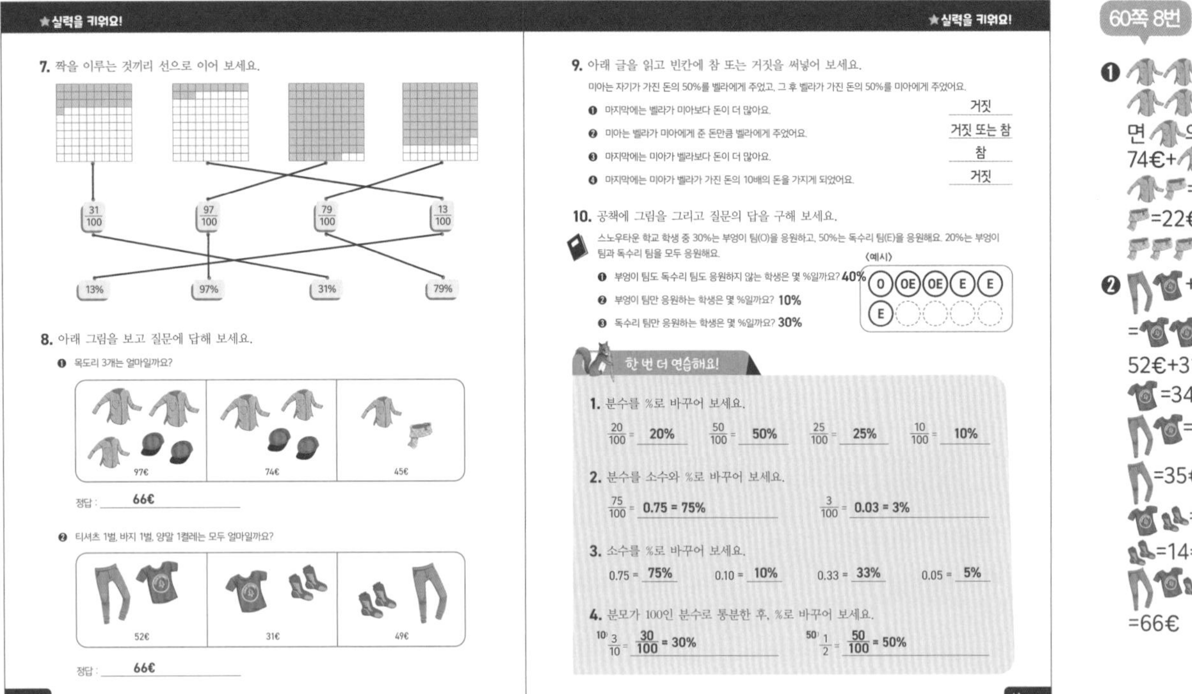

★실력을 키워요!

7. 짝을 이루는 것끼리 선으로 이어 보세요.

$\frac{31}{100}$ — 31%, $\frac{97}{100}$ — 97%, $\frac{79}{100}$ — 79%, $\frac{13}{100}$ — 13%

8. 아래 그림을 보고 질문에 답해 보세요.

❶ 목도리 3개는 얼마일까요?

97€ 74€ 45€

정답 : 66€

❷ 티셔츠 1벌, 바지 1벌, 양말 1켤레는 모두 얼마일까요?

52€ 31€ 49€

정답 : 66€

60

★실력을 키워요!

9. 아래 글을 읽고 빈칸에 참 또는 거짓을 써넣어 보세요.

미아는 자기가 가진 돈의 50%를 벨라에게 주었고, 그 후 벨라가 가진 돈의 50%를 미아에게 주었어요.

❶ 마지막에는 벨라가 미아보다 돈이 더 많아요. 거짓
❷ 미아는 벨라가 미아에게 준 돈만큼 벨라에게 주었어요. 거짓 또는 참
❸ 마지막에는 미아가 벨라보다 돈이 더 많아요. 참
❹ 마지막에는 미아가 벨라가 가진 돈의 10배의 돈을 가지게 되었어요. 거짓

10. 공책에 그림을 그리고 질문의 답을 구해 보세요.

스노우타운 학교 학생 중 30%는 부엉이 팀(O)을 응원하고, 50%는 독수리 팀(E)을 응원해요. 20%는 부엉이 팀과 독수리 팀을 모두 응원해요.

❶ 부엉이 팀도 독수리 팀도 응원하지 않는 학생은 몇 %일까요? 40%
❷ 부엉이 팀만 응원하는 학생은 몇 %일까요? 10%
❸ 독수리 팀만 응원하는 학생은 몇 %일까요? 30%

〈예시〉 O OE OE E E E

한 번 더 연습해요!

1. 분수를 %로 바꾸어 보세요.

$\frac{20}{100}$ = 20% $\frac{50}{100}$ = 50% $\frac{25}{100}$ = 25% $\frac{10}{100}$ = 10%

2. 분수를 소수와 %로 바꾸어 보세요.

$\frac{75}{100}$ = 0.75 = 75% $\frac{3}{100}$ = 0.03 = 3%

3. 소수를 %로 바꾸어 보세요.

0.75 = 75% 0.10 = 10% 0.33 = 33% 0.05 = 5%

4. 분모가 100인 분수로 통분한 후, %로 바꾸어 보세요.

$\frac{3}{10} = \frac{30}{100}$ = 30% $\frac{1}{2} = \frac{50}{100}$ = 50%

61

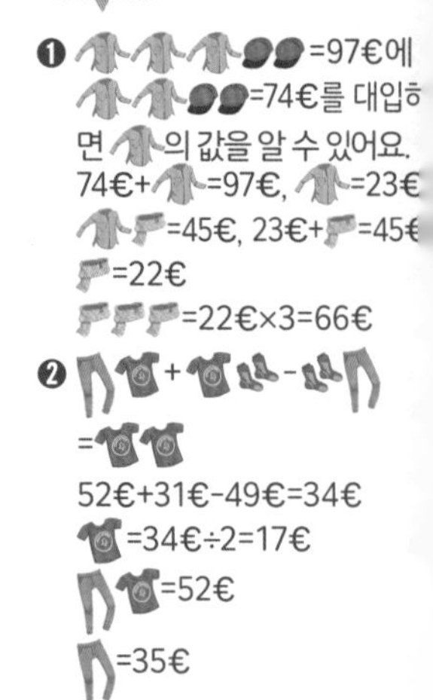

60쪽 8번

❶ (목도리)(목도리)(목도리)(모자)(모자)=97€에 (목도리)(목도리)(모자)(모자)=74€를 대입하면 (목도리)의 값을 알 수 있어요.
74€+(목도리)=97€, (목도리)=23€
(목도리)(장갑)=45€, 23€+(장갑)=45€
(장갑)=22€
(장갑)(장갑)(장갑)=22€×3=66€

❷ (바지)(티셔츠)+(티셔츠)(양말)-(양말)(바지)
=(티셔츠)(티셔츠)
52€+31€-49€=34€
(티셔츠)=34€÷2=17€
(바지)(티셔츠)=52€
(바지)=35€
(티셔츠)(양말)=31€
(양말)=14€
(바지)(티셔츠)(양말)=17€+35€+14€
=66€

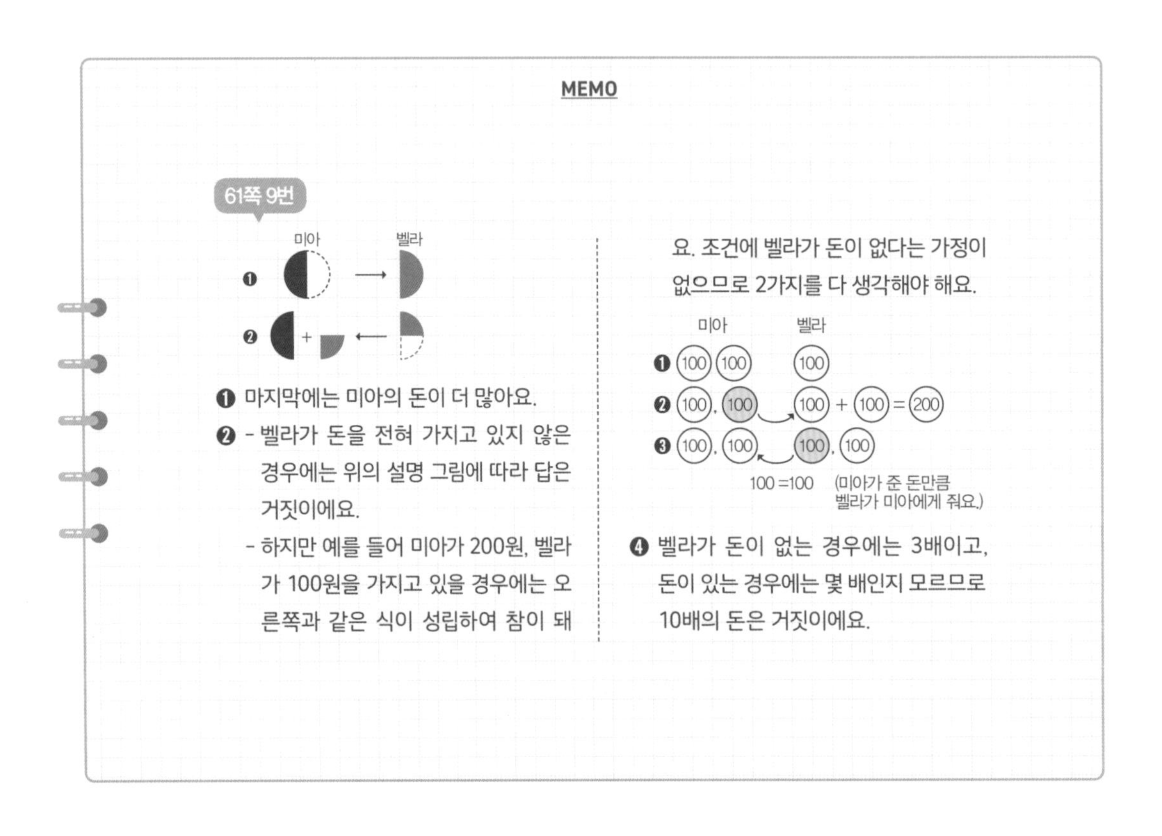

MEMO

61쪽 9번

❶ 마지막에는 미아의 돈이 더 많아요.

❷ - 벨라가 돈을 전혀 가지고 있지 않은 경우에는 위의 설명 그림에 따라 답은 거짓이에요.

- 하지만 예를 들어 미아가 200원, 벨라가 100원을 가지고 있을 경우에는 오른쪽과 같은 식이 성립하여 참이 돼요. 조건에 벨라가 돈이 없다는 가정이 없으므로 2가지를 다 생각해야 해요.

❹ 벨라가 돈이 없는 경우에는 3배이고, 돈이 있는 경우에는 몇 배인지 모르므로 10배의 돈은 거짓이에요.

62-63쪽

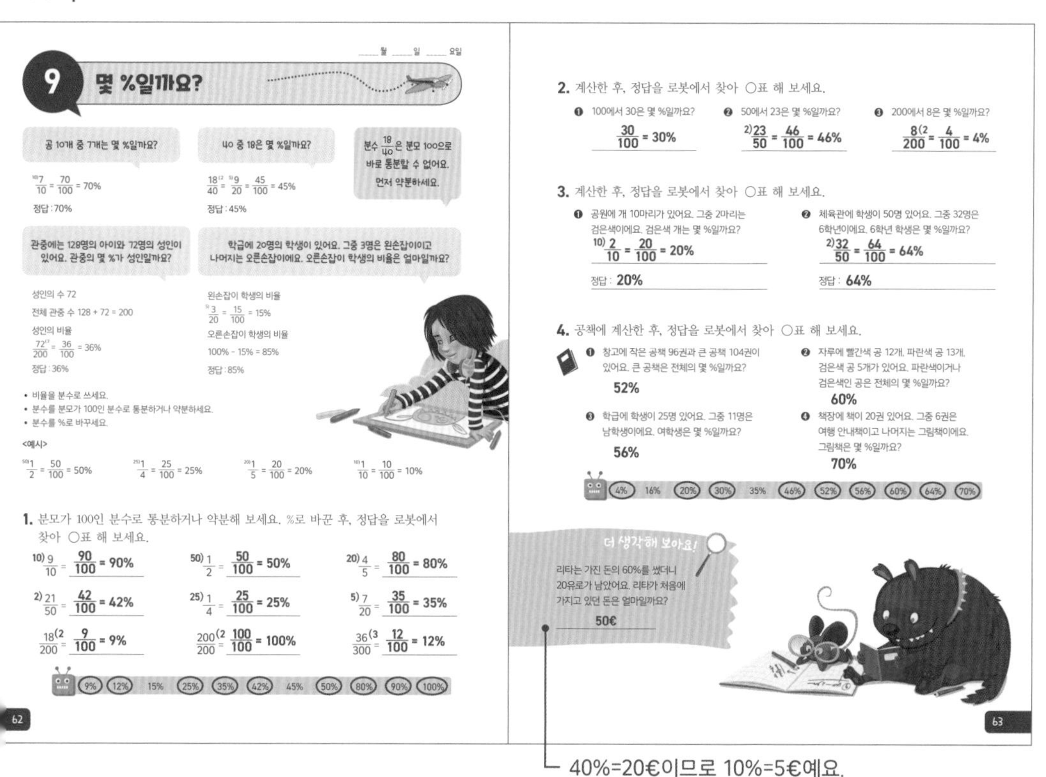
월 일 요일

9 몇 %일까요?

공 10개 중 7개는 몇 %일까요?

$^{10)}\frac{7}{10}=\frac{70}{100}=70\%$

정답: 70%

40 중 18은 몇 %일까요?

$\frac{18^{(2}}{40}=\frac{^{5)}9}{20}=\frac{45}{100}=45\%$

정답: 45%

분수 $\frac{18}{40}$은 분모 100으로 바로 통분할 수 없어요. 먼저 약분하세요.

관중에는 128명의 아이와 72명의 성인이 있어요. 관중의 몇 %가 성인일까요?

성인의 수 72
전체 관중 수 128 + 72 = 200
성인의 비율
$\frac{72^{(2}}{200}=\frac{36}{100}=36\%$
정답: 36%

학급에 20명의 학생이 있어요. 그중 3명은 왼손잡이이고 나머지는 오른손잡이예요. 오른손잡이 학생의 비율은 얼마일까요?

왼손잡이 학생의 비율
$^{5)}\frac{3}{20}=\frac{15}{100}=15\%$
오른손잡이 학생의 비율
100% - 15% = 85%
정답: 85%

- 비율을 분수로 쓰세요.
- 분수를 분모가 100인 분수로 통분하거나 약분하세요.
- 분수를 %로 바꾸세요.

<예시>

$^{50)}\frac{1}{2}=\frac{50}{100}=50\%$ $^{25)}\frac{1}{4}=\frac{25}{100}=25\%$ $^{20)}\frac{1}{5}=\frac{20}{100}=20\%$ $^{10)}\frac{1}{10}=\frac{10}{100}=10\%$

1. 분모가 100인 분수로 통분하거나 약분해 보세요. %로 바꾼 후, 정답을 로봇에서 찾아 ○표 해 보세요.

$^{10)}\frac{9}{10}=\frac{90}{100}=90\%$ $^{50)}\frac{1}{2}=\frac{50}{100}=50\%$ $^{20)}\frac{4}{5}=\frac{80}{100}=80\%$

$^{2)}\frac{21}{50}=\frac{42}{100}=42\%$ $^{25)}\frac{1}{4}=\frac{25}{100}=25\%$ $^{5)}\frac{7}{20}=\frac{35}{100}=35\%$

$\frac{18^{(2}}{200}=\frac{9}{100}=9\%$ $\frac{200^{(2}}{200}=\frac{100}{100}=100\%$ $\frac{36^{(3}}{300}=\frac{12}{100}=12\%$

9% 12% 15% 25% 35% 42% 45% 50% 80% 90% 100%

62

2. 계산한 후, 정답을 로봇에서 찾아 ○표 해 보세요.

❶ 100에서 30은 몇 %일까요? $\frac{30}{100}=30\%$
❷ 50에서 23은 몇 %일까요? $^{2)}\frac{23}{50}=\frac{46}{100}=46\%$
❸ 200에서 8은 몇 %일까요? $\frac{8^{(2}}{200}=\frac{4}{100}=4\%$

3. 계산한 후, 정답을 로봇에서 찾아 ○표 해 보세요.

❶ 공원에 개 10마리가 있어요. 그중 2마리는 검은색이에요. 검은색 개는 몇 %일까요?
$^{10)}\frac{2}{10}=\frac{20}{100}=20\%$
정답: 20%

❷ 체육관에 학생이 50명 있어요. 그중 32명은 6학년이에요. 6학년 학생은 몇 %일까요?
$^{2)}\frac{32}{50}=\frac{64}{100}=64\%$
정답: 64%

4. 공책에 계산한 후, 정답을 로봇에서 찾아 ○표 해 보세요.

❶ 창고에 작은 공책 96권과 큰 공책 104권이 있어요. 큰 공책은 전체의 몇 %일까요?
52%

❷ 자루에 빨간색 공 12개, 파란색 공 13개, 검은색 공 5개가 있어요. 파란색이거나 검은색인 공은 전체의 몇 %일까요?
60%

❸ 학급에 학생이 25명 있어요. 그중 11명은 남학생이에요. 여학생은 몇 %일까요?
56%

❹ 책장에 책이 20권 있어요. 그중 6권은 여행 안내책이고 나머지는 그림책이에요. 그림책은 몇 %일까요?
70%

4% 16% 20% 30% 35% 46% 52% 56% 60% 64% 70%

더 생각해 보아요!

리타는 가진 돈의 60%를 썼더니 20유로가 남았어요. 리타가 처음에 가지고 있던 돈은 얼마일까요?

50€

63

40%=20€이므로 10%=5€예요.
5€×10=50€

보충 가이드 | 62쪽

비율을 기준량 100으로 하는 분수로 나타낸 후, 백분율로 나타낸다고 배웠어요. 따라서 분모를 100으로 만들기 위해 그 비율만큼 분자도 바꾸어요. 분모만 변하면 값이 달라지기 때문에 분모가 변하는 비율만큼 분자도 같은 비율만큼 변해야 원래의 값이 변하지 않는답니다.

63쪽 4번

❶ 104+96=200
$\frac{104^{(2}}{200}=\frac{52}{100}=52\%$

❷ 12+13+5=30
$\frac{18^{(3\ 10)}6}{30}=\frac{60}{10}=\frac{60}{100}=60\%$

❸ $^{4)}\frac{11}{25}=\frac{44}{100}=44\%$
100%-44%=56%

❹ $^{5)}\frac{6}{20}=\frac{30}{100}=30\%$
100%-30%=70%

-65쪽

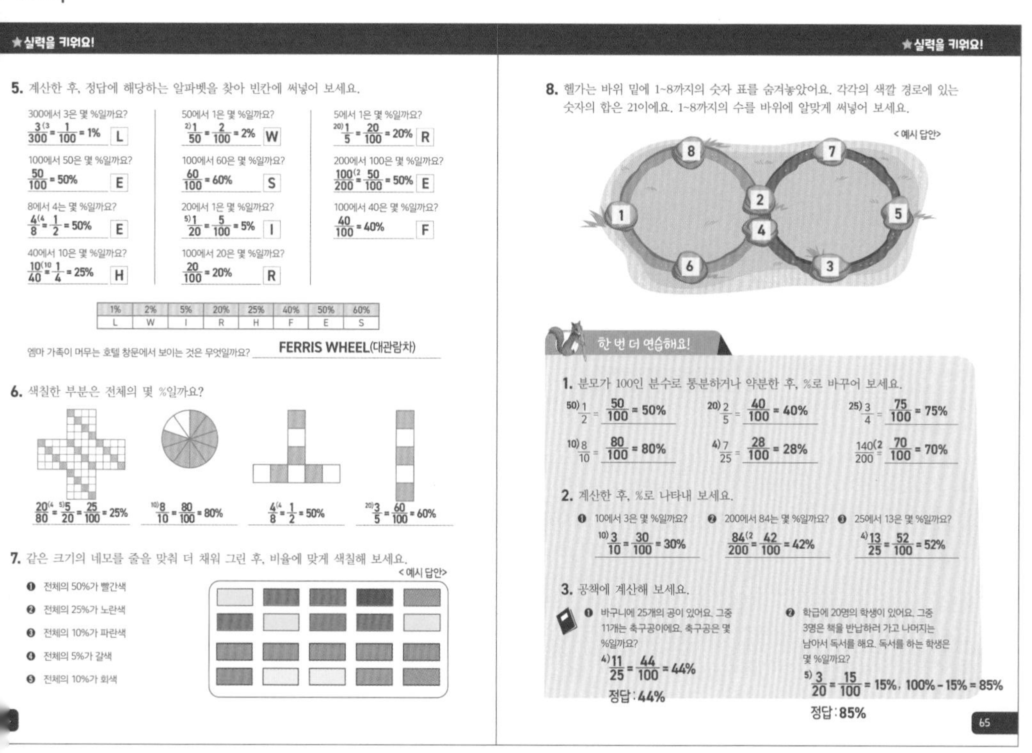
★실력을 키워요!

5. 계산한 후, 정답에 해당하는 알파벳을 찾아 빈칸에 써넣어 보세요.

300에서 3은 몇 %일까요? $\frac{3^{(3}}{300}=\frac{1}{100}=1\%$ L
100에서 50은 몇 %일까요? $\frac{50}{100}=50\%$ E
8에서 4는 몇 %일까요? $\frac{4^{(4}}{8}=\frac{1}{2}=50\%$ E
40에서 10은 몇 %일까요? $\frac{10^{(10}}{40}=\frac{1}{4}=25\%$ H
50에서 1은 몇 %일까요? $^{2)}\frac{1}{50}=\frac{2}{100}=2\%$ W
100에서 60은 몇 %일까요? $\frac{60}{100}=60\%$ S
20에서 1은 몇 %일까요? $^{5)}\frac{1}{20}=\frac{5}{100}=5\%$ I
100에서 20은 몇 %일까요? $\frac{20}{100}=20\%$ R
5에서 1은 몇 %일까요? $^{20)}\frac{1}{5}=\frac{20}{100}=20\%$ R
200에서 100은 몇 %일까요? $\frac{100^{(2}}{200}=\frac{50}{100}=50\%$ E
100에서 40은 몇 %일까요? $\frac{40}{100}=40\%$ F

1%	2%	5%	20%	25%	40%	50%	60%
L	W	I	R	H	F	E	S

엠마 가족이 머무는 호텔 창문에서 보이는 것은 무엇일까요? FERRIS WHEEL(대관람차)

6. 색칠한 부분은 전체의 몇 %일까요?

$\frac{20^{(4}}{80}=\frac{^{5)}5}{20}=\frac{25}{100}=25\%$ $^{10)}\frac{8}{10}=\frac{80}{100}=80\%$ $\frac{4^{(4}}{8}=\frac{1}{2}=50\%$ $^{20)}\frac{3}{5}=\frac{60}{100}=60\%$

7. 같은 크기의 네모를 줄을 맞춰 더 채워 그린 후, 비율에 맞게 색칠해 보세요.

<예시 답안>

❶ 전체의 50%가 빨간색
❷ 전체의 25%가 노란색
❸ 전체의 10%가 파란색
❹ 전체의 5%가 갈색
❺ 전체의 10%가 회색

★실력을 키워요!

8. 헬가는 바위 밑에 1~8까지의 숫자 표를 숨겨놓았어요. 각각의 색깔 경로에 있는 숫자의 합은 21이에요. 1~8까지의 수를 바위에 알맞게 써넣어 보세요.

<예시 답안>

8 7 2 1 5 4 6 3

한 번 더 연습해요!

1. 분모가 100인 분수로 통분하거나 약분한 후, %로 바꾸어 보세요.

$^{50)}\frac{1}{2}=\frac{50}{100}=50\%$ $^{20)}\frac{2}{5}=\frac{40}{100}=40\%$ $^{25)}\frac{3}{4}=\frac{75}{100}=75\%$

$^{10)}\frac{8}{10}=\frac{80}{100}=80\%$ $^{4)}\frac{7}{25}=\frac{28}{100}=28\%$ $\frac{140^{(2}}{200}=\frac{70}{100}=70\%$

2. 계산한 후, %로 나타내 보세요.

❶ 10에서 3은 몇 %일까요? $^{10)}\frac{3}{10}=\frac{30}{100}=30\%$
❷ 200에서 84는 몇 %일까요? $\frac{84^{(2}}{200}=\frac{42}{100}=42\%$
❸ 25에서 13은 몇 %일까요? $^{4)}\frac{13}{25}=\frac{52}{100}=52\%$

3. 공책에 계산해 보세요.

❶ 바구니에 25개의 공이 있어요. 그중 11개는 축구공이에요. 축구공은 몇 %일까요?
$^{4)}\frac{11}{25}=\frac{44}{100}=44\%$
정답: 44%

❷ 학급에 20명의 학생이 있어요. 그중 3명은 책을 반납하러 가고 나머지는 남아서 독서를 해요. 독서를 하는 학생은 몇 %일까요?
$^{5)}\frac{3}{20}=\frac{15}{100}=15\%$, 100% - 15% = 85%
정답: 85%

65

66-67쪽

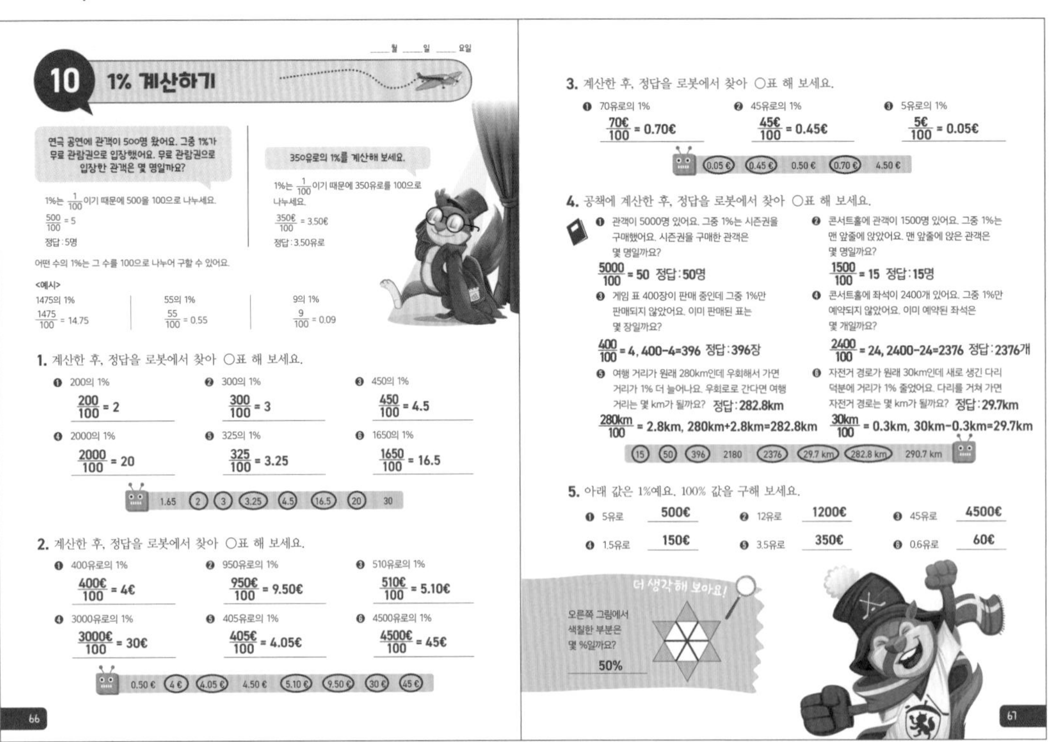

___월 ___일 ___요일

10 1% 계산하기

연극 공연에 관객이 500명 왔어요. 그중 1%가 무료 관람권으로 입장했어요. 무료 관람권으로 입장한 관객은 몇 명일까요?

1%는 $\frac{1}{100}$이기 때문에 500을 100으로 나누세요.
$\frac{500}{100}=5$
정답: 5명

350유로의 1%를 계산해 보세요.

1%는 $\frac{1}{100}$이기 때문에 350유로를 100으로 나누세요.
$\frac{350€}{100}=3.50€$
정답: 3.50유로

어떤 수의 1%는 그 수를 100으로 나누어 구할 수 있어요.

<예시>
1475의 1% $\frac{1475}{100}=14.75$ | 55의 1% $\frac{55}{100}=0.55$ | 9의 1% $\frac{9}{100}=0.09$

1. 계산한 후, 정답을 로봇에서 찾아 ○표 해 보세요.
❶ 200의 1% $\frac{200}{100}=2$
❷ 300의 1% $\frac{300}{100}=3$
❸ 450의 1% $\frac{450}{100}=4.5$
❹ 2000의 1% $\frac{2000}{100}=20$
❺ 325의 1% $\frac{325}{100}=3.25$
❻ 1650의 1% $\frac{1650}{100}=16.5$

1.65 (2) (3) (3.25) (4.5) (16.5) (20) 30

2. 계산한 후, 정답을 로봇에서 찾아 ○표 해 보세요.
❶ 400유로의 1% $\frac{400€}{100}=4€$
❷ 950유로의 1% $\frac{950€}{100}=9.50€$
❸ 510유로의 1% $\frac{510€}{100}=5.10€$
❹ 3000유로의 1% $\frac{3000€}{100}=30€$
❺ 405유로의 1% $\frac{405€}{100}=4.05€$
❻ 4500유로의 1% $\frac{4500€}{100}=45€$

0.50 € (4 €) (4.05 €) 4.50 € (5.10 €) (9.50 €) (30 €) (45 €)

66

3. 계산한 후, 정답을 로봇에서 찾아 ○표 해 보세요.
❶ 70유로의 1% $\frac{70€}{100}=0.70€$
❷ 45유로의 1% $\frac{45€}{100}=0.45€$
❸ 5유로의 1% $\frac{5€}{100}=0.05€$

(0.05 €) (0.45 €) 0.50 € (0.70 €) 4.50 €

4. 공책에 계산한 후, 정답을 로봇에서 찾아 ○표 해 보세요.
❶ 관객이 5000명 있어요. 그중 1%는 시즌권을 구매했어요. 시즌권을 구매한 관객은 몇 명일까요?
$\frac{5000}{100}=50$ 정답: 50명
❷ 콘서트홀에 관객이 1500명 있어요. 그중 1%는 맨 앞줄에 앉았어요. 맨 앞줄에 앉은 관객은 몇 명일까요?
$\frac{1500}{100}=15$ 정답: 15명
❸ 게임 표 400장이 판매 중인데 그중 1%만 판매되지 않았어요. 이미 판매된 표는 몇 장일까요?
$\frac{400}{100}=4$, 400-4=396 정답: 396장
❹ 콘서트홀에 좌석이 2400개 있어요. 그중 1%만 예약되지 않았어요. 이미 예약된 좌석은 몇 개일까요?
$\frac{2400}{100}=24$, 2400-24=2376 정답: 2376개
❺ 여행 거리가 원래 280km인데 우회해서 가면 거리가 1% 더 늘어나요. 우회로로 간다면 여행 거리는 몇 km가 될까요? 정답: 282.8km
$\frac{280km}{100}=2.8km$, 280km+2.8km=282.8km
❻ 자전거 경로가 원래 30km인데 새로 생긴 다리 덕분에 거리가 1% 줄었어요. 다리를 거쳐 가면 자전거 경로는 몇 km가 될까요? 정답: 29.7km
$\frac{30km}{100}=0.3km$, 30km-0.3km=29.7km

(15) (50) (396) 2180 (2376) (29.7 km) (282.8 km) 290.7 km

5. 아래 값은 1%예요. 100% 값을 구해 보세요.
❶ 5유로 500€
❷ 12유로 1200€
❸ 45유로 4500€
❹ 1.5유로 150€
❺ 3.5유로 350€
❻ 0.6유로 60€

더 생각해 보아요!
오른쪽 그림에서 색칠한 부분은 몇 %일까요?
50%

67

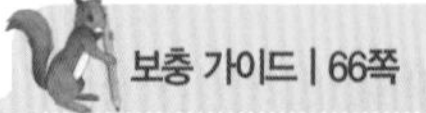

1%라는 말은 우리 생활에서 많이 쓰고 있어요. 상위 1%, 금리 1%, 1%의 가능성이란 말에서도 찾을 수 있지요. 1%는 백분율에서 단위당 기준이 되기 때문에 어떤 수가 와도 1%에 그 비율만큼 계산해 주면 원하는 값을 찾을 수 있어요. 그래서 단위당 기준 값이 중요하답니다.

1%는?	$\frac{350}{100}=3.5$ $\frac{2000}{100}=20$
7%는?	3.5×7=24.5 20×7=140
120%는?	3.5×120=420 20×120=2400

68-69쪽

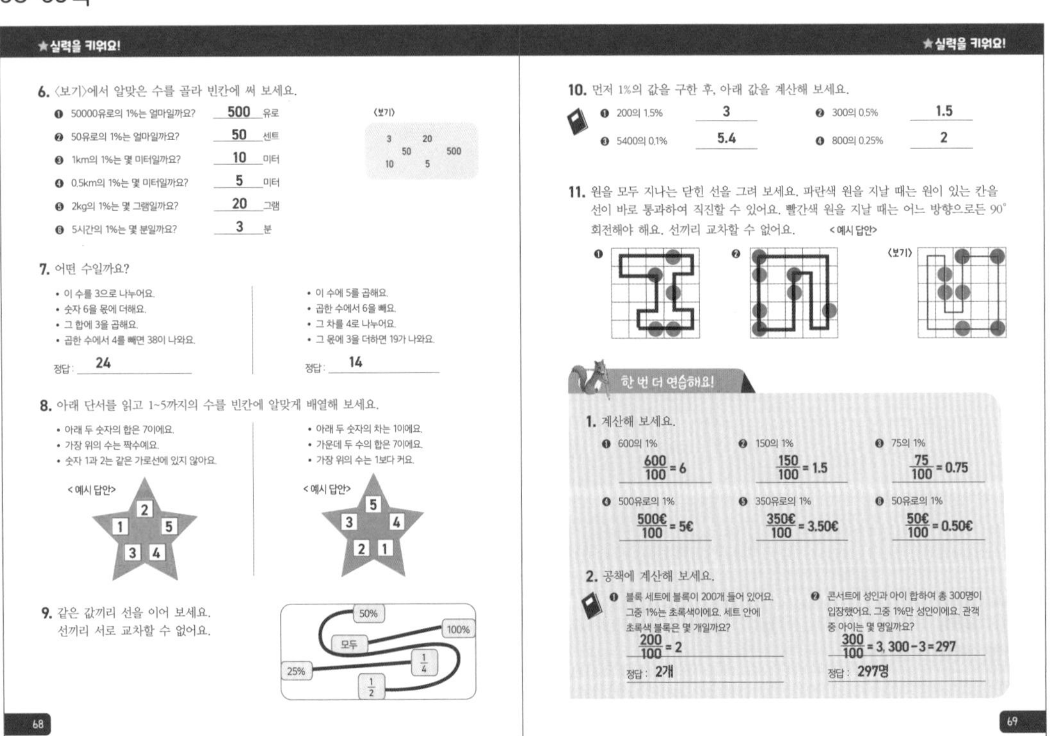

★실력을 키워요!

6. <보기>에서 알맞은 수를 골라 빈칸에 써 보세요.
❶ 50000유로의 1%는 얼마일까요? 500 유로
❷ 50유로의 1%는 얼마일까요? 50 센트
❸ 1km의 1%는 몇 미터일까요? 10 미터
❹ 0.5km의 1%는 몇 미터일까요? 5 미터
❺ 2kg의 1%는 몇 그램일까요? 20 그램
❻ 5시간의 1%는 몇 분일까요? 3 분

<보기> 3 20 50 500 10 5

7. 어떤 수일까요?
- 이 수를 3으로 나누어요.
- 숫자 6을 몫에 더해요.
- 그 합에 3을 곱해요.
- 곱한 수에서 4를 빼면 38이 나와요.

정답: 24

- 이 수에 5를 곱해요.
- 곱한 수에서 6을 빼요.
- 그 차를 4로 나누어요.
- 그 몫에 3을 더하면 19가 나와요.

정답: 14

8. 아래 단서를 읽고 1~5까지의 수를 빈칸에 알맞게 배열해 보세요.
- 아래 두 숫자의 합은 7이에요.
- 가장 위의 수는 짝수예요.
- 숫자 1과 2는 같은 가로선에 있지 않아요.

<예시 답안> 2 / 1 5 / 3 4

- 아래 두 숫자의 차는 1이에요.
- 가운데 두 수의 합은 7이에요.
- 가장 위의 수는 1보다 커요.

<예시 답안> 5 / 3 4 / 2 1

9. 같은 값끼리 선을 이어 보세요. 선끼리 서로 교차할 수 없어요.
50% 100% 모두 25% $\frac{1}{4}$ $\frac{1}{2}$

68

★실력을 키워요!

10. 먼저 1%의 값을 구한 후, 아래 값을 계산해 보세요.
❶ 200의 1.5% 3
❷ 300의 0.5% 1.5
❸ 5400의 0.1% 5.4
❹ 800의 0.25% 2

11. 원을 모두 지나는 닫힌 선을 그려 보세요. 파란색 원을 지날 때는 원이 있는 칸을 선이 바로 통과하여 직진할 수 있어요. 빨간색 원을 지날 때는 어느 방향으로든 90° 회전해야 해요. 선끼리 교차할 수 없어요. <예시 답안>

❶ ❷ <보기>

한 번 더 연습해요!

1. 계산해 보세요.
❶ 600의 1% $\frac{600}{100}=6$
❷ 150의 1% $\frac{150}{100}=1.5$
❸ 75의 1% $\frac{75}{100}=0.75$
❹ 500유로의 1% $\frac{500€}{100}=5€$
❺ 350유로의 1% $\frac{350€}{100}=3.50€$
❻ 50유로의 1% $\frac{50€}{100}=0.50€$

2. 공책에 계산해 보세요.
❶ 블록 세트에 블록이 200개 들어 있어요. 그중 1%는 초록색이에요. 세트 안에 초록색 블록은 몇 개일까요?
$\frac{200}{100}=2$
정답: 2개
❷ 콘서트에 성인과 아이 합하여 총 300명이 입장했어요. 그중 1%만 성인이에요. 관객 중 아이는 몇 명일까요?
$\frac{300}{100}=3$, 300-3=297
정답: 297명

69

68쪽 7번

❶ $(x÷3+6)×3-4=38$
$(x÷3+6)×3=42$
$x÷3+6=14$
$x÷3=8$, $x=24$
❷ $(x×5-6)÷4+3=19$
$(x×5-6)÷4=16$
$x×5-6=16×4$
$x×5-6=64$
$x×5=70$
$x=70÷5=14$

69쪽 10번

❶ 1%=$\frac{200}{100}$=2
0.5%=1, 1.5%=3
❷ 1%=$\frac{300}{100}$=3, 0.5%=1.5
❸ 1%=$\frac{5400}{100}$=54, 0.1%=5
❹ 1%=$\frac{800}{100}$=8, 0.25%=2

70-71쪽

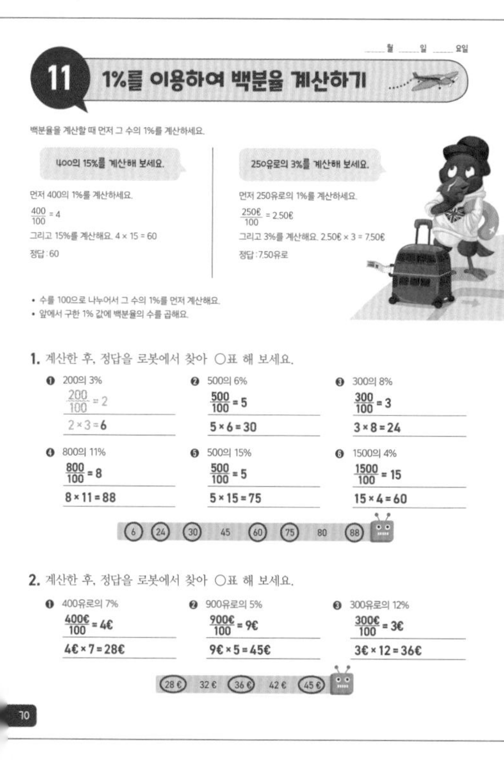
___월 ___일 ___요일

11 1%를 이용하여 백분율 계산하기

백분율을 계산할 때 먼저 그 수의 1%를 계산하세요.

400의 15%를 계산해 보세요.

먼저 400의 1%를 계산하세요.
$\frac{400}{100}=4$
그리고 15%를 계산해요. 4 × 15 = 60
정답: 60

250유로의 3%를 계산해 보세요.

먼저 250유로의 1%를 계산하세요.
$\frac{250€}{100}=2.50€$
그리고 3%를 계산해요. 2.50€ × 3 = 7.50€
정답: 7.50유로

- 수를 100으로 나누어서 그 수의 1%를 먼저 계산해요.
- 앞에서 구한 1% 값에 백분율의 수를 곱해요.

1. 계산한 후, 정답을 로봇에서 찾아 ○표 해 보세요.

❶ 200의 3%
$\frac{200}{100}=2$
2 × 3 = 6

❷ 500의 6%
$\frac{500}{100}=5$
5 × 6 = 30

❸ 300의 8%
$\frac{300}{100}=3$
3 × 8 = 24

❹ 800의 11%
$\frac{800}{100}=8$
8 × 11 = 88

❺ 500의 15%
$\frac{500}{100}=5$
5 × 15 = 75

❻ 1500의 4%
$\frac{1500}{100}=15$
15 × 4 = 60

(6) (24) (30) 45 (60) (75) 80 (88)

2. 계산한 후, 정답을 로봇에서 찾아 ○표 해 보세요.

❶ 400유로의 7%
$\frac{400€}{100}=4€$
4€ × 7 = 28€

❷ 900유로의 5%
$\frac{900€}{100}=9€$
9€ × 5 = 45€

❸ 300유로의 12%
$\frac{300€}{100}=3€$
3€ × 12 = 36€

(28€) 32€ (36€) 42€ (45€)

70

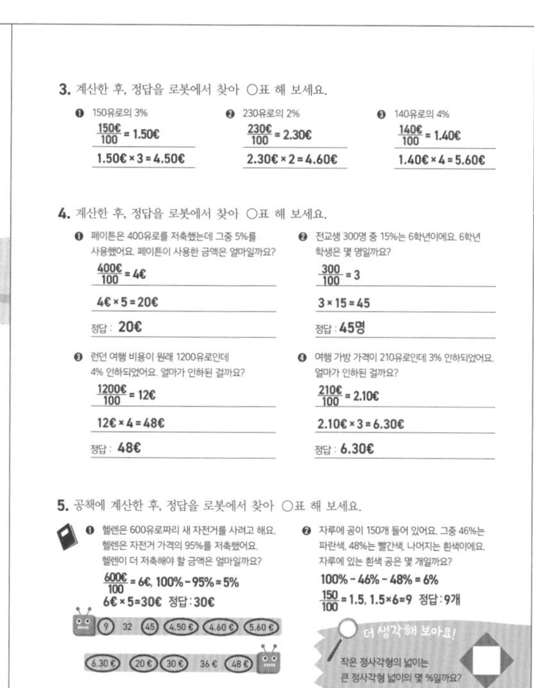
3. 계산한 후, 정답을 로봇에서 찾아 ○표 해 보세요.

❶ 150유로의 3%
$\frac{150€}{100}=1.50€$
1.50€ × 3 = 4.50€

❷ 230유로의 2%
$\frac{230€}{100}=2.30€$
2.30€ × 2 = 4.60€

❸ 140유로의 4%
$\frac{140€}{100}=1.40€$
1.40€ × 4 = 5.60€

4. 계산한 후, 정답을 로봇에서 찾아 ○표 해 보세요.

❶ 페이튼은 400유로를 저축했는데 그중 5%를 사용했어요. 페이튼이 사용한 금액은 얼마일까요?
$\frac{400€}{100}=4€$
4€ × 5 = 20€
정답: 20€

❷ 전교생 300명 중 15%는 6학년이에요. 6학년 학생은 몇 명일까요?
$\frac{300}{100}=3$
3 × 15 = 45
정답: 45명

❸ 런던 여행 비용이 원래 1200유로인데 4% 인하되었어요. 얼마가 인하된 걸까요?
$\frac{1200€}{100}=12€$
12€ × 4 = 48€
정답: 48€

❹ 여행 가방 가격이 210유로인데 3% 인하되었어요. 얼마가 인하된 걸까요?
$\frac{210€}{100}=2.10€$
2.10€ × 3 = 6.30€
정답: 6.30€

5. 공책에 계산한 후, 정답을 로봇에서 찾아 ○표 해 보세요.

❶ 헬렌은 600유로짜리 새 자전거를 사려고 해요. 헬렌은 자전거 가격의 95%를 저축했어요. 헬렌이 더 저축해야 할 금액은 얼마일까요?
$\frac{600€}{100}=6€$, 100% − 95% = 5%
6€ × 5 = 30€ 정답: 30€

❷ 자루에 공이 150개 들어 있어요. 그중 46%는 파란색, 48%는 빨간색, 나머지는 흰색이에요. 자루에 있는 흰색 공은 몇 개일까요?
100% − 46% − 48% = 6%
$\frac{150}{100}=1.5$, 1.5 × 6 = 9 정답: 9개

(9) 32 (45) (4.50€) (4.60€) (5.60€)

(6.30€) (20€) (30€) 36€ (48€)

더 생각해 보아요!
작은 정사각형의 넓이는 큰 정사각형 넓이의 몇 %일까요?
50%

> **보충 가이드 | 70쪽**
>
> 1%는 백분율에서 단위당 기준이 돼요. 그래서 1%에 그 비율만큼 계산해 주면 원하는 값을 구할 수 있어요.
> $1\%=\frac{200}{100}=2$
> $2\%=2\times2=4$
> $6\%=2\times6=12$

72-73쪽

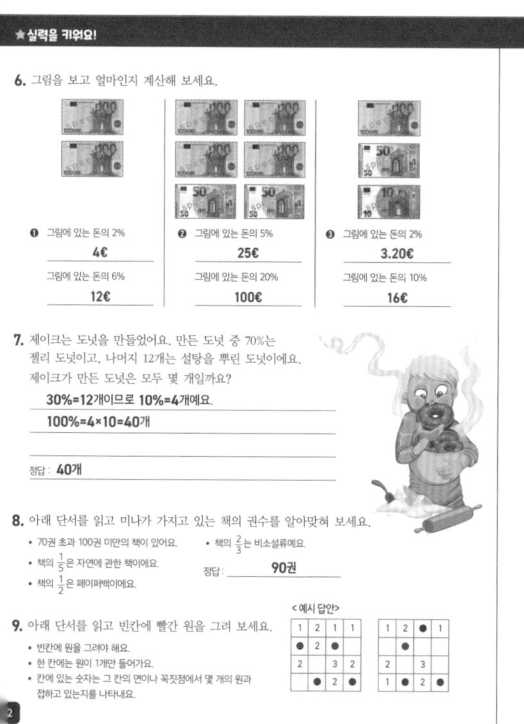
★실력을 키워요!

6. 그림을 보고 얼마인지 계산해 보세요.

❶ 그림에 있는 돈의 2%
4€
그림에 있는 돈의 6%
12€

❷ 그림에 있는 돈의 5%
25€
그림에 있는 돈의 20%
100€

❸ 그림에 있는 돈의 2%
3.20€
그림에 있는 돈의 10%
16€

7. 제이크는 도넛을 만들었어요. 만든 도넛 중 70%는 젤리 도넛이고, 나머지 12개는 설탕을 뿌린 도넛이에요. 제이크가 만든 도넛은 모두 몇 개일까요?
30%=12개이므로 10%=4개예요.
100%=4×10=40개
정답: 40개

8. 아래 단서를 읽고 미나가 가지고 있는 책의 권수를 알아맞혀 보세요.
- 70권 초과 100권 미만의 책이 있어요.
- 책의 $\frac{1}{5}$은 자연에 관한 책이에요.
- 책의 $\frac{1}{2}$은 페이퍼백이에요.
- 책의 $\frac{2}{3}$는 비소설류예요.

정답: 90권

9. 아래 단서를 읽고 빈칸에 빨간 원을 그려 보세요.
- 빈칸에 원을 그려야 해요.
- 한 칸에는 원이 1개만 들어가요.
- 칸에 있는 숫자는 그 칸의 면이나 꼭짓점에서 몇 개의 원과 접하고 있는 지를 나타내요.

<예시 답안>

1	2	1	1
●	2	●	
2		3	2
	●	2	●

1	2	●	1
	●		
2		3	
1	●	2	●

72

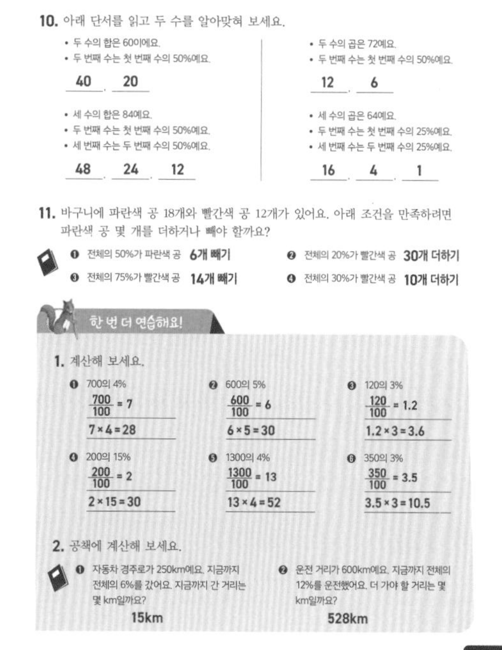
★실력을 키워요!

10. 아래 단서를 읽고 두 수를 알아맞혀 보세요.

- 두 수의 합은 60이에요.
- 두 번째 수는 첫 번째 수의 50%예요.

40, 20

- 두 수의 곱은 72예요.
- 두 번째 수는 첫 번째 수의 50%예요.

12, 6

- 세 수의 합은 84예요.
- 두 번째 수는 첫 번째 수의 50%예요.
- 세 번째 수는 두 번째 수의 50%예요.

48, 24, 12

- 세 수의 곱은 64예요.
- 두 번째 수는 첫 번째 수의 25%예요.
- 세 번째 수는 두 번째 수의 25%예요.

16, 4, 1

11. 바구니에 파란색 공 18개와 빨간색 공 12개가 있어요. 아래 조건을 만족하려면 파란색 공 몇 개를 더하거나 빼야 할까요?

❶ 전체의 50%가 파란색 공 **6개 빼기**
❷ 전체의 20%가 빨간색 공 **30개 더하기**
❸ 전체의 75%가 빨간색 공 **14개 빼기**
❹ 전체의 30%가 빨간색 공 **10개 더하기**

한 번 더 연습해요!

1. 계산해 보세요.

❶ 700의 4%
$\frac{700}{100}=7$
7 × 4 = 28

❷ 600의 5%
$\frac{600}{100}=6$
6 × 5 = 30

❸ 120의 3%
$\frac{120}{100}=1.2$
1.2 × 3 = 3.6

❹ 200의 15%
$\frac{200}{100}=2$
2 × 15 = 30

❺ 1300의 4%
$\frac{1300}{100}=13$
13 × 4 = 52

❻ 350의 3%
$\frac{350}{100}=3.5$
3.5 × 3 = 10.5

2. 공책에 계산해 보세요.

❶ 자동차 경주로가 250km예요. 지금까지 전체의 6%를 갔어요. 지금까지 간 거리는 몇 km일까요?
15km

❷ 운전 거리가 600km예요. 지금까지 전체의 12%를 운전했어요. 더 가야 할 거리는 몇 km일까요?
528km

73

72쪽 8번

71~99까지의 수 가운데, 2, 5, 3으로 나누어떨어지는 수를 찾으려면 2, 5, 3의 공배수를 찾아야 해요.
2, 5, 3의 공배수는 30의 공배수를 찾는 것과 같으므로 조건에 맞는 수는 90이에요.

73쪽 11번

❶ 빨간색 공이 12개이므로 파란색 공도 12개여야 해요.
18−12=6
파란색 공 6개를 빼야 해요.

❷ 20%가 12개이므로 10%는 6개
100%−20%=80%
6×8=48
48−18=30
파란색 공 30개를 더해야 해요.

❸ 75%=12개이므로 25%=4개
18−4=14
파란색 공 14개를 빼야 해요.

❹ 30%=12개이므로 10%는 4개
4×7=28, 28−18=10
파란색 공 10개를 더해야 해요.

한 번 더 연습해요! | 73쪽 2번

❶ $\frac{250km}{100}=2.5km$
2.5km×6=15km

❷ $\frac{600km}{100}=6km$
6km×12=72km
600km−72km=528km

74-75쪽

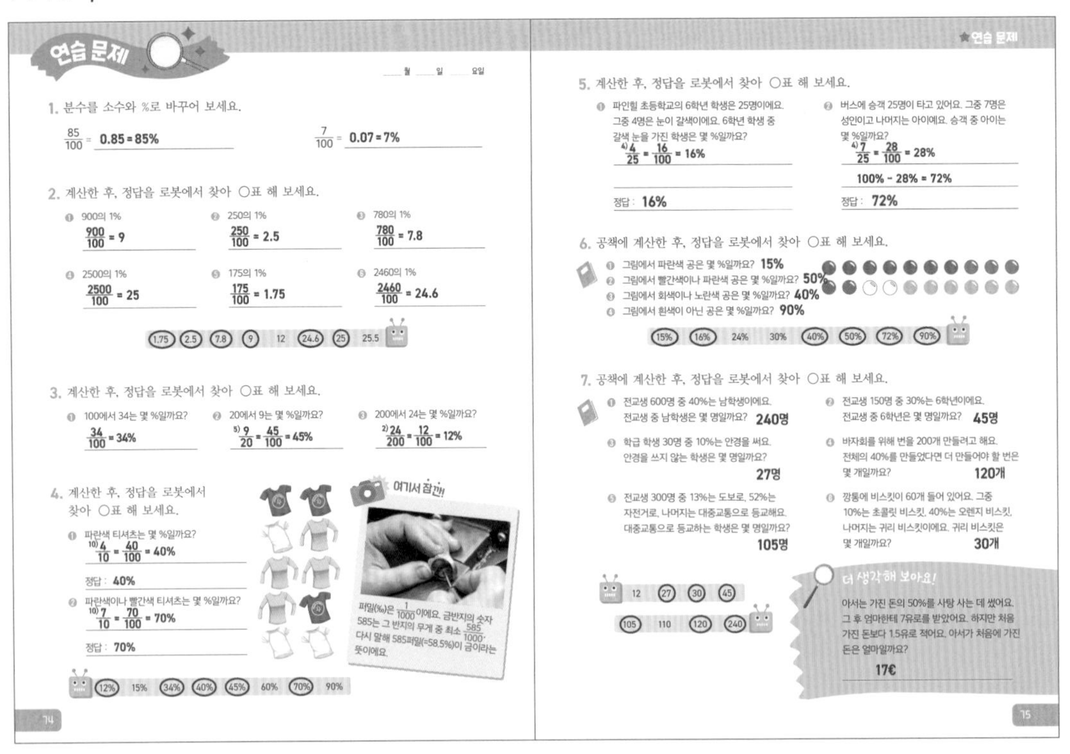

연습 문제

___월 ___일 ___요일

1. 분수를 소수와 %로 바꾸어 보세요.

$\frac{85}{100}$ = 0.85 = 85%　　$\frac{7}{100}$ = 0.07 = 7%

2. 계산한 후, 정답을 로봇에서 찾아 ○표 해 보세요.

① 900의 1% $\frac{900}{100}$ = 9
② 250의 1% $\frac{250}{100}$ = 2.5
③ 780의 1% $\frac{780}{100}$ = 7.8
④ 2500의 1% $\frac{2500}{100}$ = 25
⑤ 175의 1% $\frac{175}{100}$ = 1.75
⑥ 2460의 1% $\frac{2460}{100}$ = 24.6

1.75　2.5　7.8　9　12　24.6　25　25.5

3. 계산한 후, 정답을 로봇에서 찾아 ○표 해 보세요.

① 100에서 34는 몇 %일까요? $\frac{34}{100}$ = 34%
② 20에서 9는 몇 %일까요? $\frac{9}{20} = \frac{45}{100}$ = 45%
③ 200에서 24는 몇 %일까요? $\frac{24}{200} = \frac{12}{100}$ = 12%

4. 계산한 후, 정답을 로봇에서 찾아 ○표 해 보세요.

① 파란색 티셔츠는 몇 %일까요? $\frac{4}{10} = \frac{40}{100}$ = 40%
정답: 40%
② 파란색이나 빨간색 티셔츠는 몇 %일까요? $\frac{7}{10} = \frac{70}{100}$ = 70%
정답: 70%

여기서 잠깐!
퍼밀(‰)은 $\frac{1}{1000}$이에요. 금반지의 숫자 585는 그 반지의 무게 중 최소 $\frac{585}{1000}$, 다시 말해 585퍼밀(=58.5%)이 금이라는 뜻이에요.

12%　15%　34%　40%　45%　60%　70%　90%

74

5. 계산한 후, 정답을 로봇에서 찾아 ○표 해 보세요.

① 파인힐 초등학교의 6학년 학생은 25명이에요. 그중 4명은 눈이 갈색이에요. 6학년 학생 중 갈색 눈을 가진 학생은 몇 %일까요?
$\frac{4}{25} = \frac{16}{100}$ = 16%
정답: 16%

② 버스에 승객 25명이 타고 있어요. 그중 7명은 성인이고 나머지는 아이예요. 승객 중 아이는 몇 %일까요?
$\frac{7}{25} = \frac{28}{100}$ = 28%
100% − 28% = 72%
정답: 72%

6. 공책에 계산한 후, 정답을 로봇에서 찾아 ○표 해 보세요.

① 그림에서 파란색 공은 몇 %일까요? 15%
② 그림에서 빨간색이나 파란색 공은 몇 %일까요? 50%
③ 그림에서 회색이나 노란색 공은 몇 %일까요? 40%
④ 그림에서 흰색이 아닌 공은 몇 %일까요? 90%

15%　16%　24%　30%　40%　50%　72%　90%

7. 공책에 계산한 후, 정답을 로봇에서 찾아 ○표 해 보세요.

① 전교생 600명 중 40%는 남학생이에요. 전교생 중 남학생은 몇 명일까요? 240명
② 전교생 150명 중 30%는 6학년이에요. 전교생 중 6학년은 몇 명일까요? 45명
③ 학급 학생 30명 중 10%는 안경을 써요. 안경을 쓰지 않는 학생은 몇 명일까요? 27명
④ 바자회를 위해 번을 200개 만들려고 해요. 전체의 40%를 만들었다면 더 만들어야 할 번은 몇 개일까요? 120개
⑤ 전교생 300명 중 13%는 도보로, 52%는 자전거로, 나머지는 대중교통으로 등교해요. 대중교통으로 등교하는 학생은 몇 명일까요? 105명
⑥ 깡통에 비스킷이 60개 들어 있어요. 그중 10%는 초콜릿 비스킷, 40%는 오렌지 비스킷, 나머지는 귀리 비스킷이에요. 귀리 비스킷은 몇 개일까요? 30개

12　27　30　45
105　110　120　240

더 생각해 보아요!
아서는 가진 돈의 50%를 사탕 사는 데 썼어요. 그 후 엄마한테 7유로를 받았어요. 하지만 처음 가진 돈보다 1.5유로 적어요. 아서가 처음에 가진 돈은 얼마일까요?
17€

75

75쪽 6번

❶ $\frac{3}{20} = \frac{15}{100}$=15%

❷ $\frac{10}{20} = \frac{50}{100}$=50%

❸ $\frac{8}{20} = \frac{40}{100}$=40%

❹ $\frac{2}{20} = \frac{10}{100}$=10%, 100%-10%=90%

75쪽 7번

❶ $\frac{600}{100}$=6, 6×40=240
정답: 240명

❷ $\frac{150}{100}$=1.5, 1.5×30=45
정답: 45명

❸ $\frac{30}{100}$=0.3, 0.3×10=3, 30-3=2
정답: 27명

❹ $\frac{200}{100}$=2, 2×40=80
200-80=120 정답: 120개

❺ $\frac{300}{100}$=3, 3×13=39
3×52=156, 156+39=195
300-195=105 정답: 105

❻ $\frac{60}{100}$=0.6, 0.6×10=6
0.6×40=24, 60-6-24=3
정답: 30개

더 생각해 보아요! | 75쪽

$\frac{1}{2}$	$\frac{1}{2}$
남은 돈	사탕

x

$x-1.5=x\times\frac{1}{2}+7$

$x-\frac{x}{2}=7+1.5$

$\frac{2x}{2}-\frac{x}{2}=8.5$

$\frac{x}{2}=8.5$

$x=8.5\times2=17$

76-77쪽

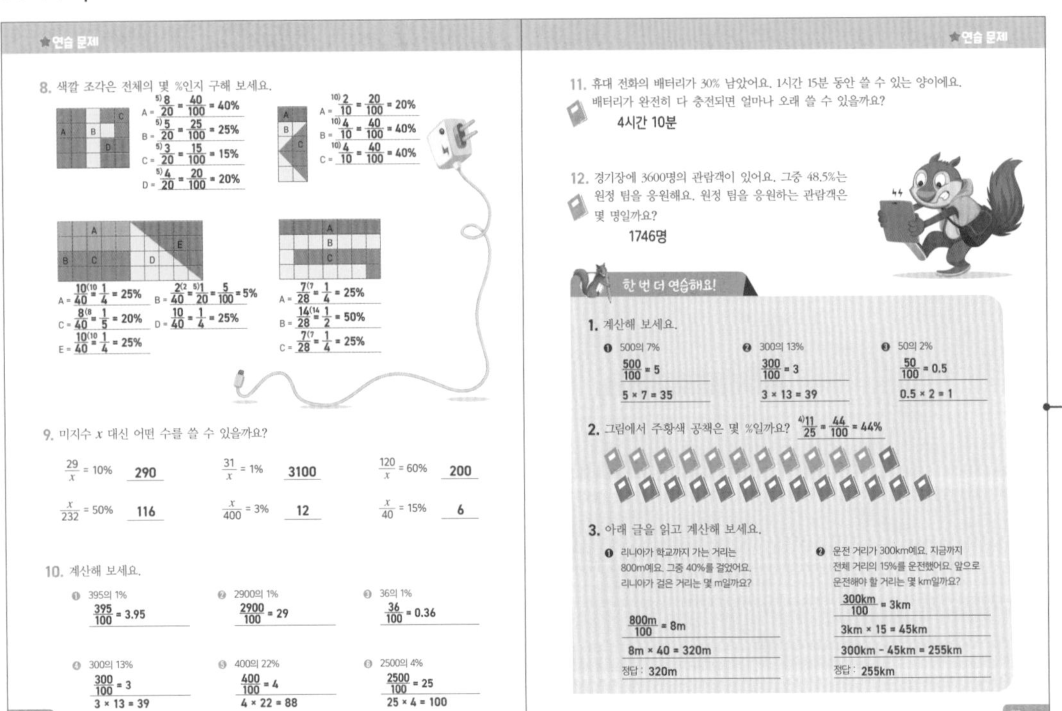

연습 문제

8. 색깔 조각은 전체의 몇 %인지 구해 보세요.

A = $\frac{8}{20} = \frac{40}{100}$ = 40%
B = $\frac{5}{20} = \frac{25}{100}$ = 25%
C = $\frac{3}{20} = \frac{15}{100}$ = 15%
D = $\frac{4}{20} = \frac{20}{100}$ = 20%

A = $\frac{2}{10} = \frac{20}{100}$ = 20%
B = $\frac{4}{10} = \frac{40}{100}$ = 40%
C = $\frac{4}{10} = \frac{40}{100}$ = 40%

A = $\frac{10}{40} = \frac{1}{4}$ = 25%
B = $\frac{2}{40} = \frac{1}{20} = \frac{5}{100}$ = 5%
C = $\frac{8}{40} = \frac{1}{5}$ = 20%
D = $\frac{10}{40} = \frac{1}{4}$ = 25%
E = $\frac{10}{40} = \frac{1}{4}$ = 25%

A = $\frac{7}{28} = \frac{1}{4}$ = 25%
B = $\frac{14}{28} = \frac{1}{2}$ = 50%
C = $\frac{7}{28} = \frac{1}{4}$ = 25%

9. 미지수 x 대신 어떤 수를 쓸 수 있을까요?

$\frac{29}{x}$ = 10%　290
$\frac{31}{x}$ = 1%　3100
$\frac{120}{x}$ = 60%　200
$\frac{x}{232}$ = 50%　116
$\frac{x}{400}$ = 3%　12
$\frac{x}{40}$ = 15%　6

10. 계산해 보세요.

① 395의 1% $\frac{395}{100}$ = 3.95
② 2900의 1% $\frac{2900}{100}$ = 29
③ 36의 1% $\frac{36}{100}$ = 0.36
④ 300의 13% $\frac{300}{100}$ = 3, 3 × 13 = 39
⑤ 400의 22% $\frac{400}{100}$ = 4, 4 × 22 = 88
⑥ 2500의 4% $\frac{2500}{100}$ = 25, 25 × 4 = 100

76

11. 휴대 전화의 배터리가 30% 남았어요. 1시간 15분 동안 쓸 수 있는 양이에요. 배터리가 완전히 다 충전되면 얼마나 오래 쓸 수 있을까요?
4시간 10분

12. 경기장에 3600명의 관람객이 있어요. 그중 48.5%는 원정 팀을 응원해요. 원정 팀을 응원하는 관람객은 몇 명일까요?
1746명

한 번 더 연습해요!

1. 계산해 보세요.

① 500의 7% $\frac{500}{100}$ = 5, 5 × 7 = 35
② 300의 13% $\frac{300}{100}$ = 3, 3 × 13 = 39
③ 50의 2% $\frac{50}{100}$ = 0.5, 0.5 × 2 = 1

2. 그림에서 주황색 공책은 몇 %일까요? $\frac{11}{25} = \frac{44}{100}$ = 44%

3. 아래 글을 읽고 계산해 보세요.

① 리나아가 학교까지 가는 거리는 800m예요. 그중 40%를 걸었어요. 리나아가 걸은 거리는 몇 m일까요?
$\frac{800m}{100}$ = 8m
8m × 40 = 320m
정답: 320m

② 운전 거리가 300km예요. 지금까지 전체 거리의 15%를 운전했어요. 앞으로 운전해야 할 거리는 몇 km일까요?
$\frac{300km}{100}$ = 3km
3km × 15 = 45km
300km − 45km = 255km
정답: 255km

77

77쪽 12번

1%=$\frac{3600}{100}$=36
0.5%=36÷2=18
50%=1800명
3600-1800-36-18=1746
정답: 1746명

78-79쪽

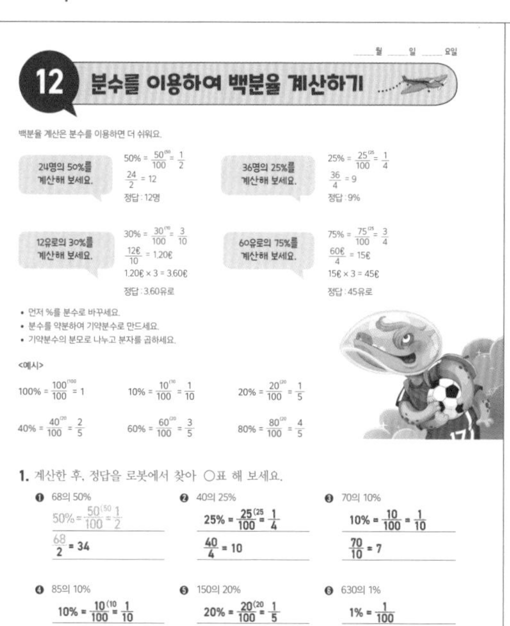

____월 ____일 ____요일

12 분수를 이용하여 백분율 계산하기

백분율 계산은 분수를 이용하면 더 쉬워요.

24명의 50%를 계산해 보세요.
$50\% = \frac{50^{(50}}{100} = \frac{1}{2}$, $\frac{24}{2} = 12$
정답 : 12명

36명의 25%를 계산해 보세요.
$25\% = \frac{25^{(25}}{100} = \frac{1}{4}$, $\frac{36}{4} = 9$
정답 : 9%

12유로의 30%를 계산해 보세요.
$30\% = \frac{30^{(10}}{100} = \frac{3}{10}$, $\frac{12€}{10} = 1.20€$
$1.20€ \times 3 = 3.60€$
정답 : 3.60유로

60유로의 75%를 계산해 보세요.
$75\% = \frac{75^{(25}}{100} = \frac{3}{4}$, $\frac{60€}{4} = 15€$
$15€ \times 3 = 45€$
정답 : 45유로

- 먼저 %를 분수로 바꾸세요.
- 분수를 약분하여 기약분수로 만드세요.
- 기약분수의 분모로 나누고 분자를 곱하세요.

<예시>

$100\% = \frac{100^{(100}}{100} = 1$ $10\% = \frac{10^{(10}}{100} = \frac{1}{10}$ $20\% = \frac{20^{(20}}{100} = \frac{1}{5}$

$40\% = \frac{40^{(20}}{100} = \frac{2}{5}$ $60\% = \frac{60^{(20}}{100} = \frac{3}{5}$ $80\% = \frac{80^{(20}}{100} = \frac{4}{5}$

1. 계산한 후, 정답을 로봇에서 찾아 ○표 해 보세요.

❶ 68의 50%
$50\% = \frac{50^{(50}}{100} = \frac{1}{2}$
$\frac{68}{2} = 34$

❷ 40의 25%
$25\% = \frac{25^{(25}}{100} = \frac{1}{4}$
$\frac{40}{4} = 10$

❸ 70의 10%
$10\% = \frac{10}{100} = \frac{1}{10}$
$\frac{70}{10} = 7$

❹ 85의 10%
$10\% = \frac{10^{(10}}{100} = \frac{1}{10}$
$\frac{85}{10} = 8.5$

❺ 150의 20%
$20\% = \frac{20^{(20}}{100} = \frac{1}{5}$
$\frac{150}{5} = 30$

❻ 630의 1%
$1\% = \frac{1}{100}$
$\frac{630}{100} = 6.3$

(6.3) (7) (8.5) (10) 20 (30) (34) 85

78

2. 계산한 후, 정답을 로봇에서 찾아 ○표 해 보세요.

❶ 80의 30%
$30\% = \frac{30^{(10}}{100} = \frac{3}{10}$
$\frac{80}{10} = 8$
$8 \times 3 = 24$

❷ 35의 40%
$40\% = \frac{40^{(20}}{100} = \frac{2}{5}$
$\frac{35}{5} = 7$
$7 \times 2 = 14$

❸ 36의 75%
$75\% = \frac{75^{(25}}{100} = \frac{3}{4}$
$\frac{36}{4} = 9$
$9 \times 3 = 27$

12 (14) (24) 26 (27)

3. 공책에 계산한 후, 정답을 로봇에서 찾아 ○표 해 보세요.

❶ 운동장에 160명의 학생이 있어요. 그중 25%는 축구를 해요. 축구를 하는 학생은 몇 명일까요?
40명

❷ 아이노는 75유로짜리 배낭을 사기 위해 돈을 모아요. 지금까지 배낭 가격의 10%를 모았어요. 아이노가 더 모아야 하는 돈은 얼마일까요?
67.50€

❸ 250명의 학생이 학교 운동회에 참석했어요. 그중 40%는 걸었고 나머지는 자전거를 탔어요. 자전거를 탄 학생은 몇 명일까요?
150명

❹ 책과 공책 가격을 모두 합하면 12유로예요. 공책은 구매 가격의 30%를 차지해요. 공책의 가격은 얼마일까요?
3.60€

❺ 아모스는 70유로를 가지고 있어요. 아모스는 가진 돈의 60%를 지갑에 넣었고, 지갑에 있는 돈의 50%를 사용했어요. 지갑에 남은 돈은 얼마일까요?
21€

❻ 콘서트에 관객이 1200명 있어요. 그중 25%는 아이이고 나머지는 성인이에요. 성인 입장권의 30%는 사전 예약되었어요. 사전 예약된 입장권은 몇 장일까요?
270장

(40) 80 (150) (270) (3.60 €) (21 €) 54.50 € (67.50 €)

4. 드럼통 1개에 물이 90L 들어가요. 그중 60%는 나무에 물을 주고, 남은 물 중 75%는 꽃에 물을 줘요. 그러고서 남은 물을 용기 2개에 똑같이 나누어 담는다면 용기 1개에 담기는 물은 몇 L일까요?
4.5L

벼룩 두 마리가 길을 따라 걷고 있어요. 케일이 전체 거리의 63%를, 케이트가 전체 거리의 82%를 갔을 때 둘 사이의 거리는 몇 cm일까요?
45cm

보충 가이드 | 78쪽

비율을 기준량 100으로 하는 분수로 나타낸 후, 백분율로 나타낸다고 배웠어요. 반대로 백분율을 약분하여 기약분수로 나타낼 수도 있어요. 왜냐하면 기약분수의 크기는 변하지 않기 때문이지요. 또한 백분율을 곱하지 않고 원래 값인 분수로 나타내는 이유는 값이 작아져 계산하기 편하기 때문이에요.

79쪽 3번

❶ $25\% = \frac{25^{(25}}{100} = \frac{1}{4}$, $\frac{160}{4} = 40$
정답: 40명

❷ $10\% = \frac{10^{(10}}{100} = \frac{1}{10}$
$\frac{75€}{10} = 7.5€$
$75€ - 7.5€ = 67.50€$
정답: 67.50€

❸ $40\% = \frac{40^{(20}}{100} = \frac{2}{5}$, $\frac{250}{5} = 50$
$50 \times 2 = 100$, $250 - 100 = 150$
정답: 150명

❹ $30\% = \frac{30^{(10}}{100} = \frac{3}{10}$
$\frac{12€}{10} = 1.2€$, $1.2€ \times 3 = 3.60€$
정답: 3.60€

❺ 100%=70€, 10%=7€
60%=7€×6=42€
사용한 돈=42€÷2=21€
남은 돈=21€ 정답:21€

❻ $\frac{1200}{100} = 12$, 아이=12×25=300
성인=1200-300=900
사전 예약된 입장권=$\frac{900}{100} = 9$
9×30=270 정답:270장

79쪽 4번

$\frac{90L}{100} = 0.9L$
나무에 준 물의 양 :
0.9L×60=54L
꽃에 준 물의 양 :
90L-54L=36L
$75\% = \frac{3}{4}$, $\frac{36L}{4} = 9L$, 9L×3=27L
나무와 꽃에 물을 주고 남은 양 :
90L-54L-27L=9L
용기 2개에 똑같이 나누었을 때 용기 1개에 담긴 물의 양 :
9L÷2=4.5L

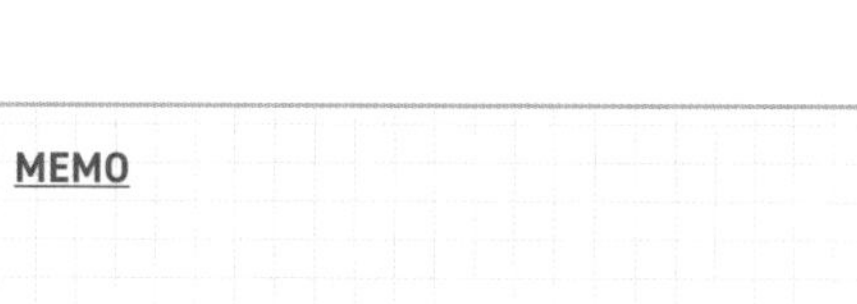

MEMO

76쪽 9번

$\frac{29}{x} = \frac{10}{100}$, $x \times 10 = 2900$, $x = 290$

$\frac{31}{x} = \frac{1}{100}$, $x = 3100$

$\frac{120}{x} = \frac{60}{100}$, $\frac{120}{x} = \frac{6}{10}$, $x \times 6 = 1200$, $x = 200$

$\frac{x}{232} = \frac{50}{100}$, $\frac{x}{232} = \frac{1}{2}$, $2 \times x = 232$, $x = 116$

$\frac{x}{400} = \frac{3}{100}$, $x \times 100 = 1200$, $x = 12$

$\frac{x}{40} = \frac{15}{100}$, $x \times 100 = 600$, $x = 6$

77쪽 11번

30%=1시간 15분=75분
10%=25분
25분×10=250분=4시간 10분
정답 : 4시간 10분

더 생각해 보아요! | 79쪽

1m=100cm

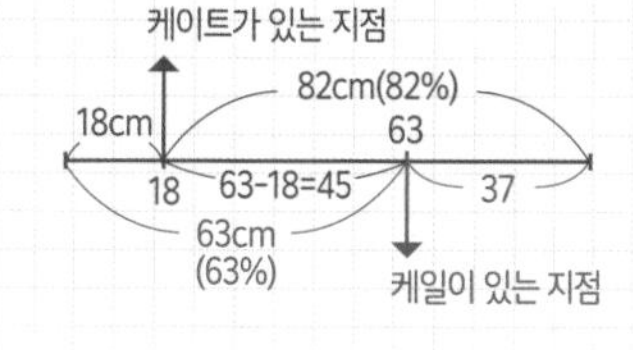

80-81쪽

★실력을 키워요!

5. 〈보기〉에 있는 단어를 살펴보고 아래 조건을 만족하는 단어를 모두 써 보세요.

SNOW LEOPARD(눈표범)
ARCTIC FOX(북극여우)
CHIMPANZEE(침팬지)
MOUNTAIN LION(퓨마)
ROE DEER(노루)
ZEBRA FINCH(금화조)

❶ 단어를 구성하는 알파벳의 50% 이상이 모음(A, E, I, O, U)이에요.
ROE DEER
❷ 단어를 구성하는 알파벳의 60%가 자음이에요.
CHIMPANZEE
❸ 단어를 구성하는 알파벳의 70%가 자음이에요.
ZEBRA FINCH
❹ 단어를 구성하는 알파벳의 20%가 E예요.
CHIMPANZEE
❺ 단어를 구성하는 알파벳의 50% 미만이 모음이에요.
SNOW LEOPARD, ZEBRA FINCH, CHIMPANZEE, ARCTIC FOX
❻ 단어를 구성하는 알파벳의 50%가 자음이에요.
MOUNTAIN LION

6. 아래 글을 읽고 질문에 답해 보세요.

❶ 상인이 장미 400송이를 팔고 있어요. 그중 25%는 흰색, 35%는 빨간색, 나머지는 노란색이에요. 노란색 장미는 몇 송이일까요?

정답 : **160송이**

❷ 상인 중 60%는 그 지역 사람이에요. 그중 90%는 채소를 판매해요. 외지에서 온 상인들은 80명이에요. 그 지역 상인 중 채소를 팔지 않는 상인은 몇 명일까요?

정답 : **12명**

80

★실력을 키워요!

7. 아래 조건을 만족하려면 고양이가 몇 마리 더 있어야 할까요?

❶ 동물의 40%가 강아지

정답 : 고양이가 2마리 더 있어야 해요.

❷ 동물의 30%가 고양이

정답 : 고양이가 1마리 더 있어야 해요.

8. 아래 단서를 읽고 세 자리 수 비밀번호를 구해 보세요.

❶ • 비밀번호 561에서 숫자 1개는 맞고 자릿수의 위치도 맞아요.
❷ • 비밀번호 509에서 숫자 1개는 맞지만 자릿수의 위치는 틀려요.
❸ • 비밀번호 175에서 숫자 2개는 맞지만 자릿수의 위치는 틀려요.
❹ • 비밀번호 246에서 맞는 숫자는 없어요.
❺ • 비밀번호 267에서 숫자 1개는 맞지만 자릿수의 위치는 틀려요.

791

한 번 더 연습해요!

1. 계산해 보세요.

❶ 48의 50%
$50\% = \frac{50}{100} \overset{(50}{=} \frac{1}{2},\ \frac{48}{2} = 24$

❷ 60의 25%
$25\% = \frac{25}{100} \overset{(25}{=} \frac{1}{4},\ \frac{60}{4} = 15$

❸ 90의 10%
$10\% = \frac{10}{100} \overset{(10}{=} \frac{1}{10},\ \frac{90}{10} = 9$

2. 아래 글을 읽고 공책에 계산해 보세요.

❶ 총 60명의 학생이 오리엔티어링(지도와 나침반만 가지고 정해진 길을 걸어서 가는 스포츠) 경주에 참석했어요. 그중 90%는 기준 지점을 모두 찾았어요. 기준 지점을 모두 찾은 학생은 몇 명일까요?

$90\% = \frac{90}{100} \overset{(10}{=} \frac{9}{10},\ \frac{60}{10} = 6,\ 6\times9=54$
정답 : 54명

❷ 올리아나는 55유로를 가지고 있는데 가진 돈의 30%를 쇼핑에 사용했어요. 올리아나에게 남은 돈은 얼마일까요?

$30\% = \frac{30}{100} \overset{(10}{=} \frac{3}{10},\ \frac{55€}{10} = 5.5€$
5.5€×3=16.50€
55€-16.50€=38.50€
정답 : 38.50€

81

80쪽 6번

❶ 100%-25%-35%=40%
$40\% = \frac{2}{5}$
$\frac{400}{5}$=80, 80×2=160
정답 : 160송이

❷ 외지에서 온 상인의 수 :
100%-60%=40%=80명
10%=20명
전체 상인의 수 :
20명×10=200명
그 지역 상인의 수 :
200명-80명=120명
채소를 팔지 않는 상인의 수는 10%, $\frac{120}{10}$=12
정답 : 12명

81쪽 7번

❶ $40\% = \frac{2}{5}$=6
$\frac{1}{5}$=3이므로 $\frac{3}{5}$=3×3=9
고양이가 7마리이므로 2마리가 더 있어야 해요.
❷ 고양이를 뺀 나머지 동물 70%이며 7마리가 있어요
고양이가 30%가 되려 1마리가 더 있어야 해요.

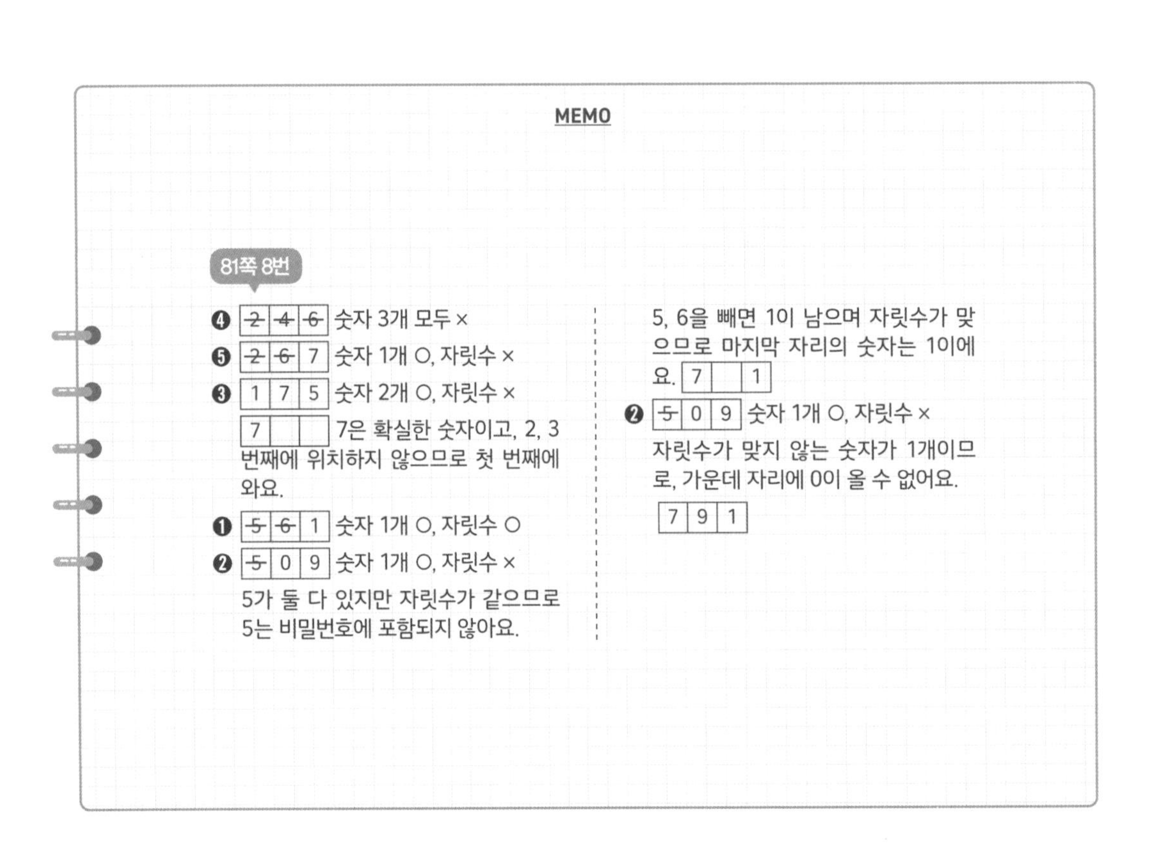

MEMO

81쪽 8번

❹ ~~2~~ ~~4~~ ~~6~~ 숫자 3개 모두 ×
❺ ~~2~~ ~~6~~ 7 숫자 1개 ○, 자릿수 ×
❸ 1 7 5 숫자 2개 ○, 자릿수 ×
7 _ _ 7은 확실한 숫자이고, 2, 3 번째에 위치하지 않으므로 첫 번째에 와요.
❶ ~~5~~ ~~6~~ 1 숫자 1개 ○, 자릿수 ○
❷ ~~5~~ 0 9 숫자 1개 ○, 자릿수 ×
5가 둘 다 있지만 자릿수가 같으므로 5는 비밀번호에 포함되지 않아요.

5, 6을 빼면 1이 남으며 자릿수가 맞으므로 마지막 자리의 숫자는 1이에요. 7 _ 1
❷ ~~5~~ 0 9 숫자 1개 ○, 자릿수 ×
자릿수가 맞지 않는 숫자가 1개이므로, 가운데 자리에 0이 올 수 없어요.
7 9 1

82-83쪽

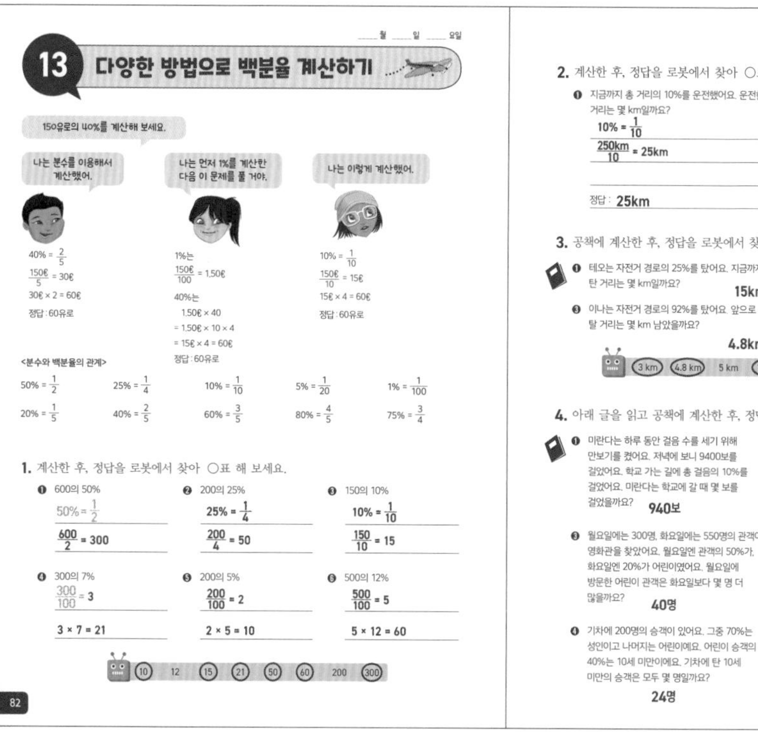

____월 ____일 ____요일

13 다양한 방법으로 백분율 계산하기

150유로의 40%를 계산해 보세요.

나는 분수를 이용해서 계산했어.

$40\% = \frac{2}{5}$
$\frac{150€}{5} = 30€$
$30€ \times 2 = 60€$
정답 : 60유로

나는 먼저 1%를 계산한 다음 이 문제를 풀 거야.

1%는
$\frac{150€}{100} = 1.50€$
40%는
$1.50€ \times 40$
$= 1.50€ \times 10 \times 4$
$= 15€ \times 4 = 60€$
정답 : 60유로

나는 이렇게 계산했어.

$10\% = \frac{1}{10}$
$\frac{150€}{10} = 15€$
$15€ \times 4 = 60€$
정답 : 60유로

<분수와 백분율의 관계>

$50\% = \frac{1}{2}$　$25\% = \frac{1}{4}$　$10\% = \frac{1}{10}$　$5\% = \frac{1}{20}$　$1\% = \frac{1}{100}$

$20\% = \frac{1}{5}$　$40\% = \frac{2}{5}$　$60\% = \frac{3}{5}$　$80\% = \frac{4}{5}$　$75\% = \frac{3}{4}$

1. 계산한 후, 정답을 로봇에서 찾아 ○표 해 보세요.

❶ 600의 50%
$50\% = \frac{1}{2}$
$\frac{600}{2} = 300$

❷ 200의 25%
$25\% = \frac{1}{4}$
$\frac{200}{4} = 50$

❸ 150의 10%
$10\% = \frac{1}{10}$
$\frac{150}{10} = 15$

❹ 300의 7%
$\frac{300}{100} = 3$
$3 \times 7 = 21$

❺ 200의 5%
$\frac{200}{100} = 2$
$2 \times 5 = 10$

❻ 500의 12%
$\frac{500}{100} = 5$
$5 \times 12 = 60$

82

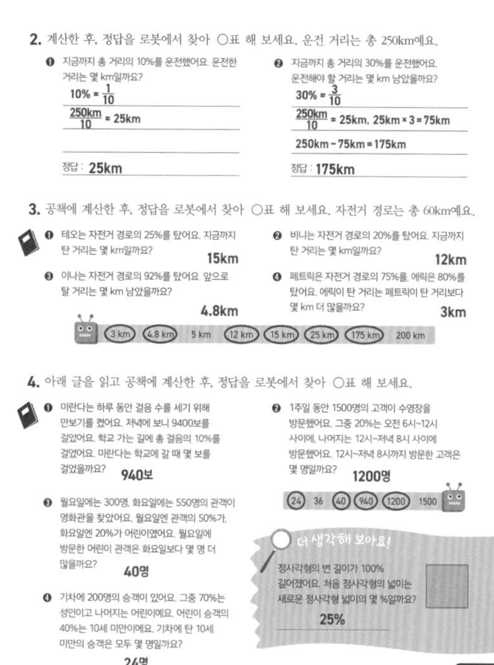

2. 계산한 후, 정답을 로봇에서 찾아 ○표 해 보세요. 운전 거리는 총 250km예요.

❶ 지금까지 총 거리의 10%를 운전했어요. 운전한 거리는 몇 km일까요?
$10\% = \frac{1}{10}$
$\frac{250km}{10} = 25km$
정답 : 25km

❷ 지금까지 총 거리의 30%를 운전했어요. 운전해야 할 거리는 몇 km 남았을까요?
$30\% = \frac{3}{10}$
$\frac{250km}{10} = 25km$, $25km \times 3 = 75km$
$250km - 75km = 175km$
정답 : 175km

3. 공책에 계산한 후, 정답을 로봇에서 찾아 ○표 해 보세요. 자전거 경로는 총 60km예요.

❶ 테오는 자전거 경로의 25%를 탔어요. 지금까지 탄 거리는 몇 km일까요? **15km**

❷ 비니는 자전거 경로의 20%를 탔어요. 지금까지 탄 거리는 몇 km일까요? **12km**

❸ 이나는 자전거 경로의 92%를 탔어요. 앞으로 탈 거리는 몇 km 남았을까요? **4.8km**

❹ 페트릭은 자전거 경로의 75%를, 에릭은 80%를 탔어요. 에릭이 탄 거리는 페트릭이 탄 거리보다 몇 km 더 많을까요? **3km**

4. 아래 글을 읽고 공책에 계산한 후, 정답을 로봇에서 찾아 ○표 해 보세요.

❶ 미란다는 하루 동안 걸음 수를 세기 위해 만보기를 켰어요. 저녁에 보니 9400보를 걸었어요. 학교 가는 길에 총 걸음의 10%를 걸었어요. 미란다는 학교에 갈 때 몇 보를 걸었을까요? **940보**

❷ 1주일 동안 1500명의 고객이 수영장을 방문했어요. 그중 20%는 오전 6시~12시 사이에, 나머지는 12시~저녁 8시 사이에 방문했어요. 12시~저녁 8시까지 방문한 고객은 몇 명일까요? **1200명**

❸ 월요일에는 300명, 화요일에는 550명의 관객이 영화관을 찾았어요. 월요일엔 관객의 50%가, 화요일엔 20%가 어린이였어요. 월요일에 방문한 어린이 관객은 화요일보다 몇 명 더 많을까요? **40명**

❹ 기차에 200명의 승객이 있어요. 그중 70%는 성인이고 나머지는 어린이예요. 어린이 승객의 40%는 10세 미만이에요. 기차에 탄 10세 미만의 승객은 모두 몇 명일까요? **24명**

더 생각해 보아요!

정사각형의 변 길이가 100% 길어졌어요. 처음 정사각형의 넓이는 새로운 정사각형 넓이의 몇 %일까요? **25%**

83

MEMO

83쪽 3번

❶ $25\% = \frac{1}{4}$
$\frac{60km}{4} = 15km$ 정답 : 15km

❷ $20\% = \frac{1}{5}$
$\frac{60km}{5} = 12km$ 정답 : 12km

❸ $100\% - 92\% = 8\%$
$\frac{60km}{100} = 0.6km$
$0.6km \times 8 = 4.8km$
정답 : 4.8km

❹ 에릭 : $80\% = \frac{4}{5}$
$\frac{60km}{5} = 12km$
$12km \times 4 = 48km$
페트릭 : $75\% = \frac{3}{4}$
$\frac{60km}{4} = 15km$
$15km \times 3 = 45km$
$48km - 45km = 3km$
정답 : 3km

83쪽 4번

❶ $10\% = \frac{1}{10}$, $\frac{9400}{10} = 940$
정답 : 940보

❷ $100\% - 20\% = 80\%$
$80\% = \frac{4}{5}$
$\frac{1500}{5} = 300$, $300 \times 4 = 1200$
정답 : 1200명

❸ 월요일 : $50\% = \frac{1}{2}$, $\frac{300}{2} = 150$
화요일 : $20\% = \frac{1}{5}$, $\frac{550}{5} = 110$
$150 - 110 = 40$
정답 : 40명

❹ $100\% - 70\% = 30\%$
$30\% = \frac{3}{10}$, $\frac{200}{10} = 20$
$20 \times 3 = 60$
어린이 : 60명
10세 미만은 60명의 40%
$40\% = \frac{2}{5}$, $\frac{60}{5} = 12$, $12 \times 2 = 24$
정답 : 24명

더 생각해 보아요! | 83쪽

처음 정사각형의 한 변의 길이를 1이라고 하면 넓이는 $1 \times 1 = 1$
100% 길어지면 한 변의 길이는 2, 넓이는 $2 \times 2 = 4$
$\frac{1}{4} = 0.25 = 25\%$

84-85쪽

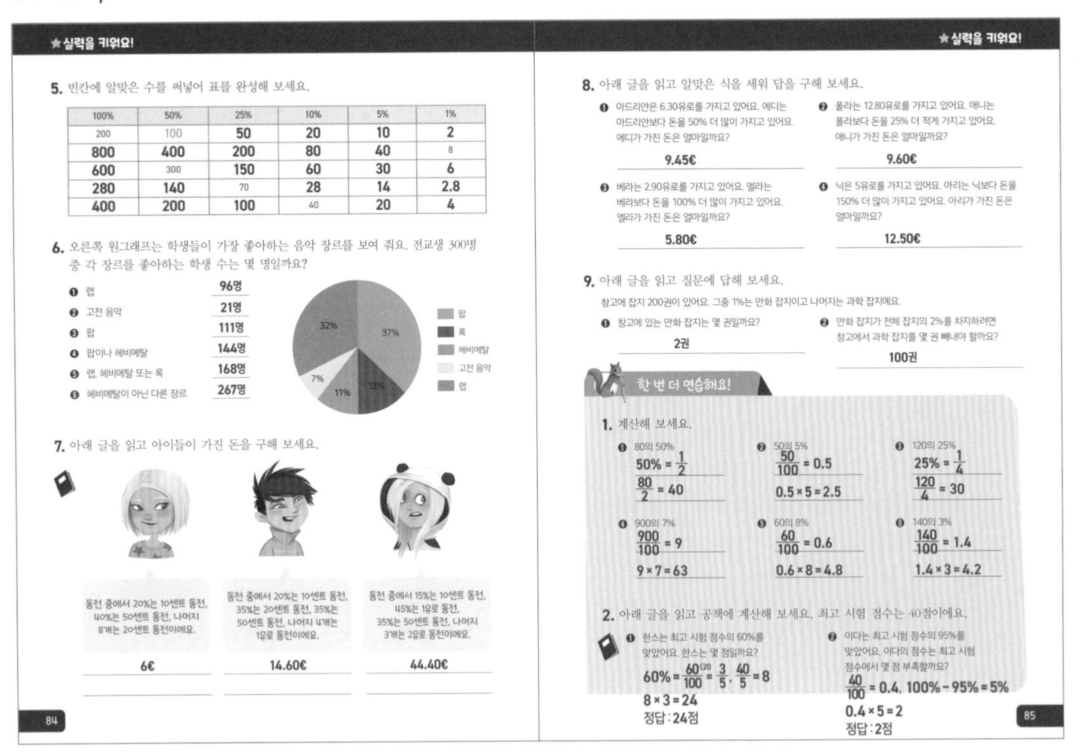

★실력을 키워요!

5. 빈칸에 알맞은 수를 써넣어 표를 완성해 보세요.

100%	50%	25%	10%	5%	1%
200	100	**50**	**20**	**10**	**2**
800	**400**	**200**	**80**	**40**	8
600	300	**150**	**60**	**30**	**6**
280	**140**	70	**28**	**14**	**2.8**
400	**200**	**100**	40	**20**	**4**

6. 오른쪽 원그래프는 학생들이 가장 좋아하는 음악 장르를 보여 줘요. 전교생 300명 중 각 장르를 좋아하는 학생 수는 몇 명일까요?

❶ 랩 **96명**
❷ 고전 음악 **21명**
❸ 팝 **111명**
❹ 팝이나 헤비메탈 **144명**
❺ 랩, 헤비메탈 또는 록 **168명**
❻ 헤비메탈이 아닌 다른 장르 **267명**

7. 아래 글을 읽고 아이들이 가진 돈을 구해 보세요.

동전 중에서 20%는 10센트 동전, 40%는 50센트 동전, 나머지 8개는 20센트 동전이에요. **6€**

동전 중에서 20%는 10센트 동전, 35%는 20센트 동전, 35%는 50센트 동전, 나머지 4개는 1유로 동전이에요. **14.60€**

동전 중에서 15%는 10센트 동전, 45%는 1유로 동전, 35%는 50센트 동전, 나머지 3개는 2유로 동전이에요. **44.40€**

84

★실력을 키워요!

8. 아래 글을 읽고 알맞은 식을 세워 답을 구해 보세요.

❶ 아드리안은 6.30유로를 가지고 있어요. 에디는 아드리안보다 돈을 50% 더 많이 가지고 있어요. 에디가 가진 돈은 얼마일까요? **9.45€**

❷ 폴라는 12.80유로를 가지고 있어요. 애니는 폴라보다 돈을 25% 더 적게 가지고 있어요. 애니가 가진 돈은 얼마일까요? **9.60€**

❸ 베라는 2.90유로를 가지고 있어요. 엘라는 베라보다 돈을 100% 더 많이 가지고 있어요. 엘라가 가진 돈은 얼마일까요? **5.80€**

❹ 닉은 5유로를 가지고 있어요. 아리는 닉보다 돈을 150% 더 많이 가지고 있어요. 아리가 가진 돈은 얼마일까요? **12.50€**

9. 아래 글을 읽고 질문에 답해 보세요.

창고에 잡지 200권이 있어요. 그중 1%는 만화 잡지이고 나머지는 과학 잡지예요.

❶ 창고에 있는 만화 잡지는 몇 권일까요? **2권**

❷ 만화 잡지가 전체 잡지의 2%를 차지하려면 창고에서 과학 잡지를 몇 권 빼내야 할까요? **100권**

한 번 더 연습해요!

1. 계산해 보세요.

❶ 80의 50%
$50\% = \frac{1}{2}$
$\frac{80}{2} = 40$

❷ 50의 5%
$\frac{50}{100} = 0.5$
$0.5 \times 5 = 2.5$

❸ 120의 25%
$25\% = \frac{1}{4}$
$\frac{120}{4} = 30$

❹ 900의 7%
$\frac{900}{100} = 9$
$9 \times 7 = 63$

❺ 60의 8%
$\frac{60}{100} = 0.6$
$0.6 \times 8 = 4.8$

❻ 140의 3%
$\frac{140}{100} = 1.4$
$1.4 \times 3 = 4.2$

2. 아래 글을 읽고 공책에 계산해 보세요. 최고 시험 점수는 40점이에요.

❶ 한스는 최고 시험 점수의 60%를 맞았어요. 한스는 몇 점일까요?
$60\% = \frac{60^{(20}}{100} = \frac{3}{5}, \frac{40}{5} = 8$
$8 \times 3 = 24$
정답 : 24점

❷ 이다는 최고 시험 점수의 95%를 맞았어요. 이다의 점수는 최고 시험 점수에서 몇 점 부족할까요?
$\frac{40}{100} = 0.4$, $100\% - 95\% = 5\%$
$0.4 \times 5 = 2$
정답 : 2점

85

85쪽 8번

❶ 아드리안이 가진 돈=6.30€
아드리안이 가진 돈의 50%=6.30€÷2=3.15€
에디가 가진 돈
=6.30€+3.15€=9.45€

❷ 폴라가 가진 돈=12.80€
$25\% = \frac{1}{4}$, $\frac{12.80€}{4} = 3.20€$
애니가 가진 돈
=12.80€-3.20€=9.60€

❸ 베라가 가진 돈=2.90€
2.90€의 100%=2.90€
엘라가 가진 돈
=2.90€+2.90€=5.80€

❹ 닉이 가진 돈=5€
5€의 100%=5€
5€의 50%=2.50€
5€의 150%=5€+2.50€
=7.50€
아리가 가진 돈
=5€+7.50€=12.50€

85쪽 9번

❶ $1\% = \frac{200}{100} = 2$권

❷ 2권이 2%를 차지하려면 체 잡지가 100권이 되어 하며, 과학 잡지는 98권이 야 해요.
198-100=98
과학 잡지를 100권 빼내 해요.

MEMO

84쪽 6번

300명의 1%는 3명이에요.
❶ 랩 3×32=96
❷ 고전 음악 3×7=21
❸ 팝 3×37=111
❹ 팝이나 헤비메탈 37%+11%=48%
3×48=144
❺ 랩, 헤비메탈 또는 록
32%+11%+13%=56%
3×56=168
❻ 헤비메탈이 아닌 다른 장르
100%-11%=89%, 3×89=267

84쪽 7번

❶ 100%-20%-40%=40%
40%는 20c 동전 8개이므로
20%는 10c 동전 4개, 나머지 40%는 50c 동전 8개예요.
10c×4+20c×8+50c×8
=40c+160c+400c=600c=6€

❷ 100%-20%-35%-35%=10%
10%는 1€ 동전 4개이므로
30%는 동전 12개, 5%는 동전 2개, 35%는 동전 14개,
20%는 10c 동전 8개예요.
10c×8+20c×14+50c×14+1€×4
=80c+280c+700c+400c=1460c=14.60€

❸ 100%-15%-45%-35%=5%
5%는 2€ 동전 3개이므로
15%는 10c 동전 9개
45%는 1€ 동전 27개
35%는 50c 동전 21개예요.
2€×3+10c×9+1€×27+50c×21
=6€+90c+27€+1050c
=6€+0.9€+27€+10.50€=44.40€

86-87쪽

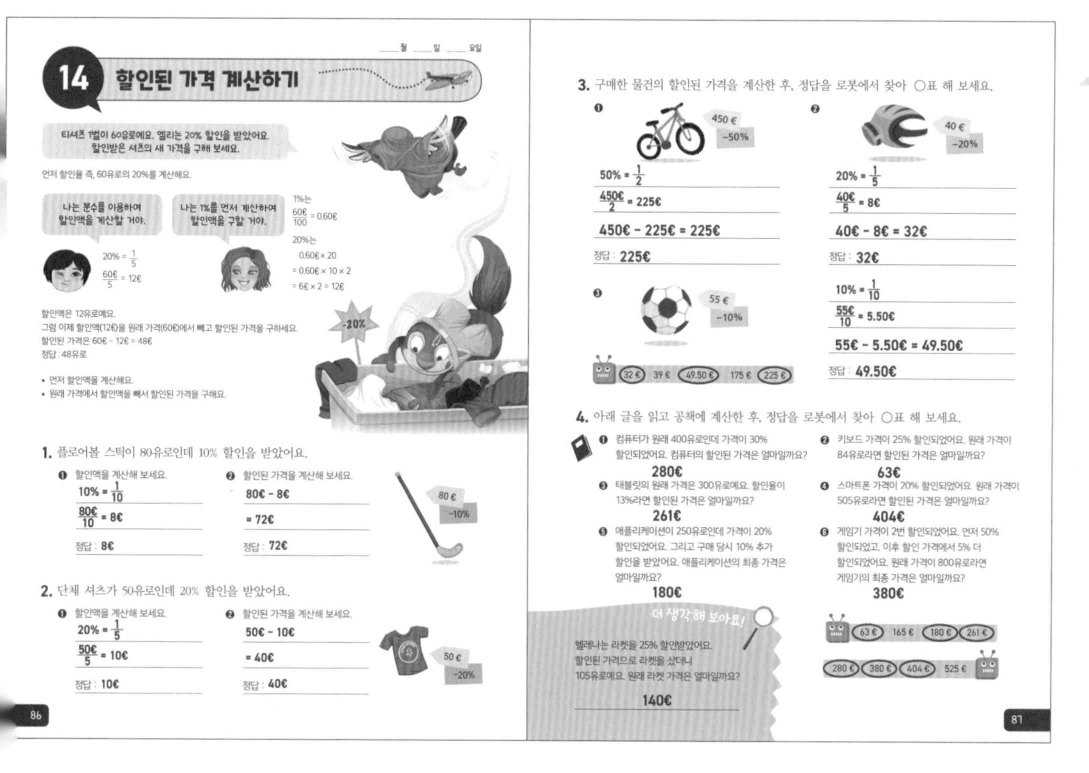

___월 ___일 ___요일

14 할인된 가격 계산하기

티셔츠 1벌이 60유로예요. 엘리는 20% 할인을 받았어요.
할인받은 셔츠의 새 가격을 구해 보세요.

먼저 할인율 즉, 60유로의 20%를 계산해요.

나는 분수를 이용하여 할인액을 계산할 거야.

$20\% = \frac{1}{5}$

$\frac{60€}{5} = 12€$

나는 1%를 먼저 계산하여 할인액을 구할 거야.

1%는 $\frac{60€}{100} = 0.60€$

20%는 $0.60€ \times 20$
$= 0.60€ \times 10 \times 2$
$= 6€ \times 2 = 12€$

할인액은 12유로예요.
그럼 이제 할인액(12€)을 원래 가격(60€)에서 빼고 할인된 가격을 구하세요.
할인된 가격은 60€ - 12€ = 48€
정답 : 48유로

- 먼저 할인액을 계산해요.
- 원래 가격에서 할인액을 빼서 할인된 가격을 구해요.

-20%

1. 플로어볼 스틱이 80유로인데 10% 할인을 받았어요.

❶ 할인액을 계산해 보세요.
$10\% = \frac{1}{10}$
$\frac{80€}{10} = 8€$
정답 : 8€

❷ 할인된 가격을 계산해 보세요.
80€ - 8€
= 72€
정답 : 72€

80 € -10%

2. 단체 셔츠가 50유로인데 20% 할인을 받았어요.

❶ 할인액을 계산해 보세요.
$20\% = \frac{1}{5}$
$\frac{50€}{5} = 10€$
정답 : 10€

❷ 할인된 가격을 계산해 보세요.
50€ - 10€
= 40€
정답 : 40€

50 € -20%

86

3. 구매한 물건의 할인된 가격을 계산한 후, 정답을 로봇에서 찾아 ○표 해 보세요.

❶ 450 € -50%
$50\% = \frac{1}{2}$
$\frac{450€}{2} = 225€$
450€ - 225€ = 225€
정답 : 225€

❷ 40 € -20%
$20\% = \frac{1}{5}$
$\frac{40€}{5} = 8€$
40€ - 8€ = 32€
정답 : 32€

❸ 55 € -10%
$10\% = \frac{1}{10}$
$\frac{55€}{10} = 5.50€$
55€ - 5.50€ = 49.50€
정답 : 49.50€

(32 €) 39 € (49.50 €) 175 € (225 €)

4. 아래 글을 읽고 공책에 계산한 후, 정답을 로봇에서 찾아 ○표 해 보세요.

❶ 컴퓨터가 원래 400유로인데 가격이 30% 할인되었어요. 컴퓨터의 할인된 가격은 얼마일까요?
280€

❷ 키보드 가격이 25% 할인되었어요. 원래 가격이 84유로라면 할인된 가격은 얼마일까요?
63€

❸ 태블릿의 원래 가격은 300유로예요. 할인율이 13%라면 할인된 가격은 얼마일까요?
261€

❹ 스마트폰 가격이 20% 할인되었어요. 원래 가격이 505유로라면 할인된 가격은 얼마일까요?
404€

❺ 애플리케이션이 250유로인데 가격이 20% 할인되었어요. 그리고 구매 당시 10% 추가 할인을 받았어요. 애플리케이션의 최종 가격은 얼마일까요?
180€

❻ 게임기 가격이 2번 할인되었어요. 먼저 50% 할인되었고, 이후 할인 가격에서 5% 더 할인되었어요. 원래 가격이 800유로라면 게임기의 최종 가격은 얼마일까요?
380€

(63 €) 165 € (180 €) (261 €)
(280 €) (380 €) (404 €) 525 €

더 생각해 보아요!

헬레나는 라켓을 25% 할인받았어요.
할인된 가격으로 라켓을 샀더니 105유로예요. 원래 라켓 가격은 얼마일까요?
140€

87

보충 가이드 | 86쪽

백화점이나 마트에서 10% 할인, 25% 할인이라는 표현을 많이 봤을 거예요. 얼마나 할인하는지 알아보기 위해 계산하는 방법은 우리가 이미 배웠어요. 아래 단계대로 계산하면 쉽게 답을 구할 수 있어요.
주어진 값의 몇 %는 얼마인지 구하는 단계는 다음과 같아요.
1단계–백분율을 기약분수로 나타내요.
2단계– 주어진 값에 1단계에서 구한 기약분수를 곱해요.

더 생각해 보아요! | 87쪽

100%-25%=75%
75%=105€와 같아요.
25%=35€
할인 전 가격=105€+35€=140€

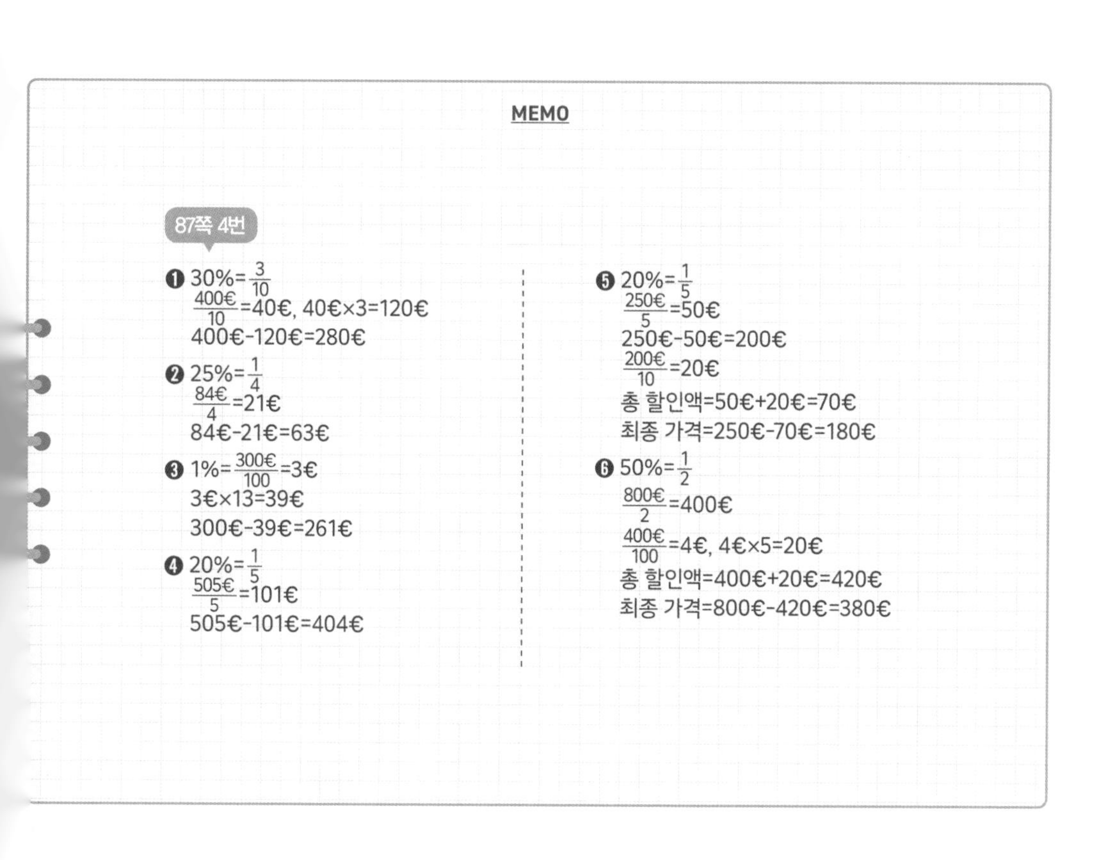

MEMO

87쪽 4번

❶ $30\%=\frac{3}{10}$
$\frac{400€}{10}=40€$, $40€\times3=120€$
400€-120€=280€

❷ $25\%=\frac{1}{4}$
$\frac{84€}{4}=21€$
84€-21€=63€

❸ $1\%=\frac{300€}{100}=3€$
$3€\times13=39€$
300€-39€=261€

❹ $20\%=\frac{1}{5}$
$\frac{505€}{5}=101€$
505€-101€=404€

❺ $20\%=\frac{1}{5}$
$\frac{250€}{5}=50€$
250€-50€=200€
$\frac{200€}{10}=20€$
총 할인액=50€+20€=70€
최종 가격=250€-70€=180€

❻ $50\%=\frac{1}{2}$
$\frac{800€}{2}=400€$
$\frac{400€}{100}=4€$, $4€\times5=20€$
총 할인액=400€+20€=420€
최종 가격=800€-420€=380€

88-89쪽

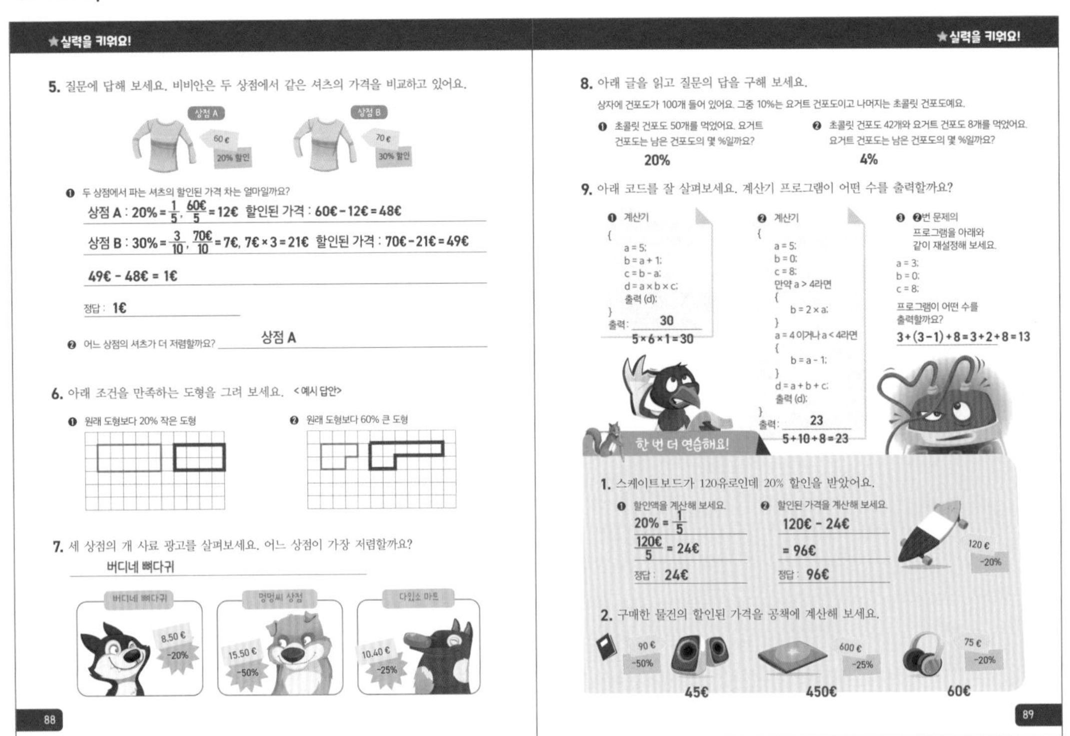

★실력을 키워요!

5. 질문에 답해 보세요. 비비안은 두 상점에서 같은 셔츠의 가격을 비교하고 있어요.

상점 A 60€ 20% 할인 / 상점 B 70€ 30% 할인

❶ 두 상점에서 파는 셔츠의 할인된 가격 차는 얼마일까요?

상점 A : $20\%=\frac{1}{5}$, $\frac{60€}{5}=12€$ 할인된 가격 : 60€-12€=48€

상점 B : $30\%=\frac{3}{10}$, $\frac{70€}{10}=7€$, 7€×3=21€ 할인된 가격 : 70€-21€=49€

49€-48€=1€

정답: 1€

❷ 어느 상점의 셔츠가 더 저렴할까요? 상점 A

6. 아래 조건을 만족하는 도형을 그려 보세요. <예시 답안>

❶ 원래 도형보다 20% 작은 도형 ❷ 원래 도형보다 60% 큰 도형

7. 세 상점의 개 사료 광고를 살펴보세요. 어느 상점이 가장 저렴할까요? 버디네 뼈다귀

버디네 뼈다귀 8.50€ -20% / 멍멍씨 상점 15.50€ -50% / 다있소 마트 10.40€ -25%

8. 아래 글을 읽고 질문의 답을 구해 보세요.

상자에 건포도가 100개 들어 있어요. 그중 10%는 요거트 건포도이고 나머지는 초콜릿 건포도예요.

❶ 초콜릿 건포도 50개를 먹었어요. 요거트 건포도는 남은 건포도의 몇 %일까요? 20%

❷ 초콜릿 건포도 42개와 요거트 건포도 8개를 먹었어요. 요거트 건포도는 남은 건포도의 몇 %일까요? 4%

9. 아래 코드를 잘 살펴보세요. 계산기 프로그램이 어떤 수를 출력할까요?

❶
```
계산기
{
 a = 5;
 b = a + 1;
 c = b - a;
 d = a × b × c;
 출력 (d);
}
```
출력: 30 (5×6×1=30)

❷
```
계산기
{
 a = 5;
 b = 0;
 c = 8;
 만약 a > 4라면
 {
  b = 2 × a;
 }
 a = 4 이거나 a < 4라면
 {
  b = a - 1;
 }
 d = a + b + c;
 출력 (d);
}
```
출력: 23 (5+10+8=23)

❸ ❷번 문제의 프로그램을 아래와 같이 재설정해 보세요.
a = 3; b = 0; c = 8;
프로그램이 어떤 수를 출력할까요? 3+(3-1)+8=3+2+8=13

한 번 더 연습해요!

1. 스케이트보드가 120유로인데 20% 할인을 받았어요.

❶ 할인액을 계산해 보세요. $20\%=\frac{1}{5}$, $\frac{120€}{5}=24€$ 정답: 24€

❷ 할인된 가격을 계산해 보세요. 120€-24€=96€ 정답: 96€

2. 구매한 물건의 할인된 가격을 공책에 계산해 보세요.

90€ -50% → 45€ / 600€ -25% → 450€ / 75€ -20% → 60€

88쪽 7번

버디네 뼈다귀:
$20\%=\frac{1}{5}$
$\frac{8.50}{5}=1.70€$
8.50€-1.70€=6.80€

멍멍씨 상점:
$50\%=\frac{1}{2}$
$\frac{15.50}{2}=7.75€$

다있소 마트:
$25\%=\frac{1}{4}$
$\frac{10.40}{4}=2.60€$
10.40-2.60€=7.80€

89쪽 8번

100개의 10%는 10개, 100개의 90%는 90개예요.

❶ 90-50=40
남은 건포도 수=40+10=50
$\frac{10}{50}=\frac{1}{5}=20\%$
정답:20%

❷ 초콜릿 건포도 90-42=48
요거트 건포도 10-8=2
남은 건포도 수=48+2=50
$\frac{2}{50}=\frac{4}{100}=4\%$
정답:4%

90-91쪽

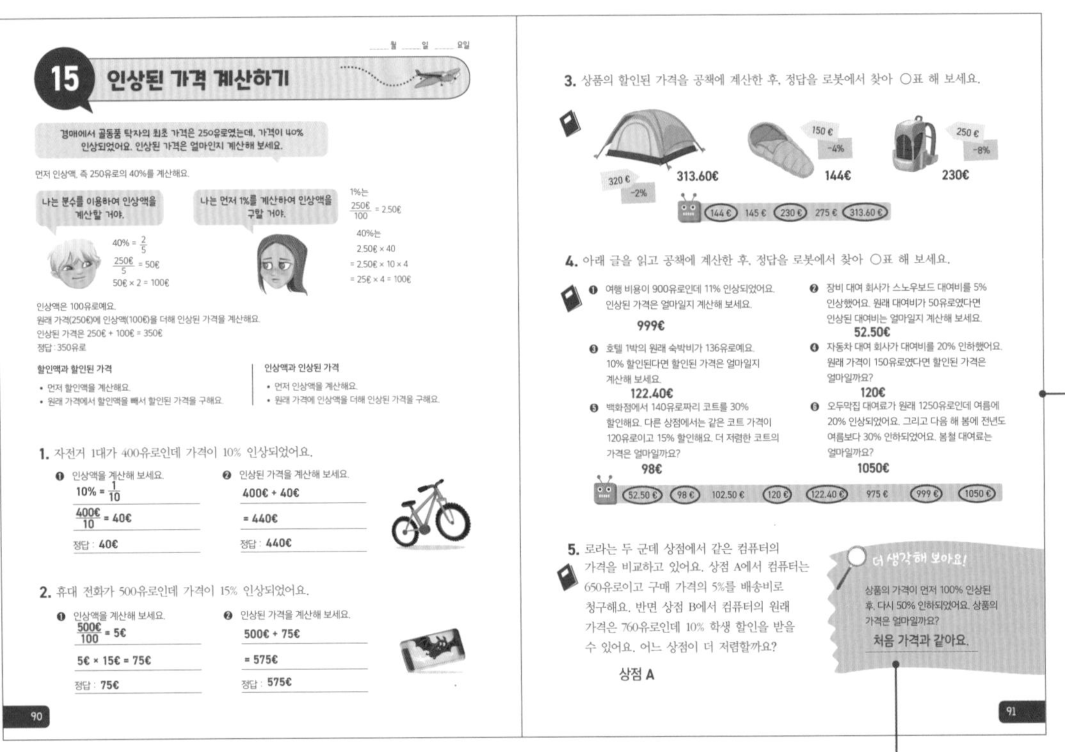

15 인상된 가격 계산하기

경매에서 골동품 탁자의 최초 가격은 250유로였는데, 가격이 40% 인상되었어요. 인상된 가격은 얼마인지 계산해 보세요.

먼저 인상액, 즉 250유로의 40%를 계산해요.

나는 분수를 이용하여 인상액을 계산할 거야. $40\%=\frac{2}{5}$, $\frac{250€}{5}=50€$, 50€×2=100€

나는 먼저 1%를 계산하여 인상액을 구할 거야. 1%는 $\frac{250€}{100}=2.50€$ 40%는 2.50€×40 =2.50€×10×4 =25€×4=100€

인상액은 100유로예요.
원래 가격(250€)에 인상액(100€)을 더해 인상된 가격을 계산해요.
인상된 가격은 250€+100€=350€
정답 : 350유로

할인액과 할인된 가격
• 먼저 할인액을 계산해요.
• 원래 가격에서 할인액을 빼서 할인된 가격을 구해요.

인상액과 인상된 가격
• 먼저 인상액을 계산해요.
• 원래 가격에 인상액을 더해 인상된 가격을 구해요.

1. 자전거 1대가 400유로인데 가격이 10% 인상되었어요.

❶ 인상액을 계산해 보세요. $10\%=\frac{1}{10}$, $\frac{400€}{10}=40€$ 정답: 40€

❷ 인상된 가격을 계산해 보세요. 400€+40€=440€ 정답: 440€

2. 휴대 전화가 500유로인데 가격이 15% 인상되었어요.

❶ 인상액을 계산해 보세요. $\frac{500€}{100}=5€$, 5€×15=75€ 정답: 75€

❷ 인상된 가격을 계산해 보세요. 500€+75€=575€ 정답: 575€

3. 상품의 할인된 가격을 공책에 계산한 후, 정답을 로봇에서 찾아 ○표 해 보세요.

320€ -2% → 313.60€ / 150€ -4% → 144€ / 250€ -8% → 230€

144€ 145€ 230€ 275€ 313.60€

4. 아래 글을 읽고 공책에 계산한 후, 정답을 로봇에서 찾아 ○표 해 보세요.

❶ 여행 비용이 900유로인데 11% 인상되었어요. 인상된 가격은 얼마인지 계산해 보세요. 999€

❷ 장비 대여 회사가 스노우보드 대여비를 5% 인상했어요. 원래 대여비가 50유로였다면 인상된 대여비는 얼마인지 계산해 보세요. 52.50€

❸ 호텔 1박의 원래 숙박비가 136유로예요. 10% 할인된다면 할인된 가격은 얼마일지 계산해 보세요. 122.40€

❹ 자동차 대여 회사가 대여비를 20% 인하했어요. 원래 가격이 150유로였다면 할인된 가격은 얼마일까요? 120€

❺ 백화점에서 140유로짜리 코트를 30% 할인해요. 다른 상점에서는 같은 코트 가격이 120유로이고 15% 할인해요. 더 저렴한 코트의 가격은 얼마일까요? 98€

❻ 오두막집 대여료가 원래 1250유로인데 여름에 20% 인상되었어요. 그리고 다음 해 봄에 전년도 여름보다 30% 인하되었어요. 봄철 대여료는 얼마일까요? 1050€

52.50€ 98€ 102.50€ 120€ 122.40€ 975€ 999€ 1050€

5. 로라는 두 군데 상점에서 같은 컴퓨터의 가격을 비교하고 있어요. 상점 A에서 컴퓨터는 650유로이고 구매 가격의 5%를 배송비로 청구해요. 반면 상점 B에서 컴퓨터의 원래 가격은 760유로인데 10% 학생 할인을 받을 수 있어요. 어느 상점이 더 저렴할까요? 상점 A

더 생각해 보아요! 상품의 가격이 먼저 100% 인상된 후, 다시 50% 인하되었어요. 상품의 가격은 얼마일까요? 처음 가격과 같아요.

91쪽 3번

텐트 : $\frac{320€}{100}=3.20€$
3.20€×2=6.40€
320€-6.40€=313.60€

침낭 : $\frac{150€}{100}=1.50€$
1.50€×4=6€
150€-6€=144€

배낭 : $\frac{250€}{100}=2.50€$
2.50€×8=20€
250€-20€=230€

91쪽 5번

상점 A
$\frac{650€}{100}=6.50€$
6.50€×5=32.50€
650€+32.50€=682.50€

상점 B
$10\%=\frac{1}{10}$, $\frac{760€}{10}=76€$
760€-76€=684€
상점 A가 더 저렴해요.

상품 가격이 5€라고 생각해 보아요.
100% 인상되면 10€, 50% 인하되면
다시 5€가 되어 처음 가격과 같아요.

92-93쪽

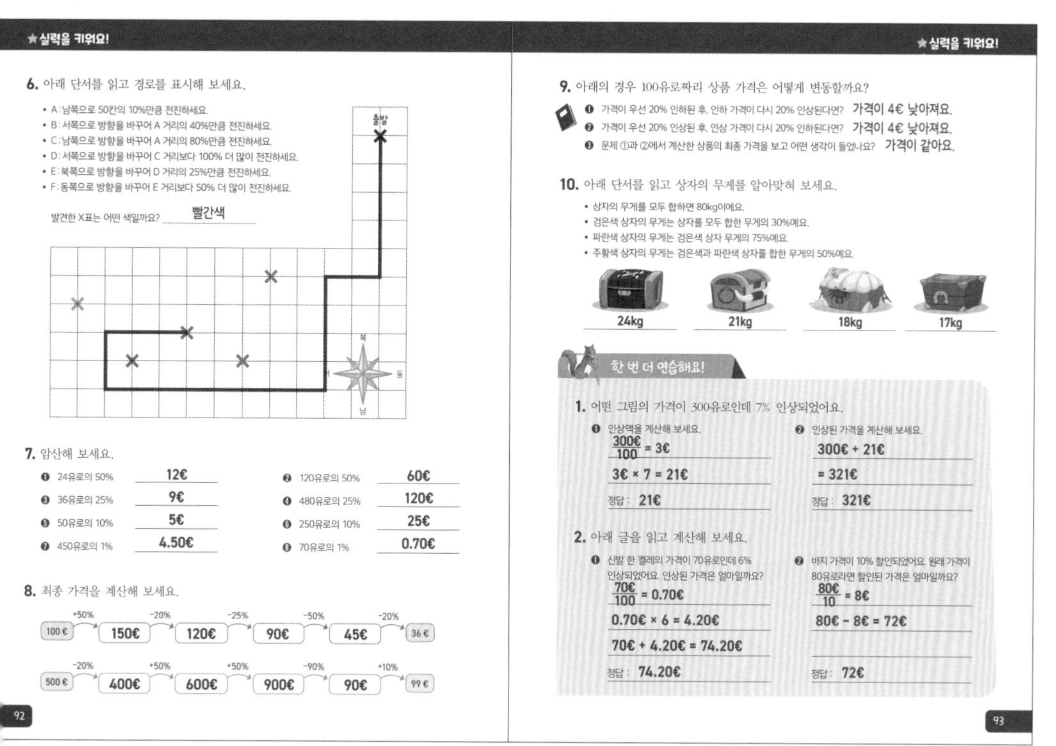

★실력을 키워요!

6. 아래 단서를 읽고 경로를 표시해 보세요.

- A : 남쪽으로 50칸의 10%만큼 전진하세요.
- B : 서쪽으로 방향을 바꾸어 A 거리의 40%만큼 전진하세요.
- C : 남쪽으로 방향을 바꾸어 A 거리의 80%만큼 전진하세요.
- D : 서쪽으로 방향을 바꾸어 C 거리보다 100% 더 많이 전진하세요.
- E : 북쪽으로 방향을 바꾸어 D 거리의 25%만큼 전진하세요.
- F : 동쪽으로 방향을 바꾸어 E 거리보다 50% 더 많이 전진하세요.

발견한 X표는 어떤 색일까요? **빨간색**

7. 암산해 보세요.

❶ 24유로의 50%	12€	❷ 120유로의 50%	60€
❸ 36유로의 25%	9€	❹ 480유로의 25%	120€
❺ 50유로의 10%	5€	❻ 250유로의 10%	25€
❼ 450유로의 1%	4.50€	❽ 70유로의 1%	0.70€

8. 최종 가격을 계산해 보세요.

100 € →(+50%) 150€ →(-20%) 120€ →(-25%) 90€ →(-50%) 45€ →(-20%) 36 €

500 € →(-20%) 400€ →(+50%) 600€ →(+50%) 900€ →(-90%) 90€ →(+10%) 99 €

92

★실력을 키워요!

9. 아래의 경우 100유로짜리 상품 가격은 어떻게 변동할까요?

❶ 가격이 우선 20% 인하된 후, 인하 가격이 다시 20% 인상된다면? **가격이 4€ 낮아져요.**

❷ 가격이 우선 20% 인상된 후, 인상 가격이 다시 20% 인하된다면? **가격이 4€ 낮아져요.**

❸ 문제 ①과 ②에서 계산한 상품의 최종 가격을 보고 어떤 생각이 들었나요? **가격이 같아요.**

10. 아래 단서를 읽고 상자의 무게를 알아맞혀 보세요.

- 상자의 무게를 모두 합하면 80kg이에요.
- 검은색 상자의 무게는 상자를 모두 합한 무게의 30%예요.
- 파란색 상자의 무게는 검은색 상자 무게의 75%예요.
- 주황색 상자의 무게는 검은색과 파란색 상자를 합한 무게의 50%예요.

24kg　21kg　18kg　17kg

한 번 더 연습해요!

1. 어떤 그림의 가격이 300유로인데 7% 인상되었어요.

❶ 인상액을 계산해 보세요.
$\frac{300€}{100}$ = 3€
3€ × 7 = 21€
정답 : 21€

❷ 인상된 가격을 계산해 보세요.
300€ + 21€
= 321€
정답 : 321€

2. 아래 글을 읽고 계산해 보세요.

❶ 신발 한 켤레의 가격이 70유로인데 6% 인상되었어요. 인상된 가격은 얼마일까요?
$\frac{70€}{100}$ = 0.70€
0.70€ × 6 = 4.20€
70€ + 4.20€ = 74.20€
정답 : 74.20€

❷ 바지 가격이 10% 할인되었어요. 원래 가격이 80유로라면 할인된 가격은 얼마일까요?
$\frac{80€}{10}$ = 8€
80€ - 8€ = 72€
정답 : 72€

93

93쪽 9번

❶ 20%=$\frac{1}{5}$
$\frac{100€}{5}$=20€
100€-20€=80€
$\frac{80€}{5}$=16€
80€+16€=96€
100€-96€=4€
정답:가격이 4€ 낮아져요.

❷ $\frac{100€}{5}$=20€
100€+20€=120€
$\frac{120€}{5}$=24€
120€-24€=96€
100€-96€=4€
정답:가격이 4€ 낮아져요.

93쪽 10번

검은색 상자
=80kg×$\frac{30}{100}$=24kg
파란색 상자
=24kg×$\frac{75}{100}$=18kg
주황색 상자
=(24kg+18kg)÷2=21kg
초록색 상자
=80kg-(24kg+18kg+21kg)
=17kg

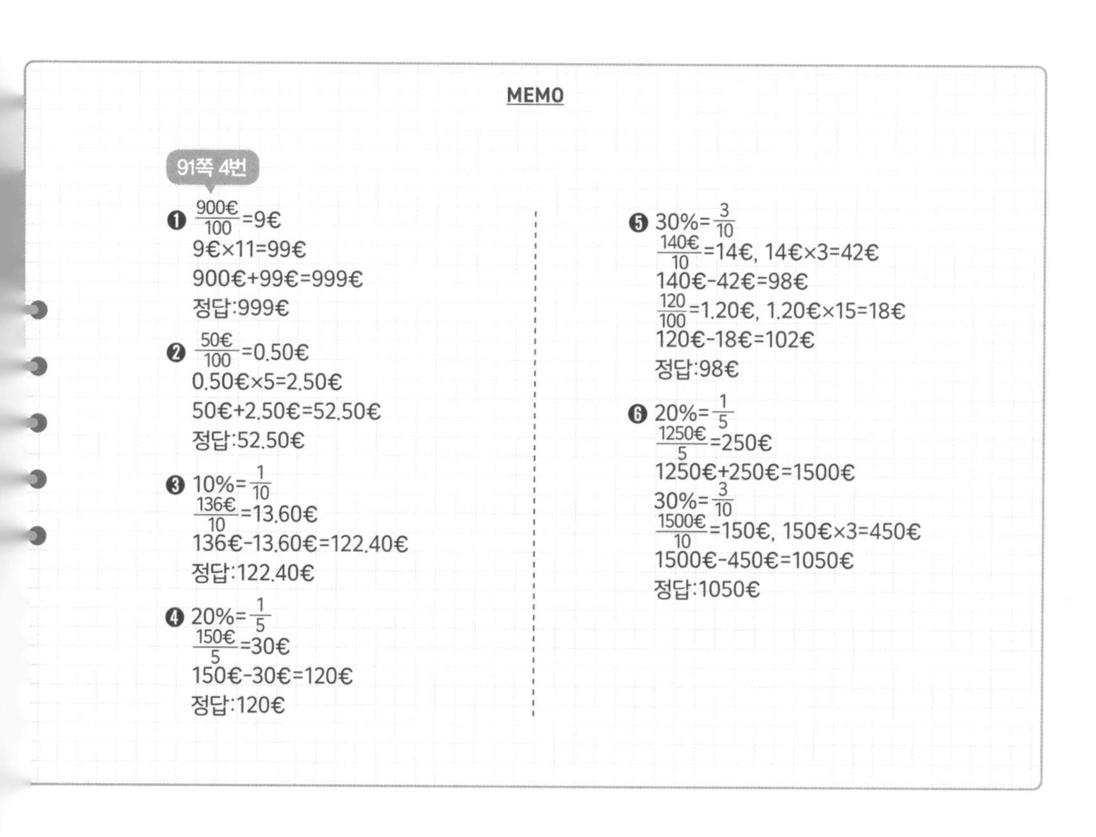

MEMO

91쪽 4번

❶ $\frac{900€}{100}$=9€
9€×11=99€
900€+99€=999€
정답:999€

❷ $\frac{50€}{100}$=0.50€
0.50€×5=2.50€
50€+2.50€=52.50€
정답:52.50€

❸ 10%=$\frac{1}{10}$
$\frac{136€}{10}$=13.60€
136€-13.60€=122.40€
정답:122.40€

❹ 20%=$\frac{1}{5}$
$\frac{150€}{5}$=30€
150€-30€=120€
정답:120€

❺ 30%=$\frac{3}{10}$
$\frac{140€}{10}$=14€, 14€×3=42€
140€-42€=98€
$\frac{120}{100}$=1.20€, 1.20€×15=18€
120€-18€=102€
정답:98€

❻ 20%=$\frac{1}{5}$
$\frac{1250€}{5}$=250€
1250€+250€=1500€
30%=$\frac{3}{10}$
$\frac{1500€}{10}$=150€, 150€×3=450€
1500€-450€=1050€
정답:1050€

94-95쪽

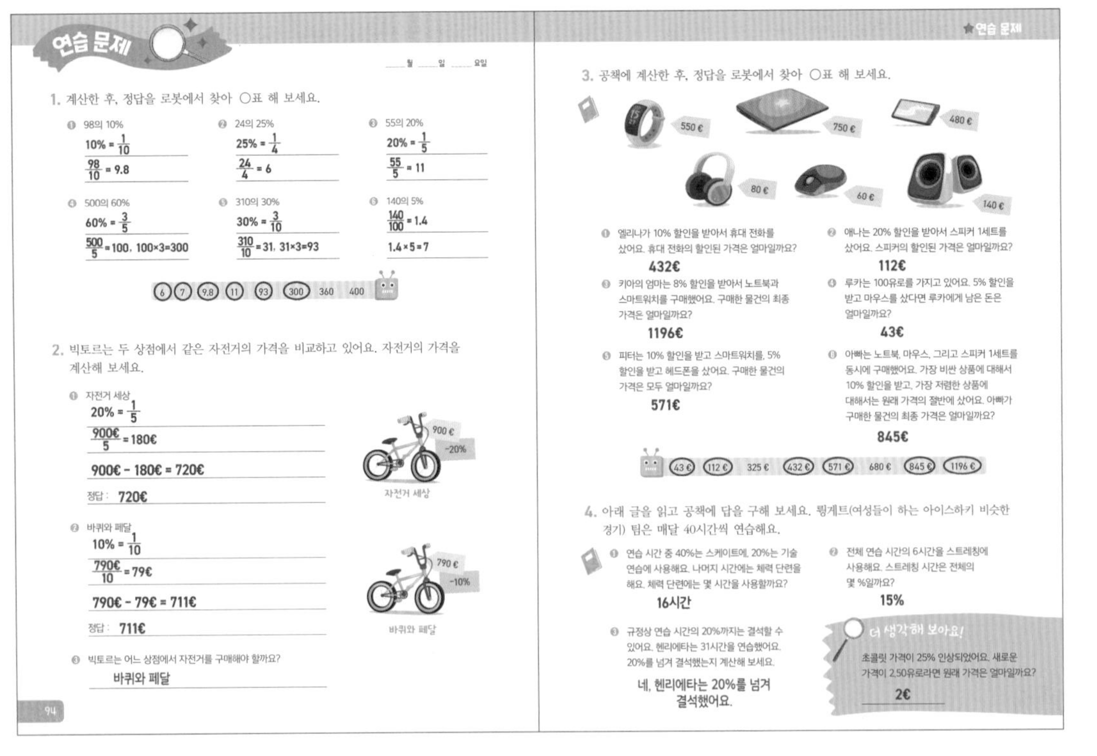

연습 문제

___월 ___일 ___요일

1. 계산한 후, 정답을 로봇에서 찾아 ○표 해 보세요.

❶ 98의 10%
$10\% = \frac{1}{10}$
$\frac{98}{10} = 9.8$

❷ 24의 25%
$25\% = \frac{1}{4}$
$\frac{24}{4} = 6$

❸ 55의 20%
$20\% = \frac{1}{5}$
$\frac{55}{5} = 11$

❹ 500의 60%
$60\% = \frac{3}{5}$
$\frac{500}{5} = 100$, $100 \times 3 = 300$

❺ 310의 30%
$30\% = \frac{3}{10}$
$\frac{310}{10} = 31$, $31 \times 3 = 93$

❻ 140의 5%
$\frac{140}{100} = 1.4$
$1.4 \times 5 = 7$

(6) (7) (9.8) (11) (93) (300) 360 400

2. 빅토르는 두 상점에서 같은 자전거의 가격을 비교하고 있어요. 자전거의 가격을 계산해 보세요.

❶ 자전거 세상
$20\% = \frac{1}{5}$
$\frac{900€}{5} = 180€$
900€ - 180€ = 720€
정답: 720€

900 €
-20%
자전거 세상

❷ 바퀴와 페달
$10\% = \frac{1}{10}$
$\frac{790€}{10} = 79€$
790€ - 79€ = 711€
정답: 711€

790 €
-10%
바퀴와 페달

❸ 빅토르는 어느 상점에서 자전거를 구매해야 할까요?
바퀴와 페달

94

★연습 문제

3. 공책에 계산한 후, 정답을 로봇에서 찾아 ○표 해 보세요.

550 € 750 € 480 € 80 € 60 € 140 €

❶ 엘리나가 10% 할인을 받아서 휴대 전화를 샀어요. 휴대 전화의 할인된 가격은 얼마일까요?
432€

❷ 애나는 20% 할인을 받아서 스피커 1세트를 샀어요. 스피커의 할인된 가격은 얼마일까요?
112€

❸ 키아의 엄마는 8% 할인을 받아서 노트북과 스마트워치를 구매했어요. 구매한 물건의 최종 가격은 얼마일까요?
1196€

❹ 루카는 100유로를 가지고 있어요. 5% 할인을 받고 마우스를 샀다면 루카에게 남은 돈은 얼마일까요?
43€

❺ 피터는 10% 할인을 받고 스마트워치를, 5% 할인을 받고 헤드폰을 샀어요. 구매한 물건의 가격은 모두 얼마일까요?
571€

❻ 아빠는 노트북, 마우스, 그리고 스피커 1세트를 동시에 구매했어요. 가장 비싼 상품에 대해서 10% 할인을 받고, 가장 저렴한 상품에 대해서는 원래 가격의 절반에 샀어요. 아빠가 구매한 물건의 최종 가격은 얼마일까요?
845€

(43 €) (112 €) 325 € (432 €) (571 €) 680 € (845 €) (1196 €)

4. 아래 글을 읽고 공책에 답을 구해 보세요. 링게트(여성들이 하는 아이스하키 비슷한 경기) 팀은 매달 40시간씩 연습해요.

❶ 연습 시간 중 40%는 스케이트에, 20%는 기술 연습에 사용해요. 나머지 시간에는 체력 단련을 해요. 체력 단련에는 몇 시간을 사용할까요?
16시간

❷ 전체 연습 시간의 6시간을 스트레칭에 사용해요. 스트레칭 시간은 전체의 몇 %일까요?
15%

❸ 규정상 연습 시간의 20%까지는 결석할 수 있어요. 헨리에타는 31시간을 연습했어요. 20%를 넘겨 결석했는지 계산해 보세요.
네, 헨리에타는 20%를 넘겨 결석했어요.

더 생각해 보아요!
초콜릿 가격이 25% 인상되었어요. 새로운 가격이 2.50유로라면 원래 가격은 얼마일까요?
2€

95쪽 3번

❶ $\frac{480€}{10}=48€$
480€-48€=432€

❷ $20\%=\frac{1}{5}$, $\frac{140€}{5}=28€$
140€-28€=112€

❸ 750€+550€=1300€
$\frac{1300€}{100}=13€$
13€×8=104€
1300€-104€=1196€

❹ $\frac{60€}{100}=0.60€$
0.60€×5=3€
60€-3€=57€
100€-57€=43€

❺ 스마트워치: $\frac{550€}{10}=55€$
550€-55€=495€
헤드폰: $\frac{80€}{100}=0.80€$
0.80€×5=4€
80€-4€=76€
총 가격: 495€+76€=571

❻ 노트북: $\frac{750€}{10}=75€$
750€-75€=675€
마우스: 60€÷2=30€
675€+140€+30€=845

더 생각해 보아요! | 95쪽

$25\%=\frac{1}{4}$

x + $x \times \frac{1}{4}$

2.50€

$x+x\times\frac{1}{4}=2.50€$

$\frac{4}{4}x+\frac{1}{4}x=2.50€$

$\frac{5}{4}x=2.50€$

$x=2.50€\times\frac{4}{5}$

$x=2€$

MEMO

95쪽 4번

❶ 100%-40%-20%=40%, $40\%=\frac{2}{5}$, $\frac{40}{5}=8$시간
8시간×2=16시간

❷ $\frac{6}{40}=\frac{3}{20}=\frac{15}{100}=15\%$

❸ $20\%=\frac{1}{5}$, $\frac{40}{5}=8$, 40-8=32
32시간을 연습해야 하는데 1시간 부족해요.
헨리에타는 20%를 넘겨 결석했어요.

96-97쪽

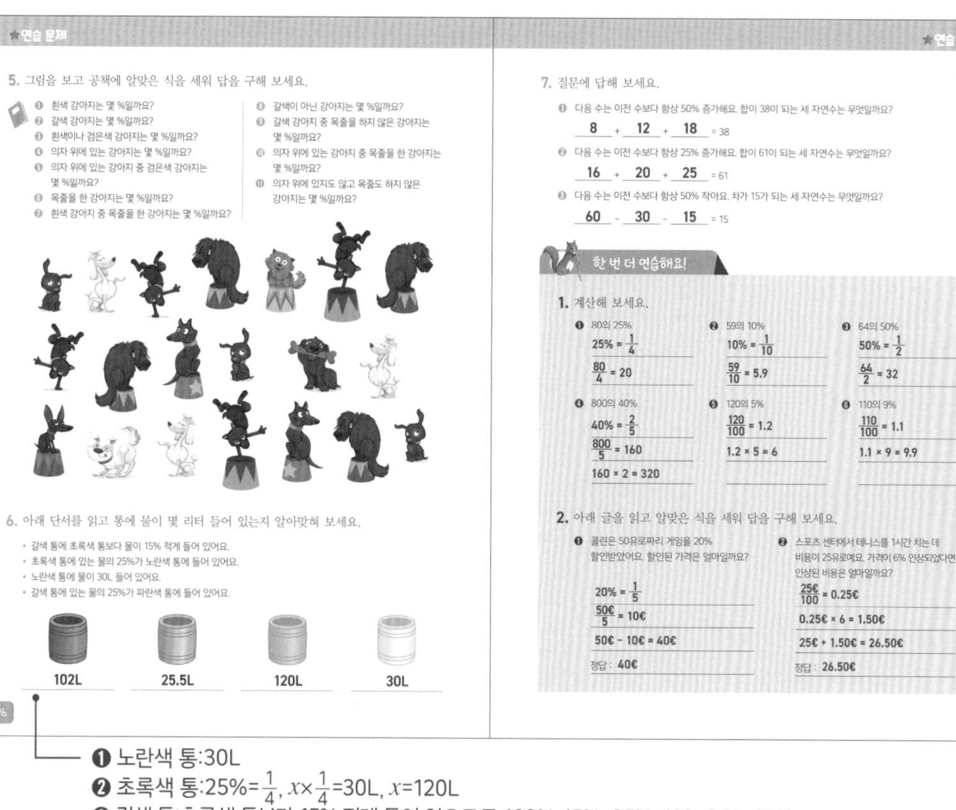

★연습 문제

5. 그림을 보고 공책에 알맞은 식을 세워 답을 구해 보세요.

❶ 흰색 강아지는 몇 %일까요?
❷ 갈색 강아지는 몇 %일까요?
❸ 흰색이나 검은색 강아지는 몇 %일까요?
❹ 의자 위에 있는 강아지는 몇 %일까요?
❺ 의자 위에 있는 강아지 중 검은색 강아지는 몇 %일까요?
❻ 목줄을 한 강아지는 몇 %일까요?
❼ 흰색 강아지 중 목줄을 한 강아지는 몇 %일까요?
❽ 갈색이 아닌 강아지는 몇 %일까요?
❾ 갈색 강아지 중 목줄을 하지 않은 강아지는 몇 %일까요?
❿ 의자 위에 있는 강아지 중 목줄을 한 강아지는 몇 %일까요?
⓫ 의자 위에 있지도 않고 목줄도 하지 않은 강아지는 몇 %일까요?

6. 아래 단서를 읽고 통에 물이 몇 리터 들어 있는지 알아맞혀 보세요.

- 갈색 통에 초록색 통보다 물이 15% 적게 들어 있어요.
- 초록색 통에 있는 물의 25%가 노란색 통에 들어 있어요.
- 노란색 통에 물이 30L 들어 있어요.
- 갈색 통에 있는 물의 25%가 파란색 통에 들어 있어요.

102L　25.5L　120L　30L

96

★연습 문제

7. 질문에 답해 보세요.

❶ 다음 수는 이전 수보다 항상 50% 증가해요. 합이 38이 되는 세 자연수는 무엇일까요?

8 + 12 + 18 = 38

❷ 다음 수는 이전 수보다 항상 25% 증가해요. 합이 61이 되는 세 자연수는 무엇일까요?

16 + 20 + 25 = 61

❸ 다음 수는 이전 수보다 항상 50% 작아요. 차가 15가 되는 세 자연수는 무엇일까요?

60 - 30 - 15 = 15

한 번 더 연습해요!

1. 계산해 보세요.

❶ 80의 25%
$25\% = \frac{1}{4}$
$\frac{80}{4} = 20$

❷ 59의 10%
$10\% = \frac{1}{10}$
$\frac{59}{10} = 5.9$

❸ 64의 50%
$50\% = \frac{1}{2}$
$\frac{64}{2} = 32$

❹ 800의 40%
$40\% = \frac{2}{5}$
$\frac{800}{5} = 160$
$160 \times 2 = 320$

❺ 120의 5%
$\frac{120}{100} = 1.2$
$1.2 \times 5 = 6$

❻ 110의 9%
$\frac{110}{100} = 1.1$
$1.1 \times 9 = 9.9$

2. 아래 글을 읽고 알맞은 식을 세워 답을 구해 보세요.

❶ 콜린은 50유로짜리 게임을 20% 할인받았어요. 할인된 가격은 얼마일까요?
$20\% = \frac{1}{5}$
$\frac{50€}{5} = 10€$
50€ - 10€ = 40€
정답 : 40€

❷ 스포츠 센터에서 테니스를 1시간 치는 데 비용이 25유로예요. 가격이 6% 인상되었다면 인상된 비용은 얼마일까요?
$\frac{25€}{100} = 0.25€$
0.25€ × 6 = 1.50€
25€ + 1.50€ = 26.50€
정답 : 26.50€

97

❶ 노란색 통:30L
❷ 초록색 통:$25\%=\frac{1}{4}$, $x\times\frac{1}{4}=30L$, $x=120L$
❸ 갈색 통:초록색 통보다 15% 적게 들어 있으므로 100%-15%=85%, 120×0.85=102L
❹ 파란색 통:갈색 통의 25%, $25\%=\frac{1}{4}$이므로 $102L\times\frac{1}{4}=25.5L$

-99쪽

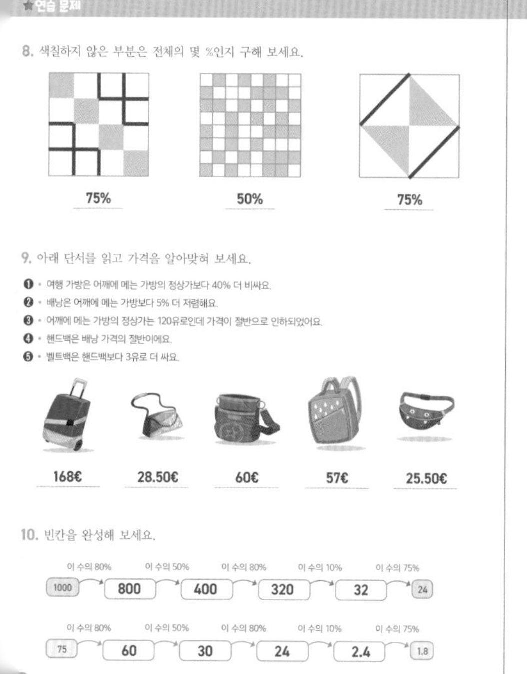

★연습 문제

8. 색칠하지 않은 부분은 전체의 몇 %인지 구해 보세요.

75%　50%　75%

9. 아래 단서를 읽고 가격을 알아맞혀 보세요.

❶ • 여행 가방은 어깨에 메는 가방의 정상가보다 40% 더 비싸요.
❷ • 배낭은 어깨에 메는 가방보다 5% 더 저렴해요.
❸ • 어깨에 메는 가방의 정상가는 120유로인데 가격이 절반으로 인하되었어요.
❹ • 핸드백은 배낭 가격의 절반이에요.
❺ • 벨트백은 핸드백보다 3유로 더 싸요.

168€　28.50€　60€　57€　25.50€

10. 빈칸을 완성해 보세요.

1000 →(이 수의 80%) 800 →(이 수의 50%) 400 →(이 수의 80%) 320 →(이 수의 10%) 32 →(이 수의 75%) 24

75 →(이 수의 80%) 60 →(이 수의 50%) 30 →(이 수의 80%) 24 →(이 수의 10%) 2.4 →(이 수의 75%) 1.8

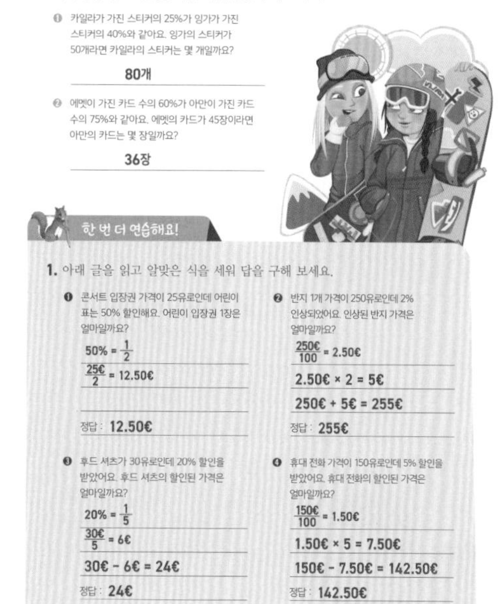

★연습 문제

11. 아래 글을 읽고 알맞은 식을 세워 답을 구해 보세요.

❶ 카일라가 가진 스티커의 25%가 잉가가 가진 스티커의 40%와 같아요. 잉가의 스티커가 50개라면 카일라의 스티커는 몇 개일까요?

80개

❷ 에멧이 가진 카드 수의 60%가 아만이 가진 카드 수의 75%와 같아요. 에멧의 카드가 45장이라면 아만의 카드는 몇 장일까요?

36장

한 번 더 연습해요!

1. 아래 글을 읽고 알맞은 식을 세워 답을 구해 보세요.

❶ 콘서트 입장권 가격이 25유로인데 어린이 표는 50% 할인해요. 어린이 입장권 1장은 얼마일까요?
$50\% = \frac{1}{2}$
$\frac{25€}{2} = 12.50€$
정답 : 12.50€

❷ 반지 1개 가격이 250유로인데 2% 인상되었어요. 인상된 반지 가격은 얼마일까요?
$\frac{250€}{100} = 2.50€$
2.50€ × 2 = 5€
250€ + 5€ = 255€
정답 : 255€

❸ 후드 셔츠가 30유로인데 20% 할인을 받았어요. 후드 셔츠의 할인된 가격은 얼마일까요?
$20\% = \frac{1}{5}$
$\frac{30€}{5} = 6€$
30€ - 6€ = 24€
정답 : 24€

❹ 휴대 전화 가격이 150유로인데 5% 할인을 받았어요. 휴대 전화의 할인된 가격은 얼마일까요?
$\frac{150€}{100} = 1.50€$
1.50€ × 5 = 7.50€
150€ - 7.50€ = 142.50€
정답 : 142.50€

99

96쪽 5번

❶ $^{5)}\frac{4}{20}=\frac{20}{100}=20\%$
❷ $^{5)}\frac{10}{20}=\frac{50}{100}=50\%$
❸ $^{5)}\frac{9}{20}=\frac{45}{100}=45\%$
❹ $^{5)}\frac{10}{20}=\frac{50}{100}=50\%$
❺ $^{10)}\frac{3}{10}=\frac{30}{100}=30\%$
❻ $^{5)}\frac{9}{20}=\frac{45}{100}=45\%$
❼ $\frac{1}{4}=25\%$
❽ $^{5)}\frac{10}{20}=\frac{50}{100}=50\%$
❾ $\frac{5}{10}=50\%$
❿ $^{10)}\frac{3}{10}=\frac{30}{100}=30\%$
⓫ $^{5)}\frac{4}{20}=\frac{20}{100}=20\%$

98쪽 9번

❸ 어깨에 메는 가방
$\frac{120€}{2}=60€$

❷ 배낭
$\frac{60€}{100}=0.60€$, 0.60€×5=3€
60€-3€=57€

❶ 여행 가방
$40\%=\frac{2}{5}$, $\frac{120€}{5}=24€$
24€×2=48€
120€+48€=168€

❹ 핸드백
$\frac{57€}{2}=28.50€$

❺ 벨트백
28.50€-3€=25.50€

99쪽 11번

❶ 100%=잉가의 스티커 50개이므로 10%=5개, 40%=20개와 같아요.
카일라의 스티커 25%=잉가의 스티커 40%와 같으므로 25%=20, 100%=20×4=80
정답:80개

❷ 100%=에멧의 카드 45장이므로 20%=9장, 60%=27장과 같아요.
아만의 카드 75%=에멧의 카드 60%와 같으므로 75%=27, 25%=9, 100%=9×4=36 정답:36장

100-101쪽

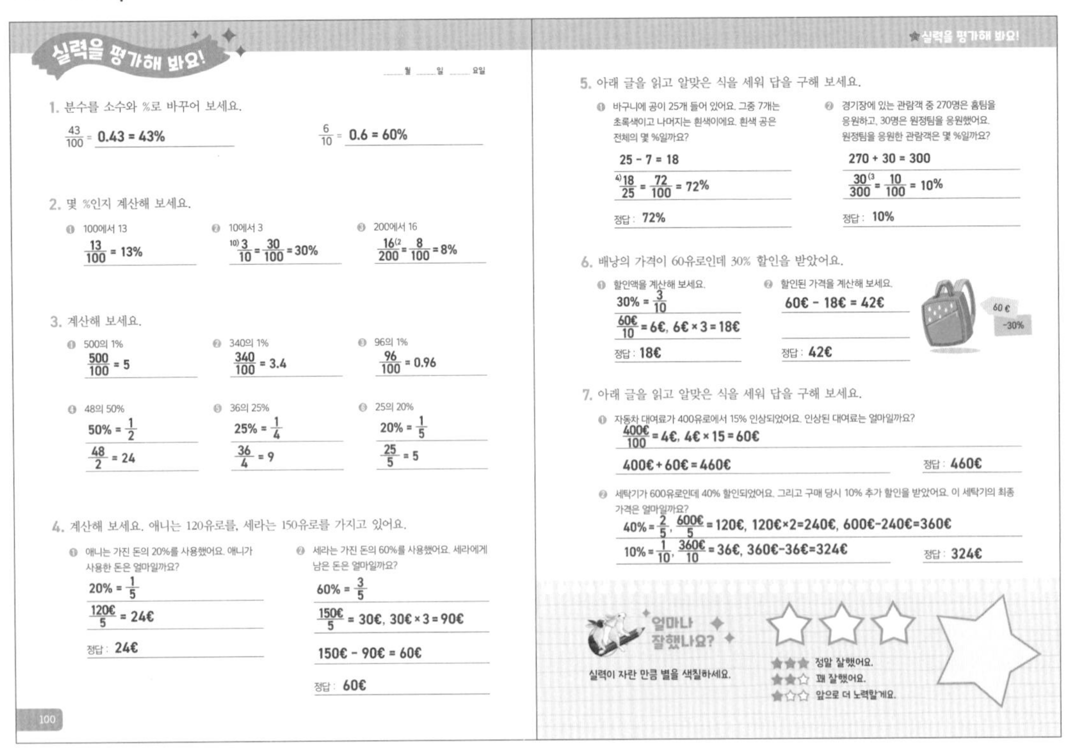

실력을 평가해 봐요!

___월 ___일 ___요일

1. 분수를 소수와 %로 바꾸어 보세요.

$\frac{43}{100}$ = 0.43 = 43%　　$\frac{6}{10}$ = 0.6 = 60%

2. 몇 %인지 계산해 보세요.

① 100에서 13: $\frac{13}{100}$ = 13%
② 10에서 3: $\frac{3}{10} = \frac{30}{100}$ = 30%
③ 200에서 16: $\frac{16}{200} = \frac{8}{100}$ = 8%

3. 계산해 보세요.

① 500의 1%: $\frac{500}{100}$ = 5
② 340의 1%: $\frac{340}{100}$ = 3.4
③ 96의 1%: $\frac{96}{100}$ = 0.96
④ 48의 50%: 50% = $\frac{1}{2}$, $\frac{48}{2}$ = 24
⑤ 36의 25%: 25% = $\frac{1}{4}$, $\frac{36}{4}$ = 9
⑥ 25의 20%: 20% = $\frac{1}{5}$, $\frac{25}{5}$ = 5

4. 계산해 보세요. 애니는 120유로를, 세라는 150유로를 가지고 있어요.

① 애니는 가진 돈의 20%를 사용했어요. 애니가 사용한 돈은 얼마일까요?
20% = $\frac{1}{5}$
$\frac{120€}{5}$ = 24€
정답: 24€

② 세라는 가진 돈의 60%를 사용했어요. 세라에게 남은 돈은 얼마일까요?
60% = $\frac{3}{5}$
$\frac{150€}{5}$ = 30€, 30€ × 3 = 90€
150€ - 90€ = 60€
정답: 60€

100

★실력을 평가해 봐요!

5. 아래 글을 읽고 알맞은 식을 세워 답을 구해 보세요.

① 바구니에 공이 25개 들어 있어요. 그중 7개는 초록색이고 나머지는 흰색이에요. 흰색 공은 전체의 몇 %일까요?
25 - 7 = 18
$\frac{18}{25} = \frac{72}{100}$ = 72%
정답: 72%

② 경기장에 있는 관람객 중 270명은 홈팀을 응원하고, 30명은 원정팀을 응원했어요. 원정팀을 응원한 관람객은 몇 %일까요?
270 + 30 = 300
$\frac{30}{300} = \frac{10}{100}$ = 10%
정답: 10%

6. 배낭의 가격이 60유로인데 30% 할인을 받았어요.

① 할인액을 계산해 보세요.
30% = $\frac{3}{10}$
$\frac{60€}{10}$ = 6€, 6€ × 3 = 18€
정답: 18€

② 할인된 가격을 계산해 보세요.
60€ - 18€ = 42€
정답: 42€

60€ -30%

7. 아래 글을 읽고 알맞은 식을 세워 답을 구해 보세요.

① 자동차 대여료가 400유로에서 15% 인상되었어요. 인상된 대여료는 얼마일까요?
$\frac{400€}{100}$ = 4€, 4€ × 15 = 60€
400€ + 60€ = 460€
정답: 460€

② 세탁기가 600유로인데 40% 할인되었어요. 그리고 구매 당시 10% 추가 할인을 받았어요. 이 세탁기의 최종 가격은 얼마일까요?
40% = $\frac{2}{5}$, $\frac{600€}{5}$ = 120€, 120€×2=240€, 600€-240€=360€
10% = $\frac{1}{10}$, $\frac{360€}{10}$ = 36€, 360€-36€=324€
정답: 324€

얼마나 잘했나요?
실력이 자란 만큼 별을 색칠하세요.
★★★ 정말 잘했어요.
★★☆ 꽤 잘했어요.
★☆☆ 앞으로 더 노력할게요.

102-103쪽

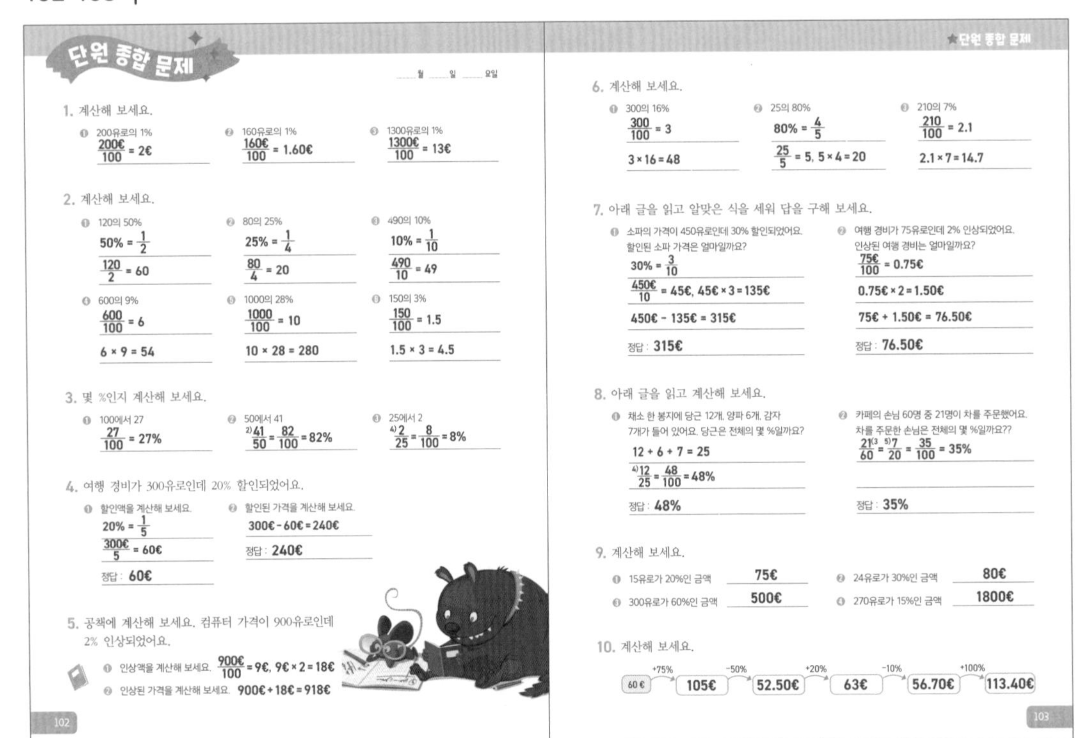

단원 종합 문제

___월 ___일 ___요일

1. 계산해 보세요.

① 200유로의 1%: $\frac{200€}{100}$ = 2€
② 160유로의 1%: $\frac{160€}{100}$ = 1.60€
③ 1300유로의 1%: $\frac{1300€}{100}$ = 13€

2. 계산해 보세요.

① 120의 50%: 50% = $\frac{1}{2}$, $\frac{120}{2}$ = 60
② 80의 25%: 25% = $\frac{1}{4}$, $\frac{80}{4}$ = 20
③ 490의 10%: 10% = $\frac{1}{10}$, $\frac{490}{10}$ = 49
④ 600의 9%: $\frac{600}{100}$ = 6, 6 × 9 = 54
⑤ 1000의 28%: $\frac{1000}{100}$ = 10, 10 × 28 = 280
⑥ 150의 3%: $\frac{150}{100}$ = 1.5, 1.5 × 3 = 4.5

3. 몇 %인지 계산해 보세요.

① 100에서 27: $\frac{27}{100}$ = 27%
② 50에서 41: $\frac{41}{50} = \frac{82}{100}$ = 82%
③ 25에서 2: $\frac{2}{25} = \frac{8}{100}$ = 8%

4. 여행 경비가 300유로인데 20% 할인되었어요.

① 할인액을 계산해 보세요.
20% = $\frac{1}{5}$
$\frac{300€}{5}$ = 60€
정답: 60€

② 할인된 가격을 계산해 보세요.
300€ - 60€ = 240€
정답: 240€

5. 공책에 계산해 보세요. 컴퓨터 가격이 900유로인데 2% 인상되었어요.

① 인상액을 계산해 보세요. $\frac{900€}{100}$ = 9€, 9€ × 2 = 18€
② 인상된 가격을 계산해 보세요. 900€ + 18€ = 918€

102

★단원 종합 문제

6. 계산해 보세요.

① 300의 16%: $\frac{300}{100}$ = 3, 3 × 16 = 48
② 25의 80%: 80% = $\frac{4}{5}$, $\frac{25}{5}$ = 5, 5 × 4 = 20
③ 210의 7%: $\frac{210}{100}$ = 2.1, 2.1 × 7 = 14.7

7. 아래 글을 읽고 알맞은 식을 세워 답을 구해 보세요.

① 소파의 가격이 450유로인데 30% 할인되었어요. 할인된 소파 가격은 얼마일까요?
30% = $\frac{3}{10}$
$\frac{450€}{10}$ = 45€, 45€ × 3 = 135€
450€ - 135€ = 315€
정답: 315€

② 여행 경비가 75유로인데 2% 인상되었어요. 인상된 여행 경비는 얼마일까요?
$\frac{75€}{100}$ = 0.75€
0.75€ × 2 = 1.50€
75€ + 1.50€ = 76.50€
정답: 76.50€

8. 아래 글을 읽고 계산해 보세요.

① 채소 한 봉지에 당근 12개, 양파 6개, 감자 7개가 들어 있어요. 당근은 전체의 몇 %일까요?
12 + 6 + 7 = 25
$\frac{12}{25} = \frac{48}{100}$ = 48%
정답: 48%

② 카페의 손님 60명 중 21명이 차를 주문했어요. 차를 주문한 손님은 전체의 몇 %일까요?
$\frac{21}{60} = \frac{7}{20} = \frac{35}{100}$ = 35%
정답: 35%

9. 계산해 보세요.

① 15유로가 20%인 금액: 75€
② 24유로가 30%인 금액: 80€
③ 300유로가 60%인 금액: 500€
④ 270유로가 15%인 금액: 1800€

10. 계산해 보세요.

60€ →(+75%) 105€ →(-50%) 52.50€ →(+20%) 63€ →(-10%) 56.70€ →(+100%) 113.40€

103

103쪽 9번

❶ 20%=$\frac{1}{5}$, 15€×5=75€

❷ 30%=$\frac{3}{10}$, 24€÷3=8€
8€×10=80€

❸ 60%=$\frac{3}{5}$, $\frac{300€}{3}$=100€
100€×5=500€

❹ 15%=$\frac{15}{100}$=$\frac{3}{20}$
270€÷3=90€
90€×20=1800€

104-105쪽

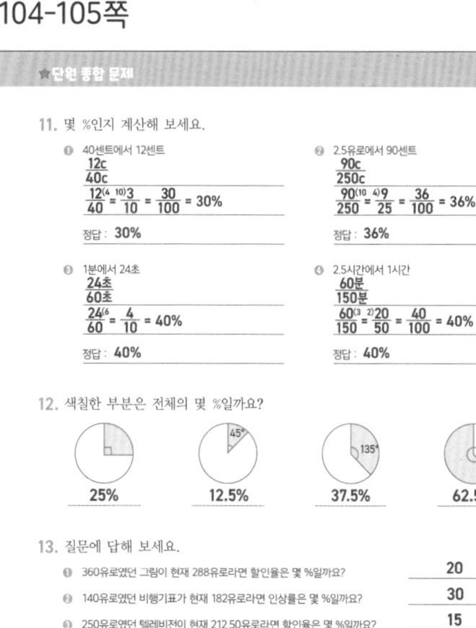

★단원 통합 문제

11. 몇 %인지 계산해 보세요.

① 40센트에서 12센트
$\frac{12c}{40c}$
$\frac{12}{40}=\frac{3}{10}=\frac{30}{100}=30\%$
정답: 30%

② 2.5유로에서 90센트
$\frac{90c}{250c}$
$\frac{90}{250}=\frac{9}{25}=\frac{36}{100}=36\%$
정답: 36%

③ 1분에서 24초
$\frac{24초}{60초}$
$\frac{24}{60}=\frac{4}{10}=40\%$
정답: 40%

④ 2.5시간에서 1시간
$\frac{60분}{150분}$
$\frac{60}{150}=\frac{20}{50}=\frac{40}{100}=40\%$
정답: 40%

12. 색칠한 부분은 전체의 몇 %일까요?

25% 12.5% 37.5% 62.5%

13. 질문에 답해 보세요.

① 360유로였던 그림이 현재 288유로라면 할인율은 몇 %일까요? 20 %
② 140유로였던 비행기표가 현재 182유로라면 인상률은 몇 %일까요? 30 %
③ 250유로였던 텔레비전이 현재 212.50유로라면 할인율은 몇 %일까요? 15 %

14. 계산해 보세요.

① 어떤 수의 30%가 6일까요? 20
② 어떤 수의 90%가 36일까요? 40
③ 어떤 수의 75%가 30일까요? 40

104

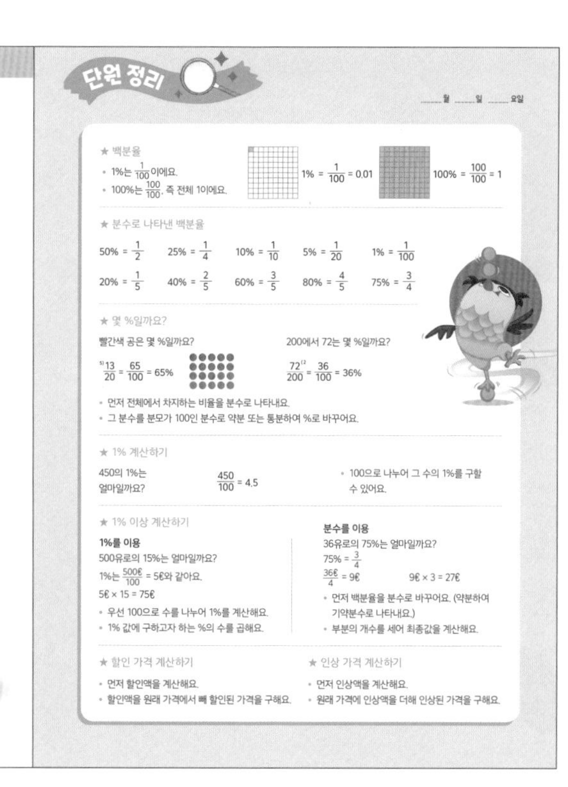

단원 정리

★ 백분율
- 1%는 $\frac{1}{100}$이에요.
- 100%는 $\frac{100}{100}$, 즉 전체 1이에요.

$1\% = \frac{1}{100} = 0.01$ $100\% = \frac{100}{100} = 1$

★ 분수로 나타낸 백분율

$50\% = \frac{1}{2}$ $25\% = \frac{1}{4}$ $10\% = \frac{1}{10}$ $5\% = \frac{1}{20}$ $1\% = \frac{1}{100}$
$20\% = \frac{1}{5}$ $40\% = \frac{2}{5}$ $60\% = \frac{3}{5}$ $80\% = \frac{4}{5}$ $75\% = \frac{3}{4}$

★ 몇 %일까요?

빨간색 공은 몇 %일까요? $\frac{13}{20}=\frac{65}{100}=65\%$
200에서 72는 몇 %일까요? $\frac{72}{200}=\frac{36}{100}=36\%$

- 먼저 전체에서 차지하는 비율을 분수로 나타내요.
- 그 분수를 분모가 100인 분수로 약분 또는 통분하여 %로 바꾸어요.

★ 1% 계산하기

450의 1%는 얼마일까요? $\frac{450}{100}=4.5$
- 100으로 나누어 그 수의 1%를 구할 수 있어요.

★ 1% 이상 계산하기

1%를 이용
500유로의 15%는 얼마일까요?
1%는 $\frac{500€}{100}$ = 5€와 같아요.
5€ × 15 = 75€
- 우선 100으로 수를 나누어 1%를 계산해요.
- 1% 값에 구하고자 하는 %의 수를 곱해요.

분수를 이용
36유로의 75%는 얼마일까요?
$75\% = \frac{3}{4}$
$\frac{36€}{4} = 9€$ 9€ × 3 = 27€
- 먼저 백분율을 분수로 바꾸어요. (약분하여 기약분수로 나타내요.)
- 부분의 개수를 세어 최종값을 계산해요.

★ 할인 가격 계산하기
- 먼저 할인액을 계산해요.
- 할인액을 원래 가격에서 빼 할인된 가격을 구해요.

★ 인상 가격 계산하기
- 먼저 인상액을 계산해요.
- 원래 가격에 인상액을 더해 인상된 가격을 구해요.

104쪽 13번

❶ 360€-288€=72€
$\frac{360€}{100}$=3.60€
72€÷3.60€=20
정답:20%

❷ 182€-140€=42€
$\frac{140€}{100}$=1.40€
42€÷1.40€=30
정답:30%

❸ 250€-212.50€=37.50€
$\frac{250€}{100}$=2.50€
37.50€÷2.50€=15
정답:15%

104쪽 14번

❶ $x\times\frac{3}{10}=6$
$3x=60$
$x=20$

❷ $x\times\frac{9}{10}=36$
$9x=360$
$x=40$

❸ $x\times\frac{75}{100}=30$
$x\times\frac{3}{4}=30$
$3x=120$
$x=40$

108-109쪽

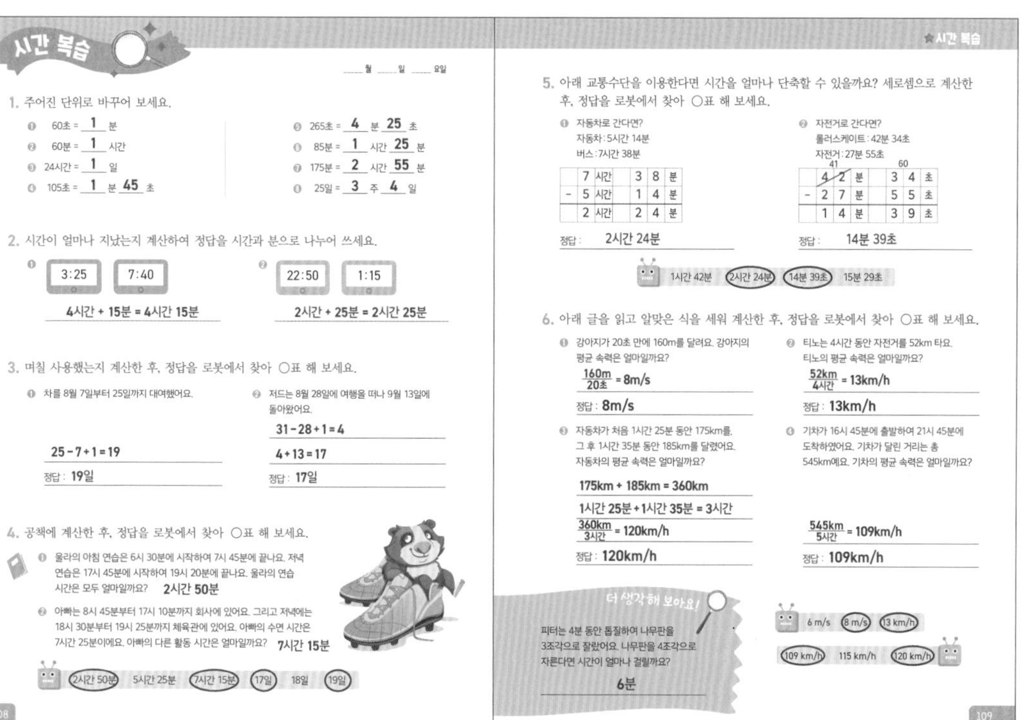

시간 복습

1. 주어진 단위로 바꾸어 보세요.

① 60초 = 1 분
② 60분 = 1 시간
③ 24시간 = 1 일
④ 105초 = 1 분 45 초
⑤ 265초 = 4 분 25 초
⑥ 85분 = 1 시간 25 분
⑦ 175분 = 2 시간 55 분
⑧ 25일 = 3 주 4 일

2. 시간이 얼마나 지났는지 계산하여 정답을 시간과 분으로 나누어 쓰세요.

① 3:25 7:40 — 4시간 + 15분 = 4시간 15분
② 22:50 1:15 — 2시간 + 25분 = 2시간 25분

3. 며칠 사용했는지 계산한 후, 정답을 로봇에서 찾아 ○표 해 보세요.

① 차를 8월 7일부터 25일까지 대여했어요.
25 - 7 + 1 = 19
정답: 19일

② 저드는 8월 28일에 여행을 떠나 9월 13일에 돌아왔어요.
31 - 28 + 1 = 4
4 + 13 = 17
정답: 17일

4. 공책에 계산한 후, 정답을 로봇에서 찾아 ○표 해 보세요.

① 올라의 아침 연습은 6시 30분에 시작하여 7시 45분에 끝나요. 저녁 연습은 17시 45분에 시작하여 19시 20분에 끝나요. 올라의 연습 시간은 모두 얼마일까요? 2시간 50분
② 아빠는 8시 45분부터 17시 10분까지 회사에 있어요. 그리고 저녁에는 18시 30분부터 19시 25분까지 체육관에 있어요. 아빠의 수면 시간은 7시간 25분이에요. 아빠의 다른 활동 시간은 얼마일까요? 7시간 15분

2시간 50분 5시간 25분 7시간 15분 17일 18일 19일

5. 아래 교통수단을 이용한다면 시간을 얼마나 단축할 수 있을까요? 세로셈으로 계산한 후, 정답을 로봇에서 찾아 ○표 해 보세요.

① 자동차로 간다면?
자동차: 5시간 14분
버스: 7시간 38분

	7	시간	3	8	분
-	5	시간	1	4	분
	2	시간	2	4	분

정답: 2시간 24분

② 자전거로 간다면?
롤러스케이트: 42분 34초
자전거: 27분 55초

	4	2	분	3	4	초
-	2	7	분	5	5	초
	1	4	분	3	9	초

정답: 14분 39초

1시간 42분 2시간 24분 14분 39초 15분 29초

6. 아래 글을 읽고 알맞은 식을 세워 계산한 후, 정답을 로봇에서 찾아 ○표 해 보세요.

① 강아지가 20초 만에 160m를 달려요. 강아지의 평균 속력은 얼마일까요?
$\frac{160m}{20초}$ = 8m/s
정답: 8m/s

② 티노는 4시간 동안 자전거를 52km 타요. 티노의 평균 속력은 얼마일까요?
$\frac{52km}{4시간}$ = 13km/h
정답: 13km/h

③ 자동차가 처음 1시간 25분 동안 175km를, 그 후 1시간 35분 동안 185km를 달렸어요. 자동차의 평균 속력은 얼마일까요?
175km + 185km = 360km
1시간 25분 + 1시간 35분 = 3시간
$\frac{360km}{3시간}$ = 120km/h
정답: 120km/h

④ 기차가 16시 45분에 출발하여 21시 45분에 도착하였어요. 기차가 달린 거리는 총 545km예요. 기차의 평균 속력은 얼마일까요?
$\frac{545km}{5시간}$ = 109km/h
정답: 109km/h

6 m/s 8 m/s 13 km/h 109 km/h 115 km/h 120 km/h

더 생각해 보아요!
피터는 4분 동안 톱질하여 나무판을 3조각으로 잘랐어요. 나무판을 4조각으로 자른다면 시간이 얼마나 걸릴까요?
6분

108 109

108쪽 4번

❶ 아침 연습=1시간 15분
저녁 연습=1시간 35분
1시간 15분+1시간 35분
=2시간 50분

❷ 회사=8시간 25분
체육관=55분
수면=7시간 25분
24시간-(8시간 25분+55분
+7시간 25분)
=24시간-16시간 45분
=7시간 15분

더 생각해 보아요! | 109쪽

3조각을 내려면 톱질을 2번 하면 되므로 톱질을 한 번 할 때마다 2분이 걸려요.
4조각을 내려면 톱질을 3번 해야 하므로 2분×3=6분

110-111쪽

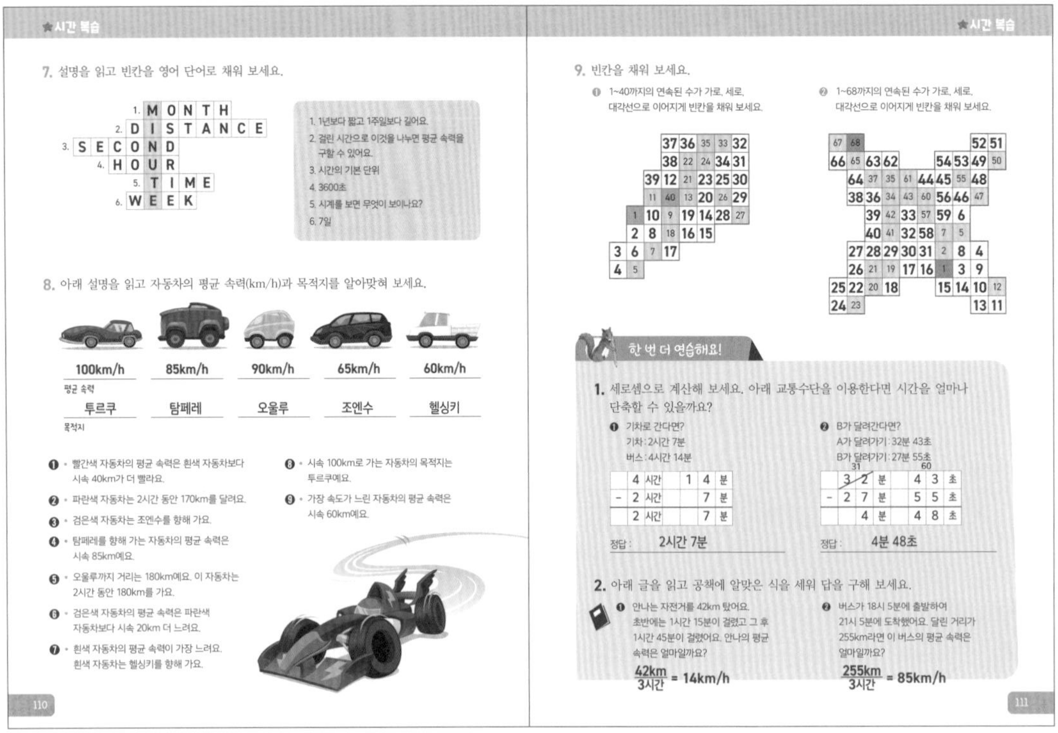

7. 설명을 읽고 빈칸을 영어 단어로 채워 보세요.

1.					M	O	N	T	H		
2.				D	I	S	T	A	N	C	E
3.	S	E	C	O	N	D					
4.			H	O	U	R					
5.					T	I	M	E			
6.				W	E	E	K				

1. 1년보다 짧고 1주일보다 길어요.
2. 걸린 시간으로 이것을 나누면 평균 속력을 구할 수 있어요.
3. 시간의 기본 단위
4. 3600초
5. 시계를 보면 무엇이 보이나요?
6. 7일

8. 아래 설명을 읽고 자동차의 평균 속력(km/h)과 목적지를 알아맞혀 보세요.

평균 속력	100km/h	85km/h	90km/h	65km/h	60km/h
목적지	투르쿠	탐페레	오울루	조엔수	헬싱키

❶ • 빨간색 자동차의 평균 속력은 흰색 자동차보다 시속 40km가 더 빨라요.
❷ • 파란색 자동차는 2시간 동안 170km를 달려요.
❸ • 검은색 자동차는 조엔수를 향해 가요.
❹ • 탐페레를 향해 가는 자동차의 평균 속력은 시속 85km예요.
❺ • 오울루까지 거리는 180km예요. 이 자동차는 2시간 동안 180km를 가요.
❻ • 검은색 자동차의 평균 속력은 파란색 자동차보다 시속 20km 더 느려요.
❼ • 흰색 자동차의 평균 속력이 가장 느려요. 흰색 자동차는 헬싱키를 향해 가요.
❽ • 시속 100km로 가는 자동차의 목적지는 투르쿠예요.
❾ • 가장 속도가 느린 자동차의 평균 속력은 시속 60km예요.

9. 빈칸을 채워 보세요.

❶ 1~40까지의 연속된 수가 가로, 세로, 대각선으로 이어지게 빈칸을 채워 보세요.

			37	36	35	33	32
			38	22	24	34	31
		39	12	21	23	25	30
		11	40	13	20	26	29
	1	10	9	19	14	28	27
	2	8	18	16	15		
3	6	7	17				
4	5						

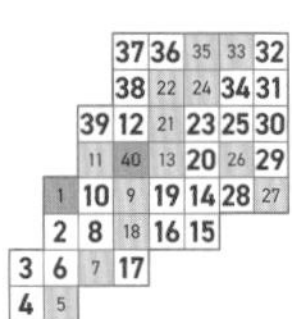

❷ 1~68까지의 연속된 수가 가로, 세로, 대각선으로 이어지게 빈칸을 채워 보세요.

67	68							52	51
66	65	63	62			54	53	49	50
	64	37	35	61	44	45	55	48	
	38	36	34	43	60	56	46	47	
		39	42	33	57	59	6		
		40	41	32	58	7	5		
	27	28	29	30	31	2	8	4	
	26	21	19	17	16	1	3	9	
25	22	20	18			15	14	10	12
24	23							13	11

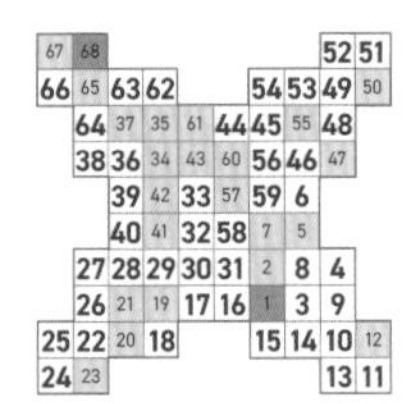

한 번 더 연습해요!

1. 세로셈으로 계산해 보세요. 아래 교통수단을 이용한다면 시간을 얼마나 단축할 수 있을까요?

❶ 기차로 간다면?
기차 : 2시간 7분
버스 : 4시간 14분

	4	시간		1	4	분
-	2	시간			7	분
	2	시간			7	분

정답 : 2시간 7분

❷ B가 달려간다면?
A가 달려가기 : 32분 43초
B가 달려가기 : 27분 55초

	3 (31)	~~2~~	분		4 (60)	3	초
-	2	7	분		5	5	초
		4	분		4	8	초

정답 : 4분 48초

2. 아래 글을 읽고 공책에 알맞은 식을 세워 답을 구해 보세요.

❶ 안나는 자전거를 42km 탔어요. 초반에는 1시간 15분이 걸렸고 그 후 1시간 45분이 걸렸어요. 안나의 평균 속력은 얼마일까요?

$\frac{42km}{3시간}$ = 14km/h

❷ 버스가 18시 5분에 출발하여 21시 5분에 도착했어요. 달린 거리가 255km라면 이 버스의 평균 속력은 얼마일까요?

$\frac{255km}{3시간}$ = 85km/h

MEMO

110쪽 8번

	●	●	●	●	○
평균 속력	100km/h	85km/h	90km/h	65km/h	60km/h
목적지	투르쿠	탐페레	오울루	조엔수	헬싱키

❷ 파란색 자동차는 2시간 동안 170km를 달려요. $\frac{170km}{2시간}$ =85km/h
❸ 검은색 자동차는 조엔수를 향해 가요.
❹ 탐페레를 향해 가는 자동차의 평균 속력은 시속 85km예요.
❻ 검은색 자동차의 평균 속력은 파란색 자동차보다 시속 20km 더 느려요.
85km/h-20km/h=65km/h
❼ 흰색 자동차는 헬싱키를 향해 가요. 흰색 자동차의 평균 속력이 가장 느려요.
❾ 가장 속도가 느린 자동차의 평균 속력은 시속 60km예요.
❶ 빨간색 자동차의 평균 속력은 흰색 자동차보다 시속 40km가 더 빨라요.
60km/h+40km/h=100km/h
❽ 시속 100km로 가는 자동차의 목적지는 투르쿠예요.
❺ 오울루까지 거리는 180km예요. 이 자동차는 2시간 동안 180km를 가요. $\frac{180km}{2시간}$ =90km/h

12-113쪽

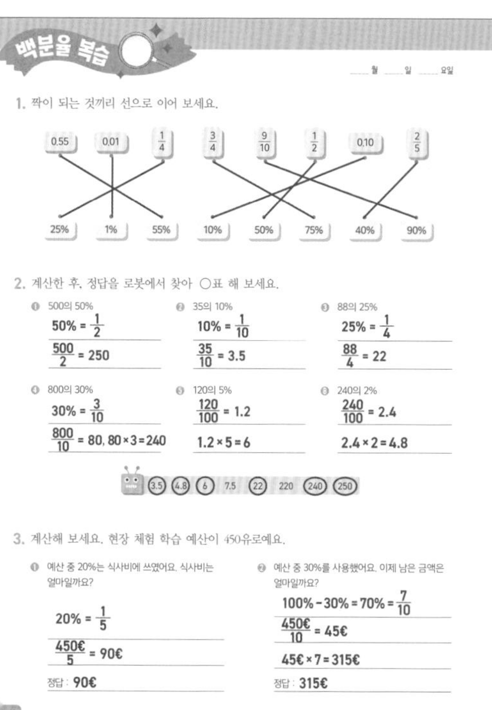

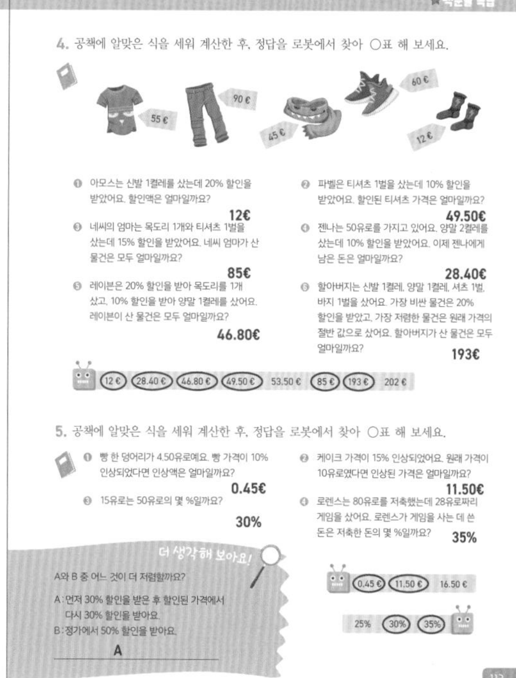

113쪽 5번

❶ $\frac{4.50€}{10}$=0.45€

❷ $\frac{10€}{100}$=0.10€

0.10€×15=1.50€

10€+1.50€=11.50€

❸ $\frac{^{2)}15}{50}=\frac{30}{100}$=30%

❹ $\frac{28^{(4}}{80}=\frac{^{5)}7}{20}=\frac{35}{100}$=35%

더 생각해 보아요! | 113쪽

가격을 100유로라 가정하고 계산하여 비교해 보세요.

A:100€-30€=70€

$\frac{70€}{100}$=0.70€, 0.70€×30=21€

70€-21€=49€

B: $\frac{100}{2}$=50€

정답:A가 더 저렴해요.

MEMO

113쪽 4번

❶ 20%=$\frac{1}{5}$, $\frac{60€}{5}$=12€ 정답:12€

❷ 10%=$\frac{1}{10}$, $\frac{55€}{10}$=5.5€, 55€-5.5€=49.50€ 정답:49.50€

❸ 45€+55€=100€, $\frac{100€}{100}$=1€, 1€×15=15€, 100€-15€=85€ 정답:85€

❹ 12€+12€=24€, $\frac{24€}{10}$=2.40€, 24€-2.40€=21.60€, 50€-21.60€=28.40€ 정답:28.40€

❺ 목도리 : 20%=$\frac{1}{5}$, $\frac{45€}{5}$=9€, 45€-9€=36€

양말 : 10%=$\frac{1}{10}$, $\frac{12€}{10}$=1.20€, 12€-1.20€=10.80€

36€+10.80€=46.80€ 정답:46.80€

❻ 20%=$\frac{1}{5}$, $\frac{90€}{5}$=18€, 90€-18€=72€

50%=$\frac{1}{2}$, $\frac{12€}{2}$=6€

60€+6€+55€+72€=193€

정답:193€

114-115쪽

6. 빈칸을 채워 표를 완성해 보세요.

100%	50%	25%	10%	5%	1%
400	200	**100**	**40**	**20**	**4**
200	**100**	**50**	**20**	**10**	**2**
700	**350**	**175**	**70**	**35**	7
300	**150**	**75**	30	**15**	**3**
160	**80**	40	**16**	**8**	**1.6**

7. 몇 %인지 계산해 보세요.

❶ 2명 중 1명의 핀란드 사람 **50%**
❷ 10권 중 3권의 책 **30%**
❸ 10개 중 1개 **10%**
❹ 학생 5명 중 1명 **20%**
❺ 선수의 $\frac{1}{4}$ **25%**
❻ 1시간의 $\frac{1}{4}$ **25%**

8. 밴드 연습 시간이 언제인지 알아맞혀 보세요.

- 요나스는 어느 요일이든 괜찮아요.
- 마티아스는 월요일이나 화요일에 연습에 참여할 수 없어요.
- 키티는 수요일과 목요일에 아무 때나 올 수 있고 금요일 19시 이전도 괜찮아요.
- 마틴은 금요일, 토요일, 일요일에 올 수 없어요.
- 조슈아는 목요일 18시 이후를 제외하고 언제든 올 수 있어요.
- 세라는 화요일, 목요일, 금요일마다 올 수 있어요.

밴드 연습은 **목요일 18시 이전**에 있어요.

9. 상자에 색연필 30자루와 연필 75자루가 있어요. 색연필 30자루가 60%가 되려면 연필을 몇 자루 빼야 될까요?

55자루

10. 아래 글을 읽고 질문에 답해 보세요.

파란색(B)과 노란색(Y) 용기에 각각 물 100L가 있어요.

❶ 파란색 용기의 물 20%를 노란색 용기에 부은 다음 노란색 용기의 물 20%를 파란색 용기에 다시 부었어요. 파란색 용기와 노란색 용기에 담긴 물은 각각 몇 리터일까요?
파란색 용기 **104L** 노란색 용기 **96L**

❷ 파란색 용기의 물 50%를 노란색 용기에 부은 다음 노란색 용기의 물 40%를 파란색 용기에 부었어요. 파란색 용기와 노란색 용기에 담긴 물은 각각 몇 리터일까요?
파란색 용기 **110L** 노란색 용기 **90L**

❸ 파란색 용기의 물 40%를 노란색 용기에 부은 다음 노란색 용기의 물 30%를 파란색 용기에 부었어요. 파란색 용기와 노란색 용기에 담긴 물은 각각 몇 리터일까요?
파란색 용기 **102L** 노란색 용기 **98L**

❹ 파란색 용기의 물 30%를 노란색 용기에 부은 다음 노란색 용기의 물 20%를 파란색 용기에 부었어요. 파란색 용기와 노란색 용기에 담긴 물은 각각 몇 리터일까요?
파란색 용기 **96L** 노란색 용기 **104L**

한 번 더 연습해요!

1. 계산해 보세요.

❶ 50의 20%
$20\% = \frac{1}{5}$
$\frac{50}{5} = 10$

❷ 48의 50%
$50\% = \frac{1}{2}$
$\frac{48}{2} = 24$

❸ 44의 25%
$25\% = \frac{1}{4}$
$\frac{44}{4} = 11$

❹ 200의 8%
$\frac{200}{100} = 2$
$2 \times 8 = 16$

❺ 140의 3%
$\frac{140}{100} = 1.4$
$1.4 \times 3 = 4.2$

❻ 300의 33%
$\frac{300}{100} = 3$
$3 \times 33 = 99$

2. 아래 글을 읽고 공책에 계산해 보세요.

❶ 아론은 50유로짜리 키보드를 40% 할인을 받아 샀어요. 할인된 키보드의 가격은 얼마일까요?
30€

❷ 배드민턴을 1시간 치는 데 드는 비용이 22유로예요. 가격이 5% 인상되었다면 인상된 가격은 얼마일까요?
23.10 €

114쪽 9번

60%는 30자루이므로
20%는 10자루, 100%는
50자루예요.
40%=50-30=20
75-20=55
정답:연필 55자루를 빼야 해요

115쪽 10번

❶

파란색 용기	노란색 용기
100L-20L=80L 80L+24L=104L	100L+20L=120L 120L의 20%=24 120L-24L=96L

❷

파란색 용기	노란색 용기
100L-50L=50L 50L+60L=110L	100L+50L=150L 150L의 40%=6 150L-60L=90L

❸

파란색 용기	노란색 용기
100L-40L=60L 60L+42L=102L	100L+40L=140L 140L의 30%=4 140L-42L=98L

❹

파란색 용기	노란색 용기
100L-30L=70L 70L+26L=96L	100L+30L=130 130L의 20%=2 130L-26L=104L

한 번 더 연습해요! | 115쪽

❶ $40\% = \frac{2}{5}$
$\frac{50€}{5}$=10€, 10€×2=20
50€-20€=30€

❷ $\frac{22€}{100}$=0.22€
0.22€×5=1.10€
22€+1.10€=23.10€

MEMO

114쪽 8번

밴드 가능 시간표

	월	화	수	목	금	토
요나스	○	○	○	○	○	○
마티아스			○	○	○	○
키티			○	○	19시 이전	
마틴	○	○	○	○		
조슈아	○	○	○	18시 이전	○	○
세라		○		○	○	

모두 가능한 시간은 목요일 오전 18시 이전이에요.

116쪽

놀이 수학

탈것을 골라라!

인원 : 2명　준비물 : 주사위 1개, 색연필

주사위				
⚀	4시간 = **240** 분	0.5시간 = **30** 분	3일 = **72** 시간	4년 = **48** 개월
⚁	$\frac{240km}{6시간}$ = **40** km/h	6분 = **360** 초	$\frac{3200km}{8시간}$ = **400** km/h	420분 = **7** 시간
⚂	$\frac{210km}{7시간}$ = **30** km/h	180초 = **3** 분	36시간 = **1.5** 일	$\frac{55m}{10초}$ = **5.5** m/s
⚃	28일 = **4** 주	$\frac{180km}{4시간}$ = **45** km/h	150분 = **2.5** 시간	2분 = **120** 초
⚄	2년 = **24** 개월	60개월 = **5** 년	$\frac{1250km}{10시간}$ = **125** km/h	300초 = **5** 분
⚅	$\frac{315km}{3시간}$ = **105** km/h	3주 = **21** 일	$\frac{560km}{8시간}$ = **70** km/h	$\frac{21m}{3초}$ = **7** m/s

120초　7m/s　240분　72시간　24개월　70km/h
5분　30km/h　4주　3분　1.5일　2.5시간
400km/h　360초
30분　7시간　40km/h　45km/h　5년
48개월　125km/h　5.5m/s　105km/h　21일

놀이 방법

1. 한 사람의 교재를 이용하세요.
2. 순서를 정해 주사위를 굴려요. 나온 주사위 눈은 문제를 선택할 수 있는 줄을 나타내요. 예를 들어 주사위를 굴려 3이 나왔다면 주사위 눈 3이 있는 줄의 4칸 중 한 칸을 골라 문제를 푸세요.
3. 고른 문제에 X표 하고 자신이 정한 색으로 정답이 있는 탈것을 찾아 색칠하세요.
4. 주사위 눈에 해당하는 줄의 모든 문제를 풀었거나 문제를 풀지 못한다면 순서는 다음 참가자에게 넘어가요.
5. 12개의 탈것을 먼저 색칠하는 사람이 놀이에서 이겨요.

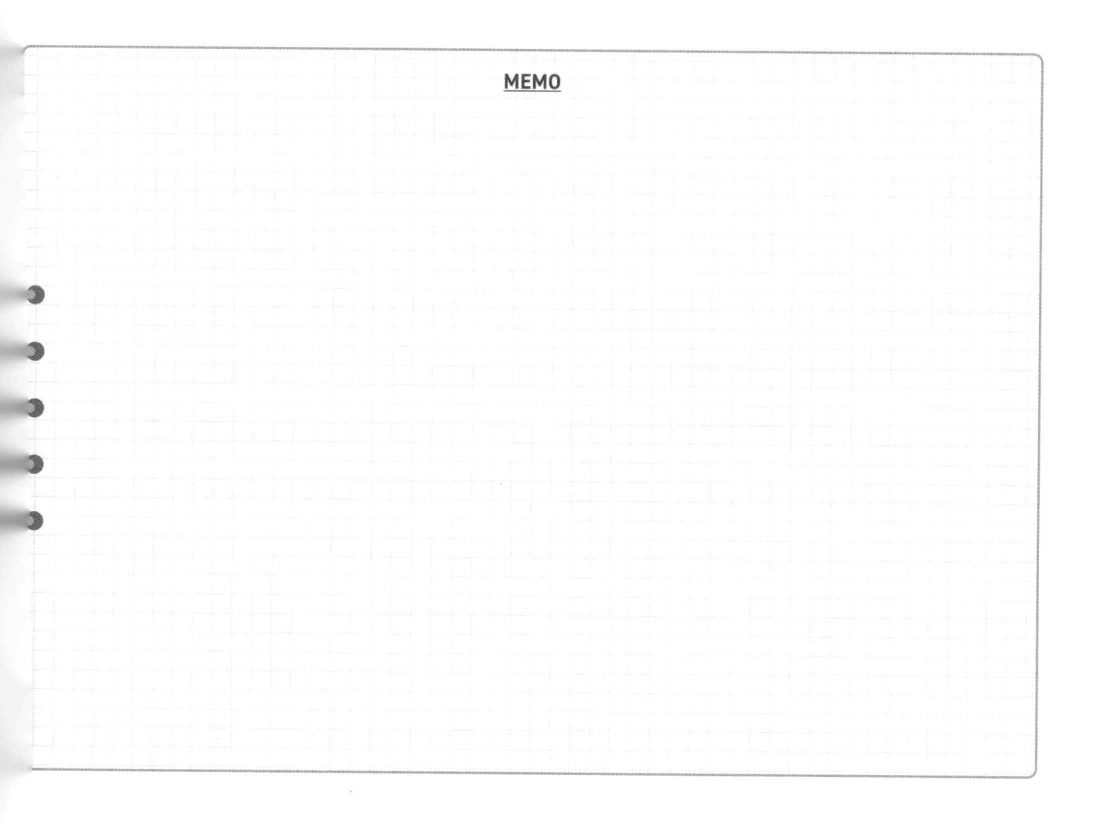

핀란드 6학년 수학 교과서 6-2

정답과 해설

2권

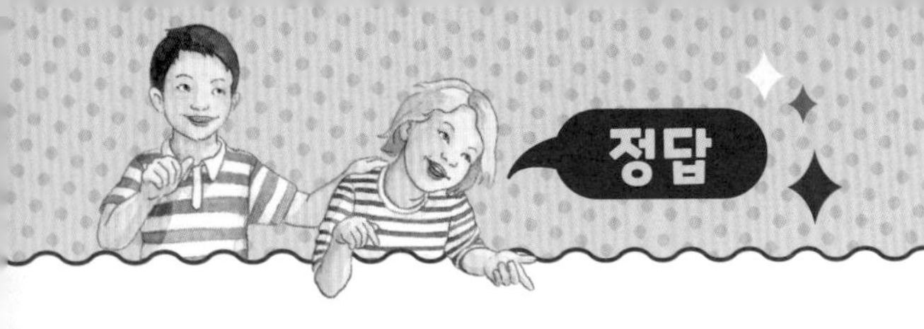

8-9쪽

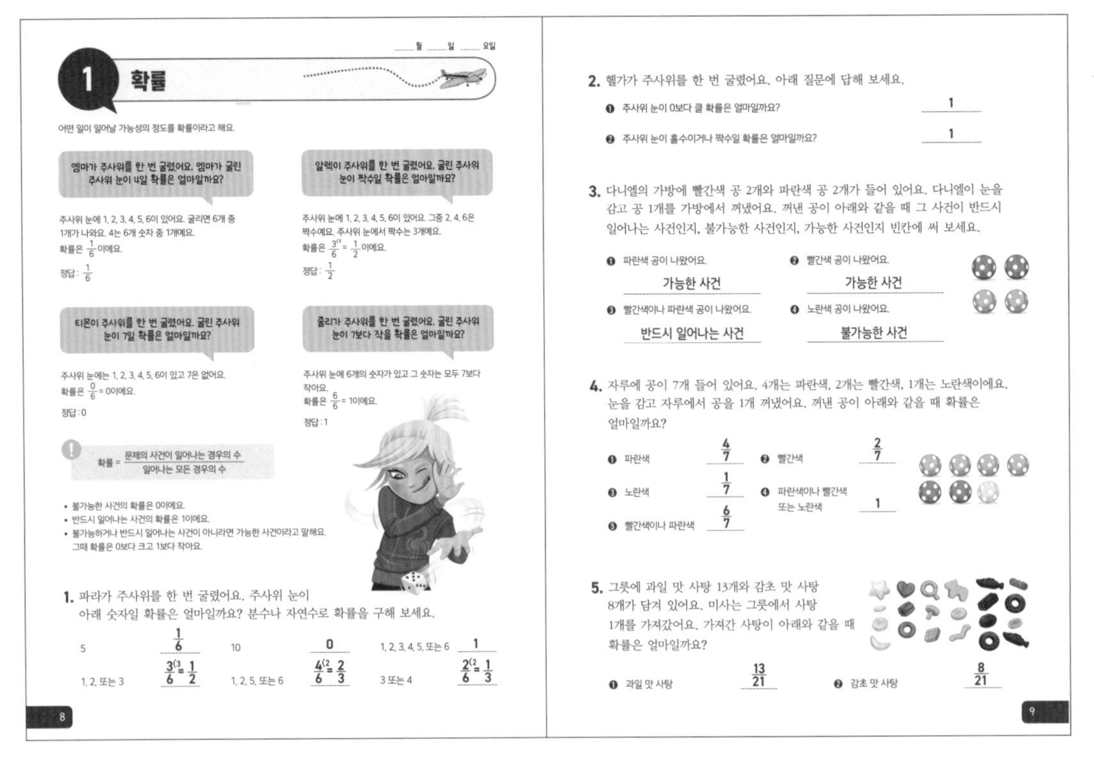

_____월 _____일 _____요일

1 확률

어떤 일이 일어날 가능성의 정도를 확률이라고 해요.

엠마가 주사위를 한 번 굴렸어요. 엠마가 굴린 주사위 눈이 4일 확률은 얼마일까요?

주사위 눈에 1, 2, 3, 4, 5, 6이 있어요. 굴리면 6개 중 1개가 나와요. 4는 6개 숫자 중 1개예요.
확률은 $\frac{1}{6}$이에요.

정답 : $\frac{1}{6}$

알렉이 주사위를 한 번 굴렸어요. 굴린 주사위 눈이 짝수일 확률은 얼마일까요?

주사위 눈에 1, 2, 3, 4, 5, 6이 있어요. 그중 2, 4, 6은 짝수예요. 주사위 눈에서 짝수는 3개예요.
확률은 $\frac{3^{(3}}{6}=\frac{1}{2}$이에요.

정답 : $\frac{1}{2}$

티몬이 주사위를 한 번 굴렸어요. 굴린 주사위 눈이 7일 확률은 얼마일까요?

주사위 눈에는 1, 2, 3, 4, 5, 6이 있고 7은 없어요.
확률은 $\frac{0}{6}=0$이에요.

정답 : 0

줄리가 주사위를 한 번 굴렸어요. 굴린 주사위 눈이 7보다 작을 확률은 얼마일까요?

주사위 눈에 6개의 숫자가 있고 그 숫자는 모두 7보다 작아요.
확률은 $\frac{6}{6}=1$이에요.

정답 : 1

! 확률 = $\frac{\text{문제의 사건이 일어나는 경우의 수}}{\text{일어나는 모든 경우의 수}}$

- 불가능한 사건의 확률은 0이에요.
- 반드시 일어나는 사건의 확률은 1이에요.
- 불가능하거나 반드시 일어나는 사건이 아니라면 가능한 사건이라고 말해요. 그때 확률은 0보다 크고 1보다 작아요.

1. 파라가 주사위를 한 번 굴렸어요. 주사위 눈이 아래 숫자일 확률은 얼마일까요? 분수나 자연수로 확률을 구해 보세요.

5 $\frac{1}{6}$ 10 0 1, 2, 3, 4, 5, 또는 6 1

1, 2, 또는 3 $\frac{3^{(3}}{6}=\frac{1}{2}$ 1, 2, 5, 또는 6 $\frac{4^{(2}}{6}=\frac{2}{3}$ 3 또는 4 $\frac{2^{(2}}{6}=\frac{1}{3}$

8

2. 헬가가 주사위를 한 번 굴렸어요. 아래 질문에 답해 보세요.

❶ 주사위 눈이 0보다 클 확률은 얼마일까요? 1

❷ 주사위 눈이 홀수이거나 짝수일 확률은 얼마일까요? 1

3. 다니엘의 가방에 빨간색 공 2개와 파란색 공 2개가 들어 있어요. 다니엘이 눈을 감고 공 1개를 가방에서 꺼냈어요. 꺼낸 공이 아래와 같을 때 그 사건이 반드시 일어나는 사건인지, 불가능한 사건인지, 가능한 사건인지 빈칸에 써 보세요.

❶ 파란색 공이 나왔어요. **가능한 사건**

❷ 빨간색 공이 나왔어요. **가능한 사건**

❸ 빨간색이나 파란색 공이 나왔어요. **반드시 일어나는 사건**

❹ 노란색 공이 나왔어요. **불가능한 사건**

4. 자루에 공이 7개 들어 있어요. 4개는 파란색, 2개는 빨간색, 1개는 노란색이에요. 눈을 감고 자루에서 공을 1개 꺼냈어요. 꺼낸 공이 아래와 같을 때 확률은 얼마일까요?

❶ 파란색 $\frac{4}{7}$ ❷ 빨간색 $\frac{2}{7}$

❸ 노란색 $\frac{1}{7}$ ❹ 파란색이나 빨간색 또는 노란색 1

❺ 빨간색이나 파란색 $\frac{6}{7}$

5. 그릇에 과일 맛 사탕 13개와 감초 맛 사탕 8개가 담겨 있어요. 미사는 그릇에서 사탕 1개를 가져갔어요. 가져간 사탕이 아래와 같을 때 확률은 얼마일까요?

❶ 과일 맛 사탕 $\frac{13}{21}$ ❷ 감초 맛 사탕 $\frac{8}{21}$

9

보충 가이드 | 8쪽

확률이란, 일어나는 모든 경우의 수와 특정한 사건이 일어날 경우의 수의 비를 뜻해요. 그래서 항상 0 이상 1 이하의 값을 가져요. 절대 일어날 수 없는 사건은 0, 반드시 일어나는 사건은 1이에요.

10-11쪽

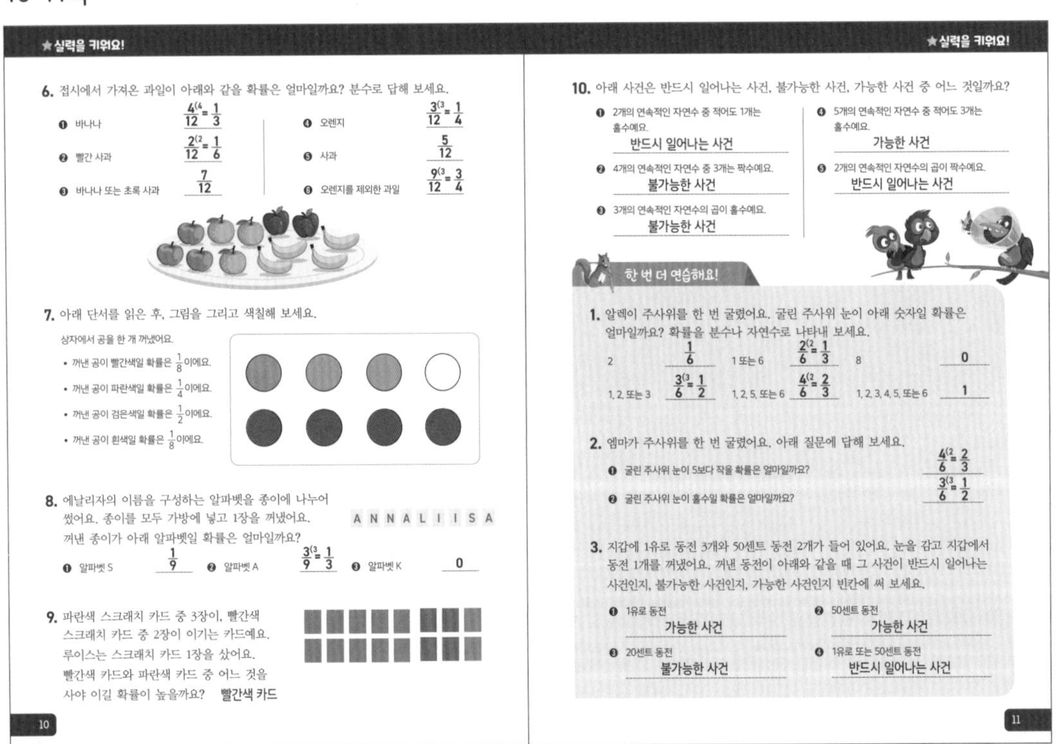

★실력을 키워요!

6. 접시에서 가져온 과일이 아래와 같을 확률은 얼마일까요? 분수로 답해 보세요.

❶ 바나나 $\frac{4^{(4}}{12}=\frac{1}{3}$ ❹ 오렌지 $\frac{3^{(3}}{12}=\frac{1}{4}$

❷ 빨간 사과 $\frac{2^{(2}}{12}=\frac{1}{6}$ ❺ 사과 $\frac{5}{12}$

❸ 바나나 또는 초록 사과 $\frac{7}{12}$ ❻ 오렌지를 제외한 과일 $\frac{9^{(3}}{12}=\frac{3}{4}$

7. 아래 단서를 읽은 후, 그림을 그리고 색칠해 보세요.

상자에서 공을 한 개 꺼냈어요.

- 꺼낸 공이 빨간색일 확률은 $\frac{1}{8}$이에요.
- 꺼낸 공이 파란색일 확률은 $\frac{1}{4}$이에요.
- 꺼낸 공이 검은색일 확률은 $\frac{1}{2}$이에요.
- 꺼낸 공이 흰색일 확률은 $\frac{1}{8}$이에요.

8. 에날리자의 이름을 구성하는 알파벳을 종이에 나누어 썼어요. 종이를 모두 가방에 넣고 1장을 꺼냈어요. 꺼낸 종이가 아래 알파벳일 확률은 얼마일까요?

A N N A L I I S A

❶ 알파벳 S $\frac{1}{9}$ ❷ 알파벳 A $\frac{3^{(3}}{9}=\frac{1}{3}$ ❸ 알파벳 K 0

9. 파란색 스크래치 카드 중 3장이, 빨간색 스크래치 카드 중 2장이 이기는 카드예요. 루이스는 스크래치 카드 1장을 샀어요. 빨간색 카드와 파란색 카드 중 어느 것을 사야 이길 확률이 높을까요? **빨간색 카드**

10

★실력을 키워요!

10. 아래 사건은 반드시 일어나는 사건, 불가능한 사건, 가능한 사건 중 어느 것일까요?

❶ 2개의 연속적인 자연수 중 적어도 1개는 홀수예요. **반드시 일어나는 사건**

❷ 4개의 연속적인 자연수 중 3개는 짝수예요. **불가능한 사건**

❸ 3개의 연속적인 자연수의 곱이 홀수예요. **불가능한 사건**

❹ 5개의 연속적인 자연수 중 적어도 3개는 홀수예요. **가능한 사건**

❺ 2개의 연속적인 자연수의 곱이 짝수예요. **반드시 일어나는 사건**

한 번 더 연습해요!

1. 알렉이 주사위를 한 번 굴렸어요. 굴린 주사위 눈이 아래 숫자일 확률은 얼마일까요? 확률을 분수나 자연수로 나타내 보세요.

2 $\frac{1}{6}$ 1 또는 6 $\frac{2^{(2}}{6}=\frac{1}{3}$ 8 0

1, 2, 또는 3 $\frac{3^{(3}}{6}=\frac{1}{2}$ 1, 2, 5, 또는 6 $\frac{4^{(2}}{6}=\frac{2}{3}$ 1, 2, 3, 4, 5, 또는 6 1

2. 엠마가 주사위를 한 번 굴렸어요. 아래 질문에 답해 보세요.

❶ 굴린 주사위 눈이 5보다 작을 확률은 얼마일까요? $\frac{4^{(2}}{6}=\frac{2}{3}$

❷ 굴린 주사위 눈이 홀수일 확률은 얼마일까요? $\frac{3^{(3}}{6}=\frac{1}{2}$

3. 지갑에 1유로 동전 3개와 50센트 동전 2개가 들어 있어요. 눈을 감고 지갑에서 동전 1개를 꺼냈어요. 꺼낸 동전이 아래와 같을 때 그 사건이 반드시 일어나는 사건인지, 불가능한 사건인지, 가능한 사건인지 빈칸에 써 보세요.

❶ 1유로 동전 **가능한 사건**

❷ 50센트 동전 **가능한 사건**

❸ 20센트 동전 **불가능한 사건**

❹ 1유로 또는 50센트 동전 **반드시 일어나는 사건**

11

10쪽 9번

이기는 카드를 뽑을 확률 : 파란색 카드 $\frac{3}{10}$, 빨간색 카드 분모를 같게 통분하여 크기 비교해요.

$\frac{3}{10}=\frac{9}{30}$, $\frac{2}{6}=\frac{10}{30}$

$\frac{9}{30}<\frac{10}{30}$이므로 빨간색 카드 사는 게 이기는 카드가 나올 률이 커요.

12-13쪽

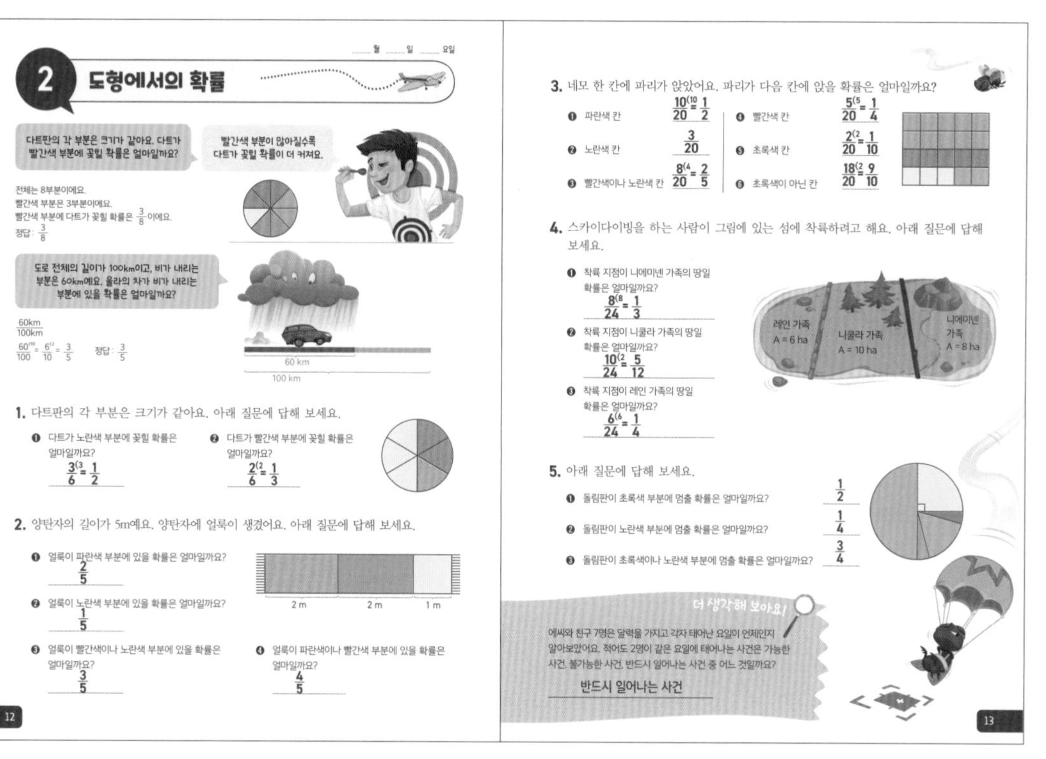

월 일 요일

2 도형에서의 확률

다트판의 각 부분은 크기가 같아요. 다트가 빨간색 부분에 꽂힐 확률은 얼마일까요?

빨간색 부분이 많아질수록 다트가 꽂힐 확률이 더 커져요.

전체는 8부분이에요.
빨간색 부분은 3부분이에요.
빨간색 부분에 다트가 꽂힐 확률은 $\frac{3}{8}$이에요.
정답 : $\frac{3}{8}$

도로 전체의 길이가 100km이고, 비가 내리는 부분은 60km예요. 올라의 차가 비가 내리는 부분에 있을 확률은 얼마일까요?

$\frac{60km}{100km}$

$\frac{60^{(10}}{100} = \frac{6^{(2}}{10} = \frac{3}{5}$ 정답 : $\frac{3}{5}$

60 km
100 km

1. 다트판의 각 부분은 크기가 같아요. 아래 질문에 답해 보세요.

❶ 다트가 노란색 부분에 꽂힐 확률은 얼마일까요? $\frac{3^{(3}}{6} = \frac{1}{2}$

❷ 다트가 빨간색 부분에 꽂힐 확률은 얼마일까요? $\frac{2^{(2}}{6} = \frac{1}{3}$

2. 양탄자의 길이가 5m예요. 양탄자에 얼룩이 생겼어요. 아래 질문에 답해 보세요.

2 m 2 m 1 m

❶ 얼룩이 파란색 부분에 있을 확률은 얼마일까요? $\frac{2}{5}$

❷ 얼룩이 노란색 부분에 있을 확률은 얼마일까요? $\frac{1}{5}$

❸ 얼룩이 빨간색이나 노란색 부분에 있을 확률은 얼마일까요? $\frac{3}{5}$

❹ 얼룩이 파란색이나 빨간색 부분에 있을 확률은 얼마일까요? $\frac{4}{5}$

12

3. 네모 한 칸에 파리가 앉았어요. 파리가 다음 칸에 앉을 확률은 얼마일까요?

❶ 파란색 칸 $\frac{10^{(10}}{20} = \frac{1}{2}$

❷ 노란색 칸 $\frac{3}{20}$

❸ 빨간색이나 노란색 칸 $\frac{8^{(4}}{20} = \frac{2}{5}$

❹ 빨간색 칸 $\frac{5^{(5}}{20} = \frac{1}{4}$

❺ 초록색 칸 $\frac{2^{(2}}{20} = \frac{1}{10}$

❻ 초록색이 아닌 칸 $\frac{18^{(2}}{20} = \frac{9}{10}$

4. 스카이다이빙을 하는 사람이 그림에 있는 섬에 착륙하려고 해요. 아래 질문에 답해 보세요.

❶ 착륙 지점이 니에미넨 가족의 땅일 확률은 얼마일까요? $\frac{8^{(8}}{24} = \frac{1}{3}$

❷ 착륙 지점이 니쿨라 가족의 땅일 확률은 얼마일까요? $\frac{10^{(2}}{24} = \frac{5}{12}$

❸ 착륙 지점이 레인 가족의 땅일 확률은 얼마일까요? $\frac{6^{(6}}{24} = \frac{1}{4}$

레인 가족 A = 6 ha
니쿨라 가족 A = 10 ha
니에미넨 가족 A = 8 ha

5. 아래 질문에 답해 보세요.

❶ 돌림판이 초록색 부분에 멈출 확률은 얼마일까요? $\frac{1}{2}$

❷ 돌림판이 노란색 부분에 멈출 확률은 얼마일까요? $\frac{1}{4}$

❸ 돌림판이 초록색이나 노란색 부분에 멈출 확률은 얼마일까요? $\frac{3}{4}$

더 생각해 보아요!

에씨와 친구 7명은 달력을 가지고 각자 태어난 요일이 언제인지 알아보았어요. 적어도 2명이 같은 요일에 태어나는 사건은 가능한 사건, 불가능한 사건, 반드시 일어나는 사건 중 어느 것일까요?

반드시 일어나는 사건

13

보충 가이드 | 12쪽

확률이란 어떤 사건이 '우연히' 일어날 가능성의 정도를 말해요. 여기서 '우연히'란 사건이 자주 일어나도록 조작하지 않고 자연 그대로 둔다는 것이에요. 가령 주사위에서 특정 숫자가 더 잘 나오도록 조작하지 않고 똑같은 조건이 주어졌을 때 특정 숫자가 나올 가능성을 따지는 것이랍니다.

14-15쪽

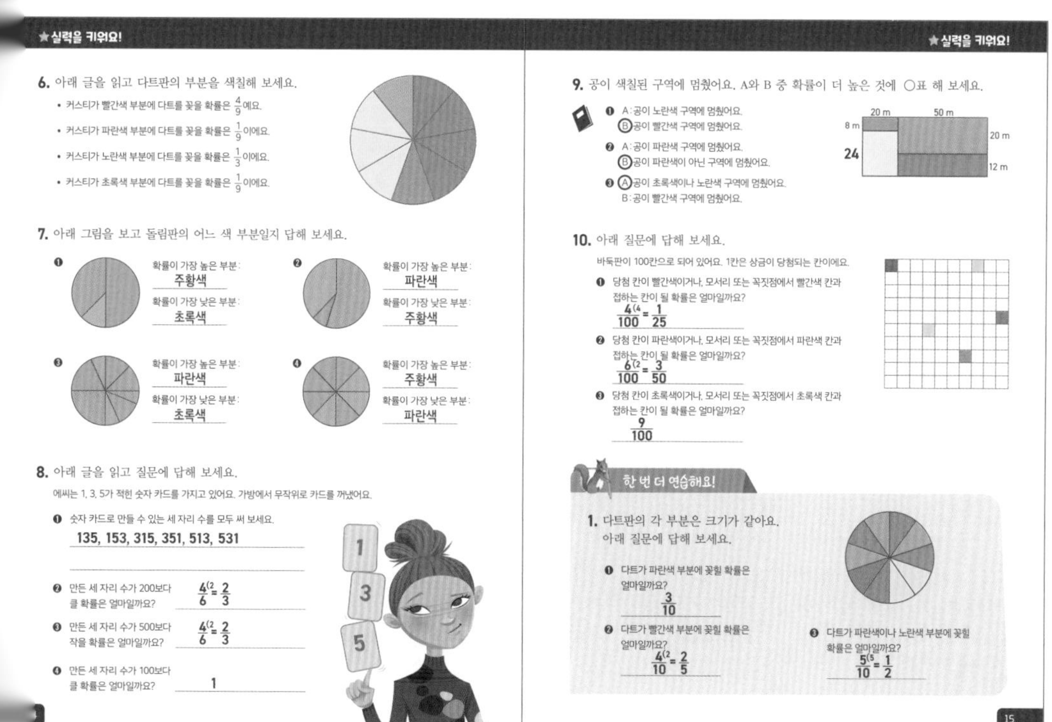

★실력을 키워요!

6. 아래 글을 읽고 다트판의 부분을 색칠해 보세요.

- 커스티가 빨간색 부분에 다트를 꽂을 확률은 $\frac{4}{9}$예요.
- 커스티가 파란색 부분에 다트를 꽂을 확률은 $\frac{1}{9}$이에요.
- 커스티가 노란색 부분에 다트를 꽂을 확률은 $\frac{1}{3}$이에요.
- 커스티가 초록색 부분에 다트를 꽂을 확률은 $\frac{1}{9}$이에요.

7. 아래 그림을 보고 돌림판의 어느 색 부분인지 답해 보세요.

❶ 확률이 가장 높은 부분 : 주황색 / 확률이 가장 낮은 부분 : 초록색

❷ 확률이 가장 높은 부분 : 파란색 / 확률이 가장 낮은 부분 : 주황색

❸ 확률이 가장 높은 부분 : 파란색 / 확률이 가장 낮은 부분 : 초록색

❹ 확률이 가장 높은 부분 : 주황색 / 확률이 가장 낮은 부분 : 파란색

8. 아래 글을 읽고 질문에 답해 보세요.

에씨는 1, 3, 5가 적힌 숫자 카드를 가지고 있어요. 가방에서 무작위로 카드를 꺼냈어요.

❶ 숫자 카드로 만들 수 있는 세 자리 수를 모두 써 보세요.
135, 153, 315, 351, 513, 531

❷ 만든 세 자리 수가 200보다 클 확률은 얼마일까요? $\frac{4^{(2}}{6} = \frac{2}{3}$

❸ 만든 세 자리 수가 500보다 작을 확률은 얼마일까요? $\frac{4^{(2}}{6} = \frac{2}{3}$

❹ 만든 세 자리 수가 100보다 클 확률은 얼마일까요? 1

★실력을 키워요!

9. 공이 색칠된 구역에 멈췄어요. A와 B 중 확률이 더 높은 것에 ○표 해 보세요.

❶ A : 공이 노란색 구역에 멈췄어요.
Ⓑ 공이 빨간색 구역에 멈췄어요.

❷ A : 공이 파란색 구역에 멈췄어요.
Ⓑ 공이 파란색이 아닌 구역에 멈췄어요.

❸ Ⓐ 공이 초록색이나 노란색 구역에 멈췄어요.
B : 공이 빨간색 구역에 멈췄어요.

20 m 50 m 8 m 24 20 m 12 m

10. 아래 질문에 답해 보세요.

바둑판이 100칸으로 되어 있어요. 1칸은 상금이 당첨되는 칸이에요.

❶ 당첨 칸이 빨간색이거나, 모서리 또는 꼭짓점에서 빨간색 칸과 접하는 칸이 될 확률은 얼마일까요? $\frac{4^{(4}}{100} = \frac{1}{25}$

❷ 당첨 칸이 파란색이거나, 모서리 또는 꼭짓점에서 파란색 칸과 접하는 칸이 될 확률은 얼마일까요? $\frac{6^{(2}}{100} = \frac{3}{50}$

❸ 당첨 칸이 초록색이거나, 모서리 또는 꼭짓점에서 초록색 칸과 접하는 칸이 될 확률은 얼마일까요? $\frac{9}{100}$

한 번 더 연습해요!

1. 다트판의 각 부분은 크기가 같아요. 아래 질문에 답해 보세요.

❶ 다트가 파란색 부분에 꽂힐 확률은 얼마일까요? $\frac{3}{10}$

❷ 다트가 빨간색 부분에 꽂힐 확률은 얼마일까요? $\frac{4^{(2}}{10} = \frac{2}{5}$

❸ 다트가 파란색이나 노란색 부분에 꽂힐 확률은 얼마일까요? $\frac{5^{(5}}{10} = \frac{1}{2}$

15

15쪽 9번

색깔 구역의 넓이
초록 20m×8m=160㎡
노랑 20m×24m=480㎡
파랑 50m×20m=1000㎡
빨강 50m×12m=600㎡

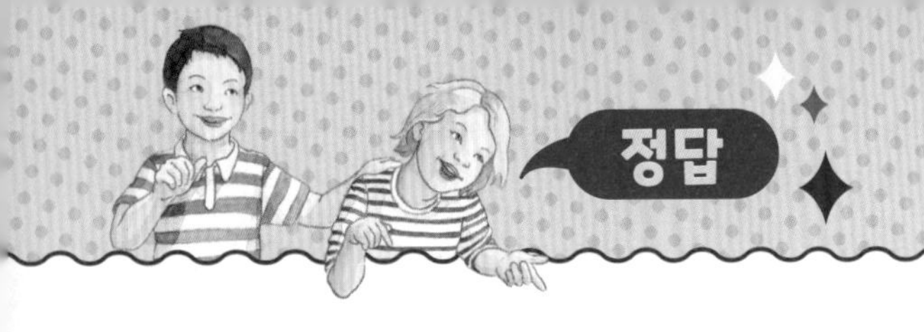

16-17쪽

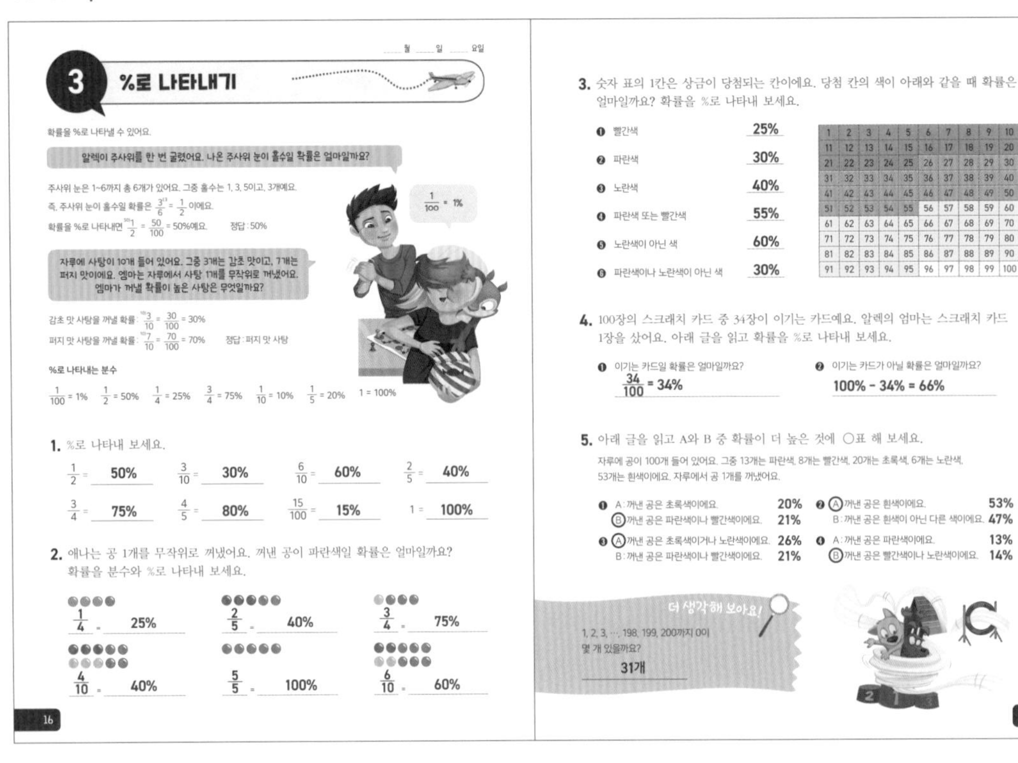

월 일 요일

3 %로 나타내기

확률을 %로 나타낼 수 있어요.

알렉이 주사위를 한 번 굴렸어요. 나온 주사위 눈이 홀수일 확률은 얼마일까요?

주사위 눈은 1~6까지 총 6개가 있어요. 그중 홀수는 1, 3, 5이고, 3개예요.

즉, 주사위 눈이 홀수일 확률은 $\frac{3}{6} = \frac{1}{2}$ 이에요.

확률을 %로 나타내면 $\frac{1}{2} = \frac{50}{100}$ = 50%예요. 정답 : 50%

$\frac{1}{100}$ = 1%

자루에 사탕이 10개 들어 있어요. 그중 3개는 감초 맛이고, 7개는 퍼지 맛이에요. 엠마는 자루에서 사탕 1개를 무작위로 꺼냈어요. 엠마가 꺼낼 확률이 높은 사탕은 무엇일까요?

감초 맛 사탕을 꺼낼 확률 : $\frac{3}{10} = \frac{30}{100}$ = 30%

퍼지 맛 사탕을 꺼낼 확률 : $\frac{7}{10} = \frac{70}{100}$ = 70% 정답 : 퍼지 맛 사탕

%로 나타내는 분수

$\frac{1}{100}$ = 1% $\frac{1}{2}$ = 50% $\frac{1}{4}$ = 25% $\frac{3}{4}$ = 75% $\frac{1}{10}$ = 10% $\frac{1}{5}$ = 20% 1 = 100%

1. %로 나타내 보세요.

$\frac{1}{2}$ = **50%** $\frac{3}{10}$ = **30%** $\frac{6}{10}$ = **60%** $\frac{2}{5}$ = **40%**

$\frac{3}{4}$ = **75%** $\frac{4}{5}$ = **80%** $\frac{15}{100}$ = **15%** 1 = **100%**

2. 에나는 공 1개를 무작위로 꺼냈어요. 꺼낸 공이 파란색일 확률은 얼마일까요? 확률을 분수와 %로 나타내 보세요.

$\frac{1}{4}$ = **25%** $\frac{2}{5}$ = **40%** $\frac{3}{4}$ = **75%**

$\frac{4}{10}$ = **40%** $\frac{5}{5}$ = **100%** $\frac{6}{10}$ = **60%**

16

3. 숫자 표의 1칸은 상금이 당첨되는 칸이에요. 당첨 칸의 색이 아래와 같을 때 확률은 얼마일까요? 확률을 %로 나타내 보세요.

❶ 빨간색 **25%**
❷ 파란색 **30%**
❸ 노란색 **40%**
❹ 파란색 또는 빨간색 **55%**
❺ 노란색이 아닌 색 **60%**
❻ 파란색이나 노란색이 아닌 색 **30%**

1	2	3	4	5	6	7	8	9	10
11	12	13	14	15	16	17	18	19	20
21	22	23	24	25	26	27	28	29	30
31	32	33	34	35	36	37	38	39	40
41	42	43	44	45	46	47	48	49	50
51	52	53	54	55	56	57	58	59	60
61	62	63	64	65	66	67	68	69	70
71	72	73	74	75	76	77	78	79	80
81	82	83	84	85	86	87	88	89	90
91	92	93	94	95	96	97	98	99	100

4. 100장의 스크래치 카드 중 34장이 이기는 카드예요. 알렉의 엄마는 스크래치 카드 1장을 샀어요. 아래 글을 읽고 확률을 %로 나타내 보세요.

❶ 이기는 카드일 확률은 얼마일까요? $\frac{34}{100}$ = **34%**

❷ 이기는 카드가 아닐 확률은 얼마일까요? **100% - 34% = 66%**

5. 아래 글을 읽고 A와 B 중 확률이 더 높은 것에 ○표 해 보세요.

자루에 공이 100개 들어 있어요. 그중 13개는 파란색, 8개는 빨간색, 20개는 초록색, 6개는 노란색, 53개는 흰색이에요. 자루에서 공 1개를 꺼냈어요.

❶ A : 꺼낸 공은 초록색이에요. **20%**
Ⓑ 꺼낸 공은 파란색이나 빨간색이에요. **21%**

❷ Ⓐ 꺼낸 공은 흰색이에요. **53%**
B : 꺼낸 공은 흰색이 아닌 다른 색이에요. **47%**

❸ Ⓐ 꺼낸 공은 초록색이거나 노란색이에요. **26%**
B : 꺼낸 공은 파란색이나 빨간색이에요. **21%**

❹ A : 꺼낸 공은 파란색이에요. **13%**
Ⓑ 꺼낸 공은 빨간색이나 노란색이에요. **14%**

더 생각해 보아요!

1, 2, 3, …, 198, 199, 200까지 0이 몇 개 있을까요?

31개

17

보충 가이드 | 16쪽

확률은 분수로 나타낼 수 있으므로 분모가 100인 백분율로 나타낼 수 있어요. 따라서 0%는 절대 일어날 수 없는 사건이고 100%는 항상 일어나는 사건이 된답니다.

더 생각해 보아요! | 17쪽

1~100까지 11개
101~109까지 9개
110~200까지 11개
1~200까지 0이 총 31개 있어요.

18-19쪽

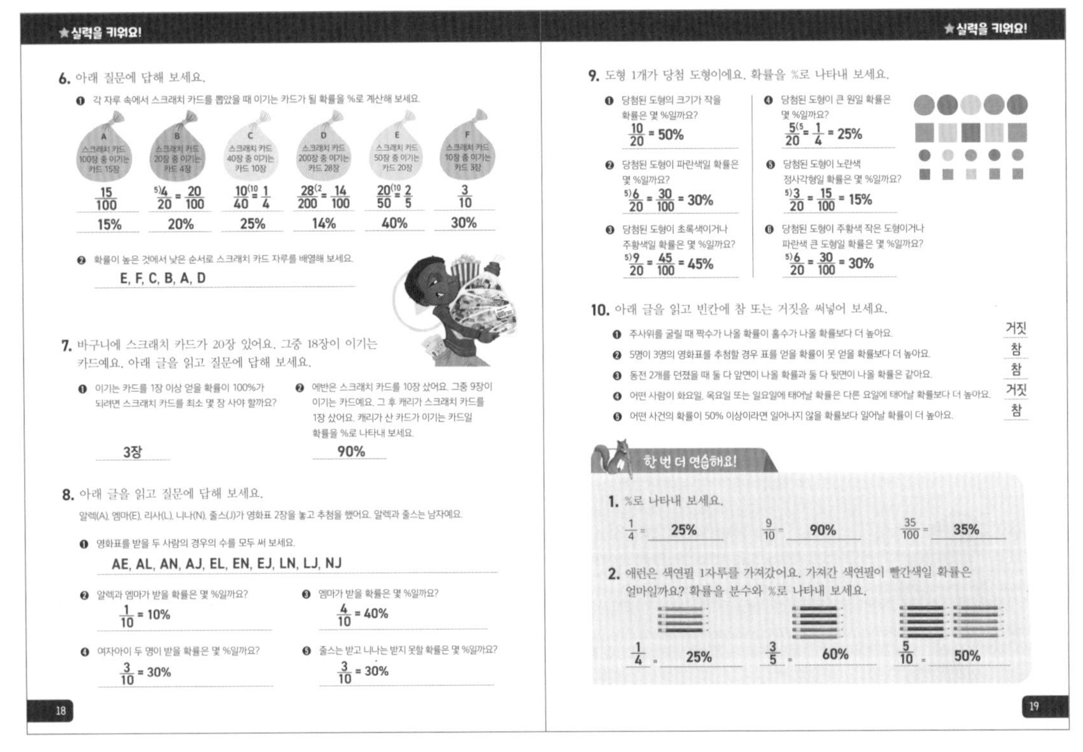

★실력을 키워요!

6. 아래 질문에 답해 보세요.

❶ 각 자루 속에서 스크래치 카드를 뽑았을 때 이기는 카드가 될 확률을 %로 계산해 보세요.

A	B	C	D	E	F
스크래치 카드 100장 중 이기는 카드 15장	스크래치 카드 20장 중 이기는 카드 4장	스크래치 카드 40장 중 이기는 카드 10장	스크래치 카드 200장 중 이기는 카드 28장	스크래치 카드 50장 중 이기는 카드 20장	스크래치 카드 10장 중 이기는 카드 3장
$\frac{15}{100}$	$\frac{4}{20} = \frac{20}{100}$	$\frac{10}{40} = \frac{1}{4}$	$\frac{28}{200} = \frac{14}{100}$	$\frac{20}{50} = \frac{2}{5}$	$\frac{3}{10}$
15%	20%	25%	14%	40%	30%

❷ 확률이 높은 것에서 낮은 순서로 스크래치 카드 자루를 배열해 보세요.

E, F, C, B, A, D

7. 바구니에 스크래치 카드가 20장 있어요. 그중 18장이 이기는 카드예요. 아래 글을 읽고 질문에 답해 보세요.

❶ 이기는 카드를 1장 이상 얻을 확률이 100%가 되려면 스크래치 카드를 최소 몇 장 사야 할까요? **3장**

❷ 에반은 스크래치 카드를 10장 샀어요. 그중 9장이 이기는 카드예요. 그 후 캐리가 스크래치 카드를 1장 샀어요. 캐리가 산 카드가 이기는 카드일 확률을 %로 나타내 보세요. **90%**

8. 아래 글을 읽고 질문에 답해 보세요.

알렉(A), 엠마(E), 리사(L), 니나(N), 줄스(J)가 영화표 2장을 놓고 추첨을 했어요. 알렉과 줄스는 남자예요.

❶ 영화표를 받을 두 사람의 경우의 수를 모두 써 보세요.
AE, AL, AN, AJ, EL, EN, EJ, LN, LJ, NJ

❷ 알렉과 엠마가 받을 확률은 몇 %일까요? $\frac{1}{10}$ = **10%**

❸ 엠마가 받을 확률은 몇 %일까요? $\frac{4}{10}$ = **40%**

❹ 여자아이 두 명이 받을 확률은 몇 %일까요? $\frac{3}{10}$ = **30%**

❺ 줄스는 받고 니나는 받지 못할 확률은 몇 %일까요? $\frac{3}{10}$ = **30%**

18

★실력을 키워요!

9. 도형 1개가 당첨 도형이에요. 확률을 %로 나타내 보세요.

❶ 당첨된 도형의 크기가 작을 확률은 몇 %일까요? $\frac{10}{20}$ = **50%**

❷ 당첨된 도형이 파란색일 확률은 몇 %일까요? $\frac{6}{20} = \frac{30}{100}$ = **30%**

❸ 당첨된 도형이 초록색이거나 주황색일 확률은 몇 %일까요? $\frac{9}{20} = \frac{45}{100}$ = **45%**

❹ 당첨된 도형이 큰 원일 확률은 몇 %일까요? $\frac{5}{20} = \frac{1}{4}$ = **25%**

❺ 당첨된 도형이 노란색 정사각형일 확률은 몇 %일까요? $\frac{3}{20} = \frac{15}{100}$ = **15%**

❻ 당첨된 도형이 주황색 작은 도형이거나 파란색 큰 도형일 확률은 몇 %일까요? $\frac{6}{20} = \frac{30}{100}$ = **30%**

10. 아래 글을 읽고 빈칸에 참 또는 거짓을 써넣어 보세요.

❶ 주사위를 굴릴 때 짝수가 나올 확률이 홀수가 나올 확률보다 더 높아요. **거짓**
❷ 5명이 3명의 영화표를 추첨할 경우 표를 얻을 확률이 못 얻을 확률보다 더 높아요. **참**
❸ 동전 2개를 던졌을 때 둘 다 앞면이 나올 확률과 둘 다 뒷면이 나올 확률은 같아요. **참**
❹ 어떤 사람이 화요일, 목요일 또는 일요일에 태어날 확률은 다른 요일에 태어날 확률보다 더 높아요. **거짓**
❺ 어떤 사건의 확률이 50% 이상이라면 일어나지 않을 확률보다 일어날 확률이 더 높아요. **참**

한 번 더 연습해요!

1. %로 나타내 보세요.

$\frac{1}{4}$ = **25%** $\frac{9}{10}$ = **90%** $\frac{35}{100}$ = **35%**

2. 애런은 색연필 1자루를 가져갔어요. 가져간 색연필이 빨간색일 확률은 얼마일까요? 확률을 분수와 %로 나타내 보세요.

$\frac{1}{4}$ = **25%** $\frac{3}{5}$ = **60%** $\frac{5}{10}$ = **50%**

19

18쪽 7번

❶ 3장의 스크래치 카드를 다면 적어도 1장은 이기 카드예요. 이기는 카드가 닌 카드는 2장이기 때문에요.

❷ 20-10=10, 10장의 스크 치 카드가 남았으며, 그중 장이 이기는 카드예요. $\frac{9}{10}$=90%

19쪽 10번

❶ 주사위를 굴릴 때 짝수가 올 확률과 홀수가 나올 확 은 같아요.

❹ 화요일, 목요일, 또는 일 에 태어날 확률은 $\frac{3}{7}$이고 른 요일에 태어날 확률 예요.

❺ 반드시 일어나는 사건의 률은 100%이므로, 어떤 건의 확률이 50% 이 라면 일어나지 않을 확 50%보다 작아요.

20-21쪽

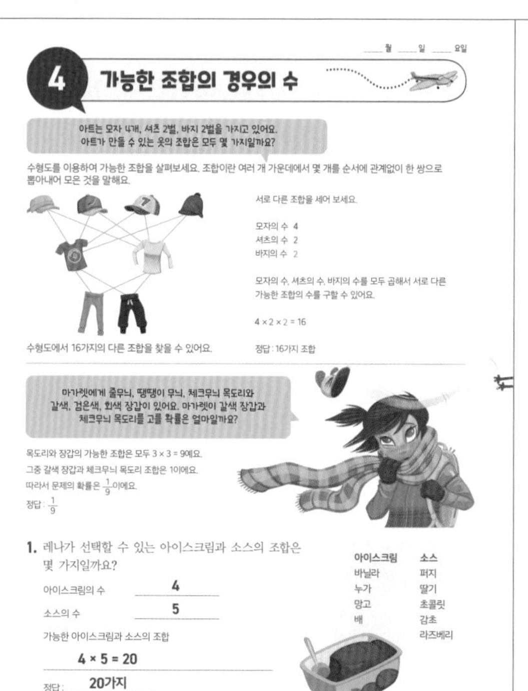

___월 ___일 ___요일

4 가능한 조합의 경우의 수

아트는 모자 4개, 셔츠 2벌, 바지 2벌을 가지고 있어요. 아트가 만들 수 있는 옷의 조합은 모두 몇 가지일까요?

수형도를 이용하여 가능한 조합을 살펴보세요. 조합이란 여러 개 가운데에서 몇 개를 순서에 관계없이 한 쌍으로 뽑아내어 모은 것을 말해요.

서로 다른 조합을 세어 보세요.

모자의 수 4
셔츠의 수 2
바지의 수 2

모자의 수, 셔츠의 수, 바지의 수를 모두 곱해서 서로 다른 가능한 조합의 수를 구할 수 있어요.

4 × 2 × 2 = 16

수형도에서 16가지의 다른 조합을 찾을 수 있어요.

정답 : 16가지 조합

마가렛에게 줄무늬, 땡땡이 무늬, 체크무늬 목도리와 갈색, 검은색, 회색 장갑이 있어요. 마가렛이 갈색 장갑과 체크무늬 목도리를 고를 확률은 얼마일까요?

목도리와 장갑의 가능한 조합은 모두 3 × 3 = 9예요.
그중 갈색 장갑과 체크무늬 목도리 조합은 1이에요.
따라서 문제의 확률은 $\frac{1}{9}$이에요.
정답 : $\frac{1}{9}$

1. 레나가 선택할 수 있는 아이스크림과 소스의 조합은 몇 가지일까요?

아이스크림	소스
바닐라	퍼지
누가	딸기
망고	초콜릿
배	감초
	라즈베리

아이스크림의 수 **4**
소스의 수 **5**
가능한 아이스크림과 소스의 조합
4 × 5 = 20
정답 : **20가지**

20

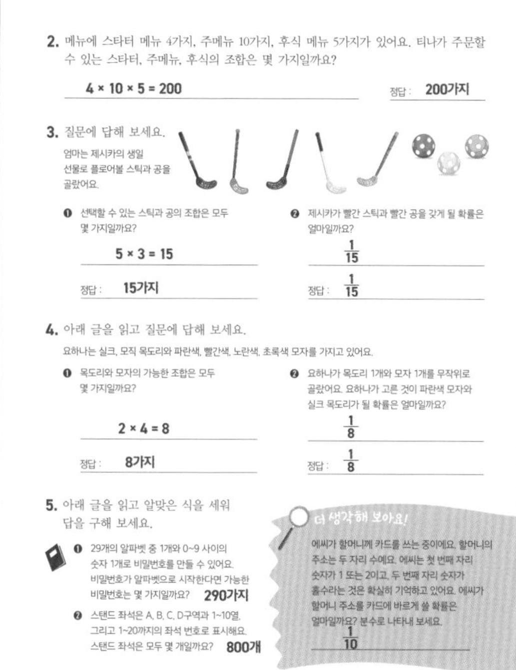

2. 메뉴에 스타터 메뉴 4가지, 주메뉴 10가지, 후식 메뉴 5가지가 있어요. 티나가 주문할 수 있는 스타터, 주메뉴, 후식의 조합은 몇 가지일까요?

4 × 10 × 5 = 200 정답 : **200가지**

3. 질문에 답해 보세요.
엄마는 제시카의 생일 선물로 플로어볼 스틱과 공을 골랐어요.

❶ 선택할 수 있는 스틱과 공의 조합은 모두 몇 가지일까요?
5 × 3 = 15
정답 : **15가지**

❷ 제시카가 빨간 스틱과 빨간 공을 갖게 될 확률은 얼마일까요?
$\frac{1}{15}$
정답 : $\frac{1}{15}$

4. 아래 글을 읽고 질문에 답해 보세요.
요하나는 실크, 모직 목도리와 파란색, 빨간색, 노란색, 초록색 모자를 가지고 있어요.

❶ 목도리와 모자의 가능한 조합은 모두 몇 가지일까요?
2 × 4 = 8
정답 : **8가지**

❷ 요하나가 목도리 1개와 모자 1개를 무작위로 골랐어요. 요하나가 고른 것이 파란색 모자와 실크 목도리가 될 확률은 얼마일까요?
$\frac{1}{8}$
정답 : $\frac{1}{8}$

5. 아래 글을 읽고 알맞은 식을 세워 답을 구해 보세요.

❶ 29개의 알파벳 중 1개와 0~9 사이의 숫자 1개로 비밀번호를 만들 수 있어요. 비밀번호가 알파벳으로 시작한다면 가능한 비밀번호는 몇 가지일까요? **290가지**

❷ 스탠드 좌석은 A, B, C, D구역과 1~10열, 그리고 1~20까지의 좌석 번호로 표시해요. 스탠드 좌석은 모두 몇 개일까요? **800개**

더 생각해 보아요!
에씨가 할머니께 카드를 쓰는 중이에요. 할머니의 주소는 두 자리 수예요. 에씨는 첫 번째 자리 숫자가 1 또는 2이고, 두 번째 자리 숫자가 홀수라는 것은 확실히 기억하고 있어요. 에씨가 할머니 주소를 카드에 바르게 쓸 확률은 얼마일까요? 분수로 나타내 보세요.
$\frac{1}{10}$

21쪽 5번

❶ 29×10=290
❷ 4×10×20=800

더 생각해 보아요! | 21쪽

첫 번째 자리는 2가지(1, 2)
두 번째 자리 숫자 5가지(1, 3, 5, 7, 9)
경우의 수 2×5=10, 10가지
바르게 쓸 확률은 $\frac{1}{10}$

2-23쪽

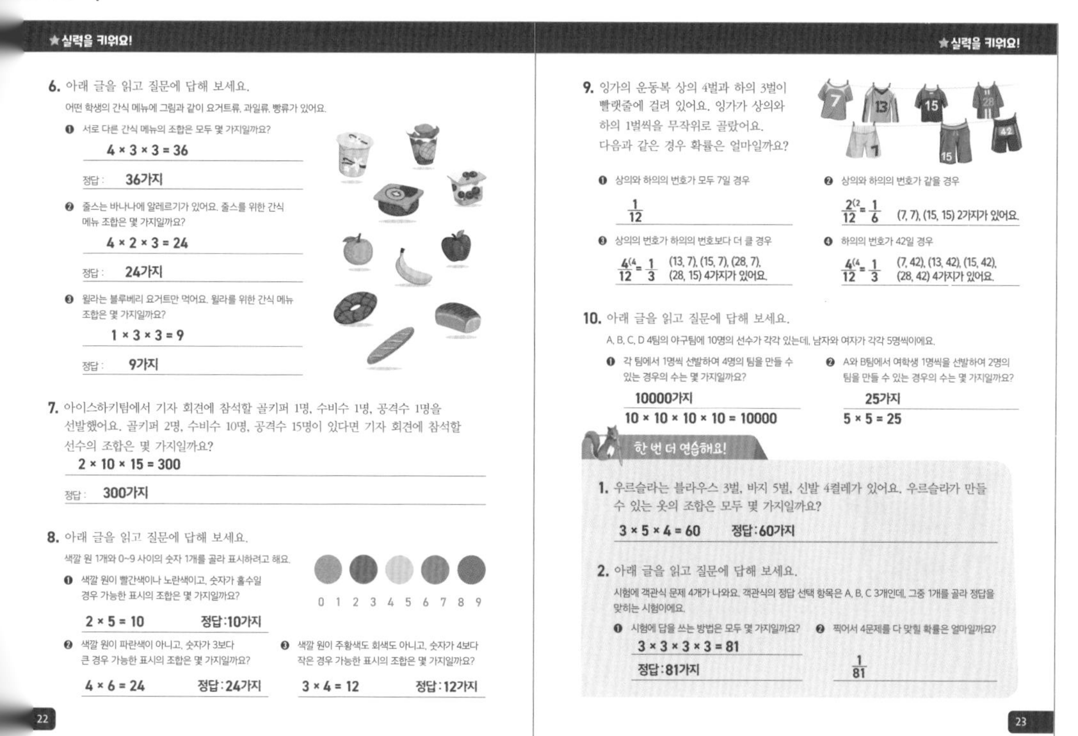

★실력을 키워요!

6. 아래 글을 읽고 질문에 답해 보세요.
어떤 학생의 간식 메뉴에 그림과 같이 요거트류, 과일류, 빵류가 있어요.

❶ 서로 다른 간식 메뉴의 조합은 모두 몇 가지일까요?
4 × 3 × 3 = 36
정답 : **36가지**

❷ 줄스는 바나나에 알레르기가 있어요. 줄스를 위한 간식 메뉴 조합은 몇 가지일까요?
4 × 2 × 3 = 24
정답 : **24가지**

❸ 윌라는 블루베리 요거트만 먹어요. 윌라를 위한 간식 메뉴 조합은 몇 가지일까요?
1 × 3 × 3 = 9
정답 : **9가지**

7. 아이스하키팀에서 기자 회견에 참석할 골키퍼 1명, 수비수 1명, 공격수 1명을 선발했어요. 골키퍼 2명, 수비수 10명, 공격수 15명이 있다면 기자 회견에 참석할 선수의 조합은 몇 가지일까요?
2 × 10 × 15 = 300
정답 : **300가지**

8. 아래 글을 읽고 질문에 답해 보세요.
색깔 원 1개와 0~9 사이의 숫자 1개를 골라 표시하려고 해요.

0 1 2 3 4 5 6 7 8 9

❶ 색깔 원이 빨간색이나 노란색이고, 숫자가 홀수일 경우 가능한 표시의 조합은 몇 가지일까요?
2 × 5 = 10 정답 : **10가지**

❷ 색깔 원이 파란색이 아니고, 숫자가 3보다 큰 경우 가능한 표시의 조합은 몇 가지일까요?
4 × 6 = 24 정답 : **24가지**

❸ 색깔 원이 주황색도 회색도 아니고, 숫자가 4보다 작은 경우 가능한 표시의 조합은 몇 가지일까요?
3 × 4 = 12 정답 : **12가지**

22

★실력을 키워요!

9. 잉가의 운동복 상의 4벌과 하의 3벌이 빨랫줄에 걸려 있어요. 잉가가 상의와 하의 1벌씩을 무작위로 골랐어요. 다음과 같은 경우 확률은 얼마일까요?

❶ 상의와 하의의 번호가 모두 7일 경우
$\frac{1}{12}$

❷ 상의와 하의의 번호가 같을 경우
$\frac{2}{12} = \frac{1}{6}$ (7, 7), (15, 15) 2가지가 있어요.

❸ 상의의 번호가 하의의 번호보다 더 클 경우
$\frac{4}{12} = \frac{1}{3}$ (13, 7), (15, 7), (28, 7), (28, 15) 4가지가 있어요.

❹ 하의의 번호가 42일 경우
$\frac{4}{12} = \frac{1}{3}$ (7, 42), (13, 42), (15, 42), (28, 42) 4가지가 있어요.

10. 아래 글을 읽고 질문에 답해 보세요.
A, B, C, D 4팀의 야구팀에 10명의 선수가 각각 있는데, 남자와 여자가 각각 5명씩이에요.

❶ 각 팀에서 1명씩 선발하여 4명의 팀을 만들 수 있는 경우의 수는 몇 가지일까요?
10000가지
10 × 10 × 10 × 10 = 10000

❷ A와 B팀에서 여학생 1명씩을 선발하여 2명의 팀을 만들 수 있는 경우의 수는 몇 가지일까요?
25가지
5 × 5 = 25

한 번 더 연습해요!

1. 우르슬라는 블라우스 3벌, 바지 5벌, 신발 4켤레가 있어요. 우르슬라가 만들 수 있는 옷의 조합은 모두 몇 가지일까요?
3 × 5 × 4 = 60 **정답 : 60가지**

2. 아래 글을 읽고 질문에 답해 보세요.
시험에 객관식 문제 4개가 나와요. 객관식의 정답 선택 항목은 A, B, C 3개인데, 그중 1개를 골라 정답을 맞히는 시험이에요.

❶ 시험에 답을 쓰는 방법은 모두 몇 가지일까요?
3 × 3 × 3 × 3 = 81
정답 : 81가지

❷ 찍어서 4문제를 다 맞힐 확률은 얼마일까요?
$\frac{1}{81}$

23

23쪽 9번

4×3=12
총 12가지 경우의 수가 있어요.

24-25쪽

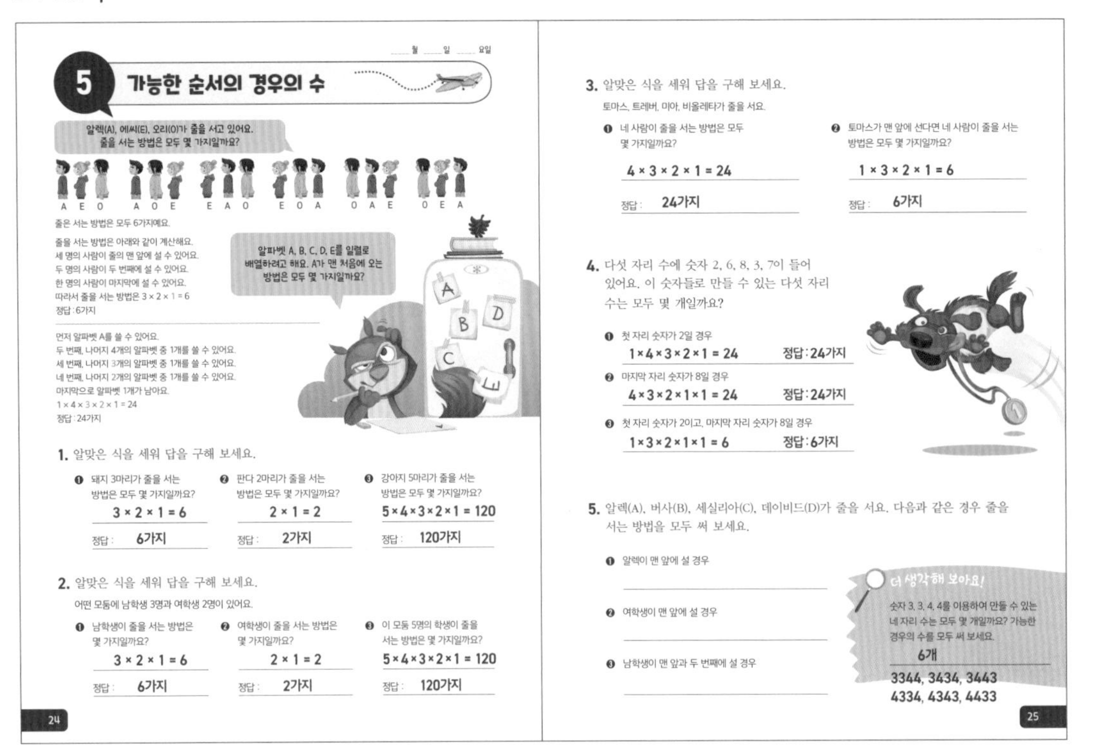

월 일 요일

5 가능한 순서의 경우의 수

알렉(A), 에씨(E), 오리(O)가 줄을 서고 있어요.
줄을 서는 방법은 모두 몇 가지일까요?

A E O　A O E　E A O　E O A　O A E　O E A

줄은 서는 방법은 모두 6가지예요.

줄을 서는 방법은 아래와 같이 계산해요.
세 명의 사람이 줄의 맨 앞에 설 수 있어요.
두 명의 사람이 두 번째에 설 수 있어요.
한 명의 사람이 마지막에 설 수 있어요.
따라서 줄을 서는 방법은 3 × 2 × 1 = 6
정답 : 6가지

알파벳 A, B, C, D, E를 일렬로 배열하려고 해요. A가 맨 처음에 오는 방법은 모두 몇 가지일까요?

먼저 알파벳 A를 쓸 수 있어요.
두 번째, 나머지 4개의 알파벳 중 1개를 쓸 수 있어요.
세 번째, 나머지 3개의 알파벳 중 1개를 쓸 수 있어요.
네 번째, 나머지 2개의 알파벳 중 1개를 쓸 수 있어요.
마지막으로 알파벳 1개가 남아요.
1 × 4 × 3 × 2 × 1 = 24
정답 : 24가지

1. 알맞은 식을 세워 답을 구해 보세요.

❶ 돼지 3마리가 줄을 서는 방법은 모두 몇 가지일까요?
3 × 2 × 1 = 6
정답 : 6가지

❷ 판다 2마리가 줄을 서는 방법은 모두 몇 가지일까요?
2 × 1 = 2
정답 : 2가지

❸ 강아지 5마리가 줄을 서는 방법은 모두 몇 가지일까요?
5 × 4 × 3 × 2 × 1 = 120
정답 : 120가지

2. 알맞은 식을 세워 답을 구해 보세요.
어떤 모둠에 남학생 3명과 여학생 2명이 있어요.

❶ 남학생이 줄을 서는 방법은 몇 가지일까요?
3 × 2 × 1 = 6
정답 : 6가지

❷ 여학생이 줄을 서는 방법은 몇 가지일까요?
2 × 1 = 2
정답 : 2가지

❸ 이 모둠 5명의 학생이 줄을 서는 방법은 몇 가지일까요?
5 × 4 × 3 × 2 × 1 = 120
정답 : 120가지

24

3. 알맞은 식을 세워 답을 구해 보세요.
토마스, 트레버, 미아, 비올레타가 줄을 서요.

❶ 네 사람이 줄을 서는 방법은 모두 몇 가지일까요?
4 × 3 × 2 × 1 = 24
정답 : 24가지

❷ 토마스가 맨 앞에 선다면 네 사람이 줄을 서는 방법은 모두 몇 가지일까요?
1 × 3 × 2 × 1 = 6
정답 : 6가지

4. 다섯 자리 수에 숫자 2, 6, 8, 3, 7이 들어 있어요. 이 숫자들로 만들 수 있는 다섯 자리 수는 모두 몇 개일까요?

❶ 첫 자리 숫자가 2일 경우
1 × 4 × 3 × 2 × 1 = 24　정답 : 24가지

❷ 마지막 자리 숫자가 8일 경우
4 × 3 × 2 × 1 × 1 = 24　정답 : 24가지

❸ 첫 자리 숫자가 2이고, 마지막 자리 숫자가 8일 경우
1 × 3 × 2 × 1 × 1 = 6　정답 : 6가지

5. 알렉(A), 버사(B), 세실리아(C), 데이비드(D)가 줄을 서요. 다음과 같은 경우 줄을 서는 방법을 모두 써 보세요.

❶ 알렉이 맨 앞에 설 경우

❷ 여학생이 맨 앞에 설 경우

❸ 남학생이 맨 앞과 두 번째에 설 경우

더 생각해 보아요!
숫자 3, 3, 4, 4를 이용하여 만들 수 있는 네 자리 수는 모두 몇 개일까요? 가능한 경우의 수를 모두 써 보세요.
6개
3344, 3434, 3443
4334, 4343, 4433

25

25쪽 5번

❶ ABCD, ABDC, ACBD, ACDB, ADBC, ADCB
❷ BACD, BADC, BCAD, BCDA, BDAC, BDCA, CABD, CADB, CBAD, CBDA, CDAB, CDBA
❸ ADBC, ADCB, DABC, DACB

26-27쪽

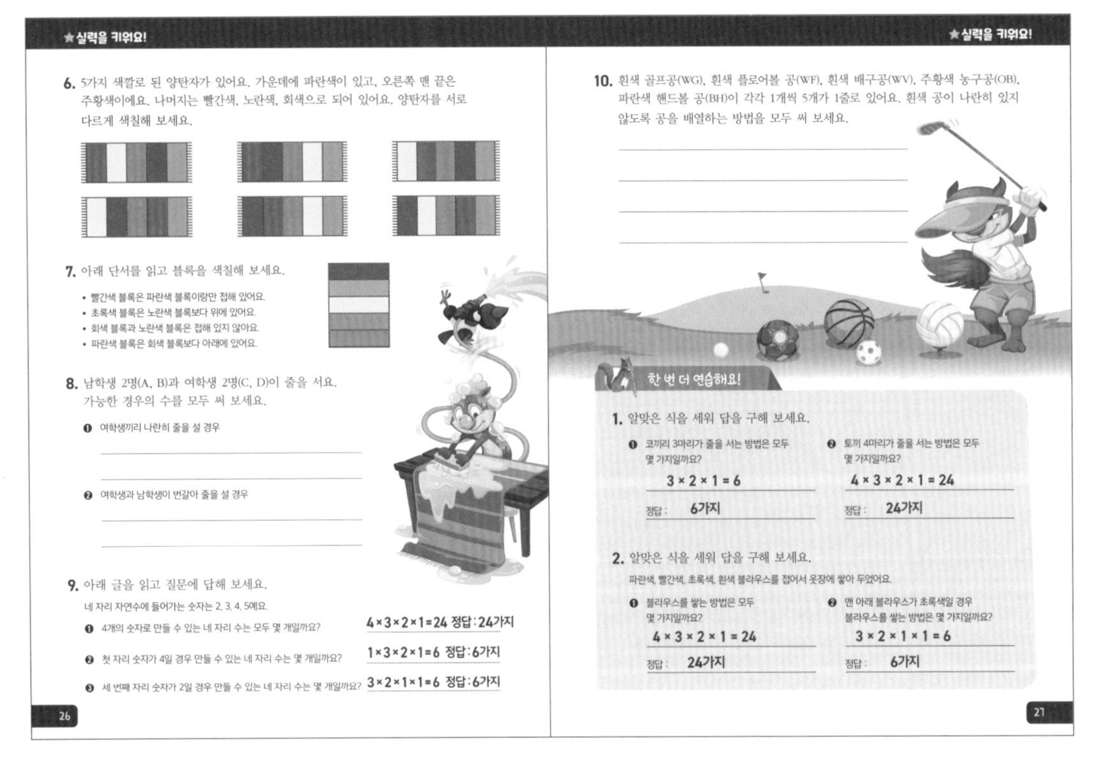

★실력을 키워요!

6. 5가지 색깔로 된 양탄자가 있어요. 가운데에 파란색이 있고, 오른쪽 맨 끝은 주황색이에요. 나머지는 빨간색, 노란색, 회색으로 되어 있어요. 양탄자를 서로 다르게 색칠해 보세요.

7. 아래 단서를 읽고 블록을 색칠해 보세요.
- 빨간색 블록은 파란색 블록이랑만 접해 있어요.
- 초록색 블록은 노란색 블록보다 위에 있어요.
- 회색 블록과 노란색 블록은 접해 있지 않아요.
- 파란색 블록은 회색 블록보다 아래에 있어요.

8. 남학생 2명(A, B)과 여학생 2명(C, D)이 줄을 서요. 가능한 경우의 수를 모두 써 보세요.

❶ 여학생끼리 나란히 줄을 설 경우

❷ 여학생과 남학생이 번갈아 줄을 설 경우

9. 아래 글을 읽고 질문에 답해 보세요.
네 자리 자연수에 들어가는 숫자는 2, 3, 4, 5예요.

❶ 4개의 숫자로 만들 수 있는 네 자리 수는 모두 몇 개일까요? 4 × 3 × 2 × 1 = 24 정답 : 24가지

❷ 첫 자리 숫자가 4일 경우 만들 수 있는 네 자리 수는 몇 개일까요? 1 × 3 × 2 × 1 = 6 정답 : 6가지

❸ 세 번째 자리 숫자가 2일 경우 만들 수 있는 네 자리 수는 몇 개일까요? 3 × 2 × 1 × 1 = 6 정답 : 6가지

26

★실력을 키워요!

10. 흰색 골프공(WG), 흰색 플로어볼 공(WF), 흰색 배구공(WV), 주황색 농구공(OB), 파란색 핸드볼 공(BH)이 각각 1개씩 5개가 1줄로 있어요. 흰색 공이 나란히 있지 않도록 공을 배열하는 방법을 모두 써 보세요.

한 번 더 연습해요!

1. 알맞은 식을 세워 답을 구해 보세요.

❶ 코끼리 3마리가 줄을 서는 방법은 모두 몇 가지일까요?
3 × 2 × 1 = 6
정답 : 6가지

❷ 토끼 4마리가 줄을 서는 방법은 모두 몇 가지일까요?
4 × 3 × 2 × 1 = 24
정답 : 24가지

2. 알맞은 식을 세워 답을 구해 보세요.
파란색, 빨간색, 초록색, 흰색 블라우스를 접어서 옷장에 쌓아 두었어요.

❶ 블라우스를 쌓는 방법은 모두 몇 가지일까요?
4 × 3 × 2 × 1 = 24
정답 : 24가지

❷ 맨 아래 블라우스가 초록색일 경우 블라우스를 쌓는 방법은 몇 가지일까요?
3 × 2 × 1 × 1 = 6
정답 : 6가지

27

26쪽 8번

❶ ABCD, ABDC, BACD, BADC, ACDB, ADCB, BCDA, BDCA, CDAB, CDBA, DCAB, DCBA
❷ ACBD, ADBC, BCAD, BDAC, CADB, CBDA, DACB, DBCA

27쪽 10번

WG, OB, WF, BH, WV
WG, BH, WF, OB, WV

WF, OB, WG, BH, WV
WF, BH, WG, OB, WV

WV, OB, WG, BH, WF
WV, BH, WG, OB, WF

WG, OB, WV, BH, WF
WG, BH, WV, OB, WF

WF, OB, WV, BH, WG
WF, BH, WV, OB, WG

WV, OB, WF, BH, WG
WV, BH, WF, OB, WG

28-29쪽

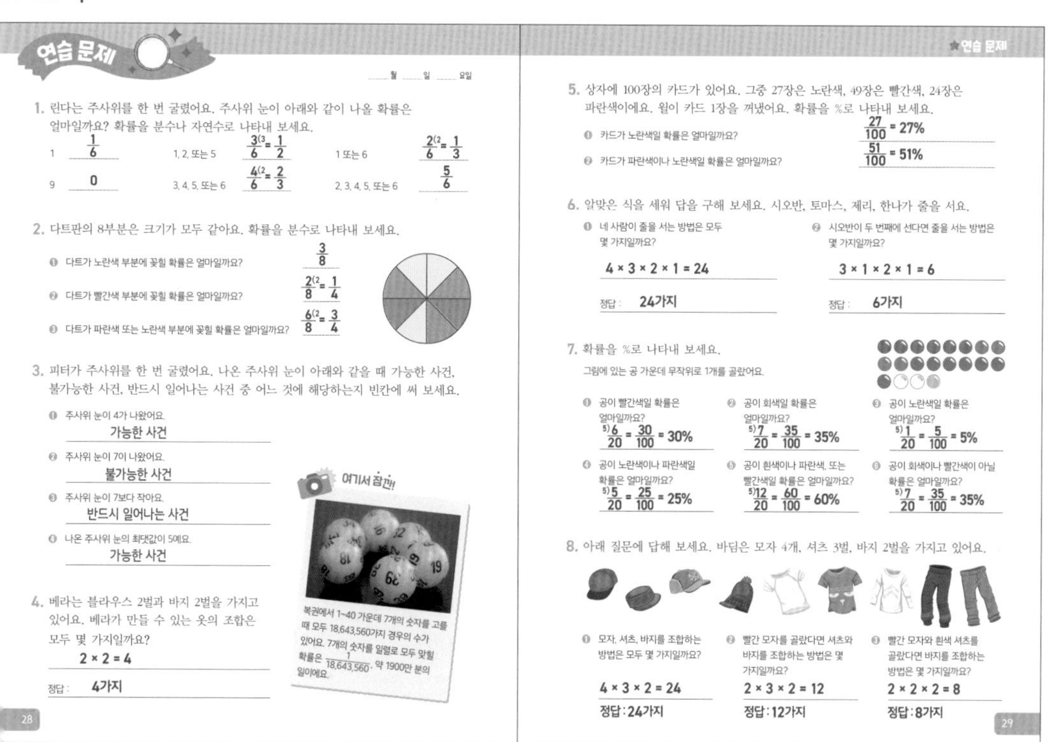

연습 문제

____월 ____일 ____요일

1. 린다는 주사위를 한 번 굴렸어요. 주사위 눈이 아래와 같이 나올 확률은 얼마일까요? 확률을 분수나 자연수로 나타내 보세요.

1	$\frac{1}{6}$	1, 2, 또는 5	$\frac{3^{(3}}{6} = \frac{1}{2}$	1 또는 6	$\frac{2^{(2}}{6} = \frac{1}{3}$
9	0	3, 4, 5, 또는 6	$\frac{4^{(2}}{6} = \frac{2}{3}$	2, 3, 4, 5, 또는 6	$\frac{5}{6}$

2. 다트판의 8부분은 크기가 모두 같아요. 확률을 분수로 나타내 보세요.

❶ 다트가 노란색 부분에 꽂힐 확률은 얼마일까요? $\frac{3}{8}$

❷ 다트가 빨간색 부분에 꽂힐 확률은 얼마일까요? $\frac{2^{(2}}{8} = \frac{1}{4}$

❸ 다트가 파란색 또는 노란색 부분에 꽂힐 확률은 얼마일까요? $\frac{6^{(2}}{8} = \frac{3}{4}$

3. 피터가 주사위를 한 번 굴렸어요. 나온 주사위 눈이 아래와 같을 때 가능한 사건, 불가능한 사건, 반드시 일어나는 사건 중 어느 것에 해당하는지 빈칸에 써 보세요.

❶ 주사위 눈이 4가 나왔어요.
가능한 사건

❷ 주사위 눈이 7이 나왔어요.
불가능한 사건

❸ 주사위 눈이 7보다 작아요.
반드시 일어나는 사건

❹ 나온 주사위 눈의 최댓값이 5예요.
가능한 사건

4. 베라는 블라우스 2벌과 바지 2벌을 가지고 있어요. 베라가 만들 수 있는 옷의 조합은 모두 몇 가지일까요?

$2 \times 2 = 4$

정답 : 4가지

여기서 잠깐!

복권에서 1~40 가운데 7개의 숫자를 고를 때 모두 18,643,560가지 경우의 수가 있어요. 7개의 숫자를 일렬로 모두 맞힐 확률은 $\frac{1}{18,643,560}$, 약 1900만 분의 일이에요.

28

연습 문제

5. 상자에 100장의 카드가 있어요. 그중 27장은 노란색, 49장은 빨간색, 24장은 파란색이에요. 윌이 카드 1장을 꺼냈어요. 확률을 %로 나타내 보세요.

❶ 카드가 노란색일 확률은 얼마일까요? $\frac{27}{100} = 27\%$

❷ 카드가 파란색이나 노란색일 확률은 얼마일까요? $\frac{51}{100} = 51\%$

6. 알맞은 식을 세워 답을 구해 보세요. 시오반, 토마스, 제리, 한나가 줄을 서요.

❶ 네 사람이 줄을 서는 방법은 모두 몇 가지일까요?
$4 \times 3 \times 2 \times 1 = 24$
정답 : 24가지

❷ 시오반이 두 번째에 선다면 줄을 서는 방법은 몇 가지일까요?
$3 \times 1 \times 2 \times 1 = 6$
정답 : 6가지

7. 확률을 %로 나타내 보세요.

그림에 있는 공 가운데 무작위로 1개를 골랐어요.

❶ 공이 빨간색일 확률은 얼마일까요?
$^{5)}\frac{6}{20} = \frac{30}{100} = 30\%$

❷ 공이 회색일 확률은 얼마일까요?
$^{5)}\frac{7}{20} = \frac{35}{100} = 35\%$

❸ 공이 노란색일 확률은 얼마일까요?
$^{5)}\frac{1}{20} = \frac{5}{100} = 5\%$

❹ 공이 노란색이나 파란색일 확률은 얼마일까요?
$^{5)}\frac{5}{20} = \frac{25}{100} = 25\%$

❺ 공이 흰색이나 파란색, 또는 빨간색일 확률은 얼마일까요?
$^{5)}\frac{12}{20} = \frac{60}{100} = 60\%$

❻ 공이 회색이나 빨간색이 아닐 확률은 얼마일까요?
$^{5)}\frac{7}{20} = \frac{35}{100} = 35\%$

8. 아래 질문에 답해 보세요. 바딤은 모자 4개, 셔츠 3벌, 바지 2벌을 가지고 있어요.

❶ 모자, 셔츠, 바지를 조합하는 방법은 모두 몇 가지일까요?
$4 \times 3 \times 2 = 24$
정답 : 24가지

❷ 빨간 모자를 골랐다면 셔츠와 바지를 조합하는 방법은 몇 가지일까요?
$2 \times 3 \times 2 = 12$
정답 : 12가지

❸ 빨간 모자와 흰색 셔츠를 골랐다면 바지를 조합하는 방법은 몇 가지일까요?
$2 \times 2 \times 2 = 8$
정답 : 8가지

29

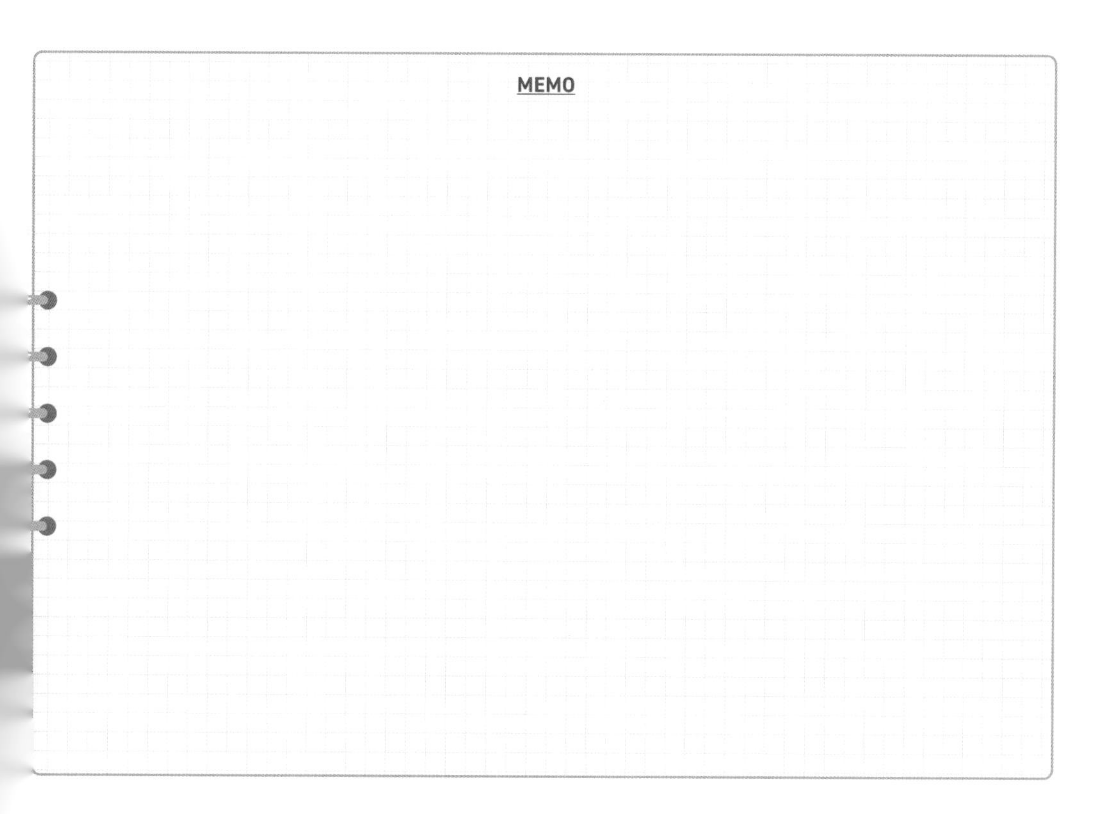

30-31쪽

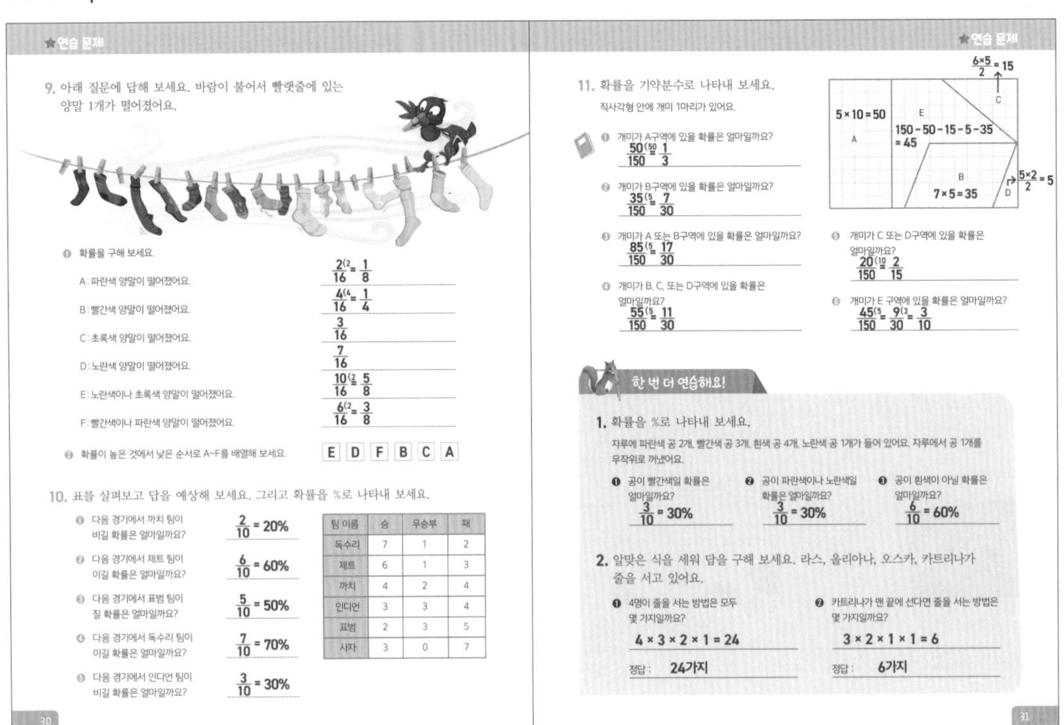

연습 문제

9. 아래 질문에 답해 보세요. 바람이 불어서 빨랫줄에 있는 양말 1개가 떨어졌어요.

❶ 확률을 구해 보세요.

- A: 파란색 양말이 떨어졌어요. $\frac{2}{16} = \frac{1}{8}$
- B: 빨간색 양말이 떨어졌어요. $\frac{4}{16} = \frac{1}{4}$
- C: 초록색 양말이 떨어졌어요. $\frac{3}{16}$
- D: 노란색 양말이 떨어졌어요. $\frac{7}{16}$
- E: 노란색이나 초록색 양말이 떨어졌어요. $\frac{10}{16} = \frac{5}{8}$
- F: 빨간색이나 파란색 양말이 떨어졌어요. $\frac{6}{16} = \frac{3}{8}$

❷ 확률이 높은 것에서 낮은 순서로 A~F를 배열해 보세요. E D F B C A

10. 표를 살펴보고 답을 예상해 보세요. 그리고 확률을 %로 나타내 보세요.

❶ 다음 경기에서 까치 팀이 비길 확률은 얼마일까요? $\frac{2}{10}$ = 20%

❷ 다음 경기에서 제트 팀이 이길 확률은 얼마일까요? $\frac{6}{10}$ = 60%

❸ 다음 경기에서 표범 팀이 질 확률은 얼마일까요? $\frac{5}{10}$ = 50%

❹ 다음 경기에서 독수리 팀이 이길 확률은 얼마일까요? $\frac{7}{10}$ = 70%

❺ 다음 경기에서 인디언 팀이 비길 확률은 얼마일까요? $\frac{3}{10}$ = 30%

팀 이름	승	무승부	패
독수리	7	1	2
제트	6	1	3
까치	4	2	4
인디언	3	3	4
표범	2	3	5
사자	3	0	7

30

연습 문제

11. 확률을 기약분수로 나타내 보세요.
직사각형 안에 개미 1마리가 있어요.

❶ 개미가 A구역에 있을 확률은 얼마일까요? $\frac{50}{150} = \frac{1}{3}$

❷ 개미가 B구역에 있을 확률은 얼마일까요? $\frac{35}{150} = \frac{7}{30}$

❸ 개미가 A 또는 B구역에 있을 확률은 얼마일까요? $\frac{85}{150} = \frac{17}{30}$

❹ 개미가 B, C, 또는 D구역에 있을 확률은 얼마일까요? $\frac{55}{150} = \frac{11}{30}$

❺ 개미가 C 또는 D구역에 있을 확률은 얼마일까요? $\frac{20}{150} = \frac{2}{15}$

❻ 개미가 E 구역에 있을 확률은 얼마일까요? $\frac{45}{150} = \frac{9}{30} = \frac{3}{10}$

한 번 더 연습해요!

1. 확률을 %로 나타내 보세요.
자루에 파란색 공 2개, 빨간색 공 3개, 흰색 공 4개, 노란색 공 1개가 들어 있어요. 자루에서 공 1개를 무작위로 꺼냈어요.

❶ 공이 빨간색일 확률은 얼마일까요? $\frac{3}{10}$ = 30%

❷ 공이 파란색이나 노란색일 확률은 얼마일까요? $\frac{3}{10}$ = 30%

❸ 공이 흰색이 아닐 확률은 얼마일까요? $\frac{6}{10}$ = 60%

2. 알맞은 식을 세워 답을 구해 보세요. 라스, 올리아나, 오스카, 카트리나가 줄을 서고 있어요.

❶ 4명이 줄을 서는 방법은 모두 몇 가지일까요? 4 × 3 × 2 × 1 = 24
정답: 24가지

❷ 카트리나가 맨 끝에 선다면 줄을 서는 방법은 몇 가지일까요? 3 × 2 × 1 × 1 = 6
정답: 6가지

31

보충 가이드 | 32쪽

$x+8=15$
어떤 수에 8을 더하면 15가 됩니다. 어떤 수는 얼마인가요?
이 문제는 초등학교 1학년의 □ 구하기와 비슷해요. 초등 1학년에서는 수학적 감각으로 이 문제를 해결했다면 6학년에서는 이 문제를 풀기 위한 원리를 파악하는 것이 중요해요.
그림의 양팔 저울을 살펴보면 $x+8$은 15로 수평을 이루고 있어요. x만 남기기 위해 양쪽에서 8을 동시에 빼 볼까요?
$x+8-8=15-8$
양쪽 다 수평인 상태에서 같은 값을 뺐기 때문에 $x=7$이 되면서 수평은 그대로 유지돼요.
이처럼 일차 방정식에서는 양팔 저울이 수평을 유지하게 하면서 양쪽에 똑같은 값을 더하거나 빼도 수평은 변함이 없다는 원리를 알아야 해요. 이런 원리를 이용하면 일차 방정식의 모든 문제를 해결할 수 있으니 수평의 원리를 꼭 기억하세요.

32-33쪽

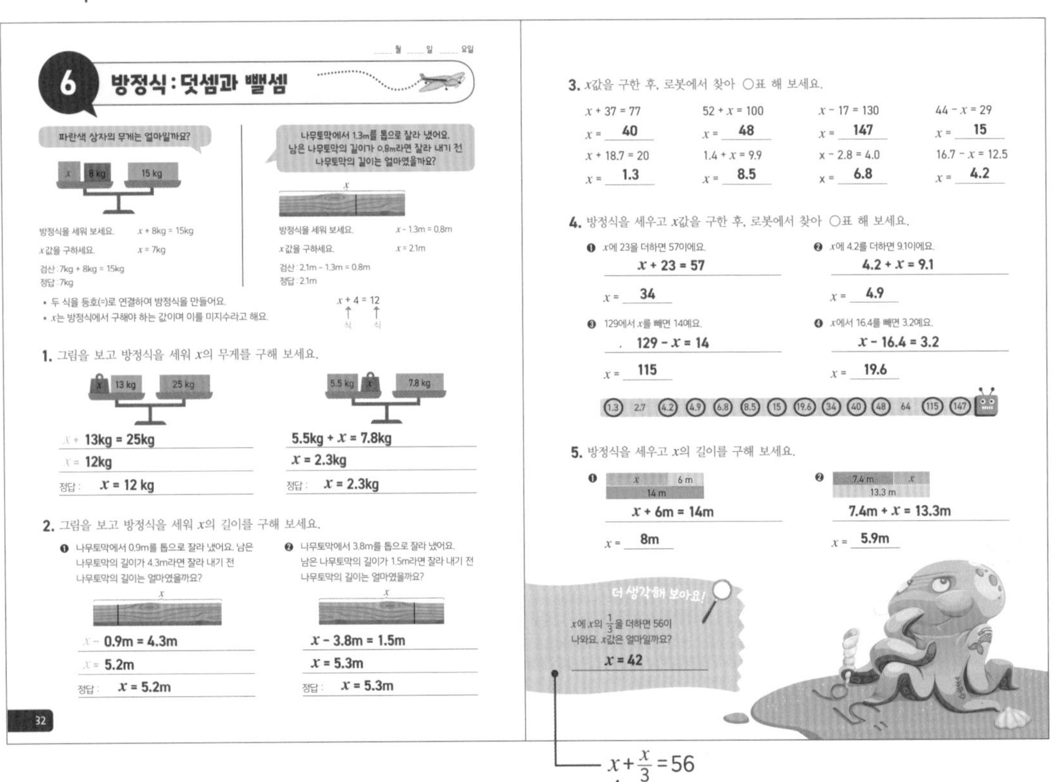

월 일 요일

6 방정식: 덧셈과 뺄셈

파란색 상자의 무게는 얼마일까요?

방정식을 세워 보세요. x + 8kg = 15kg
x값을 구하세요. x = 7kg
검산: 7kg + 8kg = 15kg
정답: 7kg

나무토막에서 1.3m를 톱으로 잘라 냈어요. 남은 나무토막의 길이가 0.8m라면 잘라 내기 전 나무토막의 길이는 얼마였을까요?

방정식을 세워 보세요. x - 1.3m = 0.8m
x값을 구하세요. x = 2.1m
검산: 2.1m - 1.3m = 0.8m
정답: 2.1m

- 두 식을 등호(=)로 연결하여 방정식을 만들어요.
- x는 방정식에서 구해야 하는 값이며 이를 미지수라고 해요.

$x + 4 = 12$ (식, 식)

1. 그림을 보고 방정식을 세워 x의 무게를 구해 보세요.

x + 13kg = 25kg
x = 12kg
정답: x = 12 kg

5.5kg + x = 7.8kg
x = 2.3kg
정답: x = 2.3kg

2. 그림을 보고 방정식을 세워 x의 길이를 구해 보세요.

❶ 나무토막에서 0.9m를 톱으로 잘라 냈어요. 남은 나무토막의 길이가 4.3m라면 잘라 내기 전 나무토막의 길이는 얼마였을까요?
x - 0.9m = 4.3m
x = 5.2m
정답: x = 5.2m

❷ 나무토막에서 3.8m를 톱으로 잘라 냈어요. 남은 나무토막의 길이가 1.5m라면 잘라 내기 전 나무토막의 길이는 얼마였을까요?
x - 3.8m = 1.5m
x = 5.3m
정답: x = 5.3m

32

3. x값을 구한 후, 로봇에서 찾아 ○표 해 보세요.

$x + 37 = 77$	$52 + x = 100$	$x - 17 = 130$	$44 - x = 29$
x = 40	x = 48	x = 147	x = 15
$x + 18.7 = 20$	$1.4 + x = 9.9$	$x - 2.8 = 4.0$	$16.7 - x = 12.5$
x = 1.3	x = 8.5	x = 6.8	x = 4.2

4. 방정식을 세우고 x값을 구한 후, 로봇에서 찾아 ○표 해 보세요.

❶ x에 23을 더하면 57이에요. $x + 23 = 57$, x = 34

❷ x에 4.2를 더하면 9.1이에요. $4.2 + x = 9.1$, x = 4.9

❸ 129에서 x를 빼면 14예요. $129 - x = 14$, x = 115

❹ x에서 16.4를 빼면 3.2예요. $x - 16.4 = 3.2$, x = 19.6

1.3 2.7 4.2 4.9 6.8 8.5 15 19.6 34 40 48 64 115 147

5. 방정식을 세우고 x의 길이를 구해 보세요.

❶ x + 6m = 14m, x = 8m

❷ 7.4m + x = 13.3m, x = 5.9m

더 생각해 보아요!
x에 x의 $\frac{1}{3}$을 더하면 56이 나와요. x값은 얼마일까요?
x = 42

$$x+\frac{x}{3}=56$$
$$\frac{4}{3}x=56$$
$$x=56\times\frac{3}{4}$$
$$x=\frac{168}{4}$$
$$x=42$$

34-35쪽

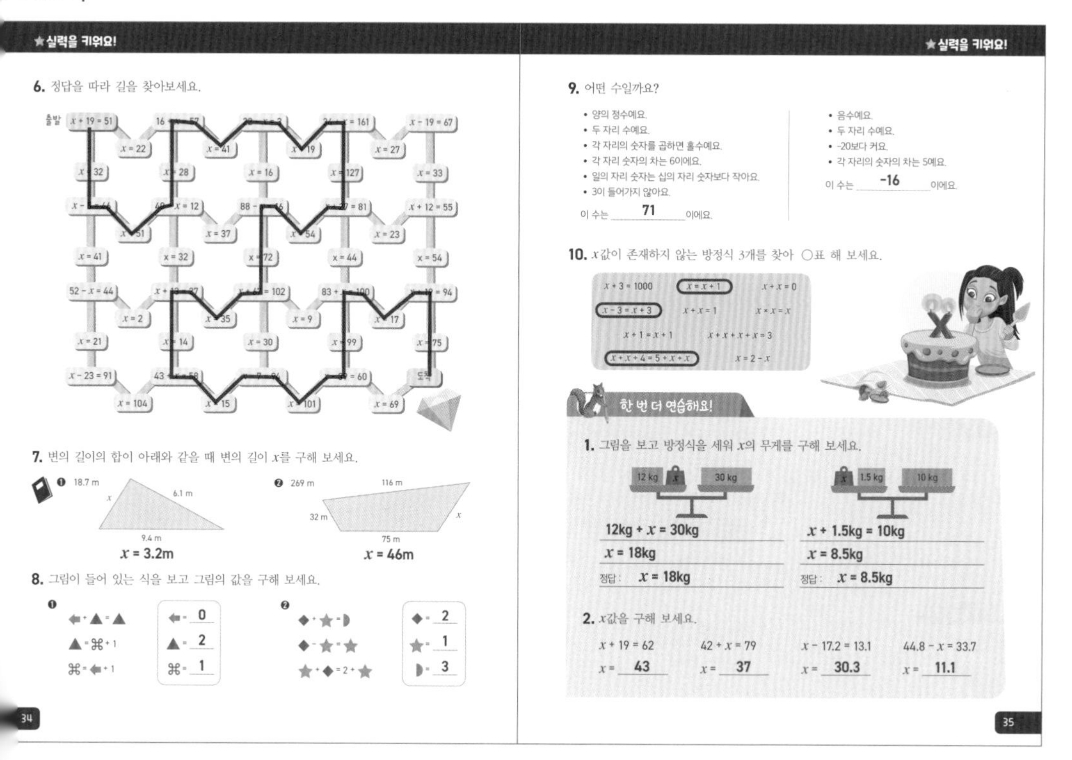

★실력을 키워요!

6. 정답을 따라 길을 찾아보세요.

7. 변의 길이의 합이 아래와 같을 때 변의 길이 x를 구해 보세요.

❶ 18.7 m (6.1 m, 9.4 m, x) x = 3.2m

❷ 269 m (116 m, 32 m, 75 m, x) x = 46m

8. 그림이 들어 있는 식을 보고 그림의 값을 구해 보세요.

❶ ⬅+▲=▲, ▲=⌘+1, ⌘=⬅+1 → ⬅= 0, ▲= 2, ⌘= 1

❷ ◆+★=◗, ◆-★=★, ★+◆=2+★ → ◆= 2, ★= 1, ◗= 3

34

★실력을 키워요!

9. 어떤 수일까요?

- 양의 정수예요.
- 두 자리 수예요.
- 각 자리의 숫자를 곱하면 홀수예요.
- 각 자리 숫자의 차는 6이에요.
- 일의 자리 숫자는 십의 자리 숫자보다 작아요.
- 3이 들어가지 않아요.

이 수는 **71** 이에요.

- 음수예요.
- 두 자리 수예요.
- -20보다 커요.
- 각 자리의 숫자의 차는 5예요.

이 수는 **-16** 이에요.

10. x값이 존재하지 않는 방정식 3개를 찾아 ○표 해 보세요.

$x+3=1000$, ($x=x+1$), $x+x=0$, ($x-3=x+3$), $x+x=1$, $x\times x=x$, $x+1=x+1$, $x+x+x+x=3$, ($x+x+4=5+x+x$), $x=2-x$

한 번 더 연습해요!

1. 그림을 보고 방정식을 세워 x의 무게를 구해 보세요.

12kg + x = 30kg
x = 18kg
정답 : x = 18kg

x + 1.5kg = 10kg
x = 8.5kg
정답 : x = 8.5kg

2. x값을 구해 보세요.

$x+19=62$ → x = 43
$42+x=79$ → x = 37
$x-17.2=13.1$ → x = 30.3
$44.8-x=33.7$ → x = 11.1

35

34쪽 7번

❶ x+6.1m+9.4m=18.7m
x=3.2m

❷ x+116m+32m+75m
=269m, x=46m

34쪽 8번

❶ ⌘=⬅+1을 ▲=⌘+1에 대입하면 ▲=⬅+1+1
▲=⬅+2를 ⬅+▲=▲에 대입해요.
⬅+⬅+2=⬅+2
⬅=0
⌘=0+1=1
▲=1+1=2

❷ ◆-★=★, ◆=★+★
★+◆=2+★에
◆=★+★를 대입하면
★+★+★=2+★
★+★=2, ★=1
◆=★+★
◆=1+1, ◆=2
◆+★=◗, 2+1=3, ◗=3

35쪽 9번

❶ • 각 자리의 숫자의 곱이 홀수이므로 두 수 모두 홀수예요.
• 각 자리의 숫자의 차는 6이므로 (1, 7) 또는 (3, 9)
• 3이 들어가지 않고 일의 자리가 더 작은 수는 71이에요.

❷ • -20보다 큰 두 자리 음수는 -19, -18, -17, -16, -15, -14, -13, -12, -11, -10
• 이 가운데 각 자리 숫자의 차가 5인 수는 -16이에요.

MEMO

36-37쪽

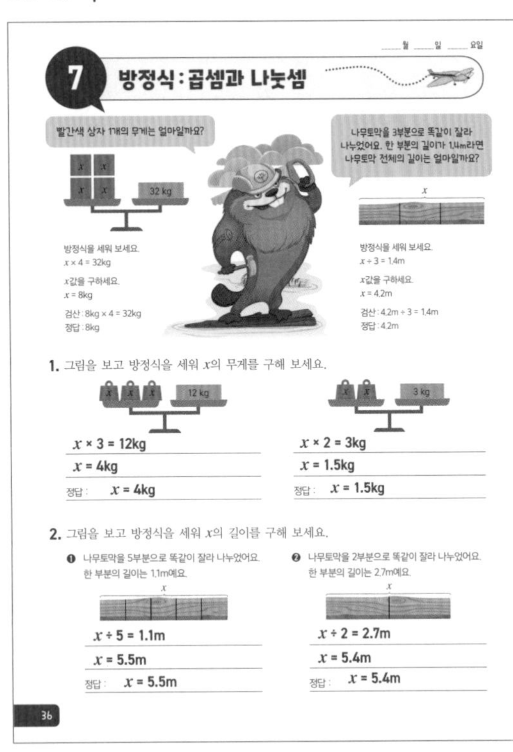

7 방정식 : 곱셈과 나눗셈

___월 ___일 ___요일

빨간색 상자 1개의 무게는 얼마일까요?

방정식을 세워 보세요.
$x \times 4 = 32$kg
x값을 구하세요.
$x = 8$kg
검산 : 8kg × 4 = 32kg
정답 : 8kg

나무토막을 3부분으로 똑같이 잘라 나누었어요. 한 부분의 길이가 1.4m라면 나무토막 전체의 길이는 얼마일까요?

방정식을 세워 보세요.
$x \div 3 = 1.4$m
x값을 구하세요.
$x = 4.2$m
검산 : 4.2m ÷ 3 = 1.4m
정답 : 4.2m

1. 그림을 보고 방정식을 세워 x의 무게를 구해 보세요.

$x \times 3 = 12$kg	$x \times 2 = 3$kg
$x = 4$kg	$x = 1.5$kg
정답 : $x = 4$kg	정답 : $x = 1.5$kg

2. 그림을 보고 방정식을 세워 x의 길이를 구해 보세요.

❶ 나무토막을 5부분으로 똑같이 잘라 나누었어요. 한 부분의 길이는 1.1m예요.
$x \div 5 = 1.1$m
$x = 5.5$m
정답 : $x = 5.5$m

❷ 나무토막을 2부분으로 똑같이 잘라 나누었어요. 한 부분의 길이는 2.7m예요.
$x \div 2 = 2.7$m
$x = 5.4$m
정답 : $x = 5.4$m

36

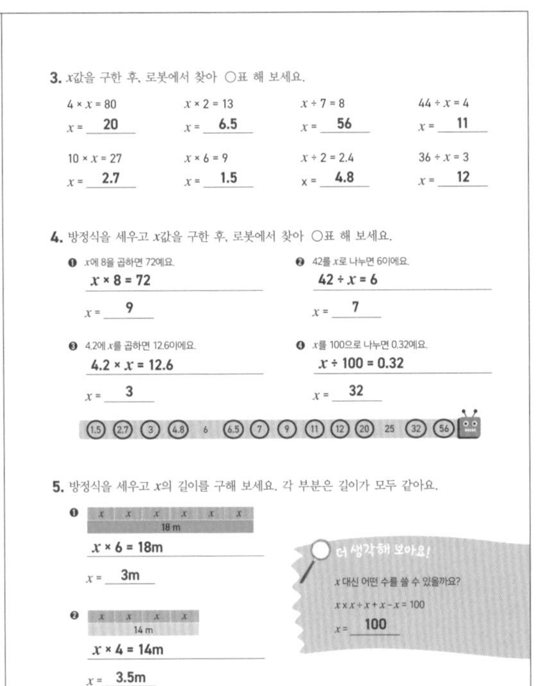

3. x값을 구한 후, 로봇에서 찾아 ○표 해 보세요.

$4 \times x = 80$	$x \times 2 = 13$	$x \div 7 = 8$	$44 \div x = 4$
$x = 20$	$x = 6.5$	$x = 56$	$x = 11$
$10 \times x = 27$	$x \times 6 = 9$	$x \div 2 = 2.4$	$36 \div x = 3$
$x = 2.7$	$x = 1.5$	$x = 4.8$	$x = 12$

4. 방정식을 세우고 x값을 구한 후, 로봇에서 찾아 ○표 해 보세요.

❶ x에 8을 곱하면 72예요.
$x \times 8 = 72$
$x = 9$

❷ 42를 x로 나누면 6이에요.
$42 \div x = 6$
$x = 7$

❸ 4.2에 x를 곱하면 12.6이에요.
$4.2 \times x = 12.6$
$x = 3$

❹ x를 100으로 나누면 0.32예요.
$x \div 100 = 0.32$
$x = 32$

1.5 2.7 3 4.8 6 6.5 7 9 11 12 20 25 32 56

5. 방정식을 세우고 x의 길이를 구해 보세요. 각 부분은 길이가 모두 같아요.

❶ 18m
$x \times 6 = 18$m
$x = 3$m

❷ 14m
$x \times 4 = 14$m
$x = 3.5$m

더 생각해 보아요!
x 대신 어떤 수를 쓸 수 있을까요?
$x \times x \div x + x - x = 100$
$x = 100$

37

$x \times x \div x + x - x = 100$

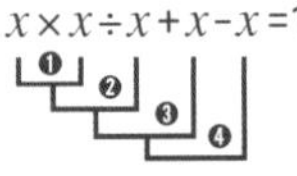

연산 순서에 맞게 차례대로 산해요.
❶ $x \times x = 2x$
❷ $2x \div x = x$
❸ $x + x = 2x$
❹ $2x - x = x$
$x = 100$

MEMO

보충 가이드 | 36쪽

$x \times 4 = 32$
어떤 수에 4를 곱하면 32가 됩니다. 어떤 수는 얼마인가요?
이 문제는 초등 2학년 곱셈 문제와 비슷해요. 초등 2학년에서는 수학적 감각으로 이 문제를 해결했다면 6학년에서는 이 문제를 풀기 위한 원리를 파악하는 것이 중요해요.
그림의 양팔 저울을 살펴보면 $x \times 4 = 32$로 수평을 이루고 있어요. x만 남기기 위해 양쪽에서 4로 동시에 나누어 볼까요?

$x \times 4 \div 4 = 32 \div 4$
양쪽 다 수평인 상태에서 같은 값으로 나누었기 때문에 $x=8$이 되면서 수평은 그대로 유지돼요.
이처럼 양팔 저울의 수평을 유지하면서 양쪽에 똑같은 값을 더하거나 빼도 수평은 변함이 없어요. 또 양쪽에 똑같은 값을 곱하거나 나누어도 수평은 변함이 없다는 원리를 알아야 해요.

38-39쪽

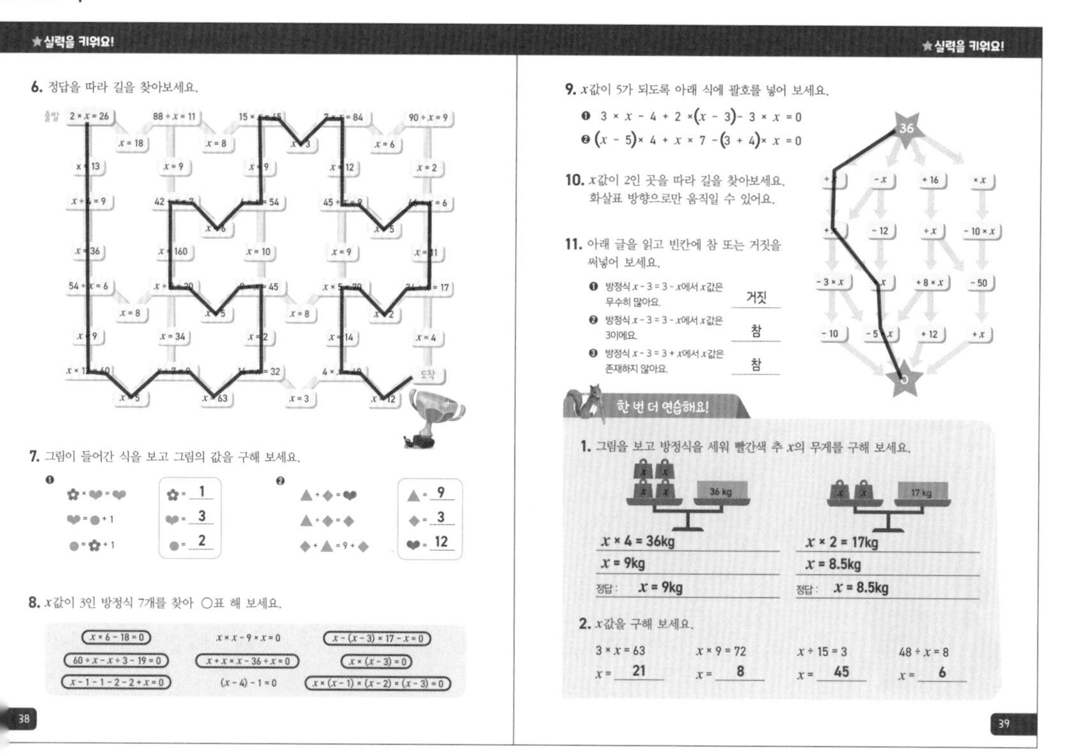

★실력을 키워요!

6. 정답을 따라 길을 찾아보세요.

7. 그림이 들어간 식을 보고 그림의 값을 구해 보세요.

❶ ✿ = 1, ❤ = 3, ● = 2

❷ ▲ = 9, ◆ = 3, ❤ = 12

8. x값이 3인 방정식 7개를 찾아 ○표 해 보세요.

$x \times 6 - 18 = 0$, $x \times x - 9 \times x = 0$, $x - (x-3) \times 17 - x = 0$, $60 + x - x + 3 - 19 = 0$, $x + x \times x - 36 + x = 0$, $x \times (x-3) = 0$, $x - 1 - 1 - 2 - 2 + x = 0$, $(x-4) - 1 = 0$, $x \times (x-1) \times (x-2) \times (x-3) = 0$

9. x값이 5가 되도록 아래 식에 괄호를 넣어 보세요.

❶ $3 \times x - 4 + 2 \times (x - 3) - 3 \times x = 0$

❷ $(x - 5) \times 4 + x \times 7 - (3 + 4) \times x = 0$

10. x값이 2인 곳을 따라 길을 찾아보세요. 화살표 방향으로만 움직일 수 있어요.

11. 아래 글을 읽고 빈칸에 참 또는 거짓을 써넣어 보세요.

❶ 방정식 $x - 3 = 3 - x$에서 x값은 무수히 많아요. 거짓

❷ 방정식 $x - 3 = 3 - x$에서 x값은 3이에요. 참

❸ 방정식 $x - 3 = 3 + x$에서 x값은 존재하지 않아요. 참

한 번 더 연습해요!

1. 그림을 보고 방정식을 세워 빨간색 추 x의 무게를 구해 보세요.

$x \times 4 = 36kg$, $x = 9kg$, 정답: $x = 9kg$

$x \times 2 = 17kg$, $x = 8.5kg$, 정답: $x = 8.5kg$

2. x값을 구해 보세요.

$3 \times x = 63$, $x = 21$ / $x \times 9 = 72$, $x = 8$ / $x \div 15 = 3$, $x = 45$ / $48 \div x = 8$, $x = 6$

38쪽 7번

❷ ▲÷◆=◆, ▲=◆×◆
◆+▲=9+◆에 ▲=◆×◆를
대입하면 ◆+◆×◆=9+◆
양쪽 식에서 ◆를 빼면
◆×◆=9, ◆=3
▲=◆×◆, ▲=3×3=9
▲+◆=❤, ❤=9+3=12

40-41쪽

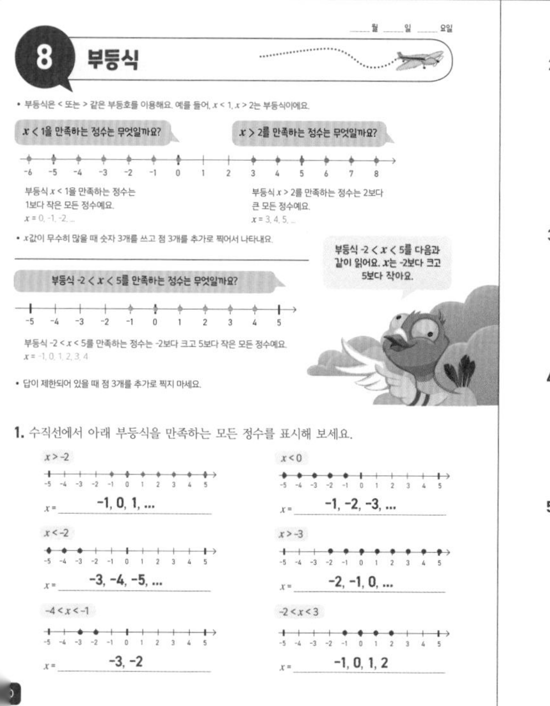

8 부등식

• 부등식은 < 또는 > 같은 부등호를 이용해요. 예를 들어, $x < 1$, $x > 2$는 부등식이에요.

$x < 1$을 만족하는 정수는 무엇일까요? 부등식 $x < 1$을 만족하는 정수는 1보다 작은 모든 정수예요. $x = 0, -1, -2, ...$

$x > 2$를 만족하는 정수는 무엇일까요? 부등식 $x > 2$를 만족하는 정수는 2보다 큰 모든 정수예요. $x = 3, 4, 5, ...$

• x값이 무수히 많을 때 숫자 3개를 쓰고 점 3개를 추가로 찍어서 나타내요.

부등식 $-2 < x < 5$를 만족하는 정수는 무엇일까요? 부등식 $-2 < x < 5$를 만족하는 정수는 -2보다 크고 5보다 작은 모든 정수예요. $x = -1, 0, 1, 2, 3, 4$

• 답이 제한되어 있을 때 점 3개를 추가로 찍지 마세요.

1. 수직선에서 아래 부등식을 만족하는 모든 정수를 표시해 보세요.

$x > -2$: $x = -1, 0, 1, ...$ / $x < 0$: $x = -1, -2, -3, ...$

$x < -2$: $x = -3, -4, -5, ...$ / $x > -3$: $x = -2, -1, 0, ...$

$-4 < x < -1$: $x = -3, -2$ / $-2 < x < 3$: $x = -1, 0, 1, 2$

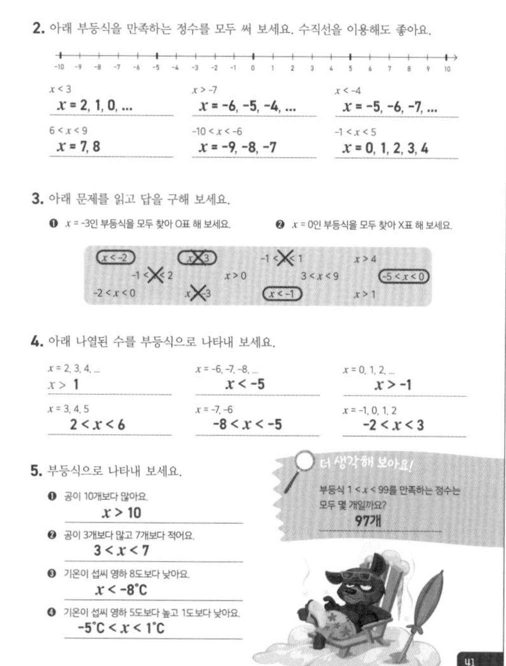

2. 아래 부등식을 만족하는 정수를 모두 써 보세요. 수직선을 이용해도 좋아요.

$x < 3$: $x = 2, 1, 0, ...$ / $x > -7$: $x = -6, -5, -4, ...$ / $x < -4$: $x = -5, -6, -7, ...$

$6 < x < 9$: $x = 7, 8$ / $-10 < x < -6$: $x = -9, -8, -7$ / $-1 < x < 5$: $x = 0, 1, 2, 3, 4$

3. 아래 문제를 읽고 답을 구해 보세요.

❶ $x = -3$인 부등식을 모두 찾아 O표 해 보세요. ❷ $x = 0$인 부등식을 모두 찾아 X표 해 보세요.

4. 아래 나열된 수를 부등식으로 나타내 보세요.

$x = 2, 3, 4, ...$: $x > 1$ / $x = -6, -7, -8, ...$: $x < -5$ / $x = 0, 1, 2, ...$: $x > -1$

$x = 3, 4, 5$: $2 < x < 6$ / $x = -7, -6$: $-8 < x < -5$ / $x = -1, 0, 1, 2$: $-2 < x < 3$

5. 부등식으로 나타내 보세요.

❶ 공이 10개보다 많아요. $x > 10$

❷ 공이 3개보다 많고 7개보다 적어요. $3 < x < 7$

❸ 기온이 섭씨 영하 8도보다 낮아요. $x < -8°C$

❹ 기온이 섭씨 영하 5도보다 높고 1도보다 낮아요. $-5°C < x < 1°C$

더 생각해 보아요! 부등식 $1 < x < 99$를 만족하는 정수는 모두 몇 개일까요? 97개

보충 가이드 | 40쪽

1, 2, 3…과 같은 수를 자연수라 불러요. 이 자연수를 0을 기준으로 반대편 수직선에 똑같이 나열할 수 있어요. 자연수와 구분하기 위해 자연수에 −1, −2, −3…과 같이 음의 부호를 붙이고 음의 정수 줄여서 음수라고 불러요. 그리고 음의 정수와 반대인 자연수를 양의 정수 또는 양수라고 불러요. 0은 음수나 양수 어느 쪽에도 포함되지 않는다는 것을 꼭 기억하세요.

정수	양의 정수(자연수): 자연수에 양의 부호 +를 붙인 수. +1, +2, +3, …
	0
	음의 정수: 자연수에 음의 부호 −를 붙인 수. −1, −2, −3, …

42-43쪽

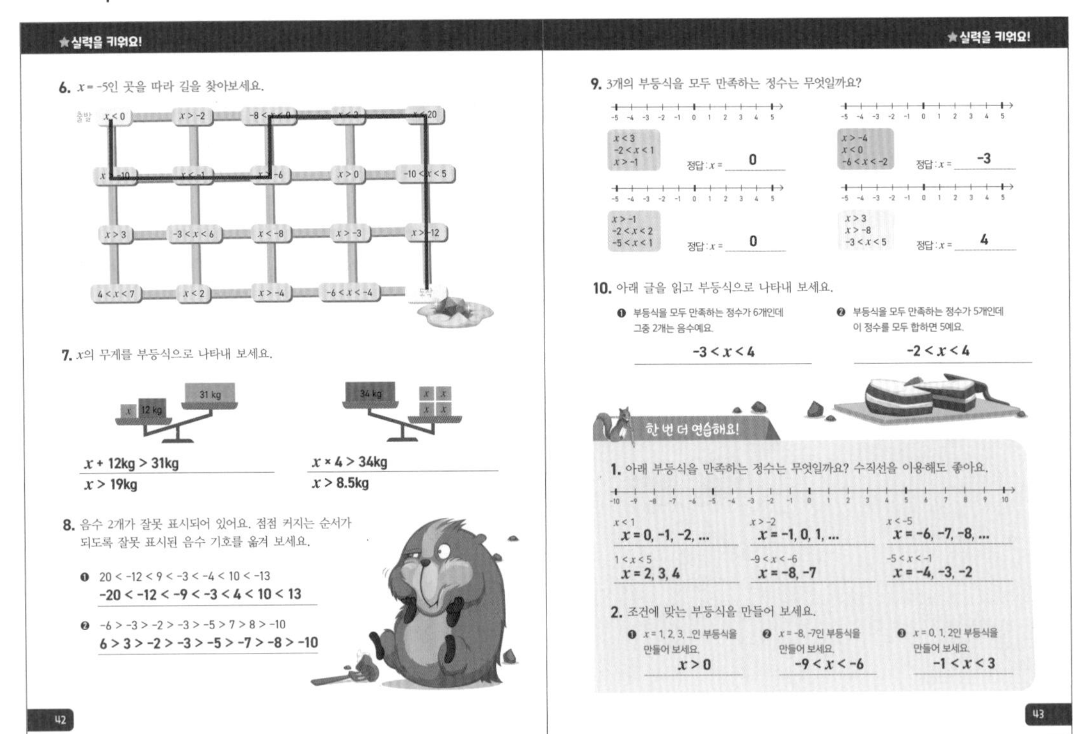
★실력을 키워요!

6. $x = -5$인 곳을 따라 길을 찾아보세요.

출발 $x < 0$ / $x > -2$ / $-8 < x < 0$ / $x < 2$ / $x < 20$
$x < 10$ / $x < -1$ / $x > -6$ / $x > 0$ / $-10 < x < 5$
$x > 3$ / $-3 < x < 6$ / $x < -8$ / $x > -3$ / $x > -12$
$4 < x < 7$ / $x < 2$ / $x > -4$ / $-6 < x < -4$ / 도착

7. x의 무게를 부등식으로 나타내 보세요.

x + 12kg > 31kg
x > 19kg

x × 4 > 34kg
x > 8.5kg

8. 음수 2개가 잘못 표시되어 있어요. 점점 커지는 순서가 되도록 잘못 표시된 음수 기호를 옮겨 보세요.

❶ 20 < -12 < 9 < -3 < -4 < 10 < -13
-20 < -12 < -9 < -3 < 4 < 10 < 13

❷ -6 > -3 > -2 > -3 > -5 > 7 > 8 > -10
6 > 3 > -2 > -3 > -5 > -7 > -8 > -10

42

★실력을 키워요!

9. 3개의 부등식을 모두 만족하는 정수는 무엇일까요?

$x < 3$, $-2 < x < 1$, $x > -1$ 정답 : x = 0
$x > -4$, $x < 0$, $-6 < x < -2$ 정답 : x = -3
$x > -1$, $-2 < x < 2$, $-5 < x < 1$ 정답 : x = 0
$x > 3$, $x > -8$, $-3 < x < 5$ 정답 : x = 4

10. 아래 글을 읽고 부등식으로 나타내 보세요.

❶ 부등식을 모두 만족하는 정수가 6개인데 그중 2개는 음수예요.
$-3 < x < 4$

❷ 부등식을 모두 만족하는 정수가 5개인데 이 정수를 모두 합하면 5예요.
$-2 < x < 4$

한 번 더 연습해요!

1. 아래 부등식을 만족하는 정수는 무엇일까요? 수직선을 이용해도 좋아요.

$x < 1$: x = 0, -1, -2, ...
$x > -2$: x = -1, 0, 1, ...
$x < -5$: x = -6, -7, -8, ...
$1 < x < 5$: x = 2, 3, 4
$-9 < x < -6$: x = -8, -7
$-5 < x < -1$: x = -4, -3, -2

2. 조건에 맞는 부등식을 만들어 보세요.

❶ x = 1, 2, 3, ...인 부등식을 만들어 보세요. $x > 0$
❷ x = -8, -7인 부등식을 만들어 보세요. $-9 < x < -6$
❸ x = 0, 1, 2인 부등식을 만들어 보세요. $-1 < x < 3$

43

43쪽 10번

❶ 음수가 2개 포함된 정수 6개는 -2, -1, 0, 1, 2, 3이에요. 이를 부등식으로 나타내면 $-3 < x < 4$

❷ 해의 합이 5인 5개의 정수는 -1, 0, 1, 2, 3이에요. 이를 부등식으로 나타내면 $-2 < x < 4$

44-45쪽

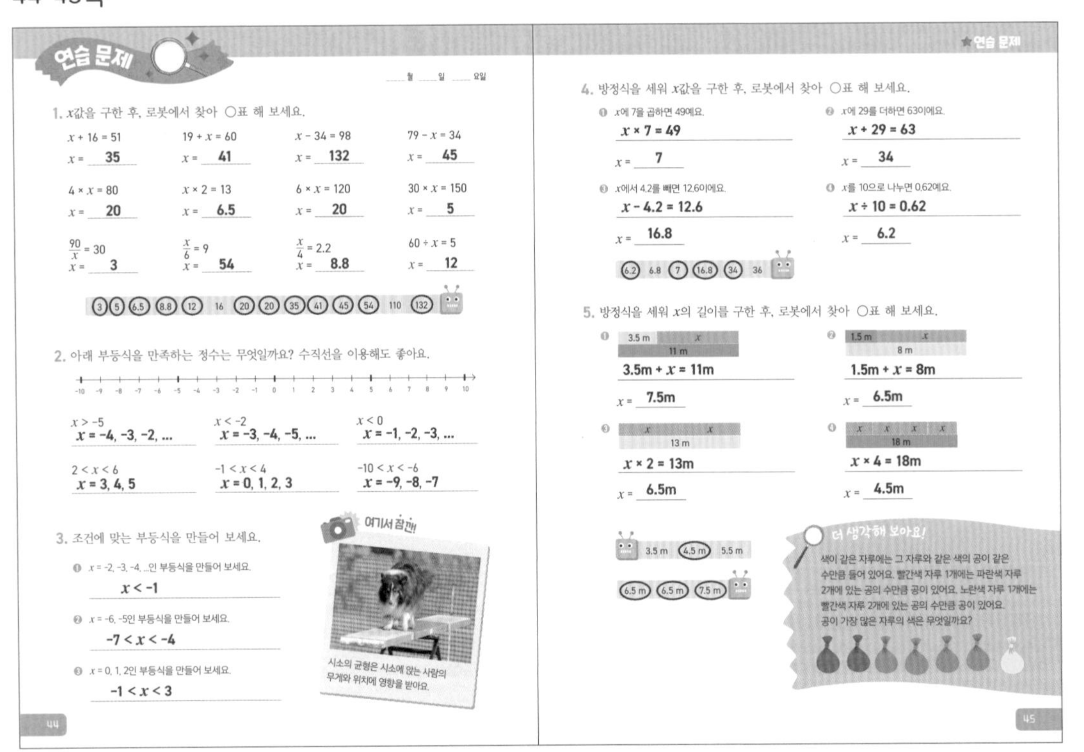
연습 문제

1. x값을 구한 후, 로봇에서 찾아 ○표 해 보세요.

$x + 16 = 51$, x = 35	$19 + x = 60$, x = 41	$x - 34 = 98$, x = 132	$79 - x = 34$, x = 45
$4 \times x = 80$, x = 20	$x \times 2 = 13$, x = 6.5	$6 \times x = 120$, x = 20	$30 \times x = 150$, x = 5
$\frac{90}{x} = 30$, x = 3	$\frac{x}{6} = 9$, x = 54	$\frac{x}{4} = 2.2$, x = 8.8	$60 \div x = 5$, x = 12

3 5 6.5 8.8 12 16 20 20 35 41 45 54 110 132

2. 아래 부등식을 만족하는 정수는 무엇일까요? 수직선을 이용해도 좋아요.

$x > -5$: x = -4, -3, -2, ...
$x < -2$: x = -3, -4, -5, ...
$x < 0$: x = -1, -2, -3, ...
$2 < x < 6$: x = 3, 4, 5
$-1 < x < 4$: x = 0, 1, 2, 3
$-10 < x < -6$: x = -9, -8, -7

3. 조건에 맞는 부등식을 만들어 보세요.

❶ x = -2, -3, -4, ...인 부등식을 만들어 보세요. $x < -1$
❷ x = -6, -5인 부등식을 만들어 보세요. $-7 < x < -4$
❸ x = 0, 1, 2인 부등식을 만들어 보세요. $-1 < x < 3$

여기서 잠깐!
시소의 균형은 시소에 앉는 사람의 무게와 위치에 영향을 받아요.

44

★연습 문제

4. 방정식을 세워 x값을 구한 후, 로봇에서 찾아 ○표 해 보세요.

❶ x에 7을 곱하면 49예요. $x \times 7 = 49$, x = 7
❷ x에 29를 더하면 63이에요. $x + 29 = 63$, x = 34
❸ x에서 4.2를 빼면 12.6이에요. $x - 4.2 = 12.6$, x = 16.8
❹ x를 10으로 나누면 0.62예요. $x \div 10 = 0.62$, x = 6.2

6.2 6.8 7 16.8 34 36

5. 방정식을 세워 x의 길이를 구한 후, 로봇에서 찾아 ○표 해 보세요.

❶ 3.5m + x = 11m, x = 7.5m
❷ 1.5m + x = 8m, x = 6.5m
❸ x × 2 = 13m, x = 6.5m
❹ x × 4 = 18m, x = 4.5m

3.5 m 4.5 m 5.5 m 6.5 m 6.5 m 7.5 m

더 생각해 보아요!
색이 같은 자루에는 그 자루와 같은 색의 공이 같은 수만큼 들어 있어요. 빨간색 자루 1개에는 파란색 자루 2개에 있는 공의 수만큼 공이 있어요. 노란색 자루 1개에는 빨간색 자루 2개에 있는 공의 수만큼 공이 있어요. 공이 가장 많은 자루의 색은 무엇일까요?

45

더 생각해 보아요! | 45쪽

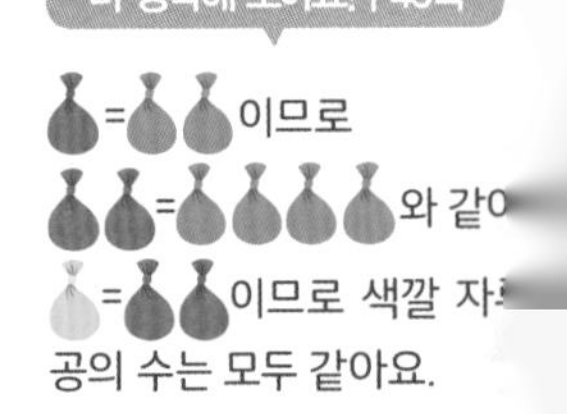

= 이므로 = 와 같아 = 이므로 색깔 자루 공의 수는 모두 같아요.

46-47쪽

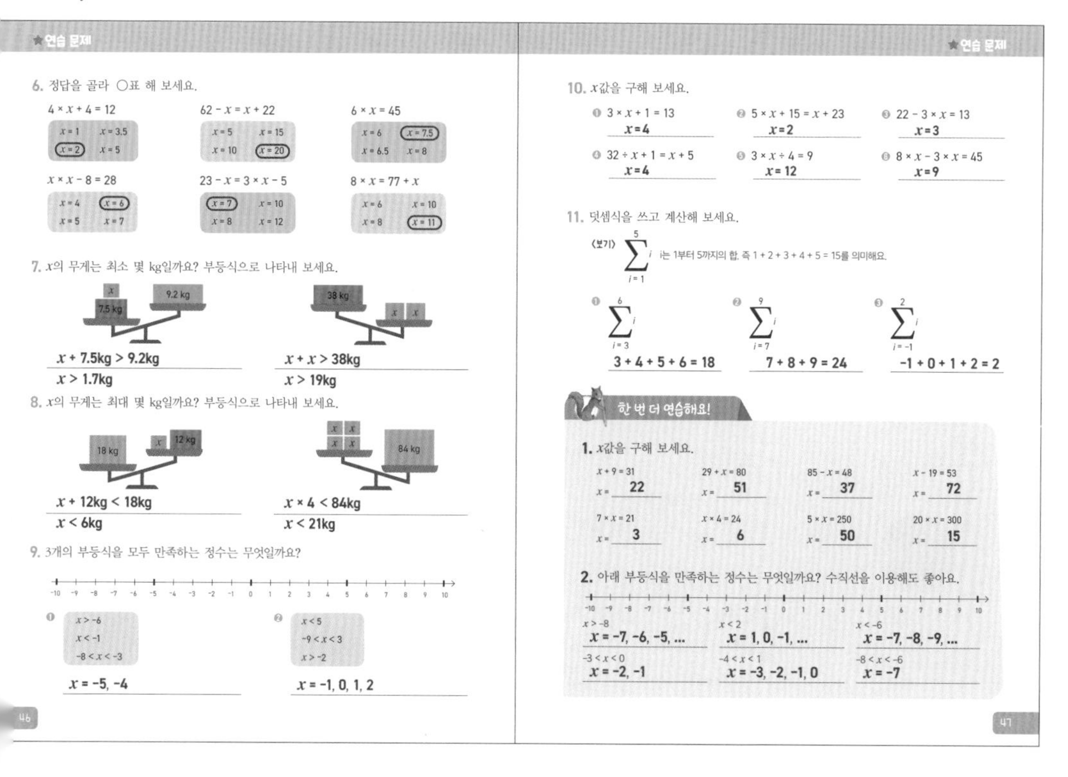

★ 연습 문제

6. 정답을 골라 ○표 해 보세요.

$4 \times x + 4 = 12$: $x=1$, $x=3.5$, ($x=2$), $x=5$

$62 - x = x + 22$: $x=5$, $x=15$, $x=10$, ($x=20$)

$6 \times x = 45$: $x=6$, ($x=7.5$), $x=6.5$, $x=8$

$x \times x - 8 = 28$: $x=4$, ($x=6$), $x=5$, $x=7$

$23 - x = 3 \times x - 5$: ($x=7$), $x=10$, $x=8$, $x=12$

$8 \times x = 77 + x$: $x=6$, $x=10$, $x=8$, ($x=11$)

7. x의 무게는 최소 몇 kg일까요? 부등식으로 나타내 보세요.

x + 7.5kg > 9.2kg
x > 1.7kg

$x + x$ > 38kg
x > 19kg

8. x의 무게는 최대 몇 kg일까요? 부등식으로 나타내 보세요.

x + 12kg < 18kg
x < 6kg

$x \times 4$ < 84kg
x < 21kg

9. 3개의 부등식을 모두 만족하는 정수는 무엇일까요?

❶ $x > -6$, $x < -1$, $-8 < x < -3$
$x = -5, -4$

❷ $x < 5$, $-9 < x < 3$, $x > -2$
$x = -1, 0, 1, 2$

46

★ 연습 문제

10. x값을 구해 보세요.

❶ $3 \times x + 1 = 13$ — $x=4$
❷ $5 \times x + 15 = x + 23$ — $x=2$
❸ $22 - 3 \times x = 13$ — $x=3$
❹ $32 \div x + 1 = x + 5$ — $x=4$
❺ $3 \times x \div 4 = 9$ — $x=12$
❻ $8 \times x - 3 \times x = 45$ — $x=9$

11. 덧셈식을 쓰고 계산해 보세요.

〈보기〉 $\sum_{i=1}^{5} i$ 는 1부터 5까지의 합, 즉 1 + 2 + 3 + 4 + 5 = 15를 의미해요.

❶ $\sum_{i=3}^{6} i$ — 3 + 4 + 5 + 6 = 18
❷ $\sum_{i=7}^{9} i$ — 7 + 8 + 9 = 24
❸ $\sum_{i=-1}^{2} i$ — -1 + 0 + 1 + 2 = 2

한 번 더 연습해요!

1. x값을 구해 보세요.

$x + 9 = 31$, x = 22
$29 + x = 80$, x = 51
$85 - x = 48$, x = 37
$x - 19 = 53$, x = 72
$7 \times x = 21$, x = 3
$x \times 4 = 24$, x = 6
$5 \times x = 250$, x = 50
$20 \times x = 300$, x = 15

2. 아래 부등식을 만족하는 정수는 무엇일까요? 수직선을 이용해도 좋아요.

$x > -8$: $x = -7, -6, -5, ...$
$x < 2$: $x = 1, 0, -1, ...$
$x < -6$: $x = -7, -8, -9, ...$
$-3 < x < 0$: $x = -2, -1$
$-4 < x < 1$: $x = -3, -2, -1, 0$
$-8 < x < -6$: $x = -7$

47

47쪽 10번

❶ $3 \times x = 12$
$x = 4$

❷ $5 \times x - x = 23 - 15$
$4 \times x = 8$
$x = 2$

❸ $-3 \times x = 13 - 22$
$-3 \times x = -9$
$x = 3$

❹ $32 \div x = x + 4$
$x = 4$

❺ $3 \times x = 36$
$x = 12$

❻ $8 \times x - 3 \times x = 45$
$5 \times x = 45$
$x = 9$

48-49쪽

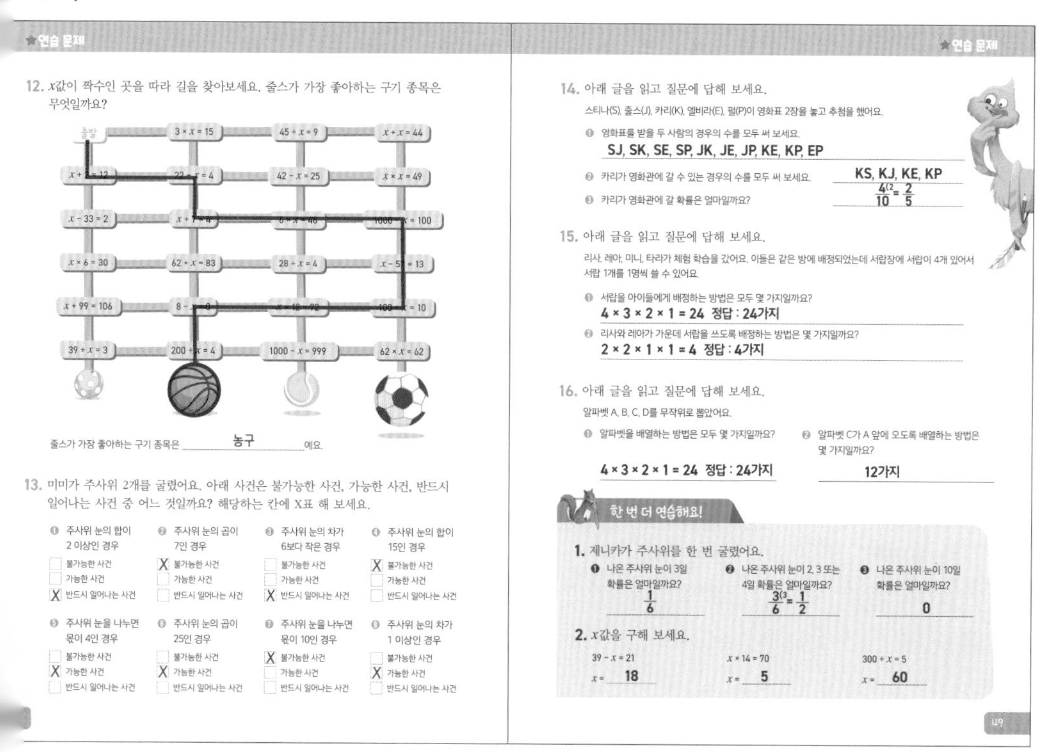

★ 연습 문제

12. x값이 짝수인 곳을 따라 길을 찾아보세요. 줄스가 가장 좋아하는 구기 종목은 무엇일까요?

줄스가 가장 좋아하는 구기 종목은 농구 예요.

13. 미미가 주사위 2개를 굴렸어요. 아래 사건은 불가능한 사건, 가능한 사건, 반드시 일어나는 사건 중 어느 것일까요? 해당하는 칸에 X표 해 보세요.

❶ 주사위 눈의 합이 2 이상인 경우 — X 반드시 일어나는 사건
❷ 주사위 눈의 곱이 7인 경우 — X 불가능한 사건
❸ 주사위 눈의 차가 6보다 작은 경우 — X 반드시 일어나는 사건
❹ 주사위 눈의 합이 15인 경우 — X 불가능한 사건
❺ 주사위 눈을 나누면 몫이 4인 경우 — X 가능한 사건
❻ 주사위 눈의 곱이 25인 경우 — X 가능한 사건
❼ 주사위 눈을 나누면 몫이 10인 경우 — X 불가능한 사건
❽ 주사위 눈의 차가 1 이상인 경우 — X 가능한 사건

★ 연습 문제

14. 아래 글을 읽고 질문에 답해 보세요.

스티나(S), 줄스(J), 카리(K), 엘비라(E), 펄(P)이 영화표 2장을 놓고 추첨을 했어요.

❶ 영화표를 받을 두 사람의 경우의 수를 모두 써 보세요.
SJ, SK, SE, SP, JK, JE, JP, KE, KP, EP

❷ 카리가 영화관에 갈 수 있는 경우의 수를 모두 써 보세요.
KS, KJ, KE, KP

❸ 카리가 영화관에 갈 확률은 얼마일까요?
$\frac{4}{10} = \frac{2}{5}$

15. 아래 글을 읽고 질문에 답해 보세요.

리사, 레아, 미니, 타라가 체험 학습을 갔어요. 아들은 같은 방에 배정되었는데 서랍장에 서랍이 4개 있어서 서랍 1개를 1명씩 쓸 수 있어요.

❶ 서랍을 아이들에게 배정하는 방법은 모두 몇 가지일까요?
4 × 3 × 2 × 1 = 24 정답 : 24가지

❷ 리사와 레아가 가운데 서랍을 쓰도록 배정하는 방법은 몇 가지일까요?
2 × 2 × 1 × 1 = 4 정답 : 4가지

16. 아래 글을 읽고 질문에 답해 보세요.

알파벳 A, B, C, D를 무작위로 뽑았어요.

❶ 알파벳을 배열하는 방법은 모두 몇 가지일까요?
4 × 3 × 2 × 1 = 24 정답 : 24가지

❷ 알파벳 C가 A 앞에 오도록 배열하는 방법은 몇 가지일까요?
12가지

한 번 더 연습해요!

1. 제니카가 주사위를 한 번 굴렸어요.

❶ 나온 주사위 눈이 3일 확률은 얼마일까요? $\frac{1}{6}$
❷ 나온 주사위 눈이 2, 3 또는 4일 확률은 얼마일까요? $\frac{3}{6} = \frac{1}{2}$
❸ 나온 주사위 눈이 10일 확률은 얼마일까요? 0

2. x값을 구해 보세요.

$39 - x = 21$, x = 18
$x \times 14 = 70$, x = 5
$300 \div x = 5$, x = 60

49

49쪽 16번-②

BCAD, BCDA, BDCA
CABD, CADB, CBAD
CBDA, CDAB, CDBA
DCAB, DCBA, DBCA

50-51쪽

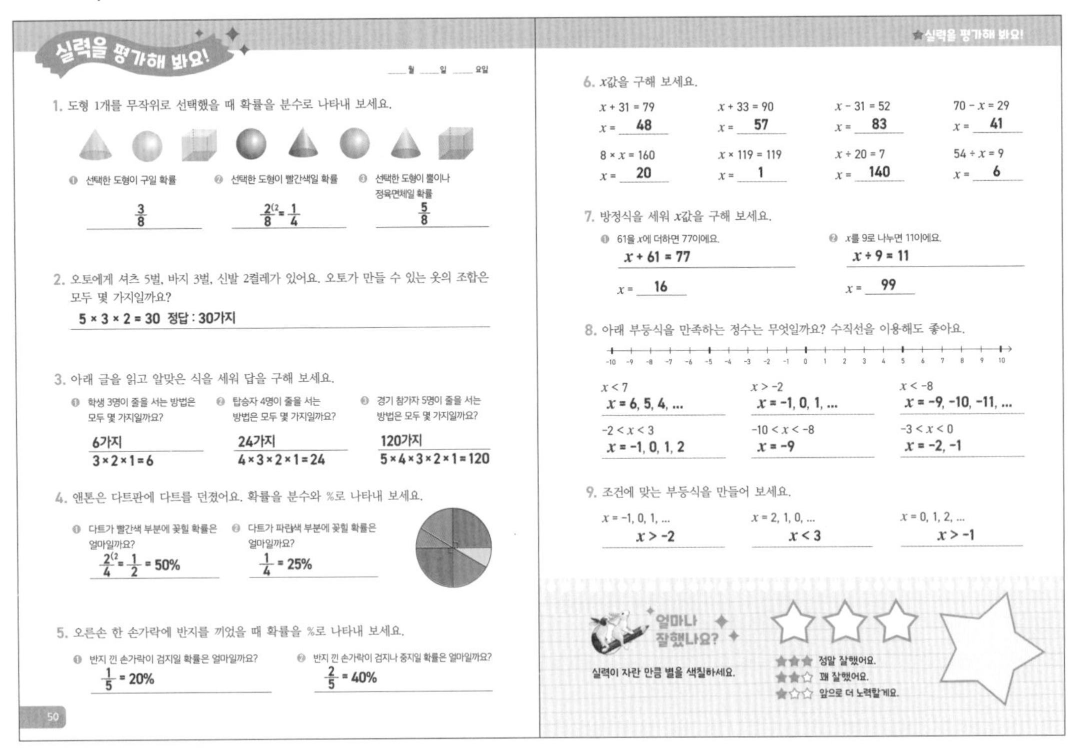

실력을 평가해 봐요!

___월 ___일 ___요일

1. 도형 1개를 무작위로 선택했을 때 확률을 분수로 나타내 보세요.

❶ 선택한 도형이 구일 확률 $\frac{3}{8}$

❷ 선택한 도형이 빨간색일 확률 $\frac{2}{8} = \frac{1}{4}$

❸ 선택한 도형이 뿔이나 정육면체일 확률 $\frac{5}{8}$

2. 오토에게 셔츠 5벌, 바지 3벌, 신발 2켤레가 있어요. 오토가 만들 수 있는 옷의 조합은 모두 몇 가지일까요?

$5 \times 3 \times 2 = 30$ 정답 : 30가지

3. 아래 글을 읽고 알맞은 식을 세워 답을 구해 보세요.

❶ 학생 3명이 줄을 서는 방법은 모두 몇 가지일까요? 6가지 $3 \times 2 \times 1 = 6$

❷ 탑승자 4명이 줄을 서는 방법은 모두 몇 가지일까요? 24가지 $4 \times 3 \times 2 \times 1 = 24$

❸ 경기 참가자 5명이 줄을 서는 방법은 모두 몇 가지일까요? 120가지 $5 \times 4 \times 3 \times 2 \times 1 = 120$

4. 엘론은 다트판에 다트를 던졌어요. 확률을 분수와 %로 나타내 보세요.

❶ 다트가 빨간색 부분에 꽂힐 확률은 얼마일까요? $\frac{2}{4} = \frac{1}{2} = 50\%$

❷ 다트가 파란색 부분에 꽂힐 확률은 얼마일까요? $\frac{1}{4} = 25\%$

5. 오른손 한 손가락에 반지를 끼었을 때 확률을 %로 나타내 보세요.

❶ 반지 낀 손가락이 검지일 확률은 얼마일까요? $\frac{1}{5} = 20\%$

❷ 반지 낀 손가락이 검지나 중지일 확률은 얼마일까요? $\frac{2}{5} = 40\%$

50

실력을 평가해 봐요!

6. x값을 구해 보세요.

$x + 31 = 79$	$x + 33 = 90$	$x - 31 = 52$	$70 - x = 29$
$x = 48$	$x = 57$	$x = 83$	$x = 41$
$8 \times x = 160$	$x \times 119 = 119$	$x \div 20 = 7$	$54 \div x = 9$
$x = 20$	$x = 1$	$x = 140$	$x = 6$

7. 방정식을 세워 x값을 구해 보세요.

❶ 61을 x에 더하면 77이에요. $x + 61 = 77$, $x = 16$

❷ x를 9로 나누면 11이에요. $x \div 9 = 11$, $x = 99$

8. 아래 부등식을 만족하는 정수는 무엇일까요? 수직선을 이용해도 좋아요.

-10 -9 -8 -7 -6 -5 -4 -3 -2 -1 0 1 2 3 4 5 6 7 8 9 10

$x < 7$	$x > -2$	$x < -8$
$x = 6, 5, 4, \dots$	$x = -1, 0, 1, \dots$	$x = -9, -10, -11, \dots$
$-2 < x < 3$	$-10 < x < -8$	$-3 < x < 0$
$x = -1, 0, 1, 2$	$x = -9$	$x = -2, -1$

9. 조건에 맞는 부등식을 만들어 보세요.

$x = -1, 0, 1, \dots$	$x = 2, 1, 0, \dots$	$x = 0, 1, 2, \dots$
$x > -2$	$x < 3$	$x > -1$

얼마나 잘했나요?

실력이 자란 만큼 별을 색칠하세요.

★★★ 정말 잘했어요.

★★☆ 꽤 잘했어요.

★☆☆ 앞으로 더 노력할게요.

52-53쪽

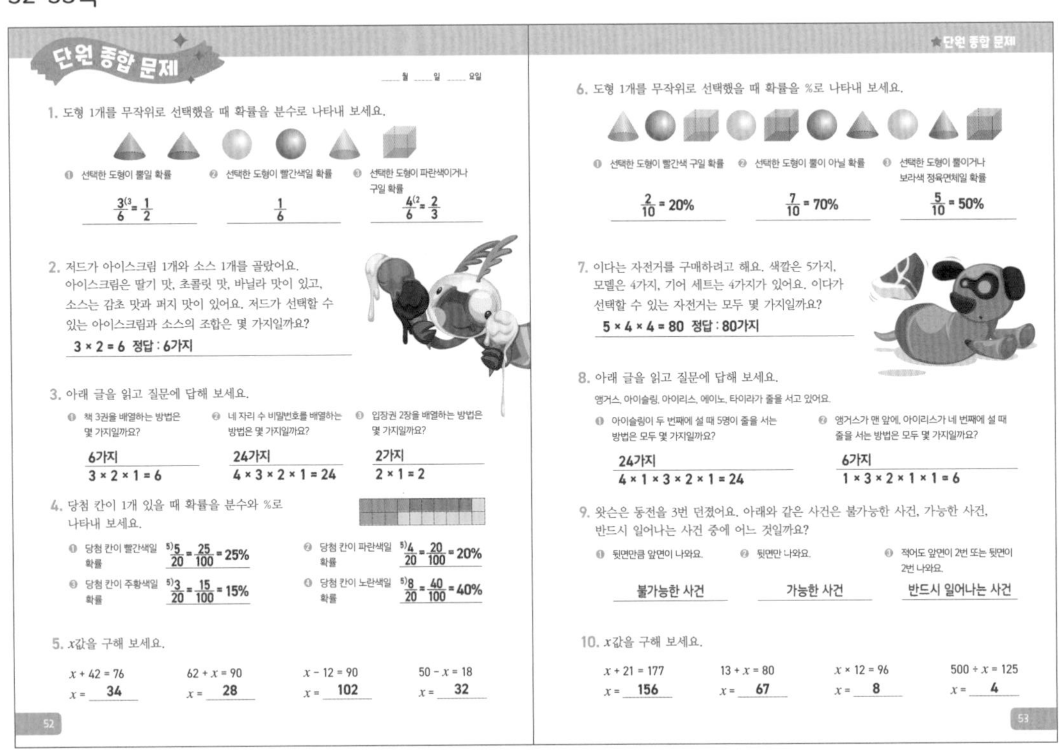

단원 종합 문제

___월 ___일 ___요일

1. 도형 1개를 무작위로 선택했을 때 확률을 분수로 나타내 보세요.

❶ 선택한 도형이 뿔일 확률 $\frac{3}{6} = \frac{1}{2}$

❷ 선택한 도형이 빨간색일 확률 $\frac{1}{6}$

❸ 선택한 도형이 파란색이거나 구일 확률 $\frac{4}{6} = \frac{2}{3}$

2. 저드가 아이스크림 1개와 소스 1개를 골랐어요. 아이스크림은 딸기 맛, 초콜릿 맛, 바닐라 맛이 있고, 소스는 감초 맛과 퍼지 맛이 있어요. 저드가 선택할 수 있는 아이스크림과 소스의 조합은 몇 가지일까요?

$3 \times 2 = 6$ 정답 : 6가지

3. 아래 글을 읽고 질문에 답해 보세요.

❶ 책 3권을 배열하는 방법은 몇 가지일까요? 6가지 $3 \times 2 \times 1 = 6$

❷ 네 자리 수 비밀번호를 배열하는 방법은 몇 가지일까요? 24가지 $4 \times 3 \times 2 \times 1 = 24$

❸ 입장권 2장을 배열하는 방법은 몇 가지일까요? 2가지 $2 \times 1 = 2$

4. 당첨 칸이 1개 있을 때 확률을 분수와 %로 나타내 보세요.

❶ 당첨 칸이 빨간색일 확률 $\frac{5}{20} = \frac{25}{100} = 25\%$

❷ 당첨 칸이 파란색일 확률 $\frac{4}{20} = \frac{20}{100} = 20\%$

❸ 당첨 칸이 주황색일 확률 $\frac{3}{20} = \frac{15}{100} = 15\%$

❹ 당첨 칸이 노란색일 확률 $\frac{8}{20} = \frac{40}{100} = 40\%$

5. x값을 구해 보세요.

$x + 42 = 76$	$62 + x = 90$	$x - 12 = 90$	$50 - x = 18$
$x = 34$	$x = 28$	$x = 102$	$x = 32$

52

단원 종합 문제

6. 도형 1개를 무작위로 선택했을 때 확률을 %로 나타내 보세요.

❶ 선택한 도형이 빨간색 구일 확률 $\frac{2}{10} = 20\%$

❷ 선택한 도형이 뿔이 아닐 확률 $\frac{7}{10} = 70\%$

❸ 선택한 도형이 뿔이거나 보라색 정육면체일 확률 $\frac{5}{10} = 50\%$

7. 이다는 자전거를 구매하려고 해요. 색깔은 5가지, 모델은 4가지, 기어 세트는 4가지가 있어요. 이다가 선택할 수 있는 자전거는 모두 몇 가지일까요?

$5 \times 4 \times 4 = 80$ 정답 : 80가지

8. 아래 글을 읽고 질문에 답해 보세요.

앵거스, 아이슬링, 아이리스, 에이노, 타이라가 줄을 서고 있어요.

❶ 아이슬링이 두 번째에 설 때 5명이 줄을 서는 방법은 모두 몇 가지일까요? 24가지 $4 \times 1 \times 3 \times 2 \times 1 = 24$

❷ 앵거스가 맨 앞에, 아이리스가 네 번째에 설 때 줄을 서는 방법은 모두 몇 가지일까요? 6가지 $1 \times 3 \times 2 \times 1 \times 1 = 6$

9. 왓슨은 동전을 3번 던졌어요. 아래와 같은 사건은 불가능한 사건, 가능한 사건, 반드시 일어나는 사건 중에 어느 것일까요?

❶ 뒷면만큼 앞면이 나와요. 불가능한 사건

❷ 뒷면만 나와요. 가능한 사건

❸ 적어도 앞면이 2번 또는 뒷면이 2번 나와요. 반드시 일어나는 사건

10. x값을 구해 보세요.

$x + 21 = 177$	$13 + x = 80$	$x \times 12 = 96$	$500 \div x = 125$
$x = 156$	$x = 67$	$x = 8$	$x = 4$

53

54-55쪽

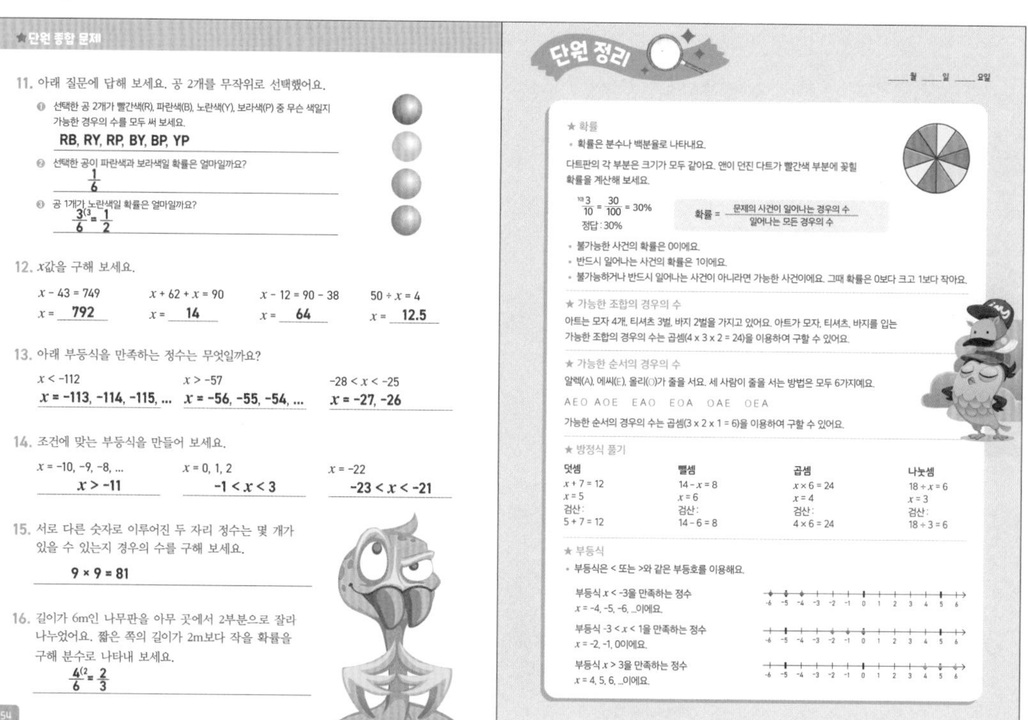

★ 단원 종합 문제

11. 아래 질문에 답해 보세요. 공 2개를 무작위로 선택했어요.

❶ 선택한 공 2개가 빨간색(R), 파란색(B), 노란색(Y), 보라색(P) 중 무슨 색일지 가능한 경우의 수를 모두 써 보세요.

RB, RY, RP, BY, BP, YP

❷ 선택한 공이 파란색과 보라색일 확률은 얼마일까요?

$\frac{1}{6}$

❸ 공 1개가 노란색일 확률은 얼마일까요?

$\frac{3}{6} = \frac{1}{2}$

12. x값을 구해 보세요.

$x - 43 = 749$ $x =$ **792**

$x + 62 + x = 90$ $x =$ **14**

$x - 12 = 90 - 38$ $x =$ **64**

$50 \div x = 4$ $x =$ **12.5**

13. 아래 부등식을 만족하는 정수는 무엇일까요?

$x < -112$ **x = -113, -114, -115, ...**

$x > -57$ **x = -56, -55, -54, ...**

$-28 < x < -25$ **x = -27, -26**

14. 조건에 맞는 부등식을 만들어 보세요.

x = -10, -9, -8, ...   **$x > -11$**

x = 0, 1, 2   **$-1 < x < 3$**

x = -22   **$-23 < x < -21$**

15. 서로 다른 숫자로 이루어진 두 자리 정수는 몇 개가 있을 수 있는지 경우의 수를 구해 보세요.

9 × 9 = 81

16. 길이가 6m인 나무판을 아무 곳에서 2부분으로 잘라 나누었어요. 짧은 쪽의 길이가 2m보다 작을 확률을 구해 분수로 나타내 보세요.

$\frac{4}{6} = \frac{2}{3}$

54

단원 정리

___월 ___일 ___요일

★ 확률

• 확률은 분수나 백분율로 나타내요.

다트판의 각 부분은 크기가 모두 같아요. 앤이 던진 다트가 빨간색 부분에 꽂힐 확률을 계산해 보세요.

$\frac{3}{10} = \frac{30}{100} = 30\%$

정답 : 30%

확률 = $\frac{\text{문제의 사건이 일어나는 경우의 수}}{\text{일어나는 모든 경우의 수}}$

• 불가능한 사건의 확률은 0이에요.

• 반드시 일어나는 사건의 확률은 1이에요.

• 불가능하거나 반드시 일어나는 사건이 아니라면 가능한 사건이에요. 그때 확률은 0보다 크고 1보다 작아요.

★ 가능한 조합의 경우의 수

아트는 모자 4개, 티셔츠 3벌, 바지 2벌을 가지고 있어요. 아트가 모자, 티셔츠, 바지를 입는 가능한 조합의 경우의 수는 곱셈(4 x 3 x 2 = 24)을 이용하여 구할 수 있어요.

★ 가능한 순서의 경우의 수

알렉(A), 에씨(E), 올리(O)가 줄을 서요. 세 사람이 줄을 서는 방법은 모두 6가지예요.

AEO AOE EAO EOA OAE OEA

가능한 순서의 경우의 수는 곱셈(3 x 2 x 1 = 6)을 이용하여 구할 수 있어요.

★ 방정식 풀기

덧셈	뺄셈	곱셈	나눗셈
$x + 7 = 12$	$14 - x = 8$	$x \times 6 = 24$	$18 \div x = 6$
$x = 5$	$x = 6$	$x = 4$	$x = 3$
검산 :	검산 :	검산 :	검산 :
$5 + 7 = 12$	$14 - 6 = 8$	$4 \times 6 = 24$	$18 \div 3 = 6$

★ 부등식

• 부등식은 < 또는 >와 같은 부등호를 이용해요.

부등식 $x < -3$을 만족하는 정수
x = -4, -5, -6, ...이에요.

부등식 $-3 < x < 1$을 만족하는 정수
x = -2, -1, 0이에요.

부등식 $x > 3$을 만족하는 정수
x = 4, 5, 6, ...이에요.

❶+❷ = $\frac{2}{6} + \frac{2}{6} = \frac{4}{6} = \frac{2}{3}$

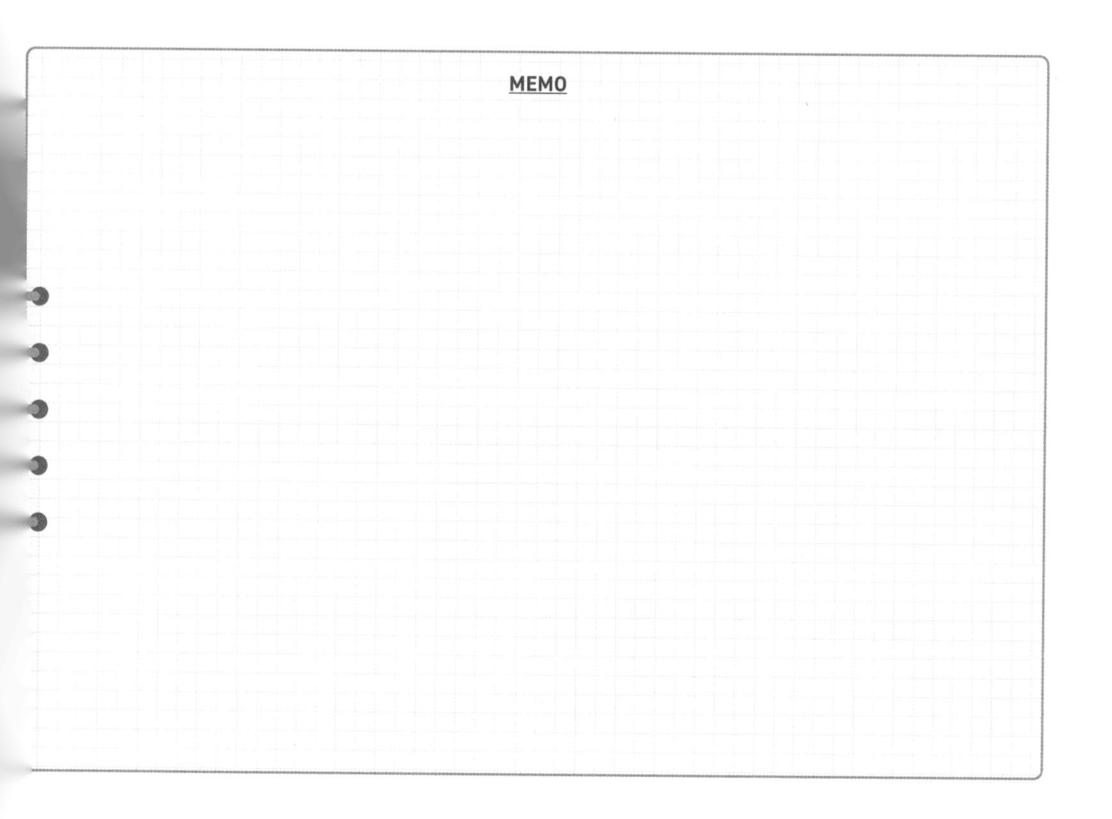

정답

58-59쪽

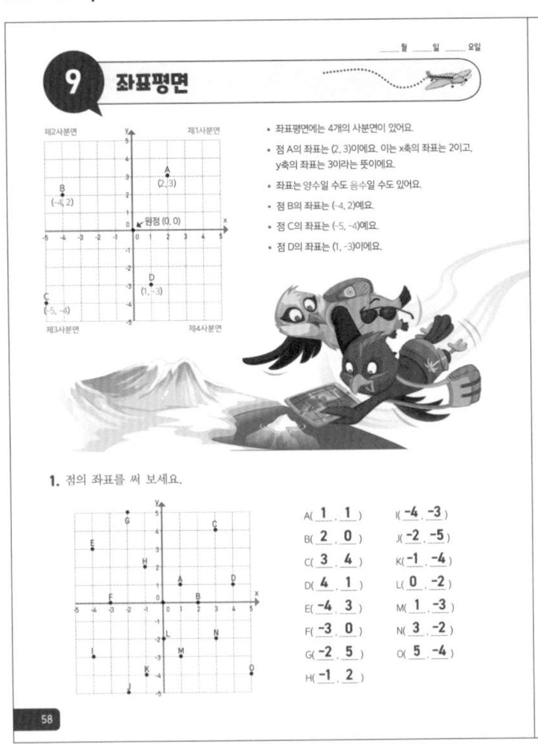
월 일 요일

9 좌표평면

제2사분면 제1사분면

B (-4, 2) A (2, 3) 원점 (0, 0)

C (-5, -4) D (1, -3)

제3사분면 제4사분면

- 좌표평면에는 4개의 사분면이 있어요.
- 점 A의 좌표는 (2, 3)이에요. 이는 x축의 좌표는 2이고, y축의 좌표는 3이라는 뜻이에요.
- 좌표는 양수일 수도 음수일 수도 있어요.
- 점 B의 좌표는 (-4, 2)예요.
- 점 C의 좌표는 (-5, -4)예요.
- 점 D의 좌표는 (1, -3)이에요.

1. 점의 좌표를 써 보세요.

A(1 , 1) I(-4 , -3)
B(2 , 0) J(-2 , -5)
C(3 , 4) K(-1 , -4)
D(4 , 1) L(0 , -2)
E(-4 , 3) M(1 , -3)
F(-3 , 0) N(3 , -2)
G(-2 , 5) O(5 , -4)
H(-1 , 2)

58

2. 좌표평면에 점을 표시해 보세요.

A(5, 3) H(4, 0)
B(-2, 2) I(-5, 0)
C(0, 3) J(-3, -4)
D(1, -4) K(-1, 4)
E(-2, -3) L(1, -2)
F(-5, 1) M(5, -3)
G(1, 5) N(2, 5)

3. 좌표평면에 그려 보세요.

❶ 점 A(-4, -4)와 점 B(2, -5)를 끝점으로 하는 선분
❷ 점 C(2, 5), 점 D(-1, 1), 점 E(5, -2)를 꼭짓점으로 하는 삼각형 CDE
❸ 점 F(1, 5), 점 G(-2, 2), 점 H(-4, -2), 점 I(-5, 5)를 꼭짓점으로 하는 사각형 FGHI

더 생각해 보아요!

x축이나 y축을 따라서만 움직일 수 있고 한 칸의 한 변의 길이는 1m예요. 점 (-4, -3)에서 점 (1, 5)를 거쳐 점 (5, 2)로 움직이려고 해요. 최단 거리는 얼마일까요?

20m

59

59쪽 2번

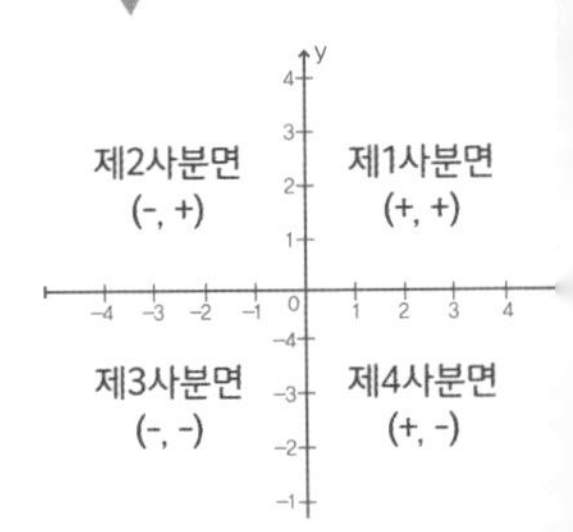

그림에서 사분면의 이름 아래 괄호 안에 (+, +), (-, -) 등이 표시되어 있어요. 이 표시는 사분면 위 점들의 좌표 부호예요. 제1사분면에 있는 점의 x좌표와 y좌표는 둘 다 양수니까 (+, +)로 표시하고, 제2사분면에 있는 점의 x좌표는 음수, y좌표는 양수라서 (-, +)로 표시한 거예요.

더 생각해 보아요! | 59쪽

좌표평면에 직접 점을 찍고 직이며 최단 거리를 측정해 세요.

MEMO

보충 가이드 | 58쪽

0을 기준으로 양의 정수와 음의 정수가 서로 반대쪽으로 쭉 늘어서 있는 수를 정수라고 부른다고 배웠어요.

1. 수직선이 1개 있을 때는 좌표를 1개만 말해도 바로 위치를 알 수 있어요.

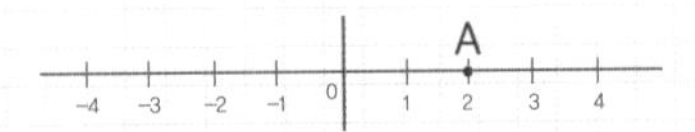

수직선의 2 위에 점 A가 있다는 건 반대로 점 A에 2가 대응한다고 이야기할 수 있어요.
A(2)라고 표기하고 수직선 위의 한 점에 대응하는 수를 좌표라고 불러요.

2. 좌표평면

수직선은 가로로 된 선이 하나만 있어요. 그런데 가로로 된 수직선에 수직인 세로선(수직선)을 그어요. 이때 가로인 수직선을 x축, 세로인 수직선을 y축, x축과 y축을 합쳐서 좌표축이라고 하고 좌표축이 그려진 평면을 좌표평면이라고 해요. 또 두 수직선이 만나는 점을 원점 O라고 불러요.
가로와 세로가 만나는 지점에 있는 점의 위치를 좌표라고 하는데 수직선이 2개이므로 좌표를 표시하는 수도 2개예요. 좌표는 가로축의 수를 먼저 읽고, 세로축의 수를 읽어요.

60-61쪽

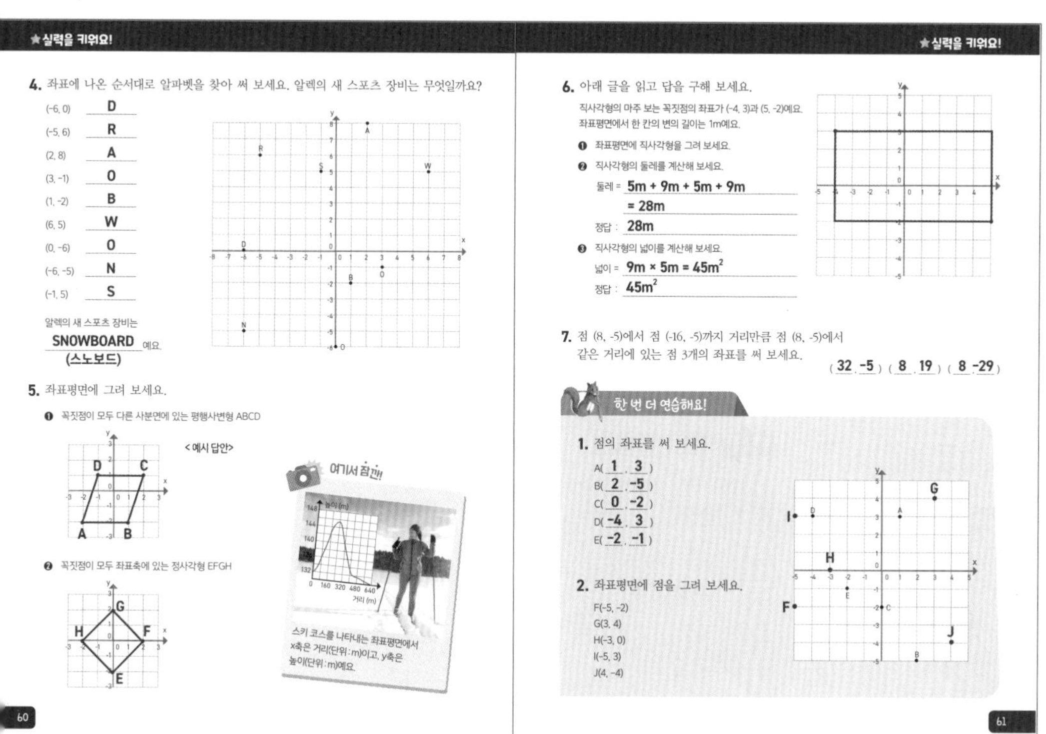

★실력을 키워요!

4. 좌표에 나온 순서대로 알파벳을 찾아 써 보세요. 알렉의 새 스포츠 장비는 무엇일까요?

(-6, 0) **D**
(-5, 6) **R**
(2, 8) **A**
(3, -1) **O**
(1, -2) **B**
(6, 5) **W**
(0, -6) **O**
(-6, -5) **N**
(-1, 5) **S**

알렉의 새 스포츠 장비는 **SNOWBOARD (스노보드)**예요.

5. 좌표평면에 그려 보세요.

❶ 꼭짓점이 모두 다른 사분면에 있는 평행사변형 ABCD

<예시 답안>

❷ 꼭짓점이 모두 좌표축에 있는 정사각형 EFGH

여기서 잠깐!

스키 코스를 나타내는 좌표평면에서 x축은 거리(단위 : m)이고, y축은 높이(단위 : m)예요.

60

★실력을 키워요!

6. 아래 글을 읽고 답을 구해 보세요.

직사각형의 마주 보는 꼭짓점의 좌표가 (-4, 3)과 (5, -2)예요. 좌표평면에서 한 칸의 변의 길이는 1m예요.

❶ 좌표평면에 직사각형을 그려 보세요.

❷ 직사각형의 둘레를 계산해 보세요.

둘레 = **5m + 9m + 5m + 9m**
= 28m

정답 : **28m**

❸ 직사각형의 넓이를 계산해 보세요.

넓이 = **9m × 5m = 45m²**

정답 : **45m²**

7. 점 (8, -5)에서 점 (-16, -5)까지 거리만큼 점 (8, -5)에서 같은 거리에 있는 점 3개의 좌표를 써 보세요.

(**32** , **-5**) (**8** , **19**) (**8** , **-29**)

한 번 더 연습해요!

1. 점의 좌표를 써 보세요.

A(**1** , **3**)
B(**2** , **-5**)
C(**0** , **-2**)
D(**-4** , **3**)
E(**-2** , **-1**)

2. 좌표평면에 점을 그려 보세요.

F(-5, -2)
G(3, 4)
H(-3, 0)
I(-5, 3)
J(4, -4)

61

61쪽 7번

점 (8, -5)와 점 (-16, -5) 사이의 거리는 24칸 떨어져 있어요. 점 (8, -5)를 기준으로 x축과 y축으로 24칸만큼 떨어져 있는 점을 찾으면 돼요.

보충 가이드 | 62쪽

도형 밀기

- 도형을 밀었을 때 모양은 변하지 않아요.
- 도형을 밀면 민 방향과 길이만큼 도형의 위치가 바뀌어요.
- 도형의 위치가 위쪽, 아래쪽, 왼쪽, 오른쪽으로 이동했지만 모양은 변하지 않아요.
- 도형을 밀면 모양은 변하지 않지만 위치는 변해요.

도형 돌리기

- 도형을 돌렸을 때 도형의 모양과 크기는 변하지 않고 도형의 방향이 바뀌어요.

평면도형의 이동에서 평면도형을 밀거나 돌리기를 해도 모양과 크기는 변하지 않아요. 위치나 방향만 바뀔 뿐이지요.

2-63쪽

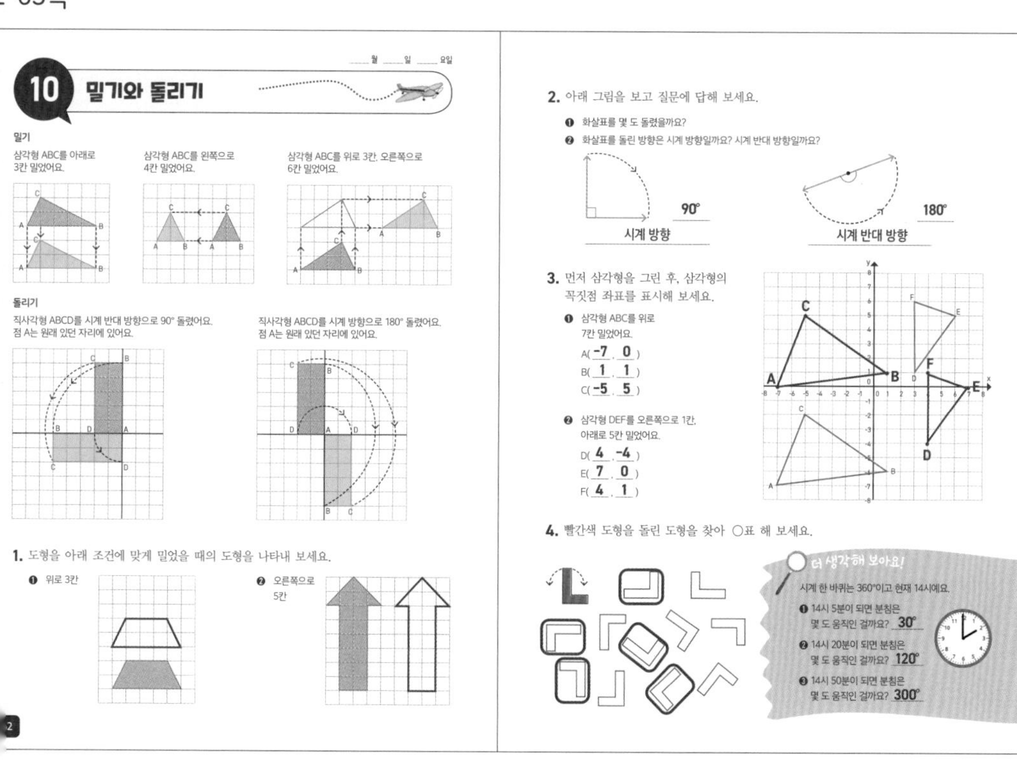

___월 ___일 ___요일

10 밀기와 돌리기

밀기

삼각형 ABC를 아래로 3칸 밀었어요.

삼각형 ABC를 왼쪽으로 4칸 밀었어요.

삼각형 ABC를 위로 3칸, 오른쪽으로 6칸 밀었어요.

돌리기

직사각형 ABCD를 시계 반대 방향으로 90° 돌렸어요. 점 A는 원래 있던 자리에 있어요.

직사각형 ABCD를 시계 방향으로 180° 돌렸어요. 점 A는 원래 있던 자리에 있어요.

1. 도형을 아래 조건에 맞게 밀었을 때의 도형을 나타내 보세요.

❶ 위로 3칸

❷ 오른쪽으로 5칸

2

2. 아래 그림을 보고 질문에 답해 보세요.

❶ 화살표를 몇 도 돌렸을까요?

❷ 화살표를 돌린 방향은 시계 방향일까요? 시계 반대 방향일까요?

90° **시계 방향**

180° **시계 반대 방향**

3. 먼저 삼각형을 그린 후, 삼각형의 꼭짓점 좌표를 표시해 보세요.

❶ 삼각형 ABC를 위로 7칸 밀었어요.

A(**-7** , **0**)
B(**1** , **1**)
C(**-5** , **5**)

❷ 삼각형 DEF를 오른쪽으로 1칸, 아래로 5칸 밀었어요.

D(**4** , **-4**)
E(**7** , **0**)
F(**4** , **1**)

4. 빨간색 도형을 돌린 도형을 찾아 ○표 해 보세요.

더 생각해 보아요!

시계 한 바퀴는 360°이고 현재 14시예요.

❶ 14시 5분이 되면 분침은 몇 도 움직인 걸까요? **30°**

❷ 14시 20분이 되면 분침은 몇 도 움직인 걸까요? **120°**

❸ 14시 50분이 되면 분침은 몇 도 움직인 걸까요? **300°**

63쪽 3번

❶ 삼각형 ABC에서 위로만 7만큼 밀기 했으므로 가로축의 값은 변하지 않고, 세로축의 값만 7씩 더하여 좌표를 구하면 돼요.

❷ 삼각형 DEF에서 아래로 5만큼, 오른쪽으로 1만큼 밀기 했으므로 세로축의 값 -5 한 값과 가로축의 값에 +1한 값의 좌표를 구하면 돼요.

64-65쪽

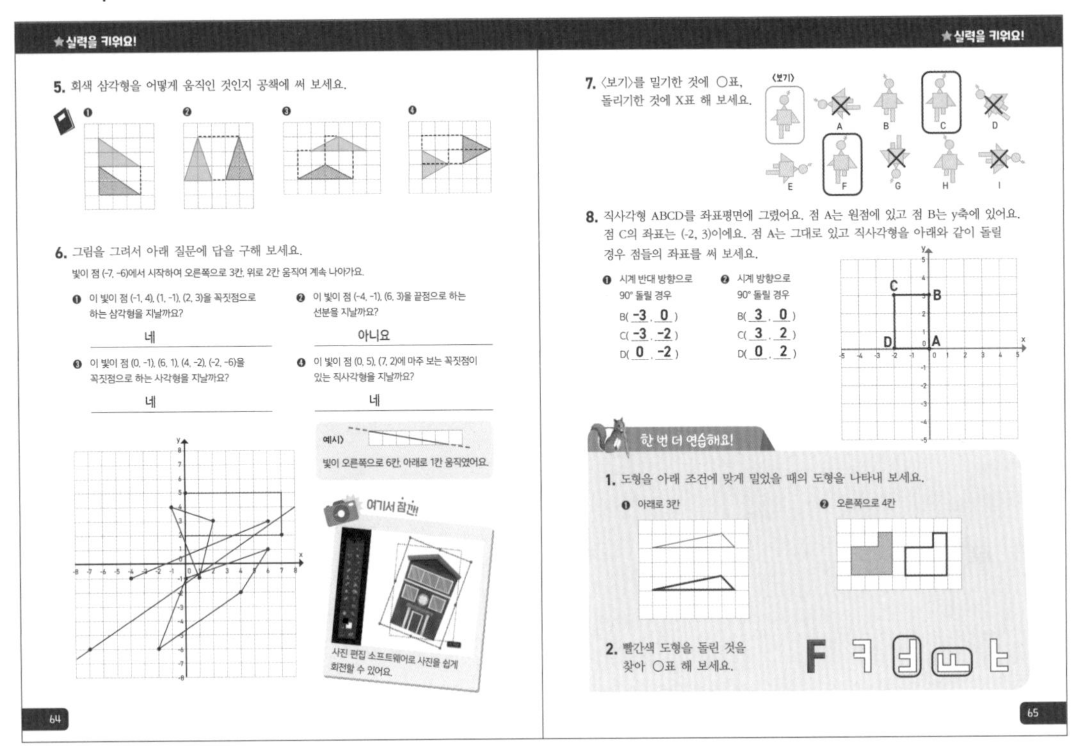

★실력을 키워요!

5. 회색 삼각형을 어떻게 움직인 것인지 공책에 써 보세요.

❶ ❷ ❸ ❹

6. 그림을 그려서 아래 질문에 답을 구해 보세요.

빛이 점 (-7, -6)에서 시작하여 오른쪽으로 3칸, 위로 2칸 움직여 계속 나아가요.

❶ 이 빛이 점 (-1, 4), (1, -1), (2, 3)을 꼭짓점으로 하는 삼각형을 지날까요? 네

❷ 이 빛이 점 (-4, -1), (6, 3)을 끝점으로 하는 선분을 지날까요? 아니요

❸ 이 빛이 점 (0, -1), (6, 1), (4, -2), (-2, -6)을 꼭짓점으로 하는 사각형을 지날까요? 네

❹ 이 빛이 점 (0, 5), (7, 2)에 마주 보는 꼭짓점이 있는 직사각형을 지날까요? 네

예시) 빛이 오른쪽으로 6칸, 아래로 1칸 움직였어요.

여기서 잠깐! 사진 편집 소프트웨어로 사진을 쉽게 회전할 수 있어요.

64

★실력을 키워요!

7. 〈보기〉를 밀기한 것에 ○표, 돌리기한 것에 X표 해 보세요.

8. 직사각형 ABCD를 좌표평면에 그렸어요. 점 A는 원점에 있고 점 B는 y축에 있어요. 점 C의 좌표는 (-2, 3)이에요. 점 A는 그대로 있고 직사각형을 아래와 같이 돌릴 경우 점들의 좌표를 써 보세요.

❶ 시계 반대 방향으로 90° 돌릴 경우
B(-3, 0)
C(-3, -2)
D(0, -2)

❷ 시계 방향으로 90° 돌릴 경우
B(3, 0)
C(3, 2)
D(0, 2)

한 번 더 연습해요!

1. 도형을 아래 조건에 맞게 밀었을 때의 도형을 나타내 보세요.

❶ 아래로 3칸 ❷ 오른쪽으로 4칸

2. 빨간색 도형을 돌린 것을 찾아 ○표 해 보세요.

65

64쪽 5번

❶ 위로 2칸
❷ 왼쪽으로 3칸
❸ 위로 2칸, 오른쪽으로 1칸
❹ 왼쪽으로 3칸, 아래로 1칸

66-67쪽

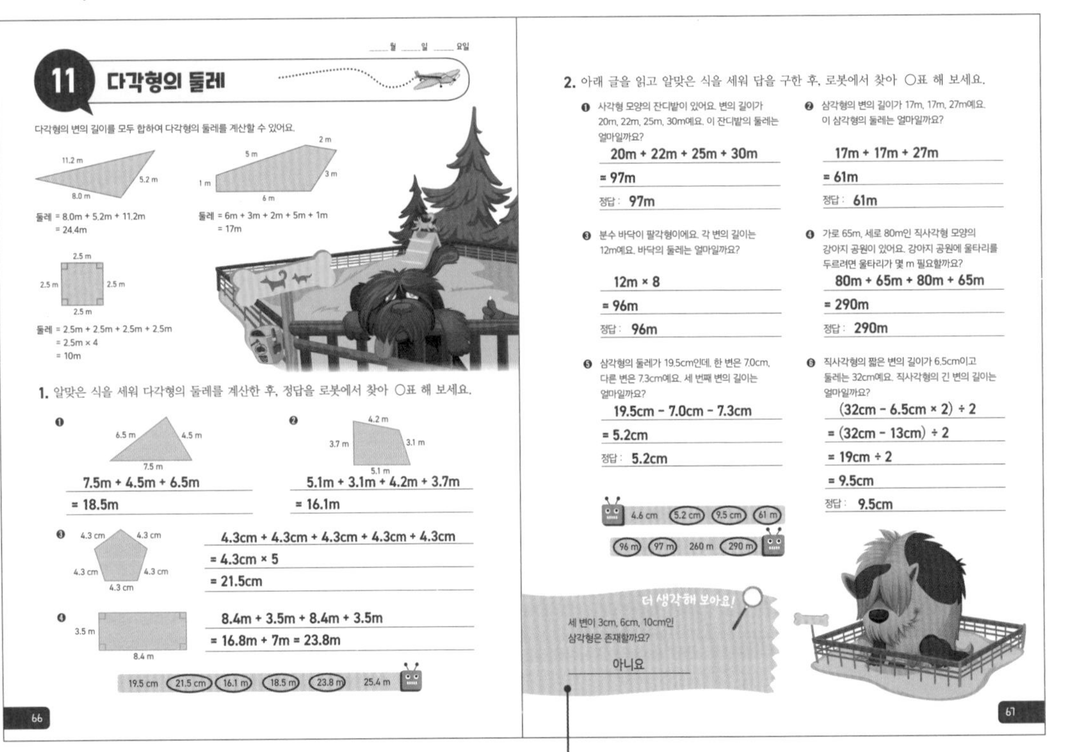

월 일 요일

11 다각형의 둘레

다각형의 변의 길이를 모두 합하여 다각형의 둘레를 계산할 수 있어요.

둘레 = 8.0m + 5.2m + 11.2m
= 24.4m

둘레 = 6m + 3m + 2m + 5m + 1m
= 17m

둘레 = 2.5m + 2.5m + 2.5m + 2.5m
= 2.5m × 4
= 10m

1. 알맞은 식을 세워 다각형의 둘레를 계산한 후, 정답을 로봇에서 찾아 ○표 해 보세요.

❶ 7.5m + 4.5m + 6.5m
= 18.5m

❷ 5.1m + 3.1m + 4.2m + 3.7m
= 16.1m

❸ 4.3cm + 4.3cm + 4.3cm + 4.3cm + 4.3cm
= 4.3cm × 5
= 21.5cm

❹ 8.4m + 3.5m + 8.4m + 3.5m
= 16.8m + 7m = 23.8m

19.5 cm, (21.5 cm), (16.1 m), (18.5 m), (23.8 m), 25.4 m

66

2. 아래 글을 읽고 알맞은 식을 세워 답을 구한 후, 로봇에서 찾아 ○표 해 보세요.

❶ 사각형 모양의 잔디밭이 있어요. 변의 길이가 20m, 22m, 25m, 30m예요. 이 잔디밭의 둘레는 얼마일까요?
20m + 22m + 25m + 30m
= 97m
정답: 97m

❷ 삼각형의 변의 길이가 17m, 17m, 27m예요. 이 삼각형의 둘레는 얼마일까요?
17m + 17m + 27m
= 61m
정답: 61m

❸ 분수 바닥이 팔각형이에요. 각 변의 길이는 12m예요. 바닥의 둘레는 얼마일까요?
12m × 8
= 96m
정답: 96m

❹ 가로 65m, 세로 80m인 직사각형 모양의 강아지 공원이 있어요. 강아지 공원에 울타리를 두르려면 울타리가 몇 m 필요할까요?
80m + 65m + 80m + 65m
= 290m
정답: 290m

❺ 삼각형의 둘레가 19.5cm인데, 한 변은 7.0cm, 다른 변은 7.3cm예요. 세 번째 변의 길이는 얼마일까요?
19.5cm - 7.0cm - 7.3cm
= 5.2cm
정답: 5.2cm

❻ 직사각형의 짧은 변의 길이가 6.5cm이고 둘레는 32cm예요. 직사각형의 긴 변의 길이는 얼마일까요?
(32cm - 6.5cm × 2) ÷ 2
= (32cm - 13cm) ÷ 2
= 19cm ÷ 2
= 9.5cm
정답: 9.5cm

4.6 cm, (5.2 cm), (9.5 cm), (61 m), (96 m), (97 m), 260 m, (290 m)

더 생각해 보아요!

세 변이 3cm, 6cm, 10cm인 삼각형은 존재할까요?
아니요

67

가장 긴 변의 길이는 두 변의 길이의 합보다 짧아야 해요.

보충 가이드 | 66쪽

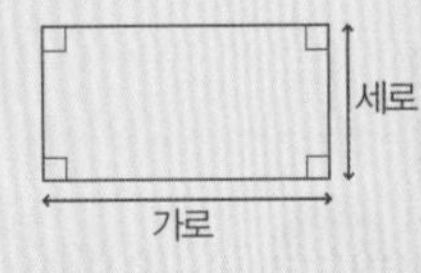

직사각형은 마주 보는 변의 길이가 같으므로 가로와 세로를 더한 후 2배를 하면 둘레를 더 쉽게 구할 수 있어요.

- 직사각형의 둘레 길이
=(가로+세로)×2

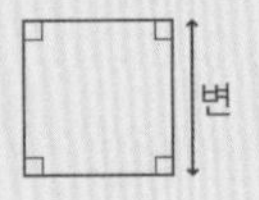

정사각형은 네 변의 길이가 같으므로 한 변의 길이에 4배를 하면 둘레를 더 쉽게 구할 수 있어요.

- 정사각형 둘레 길이
=한 변의 길이×4

정다각형의 둘레 길이도 같은 원리를 적용할 수 있어요.

- N 정다각형 둘레 길이
=한 변의 길이×N

68-69쪽

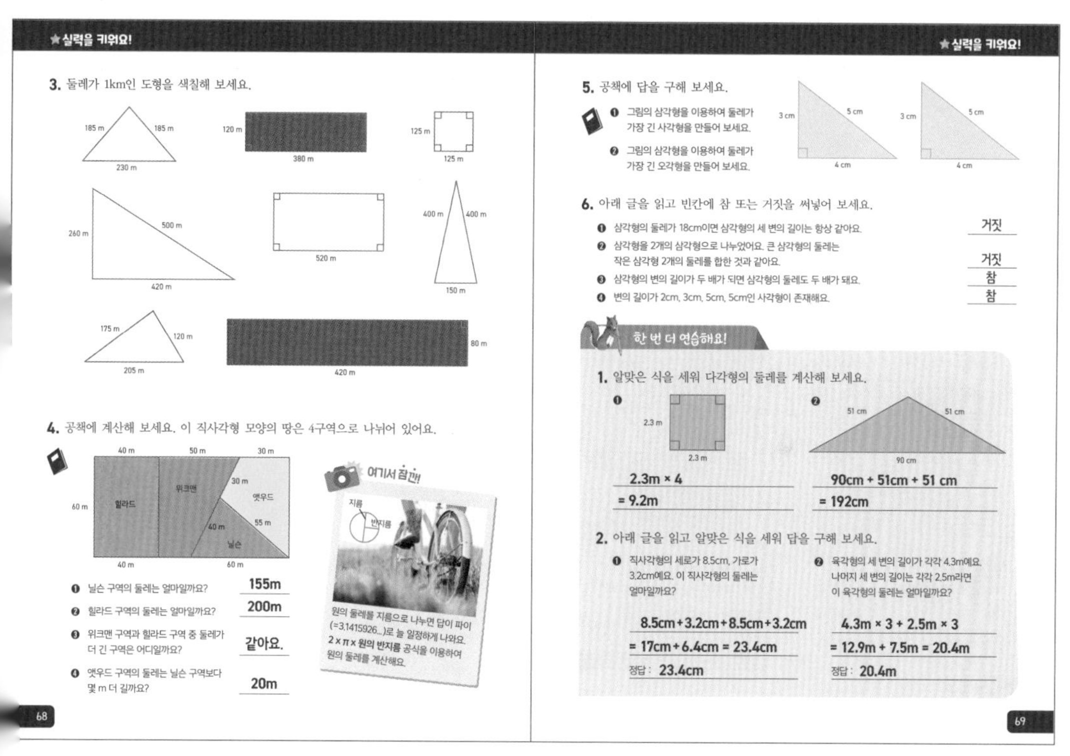

★실력을 키워요!

3. 둘레가 1km인 도형을 색칠해 보세요.

4. 공책에 계산해 보세요. 이 직사각형 모양의 땅은 4구역으로 나뉘어 있어요.

❶ 넓은 구역의 둘레는 얼마일까요? 155m

❷ 힐라드 구역의 둘레는 얼마일까요? 200m

❸ 위크맨 구역과 힐라드 구역 중 둘레가 더 긴 구역은 어디일까요? 같아요.

❹ 앳우드 구역의 둘레는 넓은 구역보다 몇 m 더 길까요? 20m

여기서 잠깐!

원의 둘레를 지름으로 나누면 답이 파이(=3.1415926...)로 늘 일정하게 나와요. 2×π×원의 반지름 공식을 이용하여 원의 둘레를 계산해요.

5. 공책에 답을 구해 보세요.

❶ 그림의 삼각형을 이용하여 둘레가 가장 긴 사각형을 만들어 보세요.

❷ 그림의 삼각형을 이용하여 둘레가 가장 긴 오각형을 만들어 보세요.

6. 아래 글을 읽고 빈칸에 참 또는 거짓을 써넣어 보세요.

❶ 삼각형의 둘레가 18cm이면 삼각형의 세 변의 길이는 항상 같아요. 거짓

❷ 삼각형을 2개의 삼각형으로 나누었어요. 큰 삼각형의 둘레는 작은 삼각형 2개의 둘레를 합한 것과 같아요. 거짓

❸ 삼각형의 변의 길이가 두 배가 되면 삼각형의 둘레도 두 배가 돼요. 참

❹ 변의 길이가 2cm, 3cm, 5cm, 5cm인 사각형이 존재해요. 참

한 번 더 연습해요!

1. 알맞은 식을 세워 다각형의 둘레를 계산해 보세요.

❶ 2.3m × 4 = 9.2m

❷ 90cm + 51cm + 51 cm = 192cm

2. 아래 글을 읽고 알맞은 식을 세워 답을 구해 보세요.

❶ 직사각형의 세로가 8.5cm, 가로가 3.2cm예요. 이 직사각형의 둘레는 얼마일까요?

8.5cm+3.2cm+8.5cm+3.2cm = 17cm+6.4cm = 23.4cm

정답: 23.4cm

❷ 육각형의 세 변의 길이가 각각 4.3m예요. 나머지 세 변의 길이는 각각 2.5m라면 이 육각형의 둘레는 얼마일까요?

4.3m × 3 + 2.5m × 3 = 12.9m + 7.5m = 20.4m

정답: 20.4m

68 69

68쪽 4번

❶ 60m+55m+40m=155m
❷ (40m+60m)×2=200m
❸ 위크맨 구역 :
50m+60m+20m+70m
=200m
위크맨 구역과 힐라드 구역은
둘레가 같아요.
❹ 앳우드 구역 :
30m+30m+55m+60m
=175m
175m-155m=20m

69쪽 6번-②

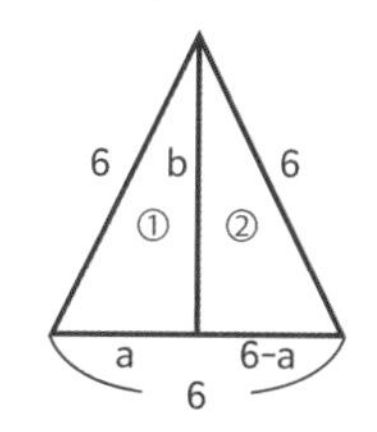

둘레①=6+a+b
둘레②=6+b+(6-a)
큰 삼각형의 둘레=6+6+6
6+6+6=(6+a+b)+(6+b+6-a)
6+6+6≠6+6+6+2b

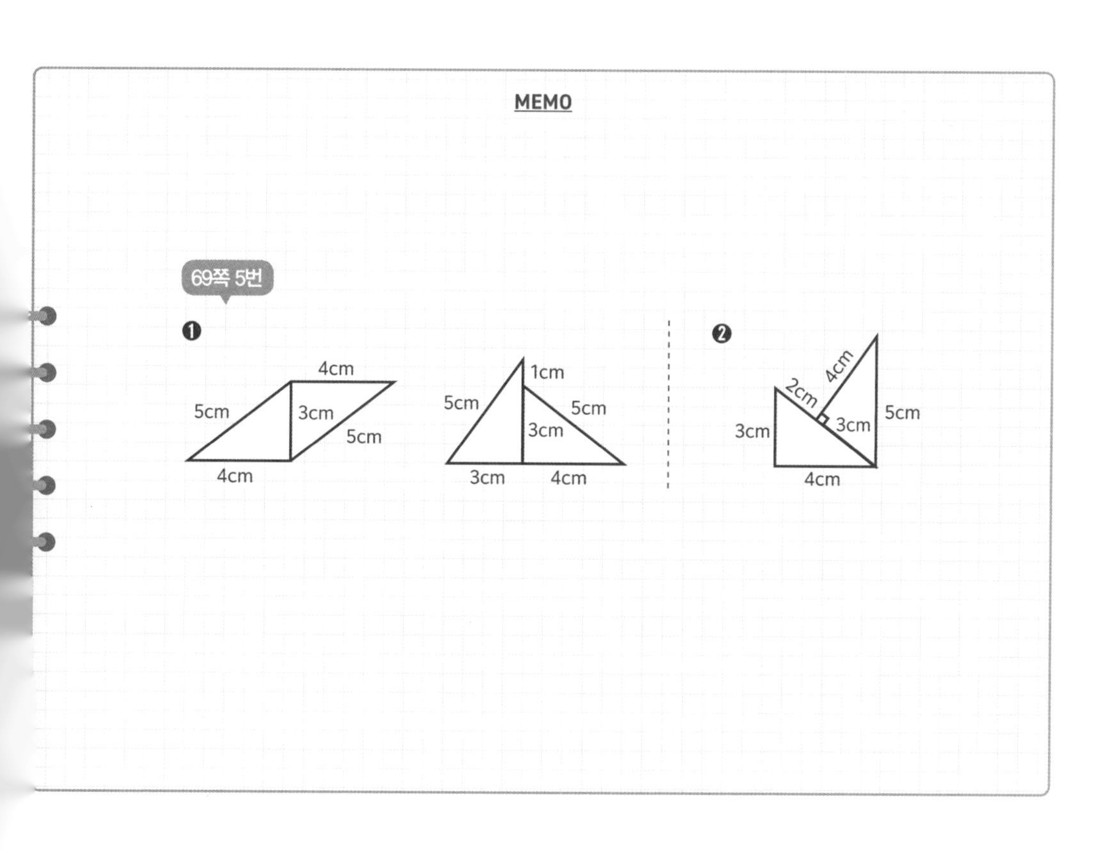

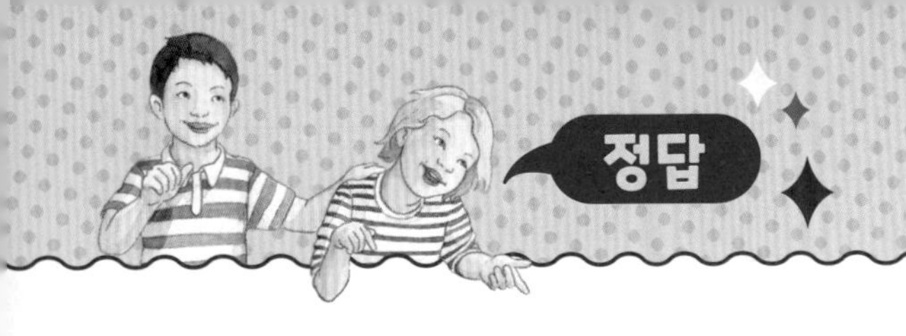

70-71쪽

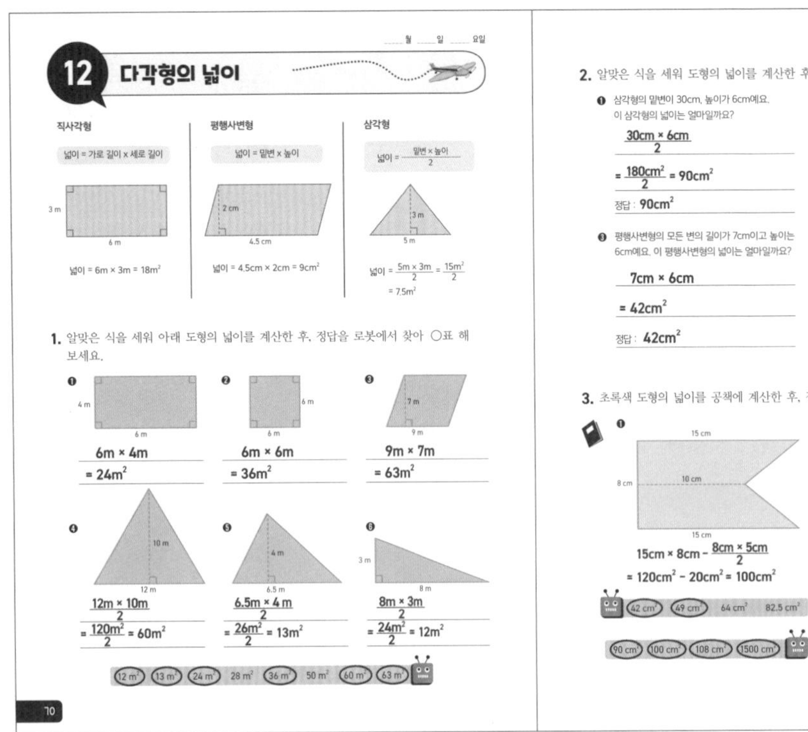

___월 ___일 ___요일

12 다각형의 넓이

직사각형

넓이 = 가로 길이 x 세로 길이

넓이 = 6m × 3m = 18m²

평행사변형

넓이 = 밑변 x 높이

넓이 = 4.5cm × 2cm = 9cm²

삼각형

넓이 = $\frac{밑변 \times 높이}{2}$

넓이 = $\frac{5m \times 3m}{2} = \frac{15m^2}{2}$ = 7.5m²

1. 알맞은 식을 세워 아래 도형의 넓이를 계산한 후, 정답을 로봇에서 찾아 ○표 해 보세요.

❶ 6m × 4m = 24m²

❷ 6m × 6m = 36m²

❸ 9m × 7m = 63m²

❹ $\frac{12m \times 10m}{2} = \frac{120m^2}{2}$ = 60m²

❺ $\frac{6.5m \times 4m}{2} = \frac{26m^2}{2}$ = 13m²

❻ $\frac{8m \times 3m}{2} = \frac{24m^2}{2}$ = 12m²

(12 m²) (13 m²) (24 m²) 28 m² (36 m²) 50 m² (60 m²) (63 m²)

70

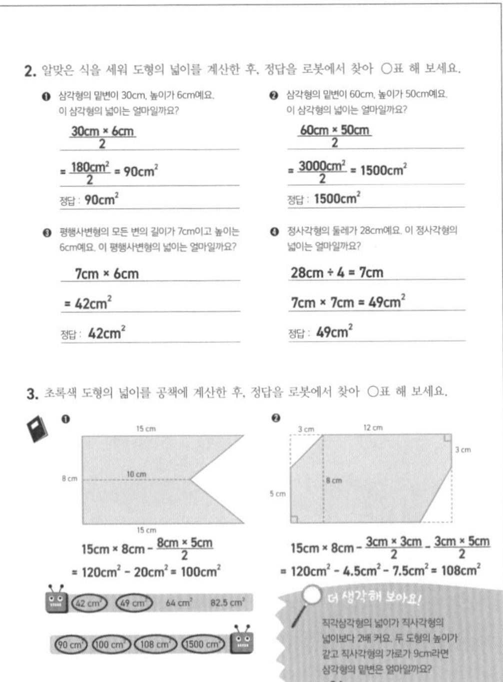

2. 알맞은 식을 세워 도형의 넓이를 계산한 후, 정답을 로봇에서 찾아 ○표 해 보세요.

❶ 삼각형의 밑변이 30cm, 높이가 6cm예요. 이 삼각형의 넓이는 얼마일까요?

$\frac{30cm \times 6cm}{2}$

$= \frac{180cm^2}{2} = 90cm^2$

정답 : 90cm²

❷ 삼각형의 밑변이 60cm, 높이가 50cm예요. 이 삼각형의 넓이는 얼마일까요?

$\frac{60cm \times 50cm}{2}$

$= \frac{3000cm^2}{2} = 1500cm^2$

정답 : 1500cm²

❸ 평행사변형의 모든 변의 길이가 7cm이고 높이는 6cm예요. 이 평행사변형의 넓이는 얼마일까요?

7cm × 6cm

= 42cm²

정답 : 42cm²

❹ 정사각형의 둘레가 28cm예요. 이 정사각형의 넓이는 얼마일까요?

28cm ÷ 4 = 7cm

7cm × 7cm = 49cm²

정답 : 49cm²

3. 초록색 도형의 넓이를 공책에 계산한 후, 정답을 로봇에서 찾아 ○표 해 보세요.

❶ $15cm \times 8cm - \frac{8cm \times 5cm}{2}$

$= 120cm^2 - 20cm^2 = 100cm^2$

❷ $15cm \times 8cm - \frac{3cm \times 3cm}{2} - \frac{3cm \times 5cm}{2}$

$= 120cm^2 - 4.5cm^2 - 7.5cm^2 = 108cm^2$

(42 cm²) (49 cm²) 64 cm² 82.5 cm²

(90 cm²) (100 cm²) (108 cm²) (1500 cm²)

더 생각해 보아요!

직각삼각형의 넓이가 직사각형의 넓이보다 2배 커요. 두 도형의 높이가 같고 직사각형의 가로가 9cm라면 삼각형의 밑변은 얼마일까요?

36 cm

더 생각해 보아요! | 71쪽

$a \times h \times \frac{1}{2} = 9 \times h \times 2$

$\frac{1}{2} \times a \times h = 18 \times h$

$a \times h = 36 \times h$

$a = 36$

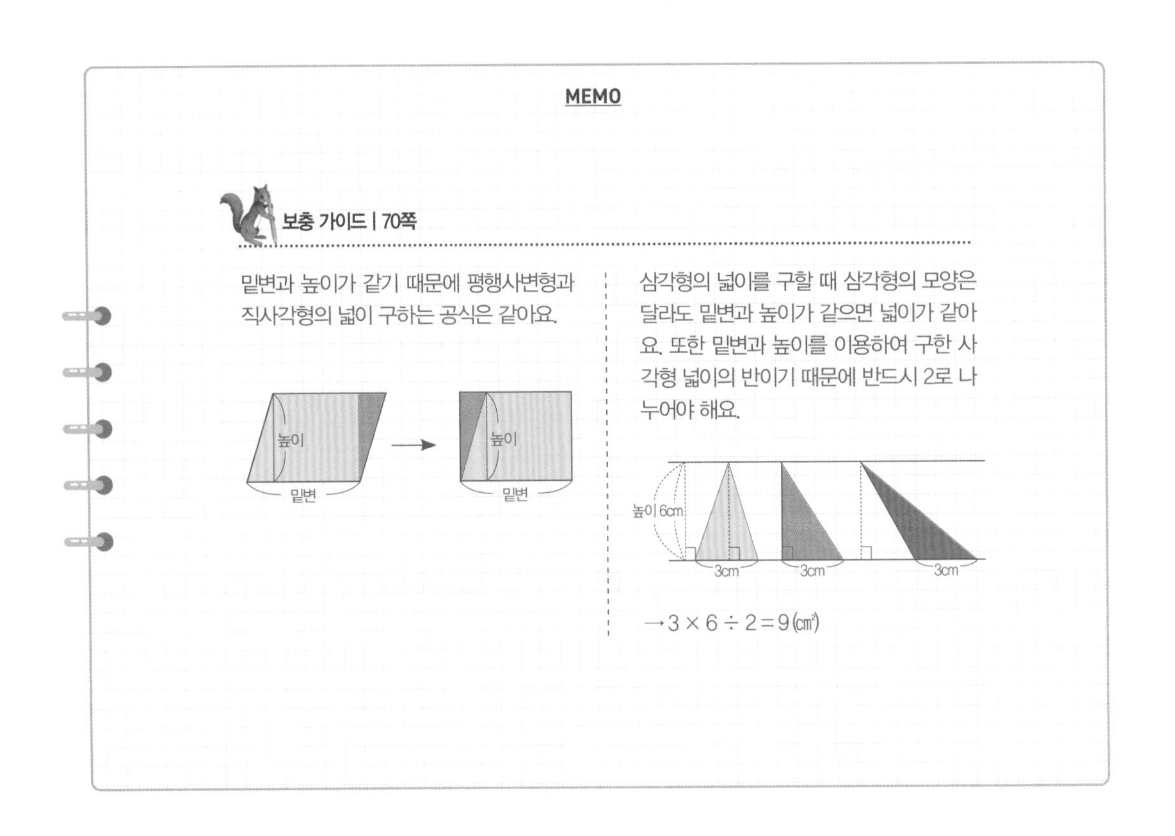

MEMO

보충 가이드 | 70쪽

밑변과 높이가 같기 때문에 평행사변형과 직사각형의 넓이 구하는 공식은 같아요.

삼각형의 넓이를 구할 때 삼각형의 모양은 달라도 밑변과 높이가 같으면 넓이가 같아요. 또한 밑변과 높이를 이용하여 구한 사각형 넓이의 반이기 때문에 반드시 2로 나누어야 해요.

→ 3 × 6 ÷ 2 = 9(㎠)

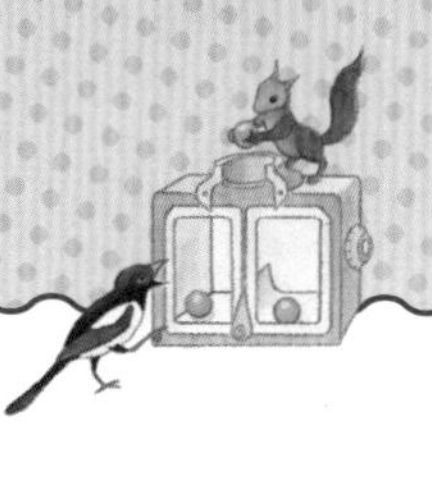

72-73쪽

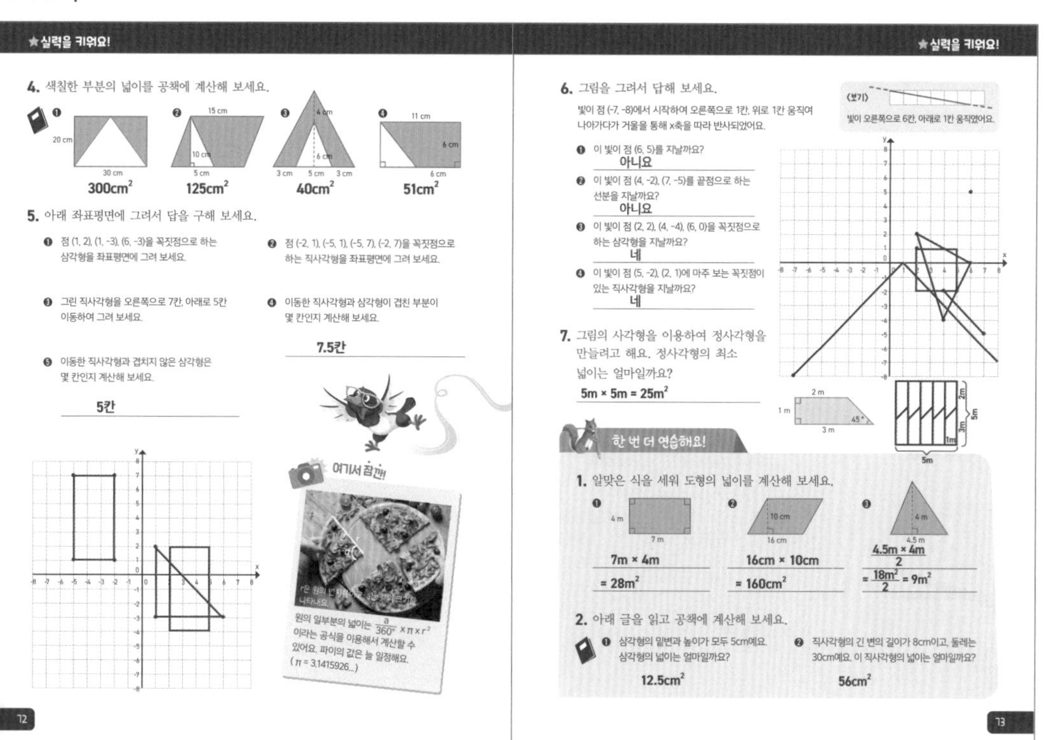

★실력을 키워요!

4. 색칠한 부분의 넓이를 공책에 계산해 보세요.

❶ 300cm² ❷ 125cm² ❸ 40cm² ❹ 51cm²

5. 아래 좌표평면에 그려서 답을 구해 보세요.

❶ 점 (1, 2), (1, -3), (6, -3)을 꼭짓점으로 하는 삼각형을 좌표평면에 그려 보세요.

❷ 점 (-2, 1), (-5, 1), (-5, 7), (-2, 7)을 꼭짓점으로 하는 직사각형을 좌표평면에 그려 보세요.

❸ 그린 직사각형을 오른쪽으로 7칸, 아래로 5칸 이동하여 그려 보세요.

❹ 이동한 직사각형과 삼각형이 겹친 부분이 몇 칸인지 계산해 보세요. 7.5칸

❺ 이동한 직사각형과 겹치지 않은 삼각형은 몇 칸인지 계산해 보세요. 5칸

여기서 잠깐!

원의 일부분의 넓이는 $\frac{a}{360°} \times \pi \times r^2$이라는 공식을 이용해서 계산할 수 있어요. 파이의 값은 늘 일정해요. (π = 3.1415926...)

6. 그림을 그려서 답해 보세요.

빛이 점 (-7, -8)에서 시작하여 오른쪽으로 1칸, 위로 1칸 움직여 나아가다가 거울을 통해 x축을 따라 반사되었어요.

〈보기〉 빛이 오른쪽으로 6칸, 아래로 1칸 움직였어요.

❶ 이 빛이 점 (6, 5)를 지날까요? 아니요

❷ 이 빛이 점 (4, -2), (7, -5)를 끝점으로 하는 선분을 지날까요? 아니요

❸ 이 빛이 점 (2, 2), (4, -4), (6, 0)을 꼭짓점으로 하는 삼각형을 지날까요? 네

❹ 이 빛이 점 (5, -2), (2, 1)에 마주 보는 꼭짓점이 있는 직사각형을 지날까요? 네

7. 그림의 사각형을 이용하여 정사각형을 만들려고 해요. 정사각형의 최소 넓이는 얼마일까요?

5m × 5m = 25m²

한 번 더 연습해요!

1. 알맞은 식을 세워 도형의 넓이를 계산해 보세요.

❶ 7m × 4m = 28m²
❷ 16cm × 10cm = 160cm²
❸ $\frac{4.5m \times 4m}{2} = \frac{18m^2}{2}$ = 9m²

2. 아래 글을 읽고 공책에 계산해 보세요.

❶ 삼각형의 밑변과 높이가 모두 5cm예요. 삼각형의 넓이는 얼마일까요? 12.5cm²

❷ 직사각형의 긴 변의 길이가 8cm이고, 둘레는 30cm예요. 이 직사각형의 넓이는 얼마일까요? 56cm²

72쪽 4번

❶ $30cm \times 20cm - \frac{30cm \times 20cm}{2}$
$= 600cm^2 - 300cm^2$
$= 300cm^2$

❷ $15cm \times 10cm - \frac{5cm \times 10cm}{2}$
$= 150cm^2 - 25cm^2$
$= 125cm^2$

❸ $\frac{11cm \times 10cm}{2} - \frac{5cm \times 6cm}{2}$
$= 55cm^2 - 15cm^2$
$= 40cm^2$

❹ $11cm \times 6cm - \frac{5cm \times 6cm}{2}$
$= 66cm^2 - 15cm^2$
$= 51cm^2$

한 번 더 연습해요! | 73쪽 2번

❶ $\frac{5cm \times 5cm}{2} = \frac{25cm^2}{2} = 12.5cm^2$

❷ 30cm-8cm×2=14cm
14cm÷2=7cm
8cm×7cm=56cm²

74-75쪽

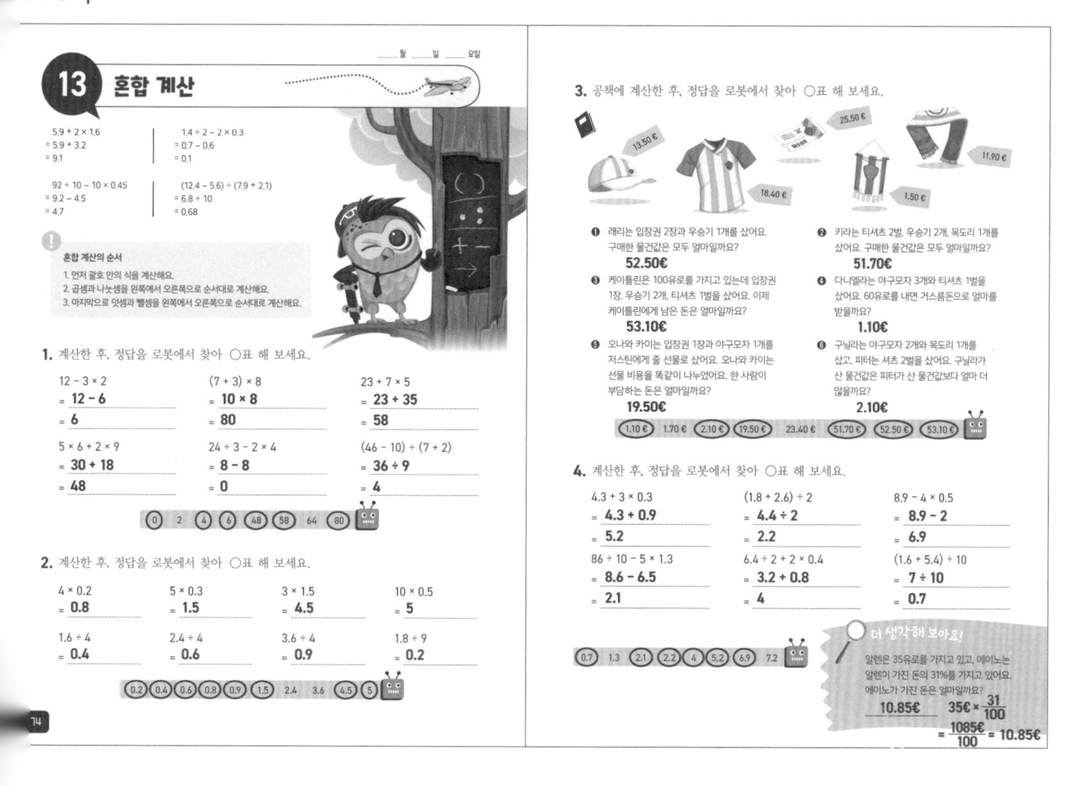

13 혼합 계산

5.9 + 2 × 1.6 = 5.9 + 3.2 = 9.1

1.4 ÷ 2 − 2 × 0.3 = 0.7 − 0.6 = 0.1

92 ÷ 10 − 10 × 0.45 = 9.2 − 4.5 = 4.7

(12.4 − 5.6) ÷ (7.9 + 2.1) = 6.8 ÷ 10 = 0.68

혼합 계산의 순서
1. 먼저 괄호 안의 식을 계산해요.
2. 곱셈과 나눗셈을 왼쪽에서 오른쪽으로 순서대로 계산해요.
3. 마지막으로 덧셈과 뺄셈을 왼쪽에서 오른쪽으로 순서대로 계산해요.

1. 계산한 후, 정답을 로봇에서 찾아 ○표 해 보세요.

12 − 3 × 2 = 12 − 6 = 6
(7 + 3) × 8 = 10 × 8 = 80
23 + 7 × 5 = 23 + 35 = 58
5 × 6 + 2 × 9 = 30 + 18 = 48
24 ÷ 3 − 2 × 4 = 8 − 8 = 0
(46 − 10) ÷ (7 + 2) = 36 ÷ 9 = 4

2. 계산한 후, 정답을 로봇에서 찾아 ○표 해 보세요.

4 × 0.2 = 0.8
5 × 0.3 = 1.5
3 × 1.5 = 4.5
10 × 0.5 = 5
1.6 ÷ 4 = 0.4
2.4 ÷ 4 = 0.6
3.6 ÷ 4 = 0.9
1.8 ÷ 9 = 0.2

3. 공책에 계산한 후, 정답을 로봇에서 찾아 ○표 해 보세요.

❶ 레리는 입장권 2장과 우승기 1개를 샀어요. 구매한 물건값은 모두 얼마일까요? 52.50€

❷ 키라는 티셔츠 2벌, 우승기 2개, 목도리 1개를 샀어요. 구매한 물건값은 모두 얼마일까요? 51.70€

❸ 케이틀린은 100유로를 가지고 있는데 입장권 1장, 우승기 2개, 티셔츠 1벌을 샀어요. 이제 케이틀린에게 남은 돈은 얼마일까요? 53.10€

❹ 다니엘라는 야구모자 3개와 티셔츠 1벌을 샀어요. 60유로를 내면 거스름돈으로 얼마를 받을까요? 1.10€

❺ 오나와 카이는 입장권 1장과 야구모자 1개를 저스틴에게 줄 선물로 샀어요. 오나와 카이는 선물 비용을 똑같이 나누었어요. 한 사람이 부담하는 돈은 얼마일까요? 19.50€

❻ 구닐라는 야구모자 2개와 목도리 1개를 샀고, 피터는 셔츠 2벌을 샀어요. 구닐라가 산 물건값은 피터가 산 물건값보다 얼마 더 많을까요? 2.10€

4. 계산한 후, 정답을 로봇에서 찾아 ○표 해 보세요.

4.3 + 3 × 0.3 = 4.3 + 0.9 = 5.2
(1.8 + 2.6) ÷ 2 = 4.4 ÷ 2 = 2.2
8.9 − 4 × 0.5 = 8.9 − 2 = 6.9
86 ÷ 10 − 5 × 1.3 = 8.6 − 6.5 = 2.1
6.4 ÷ 2 + 2 × 0.4 = 3.2 + 0.8 = 4
(1.6 + 5.4) ÷ 10 = 7 ÷ 10 = 0.7

더 생각해 보아요!

알렌은 35유로를 가지고 있고, 에이노는 알렌이 가진 돈의 31%를 가지고 있어요. 에이노가 가진 돈은 얼마일까요?

10.85€ $35€ \times \frac{31}{100} = \frac{1085€}{100}$ = 10.85€

75쪽 3번

❶ 25.50€×2+1.50€=52.50€

❷ 18.40€×2+1.50€×2 +11.90€=51.70€

❸ 100€-(25.50€+1.50€ ×2+18.40€)=53.10€

❹ 60€-(13.50€×3+18.40€) =1.10€

❺ (25.50€+13.50€)÷2 =19.50€

❻ 13.50€×2+11.90€-18.40€ ×2=2.10€

76-77쪽

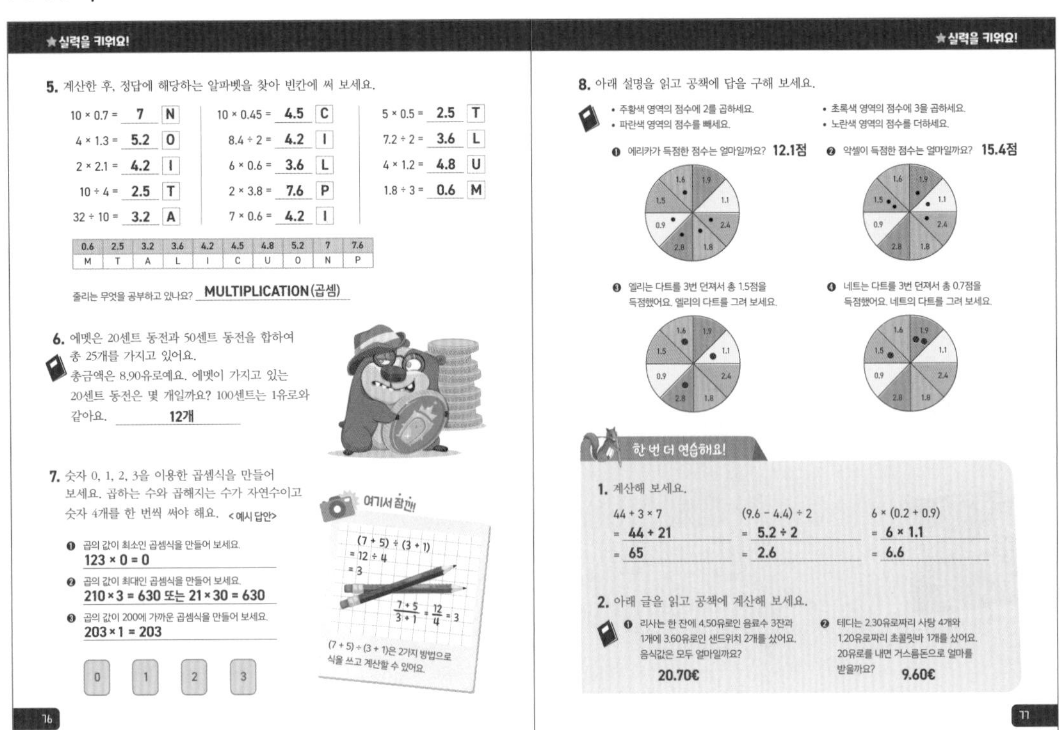

★실력을 키워요!

5. 계산한 후, 정답에 해당하는 알파벳을 찾아 빈칸에 써 보세요.

10 × 0.7 = **7** N
4 × 1.3 = **5.2** O
2 × 2.1 = **4.2** I
10 ÷ 4 = **2.5** T
32 ÷ 10 = **3.2** A
10 × 0.45 = **4.5** C
8.4 ÷ 2 = **4.2** I
6 × 0.6 = **3.6** L
2 × 3.8 = **7.6** P
7 × 0.6 = **4.2** I
5 × 0.5 = **2.5** T
7.2 ÷ 2 = **3.6** L
4 × 1.2 = **4.8** U
1.8 ÷ 3 = **0.6** M

0.6	2.5	3.2	3.6	4.2	4.5	4.8	5.2	7	7.6
M	T	A	L	I	C	U	O	N	P

줄리는 무엇을 공부하고 있나요? **MULTIPLICATION(곱셈)**

6. 에멧은 20센트 동전과 50센트 동전을 합하여 총 25개를 가지고 있어요. 총금액은 8.90유로예요. 에멧이 가지고 있는 20센트 동전은 몇 개일까요? 100센트는 1유로와 같아요. **12개**

7. 숫자 0, 1, 2, 3을 이용한 곱셈식을 만들어 보세요. 곱하는 수와 곱해지는 수가 자연수이고 숫자 4개를 한 번씩 써야 해요. <예시 답안>

❶ 곱의 값이 최소인 곱셈식을 만들어 보세요. **123 × 0 = 0**

❷ 곱의 값이 최대인 곱셈식을 만들어 보세요. **210 × 3 = 630 또는 21 × 30 = 630**

❸ 곱의 값이 200에 가까운 곱셈식을 만들어 보세요. **203 × 1 = 203**

0 1 2 3

여기서 잠깐!

(7 + 5) ÷ (3 + 1) = 12 ÷ 4 = 3

$\frac{7+5}{3+1} = \frac{12}{4} = 3$

(7 + 5) ÷ (3 + 1)은 2가지 방법으로 식을 쓰고 계산할 수 있어요.

76

★실력을 키워요!

8. 아래 설명을 읽고 공책에 답을 구해 보세요.

- 주황색 영역의 점수에 2를 곱하세요.
- 파란색 영역의 점수를 빼세요.
- 초록색 영역의 점수에 3을 곱하세요.
- 노란색 영역의 점수를 더하세요.

❶ 에리카가 득점한 점수는 얼마일까요? **12.1점**

❷ 악셀이 득점한 점수는 얼마일까요? **15.4점**

❸ 엘리는 다트를 3번 던져서 총 1.5점을 득점했어요. 엘리의 다트를 그려 보세요.

❹ 네트는 다트를 3번 던져서 총 0.7점을 득점했어요. 네트의 다트를 그려 보세요.

한 번 더 연습해요!

1. 계산해 보세요.

44 + 3 × 7 = **44 + 21** = **65**

(9.6 − 4.4) ÷ 2 = **5.2 ÷ 2** = **2.6**

6 × (0.2 + 0.9) = **6 × 1.1** = **6.6**

2. 아래 글을 읽고 공책에 계산해 보세요.

❶ 리사는 한 잔에 4.50유로인 음료수 3잔과 1개에 3.60유로인 샌드위치 2개를 샀어요. 음식값은 모두 얼마일까요? **20.70€**

❷ 테디는 2.30유로짜리 사탕 4개와 1.20유로짜리 초콜릿바 1개를 샀어요. 20유로를 내면 거스름돈으로 얼마를 받을까요? **9.60€**

77

76쪽 6번

50 센트	10개 (5€)	11개 (5.50€)	50센트가 1개씩 늘어나고, 20센트가 1개씩 줄 때마다 0.3€(30c)씩 늘어나요.	13개 (6.50
20 센트	15개 (3€)	14개 (2.80€)		12개 (2.40
총합	8€	8.30€		8.90

77쪽 8번

❶ 1.6×2+1.8×2+2.4×3+0.9-2.8
=3.2+3.6+7.2+0.9-2.8
=12.1

❷ 1.5×3+1.5×3+2.4×3+1.1-1.9
=4.5+4.5+7.2+1.1-1.9
=15.4

한 번 더 연습해요! | 77쪽 2번

❶ 4.50€×3+3.60€×2
=13.50€+7.20€
=20.70€

❷ 20€-(2.30€×4+1.20€)
=20€-(9.20€+1.20€)
=20€-10.40€
=9.60€

78-79쪽

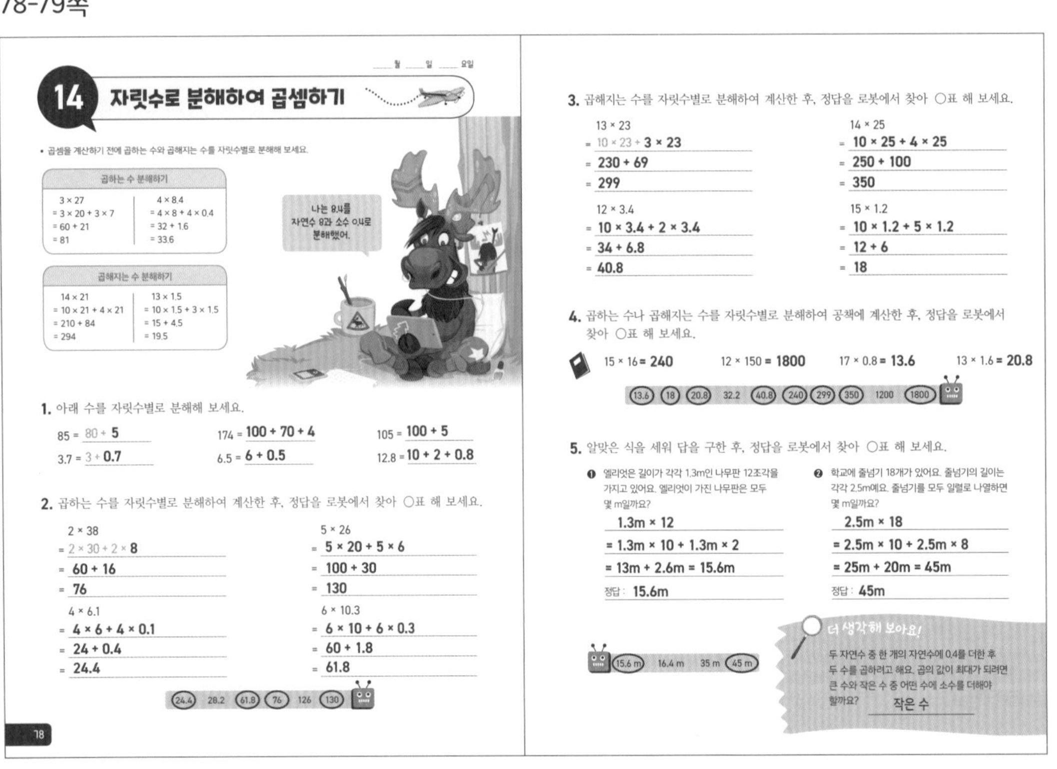

14 자릿수로 분해하여 곱셈하기

- 곱셈을 계산하기 전에 곱하는 수와 곱해지는 수를 자릿수별로 분해해 보세요.

곱하는 수 분해하기

3 × 27 = 3 × 20 + 3 × 7 = 60 + 21 = 81

4 × 8.4 = 4 × 8 + 4 × 0.4 = 32 + 1.6 = 33.6

곱해지는 수 분해하기

14 × 21 = 10 × 21 + 4 × 21 = 210 + 84 = 294

13 × 1.5 = 10 × 1.5 + 3 × 1.5 = 15 + 4.5 = 19.5

나는 8.4를 자연수 8과 소수 0.4로 분해했어.

1. 아래 수를 자릿수별로 분해해 보세요.

85 = 80 + **5**
174 = **100 + 70 + 4**
105 = **100 + 5**
3.7 = 3 + **0.7**
6.5 = **6 + 0.5**
12.8 = **10 + 2 + 0.8**

2. 곱하는 수를 자릿수별로 분해하여 계산한 후, 정답을 로봇에서 찾아 ○표 해 보세요.

2 × 38 = 2 × 30 + 2 × **8** = **60 + 16** = **76**

5 × 26 = **5 × 20 + 5 × 6** = **100 + 30** = **130**

4 × 6.1 = **4 × 6 + 4 × 0.1** = **24 + 0.4** = **24.4**

6 × 10.3 = **6 × 10 + 6 × 0.3** = **60 + 1.8** = **61.8**

(24.4) 20.2 (61.8) (76) 126 (130)

78

3. 곱해지는 수를 자릿수별로 분해하여 계산한 후, 정답을 로봇에서 찾아 ○표 해 보세요.

13 × 23 = 10 × 23 + **3 × 23** = **230 + 69** = **299**

14 × 25 = **10 × 25 + 4 × 25** = **250 + 100** = **350**

12 × 3.4 = **10 × 3.4 + 2 × 3.4** = **34 + 6.8** = **40.8**

15 × 1.2 = **10 × 1.2 + 5 × 1.2** = **12 + 6** = **18**

4. 곱하는 수나 곱해지는 수를 자릿수별로 분해하여 공책에 계산한 후, 정답을 로봇에서 찾아 ○표 해 보세요.

15 × 16 = **240**　12 × 150 = **1800**　17 × 0.8 = **13.6**　13 × 1.6 = **20.8**

(13.6) (18) (20.8) 32.2 (40.8) (240) (299) (350) 1200 (1800)

5. 알맞은 식을 세워 답을 구한 후, 정답을 로봇에서 찾아 ○표 해 보세요.

❶ 엘리엇은 길이가 각각 1.3m인 나무판 12조각을 가지고 있어요. 엘리엇이 가진 나무판은 모두 몇 m일까요?

1.3m × 12
= 1.3m × 10 + 1.3m × 2
= 13m + 2.6m = 15.6m
정답: **15.6m**

❷ 학교에 줄넘기 18개가 있어요. 줄넘기의 길이는 각각 2.5m예요. 줄넘기를 모두 일렬로 나열하면 몇 m일까요?

2.5m × 18
= 2.5m × 10 + 2.5m × 8
= 25m + 20m = 45m
정답: **45m**

(15.6m) 16.4m 35m (45m)

더 생각해 보아요!

두 자연수 중 한 개의 자연수에 0.4를 더한 후 두 수를 곱하려고 해요. 곱의 값이 최대가 되려면 큰 수와 작은 수 중 어떤 수에 소수를 더해야 할까요? **작은 수**

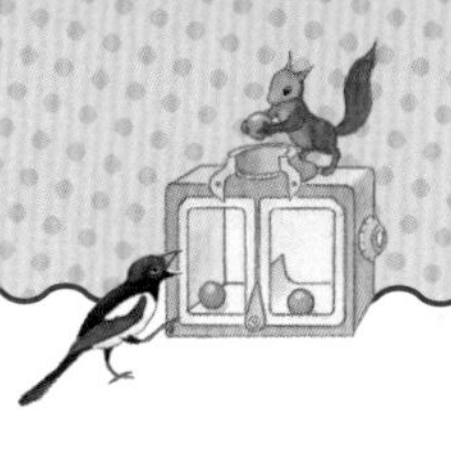

80-81쪽

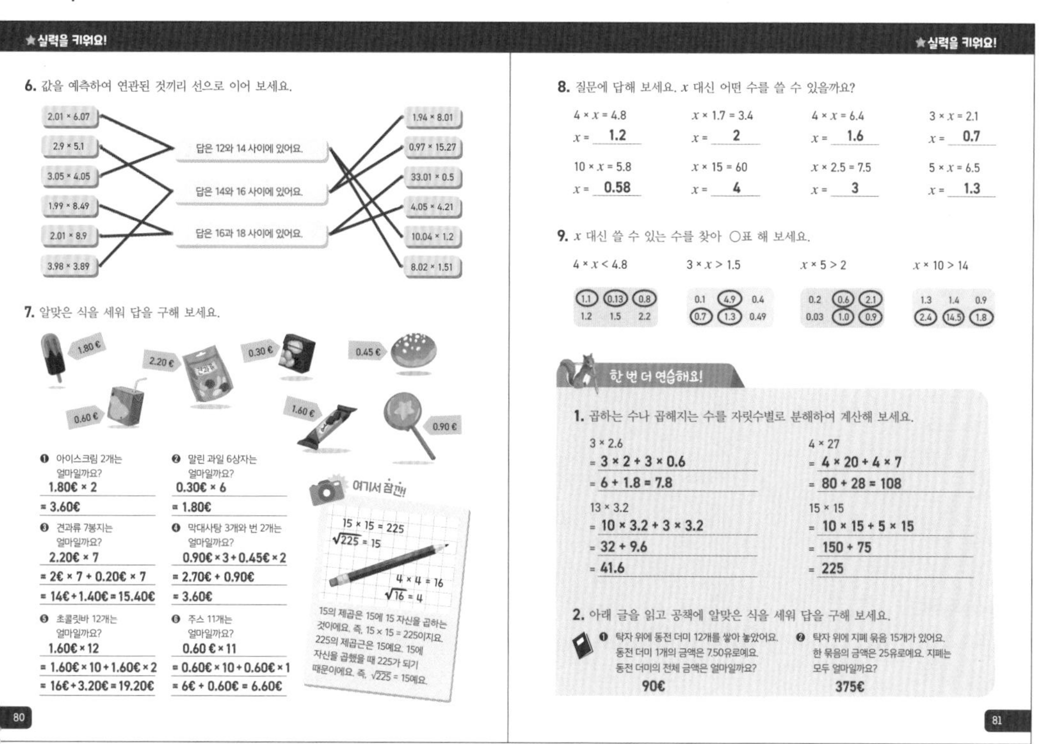

★실력을 키워요!

6. 값을 예측하여 연관된 것끼리 선으로 이어 보세요.

2.01 × 6.07, 2.9 × 5.1, 3.05 × 4.05, 1.99 × 8.49, 2.01 × 8.9, 3.98 × 3.89

답은 12와 14 사이에 있어요. / 답은 14와 16 사이에 있어요. / 답은 16과 18 사이에 있어요.

1.94 × 8.01, 0.97 × 15.27, 33.01 × 0.5, 4.05 × 4.21, 10.04 × 1.2, 8.02 × 1.51

7. 알맞은 식을 세워 답을 구해 보세요.

1.80€, 2.20€, 0.30€, 0.45€, 0.60€, 1.60€, 0.90€

❶ 아이스크림 2개는 얼마일까요?
1.80€ × 2
= 3.60€

❷ 말린 과일 6상자는 얼마일까요?
0.30€ × 6
= 1.80€

❸ 견과류 7봉지는 얼마일까요?
2.20€ × 7
= 2€ × 7 + 0.20€ × 7
= 14€ + 1.40€ = 15.40€

❹ 막대사탕 3개와 번 2개는 얼마일까요?
0.90€ × 3 + 0.45€ × 2
= 2.70€ + 0.90€
= 3.60€

❺ 초콜릿바 12개는 얼마일까요?
1.60€ × 12
= 1.60€ × 10 + 1.60€ × 2
= 16€ + 3.20€ = 19.20€

❻ 주스 11개는 얼마일까요?
0.60 € × 11
= 0.60€ × 10 + 0.60€ × 1
= 6€ + 0.60€ = 6.60€

여기서 잠깐!

15 × 15 = 225
$\sqrt{225}$ = 15
4 × 4 = 16
$\sqrt{16}$ = 4

15의 제곱은 15에 15 자신을 곱하는 것이에요. 즉, 15 × 15 = 225이지요. 225의 제곱근은 15예요. 15에 자신을 곱했을 때 225가 되기 때문이에요. 즉, $\sqrt{225}$ = 15예요.

80

★실력을 키워요!

8. 질문에 답해 보세요. x 대신 어떤 수를 쓸 수 있을까요?

4 × x = 4.8	x × 1.7 = 3.4	4 × x = 6.4	3 × x = 2.1
x = 1.2	x = 2	x = 1.6	x = 0.7
10 × x = 5.8	x × 15 = 60	x × 2.5 = 7.5	5 × x = 6.5
x = 0.58	x = 4	x = 3	x = 1.3

9. x 대신 쓸 수 있는 수를 찾아 ○표 해 보세요.

4 × x < 4.8: (1.1) (0.13) (0.8) 1.2 1.5 2.2
3 × x > 1.5: 0.1 (4.9) 0.4 (0.7) (1.3) 0.49
x × 5 > 2: 0.2 (0.6) (2.1) 0.03 (1.0) (0.9)
x × 10 > 14: 1.3 1.4 0.9 (2.4) (14.5) (1.8)

한 번 더 연습해요!

1. 곱하는 수나 곱해지는 수를 자릿수별로 분해하여 계산해 보세요.

3 × 2.6
= 3 × 2 + 3 × 0.6
= 6 + 1.8 = 7.8

4 × 27
= 4 × 20 + 4 × 7
= 80 + 28 = 108

13 × 3.2
= 10 × 3.2 + 3 × 3.2
= 32 + 9.6
= 41.6

15 × 15
= 10 × 15 + 5 × 15
= 150 + 75
= 225

2. 아래 글을 읽고 공책에 알맞은 식을 세워 답을 구해 보세요.

❶ 탁자 위에 동전 더미 12개를 쌓아 놓았어요. 동전 더미 1개의 금액은 7.50유로예요. 동전 더미의 전체 금액은 얼마일까요?
90€

❷ 탁자 위에 지폐 묶음 15개가 있어요. 한 묶음의 금액은 25유로예요. 지폐는 모두 얼마일까요?
375€

81

한 번 더 연습해요! | 81쪽 2번

❶ 7.50€×12
=7.50€×10+7.50€×2
=75€+15€
=90€

❷ 25€×15
=25€×10+25€×5
=250€+125€
=375€

2-83쪽

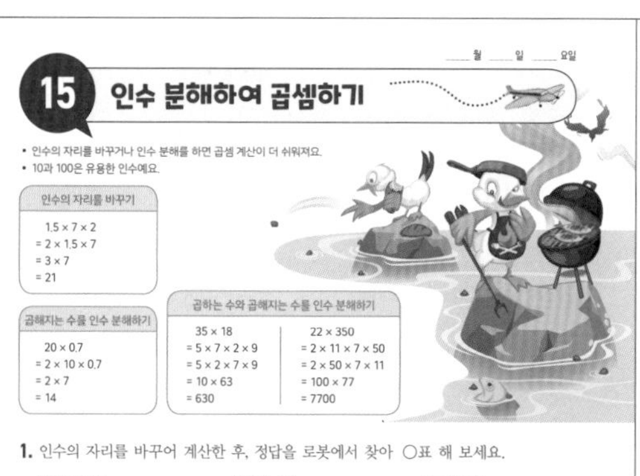

월 일 요일

15 인수 분해하여 곱셈하기

- 인수의 자리를 바꾸거나 인수 분해를 하면 곱셈 계산이 더 쉬워져요.
- 10과 100은 유용한 인수예요.

인수의 자리를 바꾸기
1.5 × 7 × 2
= 2 × 1.5 × 7
= 3 × 7
= 21

곱해지는 수를 인수 분해하기
20 × 0.7
= 2 × 10 × 0.7
= 2 × 7
= 14

곱하는 수와 곱해지는 수를 인수 분해하기
35 × 18
= 5 × 7 × 2 × 9
= 5 × 2 × 7 × 9
= 10 × 63
= 630

22 × 350
= 2 × 11 × 7 × 50
= 2 × 50 × 7 × 11
= 100 × 77
= 7700

1. 인수의 자리를 바꾸어 계산한 후, 정답을 로봇에서 찾아 ○표 해 보세요.

0.5 × 9 × 2	1.5 × 4 × 7	5 × 17 × 2
= 2×0.5×9	= 4×1.5×7	= 2×5×17
= 1×9	= 6×7	= 10×17
= 9	= 42	= 170

2. 곱해지는 수를 인수 분해하여 계산한 후, 정답을 로봇에서 찾아 ○표 해 보세요.

30 × 1.5	20 × 1.7	40 × 3.2
= 3 × 10 × 1.5	= 2×10×1.7	= 4×10×3.2
= 3×15	= 2×17	= 4×32
= 45	= 34	= 128
60 × 0.8	400 × 0.07	600 × 0.11
= 6×10×0.8	= 4×100×0.07	= 6×100×0.11
= 6×8	= 4×7	= 6×11
= 48	= 28	= 66

(9) (28) 32 (34) (42) (45) (48) 56 (66) (128) (170)

3. 곱해지는 수와 곱하는 수를 인수 분해하여 계산한 후, 정답을 로봇에서 찾아 ○표 해 보세요.

18 × 15	35 × 8	16 × 250
= 2 × 9 × 5 ×3	= 7 × 5×2×4	= 2 × 8×5×50
= 2×5×9×3	= 2×5×7×4	= 2×5×8×50
= 10×27	= 10×28	= 10×400
= 270	= 280	= 4000

4. 계산한 후, 정답을 로봇에서 찾아 ○표 해 보세요.

35 × 12	13 × 400	24 × 500
= 7×5×2×6	= 13×4×100	= 2×12×5×100
= 2×5×7×6	= 4×13×100	= 2×5×100×12
= 10×42	= 4×1300	= 10×1200
= 420	= 5200	= 12000

(270) (280) 350 (420) (4000) (5200) 6400 (12000)

5. 아래 글을 읽고 공책에 계산한 후, 정답을 로봇에서 찾아 ○표 해 보세요.

❶ 팬클럽에서 셔츠 32벌과 후드 티 10벌을 샀어요. 셔츠 1벌이 15유로이고, 후드 티 1벌은 47유로예요. 산 물건은 모두 얼마일까요?
950€

❷ 500유로가 있는데 팀에서 야구모자 18개를 샀어요. 야구모자 1개는 25유로예요. 이제 팀에 남은 돈은 얼마일까요?
50€

(50€) 90€ 820€ (950€)

더 생각해 보아요!

피터는 19살이고 동생들이 3명 있어요. 동생들의 나이를 곱하면 78이에요. 피터 동생들의 나이는 각각 몇 살일까요? 서로 다른 답 2가지를 생각해 보세요.

2살, 3살, 13살
1살, 6살, 13살

83

보충 가이드 | 82쪽

곱셈은 순서를 바꾸어도 결괏값이 변하지 않는다는 법칙을 이용하면 더 빨리, 더 쉽게 곱셈의 값을 구할 수 있어요.

83쪽 5번

❶ 15×32+47×10
=3×5×2×16+470
=2×5×3×16+470
=10×48+470
=480+470
=950

❷ 25×18
=5×5×2×9
=2×5×5×9
=10×45
=450
500€-450€=50€

78을 인수 분해해 보세요.
1×6×13
2×3×13

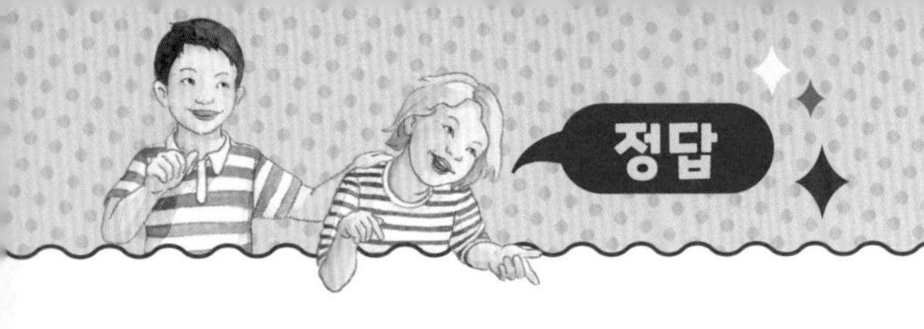

84-85쪽

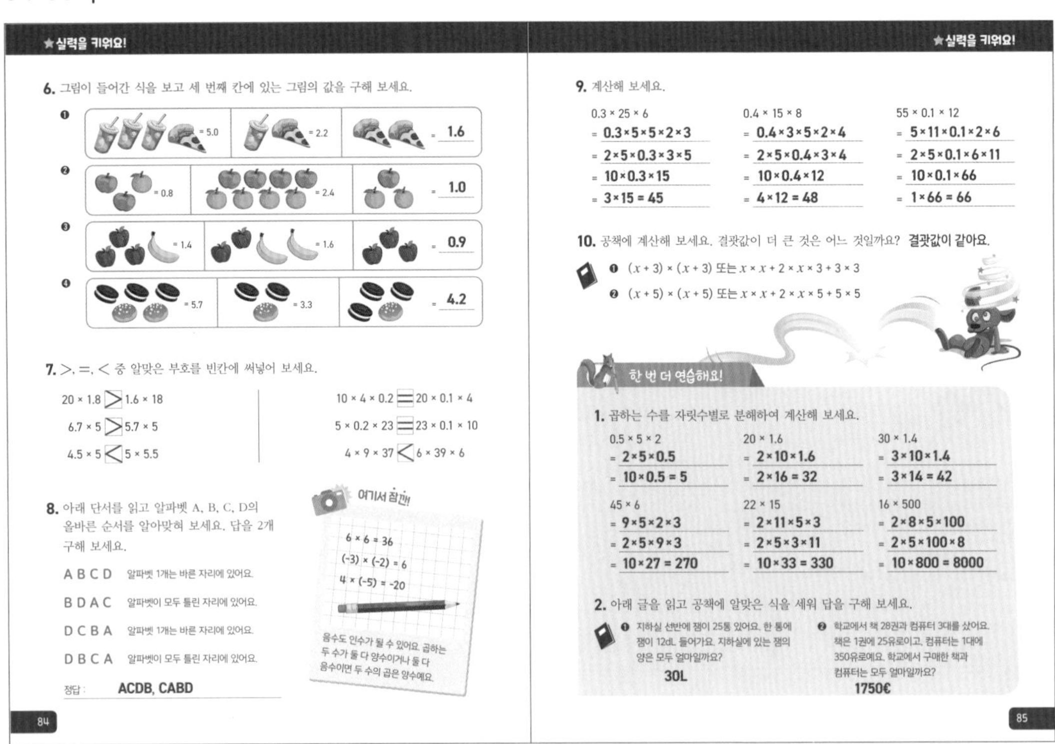

★실력을 키워요!

6. 그림이 들어간 식을 보고 세 번째 칸에 있는 그림의 값을 구해 보세요.

❶ =5.0 =2.2 = 1.6

❷ =0.8 =2.4 = 1.0

❸ =1.4 =1.6 = 0.9

❹ =5.7 =3.3 = 4.2

7. >, =, < 중 알맞은 부호를 빈칸에 써넣어 보세요.

$20 \times 1.8 > 1.6 \times 18$

$6.7 \times 5 > 5.7 \times 5$

$4.5 \times 5 < 5 \times 5.5$

$10 \times 4 \times 0.2 = 20 \times 0.1 \times 4$

$5 \times 0.2 \times 23 = 23 \times 0.1 \times 10$

$4 \times 9 \times 37 < 6 \times 39 \times 6$

8. 아래 단서를 읽고 알파벳 A, B, C, D의 올바른 순서를 알아맞혀 보세요. 답을 2개 구해 보세요.

A B C D 알파벳 1개는 바른 자리에 있어요.

B D A C 알파벳이 모두 틀린 자리에 있어요.

D C B A 알파벳 1개는 바른 자리에 있어요.

D B C A 알파벳이 모두 틀린 자리에 있어요.

정답 : **ACDB, CABD**

여기서 잠깐!

$6 \times 6 = 36$

$(-3) \times (-2) = 6$

$4 \times (-5) = -20$

음수도 인수가 될 수 있어요. 곱하는 두 수가 둘 다 양수이거나 둘 다 음수이면 두 수의 곱은 양수예요.

84

★실력을 키워요!

9. 계산해 보세요.

$0.3 \times 25 \times 6$	$0.4 \times 15 \times 8$	$55 \times 0.1 \times 12$
$= 0.3 \times 5 \times 5 \times 2 \times 3$	$= 0.4 \times 3 \times 5 \times 2 \times 4$	$= 5 \times 11 \times 0.1 \times 2 \times 6$
$= 2 \times 5 \times 0.3 \times 3 \times 5$	$= 2 \times 5 \times 0.4 \times 3 \times 4$	$= 2 \times 5 \times 0.1 \times 6 \times 11$
$= 10 \times 0.3 \times 15$	$= 10 \times 0.4 \times 12$	$= 10 \times 0.1 \times 66$
$= 3 \times 15 = 45$	$= 4 \times 12 = 48$	$= 1 \times 66 = 66$

10. 공책에 계산해 보세요. 결괏값이 더 큰 것은 어느 것일까요? **결괏값이 같아요.**

❶ $(x+3) \times (x+3)$ 또는 $x \times x + 2 \times x \times 3 + 3 \times 3$

❷ $(x+5) \times (x+5)$ 또는 $x \times x + 2 \times x \times 5 + 5 \times 5$

한 번 더 연습해요!

1. 곱하는 수를 자릿수별로 분해하여 계산해 보세요.

$0.5 \times 5 \times 2$	20×1.6	30×1.4
$= 2 \times 5 \times 0.5$	$= 2 \times 10 \times 1.6$	$= 3 \times 10 \times 1.4$
$= 10 \times 0.5 = 5$	$= 2 \times 16 = 32$	$= 3 \times 14 = 42$

45×6	22×15	16×500
$= 9 \times 5 \times 2 \times 3$	$= 2 \times 11 \times 5 \times 3$	$= 2 \times 8 \times 5 \times 100$
$= 2 \times 5 \times 9 \times 3$	$= 2 \times 5 \times 3 \times 11$	$= 2 \times 5 \times 100 \times 8$
$= 10 \times 27 = 270$	$= 10 \times 33 = 330$	$= 10 \times 800 = 8000$

2. 아래 글을 읽고 공책에 알맞은 식을 세워 답을 구해 보세요.

❶ 지하실 선반에 잼이 25통 있어요. 한 통에 잼이 12dL 들어가요. 지하실에 있는 잼의 양은 모두 얼마일까요? **30L**

❷ 학교에서 책 28권과 컴퓨터 3대를 샀어요. 책은 1권에 25유로이고, 컴퓨터는 1대에 350유로예요. 학교에서 구매한 책과 컴퓨터는 모두 얼마일까요? **1750€**

85

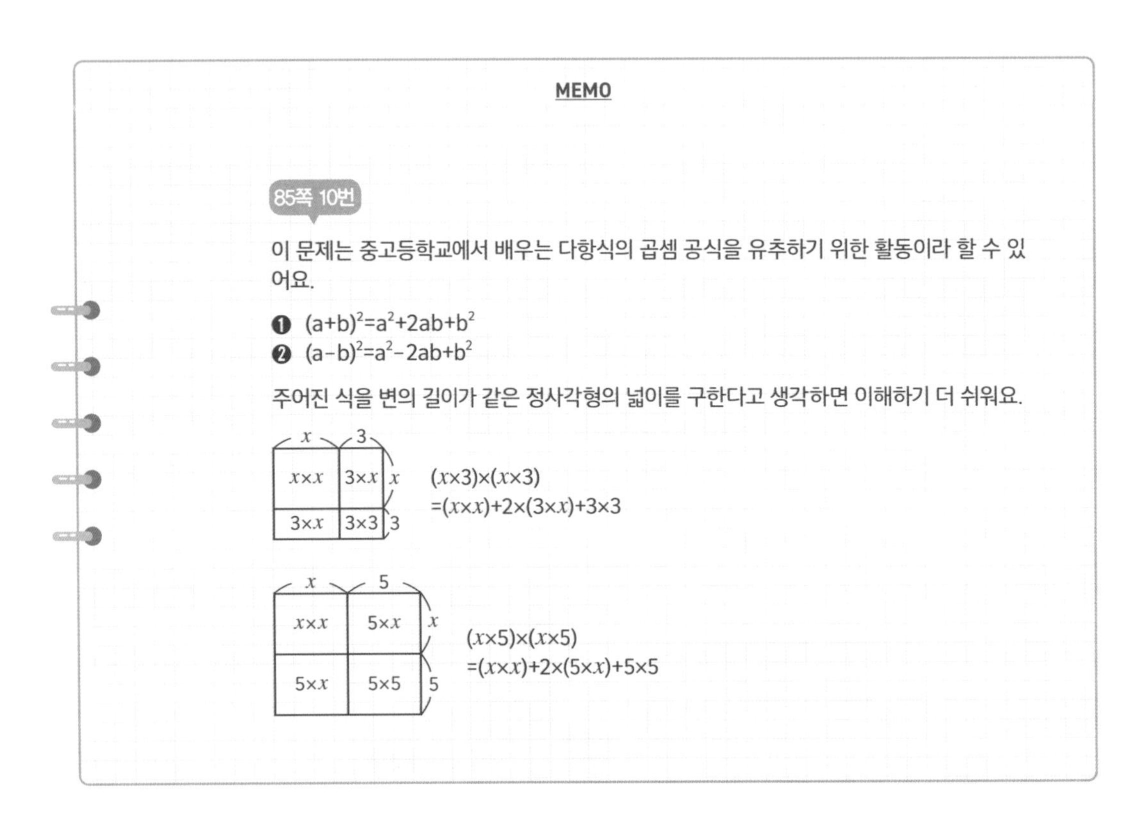

MEMO

85쪽 10번

이 문제는 중고등학교에서 배우는 다항식의 곱셈 공식을 유추하기 위한 활동이라 할 수 있어요.

❶ $(a+b)^2=a^2+2ab+b^2$

❷ $(a-b)^2=a^2-2ab+b^2$

주어진 식을 변의 길이가 같은 정사각형의 넓이를 구한다고 생각하면 이해하기 더 쉬워요.

$x \times x$	$3 \times x$
$3 \times x$	3×3

$(x \times 3) \times (x \times 3)$
$=(x \times x)+2 \times (3 \times x)+3 \times 3$

$x \times x$	$5 \times x$
$5 \times x$	5×5

$(x \times 5) \times (x \times 5)$
$=(x \times x)+2 \times (5 \times x)+5 \times 5$

84쪽 6번

❶ =5.0에
=2.2를 대입하면
+2.2=5.0
=5.0-2.2=2.8
=1.4
=2.2, 1.4+ =2.2
=0.8
=1.6

❷ 에 =0.8을 대입하면
0.8+0.8+ =2.4
=0.8, =0.4
=0.8, +0.4=0.8
=0.4, =0.2
=0.2+0.4+0.4=1.0

❸ =1.6, =0.8
=1.4에 =0.8을 대입하면
+0.8=1.4, =0.6
=0.3, =0.9

❹ 에 =3.3을 대입하면
+3.3=5.7, =2.4
=3.3에 =2.4를 대입해요.
+2.4=3.3, =0.9
0.9+ =2.4, =1.5
=2.7+1.5=4.2

한 번 더 연습해요! | 85쪽 2번

❶ 12×25
$=2 \times 6 \times 5 \times 5$
$=2 \times 5 \times 6 \times 5$
$=10 \times 30$
$=300$
정답:300dL=30L

❷ $25 \times 28+350 \times 3$
$=5 \times 5 \times 2 \times 14+1050$
$=2 \times 5 \times 5 \times 14+1050$
$=10 \times 70+1050$
$=700+1050$
$=1750$
정답:1750€

86-87쪽

16 나눗셈하기

___월 ___일 ___요일

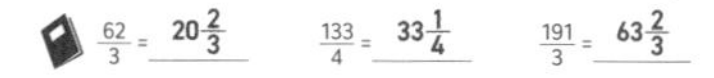

자릿수별로 나누기
$\frac{462}{2} = \frac{400}{2} + \frac{60}{2} + \frac{2}{2} = 200 + 30 + 1 = 231$
약분하여 나누기
$\frac{126}{12} = \frac{63}{6} = \frac{21}{2} = 10\frac{1}{2}$
부분으로 나누기
$\frac{132}{3} = \frac{120}{3} + \frac{12}{3} = 40 + 4 = 44$
30, 60, 90, 120, 150, 150은 나누어지는 수보다 크니 120을 첫 부분으로 나누어요.

1. 계산하여 자연수나 대분수로 나타낸 후, 정답을 로봇에서 찾아 ○표 해 보세요.

$\frac{45}{5} = 9$ $\frac{56}{8} = 7$ $\frac{25}{4} = 6\frac{1}{4}$ $\frac{31}{7} = 4\frac{3}{7}$

2. 자릿수별로 나누어 계산한 후, 정답을 로봇에서 찾아 ○표 해 보세요.

$\frac{96}{3} = \frac{90}{3} + \frac{6}{3} = 30 + 2 = 32$

$\frac{693}{3} = \frac{600}{3} + \frac{90}{3} + \frac{3}{3} = 200 + 30 + 1 = 231$

$\frac{505}{5} = \frac{500}{5} + \frac{5}{5} = 100 + 1 = 101$

3. 부분으로 나누어 나눗셈을 계산한 후, 정답을 로봇에서 찾아 ○표 해 보세요.

$\frac{96}{4} = \frac{80}{4} + \frac{16}{4} = 20 + 4 = 24$

$\frac{234}{3} = \frac{210}{3} + \frac{24}{3} = 70 + 8 = 78$

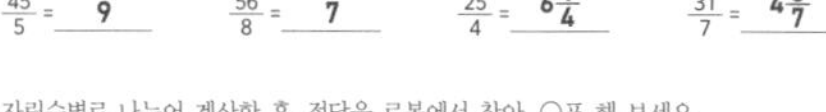

86

4. 공책에 계산하여 대분수로 나타낸 후, 정답을 로봇에서 찾아 ○표 해 보세요.

$\frac{62}{3} = 20\frac{2}{3}$ $\frac{133}{4} = 33\frac{1}{4}$ $\frac{191}{3} = 63\frac{2}{3}$

5. 약분하여 계산한 후, 정답을 로봇에서 찾아 ○표 해 보세요.

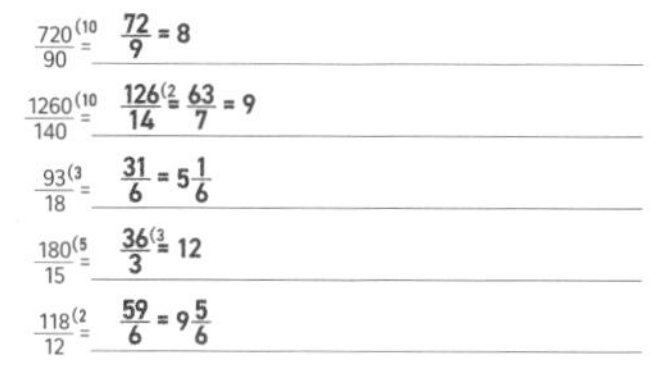

$\frac{720}{90} = \frac{72}{9} = 8$

$\frac{1260}{140} = \frac{126}{14} = \frac{63}{7} = 9$

$\frac{93}{18} = \frac{31}{6} = 5\frac{1}{6}$

$\frac{180}{15} = \frac{36}{3} = 12$

$\frac{118}{12} = \frac{59}{6} = 9\frac{5}{6}$

10, 2, 5, 3 중 어떤 수로 먼저 약분할지 생각해 보세요.

$5\frac{1}{6}$ 8 9 $9\frac{5}{6}$ 12 15 $20\frac{2}{3}$ $33\frac{1}{4}$ $58\frac{3}{5}$ $63\frac{2}{3}$

6. 아래 글을 읽고 공책에 계산하여 대분수로 나타낸 후, 정답을 로봇에서 찾아 ○표 해 보세요.

❶ 감자 23kg을 상자 2개에 똑같이 나누었어요. 상자 1개에 들어가는 감자는 몇 kg일까요?
$\frac{23}{2} = 11\frac{1}{2}$ 정답: $11\frac{1}{2}$kg

❷ 무게가 같은 상자 5개의 총 무게가 114kg이에요. 상자 1개의 무게는 몇 kg일까요?
$\frac{114}{5} = \frac{100}{5} + \frac{14}{5} = 20 + 2\frac{4}{5} = 22\frac{4}{5}$ 정답: $22\frac{4}{5}$kg

❸ 딸기 78kg을 상자 12개에 똑같이 나누었어요. 상자 1개에 들어가는 딸기는 몇 kg일까요?
$\frac{78}{12} = \frac{39}{6} = \frac{13}{2} = 6\frac{1}{2}$ 정답: $6\frac{1}{2}$kg

❹ 무게가 같은 상자 5개의 총 무게가 22kg이에요. 상자 3개의 무게는 모두 몇 kg일까요?
$\frac{22}{5} = 4\frac{2}{5}$, $4\frac{2}{5} + 4\frac{2}{5} + 4\frac{2}{5} = 12\frac{6}{5} = 13\frac{1}{5}$ 정답: $13\frac{1}{5}$kg

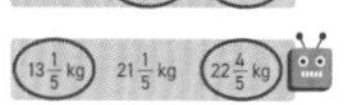

더 생각해 보아요!

책장에 책이 33권 있어요. 비소설 분야 책은 그림책보다 5권 적어요. 책장에 있는 비소설 분야의 책은 모두 몇 권일까요?

14권

87

비소설 : x, 그림책 : $x+5$

$x+x+5=33$

$x+x=28$

$x=14$

88-89쪽

★실력을 키워요!

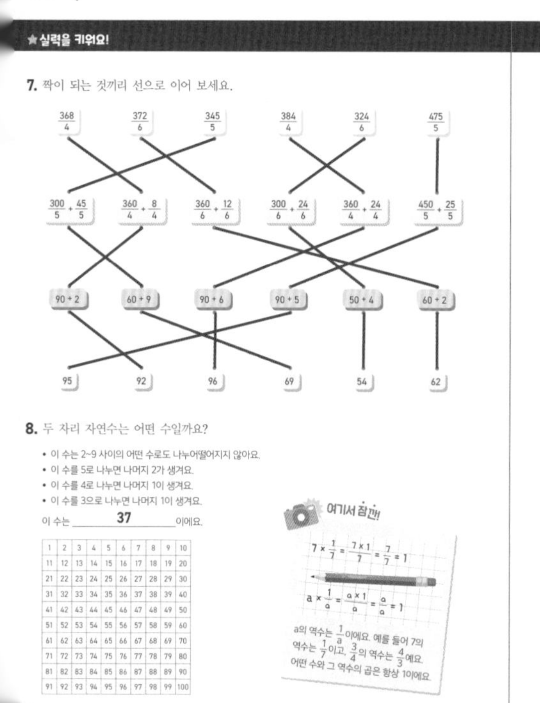

7. 짝이 되는 것끼리 선으로 이어 보세요.

$\frac{368}{4}$ $\frac{372}{6}$ $\frac{345}{5}$ $\frac{384}{4}$ $\frac{324}{6}$ $\frac{475}{5}$

$\frac{300}{5}+\frac{45}{5}$ $\frac{360}{4}+\frac{8}{4}$ $\frac{360}{6}+\frac{12}{6}$ $\frac{300}{6}+\frac{24}{6}$ $\frac{360}{4}+\frac{24}{4}$ $\frac{450}{5}+\frac{25}{5}$

90+2 60+9 90+6 90+5 50+4 60+2

95 92 96 69 54 62

8. 두 자리 자연수는 어떤 수일까요?

- 이 수는 2~9 사이의 어떤 수로도 나누어떨어지지 않아요.
- 이 수를 5로 나누면 나머지 2가 생겨요.
- 이 수를 4로 나누면 나머지 1이 생겨요.
- 이 수를 3으로 나누면 나머지 1이 생겨요.

이 수는 37 이에요.

1	2	3	4	5	6	7	8	9	10
11	12	13	14	15	16	17	18	19	20
21	22	23	24	25	26	27	28	29	30
31	32	33	34	35	36	37	38	39	40
41	42	43	44	45	46	47	48	49	50
51	52	53	54	55	56	57	58	59	60
61	62	63	64	65	66	67	68	69	70
71	72	73	74	75	76	77	78	79	80
81	82	83	84	85	86	87	88	89	90
91	92	93	94	95	96	97	98	99	100

여기서 잠깐!

$7 \times \frac{1}{7} = \frac{7 \times 1}{7} = \frac{7}{7} = 1$

$a \times \frac{1}{a} = \frac{a \times 1}{a} = \frac{a}{a} = 1$

a의 역수는 $\frac{1}{a}$이에요. 예를 들어 7의 역수는 $\frac{1}{7}$이고, $\frac{3}{4}$의 역수는 $\frac{4}{3}$예요. 어떤 수와 그 역수의 곱은 항상 1이에요.

88

9. 아래 글을 읽고 빈칸에 참 또는 거짓을 써넣어 보세요.

❶	18은 1, 2, 9, 18로만 나누어져요.	거짓
❷	어떤 수가 10으로 나누어지면 그 수는 항상 5로 나누어져요.	참
❸	어떤 수가 8로 나누어지면 그 수는 2와 4로도 나누어져요.	참
❹	어떤 수가 12로 나누어지면 그 수는 3과 4로도 나누어져요.	참
❺	두 번째마다 있는 수는 2로 나누어떨어져요.	참
❻	3으로 나누어지는 수는 모두 홀수예요.	거짓

10. 아래 글을 읽고 답을 구해 보세요.

❶ 공책 1개의 가격은 얼마일까요? 3.50€
❷ 펜 1개의 가격은 얼마일까요? 7€
❸ 폴더 1개의 가격은 얼마일까요? 7€

- 공책 2권과 펜 1개의 가격을 합하면 폴더 2개의 가격과 같아요.
- 공책 1권의 가격은 펜 1개 가격의 절반이에요.
- 펜 2개, 공책 1권, 폴더 3개의 가격을 합하면 38.50유로예요.

한 번 더 연습해요!

1. 계산하여 자연수나 대분수로 나타내 보세요.

$\frac{284}{2} = \frac{200}{2} + \frac{80}{2} + \frac{4}{2} = 100 + 40 + 2 = 142$

$\frac{290}{5} = \frac{250}{5} + \frac{40}{5} = 50 + 8 = 58$

$\frac{323}{4} = \frac{320}{4} + \frac{3}{4} = 80\frac{3}{4}$

$\frac{1500}{700} = \frac{15}{7} = 2\frac{1}{7}$

2. 아래 글을 읽고 공책에 알맞은 식을 세워 답을 구한 후, 대분수로 나타내 보세요.

❶ 무게가 같은 금속 상자 4개의 총무게가 13kg이에요. 금속 상자 1개의 무게는 몇 kg일까요?
$\frac{13}{4} = 3\frac{1}{4}$ 정답: $3\frac{1}{4}$kg

❷ 귤 67kg을 상자 5개에 똑같이 나누었어요. 상자 1개에 들어가는 귤은 몇 kg일까요?
$\frac{67}{5} = \frac{50}{5} + \frac{17}{5} = 10 + 3\frac{2}{5} = 13\frac{2}{5}$ 정답: $13\frac{2}{5}$kg

89

88쪽 8번

5단에 2를 더한 수 : 7, 12, 17, 22, 27, 32, 37, 42…
4단에 1을 더한 수 : 5, 9, 13, 17, 21, 25, 29, 33, 37, 41…
3단에 1을 더한 수 : 4, 7, 10, 13, 16, 19, 22, 25, 28, 31, 34, 37…
이 가운데 2~9단으로 나누어떨어지는 수를 지운 후, 겹치는 수를 찾아요.

89쪽 9번

❶ 18은 3과 6으로도 나누어떨어져요.
❻ 6, 12, 18… 짝수도 있어요.

89쪽 10번

❶ 공+공+펜=폴+폴
❷ 펜=공+공
❸ 펜 + 펜 + 공 + 폴 + 폴 + 폴 =38.50€
❶에 ❷를 대입하면
공+공+공+공=폴+폴이므로
❹공+공=폴과 같아요.
❷와 ❹를 ❸에 대입하면
공×11=38.50€
공책=3.50€
펜=3.50€+3.50€=7€
폴더=3.50€+3.50€=7€

90-91쪽

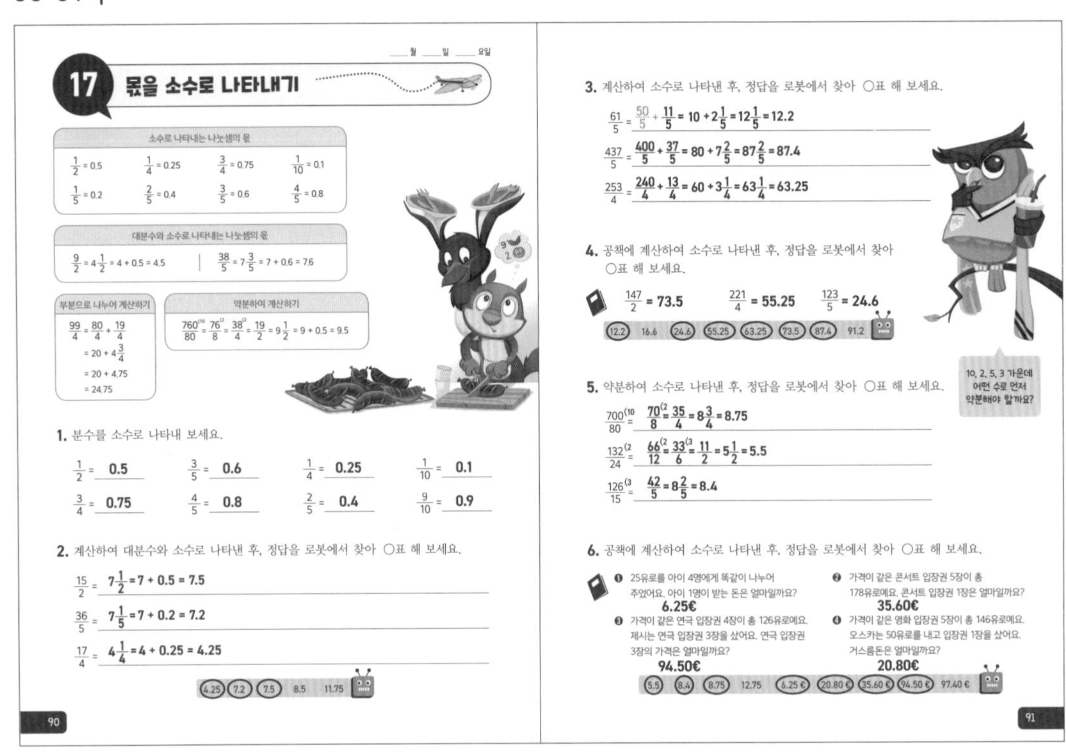

____월 ____일 ____요일

17 몫을 소수로 나타내기

소수로 나타내는 나눗셈의 몫

$\frac{1}{2}=0.5$　$\frac{1}{4}=0.25$　$\frac{3}{4}=0.75$　$\frac{1}{10}=0.1$

$\frac{1}{5}=0.2$　$\frac{2}{5}=0.4$　$\frac{3}{5}=0.6$　$\frac{4}{5}=0.8$

대분수와 소수로 나타내는 나눗셈의 몫

$\frac{9}{2}=4\frac{1}{2}=4+0.5=4.5$　|　$\frac{38}{5}=7\frac{3}{5}=7+0.6=7.6$

부분으로 나누어 계산하기

$\frac{99}{4}=\frac{80}{4}+\frac{19}{4}$
$=20+4\frac{3}{4}$
$=20+4.75$
$=24.75$

약분하여 계산하기

$\frac{760^{(10}}{80}=\frac{76^{(2}}{8}=\frac{38^{(2}}{4}=\frac{19}{2}=9\frac{1}{2}=9+0.5=9.5$

1. 분수를 소수로 나타내 보세요.

$\frac{1}{2}=$ **0.5**　$\frac{3}{5}=$ **0.6**　$\frac{1}{4}=$ **0.25**　$\frac{1}{10}=$ **0.1**

$\frac{3}{4}=$ **0.75**　$\frac{4}{5}=$ **0.8**　$\frac{2}{5}=$ **0.4**　$\frac{9}{10}=$ **0.9**

2. 계산하여 대분수와 소수로 나타낸 후, 정답을 로봇에서 찾아 ○표 해 보세요.

$\frac{15}{2}=7\frac{1}{2}=7+0.5=7.5$

$\frac{36}{5}=7\frac{1}{5}=7+0.2=7.2$

$\frac{17}{4}=4\frac{1}{4}=4+0.25=4.25$

(4.25) (7.2) (7.5) 8.5 11.75

90

3. 계산하여 소수로 나타낸 후, 정답을 로봇에서 찾아 ○표 해 보세요.

$\frac{61}{5}=\frac{50}{5}+\frac{11}{5}=10+2\frac{1}{5}=12\frac{1}{5}=12.2$

$\frac{437}{5}=\frac{400}{5}+\frac{37}{5}=80+7\frac{2}{5}=87\frac{2}{5}=87.4$

$\frac{253}{4}=\frac{240}{4}+\frac{13}{4}=60+3\frac{1}{4}=63\frac{1}{4}=63.25$

4. 공책에 계산하여 소수로 나타낸 후, 정답을 로봇에서 찾아 ○표 해 보세요.

$\frac{147}{2}=73.5$　$\frac{221}{4}=55.25$　$\frac{123}{5}=24.6$

(12.2) 16.6 (24.6) (55.25) (63.25) (73.5) (87.4) 91.2

10, 2, 5, 3 가운데 어떤 수로 먼저 약분해야 할까요?

5. 약분하여 소수로 나타낸 후, 정답을 로봇에서 찾아 ○표 해 보세요.

$\frac{700^{(10}}{80}=\frac{70^{(2}}{8}=\frac{35}{4}=8\frac{3}{4}=8.75$

$\frac{132^{(2}}{24}=\frac{66^{(2}}{12}=\frac{33^{(3}}{6}=\frac{11}{2}=5\frac{1}{2}=5.5$

$\frac{126^{(3}}{15}=\frac{42}{5}=8\frac{2}{5}=8.4$

6. 공책에 계산하여 소수로 나타낸 후, 정답을 로봇에서 찾아 ○표 해 보세요.

❶ 25유로를 아이 4명에게 똑같이 나누어 주었어요. 아이 1명이 받는 돈은 얼마일까요? **6.25€**

❷ 가격이 같은 콘서트 입장권 5장이 총 178유로예요. 콘서트 입장권 1장은 얼마일까요? **35.60€**

❸ 가격이 같은 연극 입장권 4장이 총 126유로예요. 제시는 연극 입장권 3장을 샀어요. 연극 입장권 3장의 가격은 얼마일까요? **94.50€**

❹ 가격이 같은 영화 입장권 5장이 총 146유로예요. 오스카는 50유로를 내고 입장권 1장을 샀어요. 거스름돈은 얼마일까요? **20.80€**

(5.5) (8.4) (8.75) 12.75 (6.25 €) (20.80 €) (35.60 €) (94.50 €) 97.40 €

91

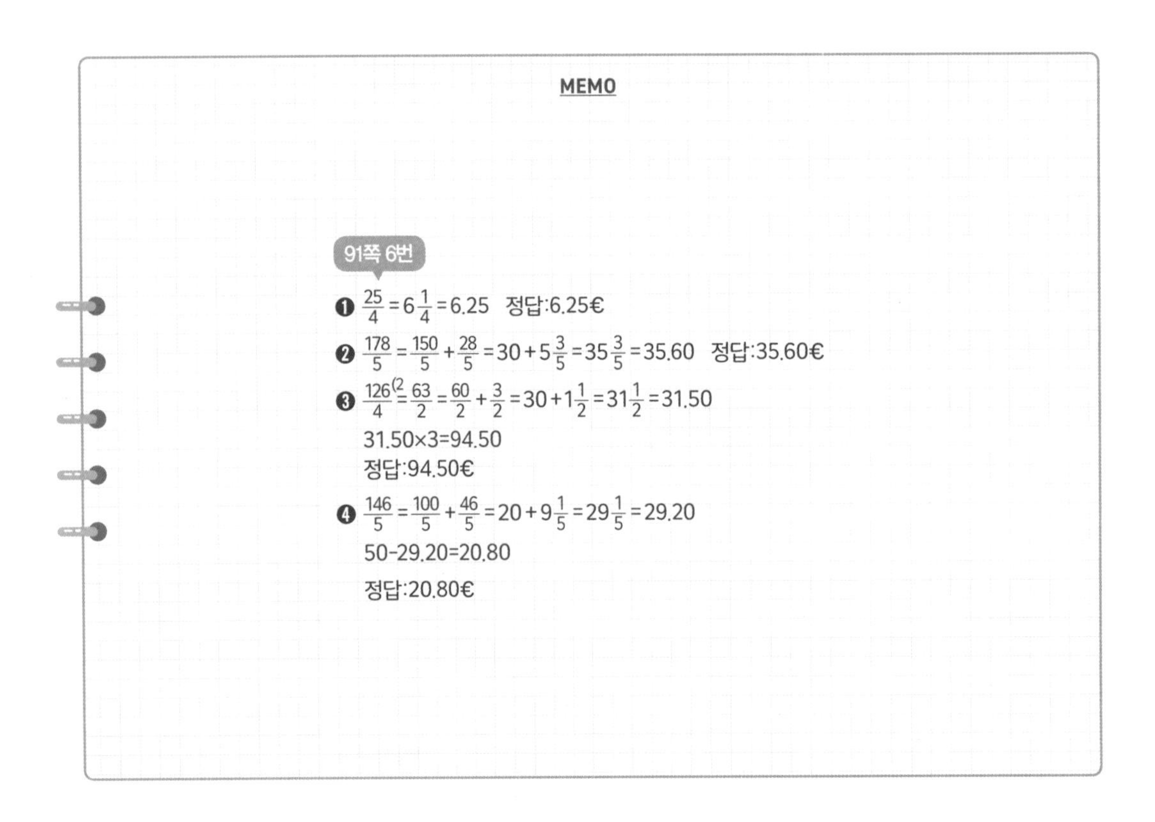

MEMO

91쪽 6번

❶ $\frac{25}{4}=6\frac{1}{4}=6.25$　정답:6.25€

❷ $\frac{178}{5}=\frac{150}{5}+\frac{28}{5}=30+5\frac{3}{5}=35\frac{3}{5}=35.60$　정답:35.60€

❸ $\frac{126^{(2}}{4}=\frac{63}{2}=\frac{60}{2}+\frac{3}{2}=30+1\frac{1}{2}=31\frac{1}{2}=31.50$

31.50×3=94.50

정답:94.50€

❹ $\frac{146}{5}=\frac{100}{5}+\frac{46}{5}=20+9\frac{1}{5}=29\frac{1}{5}=29.20$

50-29.20=20.80

정답:20.80€

92-93쪽

★실력을 키워요!

7. 계산하여 정답에 해당하는 알파벳을 빈칸에 써넣어 보세요.

3 ÷ 10 = **0.3** D	4 ÷ 5 = **0.8** F	7 ÷ 10 = **0.7** O
3 ÷ 4 = **0.75** L	3 ÷ 6 = **0.5** S	1 ÷ 10 = **0.1** P
2 ÷ 10 = **0.2** E	6 ÷ 10 = **0.6** T	1 ÷ 2 = **0.5** S
9 ÷ 10 = **0.9** I	2 ÷ 5 = **0.4** R	

0.1	0.2	0.3	0.4	0.5	0.6	0.7	0.75	0.8	0.9
P	E	D	R	S	T	O	L	F	I

헨리가 여름에 가장 좋아하는 장소는 어디일까요? **SPORTS FIELD(운동장)**

8. 피에타와 앤은 식탁 위의 번을 비닐봉지에 나누어 담았어요. 번을 2개씩, 3개씩 또는 5개씩 나누어 담으면 번 1개가 꼭 남아요. 식탁 위에 번은 최소 몇 개일까요?

31개

9. x 대신 어떤 수를 쓸 수 있을까요?

$x \div 2 = 24.5$　$x =$ **49**　　$x \div 5 = 3.4$　$x =$ **17**

$x \div 4 = 6.75$　$x =$ **27**　　$x \div 5 \div 2 = 34.5$　$x =$ **162.5**

$x \div 2 - 13.4 = 20.1$　$x =$ **67**　　$x \div 4 + 2.25 = 6.75$　$x =$ **18**

여기서 잠깐!
15 ÷ 7의 몫은 2.142857142857142… 인 순환 소수예요. 몫을 간단하게 2.142857로 쓸 수 있어요. 소수점 아래 142857 부분은 무한 반복돼요.

★실력을 키워요!

10. 음료수 4잔과 샐러드 2개가 총 33유로예요. 샐러드 2개와 음료수 1잔은 총 22.50유로예요. 샐러드 3개와 음료수 2잔은 얼마일까요?

35.50€

11. 바른 순서로 모든 버튼을 한 번씩 누르면 금고가 열려요. 각 버튼에 쓰여 있는 숫자와 문자는 다음에 어떤 버튼을 눌러야 할지를 알려 줘요. 예를 들어 2D는 2칸 아래에 있는 버튼을 눌러야 해요. R은 오른쪽, L은 왼쪽, U는 위쪽, D는 아래쪽을 의미해요. 가장 먼저 눌러야 하는 버튼을 찾아 ○표 해 보세요.

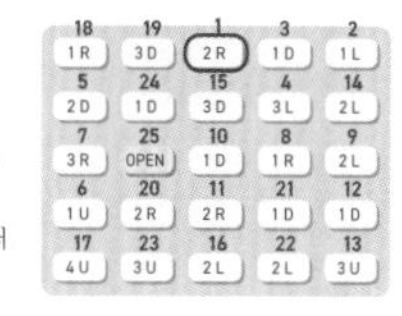

18 1R	19 3D	1 (2R)	3 1D	2 1L
5 2D	24 1D	15 3D	4 3L	14 2L
7 3R	25 OPEN	10 1D	8 1R	9 2L
6 1U	20 2R	11 2R	21 1D	12 1D
17 4U	23 3U	16 2L	22 2L	13 3U

한 번 더 연습해요!

1. 계산하여 대분수와 소수로 나타내 보세요.

$\frac{19}{2} = 9\frac{1}{2} = 9.5$　　$\frac{42}{5} = 8\frac{2}{5} = 8.4$　　$\frac{23}{4} = 5\frac{3}{4} = 5.75$

2. 아래 글을 읽고 알맞은 식을 세워 답을 소수로 나타내 보세요.

❶ 37유로를 아이 5명에게 똑같이 나누어 주었어요. 한 아이가 받은 돈은 얼마일까요?

$\frac{37}{5} = 7\frac{2}{5}$

$= 7 + 0.40$

$= 7.40$

정답 : **7.40€**

❷ 가격이 같은 비행기 표 4장이 총 333유로예요. 비행기 표 1장은 얼마일까요?

$\frac{333}{4} = \frac{320}{4} + \frac{13}{4}$

$= 80 + 3\frac{1}{4}$

$= 83 + 0.25 = 83.25$

정답 : **83.25€**

92쪽 8번

2, 3, 5의 최소공배수를 구한 후 1을 더해요.

93쪽 10번

❶ 음+음+음+음+샐+샐=33€
❷ 샐+샐+음=22.50€
❸ 샐+샐+샐+음+음=?
❶에 ❷를 대입해요.
음+음+음+22.50€=33€
음+음+음=10.50€, 음=3.50€
❷에 음=3.50€를 대입해요.
샐+샐+3.50€=22.50€
샐+샐=19€
샐=9.50€
9.50+9.50+9.50+3.50+3.50
=28.50+7.0=35.50
정답:35.50€

4-95쪽

___월 ___일 ___요일

18 분수의 덧셈과 뺄셈

덧셈
$\frac{4}{5} + \frac{2}{3} = \frac{12}{15} + \frac{10}{15} = \frac{22}{15} = 1\frac{7}{15}$
뺄셈
$\frac{7}{12} - \frac{1}{4} = \frac{7}{12} - \frac{3}{12} = \frac{4}{12} = \frac{1}{3}$
$2\frac{1}{6} - 1\frac{2}{3} = \frac{13}{6} - \frac{5}{3} = \frac{13}{6} - \frac{10}{6} = \frac{3}{6} = \frac{1}{2}$
분모가 다른 분수를 먼저 통분하여 분모가 같게 해 주세요.

1. 계산하여 정답을 로봇에서 찾아 ○표 해 보세요.

$\frac{7}{10} + \frac{1}{10} = \frac{8}{10} = \frac{4}{5}$

$\frac{3}{5} + \frac{3}{10} = \frac{6}{10} + \frac{3}{10} = \frac{9}{10}$

$\frac{11}{12} - \frac{5}{6} = \frac{11}{12} - \frac{10}{12} = \frac{1}{12}$

$\frac{7}{9} - \frac{2}{3} = \frac{7}{9} - \frac{6}{9} = \frac{1}{9}$

$\frac{1}{15} + \frac{8}{15} = \frac{9}{15} = \frac{3}{5}$

$\frac{7}{8} + \frac{1}{2} = \frac{7}{8} + \frac{4}{8} = \frac{11}{8} = 1\frac{3}{8}$

로봇: ($\frac{3}{5}$) ($\frac{4}{5}$) $\frac{7}{8}$ ($\frac{1}{9}$) ($\frac{9}{10}$) ($\frac{1}{12}$) $\frac{5}{12}$ ($1\frac{3}{8}$)

2. 계산하여 정답을 로봇에서 찾아 ○표 해 보세요.

$\frac{1}{3} + \frac{7}{10} = \frac{10}{30} + \frac{21}{30} = \frac{31}{30} = 1\frac{1}{30}$

$\frac{2}{3} + \frac{1}{4} = \frac{8}{12} + \frac{3}{12} = \frac{11}{12}$

$\frac{4}{5} - \frac{3}{4} = \frac{16}{20} - \frac{15}{20} = \frac{1}{20}$

$\frac{1}{2} + \frac{3}{5} = \frac{5}{10} + \frac{6}{10} = \frac{11}{10} = 1\frac{1}{10}$

$\frac{9}{10} - \frac{3}{4} = \frac{18}{20} - \frac{15}{20} = \frac{3}{20}$

$2 - \frac{5}{8} = \frac{16}{8} - \frac{5}{8} = \frac{11}{8} = 1\frac{3}{8}$

3. 공책에 계산하여 정답을 로봇에서 찾아 ○표 해 보세요.

$2\frac{2}{5} + 1\frac{4}{5} = 3\frac{6}{5} = 4\frac{1}{5}$

$5\frac{1}{2} - 3\frac{3}{4} = \frac{11}{2} - \frac{15}{4} = \frac{22}{4} - \frac{15}{4} = \frac{7}{4} = 1\frac{3}{4}$

$2\frac{1}{3} + 2\frac{1}{2} = \frac{7}{3} + \frac{5}{2} = \frac{14}{6} + \frac{15}{6} = \frac{29}{6} = 4\frac{5}{6}$

로봇: ($\frac{11}{12}$) ($\frac{1}{20}$) ($\frac{3}{20}$) ($1\frac{3}{4}$) $1\frac{1}{6}$ ($1\frac{3}{8}$) ($1\frac{1}{10}$) ($1\frac{1}{30}$) $2\frac{1}{4}$ ($4\frac{1}{5}$) ($4\frac{5}{6}$)

4. 공책에 알맞은 식을 세워 답을 구한 후, 정답을 로봇에서 찾아 ○표 해 보세요.

❶ 반죽을 만들기 위해 밀가루 $2\frac{3}{4}$dL와 호밀가루 $1\frac{1}{2}$dL가 필요해요. 반죽에 필요한 가루는 모두 몇 dL일까요?

$2\frac{3}{4} + 1\frac{1}{2} = \frac{11}{4} + \frac{3}{2} = \frac{11}{4} + \frac{6}{4} = \frac{17}{4} = 4\frac{1}{4}$　정답: $4\frac{1}{4}$dL

❷ 주스 통에 주스가 $1\frac{1}{2}$L 들어가요. 그중 $\frac{3}{4}$L를 마셨어요. 남은 주스는 몇 L일까요?

$1\frac{1}{2} - \frac{3}{4} = \frac{3}{2} - \frac{3}{4} = \frac{6}{4} - \frac{3}{4} = \frac{3}{4}$　정답: $\frac{3}{4}$L

❸ 쇼핑 바구니에 탄산음료 $1\frac{1}{3}$L와 광천수 $4\frac{1}{2}$L가 들어 있어요. 쇼핑 바구니에 들어 있는 탄산음료와 광천수는 모두 몇 L일까요?

$1\frac{1}{3} + 4\frac{1}{2} = \frac{4}{3} + \frac{9}{2} = \frac{8}{6} + \frac{27}{6} = \frac{35}{6} = 5\frac{5}{6}$　정답: $5\frac{5}{6}$L

❹ 밀가루 9dL가 있어요. 그중 $3\frac{1}{4}$dL는 베리 파이에, $2\frac{1}{2}$dL는 팬케이크 반죽에 쓸 거예요. 남은 밀가루는 몇 dL일까요?

$9 - 3\frac{1}{4} - 2\frac{1}{2} = 9 - \frac{13}{4} - \frac{5}{2} = \frac{36}{4} - \frac{13}{4} - \frac{10}{4} = \frac{13}{4} = 3\frac{1}{4}$　정답: $3\frac{1}{4}$dL

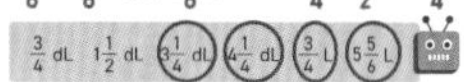

정답

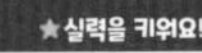

96-97쪽

★실력을 키워요!

5. 계산하여 정답에 해당하는 알파벳을 빈칸에 써 보세요.

$\frac{3}{5}+\frac{1}{10}=\frac{7}{10}$ N $1\frac{1}{2}+\frac{1}{4}=1\frac{3}{4}$ I

$3\frac{4}{5}-2\frac{3}{5}=1\frac{1}{5}$ O $\frac{4}{5}+\frac{1}{10}=\frac{9}{10}$ D

$2\frac{1}{2}-\frac{3}{4}=1\frac{3}{4}$ I $1\frac{2}{5}-\frac{1}{2}=\frac{9}{10}$ D

$1\frac{1}{2}+2\frac{1}{2}=4$ T $\frac{5}{9}+\frac{2}{3}=1\frac{2}{9}$ A

$\frac{7}{10}$	$\frac{9}{10}$	$1\frac{3}{4}$	$1\frac{1}{5}$	$1\frac{2}{9}$	4
N	D	I	O	A	T

6. 아래 글을 읽고 알맞은 식을 세워 답을 구해 보세요.

❶ 올리, 비달, 트루디는 48유로를 나누어 가졌어요. 올리는 $\frac{3}{8}$을, 비달은 $\frac{1}{3}$을, 트루디가 나머지 돈을 가졌어요. 트루디가 가진 돈은 얼마일까요?

정답 : 14€

❷ 돼지 저금통에 동전 54개가 있어요. 그중 $\frac{1}{3}$은 2유로짜리, $\frac{1}{6}$은 1유로짜리, $\frac{1}{9}$은 50센트짜리이고, 나머지는 20센트짜리 동전이에요. 돼지 저금통에 있는 동전은 모두 얼마일까요?

정답 : 52.20€

7. 공책에 계산한 후, 정답을 로봇에서 찾아 ○표 해 보세요.

$2\frac{1}{4}+\frac{1}{2}-\frac{3}{4}=2$ $\frac{1}{12}+\frac{3}{4}+1\frac{7}{12}=2\frac{5}{12}$

$\frac{2}{3}+\frac{3}{4}+\frac{2}{3}=2\frac{1}{12}$ $3\frac{2}{3}-2\frac{1}{2}=1\frac{1}{6}$

$1\frac{1}{2}+\left(2-\frac{1}{5}\right)=3\frac{3}{10}$ $\left(\frac{1}{2}+\frac{5}{8}\right)+\left(\frac{17}{20}-\frac{3}{5}\right)=1\frac{3}{8}$

(로봇) ($1\frac{1}{6}$) ($1\frac{3}{8}$) $1\frac{1}{12}$ (2) ($2\frac{1}{12}$) ($2\frac{5}{12}$) ($3\frac{3}{10}$) $3\frac{7}{12}$

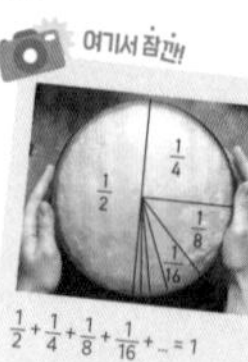

$\frac{1}{2}+\frac{1}{4}+\frac{1}{8}+\frac{1}{16}+\dots=1$

★실력을 키워요!

8. 그림이 들어간 식을 보고 세 번째 그림의 값을 구해 보세요.

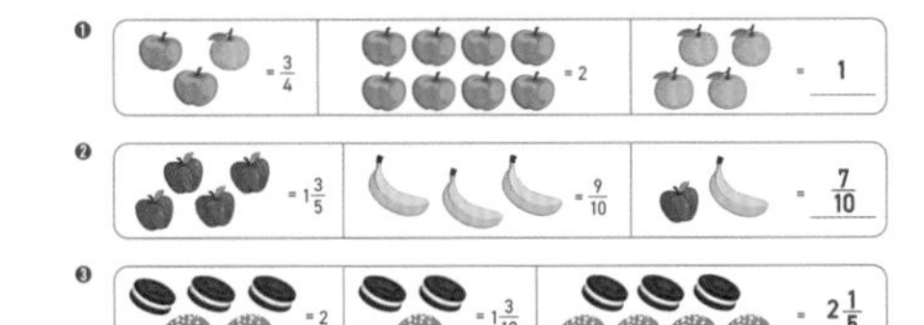

한 번 더 연습해요!

1. 계산해 보세요.

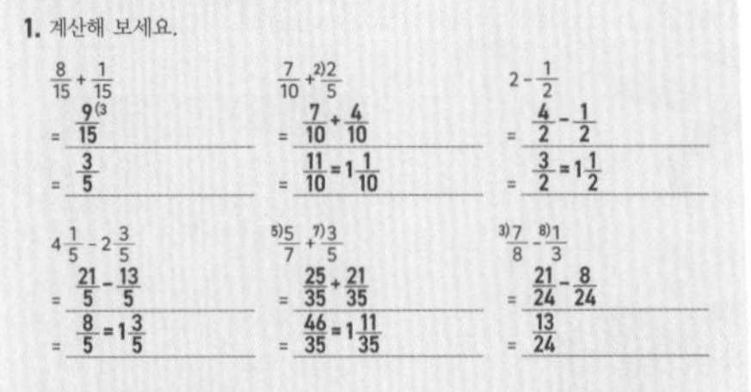

$\frac{8}{15}+\frac{1}{15}=\frac{9^{(3}}{15}=\frac{3}{5}$

$\frac{7}{10}+\frac{^{2)}2}{5}=\frac{7}{10}+\frac{4}{10}=\frac{11}{10}=1\frac{1}{10}$

$2-\frac{1}{2}=\frac{4}{2}-\frac{1}{2}=\frac{3}{2}=1\frac{1}{2}$

$4\frac{1}{5}-2\frac{3}{5}=\frac{21}{5}-\frac{13}{5}=\frac{8}{5}=1\frac{3}{5}$

$\frac{^{5)}5}{7}+\frac{^{7)}3}{5}=\frac{25}{35}+\frac{21}{35}=\frac{46}{35}=1\frac{11}{35}$

$\frac{^{3)}7}{8}-\frac{^{8)}1}{3}=\frac{21}{24}-\frac{8}{24}=\frac{13}{24}$

2. 아래 글을 읽고 공책에 알맞은 식을 세워 답을 구해 보세요.

❶ 주스를 만들기 위해 주스 농축액과 물이 총 $9\frac{3}{4}$dL 필요해요. 주스 농축액이 $1\frac{1}{2}$dL 있다면 필요한 물의 양은 몇 dL일까요?

$9\frac{3}{4}-1\frac{1}{2}=\frac{39}{4}-\frac{^{2)}3}{2}$
$=\frac{39}{4}-\frac{6}{4}=\frac{33}{4}=8\frac{1}{4}$ 정답: $8\frac{1}{4}$dL

❷ 그릇에 블루베리 4L가 담겨 있어요. 그중 $2\frac{1}{5}$L를 냉동하고 $1\frac{3}{10}$L를 파이에 넣었어요. 남은 블루베리는 몇 L일까요?

$4-2\frac{1}{5}-1\frac{3}{10}=4-\frac{^{2)}11}{5}-\frac{13}{10}$
$=\frac{40}{10}-\frac{22}{10}-\frac{13}{10}=\frac{5^{(5}}{10}=\frac{1}{2}$ 정답: $\frac{1}{2}$L

96쪽 5번

ADDITION (덧셈)

96쪽 6번

❶ 올리$=\frac{48}{8}=6$, $6\times3=18$
비달$=\frac{48}{3}=16$
트루디$=48-18-16=14$
정답:14€

❷ 2유로$=\frac{54}{3}=18$
1유로$=\frac{54}{6}=9$
50센트$=\frac{54}{9}=6$
20센트$=54-18-9-6=21$
2€×18+1€×9+0.50€×6+0.20€×21
=36€+9€+3€+4.20€
=52.20€
정답:52.20€

MEMO

97쪽 8번

❶ [사과×8]=2, [사과]=0.25=$\frac{1}{4}$
[사과][사과][귤]$=\frac{3}{4}$, $\frac{1}{4}+\frac{1}{4}+$[귤]$=\frac{3}{4}$
[귤]$=\frac{1}{4}$
[귤][귤][귤][귤]$=\frac{4}{4}=1$

❷ [사과×4]$=1\frac{3}{5}=\frac{8}{5}$, [사과]$=\frac{2}{5}$
[바나나×3]$=\frac{9}{10}$, [바나나]$=\frac{3}{10}$
[사과][바나나]$=\frac{^{2)}2}{5}+\frac{3}{10}=\frac{4}{10}+\frac{3}{10}=\frac{7}{10}$

❸ [쿠키×3, 빵×2]=2에 [쿠키][쿠키][빵]$=1\frac{3}{10}$을 대입하면
$1\frac{3}{10}+$[쿠키][빵]=2, [쿠키][빵]$=2-1\frac{3}{10}=\frac{20}{10}-\frac{13}{10}=\frac{7}{10}$
[쿠키][쿠키][빵]$=1\frac{3}{10}$에 [쿠키][빵]$=\frac{7}{10}$을 대입하면 [쿠키]$+\frac{7}{10}=1\frac{3}{10}$, [쿠키]$=\frac{13}{10}-\frac{7}{10}=\frac{6^{(2}}{10}=\frac{3}{5}$
[쿠키][빵]$=\frac{7}{10}$, $\frac{3}{5}+$[빵]$=\frac{7}{10}$, [빵]$=\frac{7}{10}-\frac{^{2)}3}{5}=\frac{7}{10}-\frac{6}{10}=\frac{1}{10}$
[쿠키×3, 빵×4]$=\frac{6}{10}+\frac{6}{10}+\frac{6}{10}+\frac{1}{10}+\frac{1}{10}+\frac{1}{10}+\frac{1}{10}=\frac{22^{(2}}{10}=\frac{11}{5}=2\frac{1}{5}$

98-99쪽

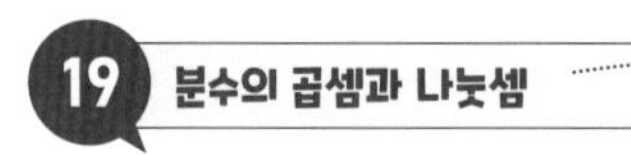

___월 ___일 ___요일

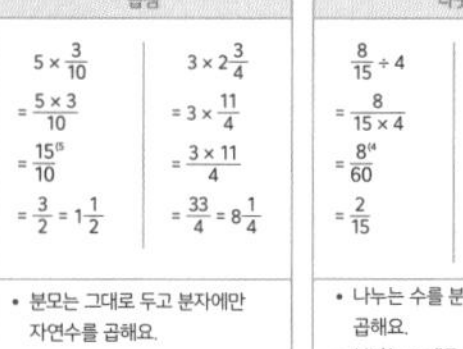
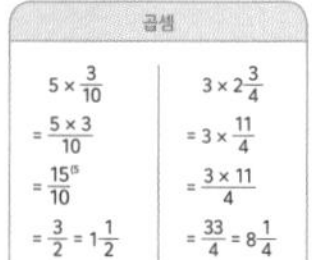

곱셈

$5\times\frac{3}{10}=\frac{5\times3}{10}=\frac{15^{(5}}{10}=\frac{3}{2}=1\frac{1}{2}$

$3\times2\frac{3}{4}=3\times\frac{11}{4}=\frac{3\times11}{4}=\frac{33}{4}=8\frac{1}{4}$

- 분모는 그대로 두고 분자에만 자연수를 곱해요.

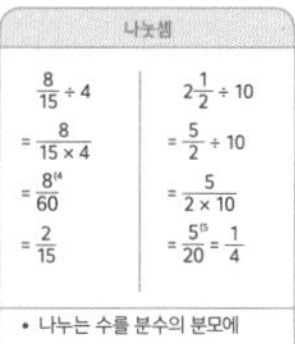

나눗셈

$\frac{8}{15}\div4=\frac{8}{15\times4}=\frac{8^{(4}}{60}=\frac{2}{15}$

$2\frac{1}{2}\div10=\frac{5}{2}\div10=\frac{5}{2\times10}=\frac{5^{(5}}{20}=\frac{1}{4}$

- 나누는 수를 분수의 분모에 곱해요.
- 분자는 그대로 두어요.

1. 계산한 후, 정답을 로봇에서 찾아 ○표 해 보세요.

$8\times\frac{1}{10}=\frac{8\times1}{10}=\frac{8^{(2}}{10}=\frac{4}{5}$

$5\times\frac{3}{5}=\frac{5\times3}{5}=\frac{15}{5}=3$

$8\times\frac{3}{7}=\frac{8\times3}{7}=\frac{24}{7}=3\frac{3}{7}$

2. 계산한 후, 정답을 로봇에서 찾아 ○표 해 보세요.

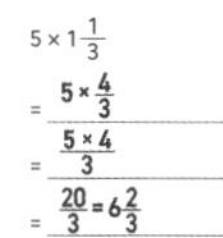

$5\times1\frac{1}{3}=5\times\frac{4}{3}=\frac{5\times4}{3}=\frac{20}{3}=6\frac{2}{3}$

$3\times2\frac{2}{5}=3\times\frac{12}{5}=\frac{3\times12}{5}=\frac{36}{5}=7\frac{1}{5}$

$4\times1\frac{1}{2}=4\times\frac{3}{2}=\frac{4\times3}{2}=\frac{12}{2}=6$

$(\frac{4}{5})$ $1\frac{1}{5}$ (3) $(3\frac{3}{7})$ $3\frac{5}{7}$ (6) $(6\frac{2}{3})$ $(7\frac{1}{5})$

3. 계산한 후, 정답을 로봇에서 찾아 ○표 해 보세요.

$\frac{1}{4}\div3=\frac{1}{4\times3}=\frac{1}{12}$

$\frac{8}{9}\div4=\frac{8}{9\times4}=\frac{8^{(4}}{36}=\frac{2}{9}$

$\frac{5}{6}\div3=\frac{5}{6\times3}=\frac{5}{18}$

$2\frac{1}{2}\div3=\frac{5}{2}\div3=\frac{5}{2\times3}=\frac{5}{6}$

$6\frac{1}{4}\div5=\frac{25}{4}\div5=\frac{25}{4\times5}=\frac{25^{(5}}{20}=\frac{5}{4}=1\frac{1}{4}$

$4\frac{4}{5}\div2=\frac{24}{5}\div2=\frac{24}{5\times2}=\frac{24^{(2}}{10}=\frac{12}{5}=2\frac{2}{5}$

$(\frac{5}{6})$ $(\frac{2}{9})$ $\frac{7}{10}$ $(\frac{1}{12})$ $(\frac{5}{18})$ $(1\frac{1}{4})$ $2\frac{1}{4}$ $(2\frac{2}{5})$

4. 아래 글을 읽고 공책에 계산한 후, 정답을 로봇에서 찾아 ○표 해 보세요.

❶ 주스가 5병 있어요. 1병에 주스가 $\frac{9}{10}$L씩 들어 있어요. 주스 병에 있는 주스는 모두 몇 L일까요?
$4\frac{1}{2}$L

❷ 우유 팩에 우유가 $1\frac{1}{2}$L 들어 있어요. 우유 팩 4개를 산다면 우유는 모두 몇 L일까요?
6L

❸ 샐리는 주스 $3\frac{1}{2}$L를 5통에 똑같이 나누어 담았어요. 1통에 들어가는 주스의 양은 몇 L일까요?
$\frac{7}{10}$L

❹ 레니와 친구 2명은 물 $2\frac{1}{4}$L를 똑같이 나누었어요. 각자 가진 물의 양은 몇 L일까요?
$\frac{3}{4}$L

❺ 아모스는 $\frac{1}{2}$L짜리 주스병 3개를 큰 용기에 함께 담은 후, 주스를 4컵에 똑같이 나누어 따랐어요. 1컵에 담긴 주스의 양은 몇 L일까요?
$\frac{3}{8}$L

❻ 물병에 물 2L가 담겨 있어요. 그중 $\frac{4}{5}$L를 마신 후, 남은 물을 3컵에 똑같이 나누어 따랐어요. 1컵에 담긴 물의 양은 몇 L일까요?
$\frac{2}{5}$L

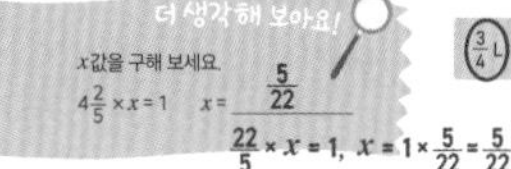

x값을 구해 보세요.

$4\frac{2}{5}\times x=1$ $x=\frac{5}{22}$

$\frac{22}{5}\times x=1,\ x=1\times\frac{5}{22}=\frac{5}{22}$

$(\frac{3}{4}L)$ $(\frac{2}{5}L)$ $\frac{4}{5}L$ $(\frac{3}{8}L)$ $(\frac{7}{10}L)$ $(4\frac{1}{2}L)$ $5\frac{3}{5}L$ $(6L)$

99쪽 4번

❶ $\frac{9}{10}\times5=\frac{9\times5}{10}=\frac{45^{(5}}{10}=\frac{9}{2}=4\frac{1}{2}$

❷ $1\frac{1}{2}\times4=\frac{3}{2}\times4=\frac{3\times4}{2}=\frac{12}{2}=6$

❸ $3\frac{1}{2}\div5=\frac{7}{2}\div5=\frac{7}{2\times5}=\frac{7}{10}$

❹ $2\frac{1}{4}\div3=\frac{9}{4\times3}=\frac{9^{(3}}{12}=\frac{3}{4}$

❺ $\frac{1}{2}\times3=\frac{3}{2}$

$\frac{3}{2}\div4=\frac{3}{2\times4}=\frac{3}{8}$

❻ $2-\frac{4}{5}=\frac{10}{5}-\frac{4}{5}=\frac{6}{5}$

$\frac{6}{5}\div3=\frac{6}{5\times3}=\frac{6^{(3}}{15}=\frac{2}{5}$

100-101쪽

★실력을 키워요!

5. 정답을 따라 길을 찾은 후, 길 위의 알파벳을 모아 보세요. 알렉은 무엇을 공부했을까요?

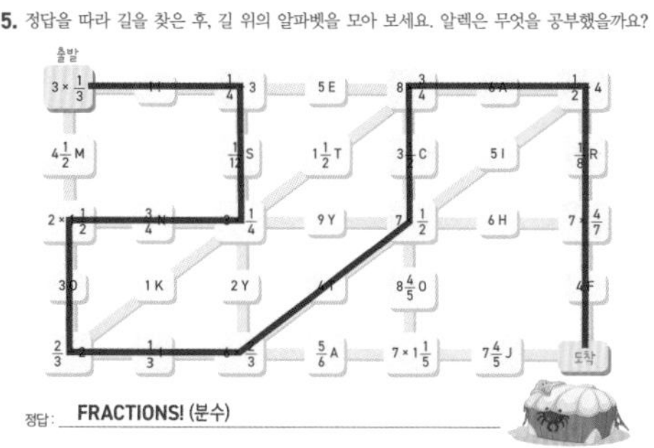

정답: FRACTIONS! (분수)

6. 아래 글을 읽고 공책에 답을 구해 보세요.

❶ 영화관에 관람객 64명이 있어요. 그중 $\frac{5}{8}$는 아이이고 나머지는 성인이에요. 영화관에 성인은 몇 명일까요?
24명

❷ 하루 동안 360명이 수영장을 방문했어요. 그중 $\frac{5}{9}$는 수중 에어로빅에, $\frac{1}{4}$은 수영 강습에 참여했으며 나머지는 수영 단체 연습을 했어요. 수영 단체 연습에 참여한 사람은 몇 명일까요?
70명

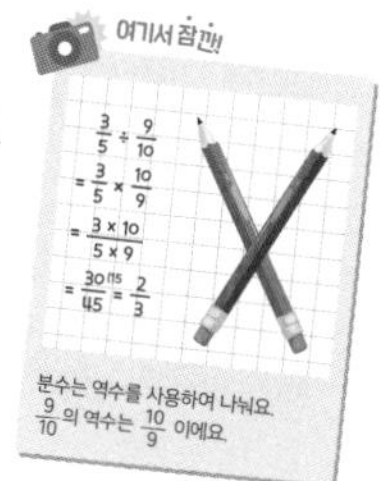

분수는 역수를 사용하여 나눠요. $\frac{9}{10}$의 역수는 $\frac{10}{9}$이에요.

7. 니나와 버논은 같은 금액의 돈을 가지고 있어요. 니나는 자신이 가진 돈의 $\frac{1}{5}$을, 버논은 자신이 가진 돈의 $\frac{1}{4}$을 재커리에게 주었어요. 버논이 준 돈은 니나가 준 돈보다 6유로 더 많아요. 버논이 처음에 가지고 있었던 돈은 얼마일까요? **120€**

★실력을 키워요!

8. 공책에 계산한 후, 정답을 로봇에서 찾아 ○표 해 보세요.

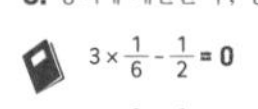

$3\times\frac{1}{6}-\frac{1}{2}=0$

$1\frac{1}{6}+2\times1\frac{5}{6}=4\frac{5}{6}$

$4+16\times\frac{1}{8}=6$

$3\times\frac{3}{4}-\frac{1}{4}=2$

$3\times(2-1\frac{2}{3})=1$

$4\times1\frac{1}{4}+2\times1\frac{3}{4}=8\frac{1}{2}$

(0) (1) (2) 3 $(4\frac{5}{6})$ $5\frac{1}{2}$ (6) $(8\frac{1}{2})$

9. 계산해 보세요.

❶ 3에 2와 $1\frac{2}{5}$의 곱을 더하세요.

$3+2\times1\frac{2}{5}=3+2\times\frac{7}{5}=3+\frac{14}{5}=\frac{15}{5}+\frac{14}{5}=\frac{29}{5}=5\frac{4}{5}$

❷ $1\frac{2}{5}$와 $\frac{1}{2}$의 차를 3으로 나누세요.

$(1\frac{2}{5}-\frac{1}{2})\div3=(^{2)}\frac{7}{5}-^{5)}\frac{1}{2})\div3=(\frac{14}{10}-\frac{5}{10})\div3=\frac{9}{10\times3}=\frac{9}{30}=\frac{3}{10}$

한 번 더 연습해요!

1. 계산해 보세요.

$6\times\frac{2}{5}=\frac{6\times2}{5}=\frac{12}{5}=2\frac{2}{5}$

$\frac{2}{3}\div3=\frac{2}{3\times3}=\frac{2}{9}$

$\frac{6}{7}\div3=\frac{6}{7\times3}=\frac{6^{(3}}{21}=\frac{2}{7}$

$4\times5\frac{1}{2}=4\times\frac{11}{2}=\frac{4\times11}{2}=\frac{44}{2}=22$

$4\times2\frac{1}{3}=4\times\frac{7}{3}=\frac{4\times7}{3}=\frac{28}{3}=9\frac{1}{3}$

$4\frac{1}{2}\div4=\frac{9}{2}\div4=\frac{9}{2\times4}=\frac{9}{8}=1\frac{1}{8}$

2. 아래 글을 읽고 공책에 계산해 보세요.

❶ 로렌스는 물 $5\frac{1}{3}$L를 4병에 똑같이 나누어 담았어요. 1병에 담긴 물은 몇 L일까요?

$5\frac{1}{3}\div4=\frac{16}{3}\div4=\frac{16}{3\times4}=\frac{16^{(4}}{12}=\frac{4}{3}=1\frac{1}{3}$ 정답: $1\frac{1}{3}$L

❷ 냉장고에 $\frac{1}{2}$L들이 탄산음료 5병이 있어요. 그중 $1\frac{3}{4}$L를 마셨어요. 남은 탄산음료는 몇 L일까요?

$\frac{1}{2}\times5=\frac{5}{2}$ $\frac{5}{2}-1\frac{3}{4}=^{2)}\frac{5}{2}-\frac{7}{4}=\frac{10}{4}-\frac{7}{4}=\frac{3}{4}$ 정답: $\frac{3}{4}$L

100쪽 6번

❶ 아이의 수 : $\frac{64}{8}=8,\ 8\times5=40$

성인의 수 : 64-40=24

정답 : 24명

❷ 수중 에어로빅 : $\frac{360}{9}=40,$

$40\times5=200$

수영 : $\frac{360}{4}=90$

수영 단체 연습 : 360-200-90=70

정답 : 70명

100쪽 7번

처음에 가진 돈	20€	40€		120€
니나	$\frac{20}{5}=4$	$\frac{40}{5}=8$	…	$\frac{120}{5}=24$
버논	$\frac{20}{4}=5$	$\frac{40}{4}=10$		$\frac{120}{4}=30$
차이	1€	2€		6€

102-103쪽

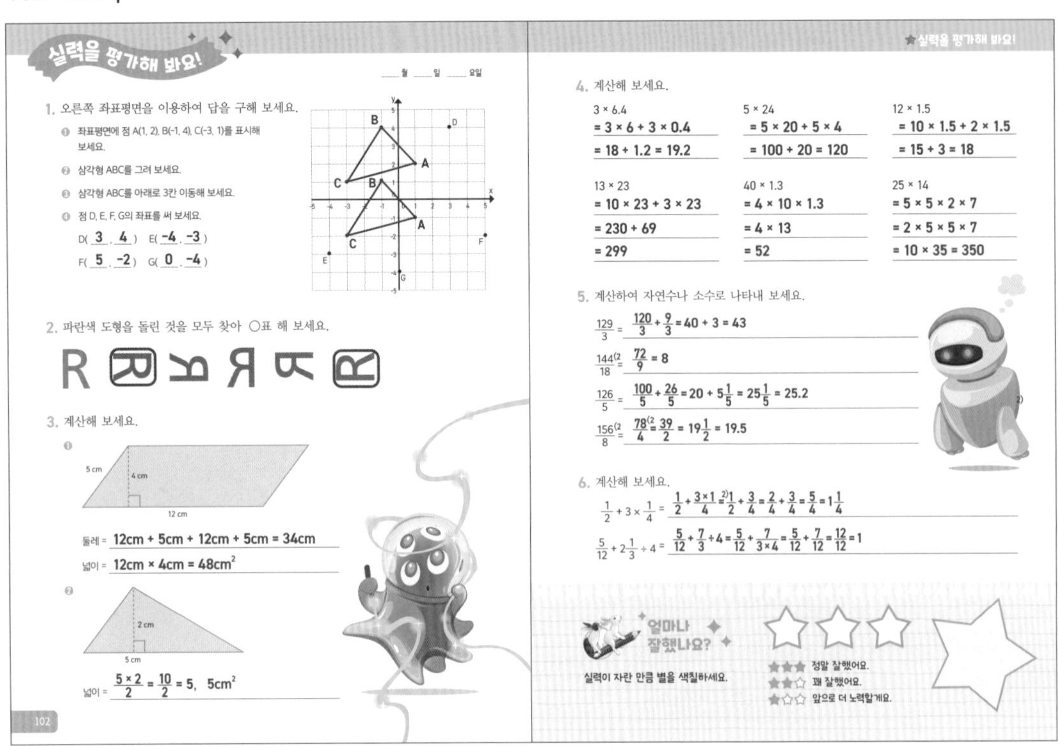

실력을 평가해 봐요!

___월 ___일 ___요일

1. 오른쪽 좌표평면을 이용하여 답을 구해 보세요.
   - ❶ 좌표평면에 점 A(1, 2), B(-1, 4), C(-3, 1)를 표시해 보세요.
   - ❷ 삼각형 ABC를 그려 보세요.
   - ❸ 삼각형 ABC를 아래로 3칸 이동해 보세요.
   - ❹ 점 D, E, F, G의 좌표를 써 보세요.

   D(3 , 4) E(-4 , -3)
   F(5 , -2) G(0 , -4)

2. 파란색 도형을 돌린 것을 모두 찾아 ○표 해 보세요.

3. 계산해 보세요.
   - ❶ 둘레 = 12cm + 5cm + 12cm + 5cm = 34cm
     넓이 = 12cm × 4cm = 48cm²
   - ❷ 넓이 = $\frac{5 \times 2}{2} = \frac{10}{2} = 5$, 5cm²

4. 계산해 보세요.

3 × 6.4	5 × 24	12 × 1.5
= 3 × 6 + 3 × 0.4	= 5 × 20 + 5 × 4	= 10 × 1.5 + 2 × 1.5
= 18 + 1.2 = 19.2	= 100 + 20 = 120	= 15 + 3 = 18

13 × 23	40 × 1.3	25 × 14
= 10 × 23 + 3 × 23	= 4 × 10 × 1.3	= 5 × 5 × 2 × 7
= 230 + 69	= 4 × 13	= 2 × 5 × 5 × 7
= 299	= 52	= 10 × 35 = 350

5. 계산하여 자연수나 소수로 나타내 보세요.

$\frac{129}{3} = \frac{120}{3} + \frac{9}{3} = 40 + 3 = 43$

$\frac{144}{18} = \frac{72}{9} = 8$

$\frac{126}{5} = \frac{100}{5} + \frac{26}{5} = 20 + 5\frac{1}{5} = 25\frac{1}{5} = 25.2$

$\frac{156}{8} = \frac{78}{4} = \frac{39}{2} = 19\frac{1}{2} = 19.5$

6. 계산해 보세요.

$\frac{1}{2} + 3 \times \frac{1}{4} = \frac{1}{2} + \frac{3 \times 1}{4} = \frac{1}{2} + \frac{3}{4} = \frac{2}{4} + \frac{3}{4} = \frac{5}{4} = 1\frac{1}{4}$

$\frac{5}{12} + 2\frac{1}{3} \div 4 = \frac{5}{12} + \frac{7}{3} \div 4 = \frac{5}{12} + \frac{7}{3 \times 4} = \frac{5}{12} + \frac{7}{12} = \frac{12}{12} = 1$

얼마나 잘했나요?
실력이 자란 만큼 별을 색칠하세요.
★★★ 정말 잘했어요.
★★☆ 꽤 잘했어요.
★☆☆ 앞으로 더 노력할게요.

102

104-105쪽

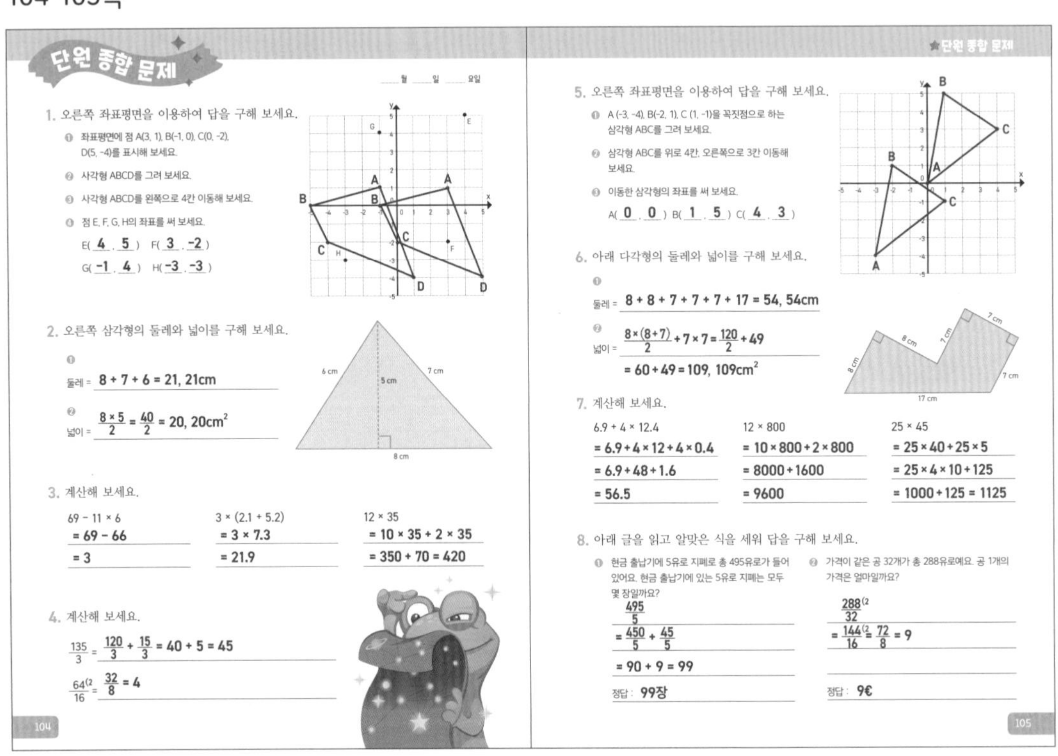

단원 종합 문제

___월 ___일 ___요일

1. 오른쪽 좌표평면을 이용하여 답을 구해 보세요.
   - ❶ 좌표평면에 점 A(3, 1), B(-1, 0), C(0, -2), D(5, -4)를 표시해 보세요.
   - ❷ 사각형 ABCD를 그려 보세요.
   - ❸ 사각형 ABCD를 왼쪽으로 4칸 이동해 보세요.
   - ❹ 점 E, F, G, H의 좌표를 써 보세요.

   E(4 , 5) F(3 , -2)
   G(-1 , 4) H(-3 , -3)

2. 오른쪽 삼각형의 둘레와 넓이를 구해 보세요.
   - ❶ 둘레 = 8 + 7 + 6 = 21, 21cm
   - ❷ 넓이 = $\frac{8 \times 5}{2} = \frac{40}{2} = 20$, 20cm²

3. 계산해 보세요.

69 − 11 × 6	3 × (2.1 + 5.2)	12 × 35
= 69 − 66	= 3 × 7.3	= 10 × 35 + 2 × 35
= 3	= 21.9	= 350 + 70 = 420

4. 계산해 보세요.

$\frac{135}{3} = \frac{120}{3} + \frac{15}{3} = 40 + 5 = 45$

$\frac{64}{16} = \frac{32}{8} = 4$

5. 오른쪽 좌표평면을 이용하여 답을 구해 보세요.
   - ❶ A(-3, -4), B(-2, 1), C(1, -1)을 꼭짓점으로 하는 삼각형 ABC를 그려 보세요.
   - ❷ 삼각형 ABC를 위로 4칸, 오른쪽으로 3칸 이동해 보세요.
   - ❸ 이동한 삼각형의 좌표를 써 보세요.

   A(0 , 0) B(1 , 5) C(4 , 3)

6. 아래 다각형의 둘레와 넓이를 구해 보세요.
   - ❶ 둘레 = 8 + 8 + 7 + 7 + 7 + 17 = 54, 54cm
   - ❷ 넓이 = $\frac{8 \times (8+7)}{2} + 7 \times 7 = \frac{120}{2} + 49$
     = 60 + 49 = 109, 109cm²

7. 계산해 보세요.

6.9 + 4 × 12.4	12 × 800	25 × 45
= 6.9 + 4 × 12 + 4 × 0.4	= 10 × 800 + 2 × 800	= 25 × 40 + 25 × 5
= 6.9 + 48 + 1.6	= 8000 + 1600	= 25 × 4 × 10 + 125
= 56.5	= 9600	= 1000 + 125 = 1125

8. 아래 글을 읽고 알맞은 식을 세워 답을 구해 보세요.
   - ❶ 현금 출납기에 5유로 지폐로 총 495유로가 들어 있어요. 현금 출납기에 있는 5유로 지폐는 모두 몇 장일까요?

     $\frac{495}{5}$
     $= \frac{450}{5} + \frac{45}{5}$
     = 90 + 9 = 99
     정답: 99장
   - ❷ 가격이 같은 공 32개가 총 288유로예요. 공 1개의 가격은 얼마일까요?

     $\frac{288}{32}$
     $= \frac{144}{16} = \frac{72}{8} = 9$
     정답: 9€

104 105

106-107쪽

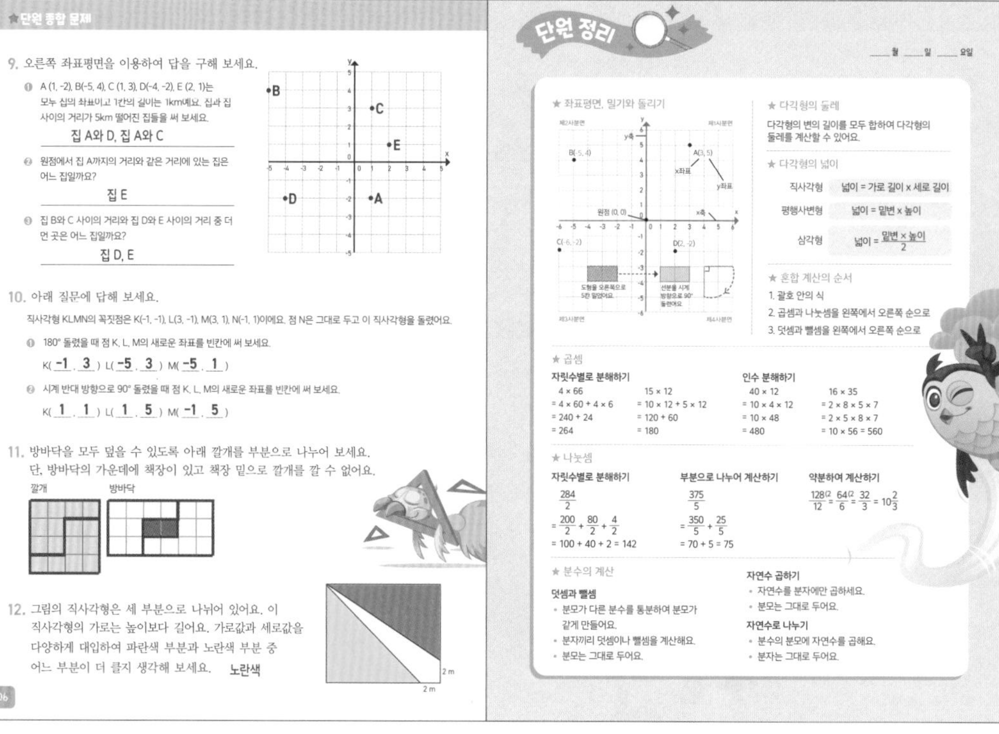

★단원 종합 문제

9. 오른쪽 좌표평면을 이용하여 답을 구해 보세요.

❶ A (1, -2), B(-5, 4), C (1, 3), D(-4, -2), E (2, 1)는 모두 집의 좌표이고 1칸의 길이는 1km예요. 집과 집 사이의 거리가 5km 떨어진 집들을 써 보세요.

집 A와 D, 집 A와 C

❷ 원점에서 집 A까지의 거리와 같은 거리에 있는 집은 어느 집일까요?

집 E

❸ 집 B와 C 사이의 거리와 집 D와 E 사이의 거리 중 더 먼 곳은 어느 집일까요?

집 D, E

10. 아래 질문에 답해 보세요.

직사각형 KLMN의 꼭짓점은 K(-1, -1), L(3, -1), M(3, 1), N(-1, 1)이에요. 점 N은 그대로 두고 이 직사각형을 돌렸어요.

❶ 180° 돌렸을 때 점 K, L, M의 새로운 좌표를 빈칸에 써 보세요.

K(-1 , 3) L(-5 , 3) M(-5 , 1)

❷ 시계 반대 방향으로 90° 돌렸을 때 점 K, L, M의 새로운 좌표를 빈칸에 써 보세요.

K(1 , 1) L(1 , 5) M(-1 , 5)

11. 방바닥을 모두 덮을 수 있도록 아래 깔개를 부분으로 나누어 보세요. 단, 방바닥의 가운데에 책장이 있고 책장 밑으로 깔개를 깔 수 없어요.

깔개 방바닥

12. 그림의 직사각형은 세 부분으로 나뉘어 있어요. 이 직사각형의 가로는 높이보다 길어요. 가로값과 세로값을 다양하게 대입하여 파란색 부분과 노란색 부분 중 어느 부분이 더 클지 생각해 보세요. 노란색

2 m 2 m

106

단원 정리

___월 ___일 ___요일

★ 좌표평면, 밀기와 돌리기

★ 다각형의 둘레

다각형의 변의 길이를 모두 합하여 다각형의 둘레를 계산할 수 있어요.

★ 다각형의 넓이

직사각형	넓이 = 가로 길이 x 세로 길이
평행사변형	넓이 = 밑변 x 높이
삼각형	넓이 = $\frac{밑변 \times 높이}{2}$

★ 혼합 계산의 순서

1. 괄호 안의 식
2. 곱셈과 나눗셈을 왼쪽에서 오른쪽 순으로
3. 덧셈과 뺄셈을 왼쪽에서 오른쪽 순으로

★ 곱셈

자릿수별로 분해하기

$4 \times 66 = 4 \times 60 + 4 \times 6 = 240 + 24 = 264$

$15 \times 12 = 10 \times 12 + 5 \times 12 = 120 + 60 = 180$

인수 분해하기

$40 \times 12 = 10 \times 4 \times 12 = 10 \times 48 = 480$

$16 \times 35 = 2 \times 8 \times 5 \times 7 = 2 \times 5 \times 8 \times 7 = 10 \times 56 = 560$

★ 나눗셈

자릿수별로 분해하기

$\frac{284}{2} = \frac{200}{2} + \frac{80}{2} + \frac{4}{2} = 100 + 40 + 2 = 142$

부분으로 나누어 계산하기

$\frac{375}{5} = \frac{350}{5} + \frac{25}{5} = 70 + 5 = 75$

약분하여 계산하기

$\frac{128}{12} = \frac{64}{6} = \frac{32}{3} = 10\frac{2}{3}$

★ 분수의 계산

덧셈과 뺄셈
- 분모가 다른 분수를 통분하여 분모가 같게 만들어요.
- 분자끼리 덧셈이나 뺄셈을 계산해요.
- 분모는 그대로 두어요.

자연수 곱하기
- 자연수를 분자에만 곱하세요.
- 분모는 그대로 두어요.

자연수로 나누기
- 분수의 분모에 자연수를 곱해요.
- 분자는 그대로 두어요.

106쪽 12번

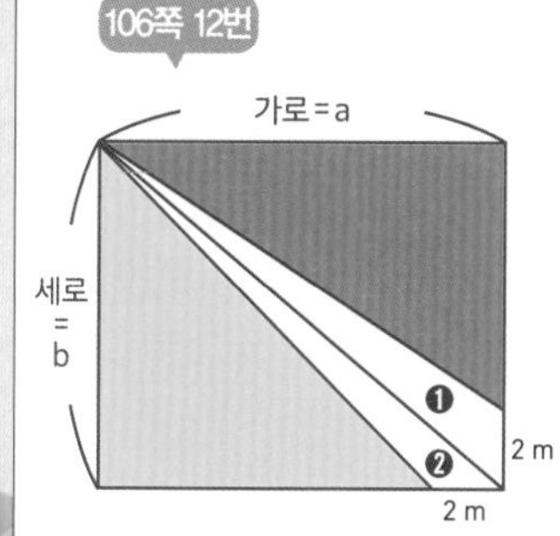

조건 a(가로) > b(세로)일 때
삼각형①의 넓이=$2 \times a \times \frac{1}{2} = a$
삼각형②의 넓이=$2 \times b \times \frac{1}{2} = b$
a가 b보다 크므로
삼각형① > 삼각형②
그러므로 삼각형의 넓이가 더 작은 쪽에 있는 노란색 부분이 더 커요.

08-109쪽

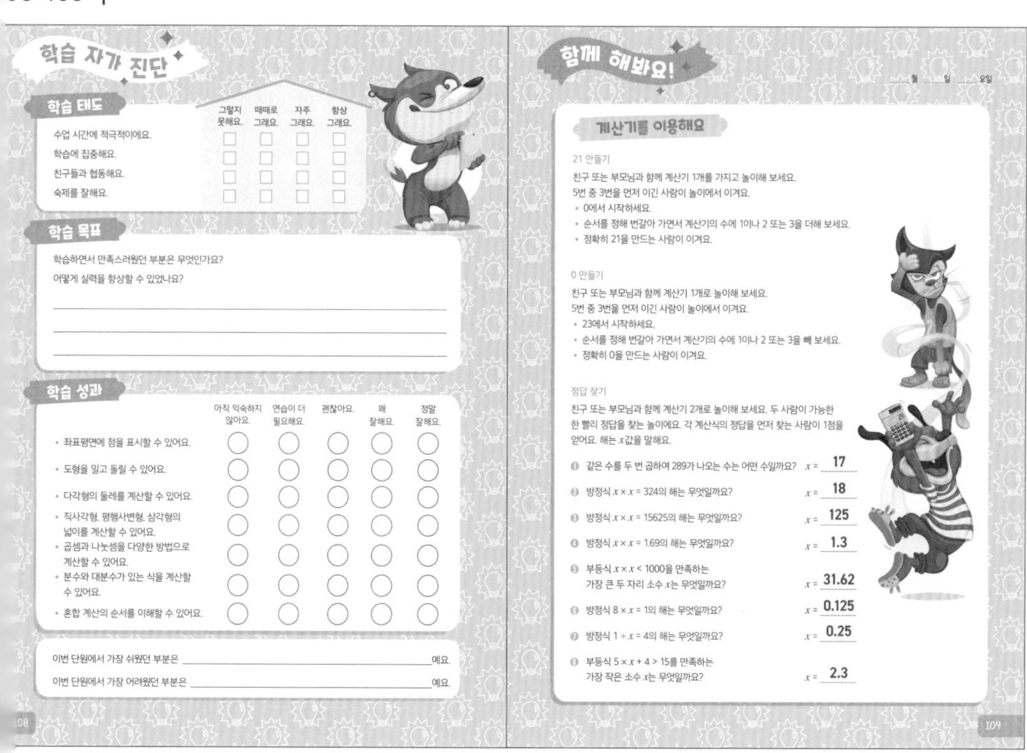

학습 자가 진단

학습 태도

	그렇지 못해요.	때때로 그래요.	자주 그래요.	항상 그래요.
수업 시간에 적극적이에요.	☐	☐	☐	☐
학습에 집중해요.	☐	☐	☐	☐
친구들과 협동해요.	☐	☐	☐	☐
숙제를 잘해요.	☐	☐	☐	☐

학습 목표

학습하면서 만족스러웠던 부분은 무엇인가요?

어떻게 실력을 향상할 수 있었나요?

학습 성과

	아직 익숙하지 않아요.	연습이 더 필요해요.	괜찮아요.	꽤 잘해요.	정말 잘해요.
• 좌표평면에 점을 표시할 수 있어요.	○	○	○	○	○
• 도형을 밀고 돌릴 수 있어요.	○	○	○	○	○
• 다각형의 둘레를 계산할 수 있어요.	○	○	○	○	○
• 직사각형, 평행사변형, 삼각형의 넓이를 계산할 수 있어요.	○	○	○	○	○
• 곱셈과 나눗셈을 다양한 방법으로 계산할 수 있어요.	○	○	○	○	○
• 분수와 대분수가 있는 식을 계산할 수 있어요.	○	○	○	○	○
• 혼합 계산의 순서를 이해할 수 있어요.	○	○	○	○	○

이번 단원에서 가장 쉬웠던 부분은 ______________________ 예요.

이번 단원에서 가장 어려웠던 부분은 ______________________ 예요.

08

함께 해봐요!

___월 ___일 ___요일

계산기를 이용해요

21 만들기

친구 또는 부모님과 함께 계산기 1개를 가지고 놀이해 보세요.
5번 중 3번을 먼저 이긴 사람이 놀이에서 이겨요.
- 0에서 시작하세요.
- 순서를 정해 번갈아 가면서 계산기의 수에 1이나 2 또는 3을 더해 보세요.
- 정확히 21을 만드는 사람이 이겨요.

0 만들기

친구 또는 부모님과 함께 계산기 1개로 놀이해 보세요.
5번 중 3번을 먼저 이긴 사람이 놀이에서 이겨요.
- 23에서 시작하세요.
- 순서를 정해 번갈아 가면서 계산기의 수에 1이나 2 또는 3을 빼 보세요.
- 정확히 0을 만드는 사람이 이겨요.

정답 찾기

친구 또는 부모님과 함께 계산기 2개로 놀이해 보세요. 두 사람이 가능한 한 빨리 정답을 찾는 놀이에요. 각 계산식의 정답을 먼저 찾는 사람이 1점을 얻어요. 해는 x값을 말해요.

❶ 같은 수를 두 번 곱하여 289가 나오는 수는 어떤 수일까요? x = 17

❷ 방정식 $x \times x = 324$의 해는 무엇일까요? x = 18

❸ 방정식 $x \times x = 15625$의 해는 무엇일까요? x = 125

❹ 방정식 $x \times x = 1.69$의 해는 무엇일까요? x = 1.3

❺ 부등식 $x \times x < 1000$을 만족하는 가장 큰 두 자리 소수 x는 무엇일까요? x = 31.62

❻ 방정식 $8 \times x = 1$의 해는 무엇일까요? x = 0.125

❼ 방정식 $1 \div x = 4$의 해는 무엇일까요? x = 0.25

❽ 부등식 $5 \times x + 4 > 15$를 만족하는 가장 작은 소수 x는 무엇일까요? x = 2.3

109

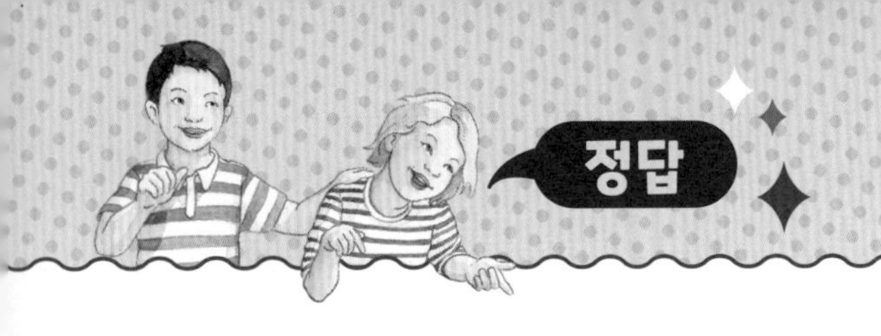

110-111쪽

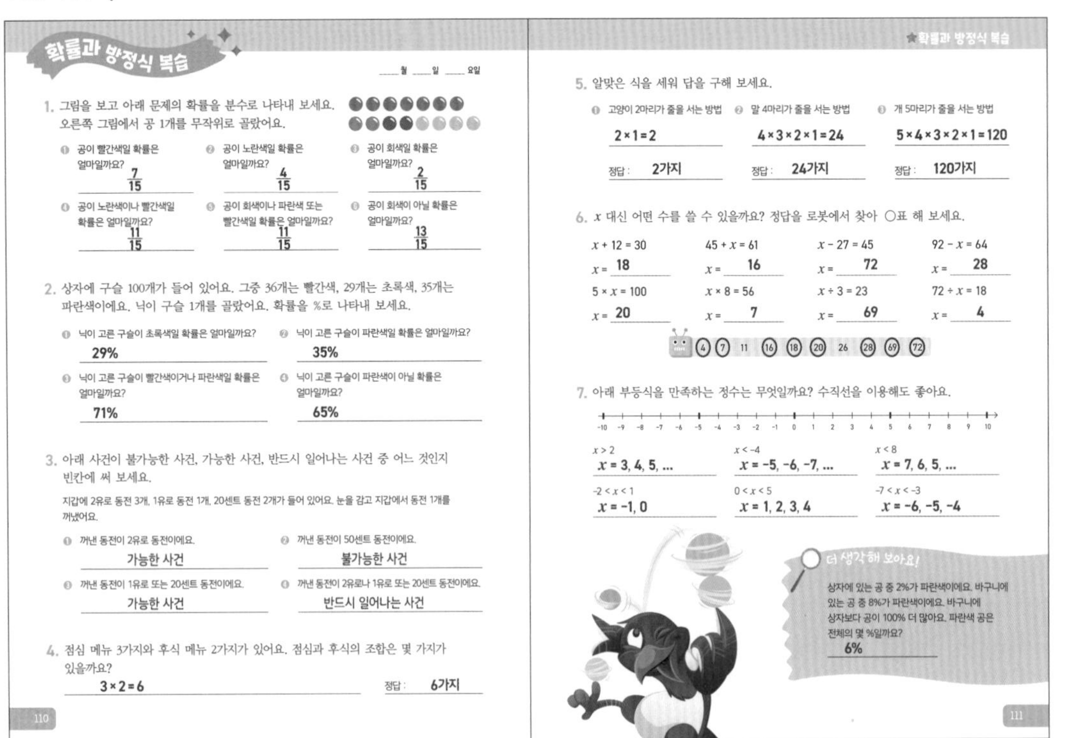

확률과 방정식 복습

___월 ___일 ___요일

1. 그림을 보고 아래 문제의 확률을 분수로 나타내 보세요. 오른쪽 그림에서 공 1개를 무작위로 골랐어요.

① 공이 빨간색일 확률은 얼마일까요? $\frac{7}{15}$

② 공이 노란색일 확률은 얼마일까요? $\frac{4}{15}$

③ 공이 회색일 확률은 얼마일까요? $\frac{2}{15}$

④ 공이 노란색이나 빨간색일 확률은 얼마일까요? $\frac{11}{15}$

⑤ 공이 회색이나 파란색 또는 빨간색일 확률은 얼마일까요? $\frac{11}{15}$

⑥ 공이 회색이 아닐 확률은 얼마일까요? $\frac{13}{15}$

2. 상자에 구슬 100개가 들어 있어요. 그중 36개는 빨간색, 29개는 초록색, 35개는 파란색이에요. 닉이 구슬 1개를 골랐어요. 확률을 %로 나타내 보세요.

① 닉이 고른 구슬이 초록색일 확률은 얼마일까요? 29%

② 닉이 고른 구슬이 파란색일 확률은 얼마일까요? 35%

③ 닉이 고른 구슬이 빨간색이거나 파란색일 확률은 얼마일까요? 71%

④ 닉이 고른 구슬이 파란색이 아닐 확률은 얼마일까요? 65%

3. 아래 사건이 불가능한 사건, 가능한 사건, 반드시 일어나는 사건 중 어느 것인지 빈칸에 써 보세요.

지갑에 2유로 동전 3개, 1유로 동전 1개, 20센트 동전 2개가 들어 있어요. 눈을 감고 지갑에서 동전 1개를 꺼냈어요.

① 꺼낸 동전이 2유로 동전이에요. 가능한 사건

② 꺼낸 동전이 50센트 동전이에요. 불가능한 사건

③ 꺼낸 동전이 1유로 또는 20센트 동전이에요. 가능한 사건

④ 꺼낸 동전이 2유로나 1유로 또는 20센트 동전이에요. 반드시 일어나는 사건

4. 점심 메뉴 3가지와 후식 메뉴 2가지가 있어요. 점심과 후식의 조합은 몇 가지가 있을까요?

$3 \times 2 = 6$ 정답: 6가지

110

★확률과 방정식 복습

5. 알맞은 식을 세워 답을 구해 보세요.

① 고양이 2마리가 줄을 서는 방법: $2 \times 1 = 2$ 정답: 2가지

② 말 4마리가 줄을 서는 방법: $4 \times 3 \times 2 \times 1 = 24$ 정답: 24가지

③ 개 5마리가 줄을 서는 방법: $5 \times 4 \times 3 \times 2 \times 1 = 120$ 정답: 120가지

6. x 대신 어떤 수를 쓸 수 있을까요? 정답을 로봇에서 찾아 ○표 해 보세요.

$x + 12 = 30$	$45 + x = 61$	$x - 27 = 45$	$92 - x = 64$
$x =$ 18	$x =$ 16	$x =$ 72	$x =$ 28
$5 \times x = 100$	$x \times 8 = 56$	$x \div 3 = 23$	$72 \div x = 18$
$x =$ 20	$x =$ 7	$x =$ 69	$x =$ 4

(4) (7) 11 (16) (18) (20) 26 (28) (69) (72)

7. 아래 부등식을 만족하는 정수는 무엇일까요? 수직선을 이용해도 좋아요.

-10 -9 -8 -7 -6 -5 -4 -3 -2 -1 0 1 2 3 4 5 6 7 8 9 10

$x > 2$: $x = 3, 4, 5, \ldots$

$x < -4$: $x = -5, -6, -7, \ldots$

$x < 8$: $x = 7, 6, 5, \ldots$

$-2 < x < 1$: $x = -1, 0$

$0 < x < 5$: $x = 1, 2, 3, 4$

$-7 < x < -3$: $x = -6, -5, -4$

더 생각해 보아요!

상자에 있는 공 중 2%가 파란색이에요. 바구니에 있는 공 중 8%가 파란색이에요. 바구니에 상자보다 공이 100% 더 많아요. 파란색 공은 전체의 몇 %일까요? 6%

111

더 생각해 보아요! | 111쪽

상자 안 파란색 공:100개 중 2개 파란색
바구니 안 공:100×2=200
바구니 안 파란색 공:8×2=16
전체 공:100+200=300
전체 파란색 공:2+16=18
파란색 공의 비율:$\frac{18}{300}$×100=6%

112-113쪽

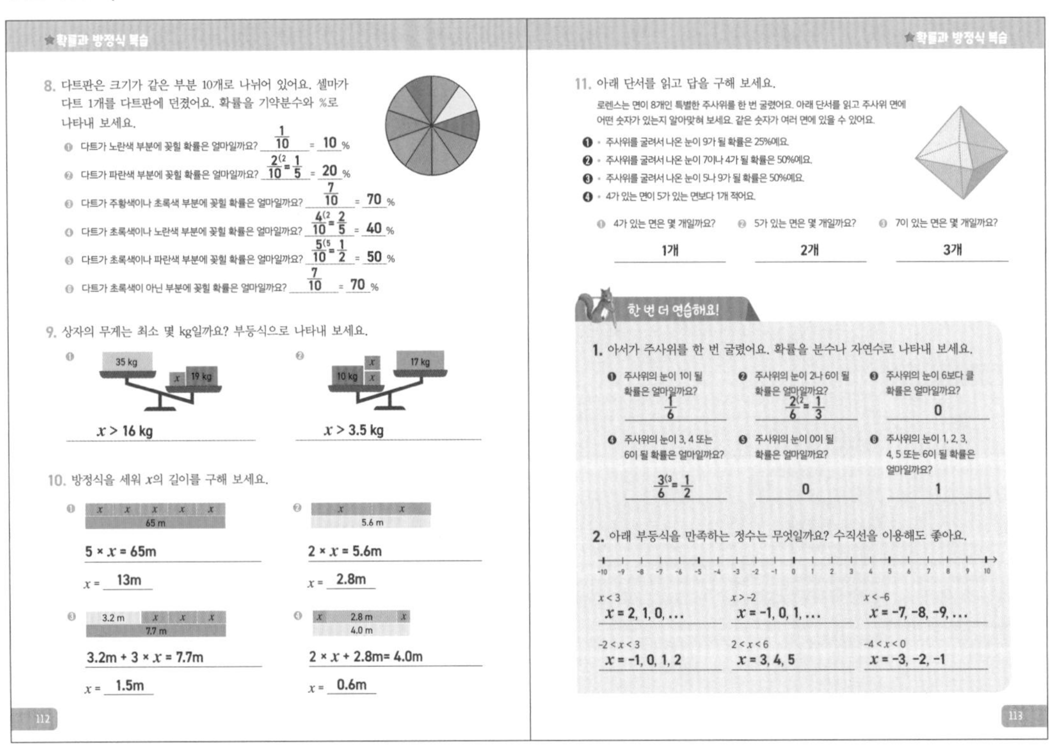

★확률과 방정식 복습

8. 다트판은 크기가 같은 부분 10개로 나뉘어 있어요. 셀마가 다트 1개를 다트판에 던졌어요. 확률을 기약분수와 %로 나타내 보세요.

① 다트가 노란색 부분에 꽂힐 확률은 얼마일까요? $\frac{1}{10}$ = 10 %

② 다트가 파란색 부분에 꽂힐 확률은 얼마일까요? $\frac{2}{10} = \frac{1}{5}$ = 20 %

③ 다트가 주황색이나 초록색 부분에 꽂힐 확률은 얼마일까요? $\frac{7}{10}$ = 70 %

④ 다트가 초록색이나 노란색 부분에 꽂힐 확률은 얼마일까요? $\frac{4}{10} = \frac{2}{5}$ = 40 %

⑤ 다트가 초록색이나 파란색 부분에 꽂힐 확률은 얼마일까요? $\frac{5}{10} = \frac{1}{2}$ = 50 %

⑥ 다트가 초록색이 아닌 부분에 꽂힐 확률은 얼마일까요? $\frac{7}{10}$ = 70 %

9. 상자의 무게는 최소 몇 kg일까요? 부등식으로 나타내 보세요.

① 35 kg / x 19 kg — $x > 16$ kg

② 10 kg x x / 17 kg — $x > 3.5$ kg

10. 방정식을 세워 x의 길이를 구해 보세요.

① x x x x x / 65 m — $5 \times x = 65$m, $x =$ 13m

② x x / 5.6 m — $2 \times x = 5.6$m, $x =$ 2.8m

③ 3.2 m x x x / 7.7 m — $3.2\text{m} + 3 \times x = 7.7$m, $x =$ 1.5m

④ x 2.8 m x / 4.0 m — $2 \times x + 2.8\text{m} = 4.0$m, $x =$ 0.6m

112

★확률과 방정식 복습

11. 아래 단서를 읽고 답을 구해 보세요.

로렌스는 면이 8개인 특별한 주사위를 한 번 굴렸어요. 아래 단서를 읽고 주사위 면에 어떤 숫자가 있는지 알아맞혀 보세요. 같은 숫자가 여러 면에 있을 수 있어요.

❶ • 주사위를 굴려서 나온 눈이 9가 될 확률은 25%예요.
❷ • 주사위를 굴려서 나온 눈이 7이나 4가 될 확률은 50%예요.
❸ • 주사위를 굴려서 나온 눈이 5나 9가 될 확률은 50%예요.
❹ • 4가 있는 면이 5가 있는 면보다 1개 적어요.

① 4가 있는 면은 몇 개일까요? 1개

② 5가 있는 면은 몇 개일까요? 2개

③ 7이 있는 면은 몇 개일까요? 3개

한 번 더 연습해요!

1. 아서가 주사위를 한 번 굴렸어요. 확률을 분수나 자연수로 나타내 보세요.

❶ 주사위의 눈이 1이 될 확률은 얼마일까요? $\frac{1}{6}$

❷ 주사위의 눈이 2나 6이 될 확률은 얼마일까요? $\frac{2}{6} = \frac{1}{3}$

❸ 주사위의 눈이 6보다 클 확률은 얼마일까요? 0

❹ 주사위의 눈이 3, 4 또는 6이 될 확률은 얼마일까요? $\frac{3}{6} = \frac{1}{2}$

❺ 주사위의 눈이 0이 될 확률은 얼마일까요? 0

❻ 주사위의 눈이 1, 2, 3, 4, 5 또는 6이 될 확률은 얼마일까요? 1

2. 아래 부등식을 만족하는 정수는 무엇일까요? 수직선을 이용해도 좋아요.

-10 -9 -8 -7 -6 -5 -4 -3 -2 -1 0 1 2 3 4 5 6 7 8 9 10

$x < 3$: $x = 2, 1, 0, \ldots$

$x > -2$: $x = -1, 0, 1, \ldots$

$x < -6$: $x = -7, -8, -9, \ldots$

$-2 < x < 3$: $x = -1, 0, 1, 2$

$2 < x < 6$: $x = 3, 4, 5$

$-4 < x < 0$: $x = -3, -2, -1$

113

113쪽 11번

주사위의 눈은 9, 9, 4, 7, 7, 5, 5예요.
❶ 25%=$\frac{1}{4}$=$\frac{2}{8}$ 9는 2개
❷ 7 또는 4가 4개
❸ 5 또는 9가 4개
❹ 4는 1개이며 7이 3개예요

114-115쪽

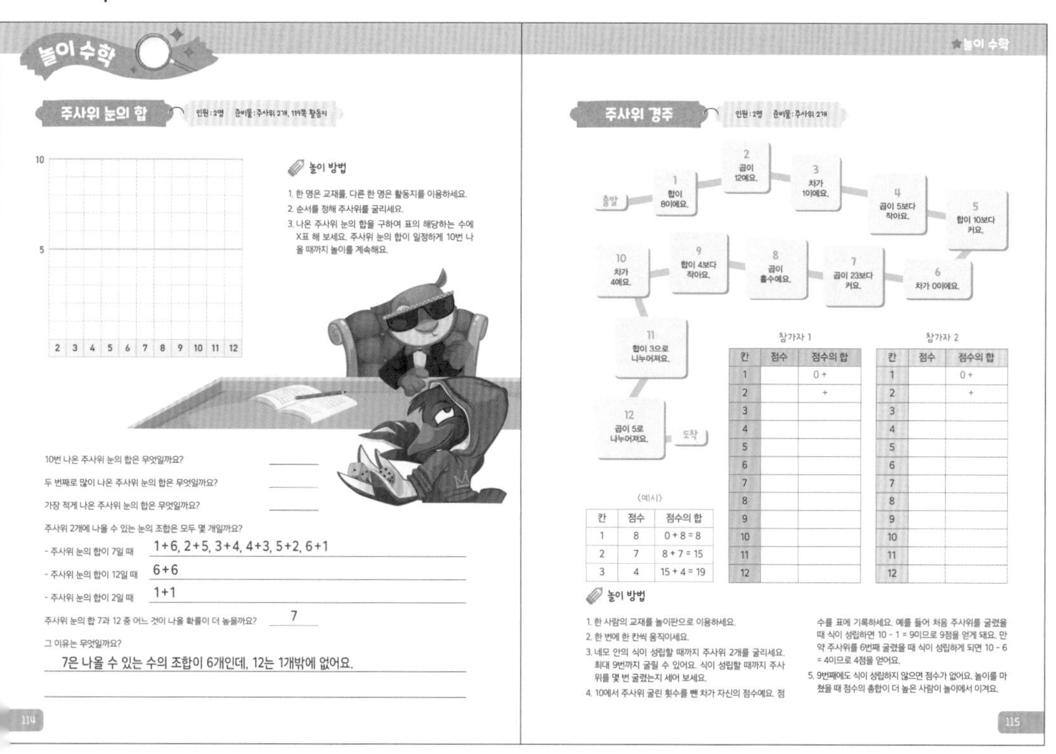

놀이 수학

주사위 눈의 합

인원 : 2명 준비물 : 주사위 2개, 119쪽 활동지

2	3	4	5	6	7	8	9	10	11	12

놀이 방법

1. 한 명은 교재를, 다른 한 명은 활동지를 이용하세요.
2. 순서를 정해 주사위를 굴리세요.
3. 나온 주사위 눈의 합을 구하여 표의 해당하는 수에 X표 해 보세요. 주사위 눈의 합이 일정하게 10번 나올 때까지 놀이를 계속해요.

10번 나온 주사위 눈의 합은 무엇일까요? ______

두 번째로 많이 나온 주사위 눈의 합은 무엇일까요? ______

가장 적게 나온 주사위 눈의 합은 무엇일까요? ______

주사위 2개에 나올 수 있는 눈의 조합은 모두 몇 개일까요?

- 주사위 눈의 합이 7일 때 1+6, 2+5, 3+4, 4+3, 5+2, 6+1
- 주사위 눈의 합이 12일 때 6+6
- 주사위 눈의 합이 2일 때 1+1

주사위 눈의 합 7과 12 중 어느 것이 나올 확률이 더 높을까요? 7

그 이유는 무엇일까요?

7은 나올 수 있는 수의 조합이 6개인데, 12는 1개밖에 없어요.

114

★놀이 수학

주사위 경주

인원 : 2명 준비물 : 주사위 2개

출발

1 합이 8이에요.

2 곱이 12예요.

3 차가 1이에요.

4 곱이 5보다 작아요.

5 합이 10보다 커요.

6 차가 0이에요.

7 곱이 23보다 커요.

8 곱이 홀수예요.

9 합이 4보다 작아요.

10 차가 4예요.

11 합이 3으로 나누어져요.

12 곱이 5로 나누어져요.

도착

〈예시〉

칸	점수	점수의 합
1	8	0 + 8 = 8
2	7	8 + 7 = 15
3	4	15 + 4 = 19

참가자 1

칸	점수	점수의 합
1		0 +
2		+
3		
4		
5		
6		
7		
8		
9		
10		
11		
12		

참가자 2

칸	점수	점수의 합
1		0 +
2		+
3		
4		
5		
6		
7		
8		
9		
10		
11		
12		

놀이 방법

1. 한 사람의 교재를 놀이판으로 이용하세요.
2. 한 번에 한 칸씩 움직이세요.
3. 네모 안의 식이 성립할 때까지 주사위 2개를 굴리세요. 최대 9번까지 굴릴 수 있어요. 식이 성립할 때까지 주사위를 몇 번 굴렸는지 세어 보세요.
4. 10에서 주사위 굴린 횟수를 뺀 차가 자신의 점수예요. 점수를 표에 기록하세요. 예를 들어 처음 주사위를 굴렸을 때 식이 성립하면 10 - 1 = 9이므로 9점을 얻게 돼요. 만약 주사위를 6번째 굴렸을 때 식이 성립하게 되면 10 - 6 = 4이므로 4점을 얻어요.
5. 9번째에도 식이 성립하지 않으면 점수가 없어요. 놀이를 마쳤을 때 점수의 총합이 더 높은 사람이 놀이에서 이겨요.

115

16-117쪽

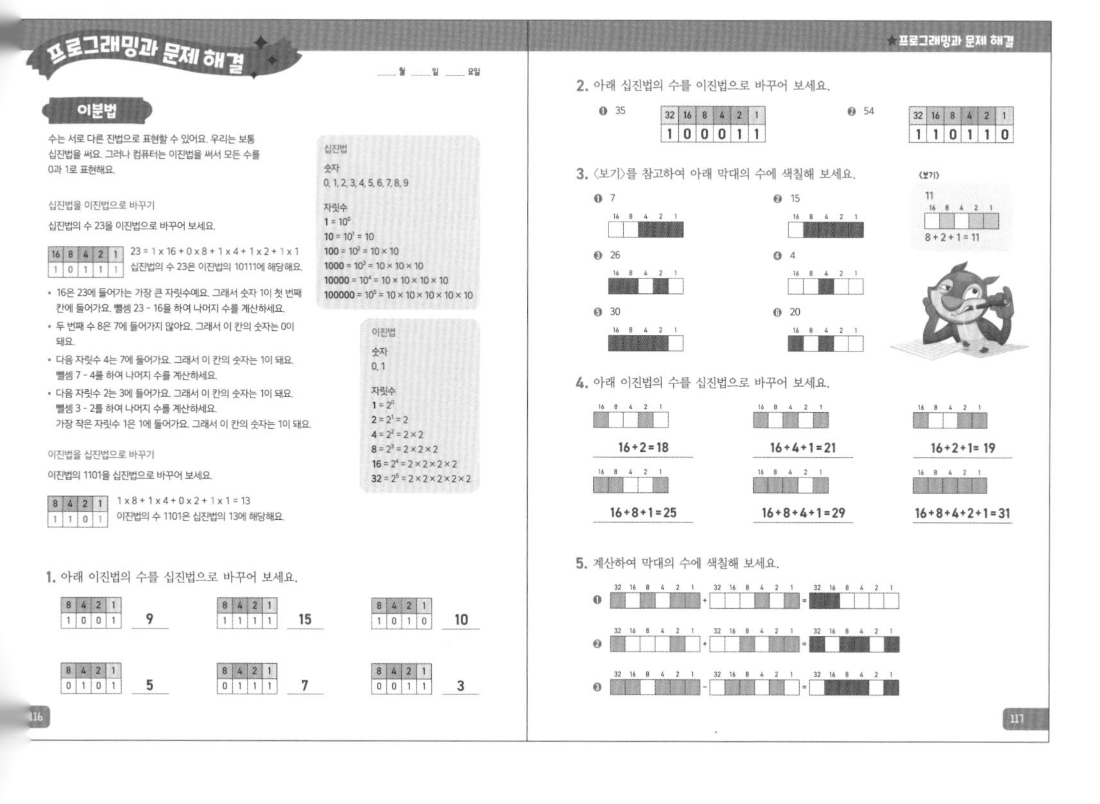

프로그래밍과 문제 해결

____월 ____일 ____요일

이분법

수는 서로 다른 진법으로 표현할 수 있어요. 우리는 보통 십진법을 써요. 그러나 컴퓨터는 이진법을 써서 모든 수를 0과 1로 표현해요.

십진법을 이진법으로 바꾸기

십진법의 수 23을 이진법으로 바꾸어 보세요.

16	8	4	2	1
1	0	1	1	1

23 = 1 x 16 + 0 x 8 + 1 x 4 + 1 x 2 + 1 x 1

십진법의 수 23은 이진법의 10111에 해당해요.

- 16은 23에 들어가는 가장 큰 자릿수예요. 그래서 숫자 1이 첫 번째 칸에 들어가요. 뺄셈 23 - 16을 하여 나머지 수를 계산하세요.
- 두 번째 수 8은 7에 들어가지 않아요. 그래서 이 칸의 숫자는 0이 돼요.
- 다음 자릿수 4는 7에 들어가요. 그래서 이 칸의 숫자는 1이 돼요. 뺄셈 7 - 4를 하여 나머지 수를 계산하세요.
- 다음 자릿수 2는 3에 들어가요. 그래서 이 칸의 숫자는 1이 돼요. 뺄셈 3 - 2를 하여 나머지 수를 계산하세요. 가장 작은 자릿수 1은 1에 들어가요. 그래서 이 칸의 숫자는 1이 돼요.

이진법을 십진법으로 바꾸기

이진법의 1101을 십진법으로 바꾸어 보세요.

8	4	2	1
1	1	0	1

1 x 8 + 1 x 4 + 0 x 2 + 1 x 1 = 13

이진법의 수 1101은 십진법의 13에 해당해요.

십진법

숫자

0, 1, 2, 3, 4, 5, 6, 7, 8, 9

자릿수

$1 = 10^0$

$10 = 10^1 = 10$

$100 = 10^2 = 10 \times 10$

$1000 = 10^3 = 10 \times 10 \times 10$

$10000 = 10^4 = 10 \times 10 \times 10 \times 10$

$100000 = 10^5 = 10 \times 10 \times 10 \times 10 \times 10$

이진법

숫자

0, 1

자릿수

$1 = 2^0$

$2 = 2^1 = 2$

$4 = 2^2 = 2 \times 2$

$8 = 2^3 = 2 \times 2 \times 2$

$16 = 2^4 = 2 \times 2 \times 2 \times 2$

$32 = 2^5 = 2 \times 2 \times 2 \times 2 \times 2$

1. 아래 이진법의 수를 십진법으로 바꾸어 보세요.

8	4	2	1	
1	0	0	1	9
1	1	1	1	15
1	0	1	0	10
0	1	0	1	5
0	1	1	1	7
0	0	1	1	3

116

★프로그래밍과 문제 해결

2. 아래 십진법의 수를 이진법으로 바꾸어 보세요.

❶ 35

32	16	8	4	2	1
1	0	0	0	1	1

❷ 54

32	16	8	4	2	1
1	1	0	1	1	0

3. 〈보기〉를 참고하여 아래 막대의 수에 색칠해 보세요.

〈보기〉 11 (16 8 4 2 1) 8 + 2 + 1 = 11

❶ 7 (16 8 4 2 1)

❷ 15 (16 8 4 2 1)

❸ 26 (16 8 4 2 1)

❹ 4 (16 8 4 2 1)

❺ 30 (16 8 4 2 1)

❻ 20 (16 8 4 2 1)

4. 아래 이진법의 수를 십진법으로 바꾸어 보세요.

16 + 2 = 18

16 + 4 + 1 = 21

16 + 2 + 1 = 19

16 + 8 + 1 = 25

16 + 8 + 4 + 1 = 29

16 + 8 + 4 + 2 + 1 = 31

5. 계산하여 막대의 수에 색칠해 보세요.

❶ (32 16 8 4 2 1) + (32 16 8 4 2 1) = (32 16 8 4 2 1)

❷ (32 16 8 4 2 1) + (32 16 8 4 2 1) = (32 16 8 4 2 1)

❸ (32 16 8 4 2 1) - (32 16 8 4 2 1) = (32 16 8 4 2 1)

117

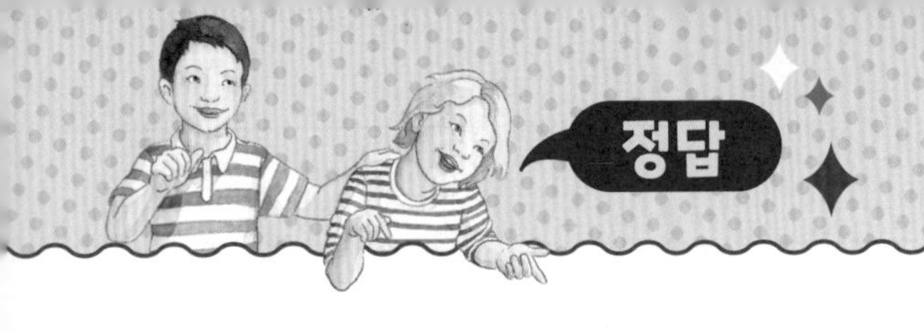

118쪽

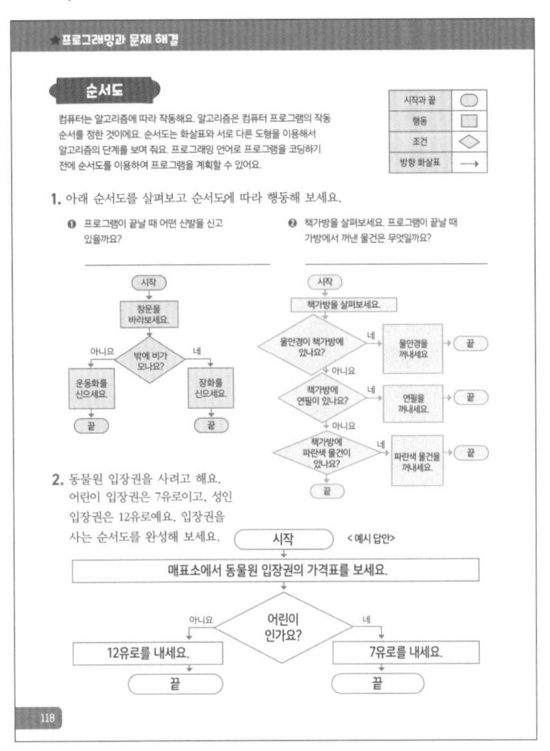

★ 프로그래밍과 문제 해결

순서도

컴퓨터는 알고리즘에 따라 작동해요. 알고리즘은 컴퓨터 프로그램의 작동 순서를 정한 것이에요. 순서도는 화살표와 서로 다른 도형을 이용해서 알고리즘의 단계를 보여 줘요. 프로그래밍 언어로 프로그램을 코딩하기 전에 순서도를 이용하여 프로그램을 계획할 수 있어요.

시작과 끝	⬭
행동	□
조건	◇
방향 화살표	⟶

1. 아래 순서도를 살펴보고 순서도에 따라 행동해 보세요.

❶ 프로그램이 끝날 때 어떤 신발을 신고 있을까요?

❷ 책가방을 살펴보세요. 프로그램이 끝날 때 가방에서 꺼낸 물건은 무엇일까요?

2. 동물원 입장권을 사려고 해요. 어린이 입장권은 7유로이고, 성인 입장권은 12유로예요. 입장권을 사는 순서도를 완성해 보세요.

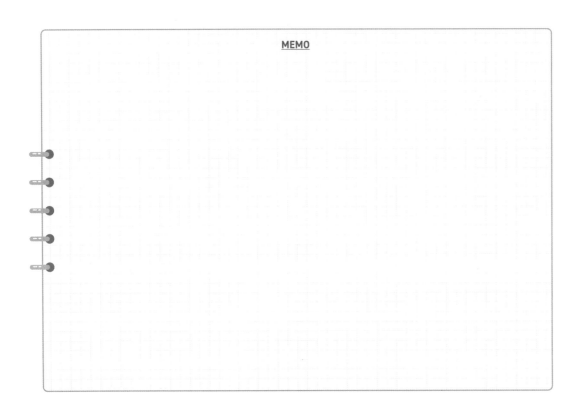

마음이음

꿈과 현실, 사회와 나, 생각과 마음을 잇다
https://blog.naver.com/ieum2018